EUROPA-FACHBUCHREIHE
für Metallberufe

Tabellenbuch Metall

35. Auflage

Bearbeiter:

Fischer, Ulrich	Ing. (grad.), Studiendirektor	Reutlingen
Kilgus, Roland	Dipl.-Gwl., Oberstudiendirektor	Metzingen
Leopold, Bernd	Dipl.-Ing. (FH), Studiendirektor	Augsburg
Röhrer, Werner	Dipl.-Ing. (FH), Oberstudiendirektor	Balingen
Schilling, Karl	Studiendirektor	Augsburg

Lektorat und Leitung des Arbeitskreises:
Dipl.-Ing. Gerold Würtemberger, Oberstudiendirektor i. R., Pforzheim

Bildbearbeitung:
Zeichenbüro des Verlags Europa-Lehrmittel, Nourney, Vollmer GmbH & Co.

Dem Tabellenbuch wurden die neuesten Ausgaben der Normblätter und sonstiger Regelwerke zugrunde gelegt. Verbindlich sind jedoch nur die Normblätter mit dem neuesten Ausgabedatum des DIN (Deutsches Institut für Normung e. V.) selbst. Sie können unter Angabe der DIN-Blatt-Nummern durch die Beuth Verlag GmbH, Burggrafenstraße 4—10, 1000 Berlin 30, bezogen werden.

Satz und Druck: IMO-Großdruckerei, 5600 Wuppertal 2

mit Formelsammlung	ISBN 3-8085-1085-4	**Europa-Nr.: 10609**
ohne Formelsammlung	ISBN 3-8085-1075-7	**Europa-Nr.: 1060X**

VERLAG EUROPA-LEHRMITTEL · Nourney, Vollmer GmbH & Co.
KLEINER WERTH 50 · POSTFACH 20 18 15 · 5600 WUPPERTAL 2

Vorwort zur 35. Auflage

Technischer Fortschritt und Normenänderungen machten es notwendig, die 33. Auflage dieses bewährten Tabellenbuchs für metalltechnische Berufe in einer **Neubearbeitung** vorzulegen. Die 35. Auflage enthält kleine redaktionelle Berichtigungen. Beide Auflagen können nebeneinander verwendet werden. Als Orientierungshilfe und zuverlässiger Ratgeber trägt es sowohl den Bedürfnissen der technischen Berufsschulen als auch den Erfordernissen der Betriebe Rechnung. Gemeinsam mit anderer berufsbildender Literatur soll es dazu beitragen, die fachliche Weiterbildung praktisch und theoretisch effektiver zu gestalten.

Nachdem Taschenrechner zum Allgemeingut geworden sind, konnten die Zahlentafeln weitgehend gekürzt werden. Dies ermöglichte eine umfassendere Darstellung der seitherigen Themen und eine Erweiterung mit zusätzlichen Informationen insbesondere auf dem Gebiet der NC-Technik.

Der Inhalt gliedert sich in **7 Hauptabschnitte**:

Mathematische Grundlagen	**M**
Naturwissenschaftliche Grundlagen	**G**
Technisches Zeichnen	**Z**
Technologie der Werkstoffe	**W**
Normteile	**N**
Fertigungstechnik	**F**
Steuerungs- und Regelungstechnik	**S**

Neben einem *Gesamtverzeichnis* gleich zu Beginn befindet sich ein ausführliches *Sachwortverzeichnis* am Schluß des Buches. Über 7 *Daumeneinschnitte* ist jeder Hauptabschnitt leicht greifbar. Der *Zweifarbendruck* und eine *Rasterung* verschaffen einen guten Überblick auf die Tabellendaten. Zahlen, Werte, Größen aus **Tabellen, Formeln** und **Nomogrammen** können schnell gefunden werden. Formeln sind durch farbige Umrahmung besonders hervorgehoben. Erläuterungen und durchgerechnete Beispiele sind eingefügt.

Da teilweise in Prüfungen und Klassenarbeiten Bücher mit durchgerechneten Beispielen nicht verwendet werden dürfen, hat sich der Verlag entschlossen, die in diesem Buch enthaltenen wichtigsten Formeln — ohne Beispiele und Erläuterungen, als reine Formelsammlung — getrennt herauszugeben. Diese Formelsammlung befindet sich in einer Tasche am Schluß des Buches und kann herausgenommen werden. Damit ist sie — z. B. für Prüfungs- und Klassenarbeiten — getrennt zu verwenden. Daneben wird dieses Tabellenbuch auch weiterhin — hauptsächlich für betriebliche und Studienzwecke — ohne diese Formelsammlung herausgegeben.

Die im Buch verwendeten Normen sind auf Seite 3 aufgelistet. Bei ihnen kann es sich verständlicherweise nur um eine angemessene Auswahl handeln, die auf die Bedürfnisse der Schule und der Berufspraxis zugeschnitten ist. Die vorliegende Neubearbeitung entspricht hinsichtlich der Normen, Empfehlungen und Regelwerke dem Stand des Deutschen Normenwerks vom Oktober 1984. Alle Zeichnungen sind in dieser Neubearbeitung der Zeichnungsnorm DIN 406 T2 angepaßt.

Lektor und Autoren sind für kritische und verbessernde Hinweise jederzeit dankbar und wünschen den Benutzern eine erfolgreiche Arbeit.

Pforzheim, Frühjahr 1985 — Gerold Würtemberger

Verzeichnis der behandelten Normen

DIN	Seite
1	158
5	66
6	66…70
7	158
10	156
13	145
15	78, 79
27	82
30	63, 77
37	83
74	153
76	64
82	164
84	149
94	178
103	147
124	160
125	157
127	157
140	95
172	165
173	165
174	118
175	118
177	117
179	165
199	65
201	63
202	144
228	162
250	61
254	162
258	158
302	160
319	166
323	61
332	63, 164
406	71…77, 86
417	151
438	151
439	154
461	37
471	177
472	177
475	156
476	62
508	168
509	65
513	147
551	151
553	151
580	150
603	150
609	148
650	168
660	160
661	160
780	189
787	168
804	183
823	62
824	62
835	151
912	150
913	151
914	151
915	151
916	151
931	148
933	148
934	154
935	154
938	151
939	151
963	149
964	149
965	149
966	149
970	154
988	178
979	154
997	121…124
1024	124
1025	123, 124
1026	121
1027	122
1028	121
1029	122
1301	26…28
1302	16
1304	16
1412	193
1414	193
1443	159
1444	159
1445	159
1453	61
1471	159
1472	159
1473	159
1474	159
1475	159
1476	159
1477	159
1481	158
1511	101
1541	117
1543	117
1616	105, 117
1623	104, 117
1626	105
1629	105
1651	107
1654	109
1681	103
1686	101
1691	102
1692	103
1693	102
1694	102
1700	110
1701	110
1704	110
1705	111
1706	110
1707	221
1708	110
1709	111
1712	112
1714	111
1716	111
1719	110
1725	112, 113
1729	113
1743	111
1754	120
1755	120
1771	125
1783	117
1795	129
1804	154
1850	176
1910	216
1912	80, 81
1913	217
2080	162
2093	172
2098	172
2211	174
2215	174
2217	174
2391	119
2394	119
2429	79
2440	119
2448	119
2458	119
2999	146
3141	95
3760	178
3770	178
4762	95
4766	93
4768	94
4982	144, 115
4986	115
4987	179
4990	114
5412	166
5425	87
5461…5464	163
5481	163
5859	169
6311	166
6319	168
6321	167
6323	168
6325	158
6332	166
6335	167
6336	167
6771	62
6773	95
6776	64
6797	157
6798	157
6799	177
6885	161
6886	161
6888	161
6935	211
7151	92
7154	88, 89
7155	90, 91
7157	92
7160	92
7161	92
7168	87
7172	89, 91
7182	86
7184	84, 85
7708	130
7721	175
7728	127
7735	130
7744	129
7753	174
7971	149
7972	149
7973	149
7978	158
7981	149
7982	149
7983	149
7991	150
8074	120
8511	221
8513	220
8527	221
8554	214
8563	217
9045	177
9712	125
9713	125
9714	125
9812	171
9816	171
9819	171
9866	170
9867	170
9870	208
16774	129
16776	129
17007	100
17100	104
17102	107
17111	109
17155	105
17200	106, 117, 134
17210	106, 117, 134
17211	107, 117, 136
17223	109
17245	103
17350	108, 135
17440	109
17445	103
17660	111
17662	111
17663	111
17664	111
17665	111
17742	111
17743	111
17744	111
17745	111
17851	112
19226	244…246
24900	243
30600	242
32526	216
40700	251
40703	236
40705	235
40706	236
40708	236
40710	236
40711	236
40712	236
40713	236
40714	236
40715	236
40716	236
40717	236
40719	234
42400	235
46420	117
46431	117
49515	235
50100	141
50101	141
50102	141
50103	139
50106	138
50110	138
50115	141
50118	137
50133	139
50141	138
50145	137
50150	140
50351	139
51501	132
51502	133, 232
51503	133
51506	132
51510	132
51511	132
51512	132
51513	132
51515	132
51517	132
51524	232
51525	232
51818	133
51825	133
53456	140
55003	240, 241
66024	239
66025	238
66217	237
69100	204

DIN ISO

898	148, 154
1219	226
1302	94
2162	83
2203	83
3040	72, 198
4381	115
5261	82
5455	63
6410	82
6433	70

DIN-Normenheft

3	98

EURONORM

20-74	99
27-74	99

DSA

101	204

VDE

0100	233, 235
0318	130

VDI

3206	196
3260	225
3367	209
3368	209
3821	219, 222

INHALT

Verzeichnis der behandelten Normen 3
Gesamtinhaltsangabe 4
Sachwortverzeichnis 252
Abkürzungen für Organisationen und Verbände 256

Teil M:
Mathematische Grundlagen

Zahlentabellen: Faktoren, Kubikwurzeln, Kreisfläche 6
Formelzeichen, mathematische Zeichen 16
Grundrechnungsarten, Bruchrechnung 17
Zehnerpotenzen, Klammer-, Prozent-, Zinsrechnung 18
Gleichungen 19
Winkelfunktionen 20
Winkeltabellen 22
Einheiten im Meßwesen 26
Längen 29
Flächen 30
Berechnungen am rechtwinkligen Dreieck 32
Flächen 33
Volumen 34
Masse 36
Nomographie 37

Teil G:
Naturwissenschaftliche Grundlagen

Kräfte 39
Gleichförmige und beschleunigte Bewegung 40
Hebel, Drehmoment, Fliehkraft 41
Arbeit, Energie, Leistung, Wirkungsgrad 42
Goldene Regel der Mechanik 43
Reibung, Auftrieb 44
Druck in Flüssigkeiten und Gasen 45
Wärmetechnik 46
Elektrotechnik 48
Chemie 50
Festigkeitslehre 52

Teil Z:
Technisches Zeichnen

Geometrie 57
Griechisches Alphabet, Römische Ziffern, Normzahlen, Radien 61
Zeichenblätter 62
Maßstäbe, vereinfachte Darstellungen 63
Normschrift, Linien 64
Freistiche 65
Darstellungen in Zeichnungen 66
Maßeintragung in Zeichnungen 71
Maßeintragung durch Koordinaten 76
Zeichnungsvereinfachung 77
Linien nach DIN 15 Entwurf Linien und Ansichten 79
Sinnbilder für Schweißen und Löten 80
Sinnbilder für Gewinde, Schrauben, Niete 82
Darstellung von Federn, Zahnrädern, Wälzlagern 83
Form- und Lagetoleranzen 84
Toleranzbegriffe, Passungen, Toleranzfeldkurzzeichen 86
Passungsbeispiele, Wälzlagerpassungen, Allgemeintoleranzen 87
ISO-Passungen 88
ISO-Toleranzen, Passungsauswahl 92
Erreichbare Rauheit von Oberflächen 93
Oberflächenangaben 94
Härteangaben 95

Teil W:
Technologie der Werkstoffe

Stoffwerte 96
Normbezeichnungen von Stahl und Eisen 98
Werkstoffnummern 100
Gießereitechnik 101
Gußeisen 102
Temperguß, Stahlguß 103
Allgemeine Baustähle, Feinbleche 104
Stahl 105
Nichteisenmetalle 110
Hartmetalle 114
Gleitlagerwerkstoffe 115
Sinterwerkstoffe 116
Bleche, Drähte 117
Stabstahl 118
Stahlrohre 119
Rohre aus NE-Metallen und Kunststoffen 120
Formstahl 121
Profile aus Al- und Al-Knetlegierungen 125
Vergleich Kunststoffe-Metalle 126

Kunststoffe ... 127
Kühlschmierstoffe ... 131
Schmierstoffe ... 132
Wärmebehandlung ... 134
Werkstoffprüfung ... 137
Korrosion und Korrosionsschutz ... 142

Teil N: Normteile

Gewindeübersicht ... 144
Gewinde ... 145
Schrauben ... 148
Berechnung von Schraubenverbindungen ... 152
Senkungen ... 153
Muttern ... 154
Bezeichnungsbeispiele für Schrauben und Muttern ... 155
Schlüsselweiten, Werkzeugvierkante ... 156
Scheiben, Federringe ... 157
Stifte ... 158
Kerbstifte ... 159
Niete ... 160
Keile und Federn, Nuten ... 161
Kegel ... 162
Keilwellenverbindungen, Kerbverzahnungen 163
Zentrierbohrungen, Rändel ... 164
Bohrbuchsen ... 165
Gewindestifte, Druckstücke, Kugelknöpfe . 166
Griffe, Aufnahme- und Auflagebolzen ... 167
T-Nuten, Kugelscheiben, Kegelpfannen ... 168
Normteile der Stanztechnik ... 169
Federn ... 172
Flachriementrieb ... 173
Keilriementrieb ... 174
Synchronriementrieb ... 175
Abmessungen von Gleit- und Wälzlagern ... 176
Sicherungsringe, Sicherungsscheiben, Sprengringe ... 177
Radial-Wellendichtringe, Runddichtringe, Paßscheiben, Splinte ... 178
Wendeschneidplatten ... 179

Teil F: Fertigungstechnik

Auftrags- und Belegungszeit ... 180
Kalkulation ... 182
Lastdrehzahlen ... 183
Drehzahldiagramme ... 184
Hauptnutzungszeiten ... 185
Zahnradberechnungen ... 189
Übersetzungen ... 192
Bohren ... 193
Reiben, Gewindebohren ... 194
Schnittkraft, Leistung und zerspantes Volumen beim Drehen ... 195
Drehen ... 196
Kegeldrehen ... 198
Gewindedrehen ... 199
Fräsen ... 200
Hobeln und Stoßen ... 201
Teilen mit dem Teilkopf ... 202
Wendelnutfräsen ... 203
Schleifen ... 204
Honen ... 206
Spanende Formung der Kunststoffe ... 207
Begriffe der Stanztechnik ... 208
Schneidspalt, Stegbreite ... 209
Lage des Einspannzapfens ... 210
Richtwerte für Biegeteile ... 211
Tiefziehen ... 212
Gasschweißen, Brennschneiden ... 214
Schutzgasschweißen ... 216
Lichtbogenschweißen ... 217
Einstellwerte beim Schweißen ... 218
Schweißen von Kunststoffen ... 219
Lote und Flußmittel ... 220
Kleben ... 222
Schall und Lärm ... 223
Gefährliche Stoffe ... 224

Teil S: Steuern und Regeln

Funktionsdiagramme ... 225
Schaltzeichen der Hydraulik und Pneumatik 226
Gestaltung hydraulischer und pneumatischer Schaltpläne ... 227
Berechnungen zur Hydraulik und Pneumatik 228
Hydraulisches Vorschubsystem ... 231
Druckflüssigkeiten ... 232
Schutzmaßnahmen gegen zu hohe Berührungsspannungen ... 233
Elektrotechnische Schaltungsunterlagen ... 234
Elektrotechnische Schaltzeichen ... 236
Koordinatensystem bei NC-Maschinen ... 237
Programmaufbau bei NC-Maschinen ... 238
Lochstreifen für NC-Maschinen ... 239
Bildzeichen für NC-Maschinen ... 240
Bildzeichen für den Maschinenbau ... 242
Grundbegriffe der Steuerungs- und Regelungstechnik ... 244
Regeleinrichtungen ... 247
Schaltalgebra ... 248
Digitale Steuerungstechnik ... 251

1...100 Faktoren, Kubikwurzel, Kreisfläche

Faktoren von *n*	*n* = *d*	$\sqrt[3]{n}$	$\frac{\pi \cdot d^2}{4}$	Faktoren von *n*	*n* = *d*	$\sqrt[3]{n}$	$\frac{\pi \cdot d^2}{4}$
	1	1,0000	0,7854	3 x 17	51	3,7084	2042,82
Primzahl	2	1,2599	3,1416	2^2 x 13	52	3,7325	2123,72
Primzahl	3	1,4422	7,0686	Primzahl	53	3,7563	2206,18
2^2	4	1,5874	12,5664	2 x 3^3	54	3,7798	2290,22
Primzahl	5	1,7100	19,6350	5 x 11	55	3,8030	2375,83
2 x 3	6	1,8171	28,2743	2^3 x 7	56	3,8259	2463,01
Primzahl	7	1,9129	38,4845	3 x 19	57	3,8485	2551,76
2^3	8	2,0000	50,2655	2 x 29	58	3,8709	2642,08
3^2	9	2,0801	63,6173	Primzahl	59	3,8930	2733,97
2 x 5	**10**	2,1544	78,5398	2^2 x 3 x 5	**60**	3,9149	2827,43
Primzahl	11	2,2240	95,0332	Primzahl	61	3,9365	2922,47
2^2 x 3	12	2,2894	113,097	2 x 31	62	3,9579	3019,07
Primzahl	13	2,3513	132,732	3^2 x 7	63	3,9791	3117,25
2 x 7	14	2,4101	153,938	2^6	64	4,0000	3216,99
3 x 5	15	2,4662	176,715	5 x 13	65	4,0207	3318,31
2^4	16	2,5198	201,062	2 x 3 x 11	66	4,0412	3421,19
Primzahl	17	2,5713	226,980	Primzahl	67	4,0615	3525,65
2 x 3^2	18	2,6207	254,469	2^2 x 17	68	4,0817	3631,68
Primzahl	19	2,6684	283,529	3 x 23	69	4,1016	3739,28
2^2 x 5	**20**	2,7144	314,159	2 x 5 x 7	**70**	4,1213	3848,45
3 x 7	21	2,7589	346,361	Primzahl	71	4,1408	3959,19
2 x 11	22	2,8020	380,133	2^3 x 3^2	72	4,1602	4071,50
Primzahl	23	2,8439	415,476	Primzahl	73	4,1793	4185,39
2^3 x 3	24	2,8845	452,389	2 x 37	74	4,1983	4300,84
5^2	25	2,9240	490,874	3 x 5^2	75	4,2172	4417,86
2 x 13	26	2,9625	530,929	2^2 x 19	76	4,2358	4536,46
3^3	27	3,0000	572,555	7 x 11	77	4,2543	4656,63
2^2 x 7	28	3,0366	615,752	2 x 3 x 13	78	4,2727	4778,36
Primzahl	29	3,0723	660,520	Primzahl	79	4,2908	4901,67
2 x 3 x 5	**30**	3,1072	706,858	2^4 x 5	**80**	4,3089	5026,55
Primzahl	31	3,1414	754,768	3^4	81	4,3267	5153,00
2^5	32	3,1748	804,248	2 x 41	82	4,3445	5281,02
3 x 11	33	3,2075	855,299	Primzahl	83	4,3621	5410,61
2 x 17	34	3,2396	907,920	2^2 x 3 x 7	84	4,3795	5541,77
5 x 7	35	3,2711	962,113	5 x 17	85	4,3968	5674,50
2^2 x 3^2	36	3,3019	1017,88	2 x 43	86	4,4140	5808,80
Primzahl	37	3,3322	1075,21	3 x 29	87	4,4310	5944,68
2 x 19	38	3,3620	1134,11	2^3 x 11	88	4,4480	6082,12
3 x 13	39	3,3912	1194,59	Primzahl	89	4,4647	6221,14
2^3 x 5	**40**	3,4200	1256,64	2 x 3^2 x 5	**90**	4,4814	6361,73
Primzahl	41	3,4482	1320,25	7 x 13	91	4,4979	6503,88
2 x 3 x 7	42	3,4760	1385,44	2^2 x 23	92	4,5144	6647,61
Primzahl	43	3,5034	1452,20	3 x 31	93	4,5307	6792,91
2^2 x 11	44	3,5303	1520,53	2 x 47	94	4,5468	6939,78
3^2 x 5	45	3,5569	1590,43	5 x 19	95	4,5629	7088,22
2 x 23	46	3,5830	1661,90	2^5 x 3	96	4,5789	7238,23
Primzahl	47	3,6088	1734,94	Primzahl	97	4,5947	7389,81
2^4 x 3	48	3,6342	1809,56	2 x 7^2	98	4,6104	7542,96
7^2	49	3,6593	1885,74	3^2 x 11	99	4,6261	7697,69
2 x 5^2	**50**	3,6840	1963,50	2^2 x 5^2	**100**	4,6416	7853,98

Faktoren, Kubikwurzel, Kreisfläche 101...200

Faktoren von *n*	*n* = *d*	$\sqrt[3]{n}$	$\frac{\pi \cdot d^2}{4}$	Faktoren von *n*	*n* = *d*	$\sqrt[3]{n}$	$\frac{\pi \cdot d^2}{4}$
Primzahl	101	4,6570	8 011,85	Primzahl	151	5,3251	17 907,9
2 x 3 x 17	102	4,6723	8 171,28	2^3 x 19	152	5,3368	18 145,8
Primzahl	103	4,6875	8 332,29	3^2 x 17	153	5,3485	18 385,4
2^3 x 13	104	4,7027	8 494,87	2 x 7 x 11	154	5,3601	18 626,5
3 x 5 x 7	105	4,7177	8 659,01	5 x 31	155	5,3717	18 869,2
2 x 53	106	4,7326	8 824,73	2^2 x 3 x 13	156	5,3832	19 113,4
Primzahl	107	4,7475	8 992,02	Primzahl	157	5,3947	19 359,3
2^2 x 3^3	108	4,7622	9 160,88	2 x 79	158	5,4061	19 606,7
Primzahl	109	4,7769	9 331,32	3 x 53	159	5,4175	19 855,7
2 x 5 x 11	**110**	4,7914	9 503,32	2^5 x 5	**160**	5,4288	20 106,2
3 x 37	111	4,8059	9 676,89	7 x 23	161	5,4401	20 358,3
2^4 x 7	112	4,8203	9 852,03	2 x 3^4	162	5,4514	20 612,0
Primzahl	113	4,8346	10 028,7	Primzahl	163	5,4626	20 867,2
2 x 3 x 19	114	4,8488	10 207,0	2^2 x 41	164	5,4737	21 124,1
5 x 23	115	4,8629	10 386,9	3 x 5 x 11	165	5,4848	21 382,5
2^2 x 29	116	4,8770	10 568,3	2 x 83	166	5,4959	21 642,4
3^2 x 13	117	4,8910	10 751,3	Primzahl	167	5,5069	21 904,0
2 x 59	118	4,9049	10 935,9	2^3 x 3 x 7	168	5,5178	22 167,1
7 x 17	119	4,9187	11 122,0	13^2	169	5,5288	22 431,8
2^3 x 3 x 5	**120**	4,9324	11 309,7	2 x 5 x 17	**170**	5,5397	22 698,0
11^2	121	4,9461	11 499,0	3^2 x 19	171	5,5505	22 965,8
2 x 61	122	4,9597	11 689,9	2^2 x 43	172	5,5613	23 235,2
3 x 41	123	4,9732	11 882,3	Primzahl	173	5,5721	23 506,2
2^2 x 31	124	4,9866	12 076,3	2 x 3 x 29	174	5,5828	23 778,7
5^3	125	5,0000	12 271,8	5^2 x 7	175	5,5934	24 052,8
2 x 3^2 x 7	126	5,0133	12 469,0	2^4 x 11	176	5,6041	24 328,5
Primzahl	127	5,0265	12 667,7	3 x 59	177	5,6147	24 605,7
2^7	128	5,0397	12 868,0	2 x 89	178	5,6252	24 884,6
3 x 43	129	5,0528	13 069,8	Primzahl	179	5,6357	25 164,9
2 x 5 x 13	**130**	5,0658	13 273,2	2^2 x 3^2 x 5	**180**	5,6462	25 446,9
Primzahl	131	5,0788	13 478,2	Primzahl	181	5,6567	25 730,4
2^2 x 3 x 11	132	5,0916	13 684,8	2 x 7 x 13	182	5,6671	26 015,5
7 x 19	133	5,1045	13 892,9	3 x 61	183	5,6774	26 302,2
2 x 67	134	5,1172	14 102,6	2^3 x 23	184	5,6877	26 590,4
3^3 x 5	135	5,1299	14 313,9	5 x 37	185	5,6980	26 880,3
2^3 x 17	136	5,1426	14 526,7	2 x 3 x 31	186	5,7083	27 171,6
Primzahl	137	5,1551	14 741,1	11 x 17	187	5,7185	27 464,6
2 x 3 x 23	138	5,1676	14 957,1	2^2 x 47	188	5,7287	27 759,1
Primzahl	139	5,1801	15 174,7	3^3 x 7	189	5,7388	28 055,2
2^2 x 5 x 7	**140**	5,1925	15 393,8	2 x 5 x 19	**190**	5,7489	28 352,9
3 x 47	141	5,2048	15 614,5	Primzahl	191	5,7590	28 652,1
2 x 71	142	5,2171	15 836,8	2^6 x 3	192	5,7690	28 952,9
11 x 13	143	5,2293	16 060,6	Primzahl	193	5,7790	29 255,3
2^4 x 3^2	144	5,2415	16 286,0	2 x 97	194	5,7890	29 559,2
5 x 29	145	5,2536	16 513,0	3 x 5 x 13	195	5,7989	29 864,8
2 x 73	146	5,2656	16 741,5	2^2 x 7^2	196	5,8088	30 171,9
3 x 7^2	147	5,2776	16 971,7	Primzahl	197	5,8186	30 480,5
2^2 x 37	148	5,2896	17 203,4	2 x 3^2 x 11	198	5,8285	30 790,7
Primzahl	149	5,3015	17 436,6	Primzahl	199	5,8383	31 102,6
2 x 3 x 5^2	**150**	5,3133	17 671,5	2^3 x 5^2	**200**	5,8480	31 415,9

Faktoren, Kubikwurzel, Kreisfläche

Faktoren von *n*	*n* = *d*	$\sqrt[3]{n}$	$\frac{\pi \cdot d^2}{4}$	Faktoren von *n*	*n* = *d*	$\sqrt[3]{n}$	$\frac{\pi \cdot d^2}{4}$
3 x 67	201	5,8578	31730,9	Primzahl	251	6,3080	49480,9
2 x 101	202	5,8675	32047,4	2^2 x 3^2 x 7	252	6,3164	49875,9
7 x 29	203	5,8771	32365,5	11 x 23	253	6,3247	50272,6
2^2 x 3 x 17	204	5,8868	32685,1	2 x 127	254	6,3330	50670,7
5 x 41	205	5,8964	33006,4	3 x 5 x 17	255	6,3413	51070,5
2 x 103	206	5,9059	33329,2	2^8	256	6,3496	51471,9
3^2 x 23	207	5,9155	33653,5	Primzahl	257	6,3579	51874,8
2^4 x 13	208	5,9250	33979,5	2 x 3 x 43	258	6,3661	52279,2
11 x 19	209	5,9345	34307,0	7 x 37	259	6,3743	52685,3
2 x 3 x 5 x 7	**210**	5,9439	34636,1	2^2 x 5 x 13	**260**	6,3825	53092,9
Primzahl	211	5,9533	34966,7	3^2 x 29	261	6,3907	53502,1
2^2 x 53	212	5,9627	35298,9	2 x 131	262	6,3988	53912,9
3 x 71	213	5,9721	35632,7	Primzahl	263	6,4070	54325,2
2 x 107	214	5,9814	35968,1	2^3 x 3 x 11	264	6,4151	54739,1
5 x 43	215	5,9907	36305,0	5 x 53	265	6,4232	55154,6
2^3 x 3^3	216	6,0000	36643,5	2 x 7 x 19	266	6,4312	55571,6
7 x 31	217	6,0092	36983,6	3 x 89	267	6,4393	55990,2
2 x 109	218	6,0185	37325,3	2^2 x 67	268	6,4473	56410,4
3 x 73	219	6,0277	37668,5	Primzahl	269	6,4553	56832,2
2^2 x 5 x 11	**220**	6,0368	38013,3	2 x 3^3 x 5	**270**	6,4633	57255,5
13 x 17	221	6,0459	38359,6	Primzahl	271	6,4713	57680,4
2 x 3 x 37	222	6,0550	38707,6	2^4 x 17	272	6,4792	58106,9
Primzahl	223	6,0641	39057,1	3 x 7 x 13	273	6,4872	58534,9
2^5 x 7	224	6,0732	39408,1	2 x 137	274	6,4951	58964,6
3^2 x 5^2	225	6,0822	39760,8	5^2 x 11	275	6,5030	59395,7
2 x 113	226	6,0912	40115,0	2^2 x 3 x 23	276	6,5108	59828,5
Primzahl	227	6,1002	40470,8	Primzahl	277	6,5187	60262,8
2^2 x 3 x 19	228	6,1091	40828,1	22 x 139	278	6,5265	60698,7
Primzahl	229	6,1180	41187,1	3^2 x 31	279	6,5343	61136,2
2 x 5 x 23	**230**	6,1269	41547,6	2^3 x 5 x 7	**280**	6,5421	61575,2
3 x 7 x 11	231	6,1358	41909,6	Primzahl	281	6,5499	62015,8
2^3 x 29	232	6,1446	42273,3	2 x 3 x 47	282	6,5577	62458,0
Primzahl	233	6,1534	42638,5	Primzahl	283	6,5654	62901,8
2 x 3^2 x 13	234	6,1622	43005,3	2^2 x 71	284	6,5731	63347,1
5 x 47	235	6,1710	43373,6	3 x 5 x 19	285	6,5808	63794,0
2^2 x 59	236	6,1797	43743,5	2 x 11 x 13	286	6,5885	64242,4
3 x 79	237	6,1885	44115,0	7 x 41	287	6,5962	64692,5
2 x 7 x 17	238	6,1972	44488,1	2^5 x 3^2	288	6,6039	65144,1
Primzahl	239	6,2058	44862,7	17^2	289	6,6115	65597,2
2^4 x 3 x 5	**240**	6,2145	45238,9	2 x 5 x 29	**290**	6,6191	66052,0
Primzahl	241	6,2231	45616,7	3 x 97	291	6,6267	66508,3
2 x 11^2	242	6,2317	45996,1	2^2 x 73	292	6,6343	66966,2
3^5	243	6,2403	46377,0	Primzahl	293	6,6419	67425,6
2^2 x 61	244	6,2488	46759,5	2 x 3 x 7^2	294	6,6494	67886,7
5 x 7^2	245	6,2573	47143,5	5 x 59	295	6,6569	68349,3
2 x 3 x 41	246	6,2658	47529,2	2^3 x 37	296	6,6644	68813,4
13 x 19	247	6,2743	47916,4	3^3 x 11	297	6,6719	69279,2
2^3 x 31	248	6,2828	48305,1	2 x 149	298	6,6794	69746,5
3 x 83	249	6,2912	48695,5	13 x 23	299	6,6869	70215,4
2 x 5^3	**250**	6,2996	49087,4	2^2 x 3 x 5^2	**300**	6,6943	70685,8

Faktoren, Kubikwurzel, Kreisfläche 301...400

Faktoren von n	$n = d$	$\sqrt[3]{n}$	$\frac{\pi \cdot d^2}{4}$	Faktoren von n	$n = d$	$\sqrt[3]{n}$	$\frac{\pi \cdot d^2}{4}$
7 x 43	301	6,7018	71157,9	3^3 x 13	351	7,0540	96761,8
2 x 151	302	6,7092	71631,5	2^5 x 11	352	7,0607	97314,0
3 x 101	303	6,7166	72106,6	Primzahl	353	7,0674	97867,7
2^4 x 19	304	6,7240	72583,4	2 x 3 x 59	354	7,0740	98423,0
5 x 61	305	6,7313	73061,7	5 x 71	355	7,0807	98979,8
2 x 3^2 x 17	306	6,7387	73541,5	2^2 x 89	356	7,0873	99538,2
Primzahl	307	6,7460	74023,0	3 x 7 x 17	357	7,0940	100098
2^2 x 7 x 11	308	6,7533	74506,0	2 x 179	358	7,1006	100660
3 x 103	309	6,7606	74990,6	Primzahl	359	7,1072	101223
2 x 5 x 31	**310**	6,7679	75476,8	2^3 x 3^2 x 5	**360**	7,1138	101788
Primzahl	311	6,7752	75964,5	19^2	361	7,1204	102354
2^3 x 3 x 13	312	6,7824	76453,8	2 x 181	362	7,1269	102922
Primzahl	313	6,7897	76944,7	3 x 11^2	363	7,1335	103491
2 x 157	314	6,7969	77437,1	2^2 x 7 x 13	364	7,1400	104062
3^2 x 5 x 7	315	6,8041	77931,1	5 x 73	365	7,1466	104635
2^2 x 79	316	6,8113	78426,7	2 x 3 x 61	366	7,1531	105209
Primzahl	317	6,8185	78923,9	Primzahl	367	7,1596	105785
2 x 3 x 53	318	6,8256	79422,6	2^4 x 23	368	7,1661	106362
11 x 29	319	6,8328	79922,9	3^2 x 41	369	7,1726	106941
2^6 x 5	**320**	6,8399	80424,8	2 x 5 x 37	**370**	7,1791	107521
3 x 107	321	6,8470	80928,2	7 x 53	371	7,1855	108103
2 x 7 x 23	322	6,8541	81433,2	2^2 x 3 x 31	372	7,1920	108687
17 x 19	323	6,8612	81939,8	Primzahl	373	7,1984	109272
2^2 x 3^4	324	6,8683	82448,0	2 x 11 x 17	374	7,2048	109858
5^2 x 13	325	6,8753	82957,7	3 x 5^3	375	7,2112	110447
2 x 163	326	6,8824	83469,0	2^3 x 47	376	7,2177	111036
3 x 109	327	6,8894	83981,8	13 x 29	377	7,2240	111628
2^3 x 41	328	6,8964	84496,3	2 x 3^3 x 7	378	7,2304	112221
7 x 47	329	6,9034	85012,3	Primzahl	379	7,2368	112815
2 x 3 x 5 x 11	**330**	6,9104	85529,9	2^2 x 5 x 19	**380**	7,2432	113411
Primzahl	331	6,9174	86049,0	3 x 127	381	7,2495	114009
2^2 x 83	332	6,9244	86569,7	2 x 191	382	7,2558	114608
3^2 x 37	333	6,9313	87092,0	Primzahl	383	7,2622	115209
2 x 167	334	6,9382	87615,9	2^7 x 3	384	7,2685	115812
5 x 67	335	6,9451	88141,3	5 x 7 x 11	385	7,2748	116416
2^4 x 3 x 7	336	6,9521	88668,3	2 x 193	386	7,2811	117021
Primzahl	337	6,9589	89196,9	3^2 x 43	387	7,2874	117628
2 x 13^2	338	6,9658	89727,0	2^2 x 97	388	7,2936	118237
3 x 113	339	6,9727	90258,7	Primzahl	389	7,2999	118847
2^2 x 5 x 17	**340**	6,9795	90792,0	2 x 3 x 5 x 13	**390**	7,3061	119459
11 x 31	341	6,9864	91326,9	17 x 23	391	7,3124	120072
2 x 3^2 x 19	342	6,9932	91863,3	2^3 x 7^2	392	7,3186	120687
7^3	343	7,0000	92401,3	3 x 131	393	7,3248	121304
2^3 x 43	344	7,0068	92940,9	2 x 197	394	7,3310	121922
3 x 5 x 23	345	7,0136	93482,0	5 x 79	395	7,3372	122542
2 x 173	346	7,0203	94024,7	2^2 x 3^2 x 11	396	7,3434	123163
Primzahl	347	7,0271	94569,0	Primzahl	397	7,3496	123786
2^2 x 3 x 29	348	7,0338	95114,9	2 x 199	398	7,3558	124410
Primzahl	349	7,0406	95662,3	3 x 7 x 19	399	7,3619	125036
2 x 5^2 x 7	**350**	7,0473	96211,3	2^4 x 5^2	**400**	7,3681	125664

401...500 Faktoren, Kubikwurzel, Kreisfläche

Faktoren von *n*	*n* = *d*	$\sqrt[3]{n}$	$\frac{\pi \cdot d^2}{4}$	Faktoren von *n*	*n* = *d*	$\sqrt[3]{n}$	$\frac{\pi \cdot d^2}{4}$
Primzahl	401	7,3742	126293	11 x 41	451	7,6688	159751
2 x 3 x 67	402	7,3803	126923	2^2 x 113	452	7,6744	160460
13 x 31	403	7,3864	127556	3 x 151	453	7,6801	161171
2^2 x 101	404	7,3925	128190	2 x 227	454	7,6857	161883
3^4 x 5	405	7,3986	128825	5 x 7 x 13	455	7,6914	162597
2 x 7 x 29	406	7,4047	129462	2^3 x 3 x 19	456	7,6970	163313
11 x 37	407	7,4108	130100	Primzahl	457	7,7026	164030
2^3 x 3 x 17	408	7,4169	130741	2 x 229	458	7,7082	164748
Primzahl	409	7,4229	131382	3^3 x 17	459	7,7138	165468
2 x 5 x 41	**410**	7,4290	132025	2^2 x 5 x 23	**460**	7,7194	166190
3 x 137	411	7,4350	132670	Primzahl	461	7,7250	166914
2^2 x 103	412	7,4410	133317	2 x 3 x 7 x 11	462	7,7306	167639
7 x 59	413	7,4470	133965	Primzahl	463	7,7362	168365
2 x 3^2 x 23	414	7,4530	134614	2^4 x 29	464	7,7418	169093
5 x 83	415	7,4590	135265	3 x 5 x 31	465	7,7473	169823
2^5 x 13	416	7,4650	135918	2 x 233	466	7,7529	170554
3 x 139	417	7,4710	136572	Primzahl	467	7,7584	171287
2 x 11 x 19	418	7,4770	137228	2^2 x 3^2 x 13	468	7,7639	172021
Primzahl	419	7,4829	137885	7 x 67	469	7,7695	172757
2^2 x 3 x 5 x 7	**420**	7,4889	138544	2 x 5 x 47	**470**	7,7750	173494
Primzahl	421	7,4948	139205	3 x 157	471	7,7805	174234
2 x 211	422	7,5007	139867	2^3 x 59	472	7,7860	174974
3^2 x 47	423	7,5067	140531	11 x 43	473	7,7915	175716
2^3 x 53	424	7,5126	141196	2 x 3 x 79	474	7,7970	176460
5^2 x 17	425	7,5185	141863	5^2 x 19	475	7,8025	177205
2 x 3 x 71	426	7,5244	142531	2^2 x 7 x 17	476	7,8079	177952
7 x 61	427	7,5302	143201	3^2 x 53	477	7,8134	178701
2^2 x 107	428	7,5361	143872	2 x 239	478	7,8188	179451
3 x 11 x 13	429	7,5420	144545	Primzahl	479	7,8243	180203
2 x 5 x 43	**430**	7,5478	145220	2^5 x 3 x 5	**480**	7,8297	180956
Primzahl	431	7,5537	145896	13 x 37	481	7,8352	181711
2^4 x 3^3	432	7,5595	146574	2 x 241	482	7,8406	182467
Primzahl	433	7,5654	147254	3 x 7 x 23	483	7,8460	183225
2 x 7 x 31	434	7,5712	147934	2^2 x 11^2	484	7,8514	183984
3 x 5 x 29	435	7,5770	148617	5 x 97	485	7,8568	184745
2^2 x 109	436	7,5828	149301	2 x 3^5	486	7,8622	185508
19 x 23	437	7,5886	149987	Primzahl	487	7,8676	186272
2 x 3 x 73	438	7,5944	150674	2^3 x 61	488	7,8730	187038
Primzahl	439	7,6001	151363	3 x 163	489	7,8784	187805
2^3 x 5 x 11	**440**	7,6059	152053	2 x 5 x 7^2	**490**	7,8837	188574
3^2 x 7^2	441	7,6117	152745	Primzahl	491	7,8891	189345
2 x 13 x 17	442	7,6174	153439	2^2 x 3 x 41	492	7,8944	190117
Primzahl	443	7,6232	154134	17 x 29	493	7,8998	190890
2^2 x 3 x 37	444	7,6289	154830	2 x 13 x 19	494	7,9051	191665
5 x 89	445	7,6346	155528	3^2 x 5 x 11	495	7,9105	192442
2 x 223	446	7,6403	156228	2^4 x 31	496	7,9158	193221
3 x 149	447	7,6460	156930	7 x 71	497	7,9211	194000
2^6 x 7	448	7,6517	157633	2 x 3 x 83	498	7,9264	194782
Primzahl	449	7,6574	158337	Primzahl	499	7,9317	195565
2 x 3^2 x 5^2	**450**	7,6631	159043	2^2 x 5^3	**500**	7,9370	196350

Faktoren von *n*	*n* = *d*	$\sqrt[3]{n}$	$\frac{\pi \cdot d^2}{4}$	Faktoren von *n*	*n* = *d*	$\sqrt[3]{n}$	$\frac{\pi \cdot d^2}{4}$
3 x 167	501	7,9423	197 136	19 x 29	551	8,1982	238 448
2 x 251	502	7,9476	197 923	2^3 x 3 x 23	552	8,2031	239 314
Primzahl	503	7,9528	198 713	7 x 79	553	8,2081	240 182
2^3 x 3^2 x 7	504	7,9581	199 504	2 x 277	554	8,2130	241 051
5 x 101	505	7,9634	200 296	3 x 5 x 37	555	8,2180	241 922
2 x 11 x 23	506	7,9686	201 090	2^2 x 139	556	8,2229	242 795
3 x 13^2	507	7,9739	201 886	Primzahl	557	8,2278	243 669
2^2 x 127	508	7,9791	202 683	2 x 3^2 x 31	558	8,2327	244 545
Primzahl	509	7,9843	203 482	13 x 43	559	8,2377	245 422
2 x 3 x 5 x 17	**510**	7,9896	204 282	2^4 x 5 x 7	**560**	8,2426	246 301
7 x 73	511	7,9948	205 084	3 x 11 x 17	561	8,2475	247 181
2^9	512	8,0000	205 887	2 x 281	562	8,2524	248 063
3^3 x 19	513	8,0052	206 692	Primzahl	563	8,2573	248 947
2 x 257	514	8,0104	207 499	2^2 x 3 x 47	564	8,2621	249 832
5 x 103	515	8,0156	208 307	5 x 113	565	8,2670	250 719
2^2 x 3 x 43	516	8,0208	209 117	2 x 283	566	8,2719	251 607
11 x 47	517	8,0260	209 928	3^4 x 7	567	8,2768	252 497
2 x 7 x 37	518	8,0311	210 741	2^3 x 71	568	8,2816	253 388
3 x 173	519	8,0363	211 556	Primzahl	569	8,2865	254 281
2^3 x 5 x 13	**520**	8,0415	212 372	2 x 3 x 5 x 19	**570**	8,2913	255 176
Primzahl	521	8,0466	213 189	Primzahl	571	8,2962	256 072
2 x 3^2 x 29	522	8,0517	214 008	2^2 x 11 x 13	572	8,3010	256 970
Primzahl	523	8,0569	214 829	3 x 191	573	8,3059	257 869
2^2 x 131	524	8,0620	215 651	2 x 7 x 41	574	8,3107	258 770
3 x 5^2 x 7	525	8,0671	216 475	5^2 x 23	575	8,3155	259 672
2 x 263	526	8,0723	217 301	2^6 x 3^2	576	8,3203	260 576
17 x 31	527	8,0774	218 128	Primzahl	577	8,3251	261 482
2^4 x 3 x 11	528	8,0825	218 956	2 x 17^2	578	8,3300	262 389
23^2	529	8,0876	219 787	3 x 193	579	8,3348	263 298
2 x 5 x 53	**530**	8,0927	220 618	2^2 x 5 x 29	**580**	8,3396	264 208
3^2 x 59	531	8,0978	221 452	7 x 83	581	8,3443	265 120
2^2 x 7 x 19	532	8,1028	222 287	2 x 3 x 97	582	8,3491	266 033
13 x 41	533	8,1079	223 123	11 x 53	583	8,3539	266 948
2 x 3 x 89	534	8,1130	223 961	2^3 x 73	584	8,3587	267 865
5 x 107	535	8,1180	224 801	3^2 x 5 x 13	585	8,3634	268 783
2^3 x 67	536	8,1231	225 642	2 x 293	586	8,3682	269 703
3 x 179	537	8,1281	226 484	Primzahl	587	8,3730	270 624
2 x 269	538	8,1332	227 329	2^2 x 3 x 7^2	588	8,3777	271 547
7^2 x 11	539	8,1382	228 175	19 x 31	589	8,3825	272 471
2^2 x 3^3 x 5	**540**	8,1433	229 022	2 x 5 x 59	**590**	8,3872	273 397
Primzahl	541	8,1483	229 871	3 x 197	591	8,3919	274 325
2 x 271	542	8,1533	230 722	2^4 x 37	592	8,3967	275 254
3 x 181	543	8,1583	231 574	Primzahl	593	8,4014	276 184
2^5 x 17	544	8,1633	232 428	2 x 3^3 x 11	594	8,4061	277 117
5 x 109	545	8,1683	233 283	5 x 7 x 17	595	8,4108	278 051
2 x 3 x 7 x 13	546	8,1733	234 140	2^2 x 149	596	8,4155	278 986
Primzahl	547	8,1783	234 998	3 x 199	597	8,4202	279 923
2^2 x 137	548	8,1833	235 858	2 x 13 x 23	598	8,4249	280 862
3^2 x 61	549	8,1882	236 720	Primzahl	599	8,4296	281 802
2 x 5^2 x 11	**550**	8,1932	237 583	2^3 x 3 x 5^2	**600**	8,4343	282 743

601...700 Faktoren, Kubikwurzel, Kreisfläche

Faktoren von *n*	*n* = *d*	$\sqrt[3]{n}$	$\frac{\pi \cdot d^2}{4}$	Faktoren von *n*	*n* = *d*	$\sqrt[3]{n}$	$\frac{\pi \cdot d^2}{4}$
Primzahl	601	8,4390	283 687	$3 \times 7 \times 31$	651	8,6668	332 853
$2 \times 7 \times 43$	602	8,4437	284 631	$2^2 \times 163$	652	8,6713	333 876
$3^2 \times 67$	603	8,4484	285 578	Primzahl	653	8,6757	334 901
$2^2 \times 151$	604	8,4530	286 526	$2 \times 3 \times 109$	654	8,6801	335 927
5×11^2	605	8,4577	287 475	5×131	655	8,6845	336 955
$2 \times 3 \times 101$	606	8,4623	288 426	$2^4 \times 41$	656	8,6890	337 985
Primzahl	607	8,4670	289 379	$3^2 \times 73$	657	8,6934	339 016
$2^5 \times 19$	608	8,4716	290 333	$2 \times 7 \times 47$	658	8,6978	340 049
$3 \times 7 \times 29$	609	8,4763	291 289	Primzahl	659	8,7022	341 084
$2 \times 5 \times 61$	**610**	8,4809	292 247	$2^2 \times 3 \times 5 \times 11$	**660**	8,7066	342 119
13×47	611	8,4856	293 206	Primzahl	661	8,7110	343 157
$2^2 \times 3^2 \times 17$	612	8,4902	294 166	2×331	662	8,7154	344 196
Primzahl	613	8,4948	295 128	$3 \times 13 \times 17$	663	8,7198	345 237
2×307	614	8,4994	296 092	$2^3 \times 83$	664	8,7241	346 279
$3 \times 5 \times 41$	615	8,5040	297 057	$5 \times 7 \times 19$	665	8,7285	347 323
$2^3 \times 7 \times 11$	616	8,5086	298 024	$2 \times 3^2 \times 37$	666	8,7329	348 368
Primzahl	617	8,5132	298 992	23×29	667	8,7373	349 415
$2 \times 3 \times 103$	618	8,5178	299 962	$2^2 \times 167$	668	8,7416	350 464
Primzahl	619	8,5224	300 934	3×223	669	8,7460	351 514
$2^2 \times 5 \times 31$	**620**	8,5270	301 907	$2 \times 5 \times 67$	**670**	8,7503	352 565
$3^3 \times 23$	621	8,5316	302 882	11×61	671	8,7547	353 618
2×311	622	8,5362	303 858	$2^5 \times 3 \times 7$	672	8,7590	354 673
7×89	623	8,5408	304 836	Primzahl	673	8,7634	355 730
$2^4 \times 3 \times 13$	624	8,5453	305 815	2×337	674	8,7677	356 788
5^4	625	8,5499	306 796	$3^3 \times 5^2$	675	8,7721	357 847
2×313	626	8,5544	307 779	$2^2 \times 13^2$	676	8,7764	358 908
$3 \times 11 \times 19$	627	8,5590	308 763	Primzahl	677	8,7807	359 971
$2^2 \times 157$	628	8,5635	309 748	$2 \times 3 \times 113$	678	8,7850	361 035
17×37	629	8,5681	310 736	7×97	679	8,7893	362 101
$2 \times 3^2 \times 5 \times 7$	**630**	8,5726	311 725	$2^3 \times 5 \times 17$	**680**	8,7937	363 168
Primzahl	631	8,5772	312 715	3×227	681	8,7980	364 237
$2^3 \times 79$	632	8,5817	313 707	$2 \times 11 \times 31$	682	8,8023	365 308
3×211	633	8,5862	314 700	Primzahl	683	8,8066	366 380
2×317	634	8,5907	315 696	$2^2 \times 3^2 \times 19$	684	8,8109	367 453
5×127	635	8,5952	316 692	5×137	685	8,8152	368 528
$2^2 \times 3 \times 53$	636	8,5997	317 690	2×7^3	686	8,8194	369 605
$7^2 \times 13$	637	8,6043	318 690	3×229	687	8,8237	370 684
$2 \times 11 \times 29$	638	8,6088	319 692	$2^4 \times 43$	688	8,8280	371 764
$3^2 \times 71$	639	8,6132	320 695	13×53	689	8,8323	372 845
$2^7 \times 5$	**640**	8,6177	321 699	$2 \times 3 \times 5 \times 23$	**690**	8,8366	373 928
Primzahl	641	8,6222	322 705	Primzahl	691	8,8408	375 013
$2 \times 3 \times 107$	642	8,6267	323 713	$2^2 \times 173$	692	8,8451	376 099
Primzahl	643	8,6312	324 722	$3^2 \times 7 \times 11$	693	8,8493	377 187
$2^2 \times 7 \times 23$	644	8,6357	325 733	2×347	694	8,8536	378 276
$3 \times 5 \times 43$	645	8,6401	326 745	5×139	695	8,8578	379 367
$2 \times 17 \times 19$	646	8,6446	327 759	$2^3 \times 3 \times 29$	696	8,8621	380 459
Primzahl	647	8,6490	328 775	17×41	697	8,8663	381 553
$2^3 \times 3^4$	648	8,6535	329 792	2×349	698	8,8706	382 649
11×59	649	8,6579	330 810	3×233	699	8,8748	383 746
$2 \times 5^2 \times 13$	**650**	8,6624	331 831	$2^2 \times 5^2 \times 7$	**700**	8,8790	384 845

Faktoren von n	$n = d$	$\sqrt[3]{n}$	$\frac{\pi \cdot d^2}{4}$	Faktoren von n	$n = d$	$\sqrt[3]{n}$	$\frac{\pi \cdot d^2}{4}$
Primzahl	701	8,8833	385 945	Primzahl	751	9,0896	442 965
2 x 3^3 x 13	702	8,8875	387 047	2^4 x 47	752	9,0937	444 146
19 x 37	703	8,8917	388 151	3 x 251	753	9,0977	445 328
2^6 x 11	704	8,8959	389 256	2 x 13 x 29	754	9,1017	446 511
3 x 5 x 47	705	8,9001	390 363	5 x 151	755	9,1057	447 697
2 x 353	706	8,9043	391 471	2^2 x 3^3 x 7	756	9,1098	448 883
7 x 101	707	8,9085	392 580	Primzahl	757	9,1138	450 072
2^2 x 3 x 59	708	8,9127	393 692	2 x 379	758	9,1178	451 262
Primzahl	709	8,9169	394 805	3 x 11 x 23	759	9,1218	452 453
2 x 5 x 71	**710**	8,9211	395 919	2^3 x 5 x 19	**760**	9,1258	453 646
3^2 x 79	711	8,9253	397 035	Primzahl	761	9,1298	454 841
2^3 x 89	712	8,9295	398 153	2 x 3 x 127	762	9,1338	456 037
23 x 31	713	8,9337	399 272	7 x 109	763	9,1378	457 234
2 x 3 x 7 x 17	714	8,9378	400 393	2^2 x 191	764	9,1418	458 434
5 x 11 x 13	715	8,9420	401 515	3^2 x 5 x 17	765	9,1458	459 635
2^2 x 179	716	8,9462	402 639	2 x 383	766	9,1498	460 837
3 x 239	717	8,9503	403 765	13 x 59	767	9,1537	462 041
2 x 359	718	8,9545	404 892	2^8 x 3	768	9,1577	463 247
Primzahl	719	8,9587	406 020	Primzahl	769	9,1617	464 454
2^4 x 3^2 x 5	**720**	8,9628	407 150	2 x 5 x 7 x 11	**770**	9,1657	465 663
7 x 103	721	8,9670	408 282	3 x 257	771	9,1696	466 873
2 x 19^2	722	8,9711	409 415	2^2 x 193	772	9,1736	468 085
3 x 241	723	8,9752	410 550	Primzahl	773	9,1775	469 298
2^2 x 181	724	8,9794	411 687	2 x 3^2 x 43	774	9,1815	470 513
5^2 x 29	725	8,9835	412 825	5^2 x 31	775	9,1855	471 730
2 x 3 x 11^2	726	8,9876	413 965	2^3 x 97	776	9,1894	472 948
Primzahl	727	8,9918	415 106	3 x 7 x 37	777	9,1933	474 168
2^3 x 7 x 13	728	8,9959	416 248	2 x 389	778	9,1973	475 389
3^6	729	9,0000	417 393	19 x 41	779	9,2012	476 612
2 x 5 x 73	**730**	9,0041	418 539	2^2 x 3 x 5 x 13	**780**	9,2052	477 836
17 x 43	731	9,0082	419 686	11 x 71	781	9,2091	479 062
2^2 x 3 x 61	732	9,0123	420 835	2 x 17 x 23	782	9,2130	480 290
Primzahl	733	9,0164	421 986	3^3 x 29	783	9,2170	481 519
2 x 367	734	9,0205	423 138	2^4 x 7^2	784	9,2209	482 750
3 x 5 x 7^2	735	9,0246	424 293	5 x 157	785	9,2248	483 982
2^5 x 23	736	9,0287	425 447	2 x 3 x 131	786	9,2287	485 216
11 x 67	737	9,0328	426 604	Primzahl	787	9,2326	486 451
2 x 3^2 x 41	738	9,0369	427 762	2^2 x 197	788	9,2365	487 688
Primzahl	739	9,0410	428 922	3 x 263	789	9,2404	488 927
2^2 x 5 x 37	**740**	9,0450	430 084	2 x 5 x 79	**790**	9,2443	490 167
3 x 13 x 19	741	9,0491	431 247	7 x 113	791	9,2482	491 409
2 x 7 x 53	742	9,0532	432 412	2^3 x 3^2 x 11	792	9,2521	492 652
Primzahl	743	9,0572	433 578	13 x 61	793	9,2560	493 897
2^3 x 3 x 31	744	9,0613	434 746	2 x 397	794	9,2599	495 143
5 x 149	745	9,0654	435 916	3 x 5 x 53	795	9,2638	496 391
2 x 373	746	9,0694	437 087	2^2 x 199	796	9,2677	497 641
3^2 x 83	747	9,0735	438 259	Primzahl	797	9,2716	498 892
2^2 x 11 x 17	748	9,0775	439 433	2 x 3 x 7 x 19	798	9,2754	500 145
7 x 107	749	9,0816	440 609	17 x 47	799	9,2793	501 399
2 x 3 x 5^3	**750**	9,0856	441 786	2^5 x 5^2	**800**	9,2832	502 655

801 ... 900 Faktoren, Kubikwurzel, Kreisfläche

Faktoren von *n*	*n* = *d*	$\sqrt[3]{n}$	$\frac{\pi \cdot d^2}{4}$	Faktoren von *n*	*n* = *d*	$\sqrt[3]{n}$	$\frac{\pi \cdot d^2}{4}$
$3^2 \times 89$	801	9,2870	503 912	23×37	851	9,4764	568 786
2×401	802	9,2909	505 171	$2^2 \times 3 \times 71$	852	9,4801	570 124
11×73	803	9,2948	506 432	Primzahl	853	9,4838	571 463
$2^2 \times 3 \times 67$	804	9,2986	507 694	$2 \times 7 \times 61$	854	9,4875	572 803
$5 \times 7 \times 23$	805	9,3025	508 958	$3^2 \times 5 \times 19$	855	9,4912	574 146
$2 \times 13 \times 31$	806	9,3063	510 223	$2^3 \times 107$	856	9,4949	575 490
3×269	807	9,3102	511 490	Primzahl	857	9,4986	576 835
$2^3 \times 101$	808	9,3140	512 758	$2 \times 3 \times 11 \times 13$	858	9,5023	578 182
Primzahl	809	9,3179	514 028	Primzahl	859	9,5060	579 530
$2 \times 3^4 \times 5$	**810**	9,3217	515 300	$2^2 \times 5 \times 43$	**860**	9,5097	580 880
Primzahl	811	9,3255	516 573	$3 \times 7 \times 41$	861	9,5134	582 232
$2^2 \times 7 \times 29$	812	9,3294	517 848	2×431	862	9,5171	583 585
3×271	813	9,3332	519 124	Primzahl	863	9,5207	584 940
$2 \times 11 \times 37$	814	9,3370	520 402	$2^5 \times 3^3$	864	9,5244	586 297
5×163	815	9,3408	521 681	5×173	865	9,5281	587 655
$2^4 \times 3 \times 17$	816	9,3447	522 962	2×433	866	9,5317	589 014
19×43	817	9,3485	524 245	3×17^2	867	9,5354	590 375
2×409	818	9,3523	525 529	$2^2 \times 7 \times 31$	868	9,5391	591 738
$3^2 \times 7 \times 13$	819	9,3561	526 814	11×79	869	9,5427	593 102
$2^2 \times 5 \times 41$	**820**	9,3599	528 102	$2 \times 3 \times 5 \times 29$	**870**	9,5464	594 468
Primzahl	821	9,3637	529 391	13×67	871	9,5501	595 835
$2 \times 3 \times 137$	822	9,3675	530 681	$2^3 \times 109$	872	9,5537	597 204
Primzahl	823	9,3713	531 973	$3^2 \times 97$	873	9,5574	598 575
$2^3 \times 103$	824	9,3751	533 267	$2 \times 19 \times 23$	874	9,5610	599 947
$3 \times 5^2 \times 11$	825	9,3789	534 562	$5^3 \times 7$	875	9,5647	601 320
$2 \times 7 \times 59$	826	9,3827	535 858	$2^2 \times 3 \times 73$	876	9,5683	602 696
Primzahl	827	9,3865	537 157	Primzahl	877	9,5719	604 073
$2^2 \times 3^2 \times 23$	828	9,3902	538 456	2×439	878	9,5756	605 451
Primzahl	829	9,3940	539 758	3×293	879	9,5792	606 831
$2 \times 5 \times 83$	**830**	9,3978	541 061	$2^4 \times 5 \times 11$	**880**	9,5828	608 212
3×277	831	9,4016	542 365	Primzahl	881	9,4865	609 595
$2^6 \times 13$	832	9,4053	543 671	$2 \times 3^2 \times 7^2$	882	9,5901	610 980
$7^2 \times 17$	833	9,4091	544 979	Primzahl	883	9,5937	612 366
$2 \times 3 \times 139$	834	9,4129	546 288	$2^2 \times 13 \times 17$	884	9,5973	613 754
5×167	835	9,4166	547 599	$3 \times 5 \times 59$	885	9,6010	615 143
$2^2 \times 11 \times 19$	836	9,4204	548 912	2×443	886	9,6046	616 534
$3^3 \times 31$	837	9,4241	550 226	Primzahl	887	9,6082	617 927
2×419	838	9,4279	551 541	$2^3 \times 3 \times 37$	888	9,6118	619 321
Primzahl	839	9,4316	552 858	7×127	889	9,6154	620 717
$2^3 \times 3 \times 5 \times 7$	**840**	9,4354	554 177	$2 \times 5 \times 89$	**890**	9,6190	622 114
29^2	841	9,4391	555 497	$3^4 \times 11$	891	9,6226	623 513
2×421	842	9,4429	556 819	$2^2 \times 223$	892	9,6262	624 913
3×281	843	9,4466	558 142	19×47	893	9,6298	626 315
$2^2 \times 211$	844	9,4503	559 467	$2 \times 3 \times 149$	894	9,6334	627 718
5×13^2	845	9,4541	560 794	5×179	895	9,6370	629 124
$2 \times 3^2 \times 47$	846	9,4578	562 122	$2^7 \times 7$	896	9,6406	630 530
7×11^2	847	9,4615	563 452	$3 \times 13 \times 23$	897	9,6442	631 938
$2^4 \times 53$	848	9,4652	564 783	2×449	898	9,6477	633 348
3×283	849	9,4690	566 116	29×31	899	9,6513	634 760
$2 \times 5^2 \times 17$	**850**	9,4727	567 450	$2^2 \times 3^2 \times 5^2$	**900**	9,6549	636 173

Faktoren von *n*	*n* = *d*	$\sqrt[3]{n}$	$\frac{\pi \cdot d^2}{4}$	Faktoren von *n*	*n* = *d*	$\sqrt[3]{n}$	$\frac{\pi \cdot d^2}{4}$
17 x 53	901	9,6585	637 587	3 x 317	951	9,8339	710 315
2 x 11 x 41	902	9,6620	639 003	2^3 x 7 x 17	952	9,8374	711 809
3 x 7 x 43	903	9,6656	640 421	Primzahl	953	9,8408	713 306
2^3 x 113	904	9,6692	641 840	2 x 3^2 x 53	954	9,8443	714 803
5 x 181	905	9,6727	643 261	5 x 191	955	9,8477	716 303
2 x 3 x 151	906	9,6763	644 683	2^2 x 239	956	9,8511	717 804
Primzahl	907	9,6799	646 107	3 x 11 x 29	957	9,8546	719 306
2^2 x 227	908	9,6834	647 533	2 x 479	958	9,8580	720 810
3^2 x 101	909	9,6870	648 960	7 x 137	959	9,8614	722 316
2 x 5 x 7 x 13	**910**	9,6905	650 388	2^6 x 3 x 5	**960**	9,8648	723 823
Primzahl	911	9,6941	651 818	31^2	961	9,8683	725 332
2^4 x 3 x 19	912	9,6976	653 250	2 x 13 x 37	962	9,8717	726 842
11 x 83	913	9,7012	654 684	3^2 x 107	963	9,8751	728 354
2 x 457	914	9,7047	656 118	2^2 x 241	964	9,8785	729 867
3 x 5 x 61	915	9,7082	657 555	5 x 193	965	9,8819	731 382
2^2 x 229	916	9,7118	658 993	2 x 3 x 7 x 23	966	9,8854	732 899
7 x 131	917	9,7153	660 433	Primzahl	967	9,8888	734 417
2 x 3^3 x 17	918	9,7188	661 874	2^3 x 11^2	968	9,8922	735 937
Primzahl	919	9,7224	663 317	3 x 17 x 19	969	9,8956	737 458
2^3 x 5 x 23	**920**	9,7259	664 761	2 x 5 x 97	**970**	9,8990	738 981
3 x 307	921	9,7294	666 207	Primzahl	971	9,9024	740 506
2 x 461	922	9,7329	667 654	2^2 x 3^5	972	9,9058	742 032
13 x 71	923	9,7364	669 103	7 x 139	973	9,9092	743 559
2^2 x 3 x 7 x 11	924	9,7400	670 554	2 x 487	974	9,9126	745 088
5^2 x 37	925	9,7435	672 006	3 x 5^2 x 13	975	9,9160	746 619
2 x 463	926	9,7470	673 460	2^4 x 61	976	9,9194	748 151
3^2 x 103	927	9,7505	674 915	Primzahl	977	9,9227	749 685
2^5 x 29	928	9,7540	676 372	2 x 3 x 163	978	9,9261	751 221
Primzahl	929	9,7575	677 831	11 x 89	979	9,9295	752 758
2 x 3 x 5 x 31	**930**	9,7610	679 291	2^2 x 5 x 7^2	**980**	9,9329	754 296
7^2 x 19	931	9,7645	680 752	3^2 x 109	981	9,9363	755 837
2^2 x 233	932	9,7680	682 216	2 x 491	982	9,9396	757 378
3 x 311	933	9,7715	683 680	Primzahl	983	9,9430	758 922
2 x 467	934	9,7750	685 147	2^3 x 3 x 41	984	9,9464	760 466
5 x 11 x 17	935	9,7785	686 615	5 x 197	985	9,9497	762 013
2^3 x 3^2 x 13	936	9,7819	688 084	2 x 17 x 29	986	9,9531	763 561
Primzahl	937	9,7854	689 555	3 x 7 x 47	987	9,9565	765 111
2 x 7 x 67	938	9,7889	691 028	2^2 x 13 x 19	988	9,9598	766 662
3 x 313	939	9,7924	692 502	23 x 43	989	9,9632	768 214
2^2 x 5 x 47	**940**	9,7959	693 978	2 x 3^2 x 5 x 11	**990**	9,9666	769 769
Primzahl	941	9,7993	695 455	Primzahl	991	9,9699	771 325
2 x 3 x 157	942	9,8028	696 934	2^5 x 31	992	9,9733	772 882
23 x 41	943	9,8063	698 415	3 x 331	993	9,9766	774 441
2^4 x 59	944	9,8097	699 897	2 x 7 x 71	994	9,9800	776 002
3^3 x 5 x 7	945	9,8132	701 380	5 x 199	995	9,9833	777 564
2 x 11 x 43	946	9,8167	702 865	2^2 x 3 x 83	996	9,9866	779 128
Primzahl	947	9,8201	704 352	Primzahl	997	9,9900	780 693
2^2 x 3 x 79	948	9,8236	705 840	2 x 499	998	9,9933	782 260
13 x 73	949	9,8270	707 330	3^3 x 37	999	9,9967	783 828
2 x 5^2 x 19	**950**	9,8305	708 822	2^3 x 5^3	**1000**	10,0000	785 398

Formelzeichen, mathematische Zeichen

Formelzeichen

DIN 1304 (2.78)

Formelzeichen	Bedeutung
Länge, Fläche, Volumen, Winkel	
l	Länge
b	Breite
h	Höhe, Tiefe
r, R	Halbmesser, Radius
d, D	Durchmesser
s	Weglänge, Kurvenlänge
λ	Wellenlänge
A, S	Fläche, Querschnittfläche
V	Volumen
α, β, γ	ebener Winkel
Ω	Raumwinkel
Zeit	
t	Zeit, Dauer
T	Periodendauer
f, ν	Frequenz
n	Drehzahl
ω	Winkelgeschwindigkeit
v, u	Geschwindigkeit
a	Beschleunigung
g	örtliche Fallbeschleunigung
α	Winkelbeschleunigung
Q	Volumenstrom
Akustik	
p	Schalldruck
c	Schallgeschwindigkeit
L_p	Schalldruckpegel
ϱ	Schallreflexionsgrad
α	Schallabsorptionsgrad
R	Schalldämm-Maß
L_N	Lautstärkepegel

Formelzeichen	Bedeutung
Mechanik	
m	Masse
m'	längenbezogene Masse
m''	flächenbezogene Masse
ϱ	Dichte, volumenbezogene Masse
J	Trägheitsmoment, Massenmoment 2. Grades (früher Massenträgheitsmoment)
F	Kraft
G, F_G	Gewichtskraft
M	Drehmoment
T	Torsionsmoment
M_b	Biegemoment
p	Druck
p_{abs}	absoluter Druck
p_{amb}	Atmosphärendruck
p_e	Überdruck
σ	Normalspannung
τ	Schubspannung
A	Bruchdehnung
ε	Dehnung, relative Längenänderung
E	Elastizitätsmodul
G	Schubmodul
μ, f	Reibungszahl
W	Widerstandsmoment
I	Flächenmoment 2. Grades (früher Flächenträgheitsmoment)
W, E	Arbeit, Energie
W_p	potentielle Energie
W_k	kinetische Energie
P	Leistung
η	Wirkungsgrad
Licht, elektromagnet. Strahlung	
I	Lichtstärke
E	Beleuchtungsstärke
f	Brennweite
n	Brechzahl
Q_e, W	Strahlungsenergie

Formelzeichen	Bedeutung
Wärme	
T, Θ	thermodynamische Temperatur
ΔT, Δt, $\Delta\vartheta$	Temperaturdifferenz
t, ϑ	Celsius-Temperatur
α	Längenausdehnungskoeffizient
γ	Volumenausdehnungskoeffizient
Q	Wärme, Wärmemenge
λ	Wärmeleitfähigkeit
α	Wärmeübergangskoeffizient
k	Wärmedurchgangskoeffizient
α	Temperaturleitfähigkeit
C	Wärmekapazität
c	spez. Wärmekapazität
c_p	spez. Wärmekapazität bei konstantem Druck
c_v	spez. Wärmekapazität bei konstantem Volumen
H	spezifischer Heizwert
Elektrizität	
Q	Ladung, Elektrizitätsmenge
U	Spannung
C	Kapazität
ε	Dielektrizitätskonstante
I	Stromstärke
L	Induktivität
μ	Permeabilität
R	Widerstand
ϱ	spezifischer Widerstand
$\varkappa$	elektrische Leitfähigkeit
X	Blindwiderstand
Z	Scheinwiderstand
φ	Phasenverschiebungswinkel
N, w	Windungszahl

Mathematische Zeichen

DIN 1302 (8.80)

Mathm. Zeichen	Sprechweise
≈	ungefähr gleich, rund, etwa
≙	entspricht
. . .	und so weiter bis
=	gleich
≠	ungleich
$=_{def}$	ist definitionsgemäß gleich
<	kleiner als
≤	kleiner oder gleich
>	größer als
≥	größer oder gleich
+	plus
−	minus
x, ·	mal, multipliziert mit
−, /, :	durch, geteilt durch, zu
Σ	Summe
Π	Produkt
~	proportional
π	pi (Kreiszahl = 3,14159...)
a^x	a hoch x

Mathm. Zeichen	Sprechweise
$\sqrt{\ }$	Quadratwurzel aus
$\sqrt[n]{\ }$	n-te Wurzel aus
|x|	Betrag von x
∞	unendlich
Arc z	Arcus z, Bogenmaß z
Arc sin	Arcus sinus
⊥	senkrecht auf
||	ist parallel zu
↑↑	gleichsinnig parallel
↓↑	gegensinnig parallel
∢	Winkel
△	Dreieck
⊙	Kreis
≅	kongruent zu
Δx	Delta x (Differenz zweier Werte)

Mathm. Zeichen	Sprechweise
ln	natürlicher Logarithmus
log	Logarithmus (allgemein)
lg	dekadischer Logarithmus
sin	Sinus
cos	Cosinus
tan	Tangens
cot	Cotangens
%	Prozent, vom Hundert
‰	Promille, vom Tausend
(), [ ], { }	runde, eckige, geschweifte Klammer auf und zu
$\overline{AB}$	Strecke A B
$\overset{\frown}{AB}$	Bogen A B
a′, a″	a Strich, a zwei Strich
a_1, a_2	a eins, a zwei

Grundrechnungsarten, Bruchrechnung

Grundrechnungsarten

Addieren	Subtrahieren	Multiplizieren	Dividieren
$23 + 17 = 40$	$36 - 14 = 22$	$8 \cdot 7 = 56$	$63 : 9 = 7$
$a + b = a + b$	$a - b = a - b$	$a \cdot b = ab$	$a : b = \frac{a}{b}$

Vorzeichenregel beim Multiplizieren und Dividieren

Gleiche Vorzeichen ergeben plus	Ungleiche Vorzeichen ergeben minus
+ mal + gleich +; — mal — gleich + + durch + gleich +; — durch — gleich +	— mal + gleich —; + mal — gleich — — durch + gleich —; + durch — gleich —
$+a \cdot (+b) = ab$; $(-a) \cdot (-b) = ab$ $+a : (+b) = \frac{+a}{+b} = \frac{a}{b}$; $-a : (-b) = \frac{-a}{-b} = \frac{a}{b}$	$-a \cdot (+b) = -ab$; $+a \cdot (-b) = -ab$ $-a : (+b) = \frac{-a}{+b} = -\frac{a}{b}$; $+a : (-b) = \frac{+a}{-b} = -\frac{a}{b}$

Bruchrechnung

Rechenart		Erklärung	Beispiel
Erweitern und Kürzen		Zähler und Nenner mit derselben Zahl multiplizieren, bzw. durch dieselbe Zahl dividieren.	$\frac{4}{5}$ mit 7 erweitert $= \frac{4 \cdot 7}{5 \cdot 7} = \mathbf{\frac{28}{35}}$ $\frac{25}{40}$ mit 5 gekürzt $= \frac{25 : 5}{40 : 5} = \mathbf{\frac{5}{8}}$
Gleichnamig machen (Hauptnenner suchen)		Alle Nenner in ihre kleinsten Faktoren zerlegen. Von jedem kleinsten Faktor, der in den Nennern vorkommt, wird nur die größte Gruppe berücksichtigt (in roten Klammern). Das Produkt der größten Gruppen ist der *Hauptnenner*.	$\frac{3}{4} + \frac{7}{10} + \frac{7}{16} + \frac{1}{18} = ?$ **Lösung:** $4 = 2 \cdot 2$ $10 = (5) \cdot 2$ $16 = (2 \cdot 2 \cdot 2 \cdot 2)$ $18 = (3 \cdot 3) \cdot 2$ **Hauptnenner** $= 2 \cdot 2 \cdot 2 \cdot 2 \cdot 3 \cdot 3 \cdot 5 = \mathbf{720}$ $\frac{540 + 504 + 315 + 40}{720} = \frac{1399}{720} = \mathbf{1\frac{679}{720}}$
Addieren und Subtrahieren		**Gleichnamige Brüche:** Zähler addieren bzw. subtrahieren. **Ungleichnamige Brüche:** Zuerst gleichnamig machen.	$\frac{3}{4} + \frac{4}{5} + \frac{5}{6} + \frac{3}{8} - \frac{7}{10} = ?$ $\frac{90 + 96 + 100 + 45 - 84}{120} = \frac{247}{120} = \mathbf{2\frac{7}{120}}$
Multiplizieren	Ganze Zahl mit Bruch	Zähler mit der Zahl multiplizieren.	$5 \cdot \frac{3}{4} = \frac{5 \cdot 3}{4} = \frac{15}{4} = \mathbf{3\frac{3}{4}}$
	Bruch mit Bruch	Zähler mit Zähler und Nenner mit Nenner multiplizieren.	$\frac{5}{16} \cdot \frac{4}{7} = \frac{5 \cdot 4}{16 \cdot 7} = \frac{20}{112} = \mathbf{\frac{5}{28}}$
	Gemischte Zahlen	Zuerst in unechte Brüche verwandeln.	$1\frac{3}{4} \cdot 3\frac{1}{2} = \frac{7}{4} \cdot \frac{7}{2} = \frac{49}{8} = \mathbf{6\frac{1}{8}}$
Dividieren	Bruch durch ganze Zahl	Nenner mit der Zahl multiplizieren	$\frac{3}{4} : 5 = \frac{3}{4 \cdot 5} = \mathbf{\frac{3}{20}}$
	Ganze Zahl durch Bruch	Zahl mit umgekehrtem Wert des Bruches multiplizieren.	$5 : \frac{3}{4} = \frac{5 \cdot 4}{3} = \frac{20}{3} = \mathbf{6\frac{2}{3}}$
	Bruch durch Bruch	Ersten Bruch mit umgekehrtem Wert des zweiten Bruches multiplizieren.	$\frac{5}{7} : \frac{3}{8} = \frac{5 \cdot 8}{7 \cdot 3} = \frac{40}{21} = \mathbf{1\frac{19}{21}}$
Verwandeln	Gemeinen Bruch in Dezimalbruch	Zähler durch Nenner dividieren.	$\frac{5}{8} = 5 : 8 = \mathbf{0{,}625}$
	Endlichen Dezimalbruch in gemeinen Bruch	Als Zähler alle Ziffern nach dem Komma, als Nenner eine 1 mit so viel Nullen, als der Zähler Stellen hat.	$0{,}3014 = \frac{3014}{10000} = \mathbf{\frac{1507}{5000}}$
	Unendlichen Dezimalbruch in gemeinen Bruch	**Reinperiodisch** (Periode beginnt sofort nach dem Komma): Die einmalige Periode als Zähler setzen, als Nenner so viele 9, als die Periode Stellen hat.	$0{,}\overline{5}5\ldots = \mathbf{\frac{5}{9}}$; $0{,}\overline{12}12\ldots = \frac{12}{99} = \mathbf{\frac{4}{33}}$ $0{,}\overline{185}185\ldots = \frac{185}{999} = \mathbf{\frac{5}{27}}$
		Unreinperiodisch: Dezimalzahl $= x$ setzen. Mit 10, 100 oder 1000 usw. multiplizieren, so daß das Komma zuerst an den Anfang, dann an das Ende der Periode kommt. Den letzteren Wert vom ersten abziehen und daraus dann x errechnen.	$0{,}38333\ldots$ soll in einen gemeinen Bruch verwandelt werden. **Lösung:** $x = 0{,}38333\ldots$ $1000 \cdot x = 383{,}33$ $-100 \cdot x = 38{,}33$ $900 \cdot x = 345{,}00$; $x = \frac{345}{900} = \mathbf{\frac{23}{60}}$

Potenzen, Klammer-, Prozent-, Zinsrechnung

Zehnerpotenzen

Werte über 1 können übersichtlich als Vielfaches von Zehnerpotenzen mit **positiven** Exponenten dargestellt werden.
Werte unter 1 können als Vielfaches von Zehnerpotenzen mit **negativen** Exponenten dargestellt werden.

Wert	0,001	0,01	0,1	1	10	100	1 000	10 000	100 000	1 000 000
Zehnerpotenz	10^{-3}	10^{-2}	10^{-1}	10^{0}	10^{1}	10^{2}	10^{3}	10^{4}	10^{5}	10^{6}

Beispiele: Umwandlung von Zahlen in Produkte mit Zehnerpotenzen

$4300 = 4{,}3 \cdot 1000 = 4{,}3 \cdot 10^3$; $14638 = 1{,}4638 \cdot 10000 = 1{,}4638 \cdot 10^4$; $0{,}07 = \frac{7}{100} = 7 \cdot 10^{-2}$

Klammerrechnung

Addieren und Subtrahieren von Klammerausdrücken

$16 + (9+5) = 16 + 9 + 5 = 30$
$a + (b+c) = a + b + c$
$16 + (9-5) = 16 + 9 - 5 = 20$
$a + (b-c) = a + b - c$

$16 - (9+5) = 16 - 9 - 5 = 2$
$a - (b+c) = a - b - c$
$16 - (9-5) = 16 - 9 + 5 = 12$
$a - (b-c) = a - b + c$

Multiplizieren und Dividieren von Klammerausdrücken

$(4+5) \cdot 7 = 7 \cdot 4 + 7 \cdot 5 = 28 + 35 = 63$;
$(4-5) \cdot 7 = 7 \cdot 4 - 7 \cdot 5 = 28 - 35 = -7$;
$(3c+5b)\,(3a+5b) = (3a+5b)^2 = 9a^2 + 30ab + 25b^2$;
$(3a-2b)\,(3a-2b) = (3a-2b)^2 = 9a^2 - 12ab + 4b^2$;
$(2a+3b)\,(2a-3b) = 4a^2 - 6ab + 6ab - 9b^2 = 4a^2 - 9b^2$;
$(4a+3b)\,(2c+5d) = 8ac + 20ad + 6bc + 15bd$;
$(4a-5b)\,(3c-7d) = 12ac - 28ad - 15bc + 35bd$;

$(a+b) \cdot c = ac + bc$
$(a-b) \cdot c = ac - bc$
$(a+b)\,(a+b) = (a+b)^2 = a^2 + 2ab + b^2$
$(a-b)\,(a-b) = (a-b)^2 = a^2 - 2ab + b^2$
$(a+b)\,(a-b) = a^2 - ab + ab - b^2 = a^2 - b^2$
$(a+b)\,(c+d) = ac + ad + bc + bd$
$(a-b)\,(c-d) = ac - ad - bc + bd$

$$(4ab + 12ac - 20ad) : 4a = \frac{4ab}{4a} + \frac{12ac}{4a} - \frac{20ad}{4a} = b + 3c - 5d$$

$$(a - b + c) : (a + d) = \frac{a-b+c}{a+d} = \frac{a}{a+d} - \frac{b}{a+d} + \frac{c}{a+d}$$

$$\frac{6c+3d}{4a-4b} : \frac{12ac+6ad}{7ac-7bc} = \frac{6c+3d}{4a-4b} \cdot \frac{7ac-7bc}{12ac+6ad} = \frac{3\,(2c+d)}{4\,(a-b)} \cdot \frac{7c\,(a-b)}{6a\,(2c+d)} = \frac{7c}{8a}$$

Prozentrechnung

Der **Prozentsatz** gibt an, wieviel Prozent gerechnet werden sollen.
Der **Grundwert** ist die Zahl, von der die Prozente zu rechnen sind.
Der **Prozentwert** ist der Betrag, den die Prozente des Grundwertes ergeben.
Der **Prozentpunkt** ist die Differenz zweier Prozentsätze.

P_s Prozentsatz
G_W Grundwert
P_W Prozentwert

$$\textbf{Prozentwert} = \frac{\textbf{Grundwert x Prozentsatz}}{\textbf{100\%}}$$

$$P_W = \frac{G_W \cdot P_s}{100\%}$$

Beispiel: Werkstückrohling 250 kg (Grundwert); Abbrand 2% (Prozentsatz); Abbrand in kg = ? (Prozentwert)

$$P_W = \frac{G_W \cdot P_s}{100\%} = \frac{250\text{ kg} \cdot 2\%}{100\%} = \mathbf{5\text{ kg}}$$

Zinsrechnung

z Zinswert
p Zinssatz pro Jahr
k Kapital
t Zeit in Jahren

1 Zinsjahr (1a) ≙ 360 Tage (360 d) ≙ 12 Monate
1 Zinsmonat ≙ 30 Tage

$$\textbf{Zinswert} = \frac{\textbf{Kapital x Zinssatz x Zeit}}{\textbf{100\%}}$$

$$z = \frac{k \cdot p \cdot t}{100\%}$$

1. Beispiel: Kapital = 2800,– DM; Zinssatz = $6\frac{\%}{a}$; Zeit = ½ a; Zinswert = ?

$$z = \frac{k \cdot p \cdot t}{100\%} = \frac{2800{,}-\text{ DM} \cdot 6\frac{\%}{a} \cdot 0{,}5\text{ a}}{100\%} = \mathbf{84{,}-\text{ DM}}$$

2. Beispiel: k = 4200,– DM; z = 117,60 DM; t = 288 Tage; p = ?

$$p = \frac{z \cdot 100\%}{k \cdot t} = \frac{117{,}60\text{ DM} \cdot 100\%}{4200{,}-\text{ DM} \cdot \frac{288}{360}\text{ a}} = \mathbf{3{,}5\frac{\%}{a}}$$

Gleichungen

Technische Formeln sind Gleichungen. Das Gleichheitszeichen (=) trennt die linke von der rechten Seite. Beim Auflösen (Umstellen) von Gleichungen sind zuerst alle bekannten Größen auf der rechten, alle unbekannten auf der linken Seite zusammenzufassen. Dann sind durch Seitenwechsel alle Faktoren, Nenner, Plus- und Minusglieder von der „Unbekannten" zu trennen. Weil der Wert der linken Seite einer Gleichung stets dem der rechten Seite gleich sein muß, sind dabei folgende Regeln zu beachten:

Seitenwechsel bedingt	**aus „plus" wird „minus"** **aus „minus" wird „plus"**	$x+2a-4b-c+3d=f;\quad \mathbf{x=f-2a+4b+c-3d}$
Zeichenwechsel	**aus „mal" wird „durch"** **aus „durch" wird „mal"**	$\frac{8\cdot x}{5}=b;\ 8\cdot x=5\cdot b;\ \mathbf{x=\frac{5\cdot b}{8}};\ a=\frac{b}{x};\ a\cdot x=b;\ \mathbf{x=\frac{b}{a}}$
Seitentausch	**bedingt keinen Zeichenwechsel**	$4a-\frac{3c}{b}=6x-4f;\qquad 6x-4f=4a-\frac{3c}{b}$

Einfache Gleichungen

Aus + wird −

$$\begin{aligned} x+7 &= 18\\ x+7-7 &= 18-7\\ \mathbf{x} &= \mathbf{11}\end{aligned}$$

Aus − wird +

$$\begin{aligned} y-5 &= 9\\ y-5+5 &= 9+5\\ \mathbf{y} &= \mathbf{14}\end{aligned}$$

Aus · wird :

$$\begin{aligned} 6\cdot x &= 24\\ 6x:6 &= 24:6\\ \mathbf{x} &= \mathbf{4}\end{aligned}$$

Aus : wird ·

$$\begin{aligned} \frac{y}{3} &= 7\\ \frac{y}{3}\cdot 3 &= 7\cdot 3\\ \mathbf{y} &= \mathbf{21}\end{aligned}$$

Gleichungen mit Klammern und Produkten

$$\begin{aligned} 9x-[4x+(4-x)] &= 4x+8\\ 9x-[4x+4-x] &= 4x+8\\ 9x-4x-4+x &= 4x+8\\ 6x-4 &= 4x+8\\ 6x-4x-4 &= 4x-4x+8\\ 2x-4 &= 8\\ 2x-4+4 &= 8+4\\ 2x &= 12\\ x &= \frac{12}{2}\\ \mathbf{x} &= \mathbf{6}\end{aligned}$$

$$\begin{aligned} 3(x+4)-(x+7) &= 3x-2(x-4)\\ 3x+12-x-7 &= 3x-2x+8\\ 2x+5 &= x+8\\ 2x-x+5 &= x-x+8\\ x+5 &= 8\\ x+5-5 &= 8-5\\ \mathbf{x} &= \mathbf{3}\end{aligned}$$

Gleichungen mit Klammern und Brüchen

$$\begin{aligned} \frac{5x}{3}+\frac{1}{4}-\frac{7x}{6} &= \frac{4}{3} \quad \textbf{Hauptnenner 12}\\ \frac{5x\cdot 4}{3\cdot 4}+\frac{1\cdot 3}{4\cdot 3}-\frac{7x\cdot 2}{6\cdot 2} &= \frac{4\cdot 4}{3\cdot 4}\\ \frac{20x}{12}+\frac{3}{12}-\frac{14x}{12} &= \frac{16}{12}\\ \frac{20x\cdot 12}{12}+\frac{3\cdot 12}{12}-\frac{14x\cdot 12}{12} &= \frac{16\cdot 12}{12}\\ 20x+3-14x &= 16\\ 6x+3 &= 16\\ 6x+3-3 &= 16-3\\ 6x &= 13\\ x &= \frac{13}{6}\\ \mathbf{x} &= \mathbf{2\frac{1}{6}}\end{aligned}$$

$$\begin{aligned} \frac{2(x+2)}{3} &= \frac{7x+5}{4}\\ 4\cdot 2(x+2) &= 3(7x+5)\\ 8x+16 &= 21x+15\\ 8x-21x+16 &= 21x-21x+15\\ -13x+16 &= 15\\ -13x+16-16 &= 15-16\\ -13x &= -1\\ x &= \frac{-1}{-13}\\ \mathbf{x} &= \mathbf{\frac{1}{13}}\end{aligned}$$

Gleichungen mit Potenzen und Wurzeln

$$\begin{aligned} x^2+16 &= 25\\ x^2+16-16 &= 25-16\\ x^2 &= 9\\ \sqrt{x^2} &= \sqrt{9}\\ x &= \pm\sqrt{9}\\ \mathbf{x_1} &= \mathbf{3}\\ \mathbf{x_2} &= \mathbf{-3}\end{aligned}$$

$$\begin{aligned} (x-4)^2 &= 144\\ \sqrt{(x-4)^2} &= \sqrt{144}\\ x-4 &= \pm 12\\ x-4+4 &= \pm 12+4\\ x_1 &= 12+4\\ \mathbf{x_1} &= \mathbf{16}\\ x_2 &= -12+4\\ \mathbf{x_2} &= \mathbf{-8}\end{aligned}$$

$$\begin{aligned} 4\sqrt{x}-4 &= 7\sqrt{x}-10\\ 4\sqrt{x}-4+4 &= 7\sqrt{x}-10+4\\ 4\sqrt{x} &= 7\sqrt{x}-6\\ 4\sqrt{x}-7\sqrt{x} &= 7\sqrt{x}-7\sqrt{x}-6\\ -3\sqrt{x} &= -6\\ \frac{-3\sqrt{x}}{-3} &= \frac{-6}{-3}\\ \sqrt{x} &= \mathbf{2}\\ (\sqrt{x})^2 &= (2)^2\\ \mathbf{x} &= \mathbf{4}\end{aligned}$$

$$\begin{aligned} \sqrt[3]{a^3-x} &= b\\ \left(\sqrt[3]{a^3-x}\right)^3 &= (b)^3\\ a^3-x &= b^3\\ a^3-a^3-x &= b^3-a^3\\ -x &= b^3-a^3\\ \mathbf{x} &= \mathbf{a^3-b^3}\end{aligned}$$

Winkelfunktionen

Die Seitenverhältnisse im rechtwinkligen Dreieck werden *Winkelfunktionen* oder *trigonometrische Funktionen* genannt. Mit Hilfe der Winkelfunktionen lassen sich im Dreieck Winkel und Seiten berechnen.

Im rechtwinkligen Dreieck gilt:

1. Ein spitzer Winkel kann entweder durch Winkelgrade oder durch das *Verhältnis zweier Dreiecksseiten* festgelegt werden. Das Seitenverhältnis ist eine **Funktion** des Winkels.
2. Die den rechten Winkel bildenden Seiten a und b sind die **Katheten**, die dem rechten Winkel gegenüberliegende Seite c ist die **Hypotenuse**. Sie ist die längste Seite im rechtwinkligen Dreieck.
3. Jeder spitze Winkel hat eine **Gegenkathete**, d. h. eine ihm gegenüberliegende Kathete und eine **Ankathete**, d. h. eine ihm anliegende Kathete.

Die Winkel- und Funktionswerte können in Tabellen abgelesen oder mit Rechnern ermittelt werden.

Bezeichnung der Seitenverhältnisse	**Anwendung** für ∢ α	für ∢ β	**Bezeichnungen im rechtwinkligen Dreieck**	**Beispiele** für $a = 30$ mm, $b = 40$ mm, $c = 50$ mm
Sinus $= \frac{\text{Gegenkathete}}{\text{Hypotenuse}}$	$\sin\alpha = \frac{a}{c}$	$\sin\beta = \frac{b}{c}$	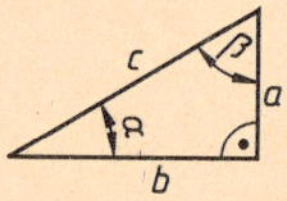	$\sin\alpha = \frac{30\text{ mm}}{50\text{ mm}} = 0{,}600$ ∢ $\alpha = 36°\,52'\,12'' \mathrel{\hat{=}} 36{,}87°$
Cosinus $= \frac{\text{Ankathete}}{\text{Hypothenuse}}$	$\cos\alpha = \frac{b}{c}$	$\cos\beta = \frac{a}{c}$	*a* Gegenkathete zu ∢ α Ankathete zu ∢ β	$\cos\alpha = \frac{40\text{ mm}}{50\text{ mm}} = 0{,}800$ ∢ $\alpha = 36°\,52'\,12'' \mathrel{\hat{=}} 36{,}87°$
Tangens $= \frac{\text{Gegenkathete}}{\text{Ankathete}}$	$\tan\alpha = \frac{a}{b}$	$\tan\beta = \frac{b}{a}$	*b* Ankathete zu ∢ α Gegenkathete zu ∢ β	$\tan\alpha = \frac{30\text{ mm}}{40\text{ mm}} = 0{,}750$ ∢ $\alpha = 36°\,52'\,12'' \mathrel{\hat{=}} 36{,}87°$
Cotangens $= \frac{\text{Ankathete}}{\text{Gegenkathete}}$	$\cot\alpha = \frac{b}{a}$	$\cot\beta = \frac{a}{b}$	*c* Hypotenuse ⊿ rechter Winkel	$\cot\alpha = \frac{40\text{ mm}}{30\text{ mm}} = 1{,}333$ ∢ $\alpha = 36°\,52'\,12'' \mathrel{\hat{=}} 36{,}87°$

Zu jedem Winkel können die Funktionswerte den Winkeltabellen Seite 22 bis 25, von 10′ zu 10′ gestuft, entnommen werden. Zwischenwerte müssen durch Interpolation bestimmt werden. Taschenrechner geben Winkelwerte meistens als Dezimalbruch an.

1. Beispiel: $\alpha = 33°\,16'$, $\sin\alpha$ = ? nach Tabelle

Aus der Tabelle { $\sin 33°\,20' = 0{,}5495$; $\sin 33°\,10' = 0{,}5471$

Unterschied für	10′ =	24
Unterschied für	1′ =	2 | 4
Unterschied für	6′ =	= 14 | 4

+

Die bezeichneten Werte zusammengezählt, gibt:

$\sin 33°\,16' = 0{,}5485\,|\,4$

$\approx$ **0,5485**

2. Beispiel: $\alpha = 25°\,22'$, $\cos\alpha$ = ? nach Tabelle

Aus der Tabelle { $\cos 25°\,20' = 0{,}9038$; $\cos 25°\,30' = 0{,}9026$

Unterschied für	10′ =	12
Unterschied für	1′ =	1 | 2
Unterschied für	2′ =	2 | 4

−

Die bezeichneten Werte abgezogen, gibt:

$\cos 25°\,22' = 0{,}9035\,|\,6$

$\approx$ **0,9036**

3. Beispiel: $\tan\alpha = 1{,}6130$, ∢ α = ? nach Tabelle

Unterschied = 23

$1{,}6213 = \tan 58°\,20'$ } Tabellenwerte
$1{,}6107 = \tan 58°\,10'$

106 = Unterschied für 10′
10,6 = Unterschied für 1′

23 = Unterschied für $\frac{23}{10{,}6} \approx 2'$

∢ $\alpha = 58°\,10' + 2' =$ **58° 12′**

4. Beispiel: $\cot\alpha = 0{,}3915$, ∢ α = ? nach Tabelle

Unterschied = 9

$0{,}3939 = \cot 68°\,30'$ } Tabellenwerte
$0{,}3906 = \cot 68°\,40'$

33 = Unterschied für 10′
3,3 = Unterschied für 1′

9 = Unterschied für $\frac{9}{3{,}3} \approx 3'$

∢ $\alpha = 68°\,40' - 3' =$ **68° 37′**

5. Beispiel: $\alpha = 15°\,31'\,42''$, $\sin\alpha$ = ? mit Rechner

$15° = 15{,}00000°$
$31' = 0{,}51667°$
$+\ 42'' \Rightarrow 0{,}01167°$

$15°\,31'\,42'' = 15{,}52834°$
$\sin 15{,}52834° =$ **0,267715**

6. Beispiel: $\cos\alpha = 0{,}489643$, ∢ α = ? mit Rechner

$0{,}489643 =$ **cos 60,68289°**
$0{,}68289° = 60' \cdot 0{,}68289 = 40{,}9734'$
$0{,}9734' = 60'' \cdot 0{,}9734 = 58{,}4''$
$=$ **cos 60° 40′ 58,4″**

Winkelfunktionen

Winkelfunktionen am Einheitskreis

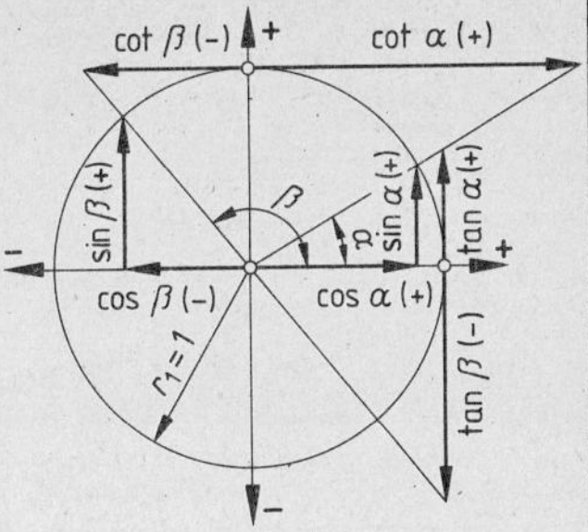

Ermittlung der Winkelfunktionen für α = 0°...360°
aus den Tabellen Seite 22...25

α	0°...90°	90°...180°	180°...270°	270°...360°
$\sin\alpha$	$+\sin\alpha$	$+\sin(180°-\alpha)$	$-\cos(270°-\alpha)$	$-\sin(360°-\alpha)$
	$+\cos(90°-\alpha)$	$+\cos(\alpha-90°)$	$-\sin(\alpha-180°)$	$-\cos(\alpha-270°)$
$\cos\alpha$	$+\cos\alpha$	$-\cos(180°-\alpha)$	$-\sin(270°-\alpha)$	$+\cos(360°-\alpha)$
	$+\sin(90°-\alpha)$	$-\sin(\alpha-90°)$	$-\cos(\alpha-180°)$	$+\sin(\alpha-270°)$
$\tan\alpha$	$+\tan\alpha$	$-\tan(180°-\alpha)$	$+\cot(270°-\alpha)$	$-\tan(360°-\alpha)$
	$+\cot(90°-\alpha)$	$-\cot(\alpha-90°)$	$+\tan(\alpha-180°)$	$-\cot(\alpha-270°)$
$\cot\alpha$	$+\cot\alpha$	$-\cot(180°-\alpha)$	$+\tan(270°-\alpha)$	$-\cot(360°-\alpha)$
	$+\tan(90°-\alpha)$	$-\tan(\alpha-90°)$	$+\cot(\alpha-180°)$	$-\tan(\alpha-270°)$

Beispiele: sin 120° = $+\sin(180°-\alpha) = +\sin 60° = +\mathbf{0{,}866}$; $+\cos(\alpha-90°) = +\cos 30° = +\mathbf{0{,}866}$

tan 320° = $-\tan(360°-\alpha) = -\tan 40° = -\mathbf{0{,}8391}$; $-\cot(\alpha-270°) = -\cot 50° = -\mathbf{0{,}8391}$

Wichtige Werte der Winkelfunktionen

	0°	30°	45°	60°	90°
sin	0	$\frac{1}{2} = 0{,}5$	$\frac{1}{2}\sqrt{2} = 0{,}707$	$\frac{1}{2}\sqrt{3} = 0{,}866$	1
cos	1	$\frac{1}{2}\sqrt{3} = 0{,}866$	$\frac{1}{2}\sqrt{2} = 0{,}707$	$\frac{1}{2} = 0{,}5$	0
tan	0	$\frac{1}{3}\sqrt{3} = 0{,}577$	1	$\sqrt{3} = 1{,}732$	∞
cot	∞	$\sqrt{3} = 1{,}732$	1	$\frac{1}{3}\sqrt{3} = 0{,}577$	0

Beziehungen zwischen den Funktionen eines Winkels

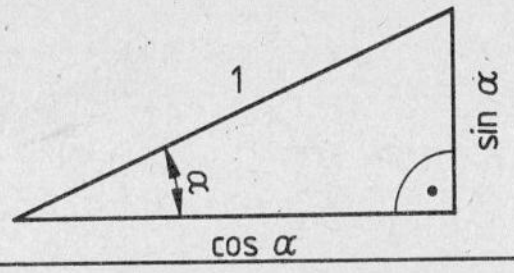

$$\sin^2\alpha + \cos^2\alpha = 1 \qquad \tan\alpha \cdot \cot\alpha = 1$$

$$\tan\alpha = \frac{\sin\alpha}{\cos\alpha} \qquad \cot\alpha = \frac{\cos\alpha}{\sin\alpha}$$

$$\sin(\alpha \pm \beta) = \sin\alpha \cdot \cos\beta \pm \cos\alpha \cdot \sin\beta$$

$$\cos(\alpha \pm \beta) = \cos\alpha \cdot \cos\beta \mp \sin\alpha \cdot \sin\beta$$

$$\tan(\alpha \pm \beta) = \frac{\tan\alpha \pm \tan\beta}{1 \mp \tan\alpha \cdot \tan\beta}$$

$$\cot(\alpha \pm \beta) = \frac{\cot\alpha \cdot \cot\beta \mp 1}{\cot\beta \pm \cot\alpha}$$

Winkelfunktionen im schiefwinkligen Dreieck

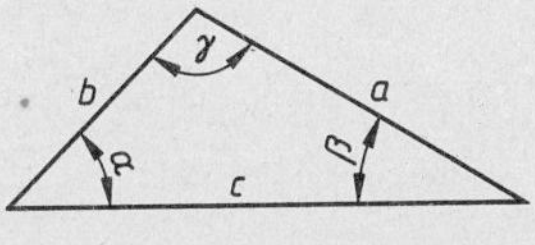

Sinussatz

$$a : b : c = \sin\alpha : \sin\beta : \sin\gamma$$

$$\frac{a}{\sin\alpha} = \frac{b}{\sin\beta} = \frac{c}{\sin\gamma}$$

Cosinussatz

$$a^2 = b^2 + c^2 - 2\,b\,c \cdot \cos\alpha$$

$$b^2 = a^2 + c^2 - 2\,a\,c \cdot \cos\beta$$

$$c^2 = a^2 + b^2 - 2\,a\,b \cdot \cos\gamma$$

Anwendung von Sinus- und Cosinussatz

Seitenberechnung	Winkelberechnung		Flächenberechnung
$a = \frac{b \cdot \sin\alpha}{\sin\beta} = \frac{c \cdot \sin\alpha}{\sin\gamma}$	$\sin\alpha = \frac{a \cdot \sin\beta}{b} = \frac{a \cdot \sin\gamma}{c}$	$\cos\alpha = \frac{b^2 + c^2 - a^2}{2\,b\,c}$	$A = \frac{a \cdot b \cdot \sin\gamma}{2}$
$b = \frac{a \cdot \sin\beta}{\sin\alpha} = \frac{c \cdot \sin\beta}{\sin\gamma}$	$\sin\beta = \frac{b \cdot \sin\alpha}{a} = \frac{b \cdot \sin\gamma}{c}$	$\cos\beta = \frac{a^2 + c^2 - b^2}{2\,a\,c}$	$A = \frac{b \cdot c \cdot \sin\alpha}{2}$
$c = \frac{a \cdot \sin\gamma}{\sin\alpha} = \frac{b \cdot \sin\gamma}{\sin\beta}$	$\sin\gamma = \frac{c \cdot \sin\alpha}{a} = \frac{c \cdot \sin\beta}{b}$	$\cos\gamma = \frac{a^2 + b^2 - c^2}{2\,a\,b}$	$A = \frac{a \cdot c \cdot \sin\beta}{2}$

Winkeltabellen

Sinus 0°...45°

Grad	Minuten für Sinus 0′	10′	20′	30′	40′	50′	60′	
0	0,0000	0,0029	0,0058	0,0087	0,0116	0,0145	0,0175	89
1	0,0175	0,0204	0,0233	0,0262	0,0291	0,0320	0,0349	88
2	0,0349	0,0378	0,0407	0,0436	0,0465	0,0494	0,0523	87
3	0,0523	0,0552	0,0581	0,0610	0,0640	0,0669	0,0698	86
4	0,0698	0,0727	0,0756	0,0785	0,0814	0,0843	0,0872	85
5	0,0872	0,0901	0,0929	0,0958	0,0987	0,1016	0,1045	84
6	0,1045	0,1074	0,1103	0,1132	0,1161	0,1190	0,1219	83
7	0,1219	0,1248	0,1276	0,1305	0,1334	0,1363	0,1392	82
8	0,1392	0,1421	0,1449	0,1478	0,1507	0,1536	0,1564	81
9	0,1564	0,1593	0,1622	0,1650	0,1679	0,1708	0,1736	**80**
10	0,1736	0,1765	0,1794	0,1822	0,1851	0,1880	0,1908	79
11	0,1908	0,1937	0,1965	0,1994	0,2022	0,2051	0,2079	78
12	0,2079	0,2108	0,2136	0,2164	0,2193	0,2221	0,2250	77
13	0,2250	0,2278	0,2306	0,2334	0,2363	0,2391	0,2419	76
14	0,2419	0,2447	0,2476	0,2504	0,2532	0,2560	0,2588	75
15	0,2588	0,2616	0,2644	0,2672	0,2700	0,2728	0,2756	74
16	0,2756	0,2784	0,2812	0,2840	0,2868	0,2896	0,2924	73
17	0,2924	0,2952	0,2979	0,3007	0,3035	0,3062	0,3090	72
18	0,3090	0,3118	0,3145	0,3173	0,3201	0,3228	0,3256	71
19	0,3256	0,3283	0,3311	0,3338	0,3365	0,3393	0,3420	**70**
20	0,3420	0,3448	0,3475	0,3502	0,3529	0,3557	0,3584	69
21	0,3584	0,3611	0,3638	0,3665	0,3692	0,3719	0,3746	68
22	0,3746	0,3773	0,3800	0,3827	0,3854	0,3881	0,3907	67
23	0,3907	0,3934	0,3961	0,3987	0,4014	0,4041	0,4067	66
24	0,4067	0,4094	0,4120	0,4147	0,4173	0,4200	0,4226	65
25	0,4226	0,4253	0,4279	0,4305	0,4331	0,4358	0,4384	64
26	0,4384	0,4410	0,4436	0,4462	0,4488	0,4514	0,4540	63
27	0,4540	0,4566	0,4592	0,4617	0,4643	0,4669	0,4695	62
28	0,4695	0,4720	0,4746	0,4772	0,4797	0,4823	0,4848	61
29	0,4848	0,4874	0,4899	0,4924	0,4950	0,4975	0,5000	**60**
30	0,5000	0,5025	0,5050	0,5075	0,5100	0,5125	0,5150	59
31	0,5150	0,5175	0,5200	0,5225	0,5250	0,5275	0,5299	58
32	0,5299	0,5324	0,5348	0,5373	0,5398	0,5422	0,5446	57
33	0,5446	0,5471	0,5495	0,5519	0,5544	0,5568	0,5592	56
34	0,5592	0,5616	0,5640	0,5664	0,5688	0,5712	0,5736	55
35	0,5736	0,5760	0,5783	0,5807	0,5831	0,5854	0,5878	54
36	0,5878	0,5901	0,5925	0,5948	0,5972	0,5995	0,6018	53
37	0,6018	0,6041	0,6065	0,6088	0,6111	0,6134	0,6157	52
38	0,6157	0,6180	0,6202	0,6225	0,6248	0,6271	0,6293	51
39	0,6293	0,6316	0,6338	0,6361	0,6383	0,6406	0,6428	**50**
40	0,6428	0,6450	0,6472	0,6494	0,6517	0,6539	0,6561	49
41	0,6561	0,6583	0,6604	0,6626	0,6648	0,6670	0,6691	48
42	0,6691	0,6713	0,6734	0,6756	0,6777	0,6799	0,6820	47
43	0,6820	0,6841	0,6862	0,6884	0,6905	0,6926	0,6947	46
44	0,6947	0,6967	0,6988	0,7009	0,7030	0,7050	0,7071	45
	60′	50′	40′	30′	20′	10′	0′ Minuten für Cosinus	Grad

Cosinus 45°...90°

Winkeltabellen

Sinus 45°...90°

Grad	Minuten für Sinus							
	0′	10′	20′	30′	40′	50′	60′	
45	0,7071	0,7092	0,7112	0,7133	0,7153	0,7173	0,7193	44
46	0,7193	0,7214	0,7234	0,7254	0,7274	0,7294	0,7314	43
47	0,7314	0,7333	0,7353	0,7373	0,7392	0,7412	0,7431	42
48	0,7431	0,7451	0,7470	0,7490	0,7509	0,7528	0,7547	41
49	0,7547	0,7566	0,7585	0,7604	0,7623	0,7642	0,7660	**40**
50	0,7660	0,7679	0,7698	0,7716	0,7735	0,7753	0,7771	39
51	0,7771	0,7790	0,7808	0,7826	0,7844	0,7862	0,7880	38
52	0,7880	0,7898	0,7916	0,7934	0,7951	0,7969	0,7986	37
53	0,7986	0,8004	0,8021	0,8039	0,8056	0,8073	0,8090	36
54	0,8090	0,8107	0,8124	0,8141	0,8158	0,8175	0,8192	35
55	0,8192	0,8208	0,8225	0,8241	0,8258	0,8274	0,8290	34
56	0,8290	0,8307	0,8323	0,8339	0,8355	0,8371	0,8387	33
57	0,8387	0,8403	0,8418	0,8434	0,8450	0,8465	0,8480	32
58	0,8480	0,8496	0,8511	0,8526	0,8542	0,8557	0,8572	31
59	0,8572	0,8587	0,8601	0,8616	0,8631	0,8646	0,8660	**30**
60	0,8660	0,8675	0,8689	0,8704	0,8718	0,8732	0,8746	29
61	0,8746	0,8760	0,8774	0,8788	0,8802	0,8816	0,8829	28
62	0,8829	0,8843	0,8857	0,8870	0,8884	0,8897	0,8910	27
63	0,8910	0,8923	0,8936	0,8949	0,8962	0,8975	0,8988	26
64	0,8988	0,9001	0,9013	0,9026	0,9038	0,9051	0,9063	25
65	0,9063	0,9075	0,9088	0,9100	0,9112	0,9124	0,9135	24
66	0,9135	0,9147	0,9159	0,9171	0,9182	0,9194	0,9205	23
67	0,9205	0,9216	0,9228	0,9239	0,9250	0,9261	0,9272	22
68	0,9272	0,9283	0,9293	0,9304	0,9315	0,9325	0,9336	21
69	0,9336	0,9346	0,9356	0,9367	0,9377	0,9387	0,9397	**20**
70	0,9397	0,9407	0,9417	0,9426	0,9436	0,9446	0,9455	19
71	0,9455	0,9465	0,9474	0,9483	0,9492	0,9502	0,9511	18
72	0,9511	0,9520	0,9528	0,9537	0,9546	0,9555	0,9563	17
73	0,9563	0,9572	0,9580	0,9588	0,9596	0,9605	0,9613	16
74	0,9613	0,9621	0,9628	0,9636	0,9644	0,9652	0,9659	15
75	0,9659	0,9667	0,9674	0,9681	0,9689	0,9696	0,9703	14
76	0,9703	0,9710	0,9717	0,9724	0,9730	0,9737	0,9744	13
77	0,9744	0,9750	0,9757	0,9763	0,9769	0,9775	0,9781	12
78	0,9781	0,9787	0,9793	0,9799	0,9805	0,9811	0,9816	11
79	0,9816	0,9822	0,9827	0,9833	0,9838	0,9843	0,9848	**10**
80	0,9848	0,9853	0,9858	0,9863	0,9868	0,9872	0,9877	9
81	0,9877	0,9881	0,9886	0,9890	0,9894	0,9899	0,9903	8
82	0,9903	0,9907	0,9911	0,9914	0,9918	0,9922	0,9925	7
83	0,9925	0,9929	0,9932	0,9936	0,9939	0,9942	0,9945	6
84	0,9945	0,9948	0,9951	0,9954	0,9957	0,9959	0,9962	5
85	0,9962	0,9964	0,9967	0,9969	0,9971	0,9974	0,9976	4
86	0,9976	0,9978	0,9980	0,9981	0,9983	0,9985	0,9986	3
87	0,9986	0,9988	0,9989	0,9990	0,9992	0,9993	0,9994	2
88	0,9994	0,9995	0,9996	0,9997	0,9997	0,9998	0,99985	1
89	0,99985	0,99989	0,99993	0,99996	0,99998	0,99999	1,0000	0
	60′	50′	40′	30′	20′	10′	0′	Grad
	Minuten für Cosinus							

Cosinus 0°...45°

Winkeltabellen

Tangens 0°...45°

Grad	Minuten für Tangens 0′	10′	20′	30′	40′	50′	60′	
0	0,0000	0,0029	0,0058	0,0087	0,0116	0,0145	0,0175	89
1	0,0175	0,0204	0,0233	0,0262	0,0291	0,0320	0,0349	88
2	0,0349	0,0378	0,0407	0,0437	0,0466	0,0495	0,0524	87
3	0,0524	0,0553	0,0582	0,0612	0,0641	0,0670	0,0699	86
4	0,0699	0,0729	0,0758	0,0787	0,0816	0,0846	0,0875	85
5	0,0875	0,0904	0,0934	0,0963	0,0992	0,1022	0,1051	84
6	0,1051	0,1080	0,1110	0,1139	0,1169	0,1198	0,1228	83
7	0,1228	0,1257	0,1287	0,1317	0,1346	0,1376	0,1405	82
8	0,1405	0,1435	0,1465	0,1495	0,1524	0,1554	0,1584	81
9	0,1584	0,1614	0,1644	0,1673	0,1703	0,1733	0,1763	**80**
10	0,1763	0,1793	0,1823	0,1853	0,1883	0,1914	0,1944	79
11	0,1944	0,1974	0,2004	0,2035	0,2065	0,2095	0,2126	78
12	0,2126	0,2156	0,2186	0,2217	0,2247	0,2278	0,2309	77
13	0,2309	0,2339	0,2370	0,2401	0,2432	0,2462	0,2493	76
14	0,2493	0,2524	0,2555	0,2586	0,2617	0,2648	0,2679	75
15	0,2679	0,2711	0,2742	0,2773	0,2805	0,2836	0,2867	74
16	0,2867	0,2899	0,2931	0,2962	0,2994	0,3026	0,3057	73
17	0,3057	0,3089	0,3121	0,3153	0,3185	0,3217	0,3249	72
18	0,3249	0,3281	0,3314	0,3346	0,3378	0,3411	0,3443	71
19	0,3443	0,3476	0,3508	0,3541	0,3574	0,3607	0,3640	**70**
20	0,3640	0,3673	0,3706	0,3739	0,3772	0,3805	0,3839	69
21	0,3839	0,3872	0,3906	0,3939	0,3973	0,4006	0,4040	68
22	0,4040	0,4074	0,4108	0,4142	0,4176	0,4210	0,4245	67
23	0,4245	0,4279	0,4314	0,4348	0,4383	0,4417	0,4452	66
24	0,4452	0,4487	0,4522	0,4557	0,4592	0,4628	0,4663	65
25	0,4663	0,4699	0,4734	0,4770	0,4806	0,4841	0,4877	64
26	0,4877	0,4913	0,4950	0,4986	0,5022	0,5059	0,5095	63
27	0,5095	0,5132	0,5169	0,5206	0,5243	0,5280	0,5317	62
28	0,5317	0,5354	0,5392	0,5430	0,5467	0,5505	0,5543	61
29	0,5543	0,5581	0,5619	0,5658	0,5696	0,5735	0,5774	**60**
30	0,5774	0,5812	0,5851	0,5890	0,5930	0,5969	0,6009	59
31	0,6009	0,6048	0,6088	0,6128	0,6168	0,6208	0,6249	58
32	0,6249	0,6289	0,6330	0,6371	0,6412	0,6453	0,6494	57
33	0,6494	0,6536	0,6577	0,6619	0,6661	0,6703	0,6745	56
34	0,6745	0,6787	0,6830	0,6873	0,6916	0,6959	0,7002	55
35	0,7002	0,7046	0,7089	0,7133	0,7177	0,7221	0,7265	54
36	0,7265	0,7310	0,7355	0,7400	0,7445	0,7490	0,7536	53
37	0,7536	0,7581	0,7627	0,7673	0,7720	0,7766	0,7813	52
38	0,7813	0,7860	0,7907	0,7954	0,8002	0,8050	0,8098	51
39	0,8098	0,8146	0,8195	0,8243	0,8292	0,8342	0,8391	**50**
40	0,8391	0,8441	0,8491	0,8541	0,8591	0,8642	0,8693	49
41	0,8693	0,8744	0,8796	0,8847	0,8899	0,8952	0,9004	48
42	0,9004	0,9057	0,9110	0,9163	0,9217	0,9271	0,9325	47
43	0,9325	0,9380	0,9435	0,9490	0,9545	0,9601	0,9657	46
44	0,9657	0,9713	0,9770	0,9827	0,9884	0,9942	1,0000	45
	60′	50′	40′	30′	20′	10′	0′ Minuten für Cotangens	Grad

Cotangens 45°...90°

Winkeltabellen

Tangens 45°...90°

Grad	Minuten für Tangens 0′	10′	20′	30′	40′	50′	60′	
45	1,0000	1,0058	1,0117	1,0176	1,0235	1,0295	1,0355	44
46	1,0355	1,0416	1,0477	1,0538	1,0599	1,0661	1,0724	43
47	1,0724	1,0786	1,0850	1,0913	1,0977	1,1041	1,1106	42
48	1,1106	1,1171	1,1237	1,1303	1,1369	1,1436	1,1504	41
49	1,1504	1,1571	1,1640	1,1708	1,1778	1,1847	1,1918	**40**
50	1,1918	1,1988	1,2059	1,2131	1,2203	1,2276	1,2349	39
51	1,2349	1,2423	1,2497	1,2572	1,2647	1,2723	1,2799	38
52	1,2799	1,2876	1,2954	1,3032	1,3111	1,3190	1,3270	37
53	1,3270	1,3351	1,3432	1,3514	1,3597	1,3680	1,3764	36
54	1,3764	1,3848	1,3934	1,4019	1,4106	1,4193	1,4281	35
55	1,4281	1,4370	1,4460	1,4550	1,4641	1,4733	1,4826	34
56	1,4826	1,4919	1,5013	1,5108	1,5204	1,5301	1,5399	33
57	1,5399	1,5497	1,5597	1,5697	1,5798	1,5900	1,6003	32
58	1,6003	1,6107	1,6213	1,6318	1,6426	1,6534	1,6643	31
59	1,6643	1,6753	1,6864	1,6977	1,7090	1,7205	1,7321	**30**
60	1,7321	1,7438	1,7556	1,7675	1,7796	1,7917	1,8041	29
61	1,8041	1,8165	1,8291	1,8418	1,8546	1,8676	1,8807	28
62	1,8807	1,8940	1,9074	1,9210	1,9347	1,9486	1,9626	27
63	1,9626	1,9768	1,9912	2,0057	2,0204	2,0353	2,0503	26
64	2,0503	2,0655	2,0809	2,0965	2,1123	2,1283	2,1445	25
65	2,1445	2,1609	2,1775	2,1943	2,2113	2,2286	2,2460	24
66	2,2460	2,2637	2,2817	2,2998	2,3183	2,3369	2,3559	23
67	2,3559	2,3750	2,3945	2,4142	2,4342	2,4545	2,4751	22
68	2,4751	2,4960	2,5172	2,5387	2,5605	2,5826	2,6051	21
69	2,6051	2,6279	2,6511	2,6746	2,6985	2,7228	2,7475	**20**
70	2,7475	2,7725	2,7980	2,8239	2,8502	2,8770	2,9042	19
71	2,9042	2,9319	2,9600	2,9887	3,0178	3,0475	3,0777	18
72	3,0777	3,1084	3,1397	3,1716	3,2041	3,2371	3,2709	17
73	3,2709	3,3052	3,3402	3,3759	3,4124	3,4495	3,4874	16
74	3,4874	3,5261	3,5656	3,6059	3,6470	3,6891	3,7321	15
75	3,7321	3,7760	3,8208	3,8667	3,9136	3,9617	4,0108	14
76	4,0108	4,0611	4,1126	4,1653	4,2193	4,2747	4,3315	13
77	4,3315	4,3897	4,4494	4,5107	4,5736	4,6383	4,7046	12
78	4,7046	4,7729	4,8430	4,9152	4,9894	5,0658	5,1446	11
79	5,1446	5,2257	5,3093	5,3955	5,4845	5,5764	5,6713	**10**
80	5,6713	5,7694	5,8708	5,8758	6,0844	6,1970	6,3138	9
81	6,3138	6,4348	6,5605	6,6912	6,8269	6,9682	7,1154	8
82	7,1154	7,2687	7,4287	7,5958	7,7704	7,9530	8,1444	7
83	8,1444	8,3450	8,5556	8,7769	9,0098	9,2553	9,5144	6
84	9,5144	9,7882	10,0780	10,3854	10,7119	11,0594	11,4301	5
85	11,4301	11,8262	12,2505	12,7062	13,1969	13,7267	14,3007	4
86	14,3007	14,9244	15,6048	16,3499	17,1693	18,0750	19,0811	3
87	19,0811	20,2056	21,4704	22,9038	24,5418	26,4316	28,6363	2
88	28,6363	31,2416	34,3678	38,1885	42,9641	49,1039	57,2900	1
89	57,2900	68,7501	85,9398	114,5887	171,8854	343,7737	∞	0
	60′	50′	40′	30′ Minuten für Cotangens	20′	10′	0′	Grad

Cotangens 0°...45°

Einheiten im Meßwesen

DIN 1301 T1 (10.78), T2 (2.78), T3 (10.79)

Die Einheiten im Meßwesen sind im Internationalen Einheitensystem (SI = **S**ysteme **I**nternational) festgelegt. Durch das „Gesetz über Einheiten im Meßwesen" vom 2. Juli 1969 wurden sie für die Bundesrepublik Deutschland rechtsverbindlich. Es baut auf den sieben *Basiseinheiten* (Grundeinheiten) auf, von denen weitere Einheiten abgeleitet sind.

Basisgrößen und Basiseinheiten

Basisgröße	Länge	Masse	Zeit	Elektrische Stromstärke	Thermodynamische Temperatur	Stoffmenge	Lichtstärke
Basiseinheit	Meter	Kilogramm	Sekunde	Ampere	Kelvin	Mol	Candela
Einheitenzeichen	m	kg	s	A	K	mol	cd

Kohärente (abgeleitete) Einheiten	Das sind Einheiten, die aus den Basiseinheiten des SI-Systems (m, kg, s, A, K, mol, cd) mit dem Zahlenfaktor 1 abgeleitet werden, dazu gehören auch Potenzen und Potenzprodukte. **Beispiele:** $1\ \text{N} = 1 \frac{\text{kg} \cdot \text{m}}{\text{s}^2}$; $1\ \text{Hz} = \frac{1}{\text{s}}$; $1\ \text{m}^2 = 1\ \text{m} \cdot 1\ \text{m}$
Nicht-kohärente Einheiten	Das sind Einheiten die durch einen anderen Zahlenfaktor als 1 an die Einheiten des SI-Systems angeschlossen sind. **Beispiele:** 1 h = 3600 s; 1 Kt = 0,2 g

Vorsätze zur Bezeichnung von dezimalen Vielfachen der Einheiten

Vorsatz	Piko	Nano	Mikro	Milli	Zenti	Dezi	Deka	Hekto	Kilo	Mega	Giga	Tera
Vorsatzzeichen	p	n	µ	m	c	d	da	h	k	M	G	T
Faktor	10^{-12}	10^{-9}	10^{-6}	10^{-3}	10^{-2}	10^{-1}	10^{1}	10^{2}	10^{3}	10^{6}	10^{9}	10^{12}

Größen und Einheiten

Größe	Formelzeichen DIN 1304	Einheit Name	Einheit Zeichen	Beziehung	Bemerkung
Länge, Fläche, Volumen, Winkel					
Länge	l	**Meter**	m	1 m = 10 dm = 100 cm = = 1000 mm 1 mm = 1000 µm 1 km = 1000 m	In der Luft- und Seefahrt: 1 internationale Seemeile = 1852 m
Fläche	A, S	Quadratmeter Ar Hektar	m^2 a ha	$1\ \text{m}^2 = 10\,000\ \text{cm}^2 =$ $= 1\,000\,000\ \text{mm}^2$ $1\ \text{a} = 100\ \text{m}^2$ $1\ \text{ha} = 100\ \text{a} = 10\,000\ \text{m}^2$ $100\ \text{ha} = 1\ \text{km}^2$	Zeichen S nur für Querschnittsflächen Nur für Flächen von Grundstücken
Volumen	V	Kubikmeter Liter	m^3 l	$1\ \text{m}^3 = 1000\ \text{dm}^3 =$ $= 1\,000\,000\ \text{cm}^3$ $1\ \text{l} = 1\ \text{dm}^3 = 0{,}001\ \text{m}^3$ 1 l = 10 dl $1\ \text{ml} = 1\ \text{cm}^3$	Meist für Flüssigkeiten und Gase
ebener Winkel (Winkel)	$\alpha, \beta, \gamma \ldots$	Radiant Grad Minute Sekunde	rad ° ′ ″	$1\ \text{rad} = 1\ \text{m/m} = 57{,}2957\ldots°$ $= 180°/\pi$ $1° = \frac{\pi}{180}\ \text{rad} = 60'$ $1' = 1°/60 = 60''$ $1'' = 1'/60 = 1°/3600$	1 rad ist der Winkel, der aus einem um den Scheitelpunkt geschlagenen Kreis mit 1 m Radius einen Bogen von 1 m Länge schneidet. Bei techn. Berechnungen z. B. nicht $\alpha = 33°\ 17'\ 27{,}6''$, sondern besser $\alpha = 33{,}291°$ verwenden.
Raumwinkel	Ω	Steradiant	sr	$1\ \text{sr} = 1\ \text{m}^2/\text{m}^2$	
Zeit					
Zeit, Zeitspanne, Dauer	t	**Sekunde** Minute Stunde Tag Jahr	s min h d a	1 min = 60 s 1 h = 60 min = 3600 s 1 d = 24 h 1 a ≈ 365,25 d	3 h bedeutet eine Zeitspanne (3 Std.) 3^{h} bedeutet einen Zeitpunkt (3 Uhr). Werden Zeitpunkte in gemischter Form, z. B. $3^{\text{h}}24^{\text{m}}10^{\text{s}}$ geschrieben, so kann das Zeichen min auf m verkürzt werden.
Frequenz	f, ν	Hertz	Hz	1 Hz = 1/s	1 Hz ≙ 1 Schwingung in 1 Sekunde

Einheiten im Meßwesen

DIN 1301 T 1 (10.78), T 2 (2.78), T 3 (10.79)

Größen und Einheiten

Größe	Formelzeichen DIN 1304	Einheit Name	Einheit Zeichen	Beziehung	Bemerkung
Zeit					
Drehzahl (Umdrehungsfrequenz)	n	1 durch Sekunde 1 durch Minute	1/s 1/min	1/s = 60/min = 60 min^{-1} 1/min = 1 min^{-1} = $\frac{1}{60\ \text{s}}$	
Geschwindigkeit	v	Meter durch Sekunde Meter durch Minute Kilometer durch Stunde	m/s m/min km/h	1 m/s = 60 m/min = = 3,6 km/h 1 m/min = 1 m/60 s 1 km/h = 1 m/3,6 s	
Winkelgeschwindigkeit	ω	1 durch Sekunde Radiant durch Sekunde	1/s rad/s		
Beschleunigung	a, g	Meter durch Sekunde hoch zwei	m/s^2	1 m/s^2 = $\frac{1\ \text{m/s}}{1\ \text{s}}$	Formelzeichen g nur für Fallbeschleunigung. g = 9,81 m/s^2 ≈ 10 m/s^2
Mechanik					
Masse	m	**Kilogramm** Gramm Megagramm Tonne Karat	kg g Mg t Kt	1 kg = 1000 g 1 g = 0,001 kg = 1000 mg 1 mg = 0,001 g 1 Mg = 1000 kg = 1 t 1 t = 1000 kg = 1 Mg 1 Kt = 0,2 g	Gewicht im Sinne eines Wägeergebnisses oder eines Wägestückes ist eine Größe von der Art der Masse (Einheit kg). Für Edelsteine.
längenbezogene Masse	m'	Kilogramm durch Meter	kg/m	1 kg/m = 1 g/mm	Die längenbezogene Masse wird z. B. zur Berechnung der Masse (Gewicht) von Stabwerkstoffen, Profilen und Rohren angewendet.
flächenbezogene Masse	m''	Kilogramm durch Meter hoch zwei	kg/m^2	1 kg/m^2 = 0,1 g/cm^2	Die flächenbezogene Masse wird z. B. zur Berechnung der Masse (Gewicht) von Blechen und Tafelwerkstoffen z. B. aus Kunststoff angewendet.
Dichte (spez. Masse)	ϱ	Kilogramm durch Meter hoch drei	kg/m^3	1000 kg/m^3 = 1 t/m^3 = = 1 kg/dm^3 = = 1 g/cm^3 = = 1 g/ml	Die Dichte ist eine vom Ort unabhängige Größe.
Trägheitsmoment, Massenmoment 2. Grades	J	Kilogramm mal Meter hoch zwei	$\text{kg}\cdot\text{m}^2$		früher: Massenträgheitsmoment
Kraft Gewichtskraft	F G, F_G	Newton (njuten)	N	1 N = 1 kg · $\frac{1\ \text{m/s}}{1\ \text{s}}$ = = 1 $\frac{\text{kg}\cdot\text{m}}{\text{s}^2}$ 1 MN = 10^3 kN = 1000 N 1 daN = 10 N	Die Kraft 1 N bewirkt bei der Masse 1 kg in 1 s eine Geschwindigkeitsänderung von 1 m/s.
Drehmoment Biegemoment Torsionsmoment	M M_b T	Newton mal Meter	N·m		
Impuls	p	Kilogramm mal Meter durch Sekunde	kg·m/s	1 kg·m/s = 1 N·s	
Druck mechanische Spannung	p σ, τ	Pascal Newton durch Meter hoch zwei	Pa N/m^2	1 Pa = 1 N/m^2 = 0,01 mbar 1 bar = 100000 N/m^2 = = 10 N/cm^2 = 10^5 Pa 1 N/mm^2 = 10 bar = 1 MN/m^2 = 1 MPa 1 daN/cm^2 = 0,1 N/mm^2 1 daN/mm^2 = 1000 N/cm^2	Unter Druck versteht man die Kraft je Flächeneinheit. Für Überdruck wird das Formelzeichen p_e verwendet (DIN 1314, 2.77).

Einheiten im Meßwesen

DIN 1301 T 1 (10.78), T 2 (2.78), T 3 (10.79)

Größen und Einheiten

Größe	Formelzeichen DIN 1304	Einheit Name	Einheit Zeichen	Beziehung	Bemerkung
Mechanik					
Flächenmoment 2. Grades	I	Meter hoch vier Zentimeter hoch vier	m^4 cm^4	$1\ m^4 = 10000\ cm^4$	früher: Flächenträgheitsmoment
Energie, Arbeit	E, W	Joule	J	$1\ J = 1\ N \cdot m = 1\ W \cdot s = 1\ kg \cdot m^2/s^2$	Joule für jede Energieart, kW·h bevorzugt für elektrische Energie.
Leistung Wärmestrom	P, Φ	Watt	W	$1\ W = 1\ J/s = 1\ N \cdot m/s = 1\ V \cdot A$	
Elektrizität und Magnetismus					
Elektrische Stromstärke	I	**Ampere**	A		
Elektrische Spannung	U	Volt	V	$1\ V = 1\ W/1\ A$	
Elektrischer Widerstand	R	Ohm	Ω	$1\ \Omega = 1\ V/1\ A$	
Elektr. Leitwert	G	Siemens	S	$1\ S = 1\ A/1\ V$	
spez. Widerstand	ϱ	Ohm mal Meter	Ω · m	$10^{-6}\ \Omega \cdot m = 1\ \Omega \cdot mm^2/m$	$\varrho = \frac{1}{\varkappa}$ in $\frac{\Omega \cdot mm^2}{m}$
Leitfähigkeit	$\varkappa$	Siemens durch Meter	S/m		$\varkappa = \frac{1}{\varrho}$ in $\frac{m}{\Omega \cdot mm^2}$
Frequenz	f	Hertz	Hz	$1\ Hz = \frac{1}{s}$; $1000\ Hz = 1\ kHz$	
Elektr. Arbeit	W	Joule	J	$1\ J = 1\ W \cdot 1\ s = 1\ W \cdot s = 1\ N \cdot m$ $1\ kW \cdot h = 3{,}6 \cdot 10^6\ W \cdot s$ $1\ W \cdot h = 3{,}6\ kJ$	
Phasenverschiebungswinkel	φ	–	–		Winkel zwischen Strom und Spannung bei induktiver oder kapazitiver Belastung.
Elektr. Feldstärke	E	Volt durch Meter	V/m		
Elektr. Ladung	Q	Coulomb	C	$1\ C = 1\ A \cdot s$; $1\ A \cdot h = 3{,}6\ kC$	
Elektr. Kapazität	C	Farad	F	$1\ F = 1\ C/V$	
Induktivität	L	Henry	H		
Leistung	P	Watt	W	$1\ W = 1\ J/s = 1\ N \cdot m/s = 1\ V \cdot A$	In der elektrischen Energietechnik: Scheinleistung in V·A
Thermodynamik und Wärmeübertragung					
thermodynamische Temperatur	T, Θ	**Kelvin**	K	$0\ K = -273\ °C$	Kelvin (K) und Grad Celsius (°C) werden für Temperaturen und Temperaturdifferenzen verwendet. $t = T - T_0$; $T_0 = 273{,}15\ K$
Celsius-Temperatur	t, ϑ	Grad Celsius	°C	$0\ °C = 273\ K$	
Wärmemenge	Q	Joule	J	$1\ J = 1\ W \cdot s = 1\ N \cdot m$ $1\ kW \cdot h = 3600000\ J = 3{,}6\ MJ$	
spez. Heizwert	H	Joule durch Kilogramm Joule durch Meter hoch drei	J/kg J/m^3	$1\ MJ/kg = 1000000\ J/kg$	Freiwerdende Wärmeenergie je kg Brennstoff abzüglich der Verdampfungswärme des in den Abgasen enthaltenen Wasserdampfes.
Molekularphysik und Licht					
Stoffmenge (Teilchenmenge)	n	**Mol**	mol	1 mol entspricht rund $6 \cdot 10^{23}$ Teilchen	1 mol von Sauerstoff (O_2) wiegt 32 g, da die relative Molekülmasse (Molekulargewicht) von Sauerstoff $M_r = 32$ ist.
Lichtstärke	I_v	**Candela**	cd		

Längen

Gestreckte Längen

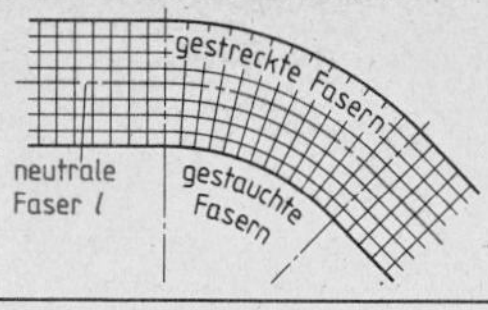

Die äußeren Fasern werden beim Biegen gestreckt, die inneren Fasern gestaucht. Die durch den Schwerpunkt verlaufende Linie nennt man die Schwerpunktslinie oder neutrale Faser. Sie behält ihre ursprüngliche Länge.

Die gestreckte Länge eines Biegeteils vor dem Biegen entspricht der Länge der neutralen Faser im gebogenen Zustand.

Ringbogen

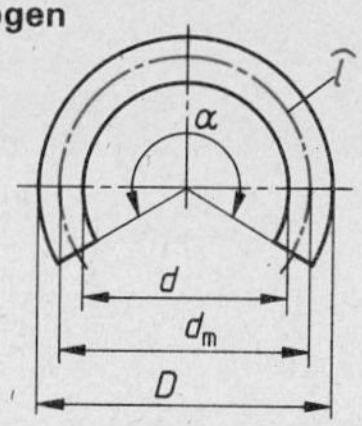

D Außendurchmesser
d Innendurchmesser
d_m mittlerer Durchmesser
l gestreckte Länge
α Mittelpunktswinkel

Vollring: $l = \pi \cdot d_m$

Ringbogen: $l = \dfrac{\pi \cdot d_m \cdot \alpha}{360°}$

Beispiel: D = 180 mm; d = 160 mm; α = 220°; d_m = ?; l = ?

$$\mathbf{d_m} = \frac{D + d}{2} = \frac{180\text{ mm} + 160\text{ mm}}{2} = \mathbf{170\text{ mm}}$$

$$\mathbf{l} = \frac{\pi \cdot d_m \cdot \alpha}{360°} = \frac{\pi \cdot 170\text{ mm} \cdot 220°}{360°} = \mathbf{326{,}4\text{ mm}}$$

Zusammengesetzte Längen

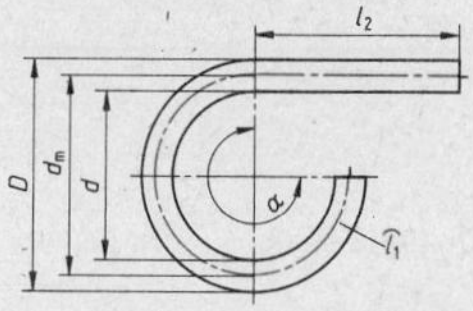

l gestreckte Länge
l_1, l_2 Teillängen

$l = l_1 + l_2$

Beispiel: D = 360 mm; d = 330 mm; α = 270°
l_2 = 70 mm; l = ?

$$\mathbf{l} = l_1 + l_2 = \frac{\pi \cdot d_m \cdot \alpha}{360°} + l_2 = \frac{\pi \cdot 355\text{ mm} \cdot 270°}{360°} + 70\text{ mm}$$
$$= \mathbf{906{,}5\text{ mm}}$$

Rohlängen von Schmiede- und Preßstücken

Beim Schmieden und Pressen ist das Volumen des Rohteils gleich dem Volumen des Fertigteiles. Der Abbrand beim Schmieden wird mit einem Zuschlag berücksichtigt.

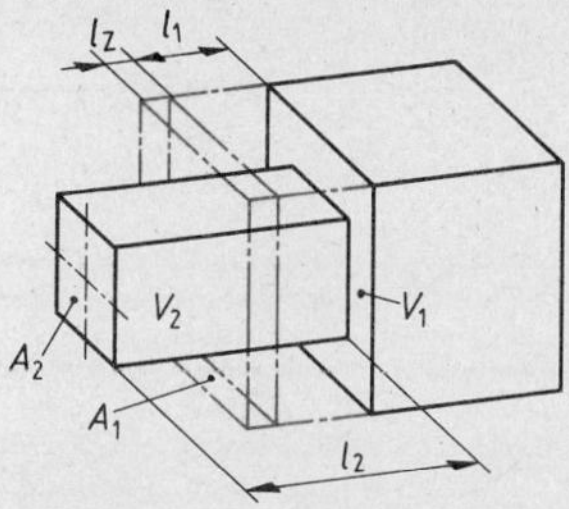

l_1 Länge der Schmiedezugabe ohne Abbrand
l_2 Länge des angeschmiedeten Zapfens
l_z Längenzuschlag zu l_1 für Abbrand
A_1 Ausgangsquerschnitt
A_2 Querschnitt des angeschmiedeten Zapfens
V_1 Volumen der Schmiedezugabe ohne Abbrand
V_2 Volumen des angeschmiedeten Zapfens

$V_1 = V_2$

$l_1 = \dfrac{A_2 \cdot l_2}{A_1}$

Beispiel: An einen Flachstahl 50 x 35 soll ein zylindrischer Zapfen mit d = 24 mm und l_2 = 60 mm abgesetzt werden. Welche Schmiedezugabe muß der Flachstahl vor dem Schmieden haben, wenn 10% Zuschlag für Abbrand berücksichtigt werden?

$$\mathbf{l_1} = \frac{A_2 \cdot l_2}{A_1} = \frac{\pi \cdot (24\text{ mm})^2 \cdot 60\text{ mm}}{4 \cdot 50\text{ mm} \cdot 35\text{ mm}} = \mathbf{15{,}5\text{ mm}}$$

$$\mathbf{l_1 + l_z} = 1{,}10 \cdot 15{,}5\text{ mm} = \mathbf{17\text{ mm}}$$

Teilung von Längen

Randabstand ≠ Teilung

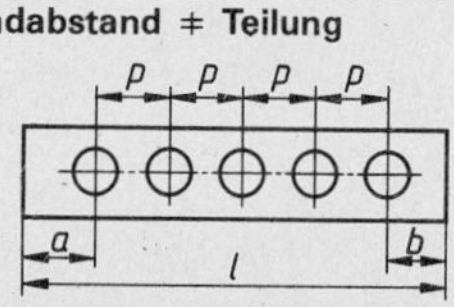

l Gesamtlänge
p Teilung
n Anzahl der Bohrungen, Sägeschnitte...
a, b Randabstände

$p = \dfrac{l - (a + b)}{n - 1}$

Beispiel: l = 1950 mm; a = 100 mm; b = 50 mm
n = 25 Bohrungen; p = ?

$$\mathbf{p} = \frac{l - (a + b)}{n - 1} = \frac{1950\text{ mm} - 150\text{ mm}}{25 - 1} = \mathbf{75\text{ mm}}$$

Randabstand = Teilung

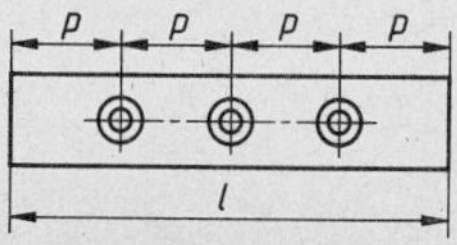

l Teilungslänge
n Anzahl der Teile
p Teilung

$p = \dfrac{l}{n + 1}$

Beispiel: l = 2 m; n = 24 Teile; p = ?

$$\mathbf{p} = \frac{l}{n + 1} = \frac{200\text{ cm}}{24 + 1} = \mathbf{8\text{ cm}}$$

Flächen

Quadrat

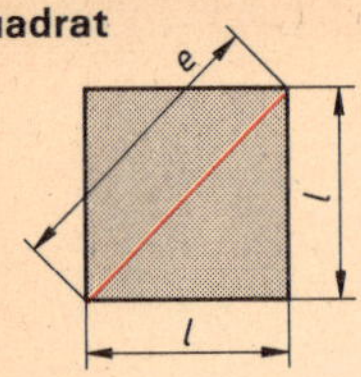

A Fläche
l Seitenlänge
e Eckenmaß
U Umfang

$U = 4 \cdot l;\ e = \sqrt{2} \cdot l$

$$A = l^2$$

Beispiel: $l = 14\ \text{mm};\ A = ?;\ e = ?;\ U = ?$

$\mathbf{A} = l^2 = (14\ \text{mm})^2 = \mathbf{196\ mm^2};\quad \mathbf{e} = \sqrt{2} \cdot l = \sqrt{2} \cdot 14\ \text{mm} = \mathbf{19{,}8\ mm}$

$\mathbf{U} = 4 \cdot l = 4 \cdot 14\ \text{mm} = \mathbf{56\ mm}$

Rhombus (Raute)

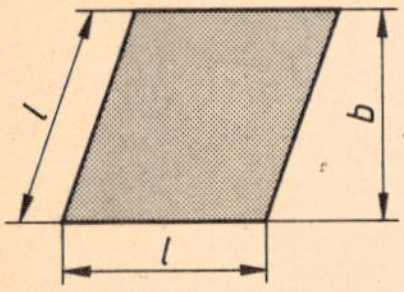

A Fläche
l Seitenlänge
b Breite
U Umfang

$U = 4 \cdot l$

$$A = l \cdot b$$

Beispiel: $l = 9\ \text{mm};\ b = 8{,}5\ \text{mm};\ A = ?;\ U = ?$

$\mathbf{A} = l \cdot b = 9\ \text{mm} \cdot 8{,}5\ \text{mm} = \mathbf{76{,}5\ mm^2}$

$\mathbf{U} = 4 \cdot l = 4 \cdot 9\ \text{mm} = \mathbf{36\ mm}$

Rechteck

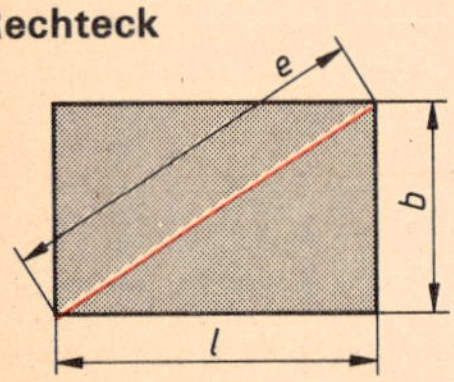

A Fläche
l Länge
b Breite
e Eckenmaß
U Umfang

$U = 2 \cdot (l + b);\ e = \sqrt{l^2 + b^2}$

$$A = l \cdot b$$

Beispiel: $l = 12\ \text{mm};\ b = 11\ \text{mm};\ A = ?;\ e = ?$

$\mathbf{A} = l \cdot b = 12\ \text{mm} \cdot 11\ \text{mm} = \mathbf{132\ mm^2}$

$\mathbf{e} = \sqrt{(12\ \text{mm})^2 + (11\ \text{mm})^2} = \sqrt{265\ \text{mm}^2} = \mathbf{16{,}28\ mm}$

Rhomboid (Parallelogramm)

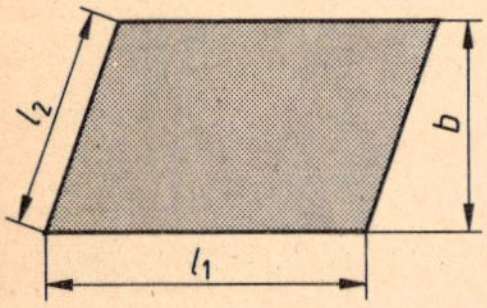

A Fläche
l_1 Länge
b Breite
l_2 schräge Seitenlänge
U Umfang

$U = 2 \cdot (l_1 + l_2)$

$$A = l_1 \cdot b$$

Beispiel: $l_1 = 36\ \text{mm};\ b = 15\ \text{mm};\ l_2 = 18\ \text{mm};\ A = ?;\ U = ?$

$\mathbf{A} = l_1 \cdot b = 36\ \text{mm} \cdot 15\ \text{mm} = \mathbf{540\ mm^2}$

$\mathbf{U} = 2 \cdot (l_1 + l_2) = 2\ (36\ \text{mm} + 15\ \text{mm}) = \mathbf{102\ mm}$

Trapez

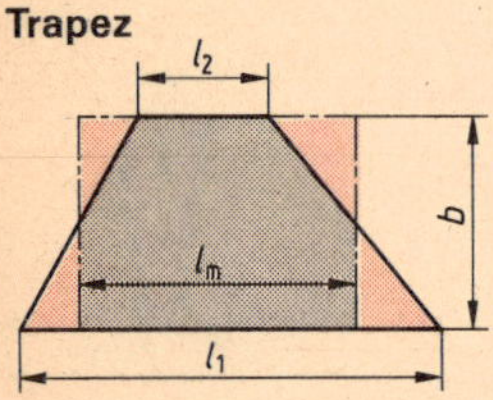

A Fläche
l_1 große Länge
l_2 kleine Länge
l_m mittlere Länge
b Breite

$l_m = \frac{l_1 + l_2}{2};\ A = l_m \cdot b$

$$A = \frac{l_1 + l_2}{2} \cdot b$$

Beispiel: $l_1 = 23\ \text{mm};\ l_2 = 20\ \text{mm};\ b = 17\ \text{mm}$

$A = ?$

$\mathbf{A} = \frac{l_1 + l_2}{2} \cdot b = \frac{23\ \text{mm} + 20\ \text{mm}}{2} \cdot 17\ \text{mm} = \mathbf{365{,}5\ mm^2}$

Dreieck

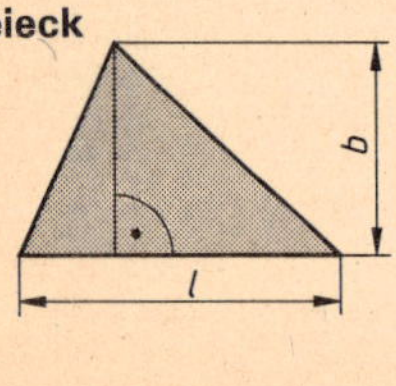

A Fläche
l Seitenlänge
b Breite

$$A = \frac{l \cdot b}{2}$$

Beispiel: $l = 62\ \text{mm};\ b = 29\ \text{mm};\ A = ?$

$\mathbf{A} = \frac{l \cdot b}{2} = \frac{62\ \text{mm} \cdot 29\ \text{mm}}{2} = \frac{1798\ \text{mm}^2}{2} = \mathbf{899\ mm^2}$

Flächen

Dreieck

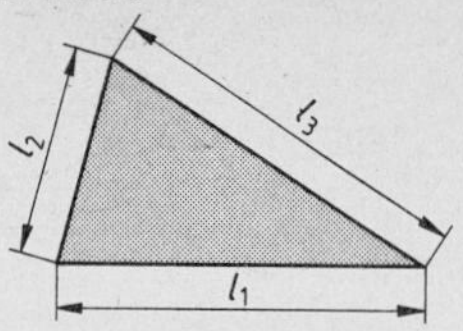

Berechnung aus den Dreieckseiten l_1, l_2, l_3 nach Heron

A Fläche
l_1 Seitenlänge
l_2 Seitenlänge
l_3 Seitenlänge
U Umfang

$$U = l_1 + l_2 + l_3$$

$$A = \frac{1}{4} \cdot \sqrt{U \cdot (U - 2l_1) \cdot (U - 2l_2) \cdot (U - 2l_3)}$$

Beispiel: $l_1 = 10\ \text{mm}$; $l_2 = 8\ \text{mm}$; $l_3 = 7\ \text{mm}$; $U = ?$; $A = ?$

$U = 10\ \text{mm} + 8\ \text{mm} + 7\ \text{mm} = \mathbf{25\ mm}$

$\mathbf{A} = \frac{1}{4}\sqrt{25 \cdot (25 - 20) \cdot (25 - 16) \cdot (25 - 14)\ \text{mm}^4} = \mathbf{27{,}81\ mm^2}$

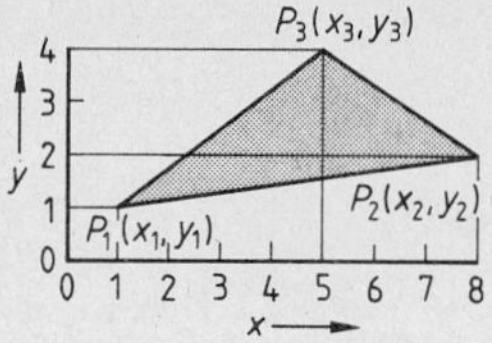

Berechnung mit Koordinaten

Koordinatenabstände
$P_1\ (x_1, y_1)$; $P_2\ (x_2, y_2)$; $P_3\ (x_3, y_3)$

$$A = \frac{1}{2} \cdot [x_1 \cdot (y_2 - y_3) + x_2 \cdot (y_3 - y_1) + x_3 \cdot (y_1 - y_2)]$$

Beispiel: $P_1\ (x_1 = 1,\ y_1 = 1)$; $P_2\ (x_2 = 8,\ y_2 = 2)$; $P_3\ (x_3 = 5,\ y_3 = 4)$; $A = ?$

$\mathbf{A} = \frac{1}{2}\ [1 \cdot (2 - 4) + 8\ (4 - 1) + 5\ (1 - 2)]$

$= \frac{1}{2}\ [-2 + 24 - 5] = \frac{17}{2} = \mathbf{8{,}5}$

Unregelmäßiges Vieleck

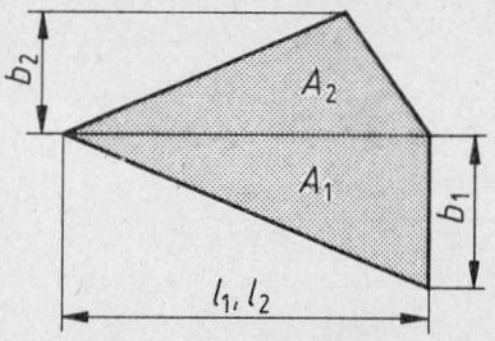

A Gesamtfläche
A_1 Teilfläche
A_2 Teilfläche
l_1, l_2 Längen
b_1, b_2 Breiten
U Umfang

U = Summe der Seitenlängen

$$A = A_1 + A_2 + \ldots$$

Beispiel: $l_1 = 80\ \text{mm}$; $l_2 = 80\ \text{mm}$; $b_1 = 40\ \text{mm}$; $b_2 = 30\ \text{mm}$

$A_1 = ?$; $A_2 = ?$; $A = ?$

$\mathbf{A_1} = \frac{l_1 \cdot b_1}{2} = \mathbf{1600\ mm^2}$; $\mathbf{A_2} = \frac{l_2 \cdot b_2}{2} = \mathbf{1200\ mm^2}$

$A = A_1 + A_2 = \mathbf{2800\ mm^2}$

Regelmäßiges Vieleck

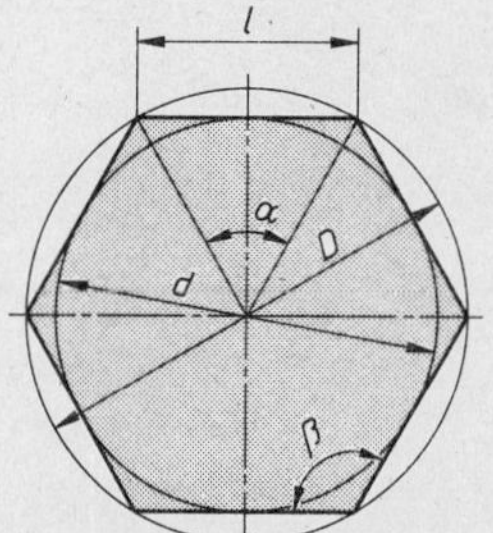

A Fläche
l Seitenlänge
D Umkreisdurchmesser
d Inkreisdurchmesser
n Eckenzahl
α Mittelpunktswinkel
β Eckenwinkel
U Umfang

$l = D \cdot \sin\left(\frac{180°}{n}\right)$; $\beta = \frac{180° \cdot (n - 2)}{n}$

$d = \sqrt{D^2 - l^2}$ $\quad \beta = 180° - \alpha$

$U = n \cdot l$ $\quad \alpha = \frac{360°}{n}$

$$A = \frac{n \cdot l \cdot d}{4}$$

Beispiel: Sechseck mit $D = 80\ \text{mm}$

$l = ?$; $d = ?$; $A = ?$; $\alpha = ?$; $\beta = ?$

$\mathbf{l} = D \cdot \sin\left(\frac{180°}{n}\right) = 80\ \text{mm} \cdot \sin\left(\frac{180°}{6}\right) = \mathbf{40\ mm}$

$\mathbf{d} = \sqrt{D^2 - l^2} = \sqrt{6400\ \text{mm}^2 - 1600\ \text{mm}^2} = \mathbf{69{,}282\ mm}$

$\mathbf{A} = \frac{n \cdot l \cdot d}{4} = \frac{6 \cdot 40\ \text{mm} \cdot 69{,}282\ \text{mm}}{4} = \mathbf{4\,156{,}92\ mm^2}$

$\alpha = \frac{360°}{n} = \frac{360°}{6} = \mathbf{60°}$; $\beta = \frac{180° \cdot (n - 2)}{n} = \frac{180° \cdot (6 - 2)}{6} = \mathbf{120°}$

Berechnung regelmäßiger Vielecke mit Hilfe der Tabelle

Eckenzahl	Fläche $A \approx$			Umkreisdurchmesser $D \approx$		Inkreisdurchmesser $d \approx$		Seitenlänge $l \approx$
n	D^2 mal	d^2 mal	l^2 mal	l mal	d mal	l mal	D mal	D mal
3	0,325	1,299	0,433	1,154	2,000	0,578	0,500	0,867
4	0,500	1,000	1,000	1,414	1,414	1,000	0,707	0,707
5	0,595	0,908	1,721	1,702	1,236	1,376	0,809	0,588
6	0,649	0,866	2,598	2,000	1,155	1,732	0,866	0,500
8	0,707	0,829	4,828	2,614	1,082	2,414	0,924	0,383
10	0,735	0,812	7,694	3,236	1,052	3,078	0,951	0,309
12	0,750	0,804	11,196	3,864	1,035	3,732	0,966	0,259

Beispiel:
Achteck mit $l = 20\ \text{mm}$

$A = ?$ $D = ?$

$\mathbf{A} = 4{,}828 \cdot l^2$
$= 4{,}828 \cdot (20\ \text{mm})^2$
$= \mathbf{1931{,}2\ mm^2}$

$D = 2{,}614 \cdot l$
$= 2{,}614 \cdot 20\ \text{mm} = \mathbf{52{,}28\ mm}$

Berechnungen am rechtwinkligen Dreieck

Lehrsatz des Pythagoras

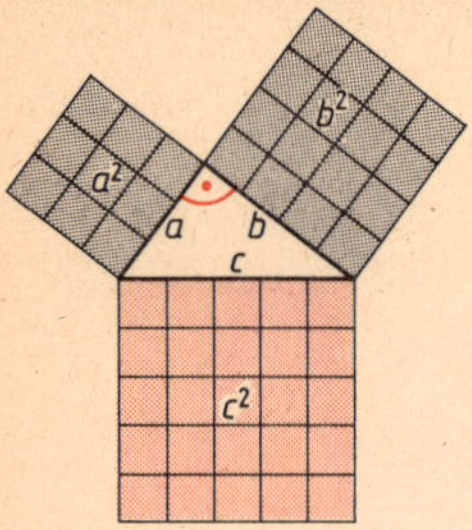

Im **rechtwinkligen Dreieck** ist das Hypotenusenquadrat flächengleich der Summe der beiden Kathetenquadrate.

$c = \sqrt{a^2 + b^2}$ $\quad b = \sqrt{c^2 - a^2}$

$a = \sqrt{c^2 - b^2}$

a Kathete
b Kathete
c Hypotenuse

$$c^2 = a^2 + b^2$$

1. Beispiel: $a = 9\text{ mm};\ b = 12\text{ mm};\ c = ?$

$$\mathbf{c} = \sqrt{a^2 + b^2} = \sqrt{(9\text{ mm})^2 + (12\text{ mm})^2} = \mathbf{15\ mm}$$

2. Beispiel: $c = 35\text{ mm};\ a = 21\text{ mm};\ b = ?$

$$\mathbf{b} = \sqrt{c^2 - a^2} = \sqrt{(35\text{ mm})^2 - (21\text{ mm})^2} = \mathbf{28\ mm}$$

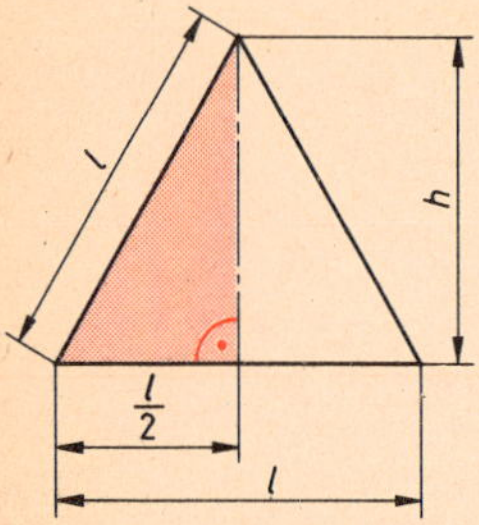

Im **gleichseitigen Dreieck** ergibt sich für die Höhe nach dem pythagoreischen Lehrsatz:

$$h = \frac{1}{2} \cdot \sqrt{3} \cdot l$$

h Höhe
l Seitenlänge
A Fläche

Daraus ergibt sich für den Flächeninhalt: $A = \frac{l \cdot h}{2}$

$$A = \frac{1}{4} \cdot \sqrt{3} \cdot l^2$$

Beispiel: Gleichseitiges Dreieck
$l = 50\text{ mm};\ A = ?;\ h = ?$

$$\mathbf{A} = \frac{1}{4} \cdot \sqrt{3} \cdot l^2 = \frac{1}{4} \cdot \sqrt{3} \cdot (50\text{ mm})^2 = \mathbf{1082{,}5\ mm^2}$$

$$\mathbf{h} = \frac{1}{2} \cdot \sqrt{3} \cdot l = \frac{1}{2} \cdot \sqrt{3} \cdot 50\text{ mm} = \mathbf{43{,}3\ mm}$$

Lehrsatz des Euklid (Kathetensatz)

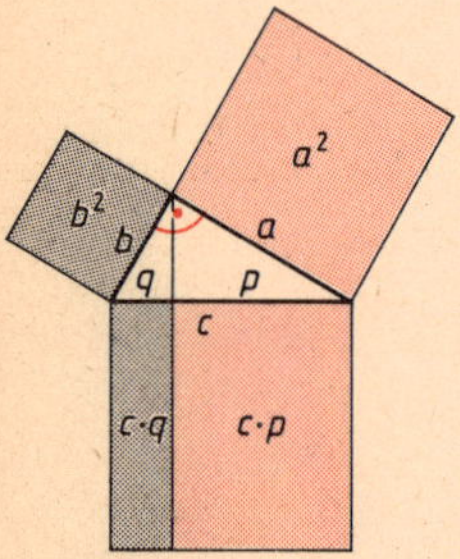

Das Quadrat über einer Kathete ist flächengleich einem Rechteck aus der Hypotenuse und dem anliegenden Hypotenusenabschnitt.

$$a^2 = c \cdot p$$

$$b^2 = c \cdot q$$

a, b Kathete
c Hypotenuse
p, q Hypotenusenabschnitt

Beispiel: Ein Rechteck mit $c = 6$ cm und $p = 3$ cm soll in ein flächengleiches Quadrat verwandelt werden.
Wie groß ist die Quadratseite *a*?

$a^2 = c \cdot p \qquad a = \sqrt{c \cdot p} = \sqrt{6\text{ cm} \cdot 3\text{ cm}} = \mathbf{4{,}24\ cm}$

Höhensatz

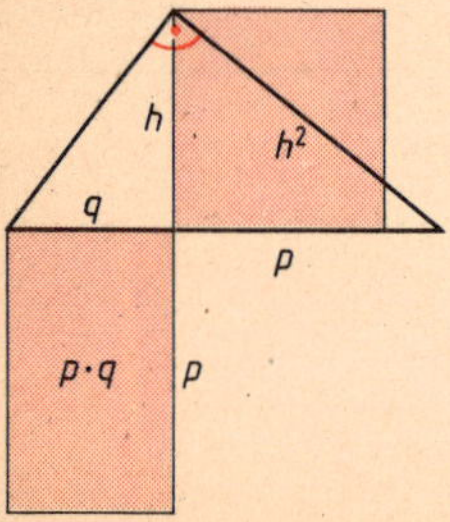

Das Quadrat über der Höhe *h* ist flächengleich dem Rechteck aus den Hypotenusenabschnitten *p* und *q*.

$$h^2 = p \cdot q$$

h Höhe
p, q Hypotenusenabschnitt

1. Beispiel: Rechtwinkliges Dreieck $p = 6\text{ cm};\ q = 2\text{ cm};\ h = ?$

$h^2 = p \cdot q;\quad \mathbf{h} = \sqrt{p \cdot q} = \sqrt{6\text{ cm} \cdot 2\text{ cm}} = \sqrt{12\text{ cm}^2} = \mathbf{3{,}46\ cm}$

2. Beispiel: Rechtwinkliges Dreieck $q = 4\text{ cm};\ h = 5\text{ cm};\ p = ?$

$$p = \frac{h^2}{q} = \frac{(5\text{ cm})^2}{4\text{ cm}} = \mathbf{6{,}25\ cm}$$

Flächen

Kreis

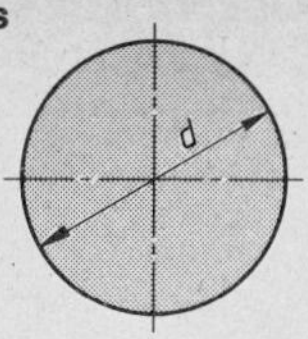

A Fläche U Umfang
d Durchmesser

$$U = \pi \cdot d$$

$$A = \frac{\pi \cdot d^2}{4}$$

Beispiel: d = 60 mm; A = ?; U = ?

$$\mathbf{A} = \frac{\pi \cdot d^2}{4} = \frac{\pi \cdot (60\ \text{mm})^2}{4} = \mathbf{2827\ mm^2}$$

$$\mathbf{U} = \pi \cdot d = \pi \cdot 60\ \text{mm} = \mathbf{188{,}5\ mm}$$

Kreisausschnitt

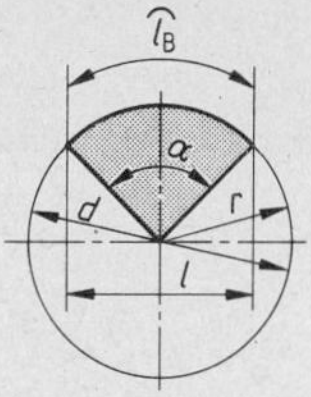

A Fläche l Sehnenlänge
d Durchmesser r Halbmesser
l_B Bogenlänge α Mittelpunktswinkel

$$l = 2 \cdot r \cdot \sin\frac{\alpha}{2}; \quad A = \frac{\pi \cdot d^2}{4} \cdot \frac{\alpha}{360°}$$

$$l_B = \frac{\pi \cdot r \cdot \alpha}{180°}$$

$$A = \frac{l_B \cdot r}{2}$$

Beispiel: d = 48 mm; α = 110°; l_B = ?; A = ?

$$\mathbf{l_B} = \frac{\pi \cdot r \cdot \alpha}{180°} = \frac{\pi \cdot 24\ \text{mm} \cdot 110°}{180°} = \mathbf{46{,}1\ mm}$$

$$\mathbf{A} = \frac{l_B \cdot r}{2} = \frac{46{,}1\ \text{mm} \cdot 24\ \text{mm}}{2} = \mathbf{553\ mm^2}$$

Kreisabschnitt

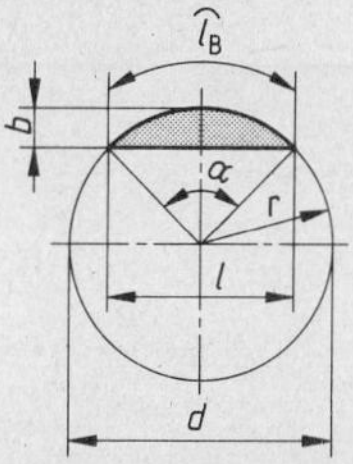

A Fläche r Halbmesser
d Durchmesser b Breite
l_B Bogenlänge α Mittelpunktswinkel
l Sehnenlänge

$$l = 2 \cdot r \cdot \sin\frac{\alpha}{2}; \quad l_B = \frac{\pi \cdot r \cdot \alpha}{180}$$

$$A = \frac{\pi \cdot d^2}{4} \cdot \frac{\alpha}{360°} - \frac{l \cdot (r-b)}{2}$$

$$A = \frac{l_B \cdot r - l \cdot (r-b)}{2}$$

Beispiel: b = 24,8 mm; l = 52 mm
l_B = 36,86 mm; d = 52,8 mm
A = ?

$$\mathbf{A} = \frac{l_B \cdot r - l \cdot (r-b)}{2} = \frac{(36{,}86 \cdot 26{,}4)\ \text{mm} - 52 \cdot (26{,}4 - 24{,}8)\ \text{mm}^2}{2}$$

$$= \mathbf{445\ mm^2}$$

Kreisring

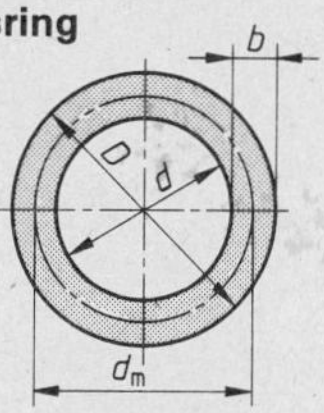

A Fläche d Innendurchmesser
D Außendurchmesser b Breite
d_m mittlerer Durchmesser

$$d_m = \frac{D+d}{2}; \quad A = \pi \cdot d_m \cdot b$$

$$A = \frac{\pi}{4} \cdot (D^2 - d^2)$$

Beispiel: D = 160 mm; d = 125 mm; A = ?

$$\mathbf{A} = \frac{\pi}{4} \cdot (D^2 - d^2) = \frac{\pi}{4}\ (160^2\ \text{mm}^2 - 125^2\ \text{mm}^2) = \mathbf{7834\ mm^2}$$

Kreisringausschnitt

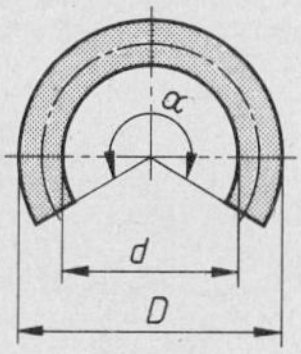

A Fläche d Innendurchmesser
D Außendurchmesser α Mittelpunktswinkel

$$A = \frac{\pi \cdot \alpha}{4 \cdot 360°} \cdot (D^2 - d^2)$$

Beispiel: D = 145 mm; d = 80 mm; α = 235°; A = ?

$$\mathbf{A} = \frac{\pi \cdot \alpha}{4 \cdot 360°} \cdot (D^2 - d^2) = \frac{\pi \cdot 235°}{4 \cdot 360°}\ (145^2\ \text{mm}^2 - 80^2\ \text{mm}^2) = \mathbf{7498\ mm^2}$$

Ellipse

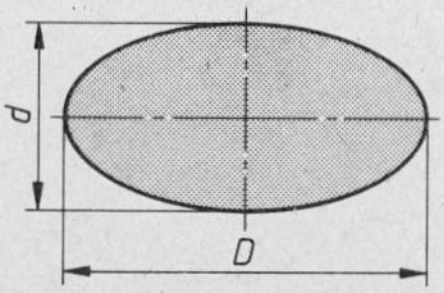

A Fläche d kleine Achse
D große Achse U Umfang

$$U \approx \frac{\pi}{2} \cdot (D + d)$$

$$A = \frac{\pi \cdot D \cdot d}{4}$$

Beispiel: D = 220 mm; d = 140 mm
A = ?

$$\mathbf{A} = \frac{\pi \cdot D \cdot d}{4} = \frac{\pi \cdot 220\ \text{mm} \cdot 140\ \text{mm}}{4} = \mathbf{24\,190\ mm}$$

Volumen

Würfel

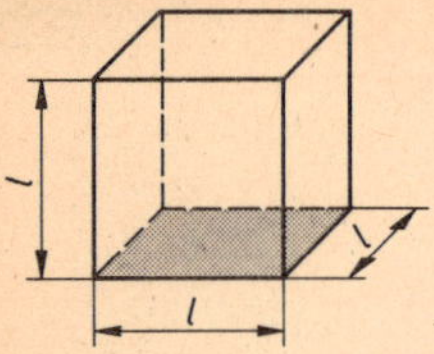

V Volumen
A_o Oberfläche
l Seitenlänge

$$A_o = 6 \cdot l^2$$

$$V = l^3$$

Beispiel: $l = 20\ \text{mm};\ V = ?;\ A_o = ?$

$$\mathbf{V} = l^3 = (20\ \text{mm})^3 = \mathbf{8000\ mm^3}$$

$$\mathbf{A_o} = 6 \cdot l^2 = 6 \cdot (20\ \text{mm})^2 = \mathbf{2400\ mm^2}$$

Vierkantprisma

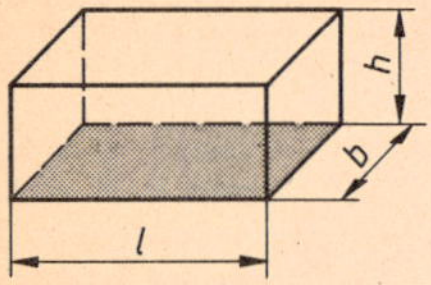

V Volumen
A_o Oberfläche
l Seitenlänge
h Höhe
b Breite

$$A_o = 2 \cdot (l \cdot b + l \cdot h + b \cdot h)$$

$$V = l \cdot b \cdot h$$

Beispiel: $l = 6\ \text{cm};\ b = 3\ \text{cm};\ h = 2\ \text{cm};\ V = ?;\ A_o = ?$

$$\mathbf{V} = l \cdot b \cdot h = 6\ \text{cm} \cdot 3\ \text{cm} \cdot 2\ \text{cm} = \mathbf{36\ cm^3}$$

$$\mathbf{A_o} = 2 \cdot (l \cdot b + l \cdot h + b \cdot h)$$
$$= 2 \cdot (6\ \text{cm} \cdot 3\ \text{cm} + 6\ \text{cm} \cdot 2\ \text{cm} + 3\ \text{cm} \cdot 2\ \text{cm}) = \mathbf{72\ cm^2}$$

Zylinder

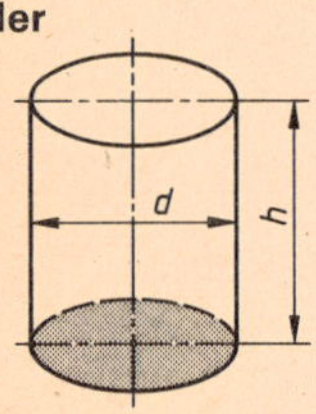

V Volumen
A_o Oberfläche
A_M Mantelhöhe
d Durchmesser
h Höhe

$$A_o = \pi \cdot d \cdot h + 2 \cdot \frac{\pi \cdot d^2}{4}$$

$$A_M = \pi \cdot d \cdot h$$

$$V = \frac{\pi \cdot d^2}{4} \cdot h$$

Beispiel: $d = 14\ \text{mm};\ h = 25\ \text{mm};\ V = ?;$

$$\mathbf{V} = \frac{\pi \cdot d^2}{4} \cdot h = \frac{\pi \cdot (14\ \text{mm})^2}{4} \cdot 25\ \text{mm} = \mathbf{3848\ mm^3}$$

Hohlzylinder

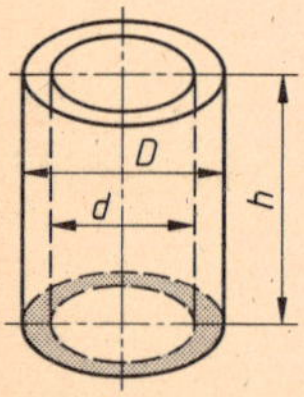

V Volumen
A_o Oberfläche
D Außendurchmesser
d Innendurchmesser
h Höhe

$$A_o = \pi \cdot d \cdot h + \frac{\pi}{2}\,(D^2 - d^2)$$

$$V = \frac{\pi \cdot h}{4} \cdot (D^2 - d^2)$$

Beispiel: $D = 42\ \text{mm};\ d = 20\ \text{mm};\ h = 80\ \text{mm};\ V = ?$

$$\mathbf{V} = \frac{\pi \cdot h}{4} \cdot (D^2 - d^2) = \frac{\pi \cdot 80\ \text{mm}}{4} \cdot (42^2\text{mm}^2 - 20^2\text{mm}^2) = \mathbf{85\,703\ mm^3}$$

Pyramide

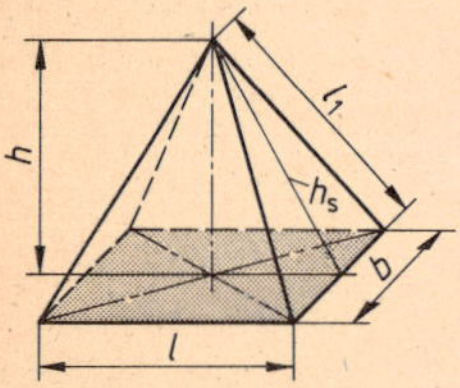

V Volumen
h Höhe
h_s Mantelhöhe
l Seitenlänge
l_1 Kantenlänge
b Breite

$$l_1 = \sqrt{h_s^2 + \frac{b^2}{4}};\quad h_s = \sqrt{h^2 + \frac{l^2}{4}}$$

$$V = \frac{l \cdot b \cdot h}{3}$$

Beispiel: $l = 16\ \text{mm};\ b = 21\ \text{mm};\ h = 45\ \text{mm}$
$V = ?$

$$\mathbf{V} = \frac{l \cdot b \cdot h}{3} = \frac{16\ \text{mm} \cdot 21\ \text{mm} \cdot 45\ \text{mm}}{3} = \mathbf{5040\ mm^3}$$

Kegel

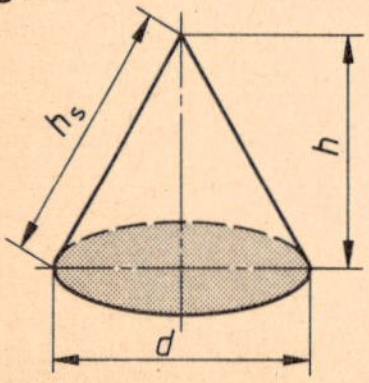

V Volumen
A_M Mantelfläche
d Durchmesser
h Höhe
h_s Mantelhöhe

$$A_M = \frac{\pi \cdot d \cdot h_s}{2};\quad h_s = \sqrt{\frac{d^2}{4} + h^2}$$

$$V = \frac{\pi \cdot d^2}{4} \cdot \frac{h}{3}$$

Beispiel: $d = 52\ \text{mm};\ h = 110\ \text{mm};\ V = ?$

$$\mathbf{V} = \frac{\pi \cdot d^2}{4} \cdot \frac{h}{3} = \frac{\pi \cdot (52\ \text{mm})^2}{4} \cdot \frac{110\ \text{mm}}{3} = \mathbf{77\,870\ mm^3}$$

Volumen

Pyramidenstumpf

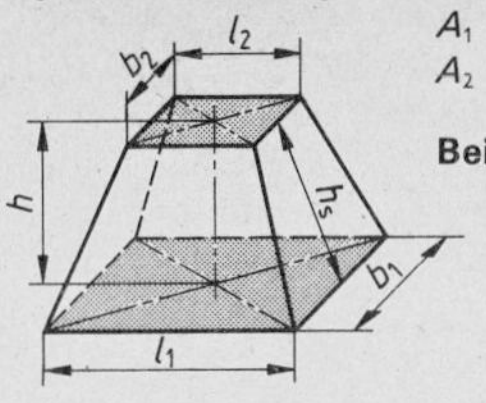

V	Volumen	h	Höhe
A_1	Grundfläche	h_s	Mantelhöhe
A_2	Deckfläche	l_1, l_2	Seitenlänge
		b_1, b_2	Breite

$A_1 = l_1 \cdot b_1$

$A_2 = l_2 \cdot b_2$

$h_s = \sqrt{h^2 + \left(\frac{l_1 - l_2}{2}\right)^2}$

$$V = \frac{h}{3} \cdot (A_1 + A_2 + \sqrt{A_1 \cdot A_2})$$

Beispiel: $l_1 = 40$ mm; $l_2 = 22$ mm; $b_1 = 28$ mm
$b_2 = 15$ mm; $h = 50$ mm; $V = ?$
$A_1 = 1120\ \text{mm}^2$; $A_2 = 330\ \text{mm}^2$

$$\boldsymbol{V} = \frac{h}{3} \cdot (A_1 + A_2 + \sqrt{A_1 \cdot A_2})$$

$$= \frac{50\ \text{mm}}{3} \cdot (1120\ \text{mm}^2 + 330\ \text{mm}^2 + \sqrt{1120\ \text{mm}^2 \cdot 330\ \text{mm}^2}) = \mathbf{34\,299\ mm^3}$$

Kegelstumpf

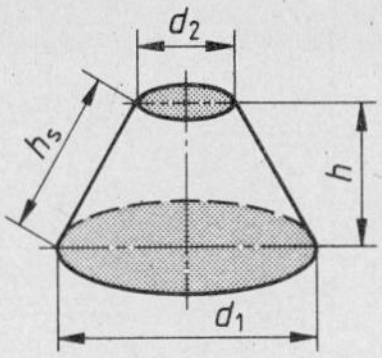

V	Volumen	d	kleiner Durchmesser
A_M	Mantelfläche	h	Höhe
D	großer Durchmesser	h_s	Mantelhöhe

$A_M = \frac{\pi \cdot h_s}{2} \cdot (D + d)$; $h_s = \sqrt{h^2 + \left(\frac{D - d}{2}\right)^2}$

$$V = \frac{\pi \cdot h}{12} \cdot (D^2 + d^2 + D \cdot d)$$

Beispiel: $D = 100$ mm; $d = 62$ mm; $h = 80$ mm
$V = ?$

$$\boldsymbol{V} = \frac{\pi \cdot h}{12} \cdot (D^2 + d^2 + D \cdot d)$$

$$= \frac{\pi \cdot 80\ \text{mm}}{12} \cdot (100^2 + 62^2 + 100 \cdot 62)\ \text{mm}^2 = \mathbf{419\,800\ mm^3}$$

Kugel

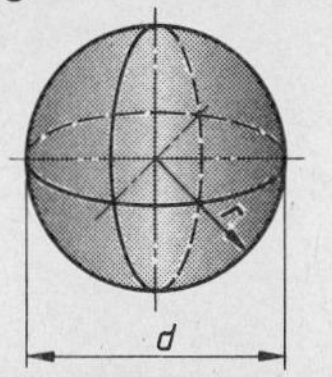

V	Volumen	d	Kugeldurchmesser
A_o	Oberfläche		

$A_o = \pi \cdot d^2$

$$V = \frac{\pi \cdot d^3}{6}$$

Beispiel: $d = 9$ mm; $V = ?$; $A_o = ?$

$$\boldsymbol{V} = \frac{\pi \cdot d^3}{6} = \frac{\pi \cdot (9\ \text{mm})^3}{6} = \mathbf{382\ mm^3}$$

$$\boldsymbol{A_o} = \pi \cdot d^2 = \pi \cdot (9\ \text{mm})^2 = \mathbf{254\ mm^2}$$

Kugelabschnitt

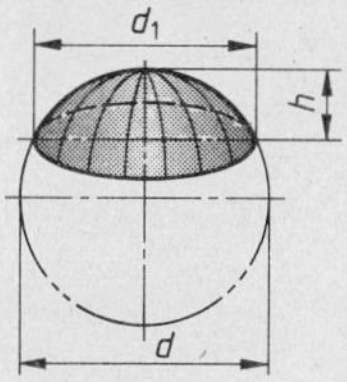

V	Volumen	d	Kugeldurchmesser
A_M	Mantelfläche	d_1	kleiner Durchmesser
A_o	Oberfläche	h	Höhe

$A_M = \pi \cdot d \cdot h$; $A_o = \pi \cdot h\ (2 \cdot d - h)$

$$V = \pi \cdot h^2 \cdot \left(\frac{d}{2} - \frac{h}{3}\right)$$

Beispiel: $d = 8$ mm; $h = 6$ mm; $V = ?$

$$\boldsymbol{V} = \pi \cdot h^2 \cdot \left(\frac{d}{2} - \frac{h}{3}\right) = \pi \cdot 6^2\text{mm}^2 \cdot \left(\frac{8\ \text{mm}}{2} - \frac{6\ \text{mm}}{3}\right) = \mathbf{226\ mm^3}$$

Kugelschicht

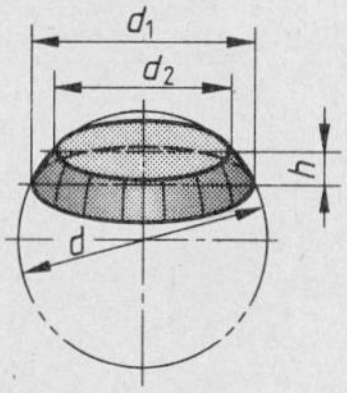

V	Volumen	d_1	großer Durchmesser
A_M	Mantelfläche	d_2	kleiner Durchmesser
A_o	Oberfläche	h	Höhe
d	Kugeldurchmesser		

$A_o = \pi \cdot \left(d \cdot h + \frac{d_1^2}{4} + \frac{d_2^2}{4}\right)$

$A_M = \pi \cdot d \cdot h$

$$V = \frac{\pi \cdot h}{6} \cdot \left(\frac{3 \cdot d_1^2}{4} + \frac{3 \cdot d_2^2}{4} + h^2\right)$$

Beispiel: $d = 80$ mm; $h = 6{,}4$ mm; $d_1 = 40$ mm
$d_2 = 56{,}6$ mm; $V = ?$

$$\boldsymbol{V} = \frac{\pi \cdot h}{6} \cdot \left(\frac{3 \cdot d_1^2}{4} + \frac{3\, d_2^2}{4} + h^2\right)$$

$$= \frac{\pi \cdot 6{,}4\ \text{mm}}{6} \cdot \left(\frac{3 \cdot 40^2\text{mm}^2}{4} + \frac{3 \cdot 56{,}6^2\ \text{mm}^2}{4} + 6{,}4^2\ \text{mm}^2\right) = \mathbf{12\,210\ mm^3}$$

Kugelausschnitt

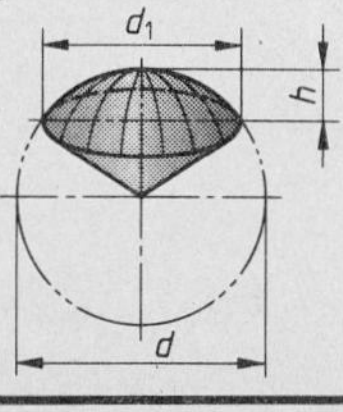

V	Volumen	d	Kugeldurchmesser
A_M	Mantelfläche	d_1	kleiner Durchmesser
A_o	Oberfläche	h	Höhe

$A_o = \frac{\pi \cdot d}{4} \cdot (4 \cdot h + d_1)$

$$V = \frac{\pi \cdot d^2 \cdot h}{6}$$

Beispiel: $d = 36$ mm; $h = 15$ mm; $V = ?$

$$\boldsymbol{V} = \frac{\pi \cdot d^2 \cdot h}{6} = \frac{\pi \cdot (36\ \text{mm})^2 \cdot 15\ \text{mm}}{6} = \mathbf{10\,179\ mm^3}$$

Volumen, Masse

Volumen zusammengesetzter Körper

Zusammengesetzte Körper werden zur Berechnung ihres Volumens in Teilkörper zerlegt.

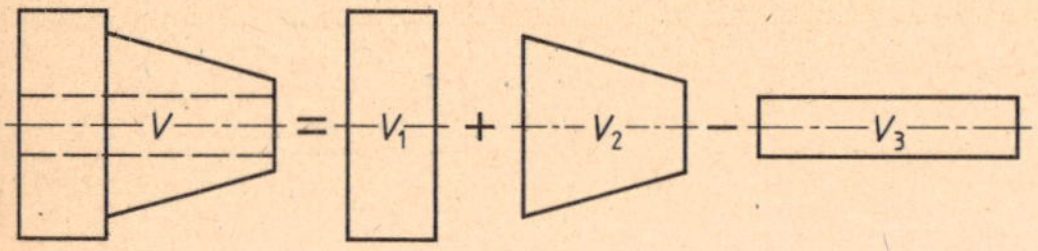

V Gesamtvolumen

V_1, V_2, V_3 ... Teilvolumen

$$V = V_1 + V_2 - V_3$$

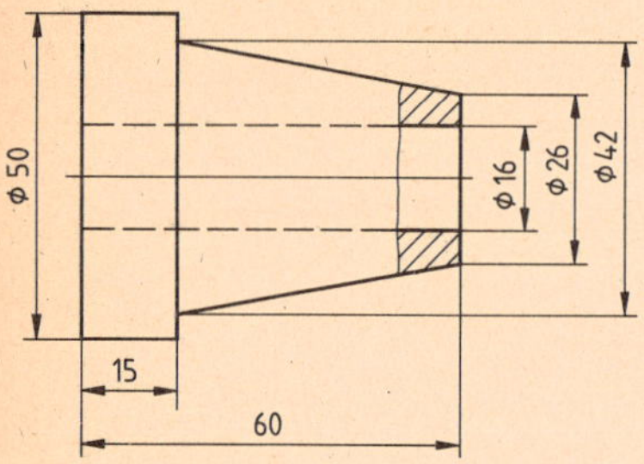

Beispiel: Kegelhülse $V = ?$

$$V_1 = \frac{\pi \cdot d^2}{4} \cdot h = \frac{\pi \cdot (50\text{ mm})^2}{4} \cdot 15\text{ mm} = 29452\text{ mm}^3$$

$$V_2 = \frac{\pi \cdot h}{12} \cdot (D^2 + d^2 + D \cdot d) =$$

$$= \frac{\pi \cdot 45\text{ mm}}{12} \cdot (42^2 + 26^2 + 42 \cdot 26)\text{ mm}^2 = 41610\text{ mm}^3$$

$$V_3 = \frac{\pi \cdot d^2}{4} \cdot h = \frac{\pi \cdot (16\text{ mm})^2}{4} \cdot 60\text{ mm} = 12064\text{ mm}^3$$

$$\mathbf{V} = V_1 + V_2 - V_3 = 29452\text{ mm}^3 + 41610\text{ mm}^3 - 12064\text{ mm}^3 =$$

$$= \mathbf{58998\text{ mm}^3}$$

Berechnung der Masse

Die Masse eines Körpers kann aus seinem Volumen und seiner Dichte berechnet werden.

Bei festen und flüssigen Stoffen wird die Dichte meist in kg/dm³, bei gasförmigen Stoffen in kg/m³ angegeben (Seite 96 und Seite 97).

m Masse

V Volumen

ϱ Dichte

Masse = Volumen x Dichte

$$m = V \cdot \varrho$$

Beispiel: Werkstück aus Aluminium, $V = 6{,}4\text{ dm}^3$; $\varrho = 2{,}7\text{ kg/dm}^3$; $m = ?$

$$\mathbf{m} = V \cdot \varrho = 6{,}4\text{ dm}^3 \cdot 2{,}7\,\frac{\text{kg}}{\text{dm}^3} = \mathbf{17{,}28\text{ kg}}$$

Die Masse von Halbzeugen wird häufig mit Hilfe von Tabellen berechnet, welche die längenbezogene Masse m' für 1 m bei Profilstäben, Rohren, Drähten oder die flächenbezogene Masse m'' für 1 m², z. B. bei Blechen oder Belägen, enthalten (Seite 117 bis Seite 125).

Längenbezogene Masse

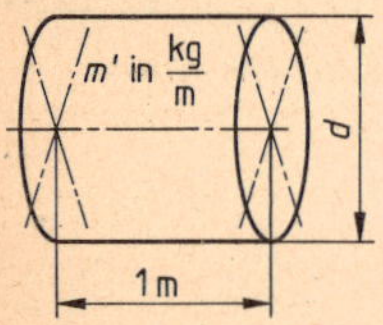

m Masse $\quad l$ Länge

m' längenbezogene Masse

$$m = m' \cdot l$$

Beispiel: Gewinderohr DIN 2440-DN 15

$m' = 1{,}22\text{ kg/m}$; $l = 14\text{ m}$; $m = ?$

$$\mathbf{m} = m' \cdot l = 1{,}22\,\frac{\text{kg}}{\text{m}} \cdot 14\text{ m} = \mathbf{17{,}08\text{ kg}}$$

Flächenbezogene Masse

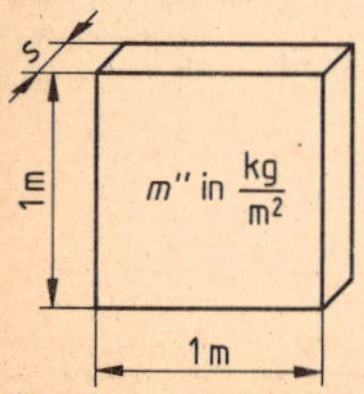

m Masse $\quad A$ Fläche

m'' flächenbezogene Masse

$$m = m'' \cdot A$$

Beispiel: Stahlblech

$s = 1{,}5\text{ mm}$; $m'' = 11{,}8\text{ kg/m}^2$; $A = 7{,}5\text{ m}^2$; $m = ?$

$$\mathbf{m} = m'' \cdot A = 11{,}8\,\frac{\text{kg}}{\text{m}^2} \cdot 7{,}5\text{ m}^2 = \mathbf{88{,}5\text{ kg}}$$

Nomographie[1]

DIN 461 (3. 73)

Zahlenleitern

Zahlenleitern werden benutzt, wenn zwei veränderliche Größen in einem bestimmten Verhältnis zueinander stehen.

Beispiel: $\frac{W \text{ in MJ}}{W \text{ in kW·h}} = \mathbf{3{,}6}$

Für 9 MJ wird 2,5 kW·h abgelesen.

Leitertafeln

Mit Leitertafeln läßt sich eine unbekannte Größe aus mehreren bekannten Größen graphisch ermitteln. Die Einteilung der Zahlenleitern für die einzelnen Größen erfolgt meist im logarithmischen Maßstab.

1. Beispiel: Zu erstellen ist eine Leitertafel für die Berechnung des Volumenstromes **Q** eines Hydraulikkolbens aus der Kolbengeschwindigkeit **v** und der Kolbenfläche **A**.

$$\mathbf{Q = v \cdot A}$$

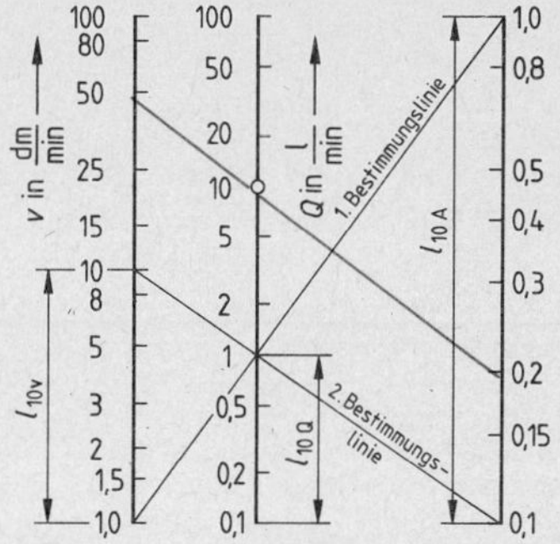

1. Bereich der bekannten Größen festlegen, z. B. $v = 1\,\frac{\text{dm}}{\text{min}}$ bis $100\,\frac{\text{dm}}{\text{min}}$ (2 Dekaden), $A = 0{,}1\,\text{dm}^2$ bis $1\,\text{dm}^2$ (1 Dekade).
2. Leiterlänge je Dekade l_{10} nach gewünschter Leitertafellänge festlegen, z. B. für 160 mm Leitertafelgröße $l_{10v} = 80$ mm, $l_{10A} = 160$ mm.
3. Äußere Leitern parallel zueinander zeichnen und logarithmisch unterteilen.
4. Lage der mittleren Leiter durch zwei sich kreuzende Bestimmungslinien für einen Wert von Q bestimmen, z. B. $Q = 1\,\frac{l}{\text{min}} = 10\,\frac{\text{dm}}{\text{min}} \cdot 0{,}1\,\text{dm}^2 = 1\,\frac{\text{dm}}{\text{min}} \cdot 1\,\text{dm}^2$
5. Berechnen der Dekadenlänge der mittleren Leiter nach der Formel $l_{10Q} = \frac{l_{10v} \cdot l_{10A}}{l_{10v} + l_{10A}} = \frac{80\,\text{mm} \cdot 160\,\text{mm}}{80\,\text{mm} + 160\,\text{mm}} = 26{,}66\,\text{mm}$
6. Vom Schnittpunkt der Bestimmungslinien aus mittlere Leiter logarithmisch unterteilen.

Ablesebeispiel: $v = 50\,\frac{\text{dm}}{\text{min}}$; $A = 0{,}2\,\text{dm}^2$; $\mathbf{Q = 10\,\frac{l}{min}}$

2. Beispiel: Leitertafel mit 4 Variablen zur Berechnung von Schraubenfedern

$$\tau_{s\,zul} = \frac{8}{\pi} \cdot \frac{D_m}{d^3} \cdot F$$

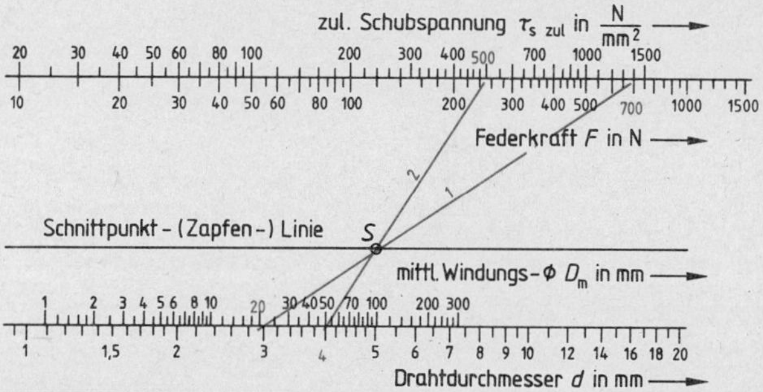

Ablesebeispiel:
$F = 700$ N;
$D_m = 20$ mm; $\tau_{s\,zul} = 500$ N/mm²;
d = ?

Lösung:
Es gehören jeweils die beiden inneren Leitern für F und D_m sowie die beiden äußeren Leitern für $\tau_{s\,zul}$ und d zusammen.

1. Gerade durch $F = 700$ N und $D_m = 20$ mm ziehen, ergibt Schnittpunkt S.
2. Gerade durch $\tau_{s\,zul} = 500$ N/mm² und S ziehen.
3. **Ablesewert: $d \approx 4$ mm.**

Kreisdiagramme

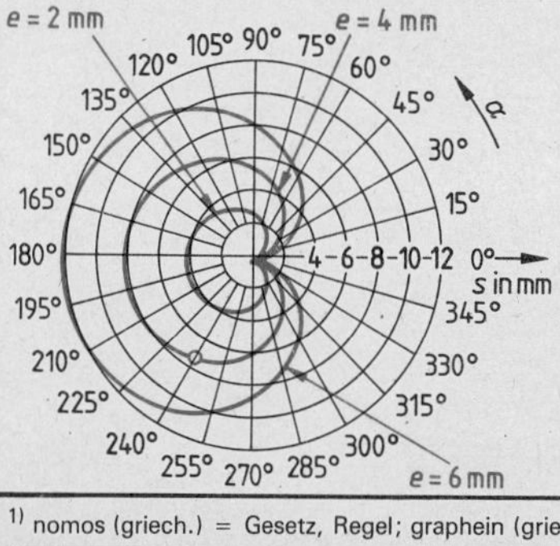

Mit einem Kreisdiagramm kann eine Größe, die von einem Winkel abhängig ist, graphisch ermittelt werden. Die Koordinaten sind Kreise und Strahlen, die von einem Punkt ausgehen (Polarkoordinaten).

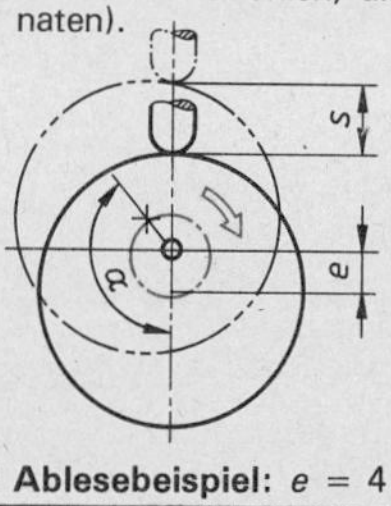

Beispiel:
Zu bestimmen ist der Stößelweg **s** bei der Drehbewegung eines kreisförmigen Nockens mit dem Exzentermaß **e**.

$$s = 2e \cdot \sin \frac{\alpha}{2}$$

Ablesebeispiel: $e = 4$ mm; $\alpha = 240°$; $\mathbf{s = 7\,mm}$

[1] nomos (griech.) = Gesetz, Regel; graphein (griech.) = zeichnen, schreiben

Nomographie

Netztafeln

Netztafeln mit metrischer Teilung

Die Abhängigkeit von zwei oder mehreren veränderlichen Größen läßt sich in Netztafeln, deren Abszisse (waagrechte Achse) und Ordinate (senkrechte Achse) metrische Teilung besitzen, übersichtlich darstellen.

Addition:

Gleichung: $a + b = c$
Auf der Abszisse wird der Summand *a*, auf der Ordinate der Summand *b* aufgetragen. Das Ergebnis, die Summe *c*, wird dann zu einer Schar von parallelen Geraden.

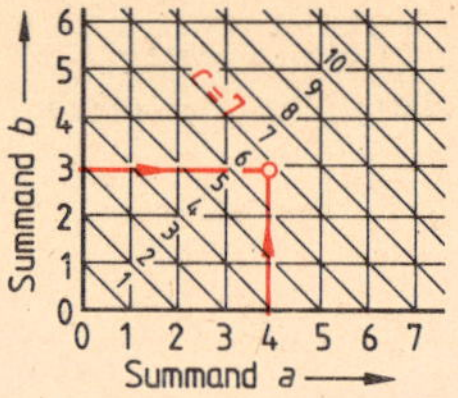

Gegeben: $a = 4$; $b = 3$; **abgelesen:** $c = 7$

Subtraktion:

Gleichung: $a - b = c$
Auf der Abszisse wird der Minuend *a*, auf der Ordinate der Subtrahend *b* aufgetragen. Das Ergebnis, die Differenz *c*, wird dann zu einer Schar von parallelen Geraden.

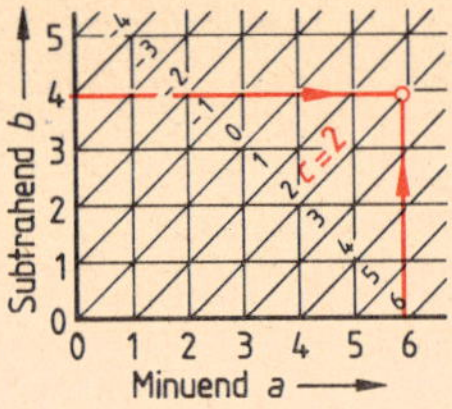

Gegeben: $a = 6$; $b = 4$; **abgelesen:** $c = 2$

Schaulinien im Netz mit metrischer Teilung

Gleichungen mit zwei veränderlichen Größen

Die Gleichung Umfang $U = \pi \cdot d$ ergibt eine gerade Schaulinie, da *U* zu *d* proportional ist. Die quadratische Gleichung Kreisfläche $A = 0{,}785 \cdot d^2$ ergibt eine parabelförmige Schaulinie, da *A* zu d^2 proportional ist.

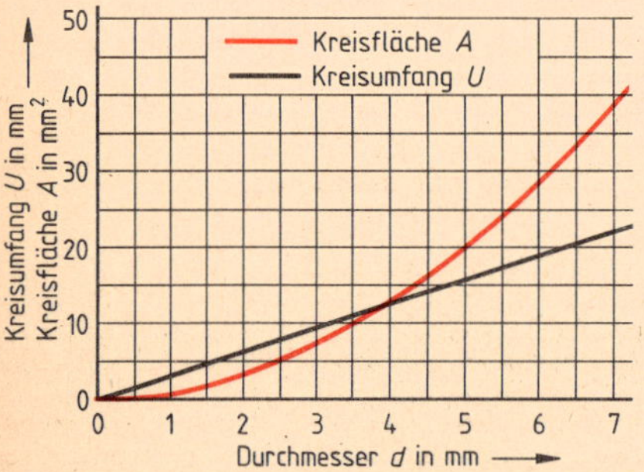

Gleichungen mit drei veränderlichen Größen

Die Gleichung Widerstand $R = U : I$ ergibt für *R* ein Strahlenbündel gerader Schaulinien. Die Gleichung Leistung $P = U \cdot I$ ergibt für *P* eine Schar von hyperbelförmigen Schaulinien.

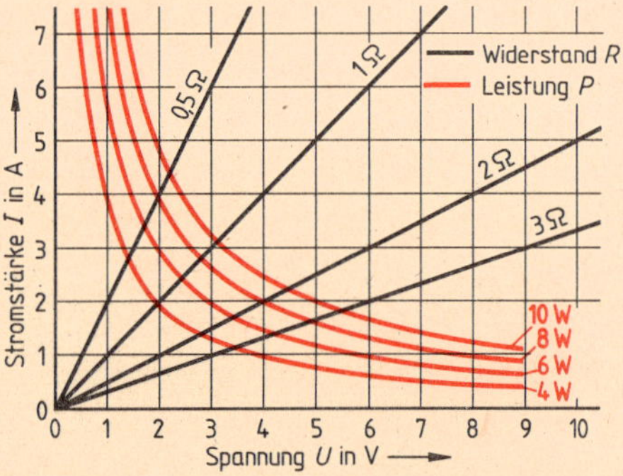

Schaulinien im Netz mit logarithmischer Teilung

Im Netz mit logarithmischer Teilung ist der Abstand von 1 bis 10 gleich groß wie der Abstand von 10 bis 100 oder von 100 bis 1000. Das logarithmische Netz erfaßt größere Zahlenbereiche als das metrische Netz. Die prozentuale Ablesegenauigkeit ist überall gleich groß. Aus den parabel- oder hyperbelförmigen Schaulinien des Netzes mit metrischer Teilung (oben) entstehen im Netz mit logarithmischer Teilung gerade Schaulinien.

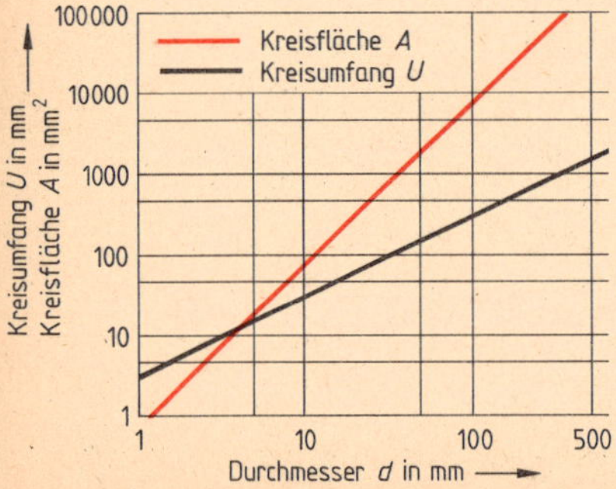

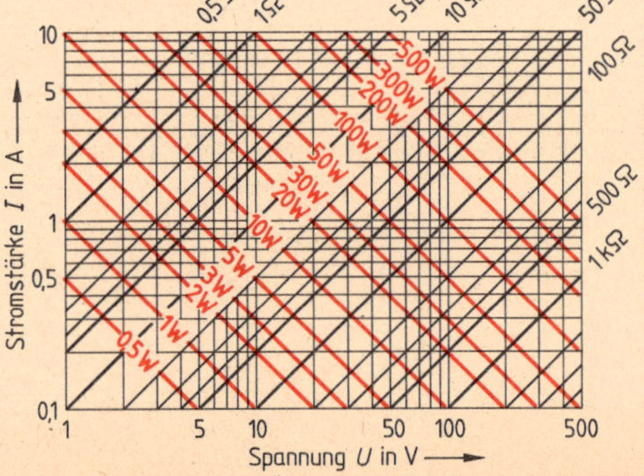

Kräfte

Zusammensetzen und Zerlegen von Kräften

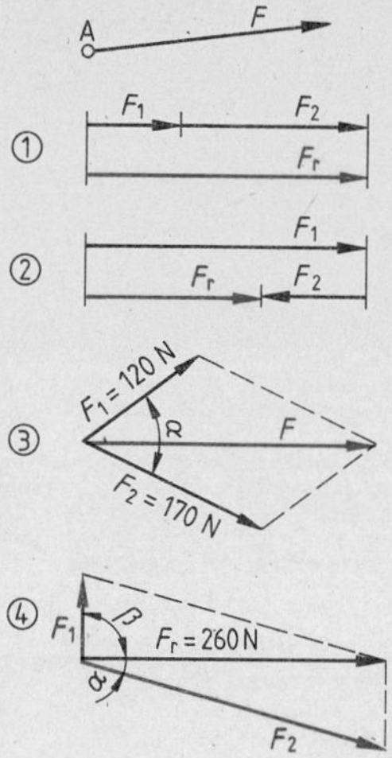

Kräftemaßstab $M_k = 10\,\frac{N}{mm}$

Kräfte werden durch **Pfeile** dargestellt. Die **Länge** l des Pfeils ist ein Maß für die **Größe** der Kraft F. Die zur zeichnerischen Darstellung erforderliche Pfeillänge l wird aus der Kraft F und dem Kräftemaßstab M_k bestimmt.

$$\textbf{Pfeillänge} = \frac{\textbf{Kraft}}{\textbf{Kräftemaßstab}}$$

$$l = \frac{F}{M_k}$$

Die **Richtung** des Pfeils liegt in der **Wirkungslinie** der Kraft.

A ist der **Angriffspunkt** der Kraft.

Die **Ersatzkraft** (Resultierende) F_r übt dieselbe Wirkung wie die **Teilkräfte** F_1 und F_2 aus.

① **Addieren von Kräften gleicher Wirkungslinie**

Beispiel: $F_1 = 80$ N; $F_2 = 160$ N; $F_r = ?$

$\mathbf{F_r} = F_1 + F_2 = 80\text{ N} + 160\text{ N} = \mathbf{240\text{ N}}$

$$F_r = F_1 + F_2$$

② **Subtrahieren von Kräften gleicher Wirkungslinie**

Beispiel: $F_1 = 240$ N; $F_2 = 90$ N; $F_r = ?$

$\mathbf{F_r} = F_1 - F_2 = 240\text{ N} - 90\text{ N} = \mathbf{150\text{ N}}$

$$F_r = F_1 - F_2$$

③ **Zusammensetzen von Teilkräften zu einer Resultierenden**

Beispiel: $F_1 = 120$ N; $F_2 = 170$ N; $\alpha = 60°$; $F_r = ?$

Gemessen: $l = 25$ mm ergibt $\mathbf{F_r} = \mathbf{250\text{ N}}$

④ **Zerlegen einer Kraft in Teilkräfte**

Beispiel: $F_r = 260$ N; $\alpha = 15°$; $\beta = 90°$; $F_1 = ?$; $F_2 = ?$

Gemessen: $l_1 = 7$ mm ergibt $\mathbf{F_1} = \mathbf{70\text{ N}}$

$l_2 = 27$ mm ergibt $\mathbf{F_2} = \mathbf{270\text{ N}}$

Kräfte bei Beschleunigung und Verzögerung

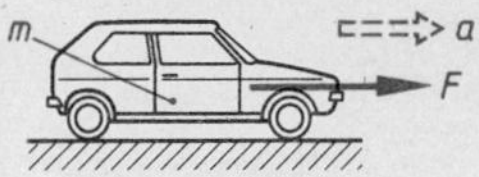

Für die Beschleunigung und Verzögerung von Massen ist eine Kraft erforderlich.

F Kraft	a Beschleunigung

m Masse

Kraft = Masse x Beschleunigung

$$F = m \cdot a$$

Beispiel: $m = 50$ kg; $a = 3\,\frac{m}{s^2}$; $F = ?$

$\mathbf{F} = m \cdot a = 50\text{ kg} \cdot 3\,\frac{m}{s^2} = 150\text{ kg} \cdot \frac{m}{s^2} = \mathbf{150\text{ N}}$

Gewichtskraft

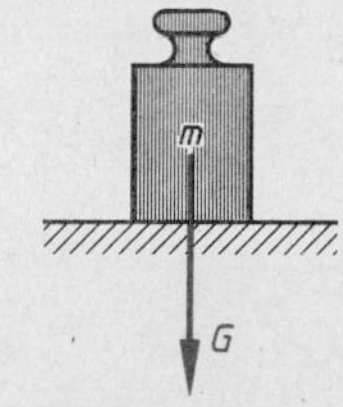

Die Erdanziehung bewirkt bei allen Massen eine Gewichtskraft.

G Gewichtskraft	g Fallbeschleunigung

m Masse

Gewichtskraft = Masse x Fallbeschleunigung

$$G = m \cdot g$$

$$g = 9{,}81\,\frac{m}{s^2} \approx 10\,\frac{m}{s^2}$$

Beispiel: Stahlträger, $m = 1200$ kg; $G = ?$

$\mathbf{G} = m \cdot g = 1200\text{ kg} \cdot 9{,}81\,\frac{m}{s^2} = \mathbf{11772\text{ N}}$

Federkraft (Hooksches Gesetz)

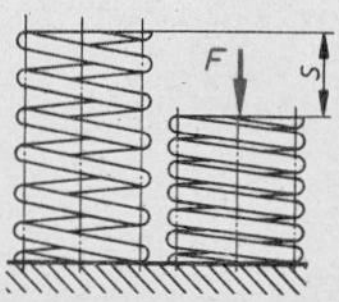

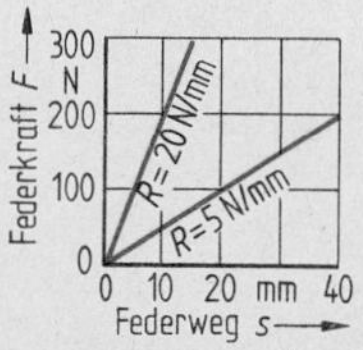

Innerhalb des elastischen Bereiches sind die Kraft und die zugehörige Längenänderung proportional.

F Federkraft	s Federweg

R Federrate

Federkraft = Federrate x Federweg

$$F = R \cdot s$$

Beispiel: Druckfeder, $R = 8$ N/mm; $s = 12$ mm; $F = ?$

$\mathbf{F} = R \cdot s = 8\,\frac{N}{mm} \cdot 12\text{ mm} = \mathbf{96\text{ N}}$

G

Gleichförmige und beschleunigte Bewegung

Geradlinige Bewegung

Gleichförmige geradlinige Bewegung

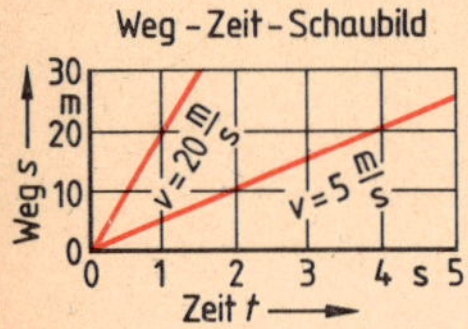

v Geschwindigkeit
s Weg
t Zeit

Geschwindigkeit = $\dfrac{\textbf{Weg}}{\textbf{Zeit}}$

$$v = \frac{s}{t}$$

Beispiel: $v = 48$ km/h; $s = 12$ m; $t = ?$

Umrechnung: $48\,\frac{\text{km}}{\text{h}} = \frac{48000\ \text{m}}{3600\ \text{s}} = 13{,}33\,\frac{\text{m}}{\text{s}}$

$t = \frac{s}{v} = \frac{12\ \text{m}}{13{,}33\,\frac{\text{m}}{\text{s}}} = \mathbf{0{,}9\ s}$

Mittlere Geschwindigkeit

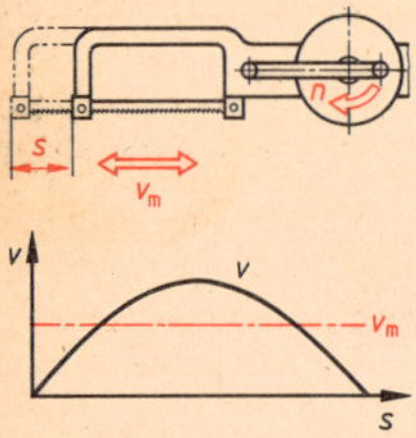

v_m mittlere Geschwindigkeit
n Anzahl der Doppelhübe (Kurbeldrehzahl)
s Hublänge

mittlere Geschwindigkeit = 2 x Hublänge x Drehzahl

$$v_m = 2 \cdot s \cdot n$$

Beispiel: Maschinenbügelsäge, $s = 280$ mm;
$n = 45/\text{min}$; $v_m = ?$
$v_m = 2 \cdot s \cdot n = 2 \cdot 0{,}28\ \text{m} \cdot 45\ \text{min}^{-1} = \mathbf{25{,}2\,\frac{m}{min}}$

Gleichförmig beschleunigte Bewegung

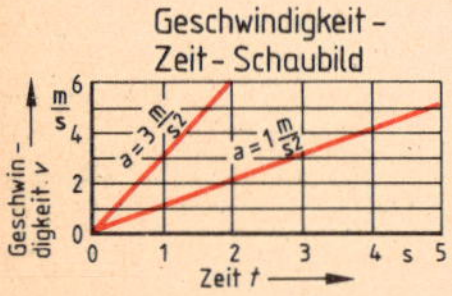

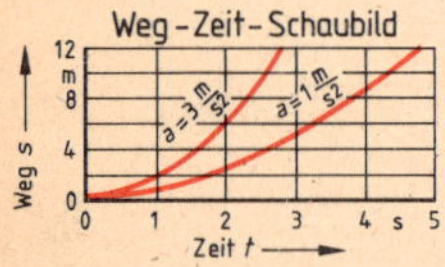

Die **Zunahme** einer Geschwindigkeit in 1 Sekunde heißt **Beschleunigung**, die **Abnahme** heißt **Verzögerung**. Der **freie Fall** ist eine gleichförmig beschleunigte Bewegung, bei der die **Fallbeschleunigung *g*** wirksam ist.

v Endgeschwindigkeit
a Beschleunigung
t Zeit
s Weg
g Fallbeschleunigung

$$g = 9{,}81\,\frac{\text{m}}{\text{s}^2} \approx 10\,\frac{\text{m}}{\text{s}^2}$$

Bei einer Beschleunigung aus dem Stillstand gilt:

Endgeschwindigkeit = Beschleunigung x Zeit — $v = a \cdot t$

Endgeschwindigkeit = $\sqrt{\textbf{2 x Beschleunigung x Weg}}$ — $v = \sqrt{2 \cdot a \cdot s}$

Weg = $\frac{1}{2}$ **x Endgeschwindigkeit x Zeit** — $s = \frac{1}{2} \cdot v \cdot t$

Weg = $\frac{1}{2}$ **x Beschleunigung x (Zeit)²** — $s = \frac{1}{2} \cdot a \cdot t^2$

Die gleichen Formeln gelten für die Verzögerung a bis zum Stillstand, wobei v die Anfangsgeschwindigkeit ist.

Beispiel: Fallhammer, $s = 3$ m; $g = 9{,}81\,\frac{\text{m}}{\text{s}^2}$; $v = ?$; $t = ?$

$v = \sqrt{2 \cdot g \cdot s} = \sqrt{2 \cdot 9{,}81\,\frac{\text{m}}{\text{s}^2} \cdot 3\ \text{m}} = \mathbf{7{,}7\,\frac{m}{s}}$;

$t = \sqrt{\frac{2 \cdot s}{g}} = \sqrt{\frac{2 \cdot 3\ \text{m}}{9{,}81\,\frac{\text{m}}{\text{s}^2}}} = \mathbf{0{,}78\ s}$

Kreisförmige Bewegung

v Umfangsgeschwindigkeit, Schnittgeschwindigkeit
ω Winkelgeschwindigkeit
n Drehzahl
r Halbmesser (Radius)
d Durchmesser

$1\,\frac{\text{m}}{\text{s}} = 60\,\frac{\text{m}}{\text{min}}$

$\frac{1}{\text{min}} = \text{min}^{-1}$

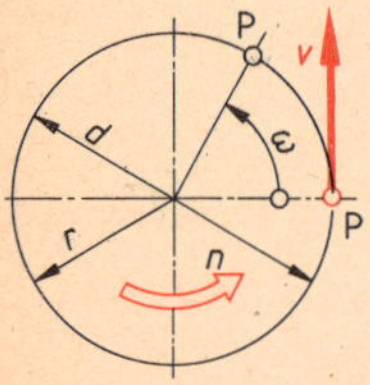

Umfangsgeschwindigkeit = Halbmesser x Winkelgeschwindigkeit — $v = r \cdot \omega$

Umfangsgeschwindigkeit = π x Durchmesser x Drehzahl — $v = \pi \cdot d \cdot n$

Winkelgeschwindigkeit = 2 π x Drehzahl — $\omega = 2\,\pi \cdot n$

Beispiel: Riemenscheibe, $d = 250$ mm; $n = 1400\ \text{min}^{-1}$; $v = ?$; $\omega = ?$

Umrechnung: $n = 1400\ \text{min}^{-1} = \frac{1400}{60\ \text{s}} = 23{,}33\ \text{s}^{-1}$

$v = \pi \cdot d \cdot n = \pi \cdot 0{,}25\ \text{m} \cdot 23{,}33\ \text{s}^{-1} = \mathbf{18{,}3\,\frac{m}{s}}$;

$\omega = 2\,\pi \cdot n = 2\,\pi \cdot 23{,}33\ \text{s}^{-1} = \mathbf{146{,}6\ s^{-1}}$

Hebel, Drehmoment, Fliehkraft

Hebel und Drehmoment

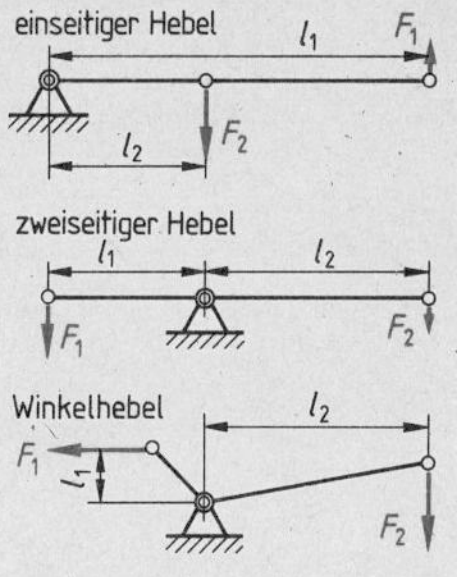

Die wirksame Hebellänge ist der rechtwinklige Abstand zwischen Drehpunkt und Wirkungslinie.

M Drehmoment — l wirksame Hebellänge
F Kraft

Drehmoment = Kraft x wirksame Hebellänge

$$M = F \cdot l$$

Hebelgesetz:

Am Hebel herrscht Gleichgewicht, wenn die Summe aller linksdrehenden Momente so groß ist wie die Summe aller rechtsdrehenden Momente.

$$\Sigma \overset{\frown}{M}_{\text{links}} = \Sigma \overset{\frown}{M}_{\text{rechts}}$$

$$F_1 \cdot l_1 = F_2 \cdot l_2$$

Beispiel: Winkelhebel, $F_1 = 30$ N; $l_1 = 0{,}15$ m; $l_2 = 0{,}45$ m; $F_2 = ?$

$$\mathbf{F_2} = \frac{F_1 \cdot l_1}{l_2} = \frac{30\ \text{N} \cdot 0{,}15\ \text{m}}{0{,}45\ \text{m}} = \mathbf{10\ N}$$

Auflagerkräfte

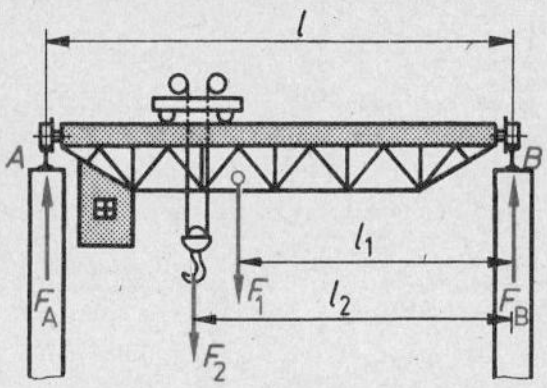

Zur Berechnung der Auflagerkräfte nimmt man einen Auflagerpunkt als Drehpunkt an.

F_A; F_B Auflagerkräfte — F_1; F_2 Kräfte
l; l_1; l_2 wirksame Hebellängen

$$F_A = \frac{F_1 \cdot l_1 + F_2 \cdot l_2 \ldots}{l}$$

$$F_A + F_B = F_1 + F_2 \ldots$$

Beispiel: Laufkran, $F_1 = 40$ kN; $F_2 = 15$ kN; $l_1 = 6$ m; $l_2 = 8$ m; $l = 12$ m; $F_A = ?$

$$\mathbf{F_A} = \frac{F_1 \cdot l_1 + F_2 \cdot l_2}{l} = \frac{40\ \text{kN} \cdot 6\ \text{m} + 15\ \text{kN} \cdot 8\ \text{m}}{12\ \text{m}} = \mathbf{30\ kN}$$

Drehmoment bei Zahnradtrieben

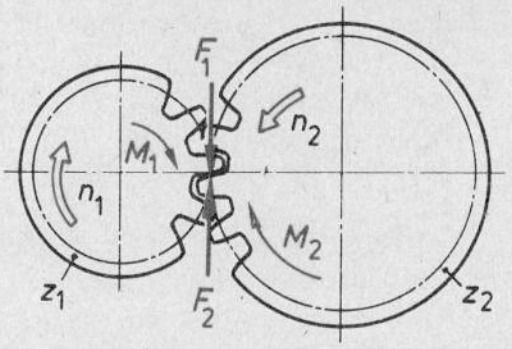

Sind die Zähnezahlen zweier ineinandergreifender Zahnräder verschieden, so ergeben sich unterschiedliche Drehmomente.

Treibendes Rad	**Getriebenes Rad**
M_1 Drehmoment	M_2 Drehmoment
z_1 Zähnezahl	z_2 Zähnezahl
n_1 Drehzahl	n_2 Drehzahl

i Übersetzungsverhältnis

$$\frac{\textbf{Drehmoment des getriebenen Rades}}{\textbf{Drehmoment des treibenden Rades}} = \frac{\textbf{Zähnezahl des getriebenen Rades}}{\textbf{Zähnezahl des treibenden Rades}}$$

$$\frac{M_2}{M_1} = \frac{z_2}{z_1}$$

Drehmoment des getr. Rades = Übersetzungsverhältnis x Drehmoment des treib. Rades

$$M_2 = i \cdot M_1$$

Beispiel: Getriebe, $i = 12$; $M_1 = 60$ N·m; $M_2 = ?$

$\mathbf{M_2} = i \cdot M_1 = 12 \cdot 60$ N·m $=$ **720 N·m**

Fliehkraft

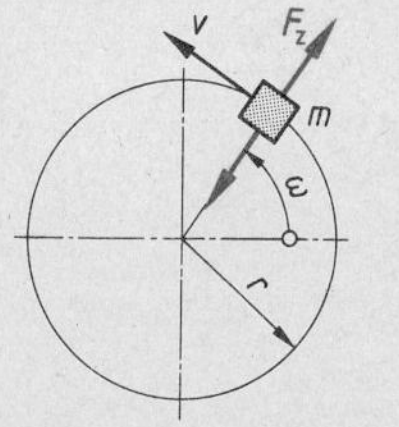

Die **Fliehkraft F_z** entsteht, wenn eine Masse auf einer gekrümmten Bahn, z. B. einem Kreis, bewegt wird.

F_z Fliehkraft — ω Winkelgeschwindigkeit
m Masse — v Umfangsgeschwindigkeit
r Halbmesser

Fliehkraft = Masse x Halbmesser x (Winkelgeschwindigkeit)²

$$F_z = m \cdot r \cdot \omega^2$$

$$\textbf{Fliehkraft} = \frac{\textbf{Masse x (Umfangsgeschwindigkeit)}^2}{\textbf{Halbmesser}}$$

$$F_z = \frac{m \cdot v^2}{r}$$

Beispiel: Schleifscheibenteil, $m = 0{,}5$ g; $v = 25\,\frac{\text{m}}{\text{s}}$; $d = 300$ mm; $F_z = ?$

$$\mathbf{F_z} = \frac{m \cdot v^2}{r} = \frac{0{,}0005\ \text{kg} \cdot \left(25\,\frac{\text{m}}{\text{s}}\right)^2}{0{,}15\ \text{m}} = 2{,}08\,\frac{\text{kg} \cdot \text{m}}{\text{s}^2} = \mathbf{2{,}08\ N}$$

Arbeit, Energie, Leistung, Wirkungsgrad

Mechanische Arbeit

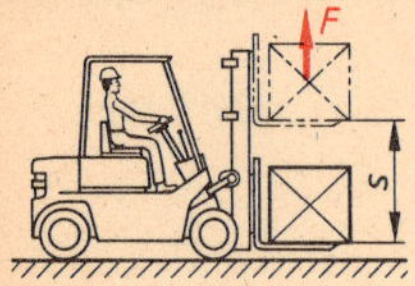

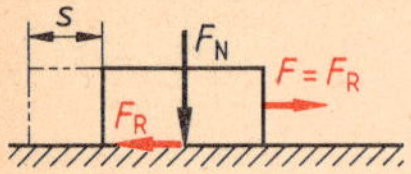

Wirkt eine Kraft längs eines Weges, so wird Arbeit verrichtet.

W Arbeit
F Kraft in Wegrichtung
s Kraftweg

Arbeit = Kraft x Kraftweg

$$W = F \cdot s$$

$1\ \text{J} = 1\ \text{N} \cdot \text{m} = 1 \frac{\text{kg} \cdot \text{m}^2}{\text{s}^2}$

1. Beispiel: $F = 300\ \text{N};\ s = 4\ \text{m};\ W = ?$
$\mathbf{W} = F \cdot s = 300\ \text{N} \cdot 4\ \text{m} = 1200\ \text{N} \cdot \text{m} = \mathbf{1200\ J}$

2. Beispiel: Reibungsarbeit auf waagrechter Unterlage
$F_N \triangleq 300\ \text{N};\ s = 6\ \text{m};\ \mu = 0{,}4;\ F_R = ?;\ W = ?$
$\mathbf{F_R} = \mu \cdot F_N = 0{,}4 \cdot 300\ \text{N} = \mathbf{120\ N}$
$\mathbf{W} = F \cdot s = 120\ \text{N} \cdot 6\ \text{m} = \mathbf{720\ J}$

Potentielle und kinetische Energie

Energie ist gespeicherte Arbeit oder Arbeitsfähigkeit. Man unterscheidet in der Mechanik potentielle Energie (Lageenergie) und kinetische Energie (Bewegungsenergie).

W_p potentielle Energie
W_k kinetische Energie
G Gewichtskraft
s Weg
m Masse
v Geschwindigkeit

potentielle Energie = Gewichtskraft x Weg

kinetische Energie = $\frac{\textbf{Masse x (Geschwindigkeit)}^2}{2}$

$$W_p = G \cdot s$$

$$W_k = \frac{m \cdot v^2}{2}$$

Beispiel: Stein, $m = 0{,}5\ \text{kg};\ s = 12\ \text{m};\ W_k = ?$ (beim Aufprall)

$$v = \sqrt{2 \cdot g \cdot s} = \sqrt{2 \cdot 9{,}81 \frac{\text{m}}{\text{s}^2} \cdot 12\ \text{m}} = 15{,}34 \frac{\text{m}}{\text{s}}$$

$$\mathbf{W_k} = \frac{m \cdot v^2}{2} = \frac{0{,}5\ \text{kg} \cdot \left(15{,}34 \frac{\text{m}}{\text{s}}\right)^2}{2} = 58{,}8 \frac{\text{kg} \cdot \text{m}^2}{\text{s}^2} = \mathbf{58{,}8\ J}$$

Mechanische Leistung

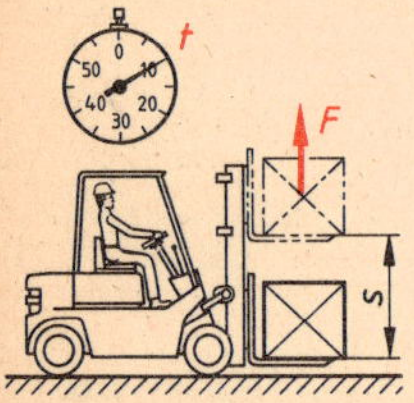

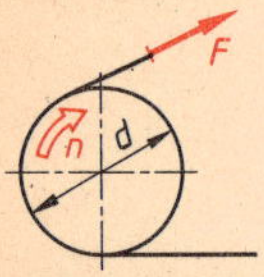

Leistung ist die Arbeit in der Zeiteinheit.

P Leistung
W Arbeit
M Drehmoment
s Weg
t Zeit
v Geschwindigkeit
n Drehzahl

$1\ \text{W} = 1 \frac{\text{J}}{\text{s}} = 1 \frac{\text{N} \cdot \text{m}}{\text{s}}$

$1\ \text{kW} = 1{,}36\ \text{PS}$

Leistung = $\frac{\textbf{Arbeit}}{\textbf{Zeit}}$

Leistung = $\frac{\textbf{Kraft x Kraftweg}}{\textbf{Zeit}}$

Leistung = Kraft x Geschwindigkeit

Leistung = 2 π x Drehzahl x Drehmoment

$$P = \frac{W}{t}$$

$$P = \frac{F \cdot s}{t}$$

$$P = F \cdot v$$

$$P = 2\pi \cdot n \cdot M$$

1. Beispiel: Gabelstapler, $F = 5000\ \text{N};\ s = 2\ \text{m};\ t = 2{,}5\ \text{s};\ P = ?$

$$\mathbf{P} = \frac{F \cdot s}{t} = \frac{5000\ \text{N} \cdot 2\ \text{m}}{2{,}5\ \text{s}} = 4000\ \text{W} = \mathbf{4\ kW}$$

2. Beispiel: Kfz-Motor, $M = 115\ \text{N} \cdot \text{m};\ n = 2800\ \text{min}^{-1};\ P = ?$

$$\mathbf{P} = 2\pi \cdot n \cdot M = 2\pi \cdot \frac{2800}{60\ \text{s}} \cdot 115\ \text{N} \cdot \text{m} = \mathbf{33720\ W}$$

Wirkungsgrad

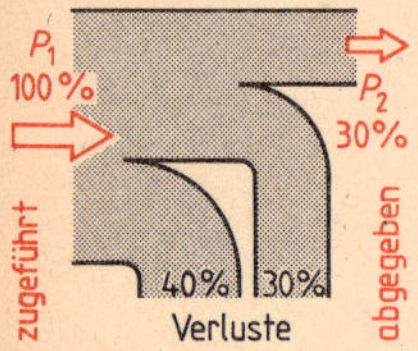

η Gesamtwirkungsgrad
η_1, η_2 Teilwirkungsgrade
P_1 zugeführte Leistung
P_2 abgegebene Leistung

Wirkungsgrad = $\frac{\textbf{abgegebene Leistung}}{\textbf{zugeführte Leistung}}$

$$\eta = \frac{P_2}{P_1}$$

Gesamtwirkungsgrad = Produkt der Teilwirkungsgrade

$$\eta = \eta_1 \cdot \eta_2 \cdot \eta_3 \ldots$$

η ist immer kleiner als 1 oder weniger als 100%.

Beispiel: $P_2 = 3\ \text{kW};\ P_1 = 4\ \text{kW};\ \eta = ?$

$$\eta = \frac{P_2}{P_1} = \frac{3\ \text{kW}}{4\ \text{kW}} = \mathbf{0{,}75} = \mathbf{75\%}$$

Wirkungsgrade (Beispiele)	Gasturbine ≈ 0,28 Dampfturbine ≈ 0,23 Wasserturbine ≈ 0,85	Otto-Motor ≈ 0,27 Diesel-Motor ≈ 0,33 Drehstrom-Motor ≈ 0,85	Bewegungsgewinde ≈ 0,30 Schneckenantrieb ≈ 0,60 Hydrogetriebe ≈ 0,80	Zahnradtrieb ≈ 0,97 Drehmaschine ≈ 0,70 Hobelmaschine ≈ 0,70

Goldene Regel der Mechanik

W_1 aufgewendete Arbeit
F_1 aufgewendete Kraft
s_1 Weg der Kraft F_1
W_2 abgegebene Arbeit
F_2 abgegebene Kraft
s_2 Weg der Kraft F_2
G Gewichtskraft (Last)
h Hubhöhe

Arbeit (Energie) kann weder gewonnen werden noch verloren gehen, jedoch wird bei jeder Bewegung und jeder Energieumwandlung ein Teil der zugeführten Energie in Wärme umgewandelt. Läßt man diese „Verluste" unberücksichtigt, so gilt:

aufgewendete Arbeit = abgegebene Arbeit — $W_1 = W_2$

Kraft F_1 x Kraftweg s_1 = Kraft F_2 x Kraftweg s_2 — $F_1 \cdot s_1 = F_2 \cdot s_2$

Kraft F_1 x Kraftweg s_1 = Gewichtskraft x Hubhöhe — $F_1 \cdot s_1 = G \cdot h$

Anwendung der Goldenen Regel der Mechanik

Feste Rolle

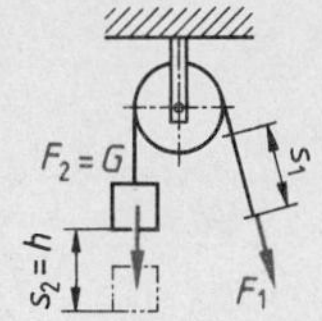

$F_1 = G$

$s_1 = h$

Beispiel:
$m = 30$ kg; $h = 3$ m; $F_1 = ?$

$\mathbf{F_1} = G = m \cdot g$
$= 30\ \text{kg} \cdot 9{,}81\ \text{m/s}^2$
$= \mathbf{294{,}3\ N}$

$\mathbf{s_1} = h = \mathbf{3\ m}$

Lose Rolle

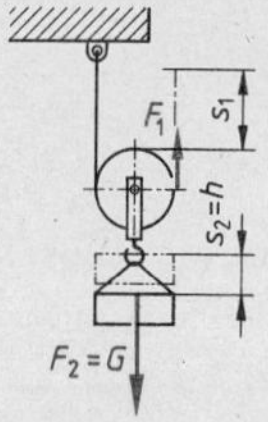

$F_1 = \frac{G}{2}$

$s_1 = 2 \cdot h$

Beispiel:
$G = 600$ N; $h = 4$ m; $F_1 = ?$; $s_1 = ?$

$\mathbf{F_1} = \frac{G}{2} = \frac{600\ \text{N}}{2} = \mathbf{300\ N}$

$\mathbf{s_1} = 2 \cdot h = 2 \cdot 4\ \text{m} = \mathbf{8\ m}$

Flaschenzug

n Rollenzahl

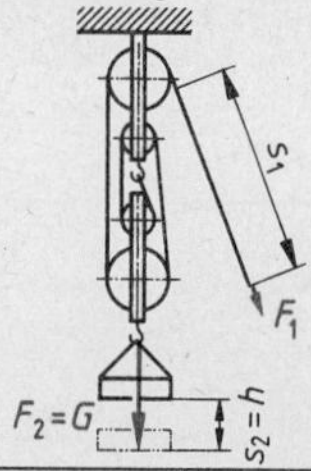

$F_1 = \frac{G}{n}$

$s_1 = n \cdot h$

Beispiel:
$F_1 = 300$ N; $n = 6$; $G = ?$

$\mathbf{G} = F_1 \cdot n = 300\ \text{N} \cdot 6$
$= \mathbf{1800\ N}$

Schiefe Ebene

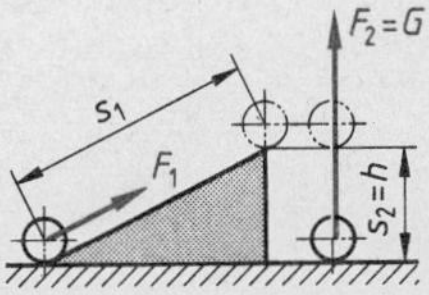

$F_1 \cdot s_1 = G \cdot h$

Beispiel:
$s_1 = 4$ m; $G = 2$ kN; $h = 0{,}8$ m; $F_1 = ?$

$\mathbf{F_1} = \frac{G \cdot h}{s_1}$
$= \frac{2\ \text{kN} \cdot 0{,}8\ \text{m}}{4\ \text{m}}$
$= 0{,}4\ \text{kN} = \mathbf{400\ N}$

Keil

β Neigungswinkel
$\tan\beta$ Neigung

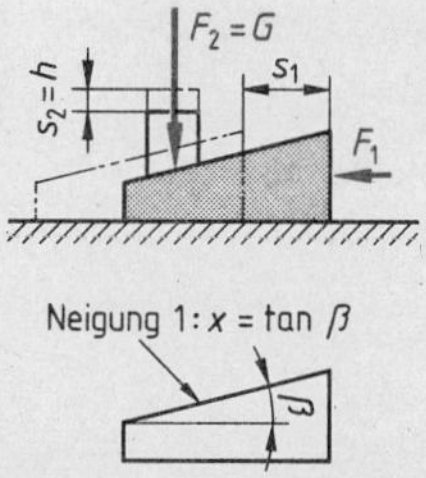

$F_1 \cdot s_1 = F_2 \cdot h$

$\tan\beta = \frac{s_2}{s_1}$

Beispiel:
Keil, $s_1 = 25$ mm; $s_2 = 0{,}25$ mm; $F_1 = 80$ N; $F_2 = ?$

$\mathbf{F_2} = \frac{F_1 \cdot s_1}{s_2}$
$= \frac{80\ \text{N} \cdot 25\ \text{mm}}{0{,}25\ \text{mm}}$
$= \mathbf{8000\ N}$

Schraube

P Gewindesteigung

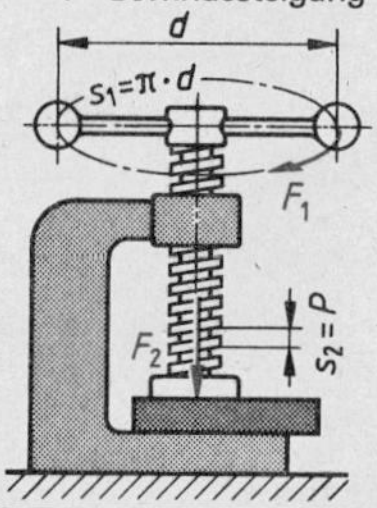

$F_1 \cdot s_1 = F_2 \cdot P$

$s_1 = \pi \cdot d$

Beispiel:
$d = 1{,}2$ m; $P = 6$ mm; $F_1 = 180$ N; $F_2 = ?$

$\mathbf{s_1} = \pi \cdot d = \pi \cdot 1{,}2\ \text{m}$
$= 3{,}77\ \text{m}$

$\mathbf{F_2} = \frac{F_1 \cdot s_1}{P}$
$= \frac{180\ \text{N} \cdot 3{,}77\ \text{m}}{0{,}006\ \text{m}}$
$= \mathbf{113\,100\ N}$

Winde

l Kurbellänge
d Trommeldurchmesser
n_K Zahl der Kurbelumdrehungen

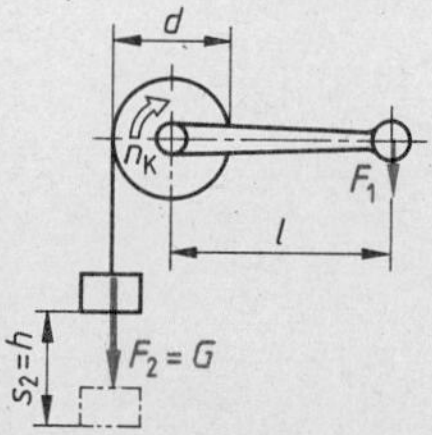

$F_1 \cdot l = \frac{G \cdot d}{2}$

$h = \pi \cdot d \cdot n_K$

Beispiel:
$l = 400$ mm; $d = 250$ mm; $G = 750$ N; $F_1 = ?$

$\mathbf{F_1} = \frac{G \cdot d}{2 \cdot l}$
$= \frac{750\ \text{N} \cdot 250\ \text{mm}}{2 \cdot 400\ \text{mm}}$
$= \mathbf{234{,}3\ N}$

Räderwinde

M_1 Drehmoment des treibenden Rades
M_2 Drehmoment des getriebenen Rades
i Übersetzung

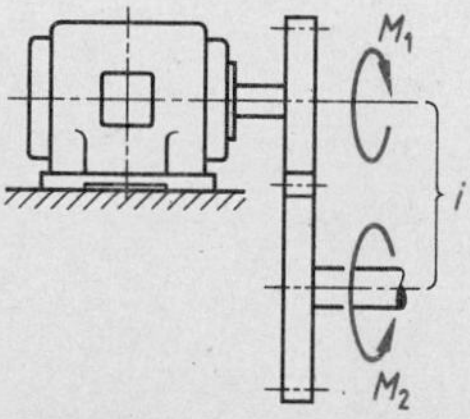

$M_2 = i \cdot M_1$

Beispiel:
$M_1 = 12$ N·m; $i = 60$; $M_2 = ?$

$M_2 = i \cdot M_1$
$= 60 \cdot 12\ \text{N·m}$
$= \mathbf{720\ N·m}$

Reibungskraft

Haftreibung, Gleitreibung

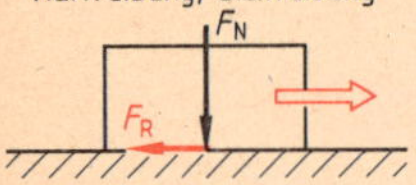

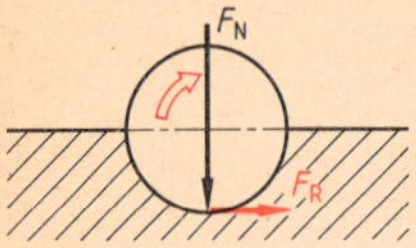

Rollreibung

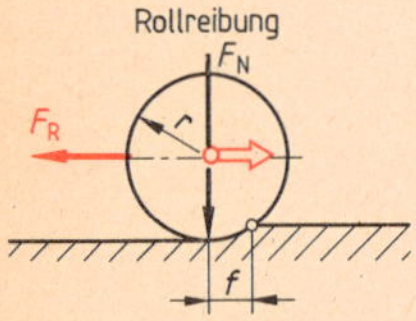

Reibung ist der Widerstand eines Körpers gegen seine Bewegung auf einer Unterlage. Man unterscheidet **Haftreibung** (Ruhereibung), **Gleitreibung** und **Rollreibung**.

F_N	Normalkraft	f	Rollreibungszahl
F_R	Reibungskraft	r	Radius
μ	Reibungszahl		

Für die Haft- und Gleitreibung gilt:

Reibungskraft = Reibungszahl x Normalkraft

$$F_R = \mu \cdot F_N$$

Für die Rollreibung gilt:

$$\textbf{Rollreibungskraft} = \frac{\textbf{Rollreibungszahl x Normalkraft}}{\textbf{Radius}}$$

$$F_R = \frac{f \cdot F_N}{r}$$

Die in Wälzlagern auftretende Reibung wird meist vereinfacht wie Gleitreibung mit der Reibungszahl $\mu = 0{,}001$ bis 0,003 berechnet.

1. Beispiel: Gleitlager, $F_N = 1000$ N; $\mu = 0{,}03$; $F_R = ?$

$\mathbf{F_R} = \mu \cdot F_N = 0{,}03 \cdot 1000\ \text{N} = \mathbf{30\ N}$

2. Beispiel: Kranrad auf Stahlschiene, $F_N = 45$ kN; $d = 320$ mm; $f = 0{,}05$ cm; $F_R = ?$

$$\mathbf{F_R} = \frac{f \cdot F_N}{r} = \frac{0{,}05\ \text{cm} \cdot 45\,000\ \text{N}}{16\ \text{cm}} = \mathbf{140{,}6\ N}$$

Reibungszahlen (Richtwerte)

Werkstoffpaarung	Haftreibungszahl μ_H		Gleitreibungszahl μ_G		Rollreibungszahl f in cm	
	trocken	geschmiert	trocken	geschmiert		
Stahl auf Gußeisen	0,2	0,15	0,18	0,1 ...0,08	Stahl auf Stahl, weich	0,05
Stahl auf Stahl	0,2	0,1	0,15	0,1 ...0,05		
Stahl auf Cu-Sn-Legierung	0,2	0,1	0,1	0,06 ...0,03	Stahl auf Stahl, gehärtet	0,001
Stahl auf Pb-Sn-Legierung	0,15	0,1	0,1	0,05 ...0,03		
Stahl auf Polyamid	0,3	0,15	0,3	0,12 ...0,05		
Stahl auf Reibbelag	0,6	0,3	0,5	0,3 ...0,2	Autoreifen auf Asphalt	0,015
Wälzlager	—	—	—	0,003...0,001		

Reibungsmoment in Lagern

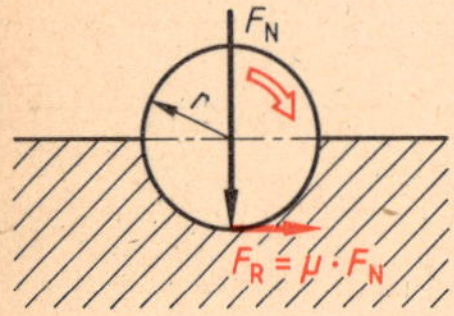

Durch die Reibungskraft in Lagerungen entsteht ein **Reibungsmoment**, das zur Verringerung des Drehmomentes einer Welle führt.

M_R	Reibungsmoment	F_N	Normalkraft
μ	Reibungszahl	r	Radius

Reibungsmoment
= Reibungszahl x Normalkraft x Radius

$$M_R = \mu \cdot F_N \cdot r$$

Beispiel: Stahlwelle in Cu-Sn-Gleitlager, $\mu = 0{,}05$; $F_N = 6$ kN; $d = 160$ mm; $M_R = ?$

$M_R = \mu \cdot F_N \cdot r = 0{,}05 \cdot 6000\ \text{N} \cdot 0{,}08\ \text{m} = \mathbf{24\ N \cdot m}$

Auftrieb in Flüssigkeiten

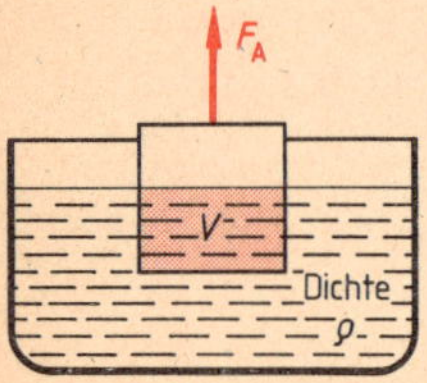

Gesetz des Archimedes: Ein Körper erfährt beim Eintauchen in eine Flüssigkeit eine Auftriebskraft, die so groß ist wie die Gewichtskraft der verdrängten Flüssigkeit.

F_A	Auftriebskraft	g	Fallbeschleunigung
ϱ	Dichte der Flüssigkeit	V	Eintauchvolumen

Auftriebskraft
= Fallbeschleunigung x Dichte x Eintauchvolumen

$$F_A = g \cdot \varrho \cdot V$$

Beispiel: Gießkern in Gußeisen, $V = 2{,}5\ \text{dm}^3$; $\varrho = 7{,}3 \frac{\text{kg}}{\text{dm}^3}$; $F_A = ?$

$$\mathbf{F_A} = g \cdot \varrho \cdot V = 9{,}81 \frac{\text{m}}{\text{s}^2} \cdot 7{,}3 \frac{\text{kg}}{\text{dm}^3} \cdot 2{,}5\ \text{dm}^3 = 179 \frac{\text{kg} \cdot \text{m}}{\text{s}^2} = \mathbf{179\ N}$$

Druck in Flüssigkeiten und Gasen

Druck

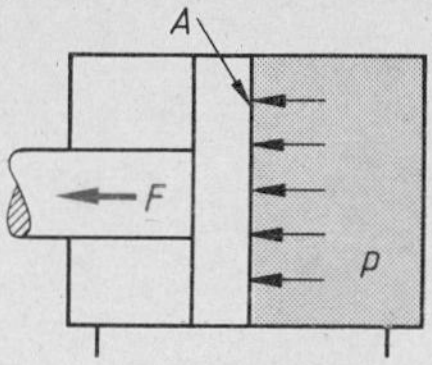

p Druck
F Kraft
A Fläche

$$\text{Druck} = \frac{\text{Kraft}}{\text{Fläche}}$$

$$p = \frac{F}{A}$$

Beispiel:

$F = 2$ MN; Kolben-$\varnothing$ $d = 400$ mm; $p = ?$

$$p = \frac{F}{A} = \frac{2\,000\,000\ \text{N}}{\frac{\pi \cdot (40\ \text{cm})^2}{4}} = 1591\ \frac{\text{N}}{\text{cm}^2} = \mathbf{159{,}1\ bar}$$

1 Pa $= 1\ \frac{\text{N}}{\text{m}^2} = 10^{-5}$ bar

1 bar $= 10\ \frac{\text{N}}{\text{cm}^2}$ $= 100\,000$ Pa

1 mbar $= 100$ Pa

Überdruck, Luftdruck, absoluter Druck

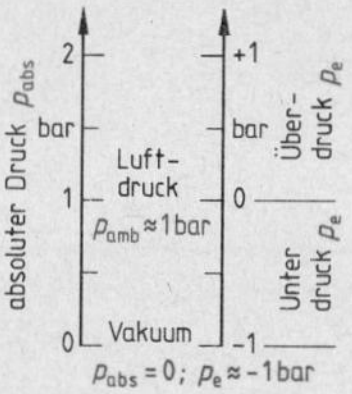

p_e Überdruck
p_{abs} absoluter Druck
p_{amb} Luftdruck
$p_{amb} \approx 1$ bar

Überdruck = absoluter Druck − Luftdruck

$$p_e = p_{abs} - p_{amb}$$

Der Überdruck ist positiv, wenn $p_{abs} > p_{amb}$ und negativ, wenn $p_{abs} < p_{amb}$ ist (Unterdruck).

Beispiel:

Autoreifen, $p_e = 2{,}2$ bar; $p_{amb} = 1$ bar; $p_{abs} = ?$

$p_{abs} = p_e + p_{amb} = 2{,}2\ \text{bar} + 1\ \text{bar} = \mathbf{3{,}2\ bar}$

Hydrostatischer Druck, Bodendruck, Seitendruck

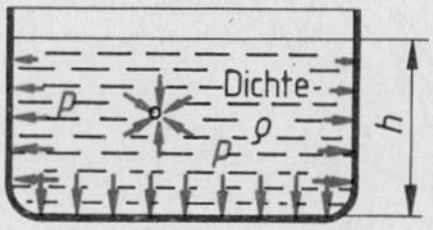

p_e hydrostatischer Druck
ϱ Dichte der Flüssigkeit
g Fallbeschleunigung
h Flüssigkeitstiefe

Hydrostat. Druck = Fallbeschleunigung x Dichte x Flüssigkeitstiefe

$$p_e = g \cdot \varrho \cdot h$$

Beispiel:

Welcher Druck herrscht in 10 m Wassertiefe?

$$p_e = g \cdot \varrho \cdot h = 9{,}81\ \frac{\text{m}}{\text{s}^2} \cdot 1000\ \frac{\text{kg}}{\text{m}^3} \cdot 10\ \text{m} = 98\,100\ \frac{\text{kg}}{\text{m} \cdot \text{s}^2}$$

$= 98\,100\ \text{Pa} \approx \mathbf{1\ bar}$

Zustandsänderung bei Gasen

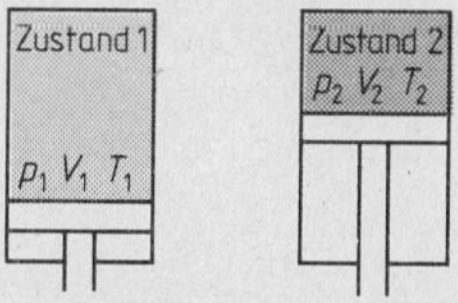

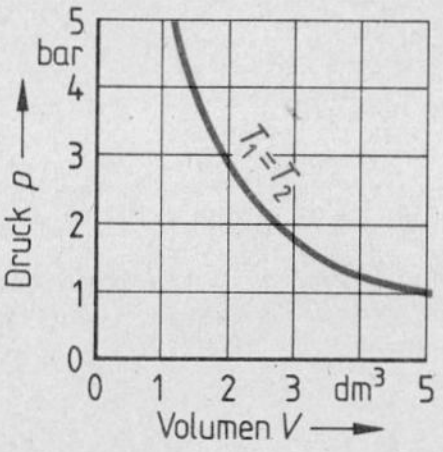

Zustand 1

p_{abs1} absoluter Druck
V_1 Volumen
T_1 absolute Temperatur

Zustand 2

p_{abs2} absoluter Druck
V_2 Volumen
T_2 absolute Temperatur

Allgemeine Gasgleichung:

$$\frac{\text{Druck } p_{abs1} \times \text{Volumen } V_1}{\text{Temperatur } T_1} = \frac{\text{Druck } p_{abs2} \times \text{Volumen } V_2}{\text{Temperatur } T_2}$$

$$\frac{p_{abs1} \cdot V_1}{T_1} = \frac{p_{abs2} \cdot V_2}{T_2}$$

Für konstante Temperatur gilt das **Gesetz von Boyle-Mariotte:**

Druck p_{abs1} x Volumen V_1 = Druck p_{abs2} x Volumen V_2

$$p_{abs1} \cdot V_1 = p_{abs2} \cdot V_2$$

Beispiel: Ein Kompressor saugt $V_1 = 30\ \text{m}^3$ Luft mit $p_{abs1} = 1$ bar und $t_1 = 15$ °C an und verdichtet sie auf $V_2 = 3{,}5\ \text{m}^3$ und $t_2 = 150$ °C. Welcher Druck p_{abs2} herrscht?

$$p_{abs2} = \frac{p_{abs1} \cdot V_1 \cdot T_2}{T_1 \cdot V_2} = \frac{1\ \text{bar} \cdot 30\ \text{m}^3 \cdot 423\ \text{K}}{288\ \text{K} \cdot 3{,}5\ \text{m}^3} = \mathbf{12{,}6\ bar}$$

Die Angabe von Gasmengen erfolgt meist mit ihrem **Normvolumen V_n**. Darunter versteht man das Volumen, das ein Gas bei einem **Druck p_{abs} = 1,013 bar** und einer **Temperatur T = 273 K** einnimmt.

Wärmetechnik

Temperatur

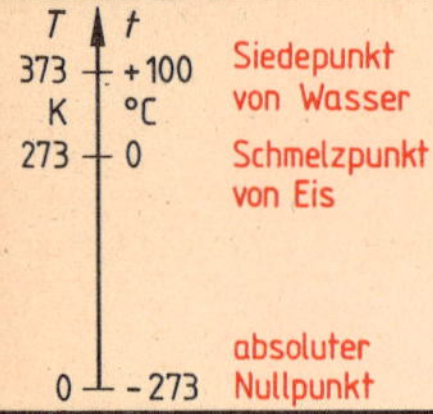

Temperaturen werden in **Kelvin** (K) oder in **Grad Celsius** (°C) gemessen. Die Kelvinskale geht von der tiefstmöglichen Temperatur, dem absoluten Nullpunkt, aus, die Celsiusskale vom Schmelzpunkt des Eises.

T Temperatur in K (thermodynamische Temperatur)
t Temperatur in °C

Temperatur in Kelvin = Temperatur in Grad Celsius + 273

$$T = t + 273$$

Beispiel: $t = 20\ °C$; $T = ?$
$\mathbf{T} = t + 273 = (20 + 273)\ \mathrm{K} = \mathbf{293\ K}$

Längenänderung

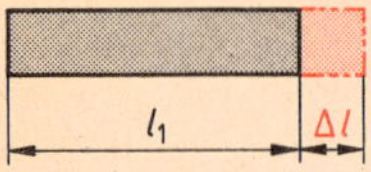

Die meisten Stoffe dehnen sich bei Erwärmung aus und ziehen sich bei Abkühlung zusammen.

α Längenausdehnungskoeffizient
Δt Temperaturänderung
Δl Längenänderung
l_1 Anfangslänge

Längenänderung = Längenausdehnungskoeffizient x Anfangslänge x Temperaturänderung

$$\Delta l = \alpha \cdot l_1 \cdot \Delta t$$

Beispiel: Stahlschiene, $l_1 = 120\ \mathrm{mm}$; $\alpha = 0{,}000012 \frac{1}{°C}$;
$\Delta t = 800\ °C$; $\Delta l = ?$
$\mathbf{\Delta l} = \alpha \cdot l_1 \cdot \Delta t = 0{,}000012 \frac{1}{°C} \cdot 120\ \mathrm{mm} \cdot 800\ °C = \mathbf{1{,}15\ mm}$

Tabelle Längenausdehnungskoeffizienten Seite 96 und 97

Volumenänderung

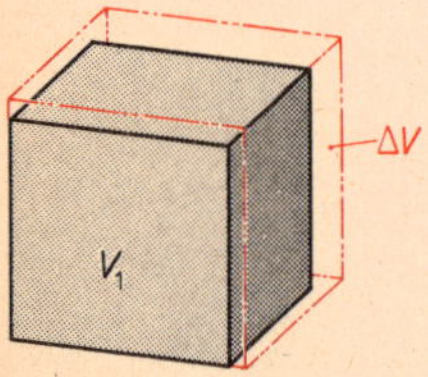

γ Volumenausdehnungskoeffizient
Δt Temperaturänderung
ΔV Volumenänderung
V_1 Anfangsvolumen

Volumenänderung = Volumenausdehnungskoeffizient x Anfangsvolumen x Temperaturänderung

$$\Delta V = \gamma \cdot V_1 \cdot \Delta t$$

Für feste Stoffe
$\gamma \approx 3 \cdot \alpha$

Beispiel:
Benzin, $V_1 = 60\ l$; $\gamma = 0{,}001 \frac{1}{°C}$; $\Delta t = 32\ °C$; $\Delta V = ?$
$\mathbf{\Delta V} = \gamma \cdot V_1 \cdot \Delta t = 0{,}001 \frac{1}{°C} \cdot 60\ l \cdot 32\ °C = \mathbf{1{,}9\ l}$

Tabelle Volumenausdehnungskoeffizienten Seite 96, Volumenausdehnung (Zustandsänderung) der Gase Seite 45.

Schwindung

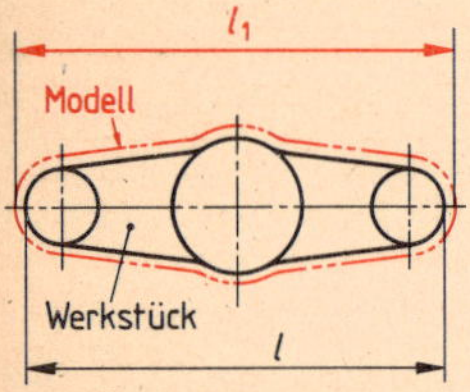

Durch das Erstarren und Abkühlen schwinden die Gußteile, sie werden kleiner als das zugehörige Modell.

S Schwindmaß in %
l Werkstücklänge
l_1 Modellänge

$$\textbf{Modellänge} = \frac{\textbf{Werkstücklänge x 100\%}}{\textbf{100\% - Schwindmaß}}$$

$$l_1 = \frac{l \cdot 100\%}{100\% - S}$$

Beispiel: Al-Gußteil, $l = 680\ \mathrm{mm}$; $S = 1{,}2\%$; $l_1 = ?$
$$\mathbf{l_1} = \frac{l \cdot 100\%}{100\% - S} = \frac{680\ \mathrm{mm} \cdot 100\%}{100\% - 1{,}2\%} = \mathbf{688{,}2\ mm}$$

Tabelle Schwindmaße Seite 101

Wärmemenge bei Temperaturänderung

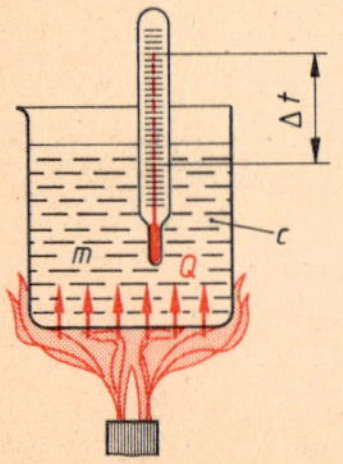

Die **spezifische Wärmekapazität c** gibt an, wieviel Wärme nötig ist, um 1 kg eines Stoffes um 1 °C zu erwärmen. Bei Abkühlung wird die gleiche Wärmemenge wieder frei.

Q Wärmemenge
m Masse
c spez. Wärmekapazität
Δt Temperaturänderung

Wärmemenge = spezifische Wärmekapazität x Masse x Temperaturänderung

$$Q = c \cdot m \cdot \Delta t$$

Beispiel: Schmiederohling aus Stahl, $m = 2\ \mathrm{kg}$; $c = 0{,}48 \frac{\mathrm{kJ}}{\mathrm{kg} \cdot °C}$;
$\Delta t = 800\ °C$; $Q = ?$
$\mathbf{Q} = c \cdot m \cdot \Delta t = 0{,}48 \frac{\mathrm{kJ}}{\mathrm{kg} \cdot °C} \cdot 2\ \mathrm{kg} \cdot 800\ °C = \mathbf{768\ kJ}$

Tabelle mit spezifischen Wärmekapazitäten Seite 96 und 97

Wärmetechnik

Wärme beim Schmelzen und Verdampfen

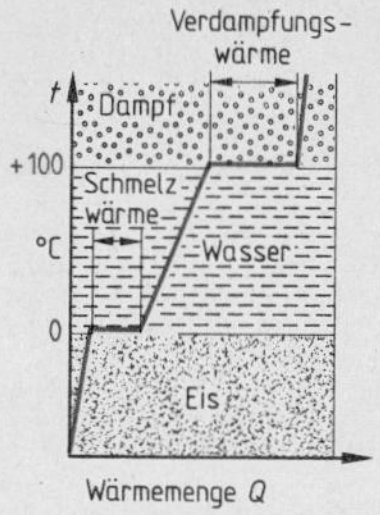

Stoffe nehmen beim Schmelzen und Verdampfen Wärme auf, ohne daß dabei die Temperatur steigt.

Q	Schmelzwärme, Verdampfungswärme	q	spezifische Schmelzwärme
m	Masse	r	spezifische Verdampfungswärme

Schmelzwärme = spezifische Schmelzwärme x Masse

$$Q = q \cdot m$$

Verdampfungswärme = spezifische Verdampfungswärme x Masse

$$Q = r \cdot m$$

Beispiel: Kupfer, $m = 6{,}5\,\text{kg}$; $q = 213\,\frac{\text{kJ}}{\text{kg}}$; $Q = ?$

$$\mathbf{Q} = q \cdot m = 213\,\frac{\text{kJ}}{\text{kg}} \cdot 6{,}5\,\text{kg} = 1384{,}5\,\text{kJ} = \mathbf{1{,}4\,MJ}$$

Tabelle mit spezifischen Schmelz- und Verdampfungswärmen Seite 96 und 97

Wärmestrom

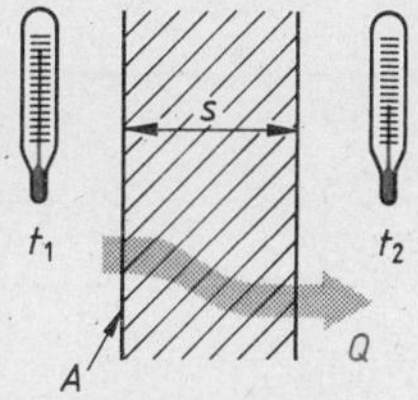

Der **Wärmestrom** erfolgt stets von der höheren zur niedrigeren Temperatur. Die Wärmedurchgangszahl k berücksichtigt die Wärmeleitfähigkeit und die Wärmeübergangswiderstände an den Grenzflächen von Bauteilen.

Q	Wärmestrom	Δt	Temperaturdifferenz
λ	Wärmeleitfähigkeit	k	Wärmedurchgangszahl
s	Bauteildicke	A	Fläche des Bauteils

Bei Wärmeleitung:

Wärmestrom = $\dfrac{\textbf{Wärmeleitfähigkeit x Fläche x Temperaturdifferenz}}{\textbf{Bauteildicke}}$

$$Q = \frac{\lambda \cdot A \cdot \Delta t}{s}$$

Bei Wärmedurchgang:

Wärmestrom = Wärmedurchgangszahl x Fläche x Temperaturdifferenz

$$Q = k \cdot A \cdot \Delta t$$

1. Beispiel: Schaumstoff, $\lambda = 0{,}05\,\frac{\text{W}}{\text{m} \cdot °\text{C}}$; $s = 60\,\text{mm}$; $A = 3\,\text{m}^2$; $\Delta t = 30\,°\text{C}$; $Q = ?$

$$\mathbf{Q} = \frac{\lambda \cdot A \cdot \Delta t}{s} = \frac{0{,}05\,\frac{\text{W}}{\text{m} \cdot °\text{C}} \cdot 3\,\text{m}^2 \cdot 30\,°\text{C}}{0{,}06\,\text{m}} = \mathbf{75\,W}$$

2. Beispiel: Wärmeschutzglas, $k = 1{,}9\,\frac{\text{W}}{\text{m}^2 \cdot °\text{C}}$; $A = 2{,}8\,\text{m}^2$; $\Delta t = 32\,°\text{C}$; $Q = ?$

$$\mathbf{Q} = k \cdot A \cdot \Delta t = 1{,}9\,\frac{\text{W}}{\text{m}^2 \cdot °\text{C}} \cdot 2{,}8\,\text{m}^2 \cdot 32\,°\text{C} = \mathbf{170\,W}$$

Wärmeleitfähigkeitswerte Seite 96, Wärmedurchgangszahlen unten auf dieser Seite

Wärme durch Verbrennung

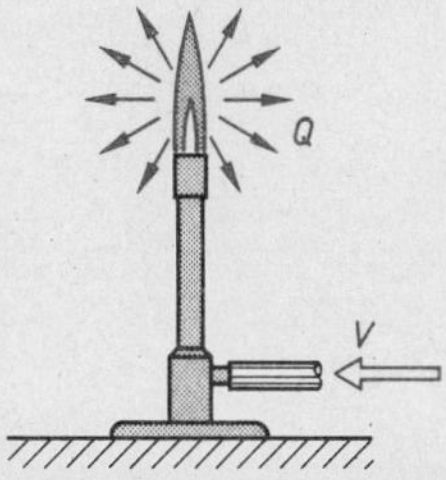

Unter dem **spezifischen Heizwert *H*** eines Stoffes versteht man die bei der vollständigen Verbrennung von 1 kg oder 1 m³ des Stoffes frei werdende Wärmemenge.

Q	Verbrennungswärme	m	Masse
H	spezifischer Heizwert	V	Volumen

Verbrennungswärme bei festen und flüssigen Brennstoffen:

Verbrennungswärme = spezifischer Heizwert x Masse

$$Q = H \cdot m$$

Verbrennungswärme bei gasförmigen Brennstoffen:

Verbrennungswärme = spezifischer Heizwert x Volumen

$$Q = H \cdot V$$

Beispiel: Erdgas, $V = 3{,}8\,\text{m}^3$; $H = 35\,\frac{\text{MJ}}{\text{m}^3}$; $Q = ?$

$$\mathbf{Q} = H \cdot V = 35\,\frac{\text{MJ}}{\text{m}^3} \cdot 3{,}8\,\text{m}^3 = \mathbf{133\,MJ}$$

Spezifische Heizwerte *H* für Brennstoffe

Feste Brennstoffe	H MJ/kg	Flüssige Brennstoffe	H MJ/kg	Gasförmige Brennstoffe	H MJ/m³
Braunkohle	16...20	Spiritus	27	Gichtgas	3...4
Holz	15...17	Benzol	40	Erdgas	34...36
Biomasse (trocken)	14...18	Benzin	43	Acetylen	57
Koks	30	Diesel	41...43	Propan	93
Steinkohle	30...34	Heizöl	40...43	Butan	123

Wärmedurchgangszahlen *k* für Baustoffe

Bauelemente	s mm	$k\,\frac{\text{W}}{\text{m}^2 \cdot °\text{C}}$
Außentüre, Stahl	50	5,8
Verbundfenster	12	2,5
Ziegelmauer	365	1,1
Geschoßdecke	125	3,2
Wärmedämmplatte	80	0,39

Elektrotechnik

Ohmsches Gesetz

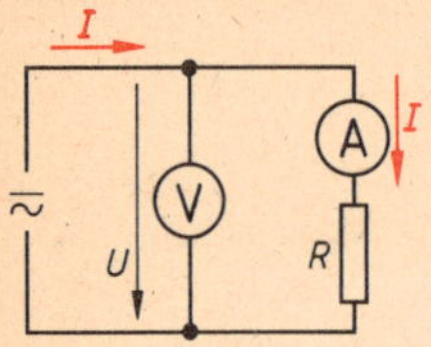

U Spannung in V
I Stromstärke in A
R Widerstand in Ω

Stromstärke = $\frac{\textbf{Spannung}}{\textbf{Widerstand}}$

$$I = \frac{U}{R}$$

Beispiel:
Widerstand, $R = 88\ \Omega$; $U = 220\ \text{V}$; $I = ?$

$I = \frac{U}{R} = \frac{220\ \text{V}}{88\ \Omega} = \mathbf{2{,}5\ A}$

Leiterwiderstand

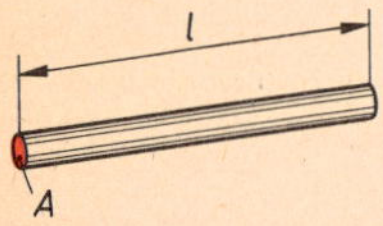

R Widerstand
ϱ spezifischer elektrischer Widerstand
A Leiterquerschnitt
l Leiterlänge

Widerstand = $\frac{\textbf{spez. elektrischer Widerstand x Leiterlänge}}{\textbf{Leiterquerschnitt}}$

$$R = \frac{\varrho \cdot l}{A}$$

Beispiel:
Kupferdraht, $l = 100\ \text{m}$; $A = 1{,}5\ \text{mm}^2$; $\varrho = 0{,}0179 \frac{\Omega \cdot \text{mm}^2}{\text{m}}$; $R = ?$

$\mathbf{R} = \frac{\varrho \cdot l}{A} = \frac{0{,}0179 \frac{\Omega \cdot \text{mm}^2}{\text{m}} \cdot 100\ \text{m}}{1{,}5\ \text{mm}^2} = \mathbf{1{,}19\ \Omega}$

Tabelle mit spezifischen elektrischen Widerständen Seite 96

Reihenschaltung von Widerständen

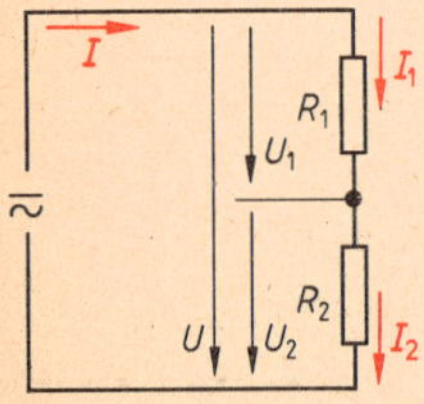

R_1, R_2 Einzelwiderstände
I_1, I_2 Teilströme
U_1, U_2 Teilspannungen
R Gesamtwiderstand, Ersatzwiderstand
I Gesamtstrom
U Gesamtspannung

Gesamtwiderstand = Summe der Einzelwiderstände — $R = R_1 + R_2 + \ldots$

Gesamtspannung = Summe der Teilspannungen — $U = U_1 + U_2 + \ldots$

In der Reihenschaltung ist der Strom überall gleich groß. — $I = I_1 = I_2 = \ldots$

Die Teilspannungen verhalten sich wie die zugehörigen Einzelwiderstände. — $\frac{U_1}{U_2} = \frac{R_1}{R_2}$

Beispiel:
$R_1 = 10\ \Omega$; $R_2 = 20\ \Omega$; $U = 12\ \text{V}$; $R = ?$; $I = ?$; $U_1 = ?$; $U_2 = ?$

$\mathbf{R} = R_1 + R_2 = 10\ \Omega + 20\ \Omega = \mathbf{30\ \Omega}$; $I = \frac{U}{R} = \frac{12\ \text{V}}{30\ \Omega} = \mathbf{0{,}4\ A}$

$\mathbf{U_1} = R_1 \cdot I = 10\ \Omega \cdot 0{,}4\ \text{A} = \mathbf{4\ V}$

$\mathbf{U_2} = R_2 \cdot I = 20\ \Omega \cdot 0{,}4\ \text{A} = \mathbf{8\ V}$

Parallelschaltung von Widerständen

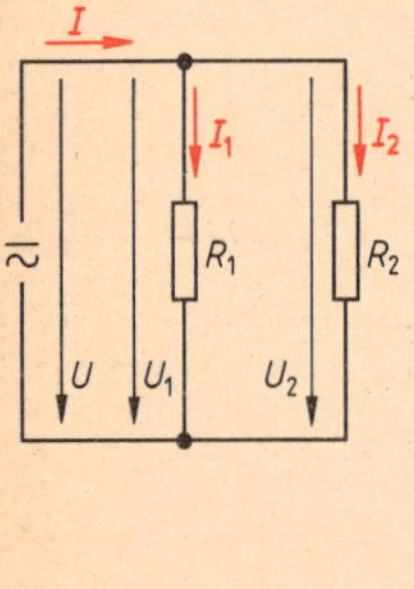

R_1, R_2 Einzelwiderstände
I_1, I_2 Teilströme
U_1, U_2 Teilspannungen
R Gesamtwiderstand, Ersatzwiderstand
I Gesamtstrom
U Gesamtspannung

Alle Widerstände liegen an derselben Spannung. — $U = U_1 = U_2 = \ldots$

Gesamtstrom = Summe der Teilströme — $I = I_1 + I_2 + \ldots$

$\frac{\textbf{1}}{\textbf{Gesamtwiderstand}} = \frac{\textbf{1}}{\textbf{Widerstand}\ \mathbf{R_1}} + \frac{\textbf{1}}{\textbf{Widerstand}\ \mathbf{R_2}} + \ldots$ — $\frac{1}{R} = \frac{1}{R_1} + \frac{1}{R_2} + \ldots$

Die Teilströme verhalten sich umgekehrt wie die zugehörigen Einzelwiderstände. — $\frac{I_1}{I_2} = \frac{R_2}{R_1}$

Beispiel:
$R_1 = 15\ \Omega$; $R_2 = 30\ \Omega$; $U = 12\ \text{V}$; $R = ?$; $I = ?$; $I_1 = ?$; $I_2 = ?$

$\frac{1}{R} = \frac{1}{R_1} + \frac{1}{R_2} = \frac{1}{15\ \Omega} + \frac{1}{30\ \Omega} = \frac{3}{30\ \Omega}$; $\mathbf{R} = \frac{30\ \Omega}{3} = \mathbf{10\ \Omega}$

$\mathbf{I} = \frac{U}{R} = \frac{12\ \text{V}}{10\ \Omega} = \mathbf{1,\ 2\ A}$

$\mathbf{I_1} = \frac{U_1}{R_1} = \frac{12\ \text{V}}{15\ \Omega} = \mathbf{0{,}8\ A}$ $\quad \mathbf{I_2} = \frac{U_2}{R_2} = \frac{12\ \text{V}}{30\ \Omega} = \mathbf{0{,}4\ A}$

Elektrotechnik

Transformator

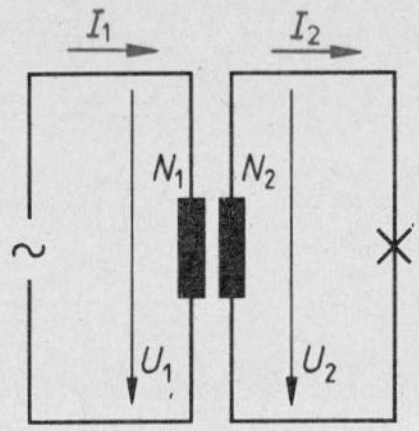

Eingangsseite (Primärspule)
N_1 Windungszahl
U_1 Spannung
I_1 Stromstärke

Ausgangsseite (Sekundärspule)
N_2 Windungszahl
U_2 Spannung
I_2 Stromstärke

Die Spannungen verhalten sich zueinander wie die zugehörigen Windungszahlen.

$$\frac{U_1}{U_2} = \frac{N_1}{N_2}$$

Die Stromstärken verhalten sich umgekehrt zueinander wie die zugehörigen Windungszahlen.

$$\frac{I_1}{I_2} = \frac{N_2}{N_1}$$

Beispiel:
$N_1 = 2750$; $N_2 = 100$; $U_1 = 220\,V$; $I_1 = 0{,}25\,A$; $U_2 = ?$; $I_2 = ?$

$$\mathbf{U_2} = \frac{U_1 \cdot N_2}{N_1} = \frac{220\,V \cdot 100}{2750} = \mathbf{8\,V};\quad \mathbf{I_2} = \frac{I_1 \cdot N_1}{N_2} = \frac{0{,}25\,A \cdot 2750}{100} = \mathbf{6{,}9\,A}$$

Elektrische Leistung bei Gleichstrom und induktionsfreiem Wechsel- oder Drehstrom

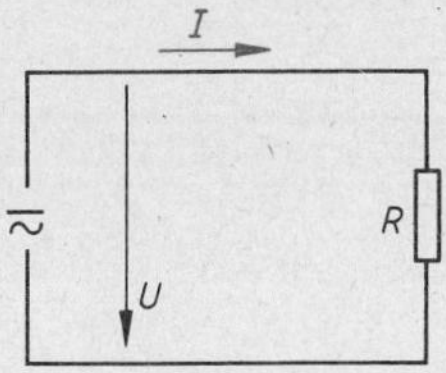

P elektrische Leistung
U Spannung (Leiterspannung)
I Stromstärke
R Widerstand

Leistung = Spannung x Stromstärke $\quad P = U \cdot I$

Leistung = (Stromstärke)² x Widerstand $\quad P = I^2 \cdot R$

Leistung = (Spannung)² / Widerstand $\quad P = \frac{U^2}{R}$

Drehstromleistung = $\sqrt{3}$ x Spannung x Stromstärke $\quad P = \sqrt{3} \cdot U \cdot I$

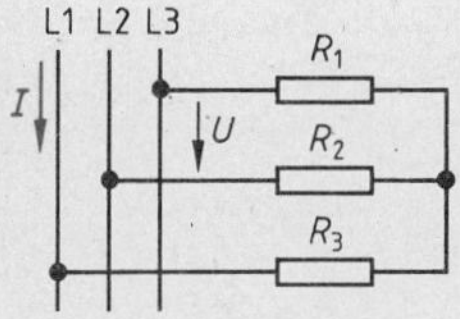

1. Beispiel:
Glühlampe, $U = 6\,V$; $I = 5\,A$; $P = ?$; $R = ?$
$\mathbf{P} = U \cdot I = 6\,V \cdot 5\,A = \mathbf{30\,W}$

$$\mathbf{R} = \frac{U}{I} = \frac{6\,V}{5\,A} = \mathbf{1{,}2\,\Omega} \quad \text{oder} \quad \mathbf{R} = \frac{P}{I^2} = \frac{30\,W}{(5\,A)^2} = \mathbf{1{,}2\,\Omega}$$

2. Beispiel:
Glühofen, Drehstrom, $U = 3 \times 380\,V$; $P = 12\,kW$; $I = ?$

$$I = \frac{P}{\sqrt{3} \cdot U} = \frac{12\,000\,W}{\sqrt{3} \cdot 380\,V} = \mathbf{18{,}2\,A}$$

Elektrische Leistung bei Wechsel- und Drehstrom mit induktivem Lastanteil

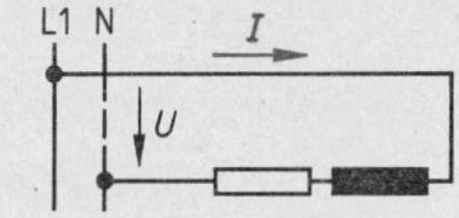

Die **Wirkleistung P** ist um den Leistungsfaktor $\cos\varphi$ geringer als das Produkt aus Spannung mal Strom.

P Wirkleistung
U Spannung (Leiterspannung)
I Stromstärke
$\cos\varphi$ Leistungsfaktor

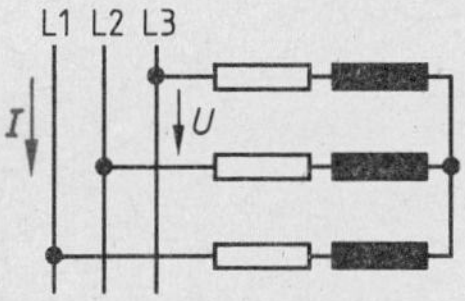

Wirkleistung = Spannung x Stromstärke x Leistungsfaktor $\quad P = U \cdot I \cdot \cos\varphi$

Drehstrom-Wirkleistung = $\sqrt{3}$ x Spannung x Stromstärke x Leistungsfaktor $\quad P = \sqrt{3} \cdot U \cdot I \cdot \cos\varphi$

Beispiel:
Drehstrommotor, $U = 380\,V$; $I = 2\,A$; $\cos\varphi = 0{,}85$; $P = ?$

$$\mathbf{P} = \sqrt{3} \cdot U \cdot I \cdot \cos\varphi = \sqrt{3} \cdot 380\,V \cdot 2\,A \cdot 0{,}85 = 1\,118\,W \approx \mathbf{1{,}1\,kW}$$

Elektrische Arbeit

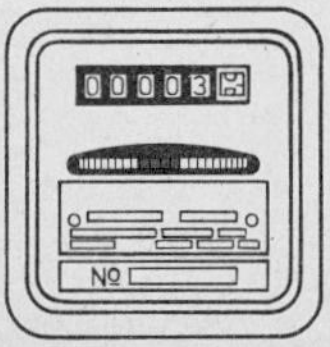

W elektrische Arbeit
P elektrische Leistung
t Zeit (Einschaltdauer)

$1\,kW \cdot h = 3\,600\,000\,W \cdot s$
$1\,kW \cdot h = 3{,}6\,MJ$

elektrische Arbeit = elektrische Leistung x Zeit $\quad W = P \cdot t$

Beispiel:
Kochplatte, $P = 1{,}8\,kW$; $t = 3\,h$; $W = ?$ in $kW \cdot h$ und MJ
$\mathbf{W} = P \cdot t = 1{,}8\,kW \cdot 3\,h = \mathbf{5{,}4\,kW \cdot h} = \mathbf{19{,}44\,MJ}$

Chemie

Periodisches System der Elemente

Periode	Gruppe[1]	Z[2]	Element	Kurzzeichen	Wertigkeit[3]	relative Atommasse[4]
1	I	1	Wasserstoff	H	−1; +1	1,008
	VIII	2	Helium	He	0	4,002
2	I	3	Lithium	Li	+1	6,941
	II	4	Beryllium	Be	+2	9,012
	III	5	Bor	B	+3	10,811
	IV	6	Kohlenstoff	C	−4; +2; +4	12,011
	V	7	Stickstoff	N	−3; +3; +5	14,0
	VI	8	Sauerstoff	O	−2	15,999
	VII	9	Fluor	F	−1	18,998
	VIII	10	Neon	Ne	0	20,179
3	I	11	Natrium	Na	+1	22,989
	II	12	Magnesium	Mg	+2	24,305
	III	13	Aluminium	Al	+3	26,981
	IV	14	Silizium	Si	−4; +4	28,086
	V	15	Phosphor	P	−3; +3; +5	30,974
	VI	16	Schwefel	S	−2; +4; +6	32,064
	VII	17	Chlor	Cl	−1; +3; +5; +7	35,453
	VIII	18	Argon	Ar	0	39,948
4	I	19	Kalium	K	+1	39,102
	II	20	Kalzium	Ca	+2	40,08
	IIIa	21	Scandium	Sc	+3	44,956
	IVa	22	Titan	Ti	+4	47,90
	Va	23	Vanadium	V	+5	50,942
	VIa	24	Chrom	Cr	+2; +3; +6	51,996
	VIIa	25	Mangan	Mn	+2; +4; +6; +7	54,938
	VIIIa	26	Eisen	Fe	+2; +3	55,847
	VIIIa	27	Kobalt	Co	+2; +3	58,933
	VIIIa	28	Nickel	Ni	+2; +3	58,71
	Ib	29	Kupfer	Cu	+1; +2	63,546
	IIb	30	Zink	Zn	+2	65,37
	III	31	Gallium	Ga	+3	69,72
	IV	32	Germanium	Ge	−4; +4	72,59
	V	33	Arsen	As	−3; +3; +5	74,922
	VI	34	Selen	Se	−2; +4; +6	78,96
	VII	35	Brom	Br	−1; +1; +5	79,904
	VIII	36	Krypton	Kr	0	83,8

Periode	Gruppe[1]	Z[2]	Element	Kurzzeichen	Wertigkeit[3]	relative Atommasse[4]
5	I	37	Rubidium	Rb	+1	85,468
	II	38	Strontium	Sr	+2	87,62
	IIIa	39	Yttrium	Y	+3	88,905
	IVa	40	Zirkonium	Zr	+4	91,22
	Va	41	Niob	Nb	+5	92,906
	VIa	42	Molybdän	Mo	+6	95,940
	VIIa	43	Technetium	Tc	–	2×10^6 a
	VIIIa	44	Ruthenium	Ru	+8	101,07
	VIIIa	45	Rhodium	Rh	+3; +4	102,905
	VIIIa	46	Palladium	Pd	+2; +4	106,4
	Ib	47	Silber	Ag	+1	107,868
	IIb	48	Cadmium	Cd	+2	112,4
	III	49	Indium	In	+3	114,82
	IV	50	Zinn	Sn	+2; +4	118,69
	V	51	Antimon	Sb	−3; +3; +5	121,75
	VI	52	Tellur	Te	−2; +4; +6	127,6
	VII	53	Jod	J	−1; +5; +7	126,905
	VIII	54	Xenon	Xe	0	131,3
6	I	55	Cäsium	Cs	+1	132,905
	II	56	Barium	Ba	+2	137,34
	IIIa	57...71	Lanthaniden	–	+3	–
	IVa	72	Hafnium	Hf	+4	178,49
	Va	73	Tantal	Ta	+5	180,948
	VIa	74	Wolfram	W	+6	183,85
	VIIa	75	Rhenium	Re	+4; +7	186,2
	VIIIa	76	Osmium	Os	+6; +8	190,2
	VIIIa	77	Iridium	Ir	+3; +4	192,2
	VIIIa	78	Platin	Pt	+2; +4	195,09
	Ib	79	Gold	Au	+1; +3	196,967
	IIb	80	Quecksilber	Hg	+1; +2	200,59
	III	81	Thallium	Tl	+3	204,37
	IV	82	Blei	Pb	+2; +4	207,2
	V	83	Wismut	Bi	−3; +3	208,981
	VI	84	Polonium	Po	–	–
	VII	85	Astat	At	–	8 h
	VIII	86	Radon	Rn	0	3,8 d
7	I	87	Francium	Fr	–	–
	II	88	Radium	Ra	+2	1620 a
	IIIa	89	Actinium	Ac	+3	22 a
	IIIa	90	Thorium	Th	+4	232,038
	IIIa	91	Protactinium	Pa	+5	$3{,}2 \times 10^4$ a
	IIIa	92	Uran	U	+3; +4	238,03
	IIIa	93	Neptunium	Np	+4; +6	–
	IIIa	94	Plutonium	Pu	+4; +6	–

1) Ordnungsgruppe im periodischen System; Elemente der gleichen Gruppe haben ähnliche Eigenschaften
2) Ordnungszahl Z im periodischen System (Kernladungszahl)
3) Negative Zahl ≙ Wertigkeit gegenüber Wasserstoff; positive Zahl ≙ Wertigkeit gegenüber Sauerstoff; 0 ≙ Edelgas
4) Im Verhältnis zu $\frac{1}{12}$ der Masse des häufigsten Kohlenstoffatoms; bei radioaktiven Stoffen Halbwertszeit in Jahren (a), Tagen (d) oder Stunden (h)

Häufig vorkommende Molekülgruppen

Molekülgruppe		Herkunft		Erläuterung	Beispiel	
Bezeichnung	Formel	Bezeichnung	Formel		Bezeichnung	Formel
Oxid	>O	Sauerstoff	O_2	Häufigste Verbindungsgruppe der Erde	Aluminiumoxid	Al_2O_3
Hydroxid	−OH	Wasser	H_2O	Hydroxide entstehen aus Metalloxiden und Wasser, sie reagieren basisch	Kalziumhydroxid	$Ca(OH)_2$
Chlorid	−Cl	Salzsäure	HCl	Salze, in Wasser meist leicht löslich	Natriumchlorid	NaCl
Sulfid	>S	Schwefelwasserstoff	H_2S	Schwermetallsulfide sind wichtige Erze	Eisen(II)sulfid	FeS
Sulfat	$>SO_4$	Schwefelsäure	H_2SO_4	Salze, in Wasser meist leicht löslich	Kupfersulfat	$CuSO_4$
Nitrid	>N	Stickstoff	N_2	Teilweise sehr harte Verbindungen	Bornitrid	BN
Nitrat	$-NO_3$	Salpetersäure	HNO_3	Salze, in Wasser meist leicht löslich	Kaliumnitrat	KNO_3
Carbonat	$>CO_3$	Kohlensäure	H_2CO_3	Spalten bei Erwärmung oder Säureeinwirkung CO_2 ab	Kalziumcarbonat	$CaCO_3$
Carbid	>C<	Kohlenstoff	C	Teilweise sehr harte Verbindungen	Siliziumcarbid	SiC

Chemie

Wichtige Chemikalien der Metalltechnik

Technische Bezeichnung	Chemische Bezeichnung	Formel	Eigenschaften	Verwendung
Aceton	Aceton, Propanon	$(CH_3)_2CO$	farblose, brennbare leicht verdunstende Flüssigkeit	Lösungsmittel für Farben, Acetylen und Kunststoffe
Acetylen	Acetylen, Äthin	C_2H_2	reaktionsfreudiges, farbloses Gas, hoch explosiv	Brenngas beim Schweißen, Ausgangsstoff für Kunststoffe
Borax	Natrium-tetraborat	$Na_2B_4O_7$	weißes Kristallpulver, Schmelze löst Metalloxide	Flußmittel beim Hartlöten, zur Wasserenthärtung, Glasrohstoff
Chlorkalk	Kalzium-hypochlorit	$CaCl(ClO)$	weißes Pulver, spaltet Sauerstoff und hypochlorige Säure ab	als Bleich- und Desinfektionsmittel, Entgiftung von Bädern
Kochsalz	Natriumchlorid	$NaCl$	farbloses, kristallines Salz, leicht wasserlöslich	Würzmittel, für Kältemischungen, zur Clorgewinnung
Kohlensäure	Kohlendioxid	CO_2	wasserlösliches, unbrennbares Gas, erstarrt bei − 78 °C	Schutzgas beim MAG-Schweißen, Kohlensäureschnee als Kältemittel
Korund	Aluminiumoxid	Al_2O_3	sehr harte, farblose Kristalle, Schmelzpunkt 2050 °C	Schleif- und Poliermittel, oxidkeramische Werkstoffe
Kupfervitriol	Kupfersulfat	$CuSO_4$	blaue, wasserlösliche Kristalle, mäßig giftig	galvanische Bäder, Schädlingsbekämpfung, zum Anreißen
Mennige Bleimennige	Blei (II, IV) oxid	Pb_3O_4	rotes Pulver hoher Dichte, stark giftig	Bestandteil von Rostschutzfarben, Glasherstellung
Salmiakgeist	Ammonium-hydroxid	NH_4OH	farblose, stechend riechende Flüssigkeit, schwache Lauge	Reinigungsmittel (Fettlöser), Neutralisation von Säuren
Salpeter	Natrium- oder Kaliumnitrat	$NaNO_3$ KNO_3	farblose, leicht schmelzbare Kristalle (337 °C)	Salzbäder, Oxidationsmittel, Sprengstoffe, Düngemittel
Salpetersäure	Salpetersäure	HNO_3	sehr starke Säure, löst Metalle (außer Edelmetalle) auf	Ätzen und Beizen von Metallen, Herstellung von Chemikalien
Salzsäure	Chlorwasserstoff	HCl	farblose, stechend riechende, starke Säure	Ätzen und Beizen von Metallen, Herstellung von Chemikalien
Schwefelsäure	Schwefelsäure	H_2SO_4	farblose, ölige, geruchlose Flüssigkeit, starke Säure	Beizen von Metallen, galvanische Bäder, Akkumulatoren
Soda	Natrium-karbonat	Na_2CO_3	farblose Kristalle, leicht wasserlöslich, basische Wirkung	Entfettungs- und Reinigungsbäder, Wasserenthärtung
Spiritus	Äthylalkohol, vergällt	C_2H_5OH	farblose, leicht brennbare Flüssigkeit, Siedepunkt 78 °C	Lösungsmittel, Reinigungsmittel für Heizzwecke, Treibstoffzusatz
Tetra	Tetrachlor-kohlenstoff	CCl_4	farblose, nicht brennbare Flüssigkeit	Lösungsmittel für Fette, Öle und Farben
Tri	Trichloräthylen	$CHCl{=}CCl_2$	nicht brennbare, leicht verdunstende Flüssigkeit, giftig	Lösungsmittel für Öle, Fette, Harze, Reinigungsmittel
Zyankali	Kaliumcyanid	KCN	sehr stark giftiges Salz der Blausäure	Salzbäder zum Carbonitrieren, galvanische Bäder

Wässerige Lösungen

Wasserhärte

Härtebereich °DH[1]	Wasserhärte	Härtebereich °DH[1]	Wasserhärte
0…4	sehr weich	13…18	ziemlich hart
5…8	weich	19…30	hart
9…12	mittelhart	über 30	sehr hart

[1] 1 Deutscher Härtegrad (1 °DH) entspricht 7,15 mg Kalziumionen in 1 Liter Wasser

Löslichkeit von Salzen in Wasser

Säurerest	$-Cl$	$-Br$	$-NO_3$	$>SO_4$	$>CO_3$
Laugenrest	Lösliche Salzmenge in g je 100 g Wasser bei 20 °C				
Na−	35,8	90,4	88,0	19,4	21,6
K−	34,4	54,0	31,6	11,1	112
NH_4−	29,7	77	187,7	75,4	100,0
Ca<	74,5	142	127	0,2	$1{,}5 \cdot 10^{-3}$
Cu<	70,6	122	122	21	—
Fe<	91,9	—	87	83	$3 \cdot 10^{-3}$

pH-Wert

Art der wässerigen Lösung	← zunehmend sauer							neutral	zunehmend basisch →						
pH-Wert	0	1	2	3	4	5	6	7	8	9	10	11	12	13	14
Konzentration H^+ in g/l	10^0	10^{-1}	10^{-2}	10^{-3}	10^{-4}	10^{-5}	10^{-6}	10^{-7}	10^{-8}	10^{-9}	10^{-10}	10^{-11}	10^{-12}	10^{-13}	10^{-14}

Festigkeitslehre

Beanspruchungsarten

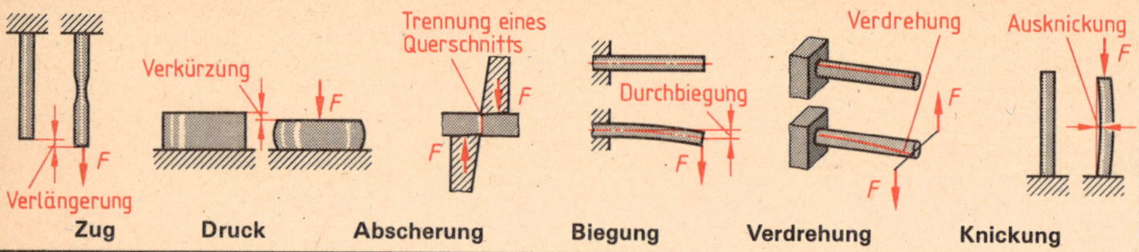

Begriffe für Beanspruchungsarten

Begriff	Beanspruchungsart Zug	Druck	Abscherung	Biegung	Verdrehung	Knickung
Spannung	σ_z	σ_d	τ_a	σ_b	τ_t	σ_k
Festigkeit	R_m	σ_{dB}	τ_{aB}	σ_{dB}	τ_{tB}	σ_{kB}
Übergang elastische-plastische Verformung (Fließgrenze)	Streckgrenze R_e 0,2%-Dehngrenze $R_{p\,0,2}$	Quetschgrenze σ_{dF} 0,2%-Stauchgrenze $\sigma_{d\,0,2}$	–	Biegegrenze σ_{bF}	Verdrehgrenze τ_{tF}	–
Formänderung	Dehnung ε Bruchdehnung A	Stauchung ε_d Bruchstauchung ε_{dB}	–	Durchbiegung f	Verdrehwinkel φ	–

Belastungsfälle

statische Belastung | **dynamische Belastung** | **Festigkeitsminderung bei dynamischer Belastung**

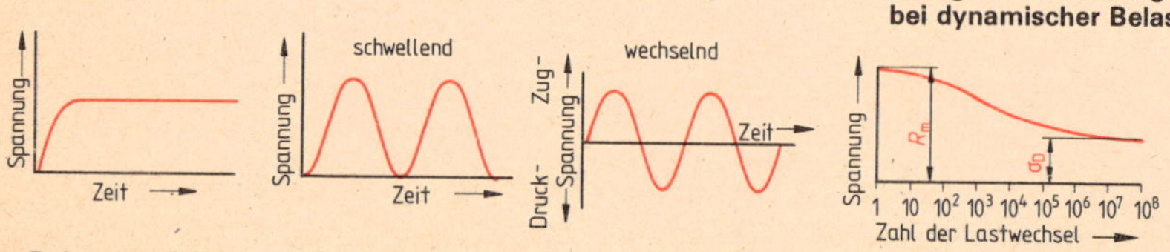

Belastungsfall I | **Belastungsfall II** | **Belastungsfall III**

Die **Dauerfestigkeit** σ_D ist die Spannung, die auch bei unendlich großer Lastwechselzahl nicht zum Bruch führt.

Kerbwirkung und Gestaltfestigkeit bei dynamischer Belastung

Querschnittsänderungen, scharfe Übergänge, Kerben und Rauhigkeit erhöhen die Bruchgefahr eines Bauteiles bei dynamischer Belastung.

σ_D Dauerfestigkeit des ungekerbten Bauteiles
σ_G Gestaltfestigkeit eines Bauteiles
b_o Oberflächenwirkungszahl
β_k Kerbwirkungszahl

$$\sigma_G = \frac{\sigma_D \cdot b_o}{\beta_k}$$

Beispiel: Welle mit Einstich für Sicherungsring; $\sigma_D = 180\ \text{N/mm}^2$; $\beta_k = 2{,}2$; $b_o = 0{,}9$; $\sigma_G = ?$

$$\sigma_G = \frac{\sigma_D \cdot b_o}{\beta_k} = \frac{180\ \frac{\text{N}}{\text{mm}^2} \cdot 0{,}9}{2{,}2} = \mathbf{73{,}6\ \frac{N}{mm^2}}$$

Kerbwirkungszahl β_k und Oberflächenwirkungszahl b_o bei dynamischer Belastung

Form der Welle oder der Kerbe	Kerbwirkungszahl β_k
glatte Welle	1
Welle mit Absatz und Freistrich	1,5...3
Rundkerbe in Welle	1,5...2,5
Einstich für Sicherungsring	2 ...3
Querbohrung	1,2...2
Paßfedernut	1,5...2,5
Keilwelle	2 ...2,5
Welle mit Absatz, gerundet	1,2...2,5

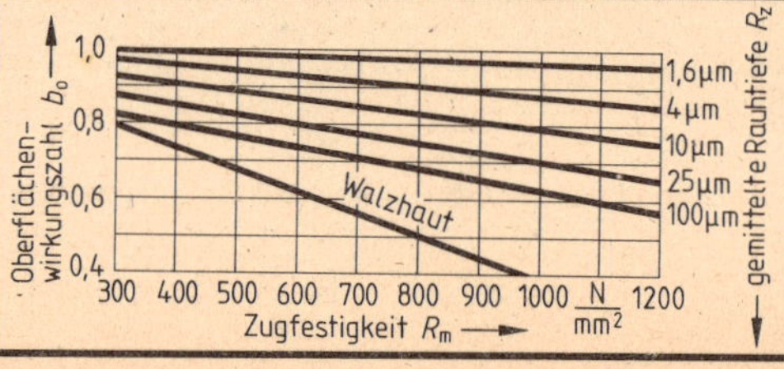

Festigkeitslehre

Zulässige Spannung

Aus Sicherheitsgründen dürfen Bauteile nur mit einem Teil der zur Verformung oder zum Bruch führenden Grenzspannung belastet werden. Als Grenzspannung σ_{lim} werden je nach Art des Bauteiles und der Belastung die Festigkeit (Bruchfestigkeit), die Grenze der elastischen Verformung (Fließgrenze), die Dauerfestigkeit oder die Gestaltfestigkeit verwendet.

σ_{zul} zulässige Spannung
σ_{lim} Grenzspannung je nach Belastungsfall
ν Sicherheitszahl

zulässige Spannung = $\dfrac{\textbf{Grenzspannung}}{\textbf{Sicherheitszahl}}$

$$\sigma_{zul} = \frac{\sigma_{lim}}{\nu}$$

Belastungsfall	Werkstoff	maßgebende Grenzspannung σ_{lim}	Sicherheitszahl im Maschinenbau
ruhend I	zäh (St)	R_e; $R_{p0,2}$; σ_{dF}; $\sigma_{d0,2}$; τ_{aB}; σ_{bF}; τ_{tF}	1,3...2,5
	spröde (GG)	R_m; σ_{dB}; σ_{bB}	3...8
schwellend II wechselnd III	–	σ_D; τ_D; σ_G	1,5...3
Knickung, Stoß	–	R_m; τ_{aB}; σ_k	3...14

Beispiel: Für eine Schraube DIN 933-M12x50-8.8 ist bei statischer Belastung eine 2fache Sicherheit gegen die Streckgrenze R_e gefordert. Wie groß ist die zulässige Spannung?

Grenzspannung $R_e = 800 \dfrac{N}{mm^2} \cdot 0{,}8 = 640 \dfrac{N}{mm^2}$

$$\sigma_{zul} = \frac{R_e}{\nu} = \frac{640 \frac{N}{mm^2}}{2} = \mathbf{320 \frac{N}{mm^2}}$$

Zulässige Spannungen in N/mm²

(für Überschlagsrechnungen im Maschinenbau)

Beanspruchung Belastungsfall		St 37	St 50	St 70	GS-45	GG-15	GG-30	G-AlSi	AlCuMg2	AlMg3
Zug	I	100...150	140...210	210...310	100...150	35... 45	65... 85	30...50	110...160	80...120
	II	65... 95	90...135	135...200	65... 95	27... 37	50... 67	16...28	50... 70	50... 85
	III	45... 70	65... 95	90...140	45... 70	20... 30	35... 50	13...20	35... 55	42... 70
Druck	I	100...150	140...210	210...310	110...165	85...115	165...215	40...60	110...160	80...120
	II	65... 95	90...135	135...200	70...105	65... 75	100...135	20...24	57... 70	50... 85
	III	45... 70	65... 95	90...140	45... 70	20... 30	35... 50	13...20	35... 55	42... 70
Abscherung	I	80...120	110...170	170...250	80...120	–	–	20...40	90...120	65... 95
	II	50... 75	70...110	110...160	50... 75	–	–	12...20	40... 55	40... 70
	III	35... 55	50... 75	70...110	35... 55	–	–	10...15	30... 40	30... 55
Biegung	I	110...165	150...220	230...245	110...165	–	–	35...50	120...175	90...135
	II	70...105	100...150	150...220	70...105	–	–	20...28	50... 70	58... 88
	III	50... 75	70...105	105...125	50... 75	–	–	14...21	35... 55	45... 68
Verdrehung (Torsion)	I	65... 95	85...125	125...195	65... 95	–	–	25...35	65... 95	30... 70
	II	40... 60	55... 85	80...125	40... 60	–	–	16...28	32... 48	26... 46
	III	30... 45	40... 60	60... 90	30... 45	–	–	8...15	22... 32	18... 32

Für den Stahlhochbau sind die Werte DIN 18800 zu verwenden.

Elastizitätsmodul E in N/mm²

Stahl	GG-15	GG-30	GGG-42	GS-38	GTW-35	CuZn 40	CuSn 8	AlCuMg 2	Glas
210000	80000	130000	170000	210000	170000	80000	85000	72000	56000

Zulässige Flächenpressung p_{zul} in N/mm² für ruhende Bauteile

St 37	St 50	St 70	GS-45	GG-15	GG-30	GGG-42	G-AlSi	AlCuMg 2	AlMg 3
140...160	210...240	240...280	120...160	160...200	300...400	200...250	60...80	100...160	80...130

Für den Stahlhochbau und den Kranbau gelten die Vorschriften DIN 18800 und DIN 15018.

Zulässige Flächenpressung (Lagerdruck) p_{zul} in N/mm² für Gleitlager bei ausreichender Schmierung

Belastungsfall	Lg-Sn 80	Lg-PbSn9Cd	G-CuSn 12	G-CuSn10Zn	GG-25	PA 66	Hgw 2082
statisch I	19...30	15...25	30...50	30...50	10...20	14...19	19...30
dynamisch II, III	15	12,5	25	25	5	7	15

Festigkeitslehre

Beanspruchung auf Zug

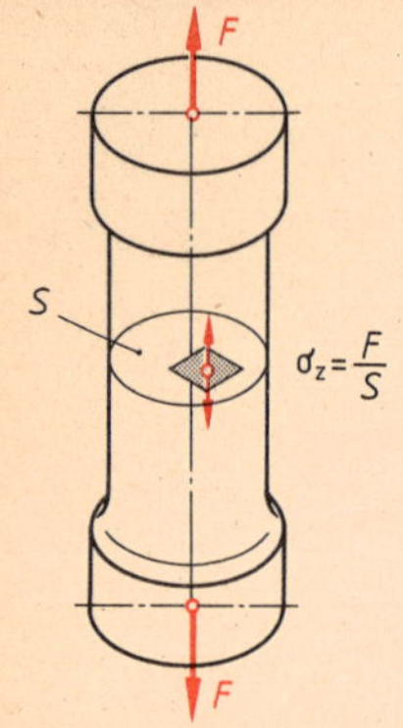

σ_z Zugspannung
R_e Streckgrenze
$\sigma_{z\,zul}$ zulässige Zugspannung
F Zugkraft
S Querschnittsfläche
ν Sicherheitszahl

Zugspannung = $\frac{\textbf{Zugkraft}}{\textbf{Querschnittsfläche}}$

zulässige Zugspannung = $\frac{\textbf{Streckgrenze}}{\textbf{Sicherheitszahl}}$

$$\sigma_z = \frac{F}{S}$$

$$\sigma_{z\,zul} = \frac{R_e}{\nu}$$

An die Stelle der Streckgrenze R_e können auch die Dehngrenze $R_{p\,0,2}$, die Zugfestigkeit R_m oder die Dauerfestigkeit σ_D treten (Seite 53).

Beispiel:

Rundstahl St 37-2; $F = 8{,}4$ kN; $\sigma_{z\,zul} = 80$ N/mm²; $d = ?$

$$S = \frac{F}{\sigma_{z\,zul}} = \frac{8400\ \text{N}}{80\ \frac{\text{N}}{\text{mm}^2}} = 105\ \text{mm}^2;$$

$$\mathbf{d} = \sqrt{\frac{4 \cdot S}{\pi}} = \sqrt{\frac{4 \cdot 105\ \text{mm}^2}{\pi}} = \mathbf{11{,}56\ mm}$$

Beanspruchung auf Druck

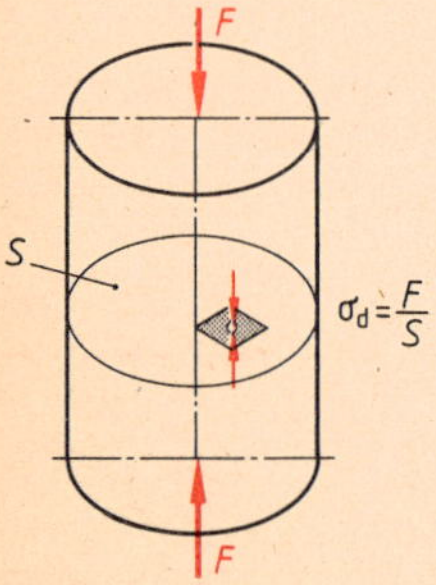

σ_d Druckspannung
σ_{dF} Quetschgrenze
$\sigma_{d\,zul}$ zulässige Druckspannung
F Druckkraft
S Querschnittsfläche
ν Sicherheitszahl

Druckspannung = $\frac{\textbf{Druckkraft}}{\textbf{Querschnittsfläche}}$

zulässige Druckspannung = $\frac{\textbf{Quetschgrenze}}{\textbf{Sicherheitszahl}}$

$$\sigma_d = \frac{F}{S}$$

$$\sigma_{d\,zul} = \frac{\sigma_{dF}}{\nu}$$

An die Stelle der Quetschgrenze σ_{dF} können auch die Stauchgrenze $\sigma_{d\,0,2}$, die Druckfestigkeit σ_{dB} oder die Dauerfestigkeit σ_D treten (Seite 53).

Beispiel:

Gestell aus GG-30; $S = 2800$ mm²; $\sigma_{d\,zul} = 50$ N/mm²; $F = ?$

$$\mathbf{F} = \sigma_{d\,zul} \cdot S = 50\ \frac{\text{N}}{\text{mm}^2} \cdot 2800\ \text{mm}^2 = 140000\ \text{N} = \mathbf{140\ kN}$$

Beanspruchung auf Abscherung

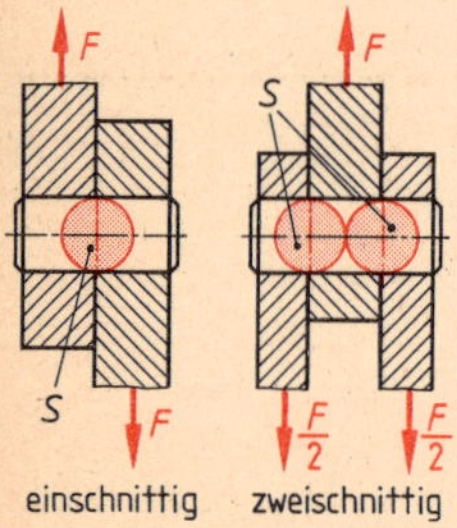

τ_a Scherspannung
$\tau_{a\,zul}$ zulässige Scherspannung
τ_{aB} Scherfestigkeit
τ_{aBmax} maximale Scherfestigkeit
F Scherkraft
S Scherfläche
ν Sicherheitszahl
R_m Zugfestigkeit

$$\tau_a = \frac{F}{S}$$

$$\tau_{aB} \approx 0{,}8 \cdot R_m$$

$$\tau_{a\,zul} = \frac{\tau_{aB}}{\nu}$$

Der Werkstoff soll nicht getrennt werden:

Scherkraft = Scherfläche x zulässige Scherspannung

$$F = S \cdot \tau_{a\,zul}$$

Der Werkstoff soll getrennt werden:

Scherkraft = Scherfläche x maximale Scherfestigkeit

$$F = S \cdot \tau_{aBmax}$$

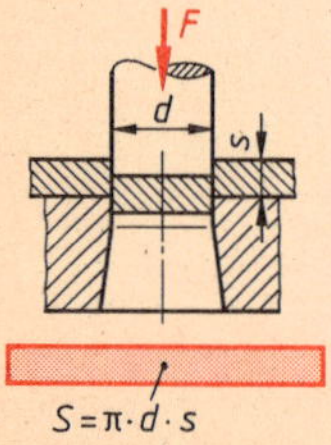

Beispiel:

Doppellaschennietung mit 6 zweischnittig beanspruchten Nieten;

$F = 18{,}8$ kN; $\tau_{a\,zul} = 80$ N/mm²; Nietdurchmesser $d = ?$

$$S = \frac{F}{\tau_{a\,zul}} = \frac{18000\ \text{N}}{80\ \frac{\text{N}}{\text{mm}^2}} = 235\ \text{mm}^2;$$

$$S_1 = \frac{S}{2 \cdot 6} = \frac{235\ \text{mm}^2}{12} = 19{,}6\ \text{mm}^2;$$

$$\mathbf{d} = \sqrt{\frac{4 \cdot S_1}{\pi}} = \sqrt{\frac{4 \cdot 19{,}6\ \text{mm}^2}{\pi}} = \mathbf{5\ mm}$$

Festigkeitslehre

Beanspruchung auf Flächenpressung

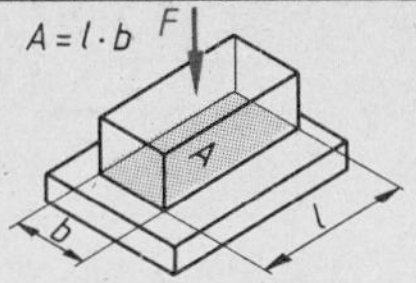

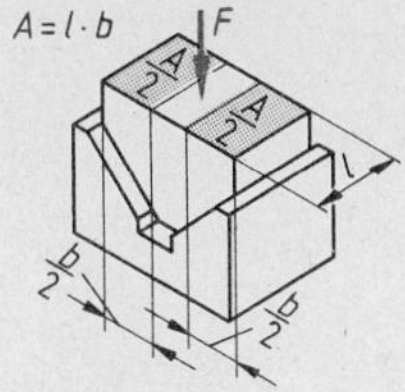

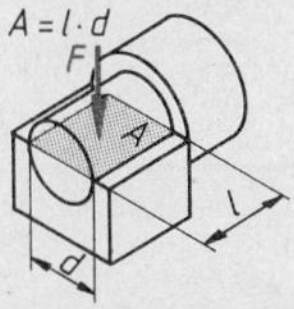

Unter Flächenpressung versteht man die Druckspannung an der Berührungsfläche zweier Bauteile. Als Berührungsfläche wird eine ebene Fläche rechtwinklig zur Kraftrichtung angenommen (projizierte Fläche).

F Kraft
p Flächenpressung
A Berührungsfläche, (projizierte Fläche)

$$\textbf{Flächenpressung} = \frac{\textbf{Kraft}}{\textbf{Berührungsfläche}}$$

$$p = \frac{F}{A}$$

1. Beispiel: Rechteckiger Schneidstempel 10 mm x 16 mm; $F = 20$ kN; $p = ?$

$$\mathbf{p} = \frac{F}{A} = \frac{20\,000\ \text{N}}{16\ \text{mm} \cdot 10\ \text{mm}} = \mathbf{125\ \frac{N}{mm^2}}$$

2. Beispiel: Zwei Bleche mit je 8 mm Dicke werden mit einem Bolzen DIN 1445-10h11 x 16 x 30 verbunden. Wie groß ist die übertragbare Kraft bei einer zulässigen Flächenpressung von 280 N/mm²?

$$\mathbf{F} = p \cdot A = 280\ \frac{\text{N}}{\text{mm}^2} \cdot 8\ \text{mm} \cdot 10\ \text{mm} = \mathbf{22\,400\ N}$$

Beanspruchung auf Verdrehung

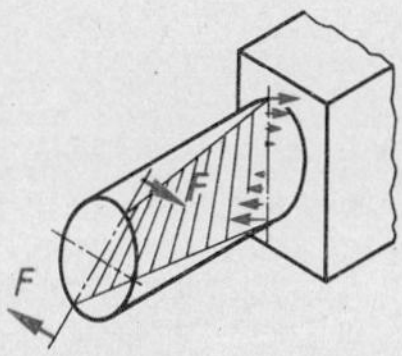

M Drehmoment (Torsionsmoment)
W_t polares Widerstandsmoment
τ_t Drehspannung (Torsionsspannung)

$$\textbf{Drehspannung} = \frac{\textbf{Drehmoment}}{\textbf{polares Widerstandsmoment}}$$

$$\tau_t = \frac{M}{W_t}$$

Beispiel: Welle, $d = 32$ mm; $\tau_t = 65$ N/mm²; $M = ?$

$$W_t = \frac{\pi \cdot d^3}{16} = \frac{\pi \cdot (32\ \text{mm})^3}{16} = 6434\ \text{mm}^3$$

$$M = \tau_t \cdot W_t = 65\ \frac{\text{N}}{\text{mm}^2} \cdot 6434\ \text{mm}^3$$

$$= 418\,210\ \text{N} \cdot \text{mm} \approx \mathbf{418{,}2\ N \cdot m}$$

Polare Widerstandsmomente Seite 56

Beanspruchung auf Knickung

Belastungsfall und freie Knicklänge (nach Euler)

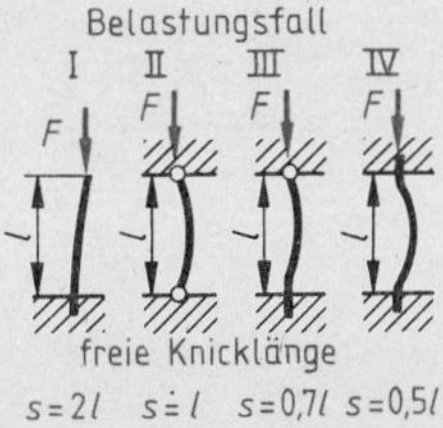

$F_{k\,zul}$ zulässige Knickkraft
l Länge
s freie Knicklänge
E Elastizitätsmodul
I Flächenmoment 2. Grades
ν Sicherheitszahl

zulässige Knickkraft

$$= \frac{\pi^2 \cdot \textbf{Elastizitätsmodul} \cdot \textbf{Flächenmoment 2. Grades}}{\textbf{(freie Knicklänge)}^2 \cdot \textbf{Sicherheitszahl}}$$

$$F_{k\,zul} = \frac{\pi^2 \cdot E \cdot I}{s^2 \cdot \nu}$$

Beispiel: Träger IPB 200; $l = 3{,}5$ m; beidseitig fest eingespannt; $\nu = 12$; $F_{k\,zul} = ?$

$$\mathbf{F_{k\,zul}} = \frac{\pi^2 \cdot E \cdot I}{s^2 \cdot \nu} = \frac{\pi^2 \cdot 21 \cdot 10^6\ \frac{\text{N}}{\text{cm}^2} \cdot 2000\ \text{cm}^4}{(0{,}5 \cdot 350\ \text{cm})^2 \cdot 12}$$

$$= 1{,}13 \cdot 10^6\ \text{N} = \mathbf{1{,}13\ MN}$$

Flächenmomente 2. Grades Seite 121...125 und Elastizitätsmodul Seite 53. Für den Stahlhochbau sind nach DIN 4114 besondere Berechnungsverfahren vorgeschrieben.

Festigkeitslehre

Beanspruchung auf Biegung

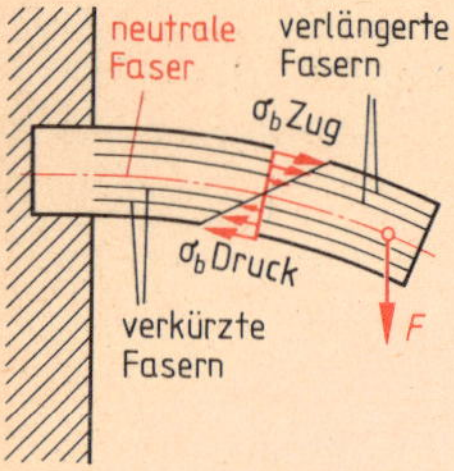

Für die neutrale Faser ist die Biegespannung $\sigma_b = 0$. Die in den Randzonen auftretenden Biegezug- und Biegedruckspannungen werden durch das von der Belastung abhängige Biegemoment und das vom Bauteilquerschnitt abhängige axiale Widerstandsmoment bestimmt.
Berechnung der Biegemomente und axialen Widerstandsmomente siehe Tabelle unten.

σ_b Biegespannung
M_b Biegemoment
W_b axiales Widerstandsmoment

$$\textbf{Biegespannung} = \frac{\textbf{Biegemoment}}{\textbf{axiales Widerstandsmoment}}$$

$$\sigma_b = \frac{M_b}{W_b}$$

Beispiel: Träger DIN 1025-IPE 240, $W_b = 324\ \text{cm}^3$ (Seite 124), einseitig eingespannt;
Einzelkraft $F = 25$ kN, $l = 2{,}6$ m; $\sigma_b = ?$

$$\sigma_b = \frac{M_b}{W_b} = \frac{F \cdot l}{W_b} = \frac{25\,000\ \text{N} \cdot 260\ \text{cm}}{324\ \text{cm}^3} = 20\,061\ \frac{\text{N}}{\text{cm}^2} \approx \mathbf{200\ \frac{N}{mm^2}}$$

Biegebelastungsfälle von Bauteilen

Das in einem Bauteil auftretende **Biegemoment M_b** hängt von der Länge l des Teiles, von der Größe, dem Angriffspunkt und der Verteilung der Kraft F sowie von der Art der Lagerung (Einspannung) ab.

Träger mit einer Einzelkraft belastet – einseitig eingespannt; auf zwei Stützen; doppelseitig eingespannt

Träger mit gleichmäßig verteilter Belastung – einseitig eingespannt; auf zwei Stützen; doppelseitig eingespannt

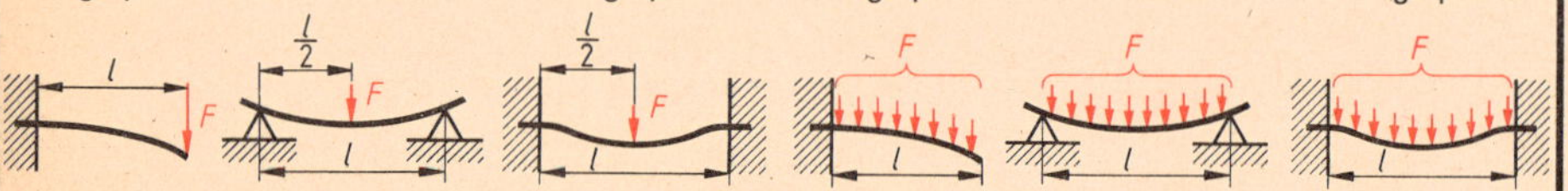

Einzelkraft, einseitig eingespannt	Einzelkraft, auf zwei Stützen	Einzelkraft, doppelseitig eingespannt	verteilt, einseitig eingespannt	verteilt, auf zwei Stützen	verteilt, doppelseitig eingespannt
$M_b = F \cdot l$	$M_b = \frac{F \cdot l}{4}$	$M_b = \frac{F \cdot l}{8}$	$M_b = \frac{F \cdot l}{2}$	$M_b = \frac{F \cdot l}{8}$	$M_b = \frac{F \cdot l}{12}$

Beispiel: Träger, auf zwei Stützen liegend; $l = 6$ m; $F = 70$ kN, gleichmäßig verteilt; $M_b = ?$

$$\mathbf{M_b} = \frac{F \cdot l}{8} = \frac{70\,000\ \text{N} \cdot 6\ \text{m}}{8} = \mathbf{52\,500\ N \cdot m}$$

Flächenmoment 2. Grades I, axiales Widerstandsmoment W_b, polares Widerstandsmoment W_t

Querschnitt	I [1]	W_b [1]	W_t [2]	Querschnitt	I [1]	W_b [1]	W_t [2]
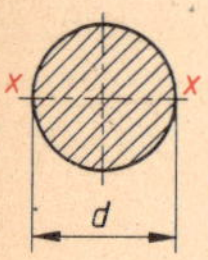	$\frac{\pi \cdot d^4}{64}$	$\frac{\pi \cdot d^3}{32}$	$\frac{\pi \cdot d^3}{16}$	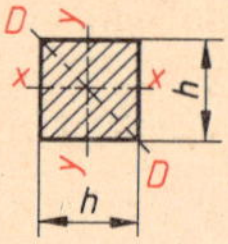	$\frac{h^4}{12}$	$W_x = W_y = \frac{h^3}{6}$ $W_D = \frac{\sqrt{2} \cdot h^3}{12}$	$0{,}208\ h^3$
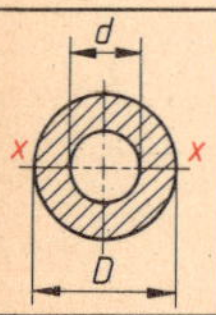	$\frac{\pi \cdot (D^4 - d^4)}{64}$	$\frac{\pi \cdot (D^4 - d^4)}{32\ D}$	$\frac{\pi \cdot (D^4 - d^4)}{16\ D}$	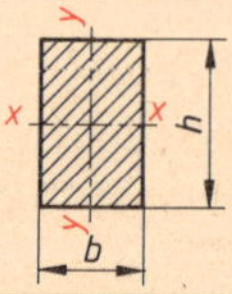	$I_x = \frac{b \cdot h^3}{12}$ $I_y = \frac{h \cdot b^3}{12}$	$W_x = \frac{b \cdot h^2}{6}$ $W_y = \frac{h \cdot b^2}{6}$	–
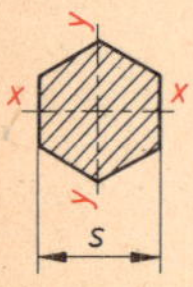	$I_x = I_y$ $= \frac{5 \cdot \sqrt{3}}{144} \cdot s^4$	$W_x = \frac{5 \cdot s^3}{48}$ $W_y = \frac{5 \cdot s^3}{24 \cdot \sqrt{3}}$	$0{,}188\ s^3$	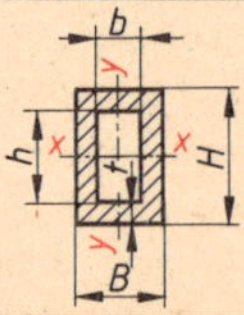	$I_x = \frac{B \cdot H^3 - b \cdot h^3}{12}$ $I_y = \frac{H \cdot B^3 - h \cdot b^3}{12}$	$W_x = \frac{B \cdot H^3 - b \cdot h^3}{6\ H}$ $W_y = \frac{h \cdot B^3 - h \cdot b^3}{6\ B}$	$\frac{t}{2} \cdot (H + h) \cdot (B + b)$

[1] Axiale Widerstandsmomente und Flächenmomente 2. Grades für Profile Seite 121…125
[2] Beanspruchung auf Verdrehung Seite 55

Geometrie

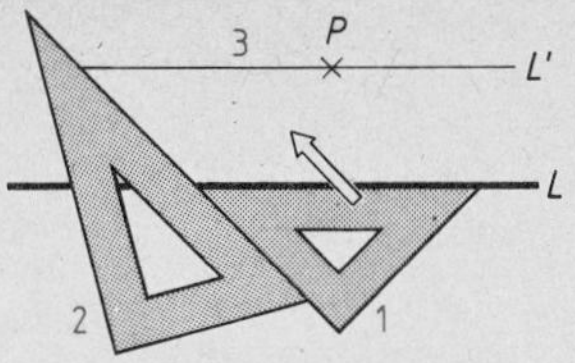

Ziehen einer Parallelen

Gegeben: *L* und *P*

1. Zeichendreieck 1 an *L* anlegen.
2. Zeichendreieck 2 an das Dreieck 1 anlegen.
3. Zeichendreieck 1 bis Punkt P verschieben und gesuchte Parallele *L'* ziehen.

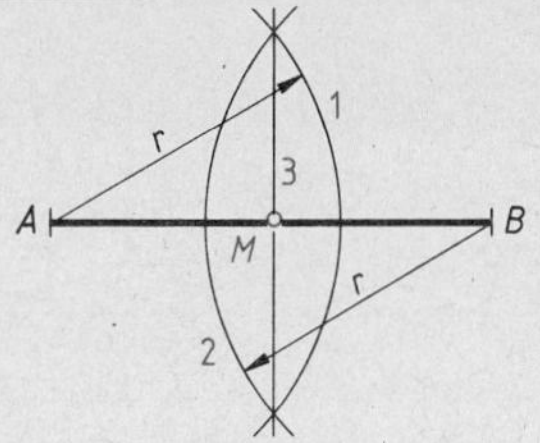

Halbieren einer Strecke

Gegeben: $\overline{AB}$

1. Kreisbogen 1 mit Halbmesser *r* um *A* (*r* muß größer sein als $\frac{1}{2}\,\overline{AB}$).
2. Kreisbogen 2 mit gleichem Halbmesser *r* um *B* ziehen.
3. Die Verbindungslinie der Kreisschnittpunkte ist das gesuchte Mittellot, bzw. die Halbierende der Strecke *AB*.

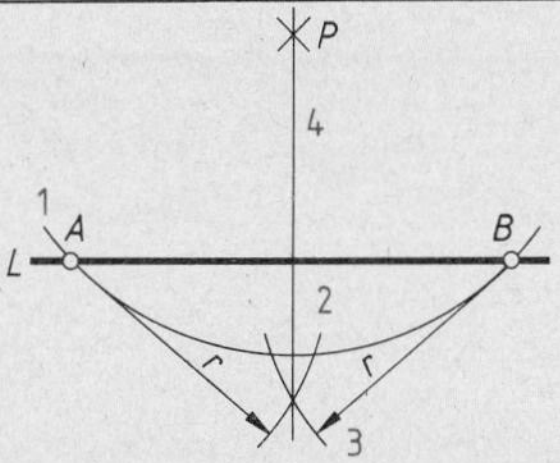

Fällen eines Lotes

Gegeben: *L* und *P*

1. Beliebigen Kreisbogen 1 um *P* (Schnittpunkte *A* und *B*).
2. Kreisbogen 2 mit *r* um *A* (*r* muß größer sein als $\frac{1}{2}\,\overline{AB}$).
3. Kreisbogen 3 mit gleichem Halbmesser *r* um *B* ziehen.
4. Die Verbindungslinie des Schnittpunktes mit *P* ist das gesuchte Lot.

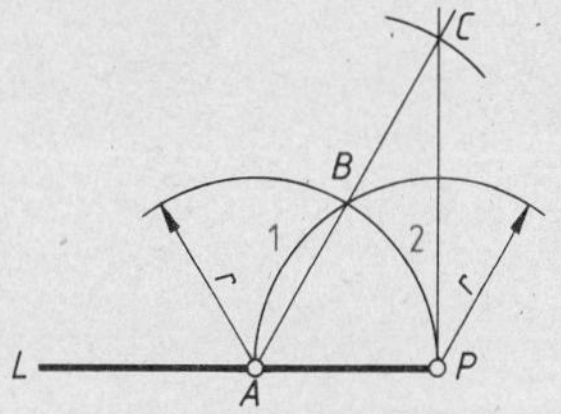

Errichten einer Senkrechten im Punkt P

Gegeben: *L* und *P*

1. Beliebigen Kreisbogen 1 um Punkt *P* (Schnittpunkt *A*).
2. Kreisbogen 2 mit $r = \overline{AP}$ um Punkt *A* (Schnittpunkt *B*).
3. *A* mit *B* verbinden und die Gerade um die Strecke *AB* verlängern (Punkt *C*).
4. Punkt *C* mit Punkt *P* verbinden.

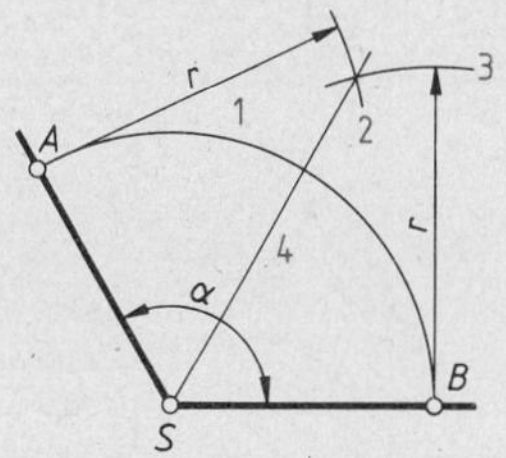

Halbieren eines Winkels

Gegeben: Winkel *α*

1. Beliebigen Kreisbogen 1 um *S* (Schnittpunkte *A* und *B*).
2. Kreisbogen 2 mit *r* um *A* (*r* größer als $\frac{1}{2}\,\overline{AB}$).
3. Kreisbogen 3 mit gleichem Halbmesser *r* um *B*.
4. Die Verbindungslinie des Schnittpunktes mit *S* ist die gesuchte Winkelhalbierungslinie.

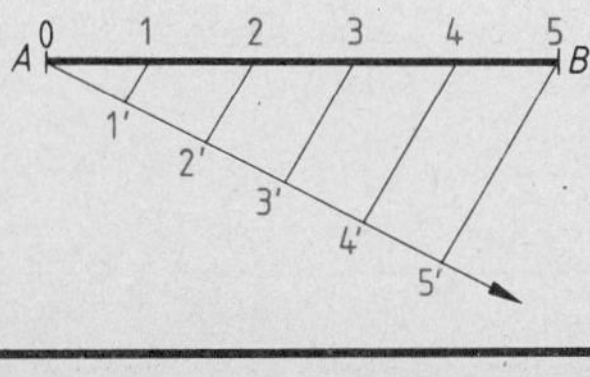

Teilen einer Strecke (Verhältnisteilung)

Gegeben: $\overline{AB}$ soll in 5 gleiche Teile geteilt werden.

1. Strahl von *A* unter beliebigem Winkel.
2. Auf dem Strahl von *A* aus 5 beliebige, aber gleichgroße Teile abtragen.
3. Endpunkt 5' mit *B* verbinden.
4. Parallelen durch die anderen Teilpunkte ziehen.

Geometrie

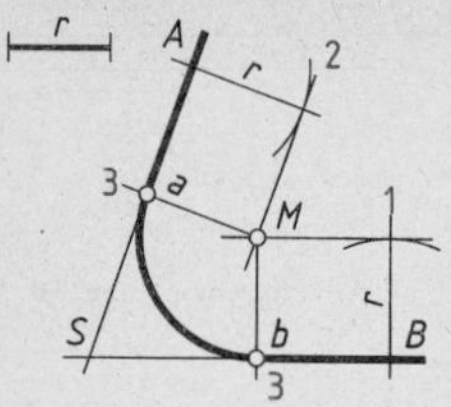

Rundung am Winkel

Gegeben: Winkel *ASB* und Rundungshalbmesser *r*.

1. Parallelen zu $\overline{AS}$ und $\overline{BS}$ im Abstand *r* ziehen. Ihr Schnittpunkt *M* ist der gesuchte Rundungsmittelpunkt.
2. Die Schnittpunkte der Lote von *M* mit den Schenkeln $\overline{AS}$ und $\overline{BS}$ sind die Übergangspunkte *a* und *b*.

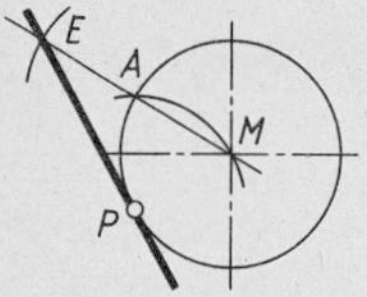

Tangente durch Kreispunkt P

Gegeben: Kreis und *P*

1. Kreis um *P* mit $r = \overline{PM}$ bis Schnittpunkt *A*.
2. *A* mit *M* verbinden und die Gerade verlängern (Strecke *AM* = Strecke *AE*).
3. *E* mit *P* verbinden.

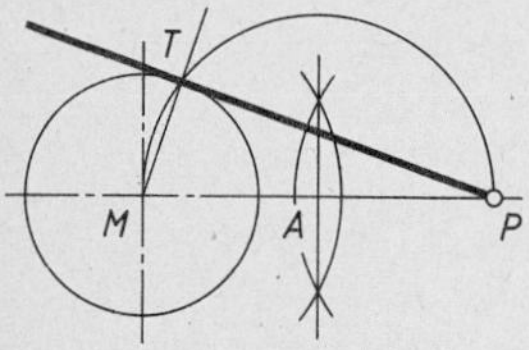

Tangente von einem Punkt P an den Kreis

Gegeben: Kreis und *P*

1. $\overline{MP}$ halbieren. *A* ist Mittelpunkt.
2. Kreis um *A* mit $r = \overline{AM}$. *T* ist Tangentenpunkt.
3. *T* mit *P* verbinden.
4. *MT* ist senkrecht zu *PT*.

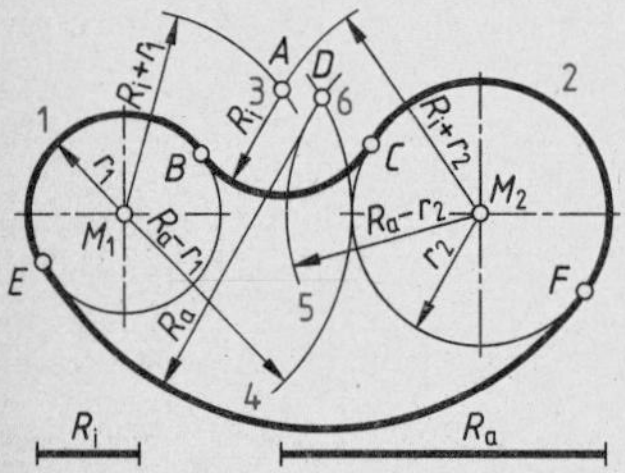

Verbindung zweier Kreise mittels Rundungen

Gegeben: Kreis 1 und Kreis 2; Rundungen R_i und R_a

1. Kreis um M_1 mit Halbmesser $R_i + r_1$.
2. Kreis um M_2 mit Halbmesser $R_i + r_2$ ergibt mit 1 den Schnittpunkt *A*.
3. *A* mit M_1 und M_2 verbunden ergibt die Tangentenpunkte (Berührungspunkte) *B* und *C* für den Innenkreis R_i.
4. Kreis um M_1 mit Halbmesser $R_a - r_1$ ziehen.
5. Kreis um M_2 mit Halbmesser $R_a - r_2$ ergibt mit 4 den Schnittpunkt *D*.
6. *D* mit M_1 und M_2 verbunden ergibt die Tangentenpunkte (Berührungspunkte) *E* und *F* für den Außenkreis R_a.

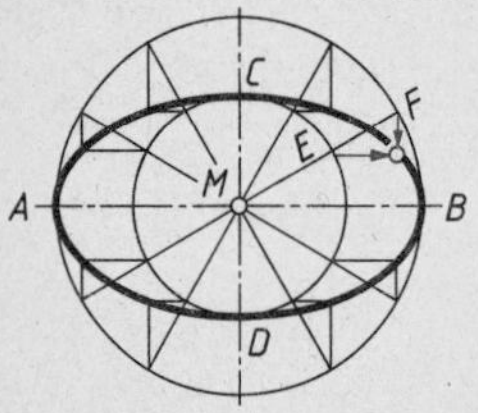

Ellipsenkonstruktion (durch konzentrische Kreise)

Gegeben: Achsen *AB* und *CD*

1. Zwei Kreise um *M* mit den Durchmessern $\overline{AB}$ und $\overline{CD}$.
2. Durch *M* mehrere Strahlen ziehen, die die beiden Kreise schneiden (*E, F*).
3. Parallelen zu den beiden Hauptachsen *AB* und *CD* ziehen.
4. Schnittpunkte miteinander verbinden.

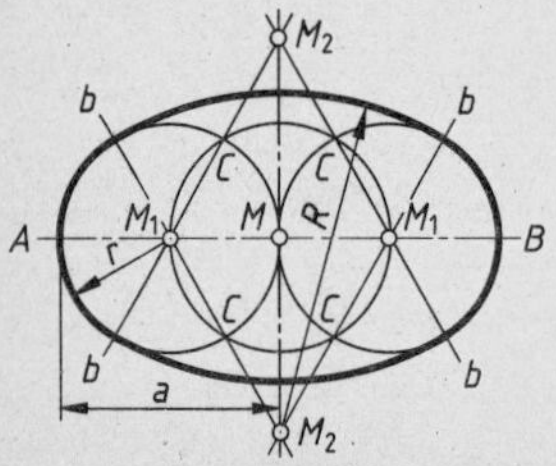

Ovalkonstruktion (angenäherte Ellipse)

Gegeben: Achse *AB*

1. Auf der Achse *AB* drei Kreise mit $r = a/2$ um *M* und M_1 ziehen. *C* ist Schnittpunkt.
2. M_2 ist der Schnittpunkt der Verbindungslinien M_1 *C*.
3. Kreisbogen *R* um M_2 bis *b* ziehen.
4. Ellipse schließen mit Kreisbogen *r* um M_1. *b* ist Übergangspunkt.

Geometrie

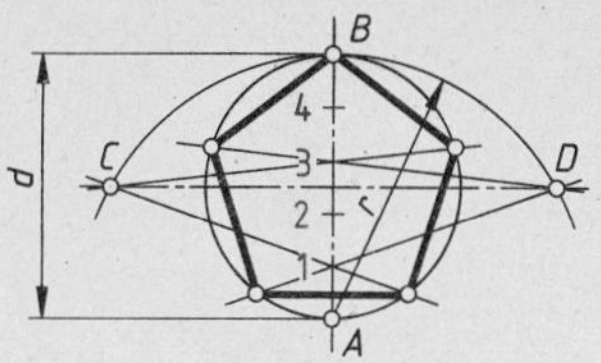

Regelmäßiges Vieleck im Kreis (z. B. Fünfeck)

Gegeben: Kreis mit Durchmesser *d*

1. $\overline{AB}$ in 5 gleiche Teile teilen (z. B. durch Verhältnisteilung; Seite 57).
2. Kreisbogen mit $r = AB$ um *A* ziehen.
3. *C* und *D* mit 1 und 3 (sämtlichen ungeraden Zahlen) verbinden, die Schnittpunkte mit dem Kreis ergeben das gesuchte Fünfeck.

Bei **Vielecken** mit **gerader Eckenzahl** sind *C* und *D* mit 2, 4, 6 usw. (sämtlichen geraden Zahlen) zu verbinden.

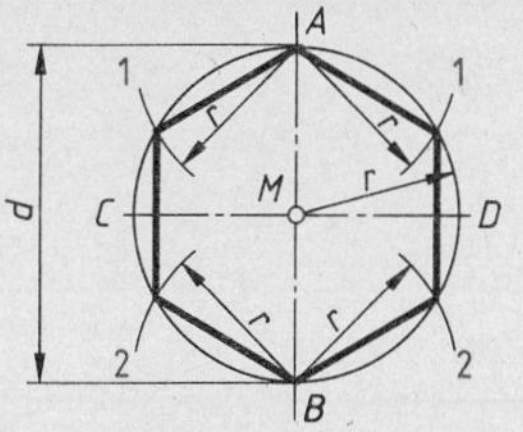

Sechseck — Zwölfeck

Gegeben: Kreis mit Durchmesser *d*

1. Kreisbögen mit *r* um *A* $\left(r = \frac{d}{2}\right)$.
2. Kreisbögen mit *r* um *B*.
3. Sechsecklinien ziehen.

Für Zwölfeck sind die Zwischenpunkte festzulegen. Einstich in *C* und *D*.

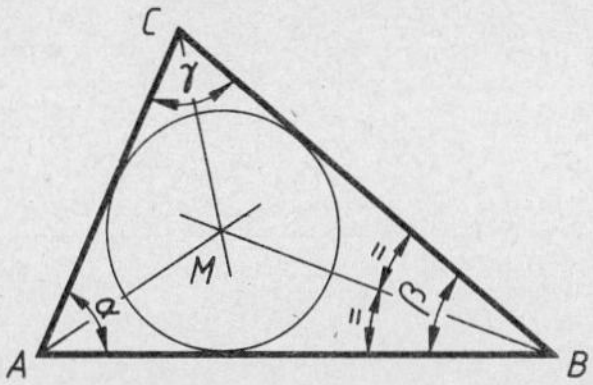

Inkreis eines Dreiecks

Gegeben: Dreieck

1. Winkel α halbieren.
2. Winkel β halbieren.
3. Die Winkelhalbierenden zum Schnitt bringen. Diese schneiden sich im Mittelpunkt *M* des Inkreises.

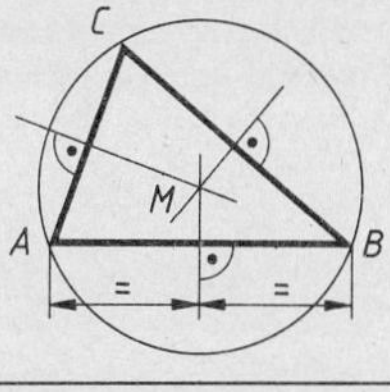

Umkreis eines Dreieckes

Gegeben: Dreieck

1. Mittellot auf der Strecke *AB* errichten.
2. Mittellot auf der Strecke *BC* errichten.
3. Mittellote zum Schnitt bringen. Der Schnittpunkt *M* ist der Mittelpunkt des Umkreises.

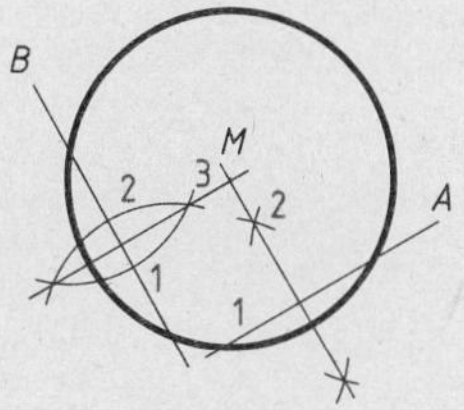

Bestimmung des Kreismittelpunktes

Gegeben: Kreis

1. Zwei beliebige Sehnen *A* und *B* ziehen (möglichst unter einem rechten Winkel).
2. Mittellote auf den Sehnen errichten.
3. Schnittpunkt der Mittellote ist Kreismittelpunkt *M*.

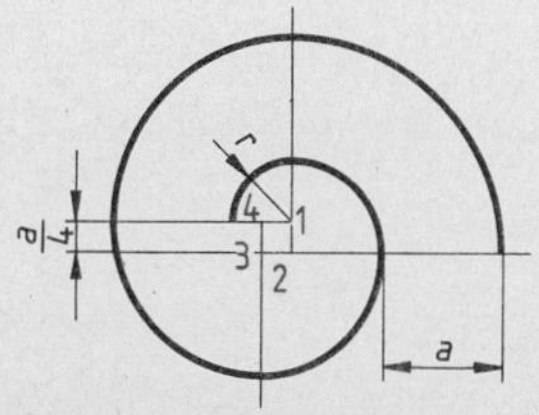

Spirale (Näherungskonstruktion mit dem Zirkel)

Gegeben: Steigung „a", d. h, Quadrat 1-2-3-4

1. Viertelkreis um Eckpunkt 1 mit gewünschtem Halbmesser *r* ziehen.
2. Anschließend Viertelkreis um Eckpunkt 2 ziehen.
3. Anschließend Viertelkreis um Eckpunkt 3 ziehen.
4. Anschließend Viertelkreis um Eckpunkt 4 ziehen.
5. usw.

Geometrie

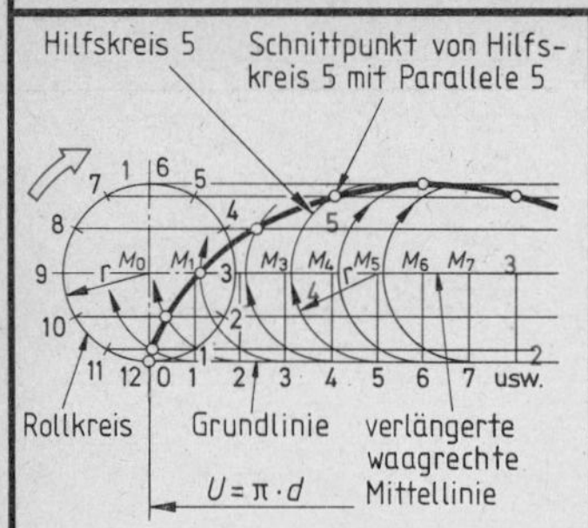

Zykloide (Radlinie)

Gegeben: Rollkreis

1. Rollkreis in beliebig viele, aber gleich große Teile einteilen, z. B. 12.
2. Grundlinie (Umfang des Rollkreises = $\pi \cdot d$) in gleich große Teile einteilen, ebenfalls 12.
3. Senkrechte Linien in den Teilpunkten 1...12 auf der Grundlinie ergeben mit der verlängerten waagrechten Mittellinie des Rollkreises die Mittelpunkte $M_1 \ldots M_{12}$.
4. Um die Mittelpunkte $M_1 \ldots M_{12}$ Hilfskreise mit Halbmesser r ziehen.
5. Die Schnittpunkte dieser Hilfskreise ergeben mit den Parallelen durch die Rollkreispunkte mit der gleichen Numerierung die Zykloidenpunkte.

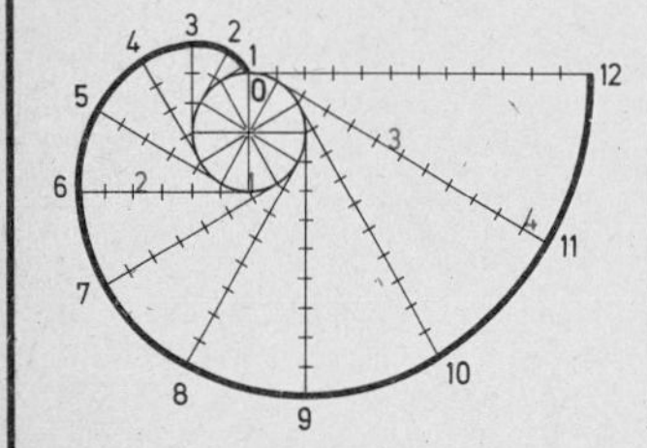

Evolvente (Fadenlinie)

Gegeben: Kreis

1. Kreis in beliebig viele, aber gleich große Teile einteilen, z. B. 12.
2. In den Teilpunkten Tangenten an den Kreis ziehen.
3. Vom Berührungspunkt aus auf jeder Tangente die Länge des abgewickelten Kreisumfanges abtragen.
4. Die Kurve durch die Endpunkte ergibt die Evolvente.

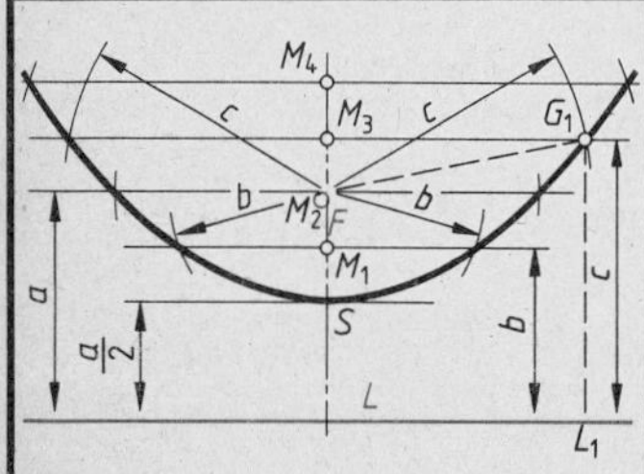

Parabel

Gegeben: Brennpunkt F und Leitlinie L

1. Lot vom Brennpunkt F auf die Leitlinie L fällen.
2. Strecke LF halbieren (S ist Scheitelpunkt).
3. Parallele zur Leitlinie L in beliebigen Abständen ziehen.
4. Kreisbögen um Brennpunkt F mit Halbmesser (b bzw. c) des jeweiligen Abstandes der Parallelen von der Leitlinie.

   (Jeder Punkt auf der Parabel hat vom Brennpunkt F und der Leitlinie L einen gleich großen Abstand; es ist $\overline{G_1F} = \overline{G_1L_1}$).

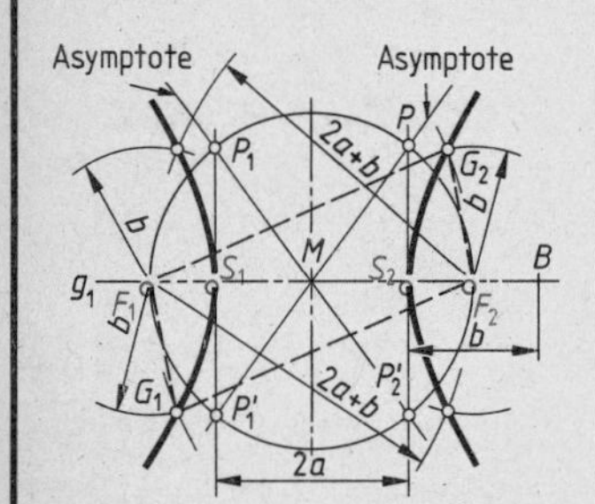

Hyperbel

Gegeben: Brennpunkte F_1 und F_2 sowie Scheitelpunkte S_1 und S_2

1. Kreis um M mit Halbmesser $\overline{MF_1}$ oder $\overline{MF_2}$.
2. Senkrechte zu g_1 durch S_1 und S_2 ziehen (Schnittpunkte mit Kreis ergeben P_1, P_1', P_2 und P_2'. Die Verlängerungen $\overline{P_1M}$ bzw. $\overline{P_2M}$ ergeben die Asymptoten, welche die Hyperbel im Unendlichen berühren).
3. Auf der Geraden g_1 einen Punkt (z. B. B) beliebig annehmen. Kreise mit Halbmesser b um F_1 und F_2 sowie Kreise mit Halbmesser $2a + b$ um F_1 und F_2 ziehen (Schnittpunkte sind Hyperbelpunkte).

   (Bei jedem Punkt auf der Hyperbel ist der Unterschied seiner Abstände von den Brennpunkten gleich groß; es ist $\overline{F_1G_2} - \overline{F_2G_2} = 2a$.)

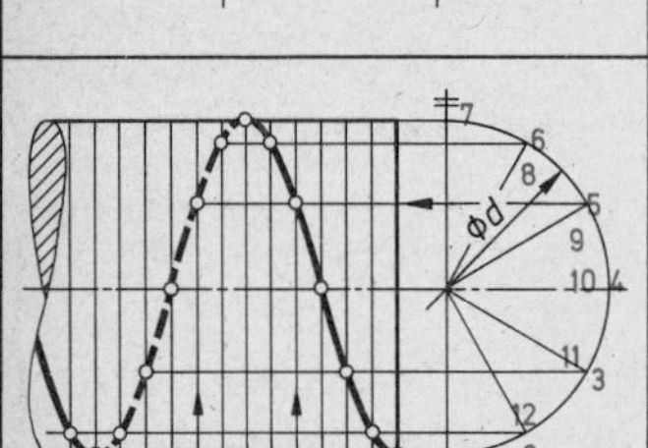

Schraubenlinie (Wendel)

Gegeben: Halbkreis mit Durchmesser d und Steigung P

1. Auf dem Halbkreis sechs gleiche Strecken (≙ Halbmesser) abtragen und die Punkte beziffern.
2. Die Steigung P in zwölf gleiche Strecken unterteilen und die Punkte beziffern.
3. Gleiche Ziffern waagrechter und senkrechter Linien zum Schnitt bringen. Die Schnittpunkte ergeben die gesuchten Punkte der Schraubenlinie.

Griechisches Alphabet, Römische Ziffern, Normzahlen, Radien

Griechisches Alphabet

DIN 1453 T1 (5.58)

Α α a Alpha	Ζ ζ z Zeta	Λ λ l Lambda	Π π p Pi	Φ φ f (ph) Phi
Β β b Beta	Η η e Eta	Μ μ m Mü	Ρ ρ r Rho	Χ χ ch Chi
Γ γ g Gamma	Θ ϑ th Theta	Ν ν n Nü	Σ σ s Sigma	Ψ ψ ps Psi
Δ δ d Delta	Ι ι i Jota	Ξ ξ ks(x) Ksi	Τ τ t Tau	Ω ω o Omega
Ε ε e Epsilon	Κ ϰ k Kappa	Ο ο o Omikron	Υ υ ü Ypsilon	

Römische Ziffern

I = 1	II = 2	III = 3	IV = 4	V = 5	VI = 6	VII = 7	VIII = 8	IX = 9
X = 10	XX = 20	XXX = 30	XL = 40	L = 50	LX = 60	LXX = 70	LXXX = 80	XC = 90
C = 100	CC = 200	CCC = 300	CD = 400	D = 500	DC = 600	DCC = 700	DCCC = 800	CM = 900
M = 1000	MM = 2000							

99 = XCIX   990 = CMXC   999 = CMXCIX   1985 = MCMLXXXV

Normzahlen und Normzahlreihen

DIN 323 T 1 (8.74)

R 5		R 10		R 20		R 40	
1,00	**4,00**	1,00	4,00	1,00	4,00	1,00	4,00
						1,06	4,25
				1,12	4,50	1,12	4,50
						1,18	4,75
		1,25	5,00	1,25	5,00	1,25	5,00
						1,32	5,30
				1,40	5,60	1,40	5,60
						1,50	6,00
1,60	**6,30**	1,60	6,30	1,60	6,30	1,60	6,30
						1,70	6,70
				1,80	7,10	1,80	7,10
						1,90	7,50
		2,00	8,00	2,00	8,00	2,00	8,00
						2,12	8,50
				2,24	9,00	2,24	9,00
						2,36	9,50
2,50	**10,00**	2,50	10,00	2,50	10,00	2,50	10,00
						2,65	
				2,80		2,80	
						3,00	
		3,15		3,15		3,15	
						3,35	
				3,55		3,55	
						3,75	

Normzahlen (Normmaße) sollen bei der Bemaßung von Werkstücken verwendet werden. Sie sollen die Kosten für die Werkzeuge und für die Meßzeuge möglichst gering halten. Reihe 5 (R 5) ist R 10, diese R 20 und diese R 40 vorzuziehen. Die Werte in den Normzahlreihen können mit 10, 100, 1000 usw. multipliziert oder durch 10, 100, 1000 usw. dividiert werden.

Rundungshalbmesser (Radien)

DIN 250 (7.72)

0,2	0,3	**0,4**	0,5	**0,6**	0,8	**1**	1,2	**1,6**	2	**2,5**	3	**4**	5	**6**	8
10	12	**16**	18	**20**	22	**25**	28	**32**	36	**40**	45	**50**	56	**63**	70
80	90	**100**	110	**125**	140	**160**	180	**200**							

Im Druck hervorgehobene Zahlen sind zu bevorzugen!

Anwendungsbeispiele:

- Wellen- und Schraubenkuppen
- Wellenenden, Welleneindrehungen
- Wellenabsätze
- Hohlkehlen
- Kantenrundungen
- Rundungen an Gußkörpern

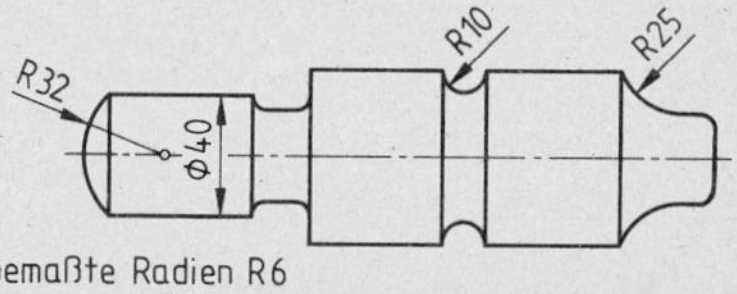

Nichtbemaßte Radien R6

Zeichenblätter

Papier-Endformate

DIN 476 (12.76)

DIN-Format	A 0	A 1	A 2	A 3	A 4	A 5	A 6
Beschnittene Zeichnung (Fertigblatt in mm)	841 x 1189	594 x 841	420 x 594	297 x 420	210 x 297	148 x 210	105 x 148

Die Papierformate (DIN 476) können nach oben mit 2 A 0 (1189 x 1682) sowie 4 A 0 (1682 x 2378) und nach unten bis A 10 (26 x 37) erweitert werden. Für abhängige Papiergrößen (z. B. Briefhüllen) gelten die Zusatzreihen B und C. Reihe B ≈ 1,19 x Reihe A; Reihe C ≈ 1,09 x Reihe A. Der Randabstand für die Zeichenfläche beträgt für alle Formate 5 mm.

Nach DIN 476 ist das Ausgangsformat der A-Reihe ein Rechteck mit einem Flächeninhalt von 1 m^2 und entspricht DIN A 0. Die Seiten der Blattgrößen verhalten sich wie $1 : \sqrt{2}$ (≙ 1 : 1,414). Unbeschnittene Blattgrößen sind in DIN 823 (5.80) genormt.

Faltung auf DIN-Format A 4

DIN 824 (3.81)

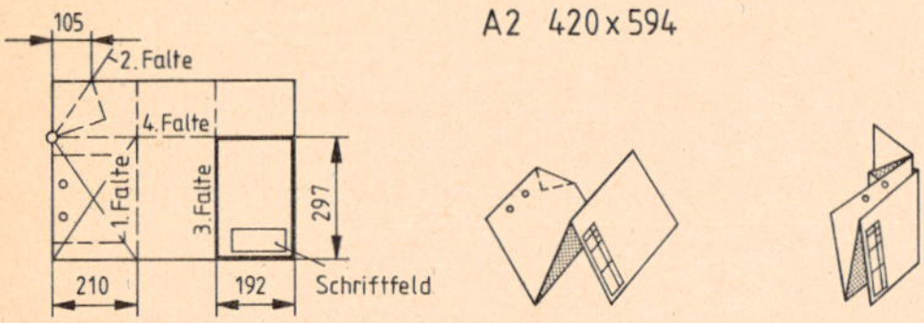

1. Falte: Linken Streifen (210 mm breit) nach rechts einschlagen.

2. Falte: Dreieck in 297 mm Höhe bei 105 mm Breite nach links umlegen.

3. Falte: Rechten Streifen (192 mm breit) nach rückwärts einschlagen.

4. Falte: Faltpaket in 297 mm Höhe nach rückwärts einschlagen.

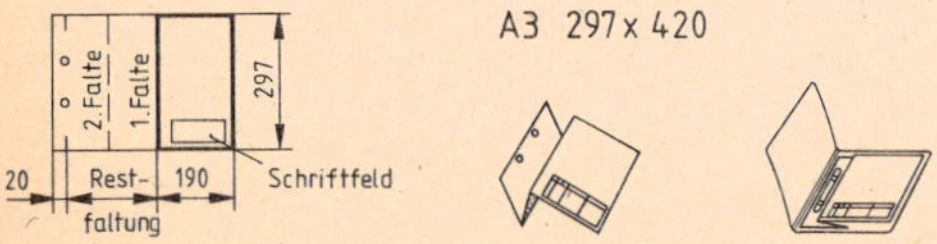

1. Falte: Rechten Streifen (190 mm breit) nach rückwärts einschlagen.

2. Falte: Restblatt so falten, daß Kante von 1. Falte vom linken Blattrand einen Abstand von 20 mm hat.

Grundschriftfeld für Zeichnungen

DIN 6771 T 1 (12.70)

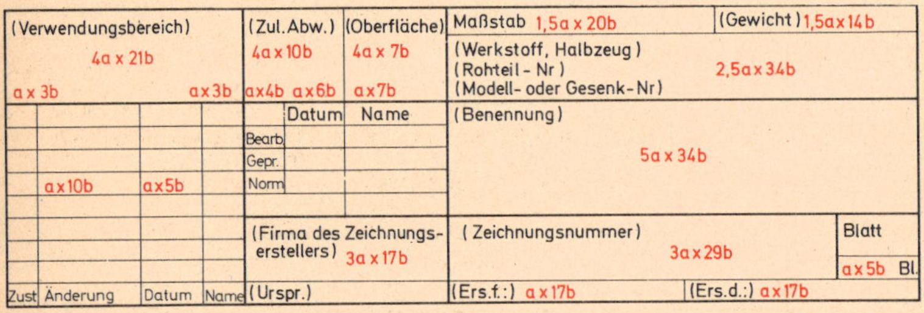

(Verwendungsbereich) 4a x 21b
a x 3b
a x 3b
(Zul. Abw.) 4a x 10b
(Oberfläche) 4a x 7b
ax4b
ax6b
ax7b
Maßstab 1,5a x 20b
(Gewicht) 1,5a x 14b
(Werkstoff, Halbzeug)
(Rohteil - Nr)
(Modell- oder Gesenk-Nr)
2,5a x 34b
Datum
Name
Bearb.
Gepr.
Norm
(Benennung)
5a x 34b
a x 10b
a x 5b
(Firma des Zeichnungs-erstellers) 3a x 17b
(Zeichnungsnummer) 3a x 29b
Blatt
a x 5b Bl.
Zust.
Änderung
Datum
Name
(Urspr.)
(Ers.f.:) a x 17b
(Ers.d.:) a x 17b

A 4 bis A 0	
Schriftfeldgröße 187,2 x 55,25	
b	a
2,6	4,25
Breite in mm	Höhe in mm

Stückliste (Form A)

DIN 6771 T 2 (9.75)

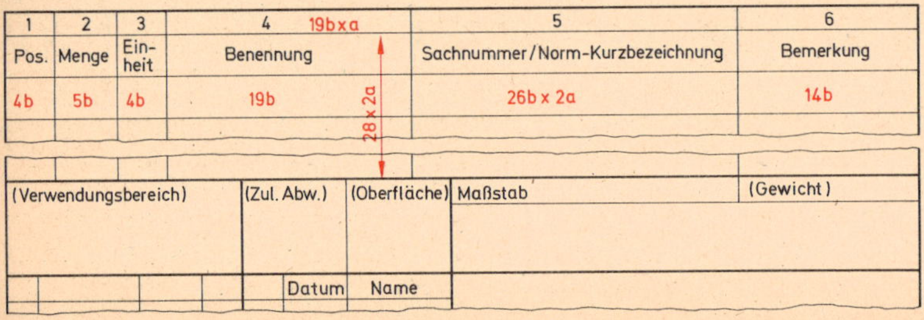

1
2
3
4 19b x a
5
6
Pos.
Menge
Ein-heit
Benennung
Sachnummer / Norm-Kurzbezeichnung
Bemerkung
4b
5b
4b
19b
28 x 2a
26b x 2a
14b
(Verwendungsbereich)
(Zul. Abw.)
(Oberfläche)
Maßstab
(Gewicht)
Datum
Name

Die Stückliste Form A (DIN-Format A4 hoch) besteht aus dem Grundschriftfeld und einem darüber angeordneten Stücklistenfeld (a = 4,25 mm; b = 2,6 mm).

Maßstäbe, vereinfachte Darstellungen

Maßstäbe

DIN ISO 5455 (12.79)

Natürlicher Maßstab	Verkleinerungsmaßstäbe	Vergrößerungsmaßstäbe
1 : 1	1 : 2 1 : 20 1 : 200 1 : 2000 1 : 5 1 : 50 1 : 500 1 : 5000 1 : 10 1 : 100 1 : 1000 1 : 10000	2 : 1 5 : 1 10 : 1 20 : 1 50 : 1

Der in der Zeichnung verwendete Maßstab wird in das Schriftfeld der Zeichnung eingetragen. Werden mehrere Maßstäbe verwendet, so sollte der Hauptmaßstab in das Schriftfeld eingetragen werden und alle anderen Maßstäbe sollten in die Nähe der Positionsnummer bzw. der bezüglichen Einzelheit des betreffenden Teiles kommen.

Vereinfachte Darstellungen in Zeichnungen

DIN 30 (12.70)

vereinfachte Schnittdarstellung	weiter vereinfacht	vereinfachte Draufsicht	weiter vereinfacht

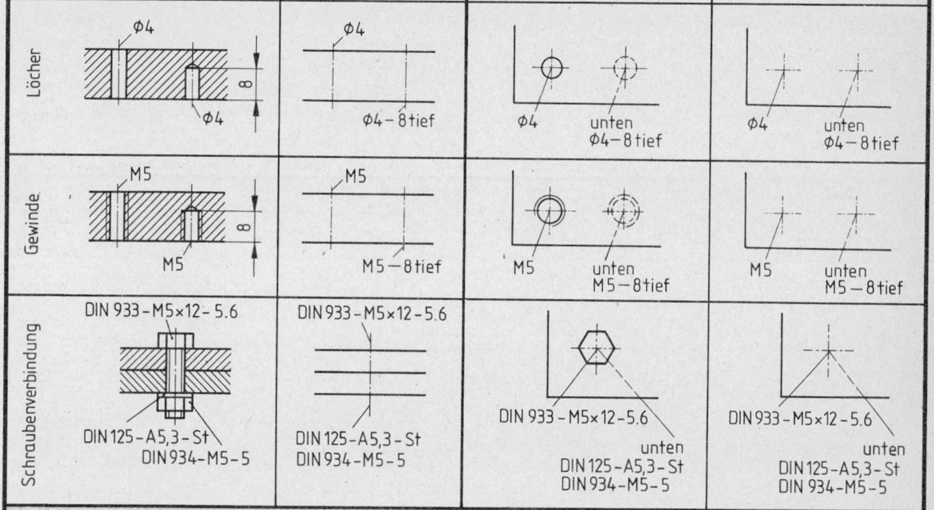

Zeichnungsangabe bei Zentrierbohrungen

DIN 332 T10 (12.83)

Zentrierbohrung **muß** am Fertigteil verbleiben	Zentrierbohrung **darf** am Fertigteil verbleiben	Zentrierbohrung **darf nicht** am Fertigteil verbleiben.

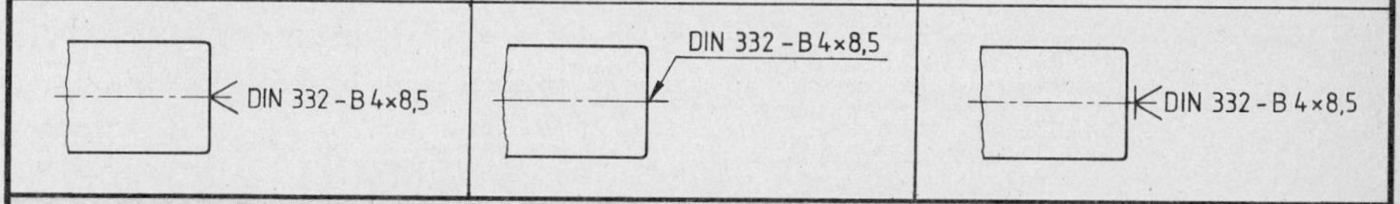

Kennzeichnung von Werkstoffen

DIN 201 (2.53)

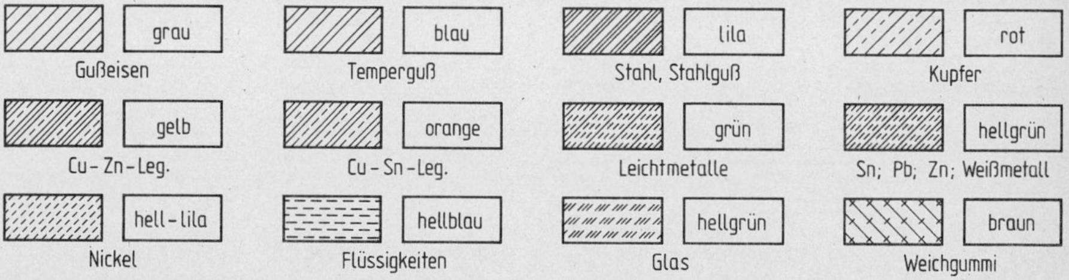

Normschrift, Gewindefreistiche

Beschriftung, Schriftzeichen (Schriftform B, v) — DIN 6776 T1 (4.76)

äabcdefghijklmnöpqrstüvwxyzßØ□
[(&?!";-=+x·: √ %)] 1234567 7890 IV X
ÄBCDEFGHIJKLMNÖPQRSTÜVWXYZ

In Deutschland sind die Zeichen a und 7 zu bevorzugen.

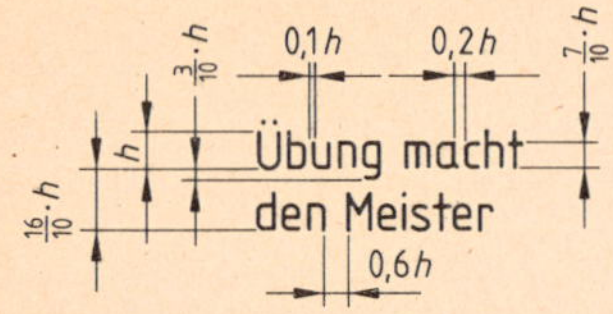

Schriftgröße *h* in mm DIN 6776	2,5	3,5	5	7	10	14	20

Die Beschriftung nach DIN 6776 (ISO 3098) kann nach der Schriftform A (Engschrift) oder nach der Schriftform B (Mittelschrift) erfolgen. Schriftform A hat eine Linienbreite von $\frac{1}{14}$mal der Schriftgröße h und Schriftform B hat eine Linienbreite von $\frac{1}{10}$mal h. DIN 6776 darf senkrecht (v = vertikal) oder unter 15 Grad nach rechts geneigt (*k* = kursiv) geschrieben werden. Die Kleinbuchstaben müssen mindestens 2,5 mm hoch geschrieben werden.

Gewindeausläufe und Gewindefreistiche für Metrische ISO-Gewinde — DIN 76 T1 (12.83)

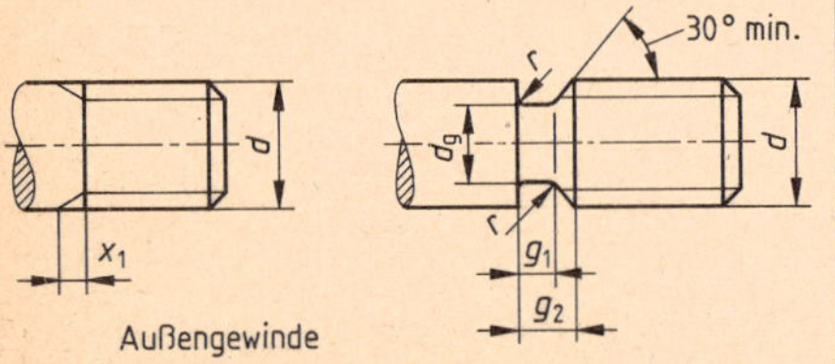

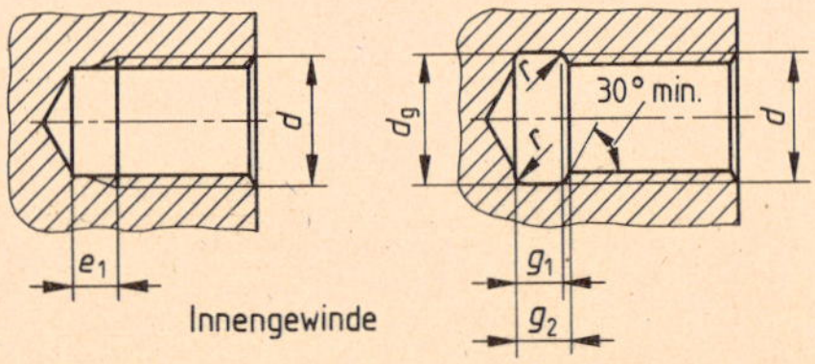

Maße für Außengewinde (Form A ≙ Regelfall)

d	M1	M2	M3	M4	M5	M6	M8	M10	M12	M14 M16	M18 M20	M24 M27	M30 M33	M36 M39	M42 M45	M48 M52	M56 M60	M64 M68
P	0,25	0,4	0,5	0,7	0,8	1	1,25	1,5	1,75	2	2,5	3	3,5	4	4,5	5	5,5	6
x_1 max.	0,6	1	1,25	1,75	2	2,5	3,2	3,8	4,3	5	6,3	7,5	9	10	11	12,5	14	15
d_g h13	0,6	1,3	2,2	2,9	3,7	4,4	6	7,7	9,4	11 13	14,4 16,4	19,6 22,6	25 28	30,3 33,3	35,6 38,6	41 45	48,3 52,3	55,7 59,7
g_1 min.	0,55	0,8	1,1	1,5	1,7	2,1	2,7	3,2	3,9	4,5	5,6	6,7	7,7	9	10,5	11,5	12,5	14
g_2 max.	0,9	1,4	1,75	2,45	2,8	3,5	4,4	5,2	6,1	7	8,7	10,5	12	14	16	17,5	19	21
r	0,12	0,2	0,2	0,4	0,4	0,6	0,6	0,8	1	1	1,2	1,6	1,6	2	2	2,5	3,2	3,2

Maße für Innengewinde (Form A ≙ Regelfall)

d	M1	M2	M3	M4	M5	M6	M8	M10	M12	M14 M16	M18 M20	M24 M27	M30 M33	M36 M39	M42 M45	M48 M52	M56 M60	M64 M68
P	0,25	0,4	0,5	0,7	0,8	1	1,25	1,5	1,75	2	2,5	3	3,5	4	4,5	5	5,5	6
e_1 min.	1,5	2,3	2,8	3,8	4,2	5,1	6,2	7,3	8,3	9,3	11,2	13,1	15,2	16,8	18,4	20,8	22,4	24
d_g H13	1,1	2,2	3,3	4,3	5,3	6,5	8,5	10,5	12,5	14,5 16,5	18,5 20,5	24,5 27,5	30,5 33,5	36,5 39,5	42,5 45,5	48,5 52,5	56,5 60,5	64,5 68,5
g_1 min.	1	1,6	2	2,8	3,2	4	5	6	7	8	10	12	14	16	18	20	22	24
g_2 max.	1,4	2,2	2,7	3,8	4,2	5,2	6,7	7,8	9,1	10,3	13	15,2	17,7	20	23	26	28	30
r	0,12	0,2	0,2	0,4	0,4	0,6	0,6	0,8	1	1	1,2	1,6	1,6	2	2	2,5	3,2	3,2

Freistiche, Zeichnungen

Freistiche

DIN 509 (8.66)

Form E für Werkstücke mit **einer** Bearbeitungsfläche. (Der Durchmesser eines Drehkörpers mit Bearbeitungszugabe „z" ist gleich $d_1 + 2z$).

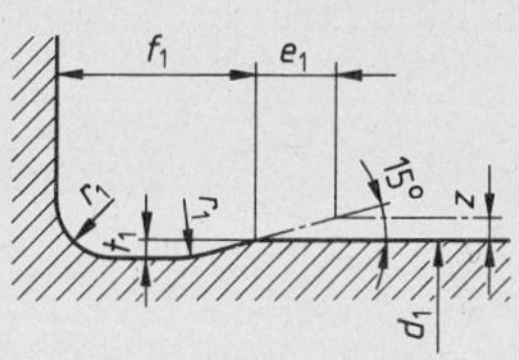

Form F für Werkstücke mit **zwei** rechtwinklig zueinanderstehenden Bearbeitungsflächen. (z = Bearbeitungszugabe; d_1 = Fertigmaß)

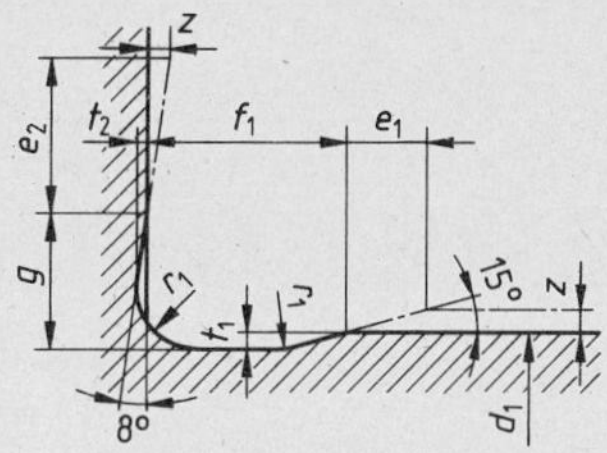

Senkung am Gegenstück (für Freistiche der Formen E und F)

d_1 = Fertigmaß
a = Kleinstmaß

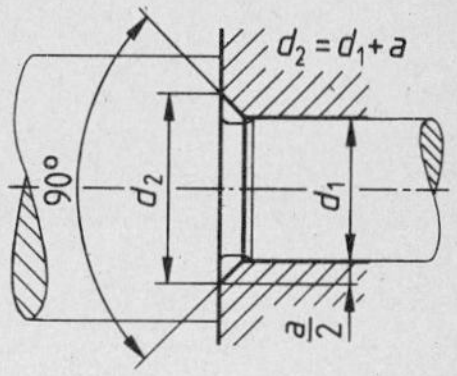

Bezeichnung eines Freistiches Form E vom Halbmesser r_1 = 0,6 mm und Tiefe t_1 = 0,2 mm:
Freistich DIN 509 E 0,6 x 0,2

r_1 in mm	t_1 in mm +0,1	f_1 in mm	g in mm ≈	t_2 in mm +0,05	a Kleinstmaß in mm Form E	F	nachformbar	empfohlene Zuordnung zum Durchmesser d_1 (mm) für Werkstücke: mit üblicher Beanspruchung	mit erhöhter Wechselfestigkeit
0,1	0,1	0,5	0,8	0,1	0	0	nein	bis 1,6	–
0,2	0,1	1	0,9	0,1	0,2	0		über 1,6 bis 3	
0,4	0,2	2	1,1	0,1	0,4	0		über 3 bis 10	
0,6	0,2	2	1,4	0,1	0,8	0,2	ja	über 10 bis 18	–
0,6	0,3	2,5	2,1	0,2	0,6	0		über 18 bis 80	
1	0,4	4	3,2	0,3	1,2	0		über 80	
1	0,2	2,5	1,8	0,1	1,6	0,8	ja	–	über 18 bis 50
1,6	0,3	4	3,1	0,2	2,6	1,1			über 50 bis 80
2,5	0,4	5	4,8	0,3	4,2	1,9			über 80 bis 125
4	0,5	7	6,4	0,3	7	4,0			über 125

z in mm	e_1 in mm	e_2 in mm
0,1	0,37	0,71
0,15	0,56	1,07
0,2	0,75	1,42
0,25	0,93	1,78
0,3	1,12	2,14
0,4	1,49	2,85
0,5	1,87	3,56
0,6	2,24	4,27
0,7	2,61	4,98
0,8	2,99	5,69
0,9	3,36	6,40
1,0	3,73	7,12

Bildliche Darstellung

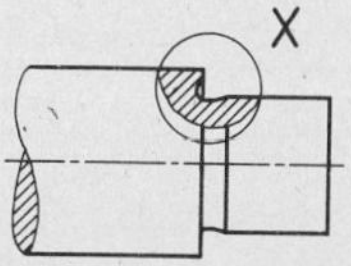

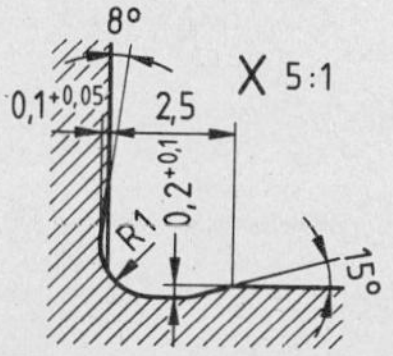

Sinnbildliche Darstellung

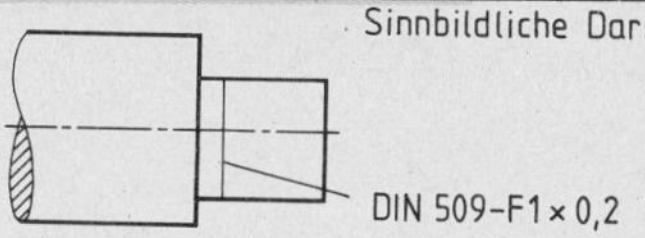

Dargestellt ist bildlich und sinnbildlich (vereinfacht) ein Freistich Form F vom Halbmesser r_1 = 1 mm und einer Tiefe t_1 = 0,2 mm.

Begriffe im Zeichnungswesen

DIN 199 T 1 (5.84)

Benennung	Definition und Erklärung
Technische Zeichnung	Eine Technische Zeichnung ist eine aus Linien bestehende bildliche Darstellung, die für technische Zwecke verwendet wird.
Diagramm	Ein Diagramm ist eine Zeichnung, in der Zahlenwerte oder funktionale Zusammenhänge in einem Koordinatensystem dargestellt sind.
Skizze	Eine Skizze ist eine nicht unbedingt maßstäbliche, vorwiegend freihändig erstellte Zeichnung.
Konstruktions-Zeichnung	Eine Konstruktions-Zeichnung ist eine Technische Zeichnung, die einen Gegenstand in seinem vorgesehenen Endzustand darstellt.
Gesamt-Zeichnung	Alle Zeichnungen, die eine Anlage, ein Bauwerk, eine Maschine oder ein Gerät in zusammengebautem Zustand oder auch als Explosionsdarstellung zeigen, bezeichnet man als Gesamt-Zeichnungen.
Gruppen-Zeichnung	Eine Gruppen-Zeichnung ist eine maßstäbliche Technische Zeichnung, die die räumliche Lage und die Form der zu einer Gruppe zusammengefaßten Teile darstellt.

Darstellungen in Zeichnungen

Isometrische Projektion — DIN 5 T 1 (12.70)

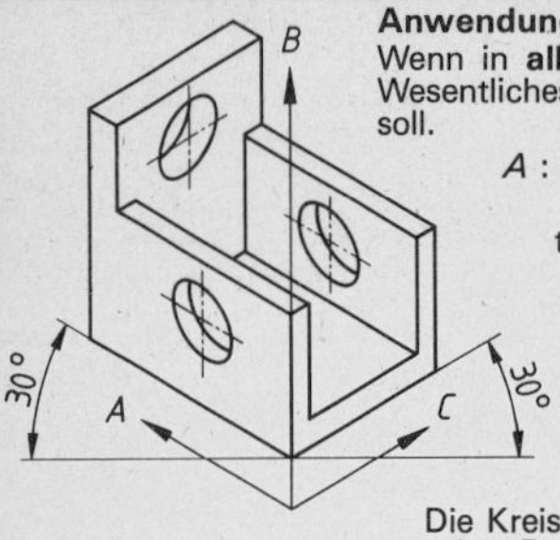

Anwendung:
Wenn in **allen 3 Ansichten** Wesentliches gezeigt werden soll.

$A : B : C = 1 : 1 : 1$

$\tan 30° \approx \frac{57{,}7}{100}$

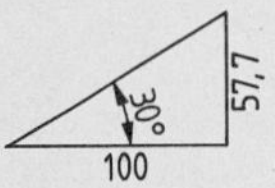

Die Kreise bei der isometrischen Projektion erscheinen in allen drei Ansichten als Ellipsen. Die Näherungskonstruktion dieser Ellipsen ist in der Vorderansicht, Seitenansicht und Draufsicht gleich und geschieht wie folgt:

1. Rhombus halbieren (Schnittpunkte M und N)
2. Verbindungslinien von M nach 1 und 2 ziehen (Schnittpunkte 3 und 4)
3. Kreisbogen mit Radius R um 1 und 2 von N nach M
4. Kreisbogen mit Radius r um 3 und 4 von M nach N

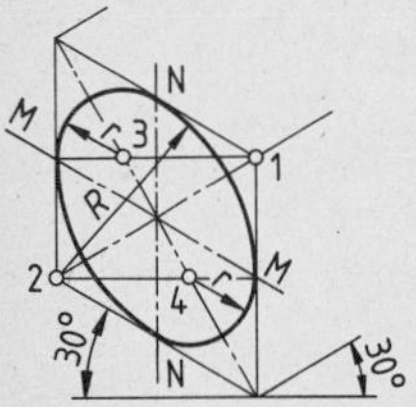

Dimetrische Projektion — DIN 5 T 2 (12.70)

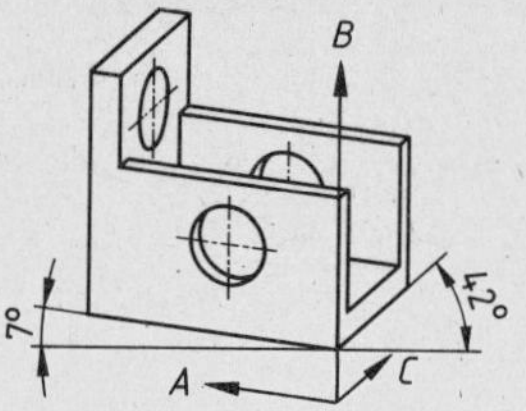

Anwendung:
Wenn in der **Vorderansicht** Wesentliches gezeigt werden soll.
Abmessungen in den Richtungen $A : B = 1 : 1$ oder Maßstabsgröße. In Richtung $C = \frac{1}{2}$ Maßstabsgröße.

$\tan 7° \approx \frac{12{,}5}{100}$

$\tan 42° = \frac{90}{100}$

Bei der dimetrischen Projektion kann die Ellipse in der Vorderansicht angenähert als Kreis gezeichnet werden. Die Näherungskonstruktion der Ellipsen ist in der Seitenansicht bzw. Draufsicht gleich und geschieht wie folgt:

1. Kreis mit Radius r (r = halbe Breite der Seitenansicht bzw. Draufsicht) zeichnen.
2. Halbe Höhe H mit beliebiger Zahl teilen (Felder 1, 2 und 3)
3. Halben Kreis mit der gleichen Teilzahl wie bei H senkrecht teilen (Felder 1, 2 und 3)
4. Aus dem Kreis die Strecken a, b usw. in die Seitenansicht bzw. Draufsicht der Perspektive übertragen

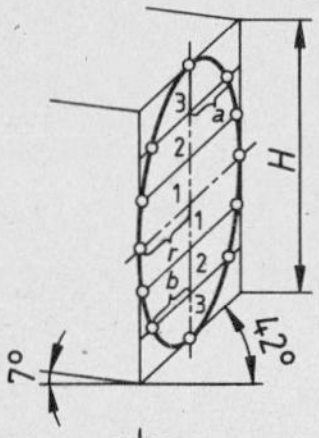

Die isometrische und die dimetrische Projektion werden auch als axonometrische Projektionen bezeichnet. Die Kavalierperspektive (unter 0 Grad und 45 Grad) ist nach DIN noch nicht genormt.

Anordnung der Ansichten — DIN 6 (3.68); DIN 6 Entw. (5.83)

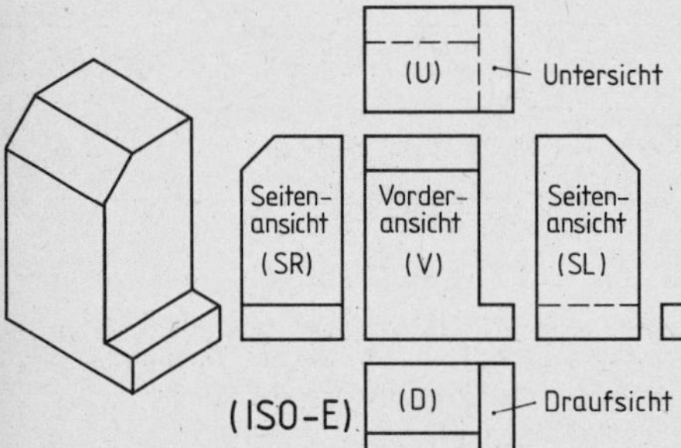

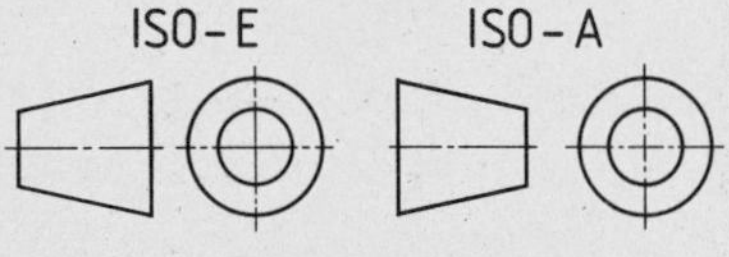

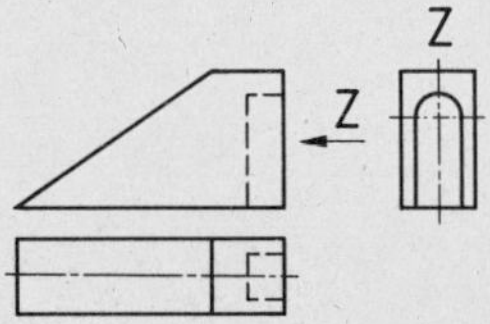

Es sind nur soviele Ansichten darzustellen, wie zum eindeutigen Erkennen und Bemaßen eines Gegenstandes erforderlich sind. Das Darstellen von verdeckten Kanten ist möglichst zu vermeiden. Falls es erforderlich ist, die angewendete Methode (Darstellung) in einer Zeichnung zu kennzeichnen, so ist das in Betracht kommende Zeichen (z. B. ISO-A) einzutragen. ISO-A bedeutet amerikanische Klappmethode (Seite 79). Meist wird ISO-E (europäische Klappmethode) angewandt. Nach DIN 6 Entwurf (5.83) wird die Methode E (ISO-E) als „Projektionsmethode im ersten Quadranten" und ISO-A als „Projektionsmethode im dritten Quadranten" (Seite 79) bezeichnet.

Muß von einer Darstellungsregel abgewichen werden, so wird die Blickrichtung mit einem Großbuchstaben (letzte des Alphabetes) und einem Pfeil angedeutet (**DIN 6 Entwurf**: Anfangsbuchstaben des Alphabetes).

Die in DIN 6 Entwurf (5.83) verwendeten Linien entsprechen DIN 15 (Seite 78).

Darstellungen in Zeichnungen

Schnittdarstellungen

DIN 6 (3.68); DIN 6 Entw. (5.83)

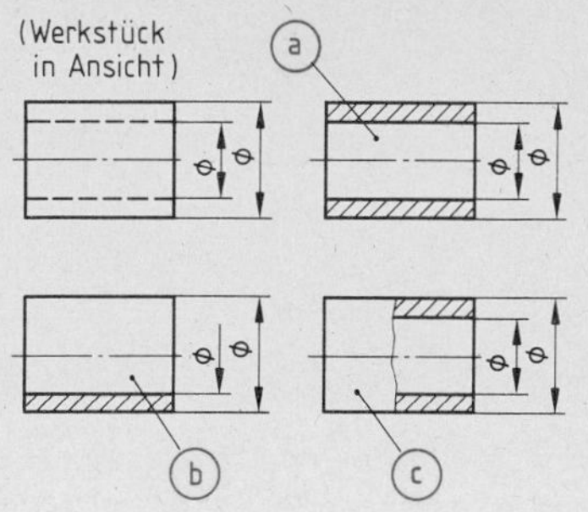

Schnittzeichnungen werden angewandt, wenn man das Innere von Werkstücken sichtbar darstellen möchte. Nach Umfang und Lage des Schnittes unterscheidet man:

ⓐ **Vollschnitt:** Hier denkt man sich die vordere Werkstückhälfte herausgeschnitten; es wird nur die hintere Hälfte gezeichnet.

ⓑ **Halbschnitt:** Hier denkt man sich ein Viertel des Werkstückes herausgeschnitten.

ⓒ **Teilschnitt:** Hier sieht man nur einen Teil des Werkstückes (sog. Ausbruch) im Schnitt.

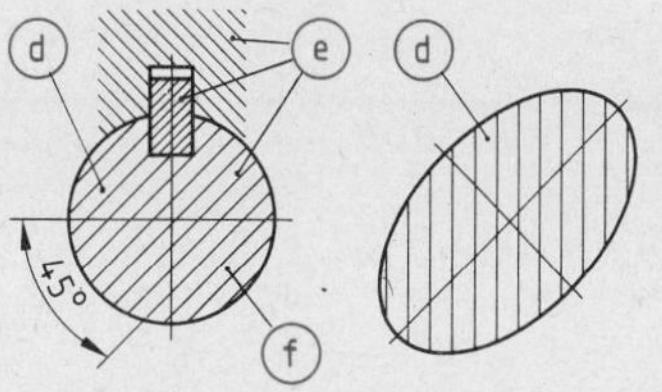

ⓓ Bei der Schraffur sind parallele schmale Vollinien (DIN 15-B) unter 45° zur Achse (Mittellinie) oder zu den Hauptumrissen (Körperkanten) zu zeichnen. Alle Schnittflächen desselben Teiles in einer oder mehreren Ansichten sind in gleicher Richtung zu schraffieren. Für Maßzahlen, Beschriftung und Oberflächenangaben ist die Schraffur zu unterbrechen.

ⓔ Aneinanderstoßende Werkstücke erhalten entgegengesetzt gerichtete oder verschieden weite Schraffur.

ⓕ Der Schraffurlinienabstand ist umso größer, je größer die Schnittfläche ist.

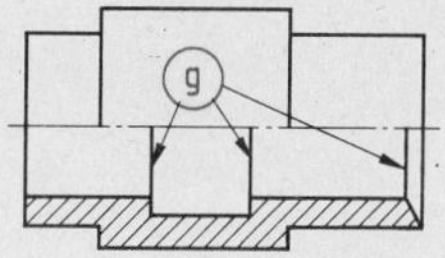

ⓖ Umlaufkanten, die durch den Schnitt sichtbar geworden sind, werden eingezeichnet. Verdeckte (nicht sichtbare) Kanten sind im Schnitt nur dann zu zeichnen, wenn sie zum Verständnis der Darstellung unbedingt erforderlich sind.

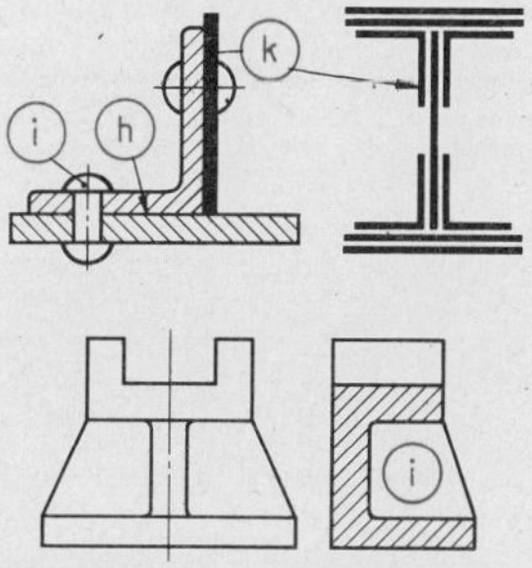

ⓗ Trennfugen sind als Kanten zu zeichnen.

ⓘ Vollkörper einfacher Form werden im Längs-Vollschnitt nicht dargestellt, z. B. Niete, Rippen, Bolzen, Stifte, Wellen, Arme, Rollen, Schrauben, Kugeln, Muttern.

ⓚ Schmale Schnittflächen dürfen voll geschwärzt werden. Stoßen geschwärzte Schnittflächen aneinander, so sind sie mit einem Mindestabstand von 0,5 mm darzustellen.

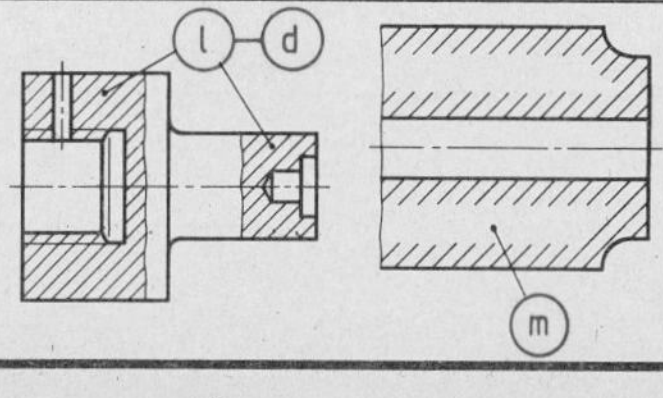

ⓛ Teilschnitte (Ausbrüche) werden durch Freihandlinien begrenzt (**DIN 6 Entwurf:** Freihandlinie DIN 15-C oder als Zickzacklinie DIN 15-D). Freihandlinien dürfen nicht mit Körperkanten zusammenfallen.

ⓜ Bei großen Schnittflächen kann die Schraffur auf die Randzone beschränkt bleiben.

Darstellungen in Zeichnungen

Schnittdarstellungen	DIN 6 (3.68); DIN 6 Entw. (5.83)
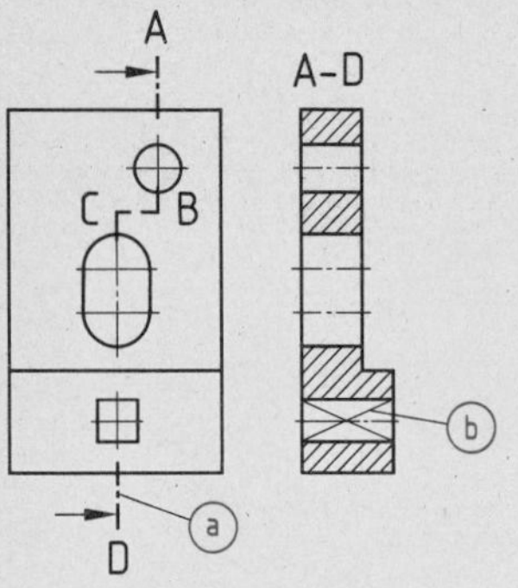	ⓐ Ist der Schnittverlauf nicht ohne weiteres ersichtlich, so ist er durch breite Strichpunktlinien zu kennzeichnen (**DIN 6 Entwurf:** Schnittlinie DIN 15-J). Die Blickrichtung auf den Schnitt wird durch Pfeile angedeutet; sie sind 1,5mal Maßpfeilgröße lang. Buchstaben sind nur erforderlich, wenn die Übersicht dadurch verbessert wird. Die Bezeichnung durch gleiche Buchstaben (z. B. A — A) ist nach **DIN 6 Entwurf** zu bevorzugen. ⓑ Das Diagonalkreuz (schmale Vollinie) kennzeichnet ebene Flächen. Wenn Seitenansicht oder Draufsicht fehlen, muß das Diagonalkreuz angewendet werden. Das Diagonalkreuz ist aber auch bei Vorhandensein zweier oder mehrerer Ansichten zulässig.
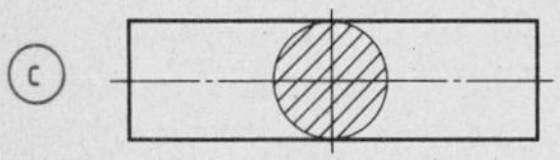	ⓒ Schnittflächen können innerhalb des Bildes in die Zeichenebene geklappt werden und sind in schmalen Vollinien (DIN 15-B) darzustellen.
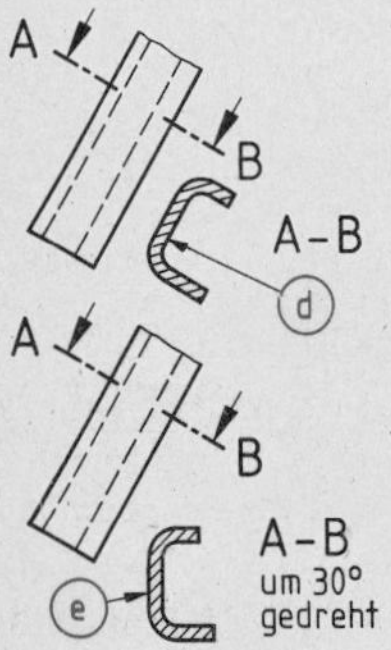	ⓓ Der Schnitt an einem Werkstück kann an beliebiger Stelle angeordnet werden, jedoch möglichst in projektionsgerechter Lage. ⓔ Wird der Schnitt in einer anderen Lage dargestellt, so ist der Winkel anzugeben, um den er gedreht ist.
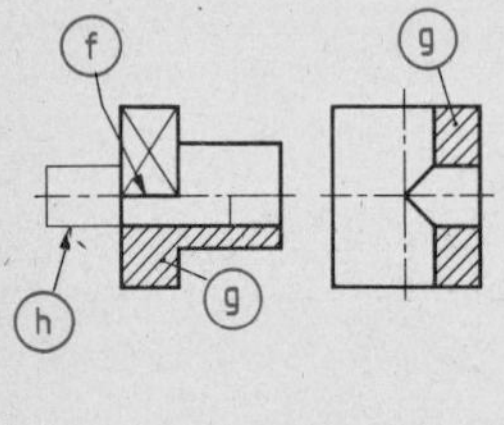	ⓕ Fällt bei einem Schnitt eine Körperkante auf die Mittellinie, so ist sie wie bei den Ansichten darzustellen. ⓖ Vorzugsweise werden Halbschnitte bei waagrechter Mittellinie unterhalb dieser und bei senkrechter Mittellinie rechts von dieser angeordnet. ⓗ Bei der Darstellung benachbarter Teile sind deren Umrisse in schmalen Vollinien zu zeichnen (**DIN 6 Entwurf:** schmale Strich-Zweipunktlinien DIN 15-K).
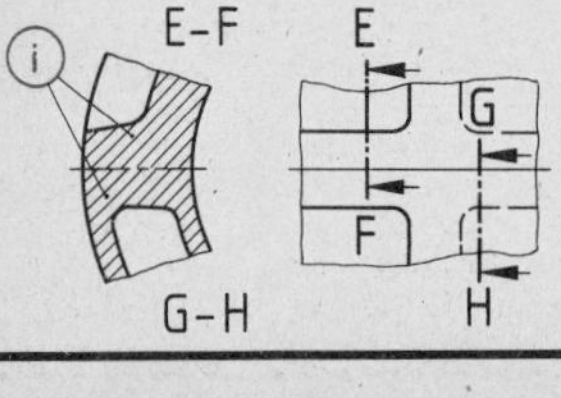	ⓘ Liegen zwei parallele Schnittebenen eines Teiles getrennt voneinander und werden die Schnittflächen angrenzend dargestellt, so sind die Schraffurlinien versetzt zu zeichnen.

Darstellungen in Zeichnungen

Schnittdarstellungen, Bruchlinien

DIN 6 (3.68); DIN 6 Entw. (5.83)

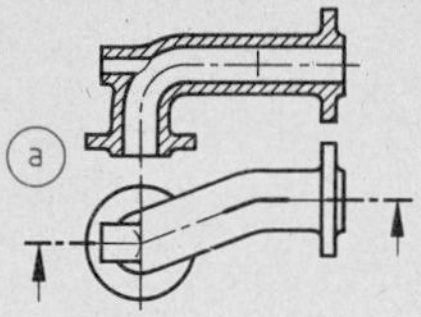

ⓐ Liegt der Schnittverlauf in zwei parallelen und in einer dazu schräg liegenden Ebene, so wird die schräg liegende Fläche verkürzt, d.h. als Projektion, dargestellt.

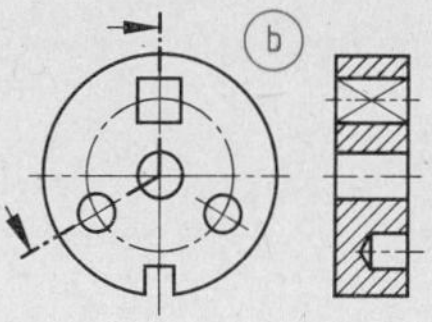

ⓑ Stehen zwei Schnittebenen in einem Winkel zueinander, so wird der Schnitt gezeichnet, als lägen die Schnittflächen in einer Ebene, d.h. die Ebene des einen Schnittes wird in die Ebene des anderen geklappt.

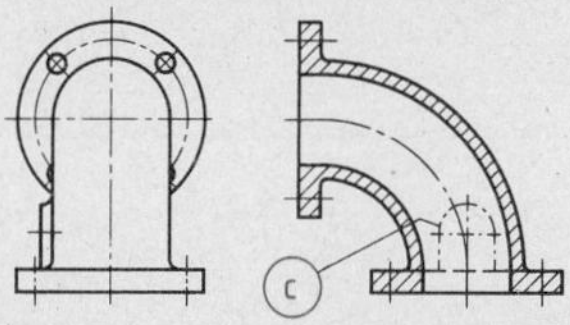

ⓒ Sollen Einzelheiten, die vor der Schnittebene liegen, dargestellt werden, so geschieht dies durch schmale Strichpunktlinien (**DIN 6 Entwurf**: schmale Strich-Zweipunktlinien DIN 15-K).

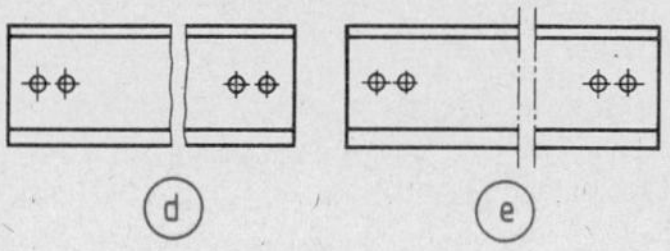

ⓓ Der Bruch flacher Werkstücke wird durch eine Freihandlinie dargestellt (**DIN 6 Entwurf**: Freihandlinie DIN 15-C oder Zickzacklinie DIN 15-D).

ⓔ Im Stahlbau können als Bruchlinien auch schmale Strichpunktlinien verwendet werden.

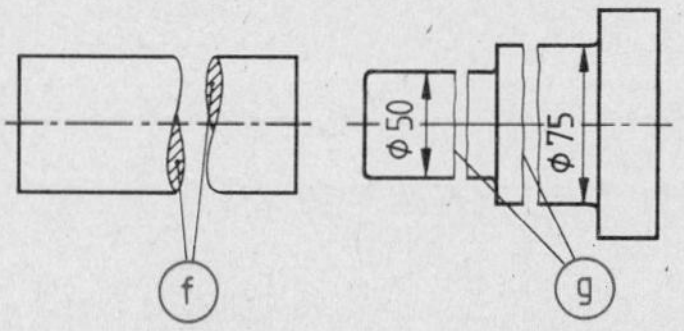

ⓕ Bei Rundkörpern sind Bruchschleifen zu zeichnen; einmal oben und einmal unten.

ⓖ Wenn keine Mißverständnisse entstehen können, besonders wenn man aus der Bemaßung oder aus der Seitenansicht auf einen Rundkörper schließen kann, darf auf Bruchschleifen verzichtet werden.

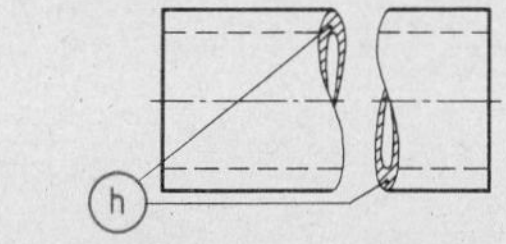

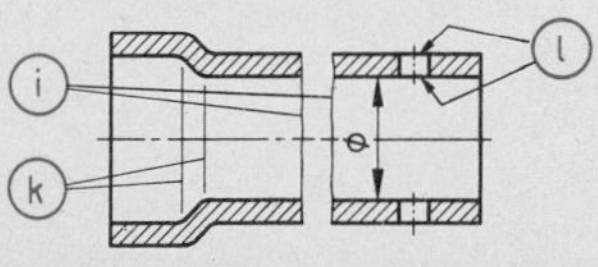

ⓗ Hohle Rundkörper erhalten Doppelbruchschleifen; Ausnahme wie bei „g".

ⓘ Der Bruch geschnittener hohler Rundkörper wird durch eine Freihandlinie begrenzt.

ⓚ Gerundete Übergänge und Kanten können durch schmale Vollinien (Lichtkanten), die vor den Körperkanten enden, dargestellt werden.

ⓛ Bei Durchdringungen von Zylindern, deren Durchmesser sich wesentlich unterscheiden, kann auf flach verlaufende Durchdringungskurven verzichtet werden.

Bruchlinien, Besondere Darstellungen

DIN 6 (3.68); DIN 6 Entw. (5.83)

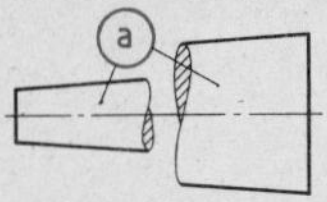	ⓐ Spitzkörper sind in abgebrochener Darstellung zusammengeschoben zu zeichnen.
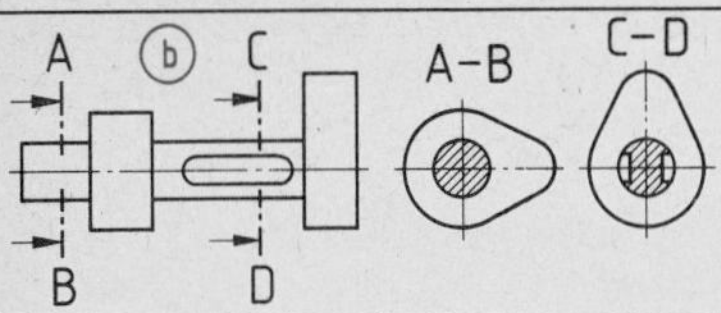	ⓑ Wenn es erforderlich ist, können durch ein Bauteil (Welle) mehrere Schnitte vereinfacht gelegt werden.
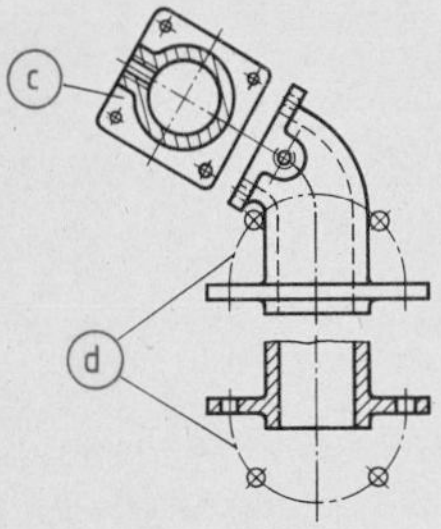	ⓒ Ungünstige Projektionen (Verkürzungen) können vermieden werden, wenn schräg liegende Werkstückteile in die Zeichenebene geklappt werden. ⓓ Lochkreise können in die Zeichenebene geklappt werden, wenn diese Darstellung genügt. Flanschlöcher sind in die Schnittebene zu drehen.
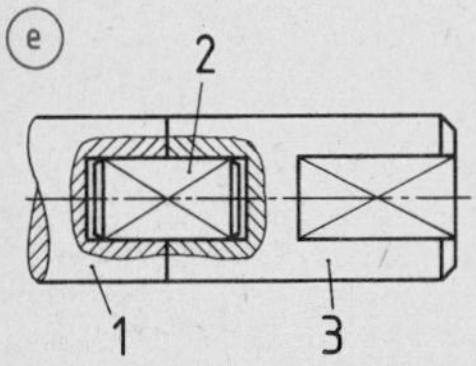	ⓔ Für Teilbezeichnungen in Gesamtzeichnungen sind immer Zahlen (Positionsnummern nach DIN ISO 6433; 9.82) anzuwenden. Positionsnummern werden etwa doppelt so groß wie die Maßzahlen neben das Teil gesetzt. Es empfiehlt sich, die Positions-Nr. im Uhrzeigersinn anzuordnen.
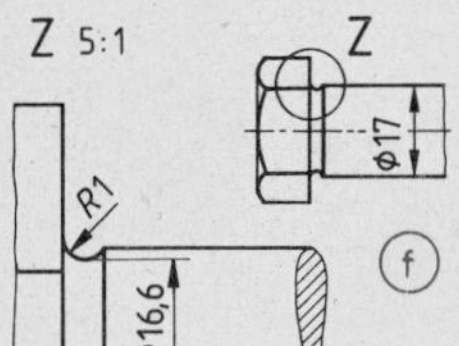	ⓕ Sofern Einzelheiten nicht deutlich dargestellt und bemaßt werden können, werden sie im vergrößerten Maßstab herausgezeichnet. Dieser Maßstab muß stets angegeben werden. Um die herauszuzeichnende Stelle wird ein Kreis mit schmaler Vollinie (DIN 15-B) gezogen. Der Kreis wird mit einem Großbuchstaben (1,5mal Maßzahlgröße) gekennzeichnet. Empfohlen wird, die letzten Buchstaben des Alphabetes zu wählen.
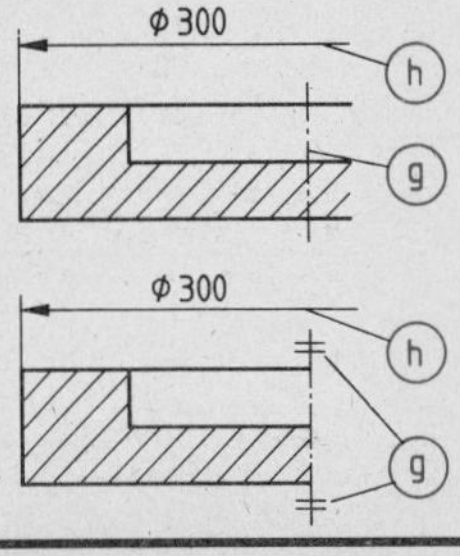	ⓖ Symmetrische Teile können vereinfacht dargestellt werden. Zwei kurze, parallele Striche (DIN 15-B) kennzeichnen die Symmetrielinie. ⓗ Bei Ansichten oder Schnitten, welche bis zur Mittellinie gezeichnet werden, müssen die Maßlinien nach DIN 406 etwas über die Mittellinie hinaus gezeichnet werden. Die Maßlinien erhalten dann nur eine Maßlinienbegrenzung (z. B. einen Maßpfeil).

Maßeintragung in Zeichnungen

DIN 406 T2 (8.81)

Linien, Maßlinienbegrenzung, Beschriftung

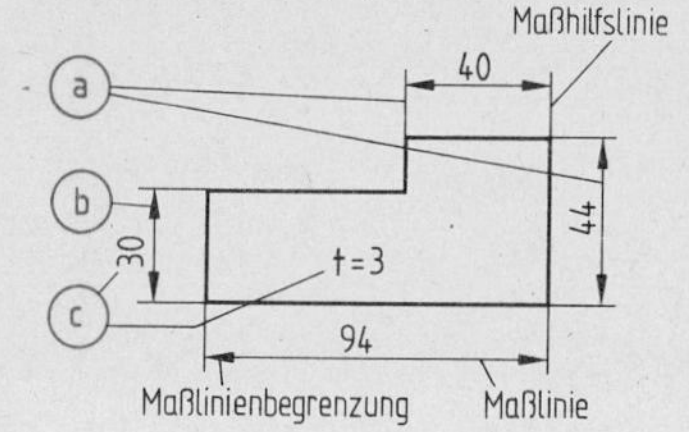

ⓐ Maßlinien und Maßhilfslinien sind schmale Vollinien. Die Maßlinien sollen mindestens 10 mm von den Körperkanten entfernt liegen. Parallele Maßlinien sollen voneinander mindestens 7 mm Abstand haben.

ⓑ Als Maßlinienbegrenzung verwendet man: Maßpfeile oder Schrägstriche oder Punkte. Für jede Zeichnung soll nur eine Art der Maßlinienbegrenzung angewandt werden.

ⓒ Maßzahlen sind in Normschrift (bevorzugt DIN 6776, B, v) zu schreiben. Höhe der Zahlen innerhalb einer Darstellung möglichst gleichbleibend (nicht kleiner als 3,5 mm). Die Maßzahlen sollen von unten oder von rechts lesbar sein, wenn die Zeichnung in ihrer Leserichtung (≙ Leserichtung des Schriftfeldes; siehe Seite 75) gehalten wird. Sind mm gemeint, so schreibt man nur die Maßzahl ohne Einheit. Die Maßzahlen sind in der Längsrichtung der Maßlinie zu schreiben. Die Werkstückdicke wird durch „t" gekennzeichnet („**t**" = **t**hick ≙ dick).

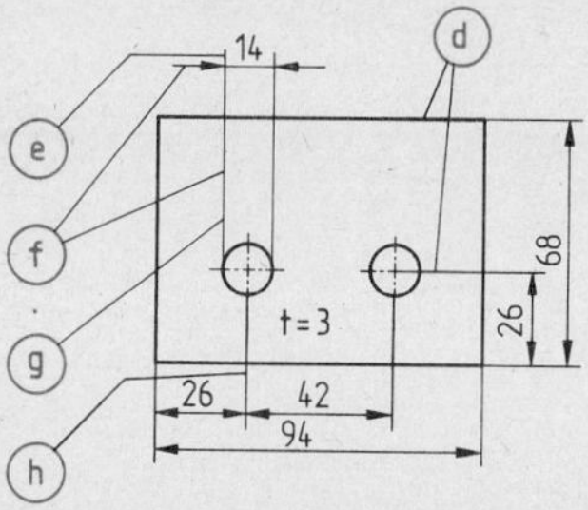

ⓓ Mittellinien und Kanten dürfen nicht als Maßlinien benützt werden.

ⓔ Maßhilfslinien ragen 1 bis 2 mm über die Maßlinie hinaus; sie dürfen nicht von einer Ansicht zur anderen durchgezogen werden.

ⓕ Maß- und Maßhilfslinien sollen andere Linien so wenig wie möglich schneiden.

ⓖ Maßhilfslinien stehen parallel zueinander und meistens unter 90° zur Maßlinie (ausnahmsweise 60°, wenn dadurch die Maßeintragung deutlicher wird; Seite 72, z. B. Maß ∅ 20).

ⓗ Mittellinien können als Maßhilfslinien benützt werden. Außerhalb der Körperkanten müssen sie als schmale Vollinien ausgezogen werden.

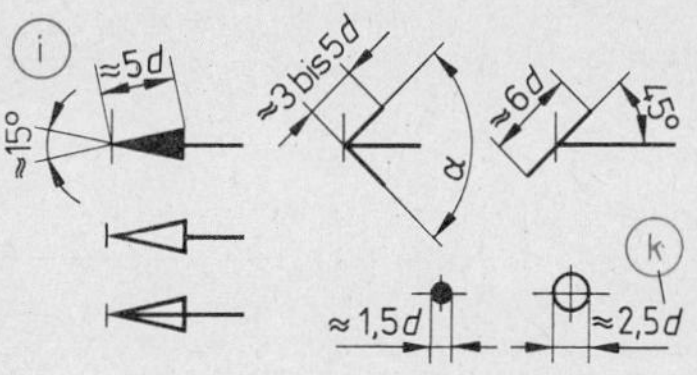

ⓘ Der **Maßpfeil** kann ausgefüllt oder nicht ausgefüllt oder offen sein (offen: α = 15° bis 90°). Der **Schrägstrich** verläuft in Leserichtung immer von links unten nach rechts oben. Der **Punkt** kann ausgefüllt oder nicht ausgefüllt sein; er darf nur bei Platzmangel angewandt werden. Bei Maßlinien am Kreisbogen (Radien, Durchmesser) muß der Maßpfeil verwendet werden.

ⓚ „d" ist die Linienbreite der breiten Vollinie (≙ Körperkante).

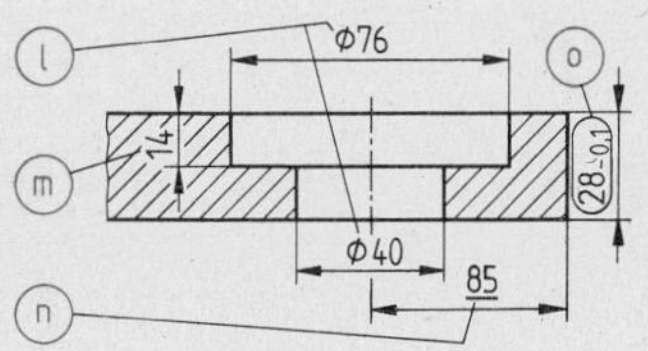

ⓛ Maßzahlen werden **über** der durchgezogenen Maßlinie geschrieben. Maßlinien dürfen nur dann durch Maßlücken unterbrochen werden, wenn dies aus Platzgründen erforderlich ist. Die Maßzahlen dürfen nicht durch Linien getrennt werden.

ⓜ Bei Maßzahlen in schraffierten Flächen wird die Schraffur unterbrochen.

ⓝ Maßzahlen für unmaßstäbliche Maße sind zu unterstreichen.

ⓞ Eingerahmte Maße werden vom Besteller (Empfänger) bei der Prüfung (Abnahme) besonders beachtet; siehe auch Seite 75.

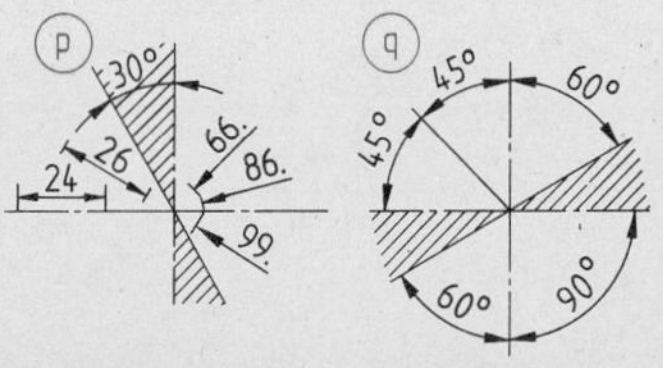

ⓟ Maße sollen möglichst nicht in die schraffiert angedeuteten Flächen (0...30°) eingetragen werden. Ist dies nicht zu vermeiden, so müssen sie von links (bezogen auf die Leserichtung der Zeichnung) lesbar sein. Maßzahlen, wie z. B. 6, 9, 66, 68, 86, erhalten hinter der Zahl einen Punkt, wenn Verwechslungen möglich wären.

ⓠ Winkelmaße sind so einzutragen, daß sie oberhalb der waagrechten Mittellinie zum Mittelpunkt hinzeigen, unterhalb der Mittellinie vom Mittelpunkt wegzeigen. Sind Winkelmaße in den schraffierten Flächen (30°) nicht zu vermeiden, so müssen sie von links lesbar sein.

Maßeintragung in Zeichnungen

DIN 406 T2 (8.81)

Quadrat, Kugel, Kegel, Durchmesser

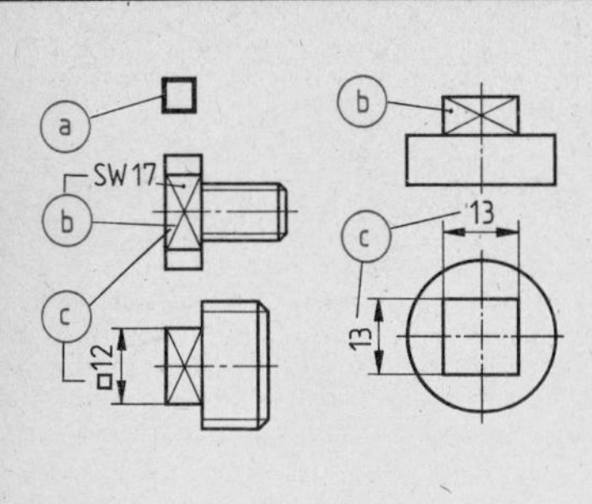

(a) Das *Quadratzeichen* ist ein Quadrat ohne Schrägstrich. Es ist auf gleicher Höhe vor die Maßzahl zu setzen. Die Größe des Quadrates ist gleich der Größe der Kleinbuchstaben (siehe DIN 6776 Teil 1).

(b) Mit *Diagonalkreuzen* (schmale Vollinien) können ebene vierseitige Flächen gekennzeichnet werden. Das Schlüsselweitezeichen SW kennzeichnet den Abstand von zwei parallelen gegenüberliegenden Flächen.

(c) Quadratzeichen und Diagonalkreuze müssen angewendet werden, wenn nur **eine** Ansicht vorhanden ist. Das Diagonalkreuz ist auch bei Vorhandensein zweier Ansichten zulässig. Ist das Quadrat in einer Ansicht sichtbar (z. B. Maß 13), so wird die Maßzahl zweimal geschrieben.

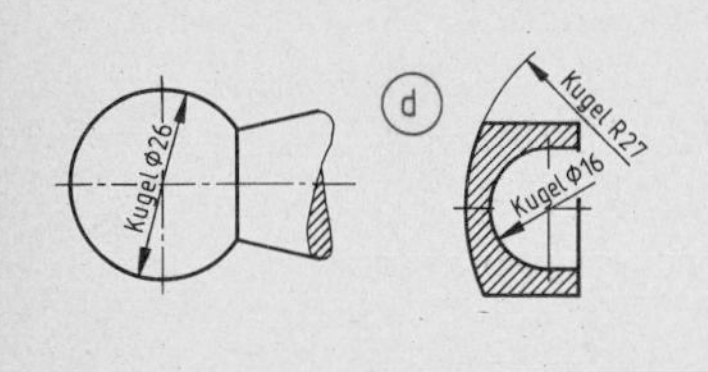

(d) Wird eine *Kugelform* dargestellt, so ist dem R-Zeichen oder ∅-Zeichen das Wort „Kugel" voranzustellen (z. B. Kugel ∅ 26).

Ist der Mittelpunkt der Kugel nicht dargestellt und nur ein Maßpfeil vorhanden, so ist zwischen dem Wort „Kugel" und der Maßzahl das R-Zeichen zu setzen (z. B. Kugel R 27). Das ∅-Zeichen ist immer zu setzen, wenn sich eine Kugelbemaßung nicht auf einen Radius (Halbmesser) bezieht (z. B. Kugel ∅ 26 oder Kugel ∅ 16).

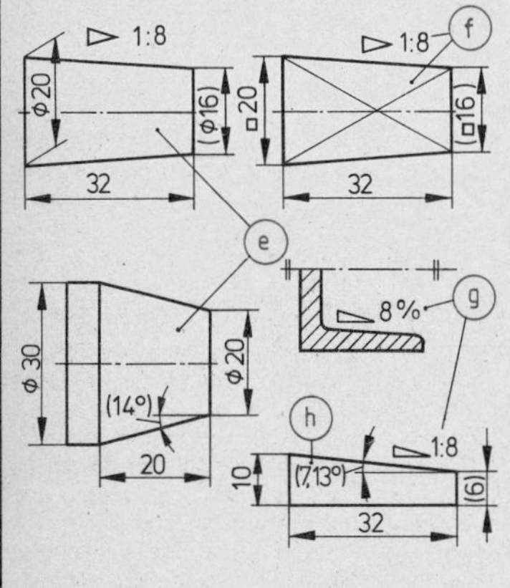

(e) Bei der Bemaßung von Kegeln wird zwischen **Kegeln** und **kegeligen Übergängen** unterschieden. Aus fertigungstechnischen Gründen wird bei kegeligen Übergängen an Drehteilen, die materialabtragend geformt wurden, noch der Einstellwinkel (halber Kegelwinkel) als Hilfsmaß in Klammer hinzugefügt. Kegel werden nach DIN ISO 3040 (4.78) bemaßt. Damit im internationalen Zeichnungsaustausch das Wort „Kegel" nicht übersetzt werden muß, setzt man vorzugsweise über der Körperkante anstelle des Wortes Kegel ein Symbol. Das Symbol muß so angeordnet sein, daß es die Richtung der Kegelverjüngung zeigt.

(f) Für die Bemaßung von **pyramidenförmigen Teilen** bzw. **pyramidenförmiger Übergänge** gelten sinngemäß die gleichen Regeln wie beim Kegel.

(g) Die Neigung einer Fläche kann durch Angabe der Neigung in % (z. B. 8%) oder als Verhältniszahl (z. B. 1 : 8) mit dem Symbol, welches in die Richtung der Neigung zeigt, erfolgen.

(h) Aus fertigungstechnischen Gründen kann zusätzlich in Klammer der Neigungswinkel als Hilfsmaß (z. B. als Dezimalangabe) angegeben werden.

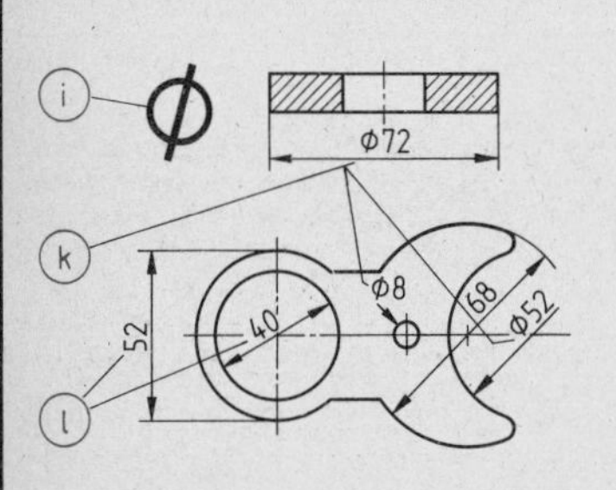

(i) Das Durchmesserzeichen ist ein mit einem geraden Strich unter ≈ 75° zur Waagerechten durchstrichener Kreis. Beim Durchmesserzeichen ist der Kreisdurchmesser gleich der Größe der Kleinbuchstaben; der Kreis wird in die Mitte der Nenngröße (Schriftgröße) gesetzt. Die Gesamthöhe des ∅-Zeichens ist gleich der Maßzahlgröße (Nenngröße); das ∅-Zeichen ist vor die Maßzahl zu setzen.

(k) Das Durchmesserzeichen ist einzutragen:
wenn aus der Ansicht die Kreisform nicht ersichtlich ist (∅ 72);
wenn die Maßzahl an eine Bezugslinie gesetzt wird (∅ 8);
wenn die Maßlinie mit nur einem Pfeil erscheint (∅ 52);
wenn sich eine Kugelbemaßung nicht auf einen Radius bezieht (z. B. Kugel ∅ 26 bei „d").

(l) Das Durchmesserzeichen ist wegzulassen, wenn das Maß an einer Kreislinie liegt und die Meßlinie zwei Maßlinienbegrenzungen hat.

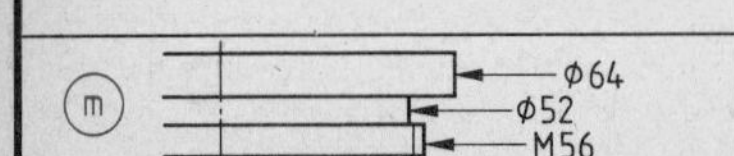

(m) Bei Platzmangel können Durchmessermaßlinien als Außenpfeile gezeichnet werden.

Maßeintragung in Zeichnungen

DIN 406 T2 (8.81)

Anordnung der Maße, Teilungen, Sehne, Bogen

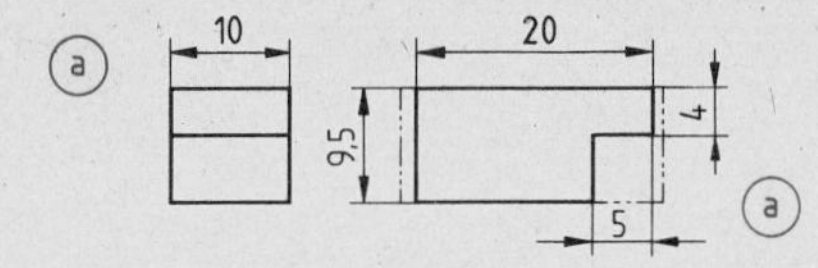

(a) Jedes Maß ist nur *einmal* einzutragen. Die Bemaßung soll möglichst an Vollinien (nicht an Strichlinien) angeschlossen werden.

Es sind die Maße einzutragen, die das Werkstück im *fertigen Zustand* haben soll (nicht die Rohmaße).

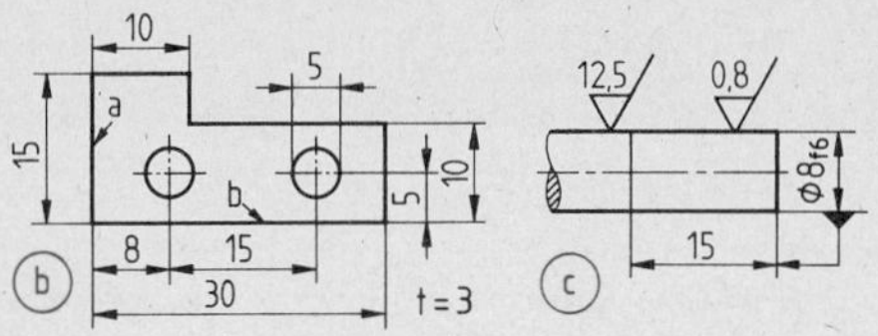

(b) Für die Bemaßung können fertigungstechnische Forderungen maßgebend sein. Zum Beispiel kann es notwendig sein, alle Maße von den Bezugskanten *a* und *b* aus einzutragen. Lochabstände werden bis zur Lochmitte angegeben.

(c) Bei Gegenständen, bei denen nur ein Teil der Oberfläche eine bestimmte Güte hat oder eine zusätzliche Behandlung erfährt (z. B. ∅ 8 f6 auf 15 mm Länge mit einem Mittenrauhheitswert von 0,8 µm), ist dieser Geltungsbereich zu bemaßen.

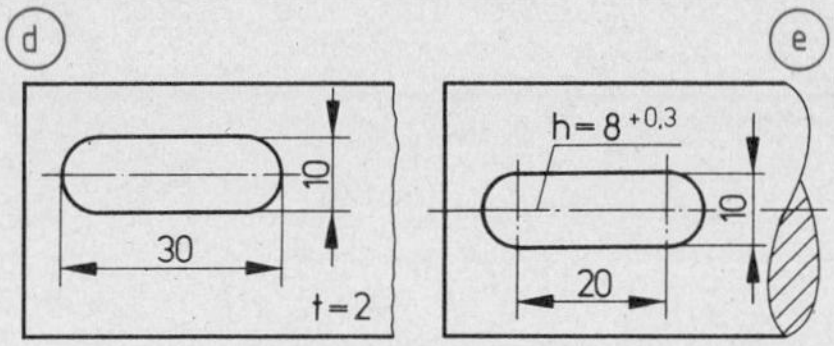

In der Draufsicht von Nuten und Langlöchern genügt:

(d) bei der Fertigung ohne Anreißen die Angabe von Länge und Breite,

(e) bei der Fertigung mittels Anreißen die Angabe des Achsenabstandes und der Breite.

Bei Vorhandensein von nur einer Ansicht kann die Tiefe „*h*" vereinfacht angegeben werden, z. B. h = $8^{+0,3}$.

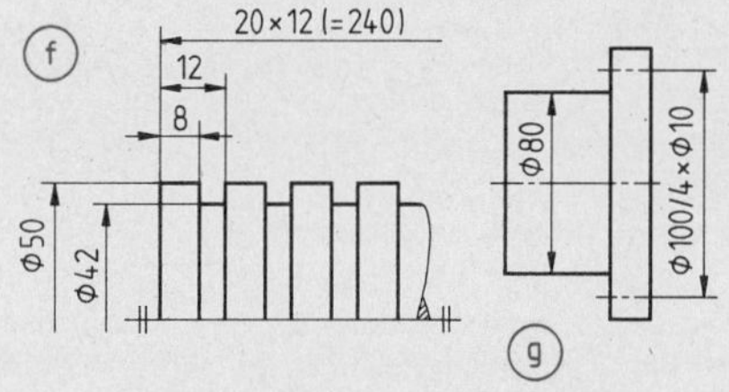

(f) Die vereinfachte Bemaßung einer Teilung in Form einer Maßkette ist nur bei Teilungen mit gleichen Abständen und mit gleichen geometrischen Elementen anwendbar. Hierbei wird das geometrische Element vollständig bemaßt; dieses gilt dann als Bezugselement für alle anderen Angaben. Die Summe gleicher Elemente wird durch eine Zahl (Faktor) bei der Bemaßung (z. B. 20) angegeben.

(g) Wenn in einer Zeichnung die gleichmäßige Teilung nicht erkennbar ist (wenn z. B. nur eine Ansicht vorhanden ist), so dürfen der Teilkreisdurchmesser, die Anzahl der Löcher und der Bohrungsdurchmesser in einer Maßangabe zusammengefaßt werden (z. B. Teilkreisdurchmesser = 100 mm und vier Löcher mit je 10 mm Durchmesser).

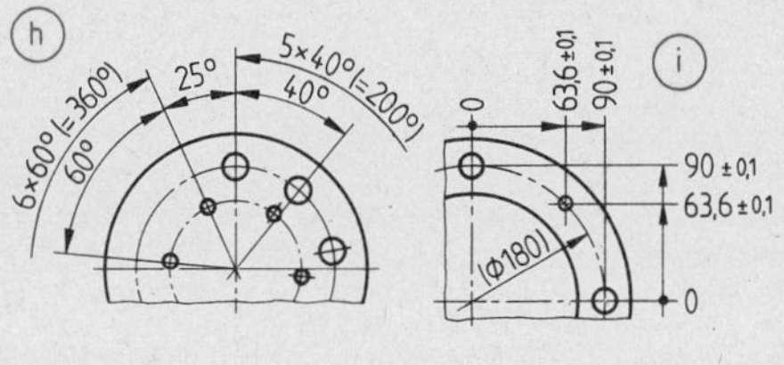

(h) Bei gleichen Kreisteilungen auf dem gleichen Lochkreisdurchmesser wird über dem Teilungsmaß die Anzahl der Lochteilungen und das Teilungsmaß angegeben; die Maßlinie darf abgebrochen werden.

(i) Kreisteilungen dürfen auch durch kartesische Koordinaten bemaßt werden. Die beim Programmieren von numerisch gesteuerten Werkzeugmaschinen erforderlichen Vorzeichen müssen in der Zeichnung nicht angegeben werden (DIN 406, Teil 3).

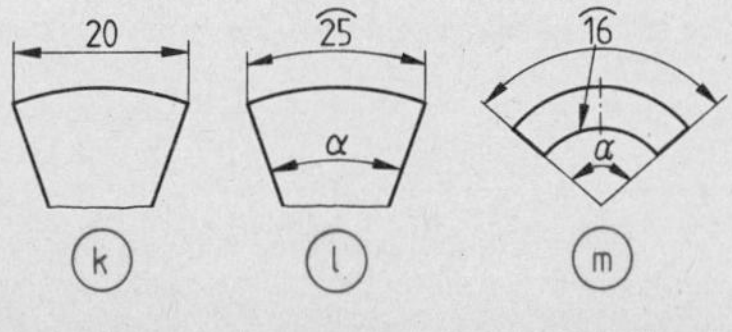

(k) **Sehnenmaß:** Maßlinie parallel zu dem anzugebenden Maß.

(l) **Bogenmaß:** (Zentriwinkel α kleiner oder gleich 90°): Maßlinie konzentrisch (mit gleichem Mittelpunkt) zum Werkstückbogen. Maßzahl mit Bogen.

(m) **Bogenmaß:** (Zentriwinkel α größer 90°): Maßhilfslinien durch den Mittelpunkt. Bezugslinie muß auf die Linie hinweisen, für die das Maß gilt. Maßzahl mit Bogen.

Radien, Fasen, Abmaße, Gewinde

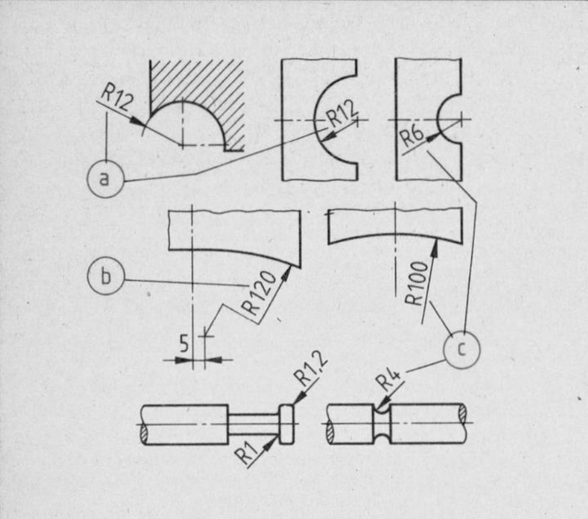

Ⓐ Die Maßlinien für Radien (Halbmesser) erhalten nur eine Maßlinienbegrenzung am Kreisbogen; diese wird entweder von außen oder von innen an den Kreisbogen gesetzt. Der Mittelpunkt für Halbmesser muß durch ein Mittellinienkreuz gekennzeichnet werden, wenn seine Lage für die Funktion, Fertigung oder Prüfung gebraucht wird. In eindeutigen Fällen darf auf die Kennzeichnung des Mittelpunktes verzichtet werden.

Ⓑ Ist die Mittelpunktslage zu bemaßen und reicht hierbei die Zeichenfläche nicht aus, so wird die Maßlinie rechtwinklig abgeknickt und verkürzt gezeichnet. Der mit dem Maßpfeil versehene Teil der Maßlinie muß auf den geometrischen Mittelpunkt gerichtet sein.

Ⓒ Vor der Maßzahl wird in allen Fällen der Großbuchstabe R eingetragen.

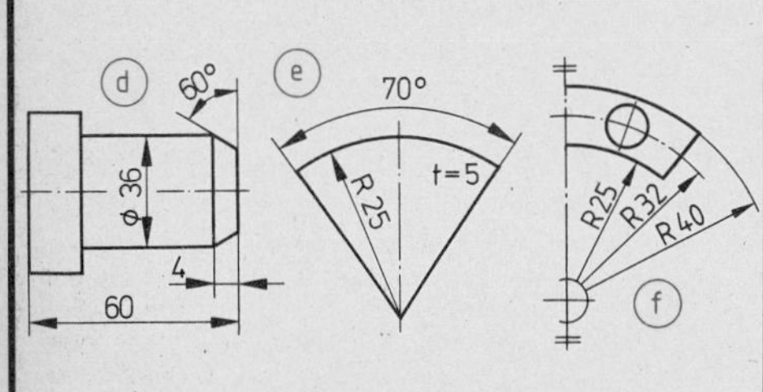

Ⓓ Bei der Bemaßung von Drehteilen mit Fasen werden diese in das Längenmaß miteinbezogen.

Ⓔ Bei der Bemaßung eines Winkels wird die Maßlinie als konzentrischer Bogen (gleicher Mittelpunkt wie R) zwischen den Schenkeln des Winkels gezeichnet.

Ⓕ Wenn mehrere Radien zentral angeordnet werden, so dürfen die Maßlinien an einem kleinen Hilfskreis, anstelle des Mittelpunktes, enden. Die Maßlinien müssen aber auf den Mittelpunkt gerichtet sein; die Maßzahlen werden versetzt.

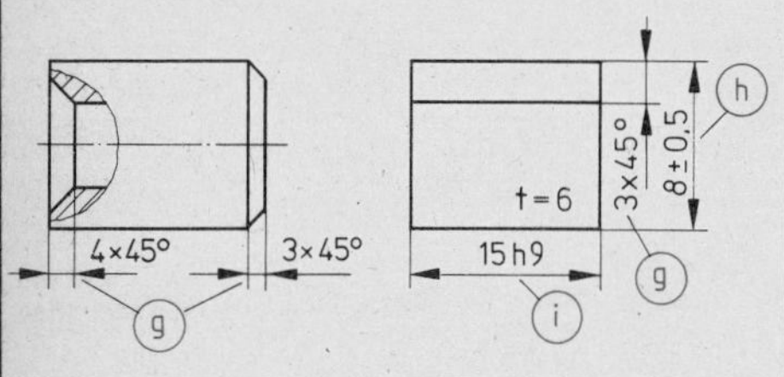

Ⓖ Fasen von 45° oder Senkungen von 90° dürfen vereinfacht bemaßt werden.

Ⓗ Abmaße dürfen auch in derselben Schriftgröße und auf gleicher Höhe wie das Nennmaß eingetragen werden.

Ⓘ ISO-Toleranzfeldkurzzeichen (z. B. h9 beim Nennmaß 15) dürfen auch in derselben Schriftgröße und auf gleicher Höhe wie das Nennmaß eingetragen werden.

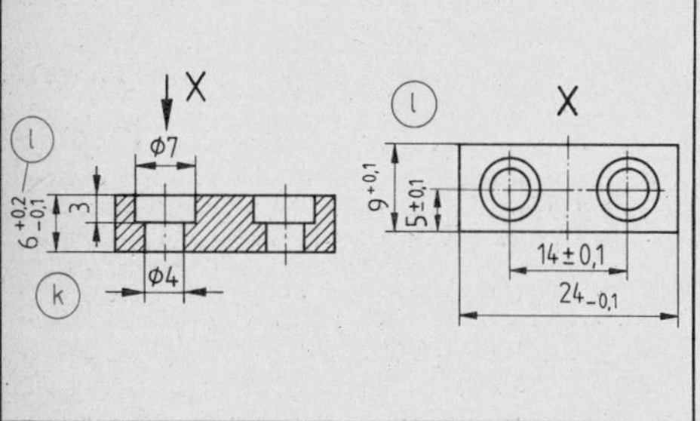

Ⓚ Jedes Maß ist in die Ansicht einzutragen, in der die Zuordnung von Darstellung und Maß am klarsten erkennbar ist.

Ⓛ Die Abmaße sind hinter der Maßzahl einzutragen.
Bevorzugt gilt:
Oberes Abmaß: Höher als das Nennmaß.
Unteres Abmaß: Tiefer als das Nennmaß.
Gleiche Abmaße: Mit ± Abmaßwert hinter dem Nennmaß.
Das Abmaß 0 kann weggelassen werden, wenn keine Mißverständnisse zu erwarten sind. Abmaße werden in der Regel kleiner (0,7 mal der Größe der Maßzahlen) geschrieben.

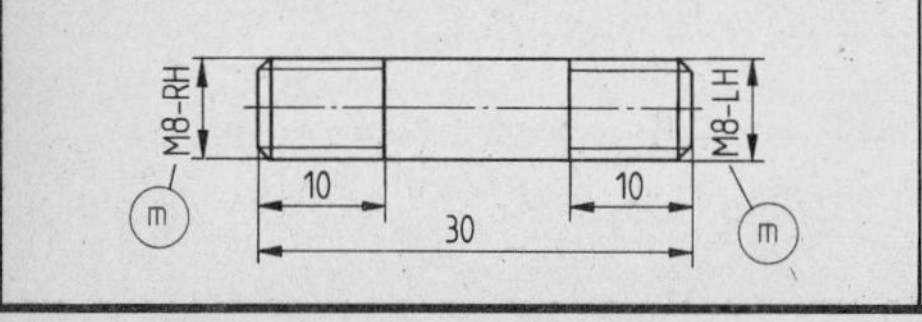

Ⓜ Für genormte Gewinde werden Kurzbezeichnungen verwendet. Rechts- und Linksgewinde von gleichem Durchmesser am gleichen Teil sind mit den Zusätzen RH (Right-Hand) und LH (Left-Hand) zum Kurzzeichen zu kennzeichnen. Zwischen dem Kurzzeichen und RH bzw. LH (LH ≙ Linksgewinde) ist ein Bindestrich zu setzen.

Maßeintragung in Zeichnungen

DIN 406 T2 (8.81)

Gewinde, Nuten, Toleranzfeldkurzzeichen, Hinweislinien, Leserichtung

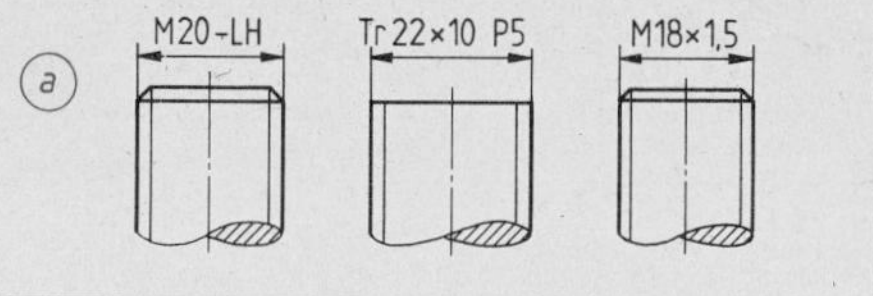

ⓐ **M 20-LH** = Metrisches Linksgewinde mit 20 mm Außen-∅ (Nenn-∅).
Tr 22 x 10 P5 = Trapezgewinde mit 22 mm Außen-∅, 10 mm Steigung, Teilung 5 mm, Gangzahl $n = 10 : 5 = 2$.
M 18 x 1,5 = Metrisches Feingewinde mit 18 mm Außen-∅ und 1,5 mm Steigung.

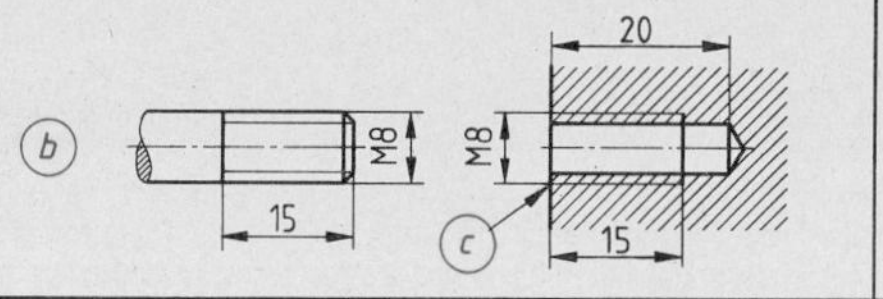

ⓑ Die Längenangaben für Außen- und Innengewinde ist stets die **nutzbare** Gewindelänge. Der Gewindeauslauf wird im allgemeinen nicht angegeben.

ⓒ Gewindesenkungen werden im allgemeinen nicht gezeichnet oder bemaßt. Soll die Senkung bemaßt werden, so sind Senkwinkel und Senktiefe oder Senkwinkel und Senkdurchmesser anzugeben.

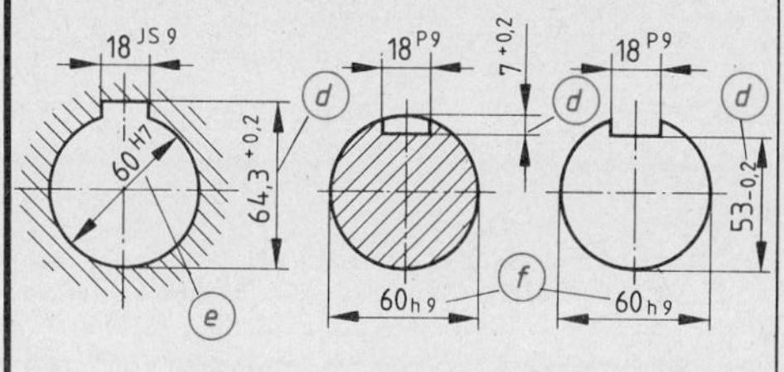

ⓓ Nuten für Paßfedern und Keile in zylindrischen Wellen und Bohrungen können für Bohrungen als Stichmaß (z. B. 64,3) und für Wellen als Nuttiefe (z. B. 7 oder 53) angegeben werden.

ⓔ Für Innenmaße (Bohrungen) sind die ISO-Kurzzeichen mit Großbuchstaben und Zahlen hinter die Maßzahl erhöht (0,7 mal Maßzahlgröße h) einzutragen.

ⓕ Für Außenmaße (Wellen) sind die ISO-Kurzzeichen mit Kleinbuchstaben und Zahlen hinter die Maßzahl, tiefer als diese (0,7 x h), einzutragen.

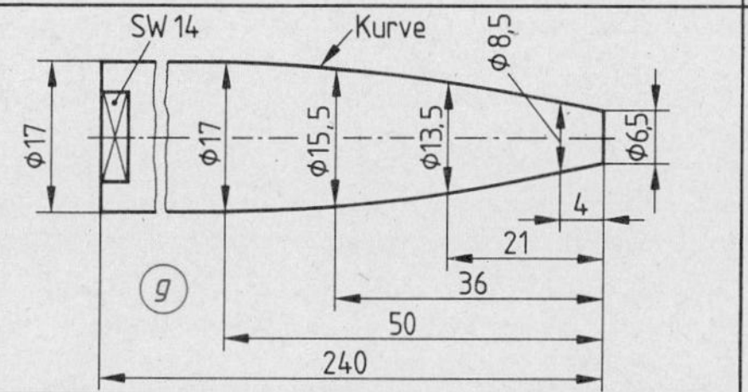

ⓖ Hinweislinien sind schräg aus der Darstellung herauszuziehen (z. B. Kurve) und dürfen bei Platzmangel auch als Bezugslinien für Maße angewendet werden (z. B. ∅ 8,5). Hinweislinien sollen enden:

a) mit einem Punkt in einer Fläche (z. B. SW 14),
b) mit einem Pfeil an einer Körperkante (z. B. Kurve).
c) ohne Begrenzungszeichen an allen anderen Linien, z. B. Maßlinien, Mittellinien.

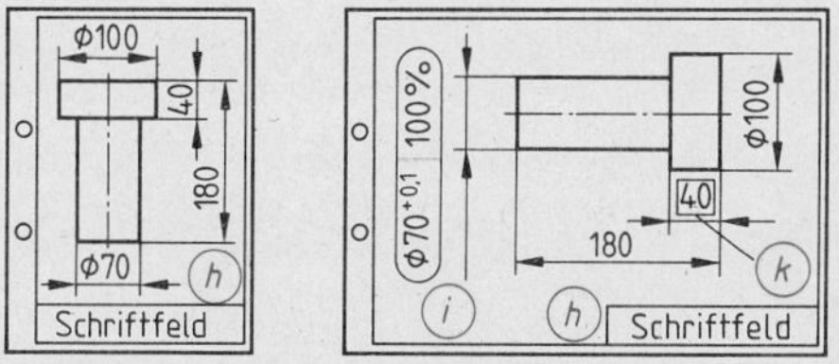

ⓗ Die Leserichtung der Zeichnung, d. h. die Darstellung einschließlich der Beschriftung, entspricht der Leserichtung des Schriftfeldes.

ⓘ Maße werden vom Besteller bei der Abnahme 100% geprüft.

ⓚ Theoretisches Maß, es dient zur Angabe der theoretisch genauen Lage der Toleranzzone.

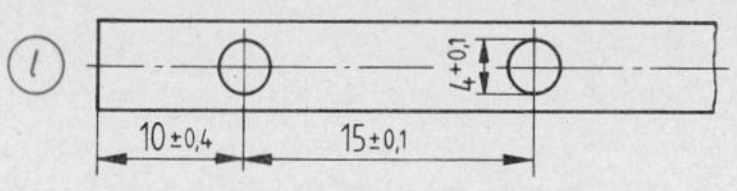

ⓛ Eine **funktionsbezogene Maßeintragung** liegt vor, wenn jedem eingetragenen Maß die seinem Einfluß auf die Funktion des Gegenstandes gemäße größtmögliche Toleranz zugeordnet ist (DIN 406, Teil 1; 4.77).

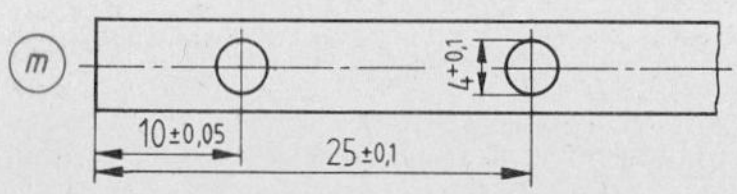

ⓜ Eine **fertigungsbezogene Maßeintragung** liegt vor, wenn die für die Fertigung direkt, d. h. ohne Rechnung, verwendbaren Maße eingetragen sind (DIN 406, Teil 1; 4.77).

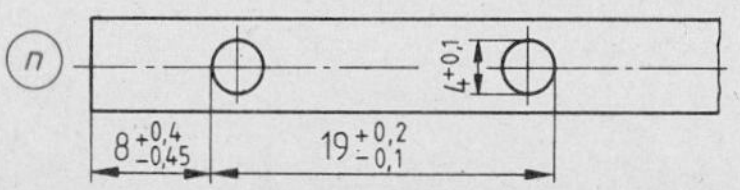

ⓝ Eine **prüfbezogene Maßeintragung** liegt vor, wenn die für die Prüfung direkt, d. h. ohne Rechnung, verwendbaren Maße eingetragen sind (DIN 406, Teil 1; 4.77).

Maßeintragung durch Koordinaten DIN 406 T3 (7.75)

Bezugsbemaßung, Zuwachsbemaßung, Tabellenbemaßung

Bei der **Bezugsbemaßung** gehen die Maße von gemeinsamen Bezugsebenen (Nullpunkten) aus. Jedes Maß gibt daher den Abstand von der Bezugsebene an.

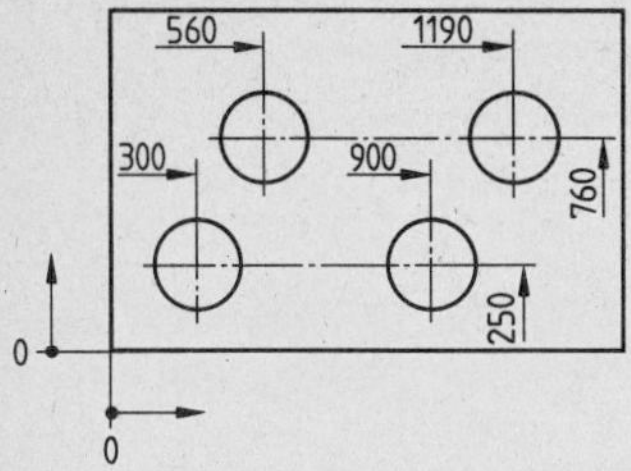

Die Maße können mit je einem Maßpfeil eingetragen werden.

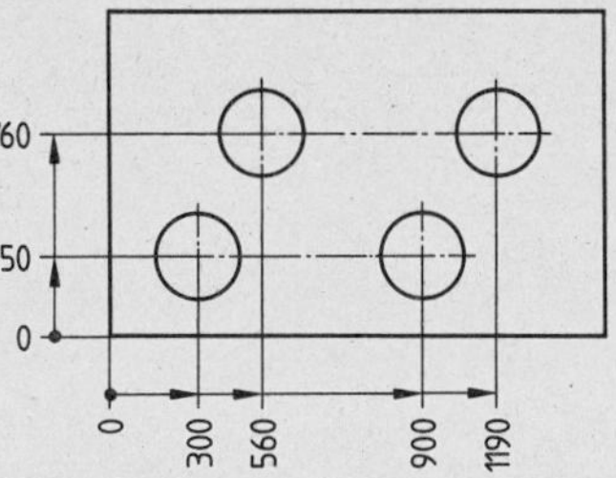

Die Maße können auf einer gemeinsamen Maßlinie vom Koordinaten-Nullpunkt aus steigend eingetragen werden.

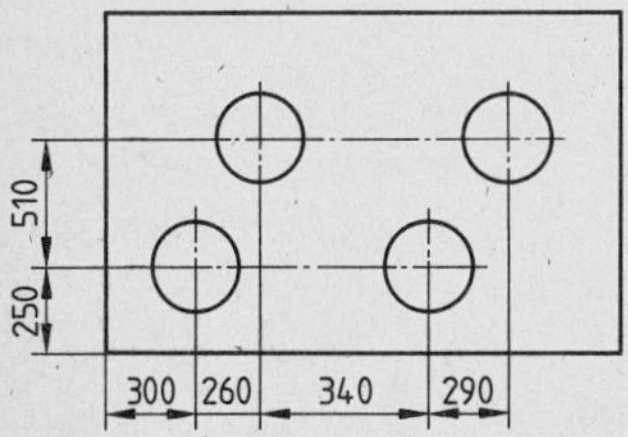

Bei der **Zuwachsbemaßung**, auch inkrementale Bemaßung oder Kettenbemaßung genannt, ergibt jedes Maß auf der gemeinsamen Maßlinie einen Zuwachs. Der Endpunkt des vorhergehenden Maßes ist der Bezugspunkt des folgenden Maßes.

Bei der Zuwachsbemaßung erfolgt die Maßeintragung von Abstand zu Abstand als Maßkette.

Bei der **Bemaßung mit Hilfe von Tabellen** werden Positionsnummern verwendet. Die Positionsnummer eines Koordinatenpunktes besteht aus der Nummer des Koordinaten-Nullpunktes und der Zählnummer des entsprechenden Koordinatenpunktes. Für programmgesteuerte Maschinen gilt: A = X; B = Y; C = Z.

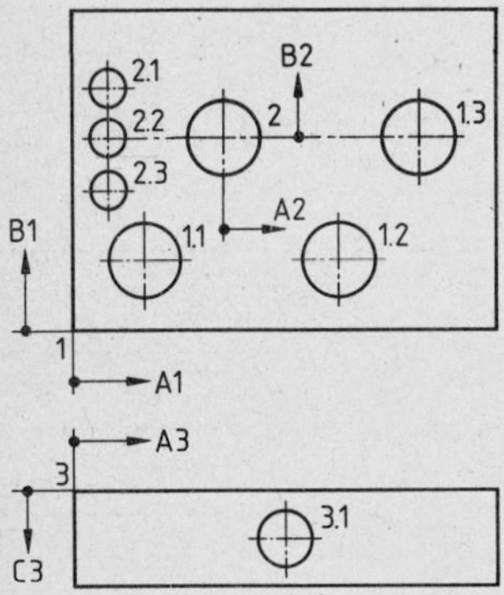

vom K.-Nullpunkt... aus:	Koordinatentabelle (Maße in mm)					
	Koordinaten (K.)				Bohrungsdurchmesser	Bohrungstiefe
	Pos. Nr.	A	B	C		
1	1	0	0			
1	1.1	300	250		40	80
1	1.2	900	250		40	60
1	1.3	1190	760		60	100
1	2	560	760		60	durchgehend
2	2.1	−460	150		20	50
2	2.2	−460	0		20	50
2	2.3	−460	−150		20	50
3	3	0		0		
3	3.1	700		150	30	70

Zeichnungsvereinfachung

DIN 30 T1 (Entw. 4.82)

In der Hauptansicht wird die Form der Einzelheit nicht gezeichnet. Herausgezogene Einzelheiten werden nur durch eine Vollinie ohne Schraffur und Bruchlinien dargestellt.	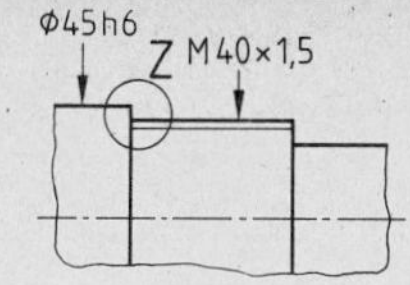 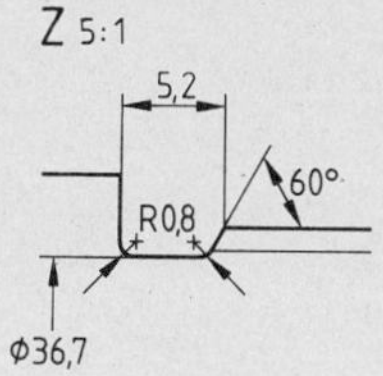
Bei Löchern bestimmt die erste Zahl den Lochdurchmesser und die zweite Zahl die Lochtiefe. Zwischen die Zahlen wird ein Mittestrich gesetzt.	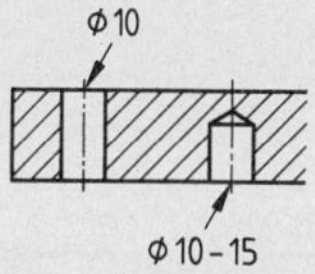
Die Darstellung von Löchern, Gewindebohrungen und Senkungen darf durch Mittellinien bzw. Mittellinienkreuze ersetzt werden. Die erforderlichen Maße dürfen zusammengefaßt an eine Maßlinie gesetzt werden.	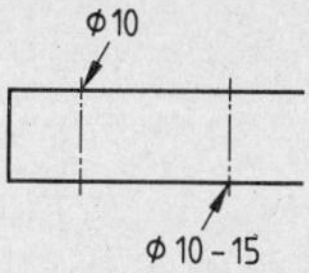
Wenn sich die Maßangaben in Ausnahmefällen auf die Rückseite des dargestellten Teiles beziehen und die Löcher nur durch Mittellinienkreuze dargestellt sind, wird dies bei Maßangaben oder Kurzbezeichnungen durch ein vorangestelltes R (= Rückseite) gekennzeichnet.	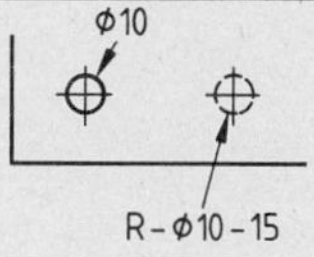 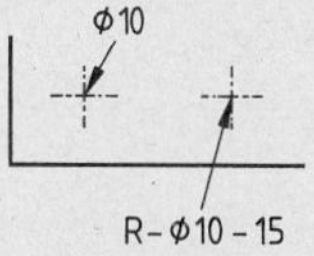
Bei Gewindelöchern bestimmt die Zahl hinter dem Gewinde-Kurzzeichen und nach dem ∅ die nutzbare Gewindelänge. Ist die Kernlochtiefe von Bedeutung, so kann sie durch eine zusätzliche Maßzahl bestimmt werden, die nach einem Schrägstrich angefügt wird.	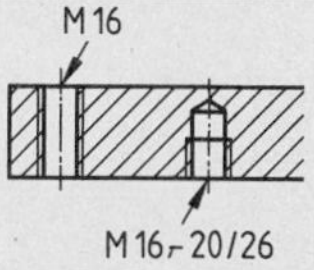 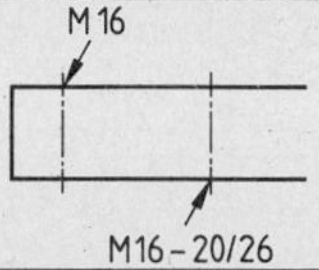
Soll auf eine Schweißnaht hingewiesen werden, deren Art und Ausführung freigestellt ist, wird das „allgemeine Schweißzeichen" eingetragen.	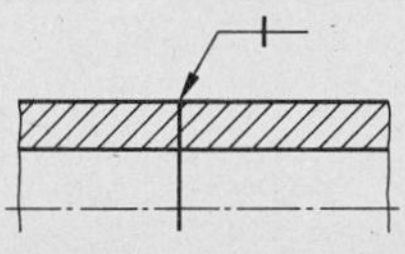
Muß ein Loch mit einer Anflächung versehen werden, so sind nur die Maße und Oberflächenangaben einzutragen.	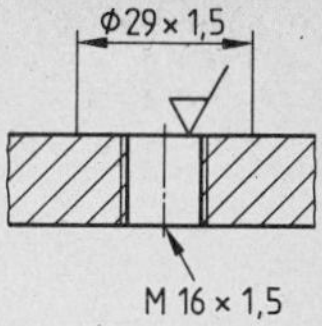
Die Maßzahlen werden möglichst nahe an die Kante oder Maßhilfslinie geschrieben, gleichgültig, ob die Maßlinienbegrenzung von innen oder außen angesetzt ist.	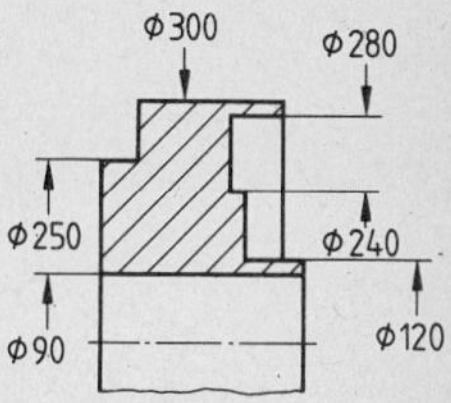
Bei Winkelangaben bis 90° dürfen die gebogenen Maßlinien durch gerade ersetzt werden.	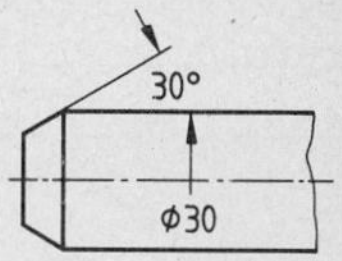
Bei Paßfedernuten, z. B. an Wellen, werden die Nutbreite und die Nuttiefe an einer Hinweislinie angegeben. Die Toleranzangaben werden dem zutreffenden Nennmaß direkt zugeordnet.	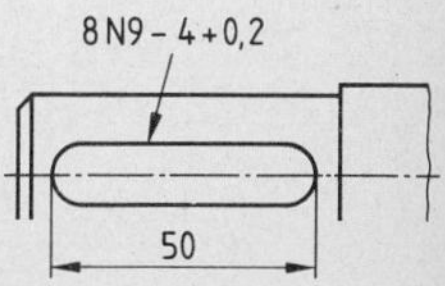
Bei Einstichen für Sicherungsringe ist die Nutbreite vorrangig.	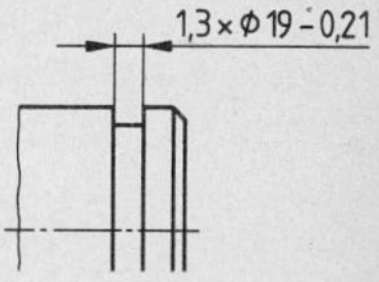
Rundungen (R) sowie Fasen (C) mit 45° werden nicht gezeichnet, sondern durch Kurzzeichen angegeben.	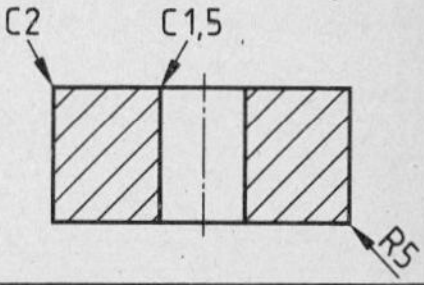
Senkungen können durch genormte Kurzbezeichnungen angegeben werden.	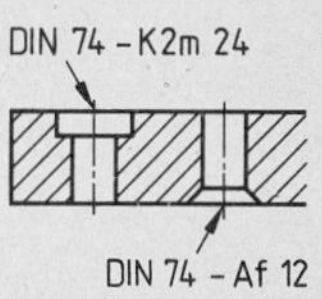 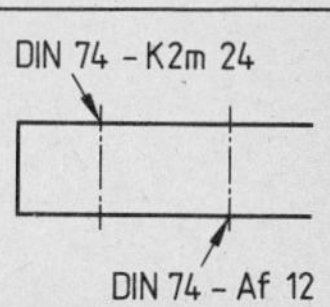

Linien

DIN 15 T1 und T2 (beide 6.84)

	Linienarten (Teil 1)	Anwendung (Teil 2)	
A	Vollinie (breit)	1. sichtbare Kanten 2. sichtbare Umrisse 3. Gewindespitzen	4. Grenze der nutzbaren Gewindelänge 5. Hauptdarstellungen in Diagrammen, Karten, Fließbildern 6. Systemlinien (Stahlbau)
B	Vollinie (schmal)	1. Lichtkanten 2. Maßlinien 3. Maßhilfslinien 4. Hinweislinien 5. Schraffuren 6. Umrisse am Ort eingeklappter Schnitte 7. Kurze Mittellinien 8. Gewindegrund 9. Maßlinienbegrenzungen 10. Diagonalkreuz zur Kennzeichnung ebener Flächen	11. Biegelinien 12. Umrahmungen von Prüfmaßen und Einzelheiten 13. Kennzeichnung sich wiederholender Einzelheiten, z. B. Fußkreise bei Verzahnungen 14. Oberflächenstrukturen (z. B. Rändel) 15. Faser und Walzrichtungen 16. Lagerichtung von Schichtungen (z. B. Trafoblech) 17. Projektionslinien 18. Rasterlinien
C	Freihandlinie (schmal)	Begrenzung von abgebrochenen oder unterbrochen dargestellten Ansichten und Schnitten, wenn die Begrenzung keine Mittellinie ist.	
D	Zickzacklinie (schmal)		
E	Strichlinie (breit)	1. verdeckte Kanten 2. verdeckte Umrisse	3. Kennzeichnung zulässiger Oberflächenbehandlung
F	Strichlinie (schmal)	1. verdeckte Kanten 2. verdeckte Umrisse	
G	Strichpunktlinie (schmal)	1. Mittellinien 2. Symmetrielinien 3. Trajektionslinien	4. Teilkreise bei Verzahnungen 5. Lochkreise 6. Kennzeichnung von Behandlungszuständen (z. B. Einhärtungstiefen)
H	Strichpunktlinie	Kennzeichnung der Schnittebene **Anmerkung:** Diese Strichpunktlinie (schmal; Enden und Richtungsänderungen breit) stellt nach DIN 15 (Entwurf) keine Linienart dar, da sie eine Überdeckung von G und J ist.	
J	Strichpunktlinie (breit)	1. Kennzeichnung geforderter Behandlung (z. B. Wärmebehandlung)	2. Kennzeichnung der Schnittebene
K	Strich-Zweipunktlinie (schmal)	1. Umrisse von angrenzenden Teilen 2. Grenzstellungen von beweglichen Teilen 3. Schwerlinien 4. Umrisse (ursprüngliche) vor der Verformung	5. Teile, die vor der Schnittebene liegen 6. Umrisse von wahlweisen Ausführungen 7. Fertigformen in Rohteilen

In Deutschland ist Linienart F vor E und Linienart J vor H anzuwenden. Linienart D soll nur für rechnerunterstütztes Zeichnen verwendet werden.

Linien und Ansichten

Linien nach DIN 15 T1 und T2 (6.84)

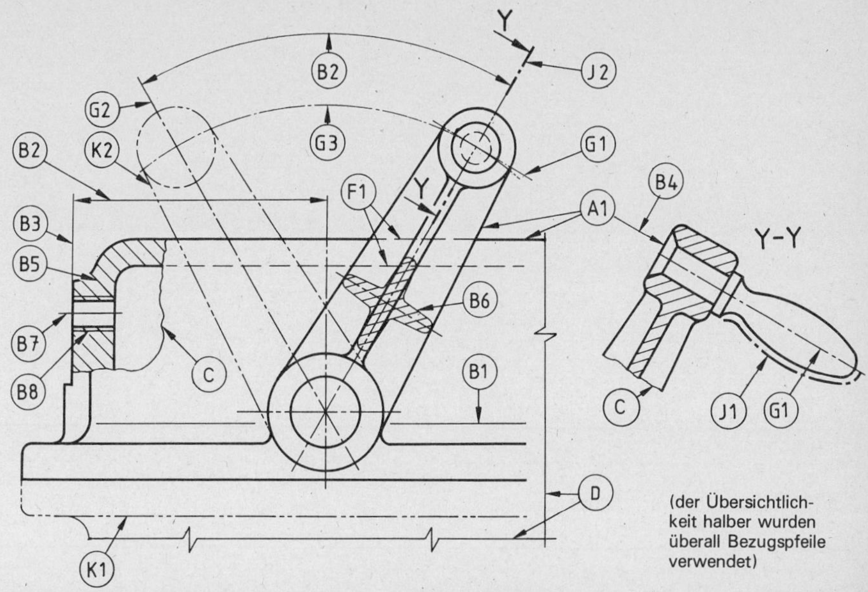

(der Übersichtlichkeit halber wurden überall Bezugspfeile verwendet)

Liniengruppe	zugehörende Linienbreiten (Nennmaße in mm) für ... Linienart		Maß- und Textangaben, graphische Symbole
	A, E, J	B, C, D, F, G, K	
0,35	0,35	0,18	0,25
0,5	0,5	0,25	0,35
0,7	0,7	0,35	0,5
1	1	0,5	0,7

Ansichten nach ISO-A (Projektionsmethode im dritten Quadranten) E DIN 6 (5.83)

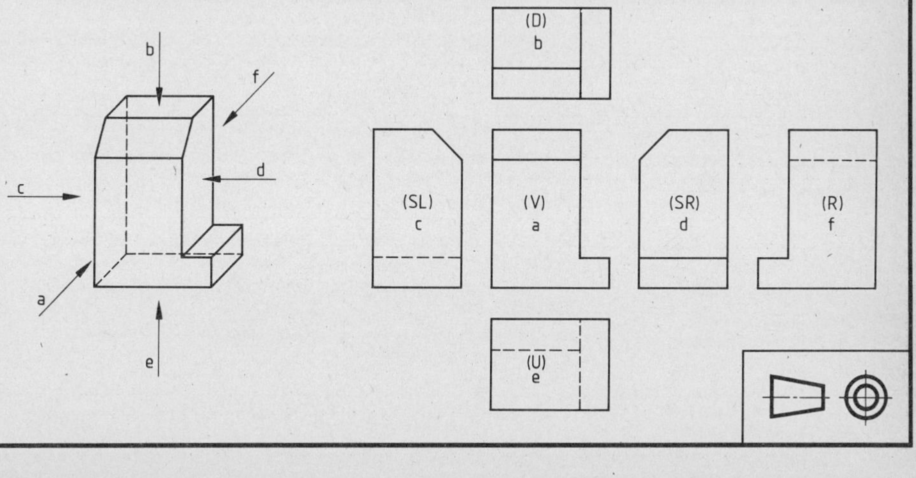

Sinnbilder für Schweißen und Löten

Stoßarten

DIN 1912 T1 (6.76)

Stoßart	Lage der Teile	Beschreibung	Stoßart	Lage der Teile	Beschreibung
Stumpfstoß		Die Teile liegen in einer Ebene und stoßen stumpf **gegen**einander.	Doppel-T-Stoß		Zwei in einer Ebene liegende Teile stoßen rechtwinklig (doppel-T-förmig) **auf** ein dazwischenliegendes drittes.
Parallelstoß	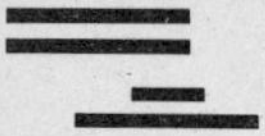	Die Teile liegen parallel **auf**einander.			
Überlappstoß	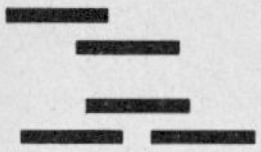	Die Teile liegen parallel **auf**einander und überlappen sich.	Schrägstoß		Ein Teil stößt schräg **gegen** ein anderes.
T-Stoß		Die Teile stoßen rechtwinklig (T-förmig) **auf**einander.	Eckstoß	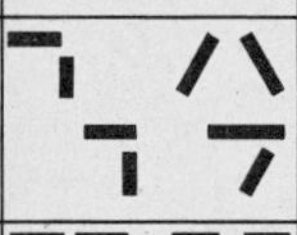	Zwei Teile stoßen unter beliebigem Winkel **an**einander (Ecke).
Kreuzungsstoß	 	Zwei Teile liegen kreuzend **über**einander.	Mehrfachstoß		Drei oder mehr Teile stoßen unter beliebigem Winkel **an**einander.

Darstellung in Zeichnungen (Grundsinnbilder)

DIN 1912 T5 (2.79)

Sinnbild Erklärung	bildlich	sinnbildlich	Sinnbild Erklärung	bildlich	sinnbildlich
Bördelnaht	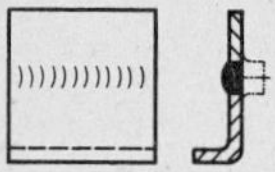	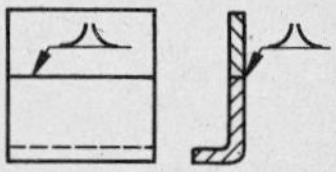	HV-Naht	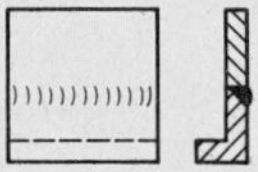	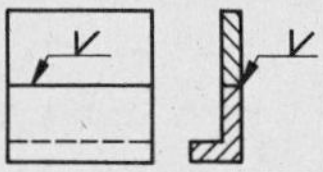
	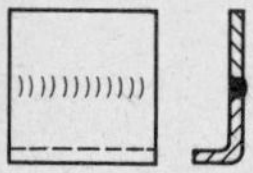	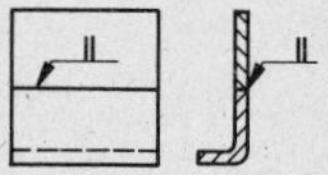		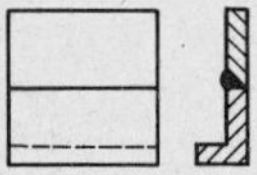	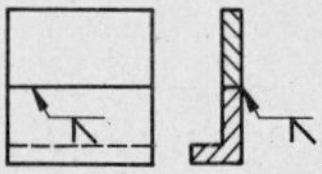
I-Naht II		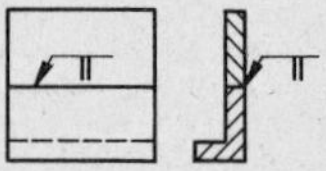	Y-Naht Y		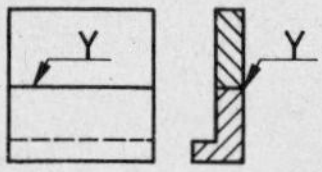
beidseitig (rundum) geschweißt			HY-Naht	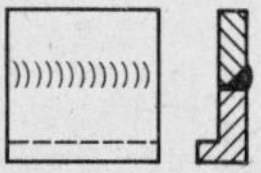	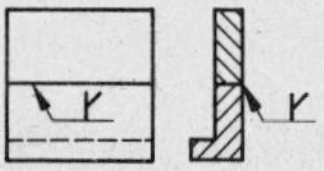
V-Naht V	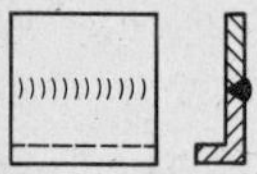	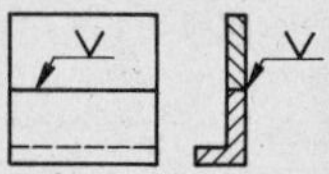	U-Naht Y	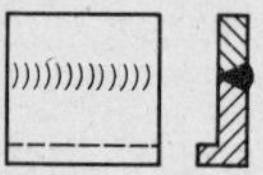	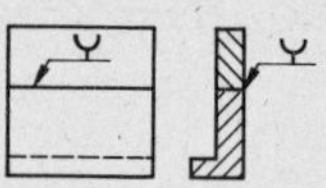
	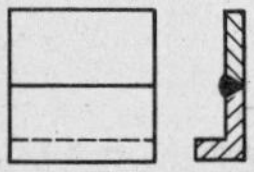	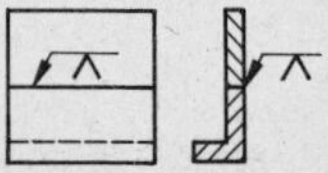	HU-Naht	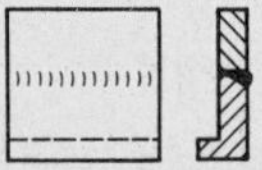	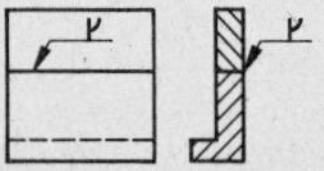

Schweißen und Löten

Darstellung in Zeichnungen (Grundsinnbilder) — DIN 1912 T 5 (2.79)

Sinnbild Erklärung	bildlich	sinnbildlich	Sinnbild Erklärung	bildlich	sinnbildlich
ringsum verlaufend			Liniennaht ⊖		
Kehlnaht ▷			Steilflankennaht ⊔		
Montagenaht mit 3 mm Nahtdicke			Stirnflachnaht ‖‖		
Punktnaht ○			Flächennaht ═		

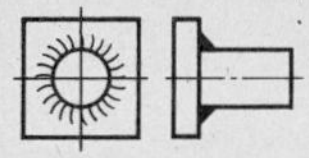

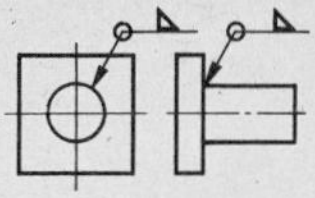

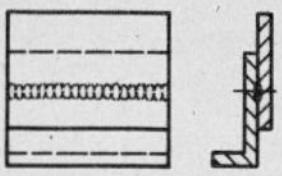

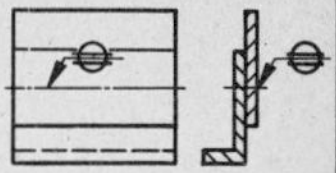

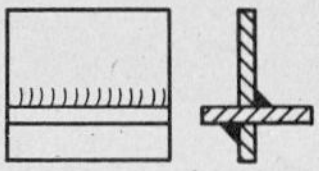

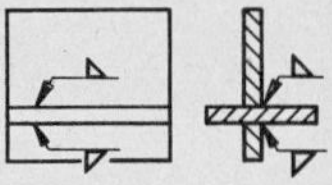

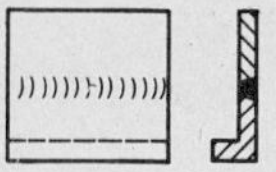

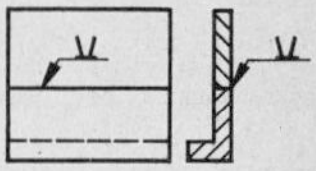

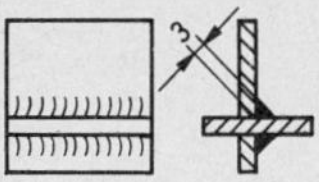

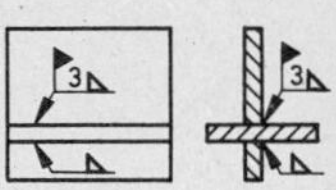

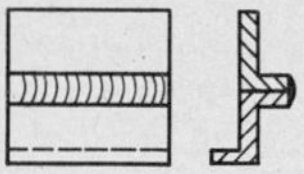

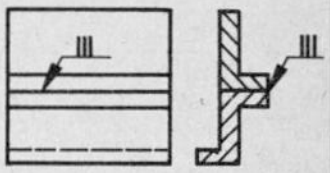

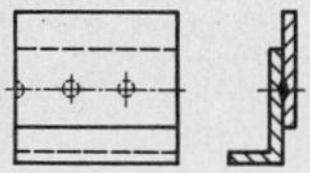

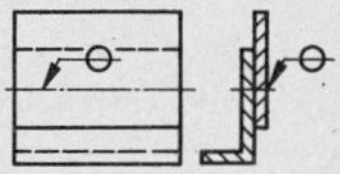

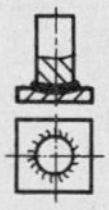

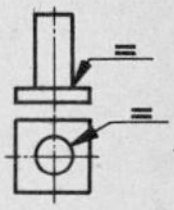

Darstellung in Zeichnungen (Kombination von Grundsinnbildern) — DIN 1912 T5 (2.79)

Sinnbild Erklärung	bildlich	sinnbildlich	Sinnbild Erklärung	bildlich	sinnbildlich
Doppel-I-Naht ‖ geschweißt von beiden Seiten			Doppel-Y-Naht ✕		
V-Naht ∨ mit Gegenlage			Doppel-U-Naht		
Doppel-V-Naht ✕ (X-Naht)			V-U-Naht		
Doppel-HV-Naht K (K-Naht)			Doppel-Kehlnaht ▷		

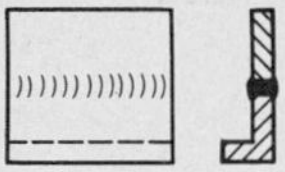

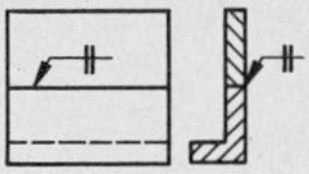

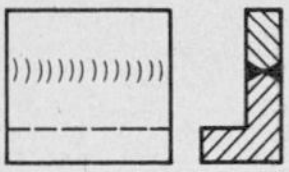

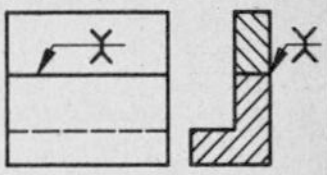

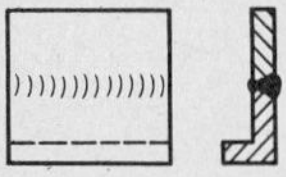

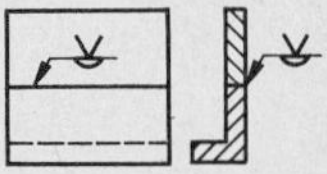

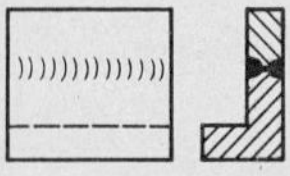

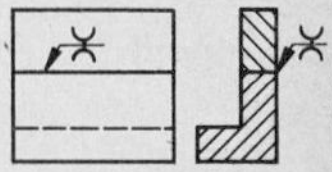

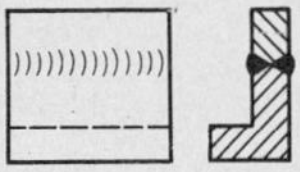

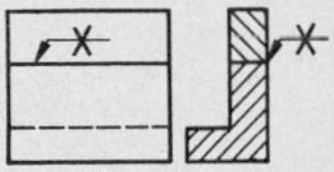

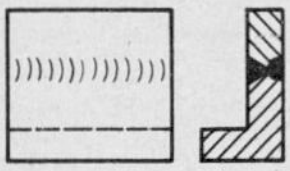

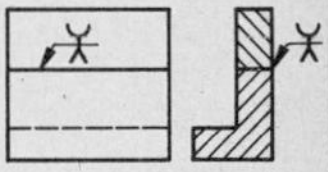

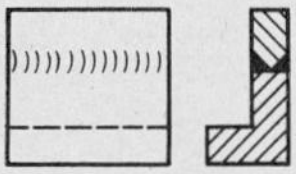

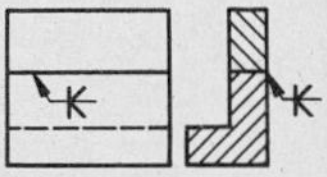

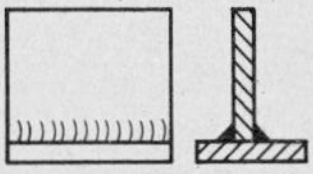

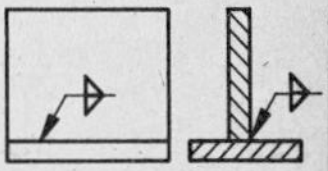

Bemaßungsbeispiele — DIN 1912 T6 (2.79)

111/DIN 8563-BS/w/
DIN 1913-E 5122 RR6

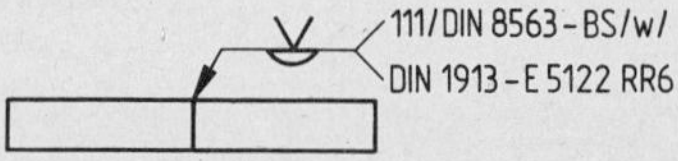

Durchgeschweißte V-Naht mit Gegenlage, hergestellt durch Lichtbogenhandschweißen (Kennzahl 111), geforderte Bewertungsgruppen BS nach DIN 8563, waagrechte Position w nach DIN 1912, verwendete Stabelektroden DIN 1913 — E 51 22 RR6.

20 10 20 10 20
4 ▷ 3x20 (10)
4 ∨ 3x20 (10)

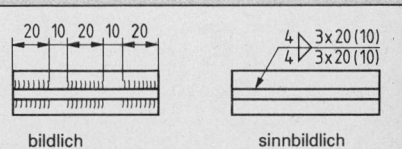

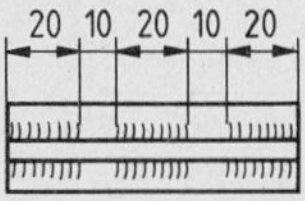

bildlich sinnbildlich

Doppelkehlnaht unterbrochen und ohne Vormaß (3 Doppelkehlnähte mit 4 mm Nahtdicke und 20 mm Nahtlänge).

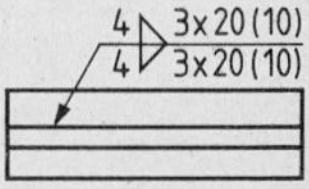

Sinnbilder für Gewinde, Schrauben, Löcher, Niete

Sinnbilder für Gewinde und Schrauben DIN 27 (zurückgezogen), DIN ISO 6410 (8.82)

Muttergewinde

Bolzengewinde

Muttergewinde

Rohrgewinde

Verschraubung

Holzschrauben

Schlitzschrauben

Bolzen in Muttergewinde

Sechskantschraube (ausführlich; DIN 27)
- e Eckenmaß
- s Schlüsselweite
- d Gewinde-Nenn-ϕ

Sechskantschraube (schematisch; DIN 27)
- $h_1 \approx 0{,}7 \cdot d$
- $h_2 \approx 0{,}8 \cdot d$
- $e \approx 2 \cdot d$
- $s \approx 0{,}86 \cdot e$

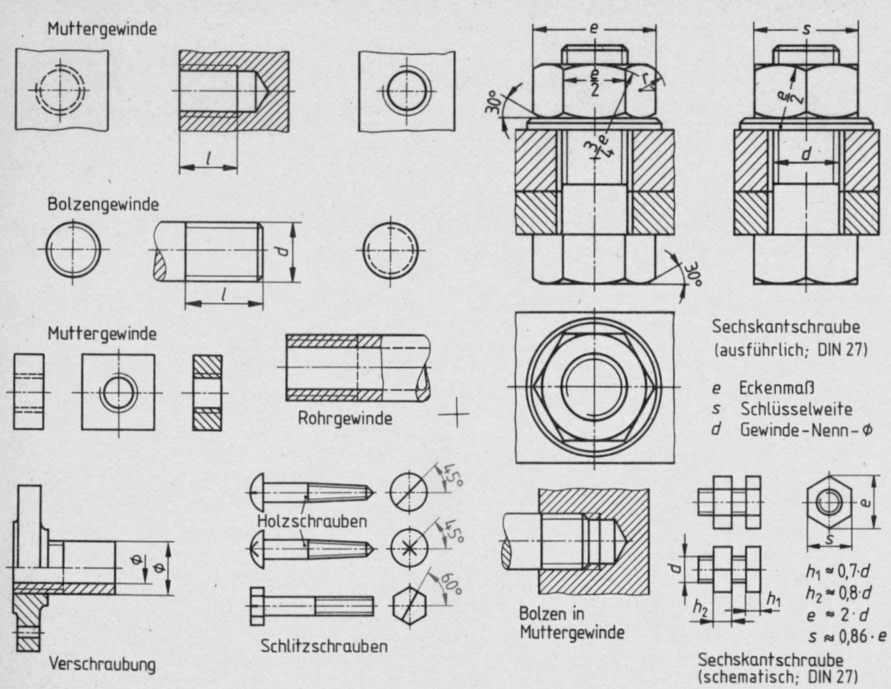

Technische Zeichnungen für Metallbau DIN ISO 5261 (2.83)

Darstellung von Löchern, Schrauben und Nieten (Zeichenebene senkrecht zur Achse)

Loch	Symbol für ein Loch			
	nicht gesenkt	Senkung auf der Vorderseite	Senkung auf der Rückseite	Senkung auf beiden Seiten
in der Werkstatt gebohrt	┼	✶	✶	✶
auf der Baustelle gebohrt	┼	✶	✶	✶

Schraube oder Niet	Symbol für eingebaute Schraube oder Niet			Symbol für Senkniet, Senkung auf beiden Seiten
	nicht gesenkt	Senkung auf der Vorderseite	Senkung auf der Rückseite	
in der Werkstatt eingebaut	•	✶	✶	✶
auf der Baustelle eingebaut	•	✶	✶	✶
auf der Baustelle gebohrt und eingebaut	•	✶	✶	✶

Darstellung von Federn, Zahnrädern, Wälzlagern

Darstellung von Federn — DIN ISO 2162 (6.76)

Benennung	Darstellung Ansicht	Darstellung Schnitt	Sinnbild	Benennung	Darstellung Ansicht	Darstellung Schnitt	Sinnbild
Zylindrische Schraubendruckfeder aus Draht mit rundem Querschnitt				Kegelige Schraubendruckfeder aus Draht mit rundem Querschnitt			
Tellerfederpaket (Teller wechselsinnig geschichtet)				Zylindrische Schraubenzugfeder aus Draht mit rundem Querschnitt			

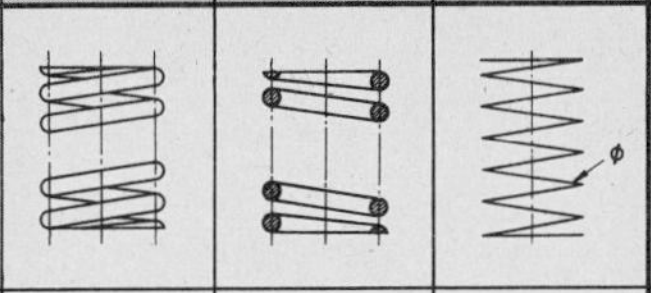

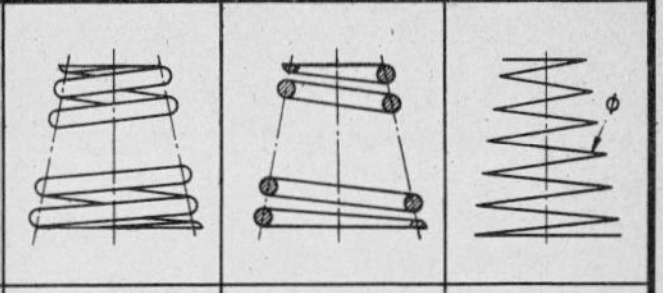

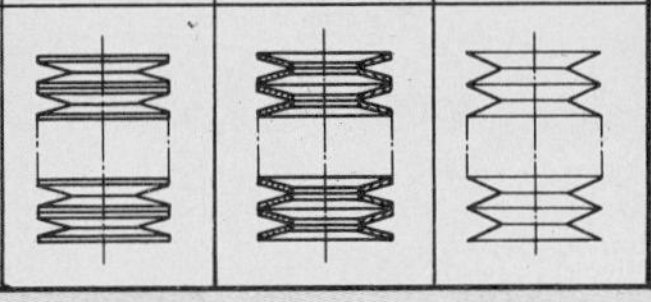

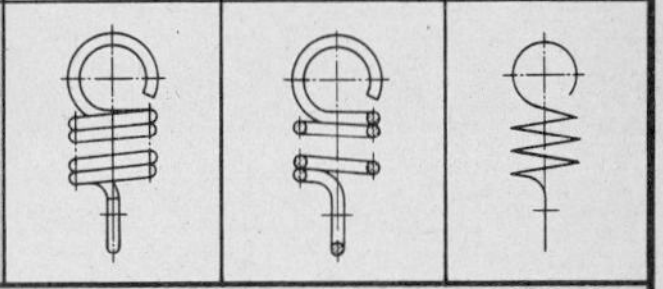

Darstellung von Zahnrädern — DIN ISO 2203 (6.76), DIN 37 (12.61)

Stirnrad mit außenliegendem Gegenrad

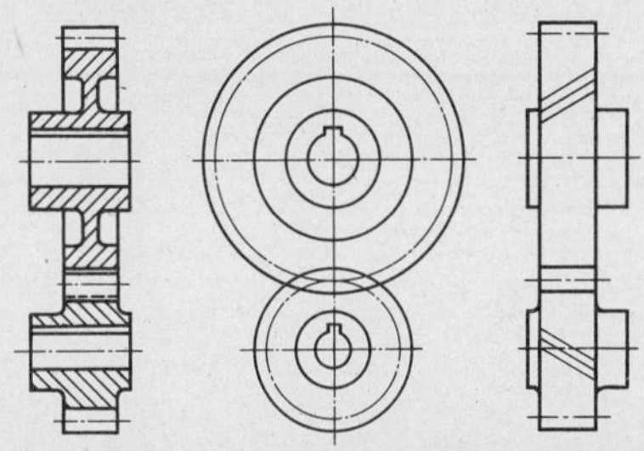

Stirnrad mit Zahnstange

Auf der Welle:
drehbar, nicht verschiebbar
nicht drehbar, verschiebbar
drehbar und ver-/schiebbar
fest

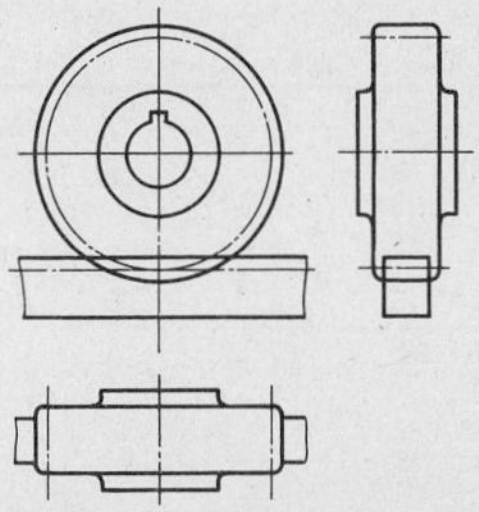

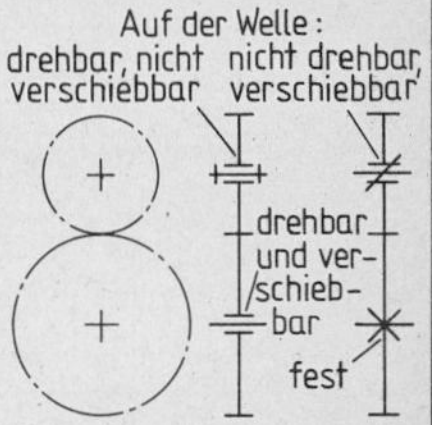

Dieses Sinnbild wurde zur Aufnahme in eine ISO-Norm vorgeschlagen.

Kegelradpaar (Achsenwinkel 90°)

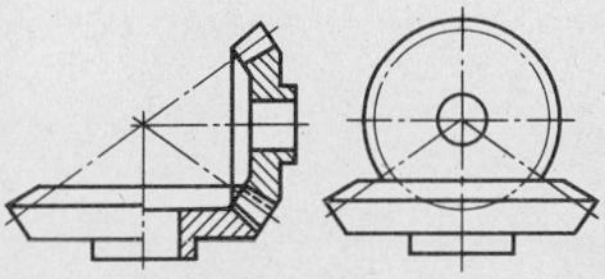

Schnecke und Schneckenrad

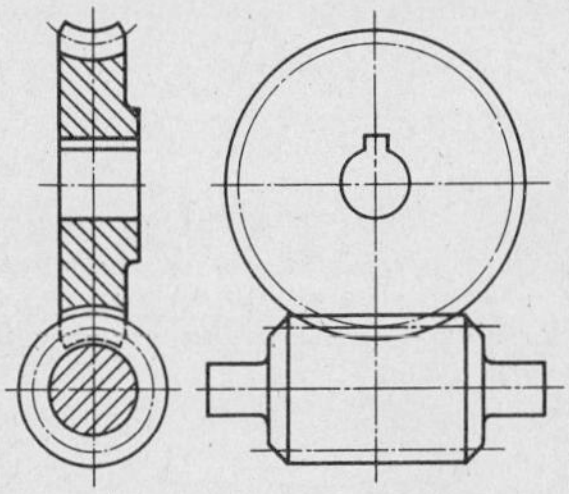

Stirnrad mit innenlieg. Gegenrad

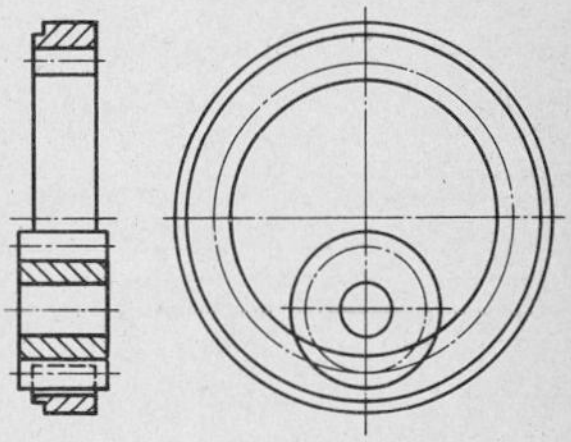

Darstellung von Wälzlagern

| Rillenkugellager DIN 625 | Schrägkugellager DIN 628 | Pendelkugellager DIN 630 | Schulterkugellager DIN 615 | Zylinderrollenlager DIN 5412 | Nadellager DIN 617 | Kegelrollenlager DIN 720 | Tonnenlager DIN 635 Teil 2 | Pendelrollenlager DIN 635 Teil 1 | Axial-Rillenkugellager DIN 711 |

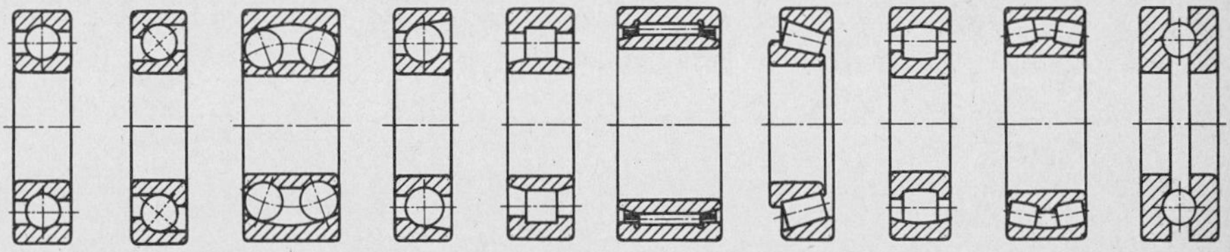

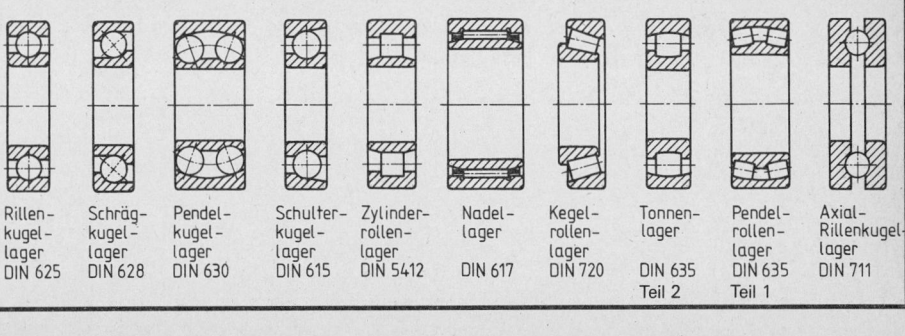

Form- und Lagetoleranzen

DIN 7184 T1 (5.72)

Formtoleranzen grenzen die zulässige Abweichung eines Elementes von seiner geometrisch idealen Form ein. Sie bestimmen die Toleranzzone, innerhalb der das Element liegen muß und beliebige Form haben darf.

Lagetoleranzen begrenzen die zulässigen Abweichungen von der idealen Lage zweier oder mehrerer Elemente zueinander. Ein oder mehrere Elemente werden als Bezugselement festgelegt.

Bezugselement ist dasjenige geometrische Element, das bei Anwendung einer Lagetoleranz als Ausgangsbasis dient.

Toleranzzone ist die Zone, innerhalb der alle Punkte eines geometrischen Elementes liegen müsen.

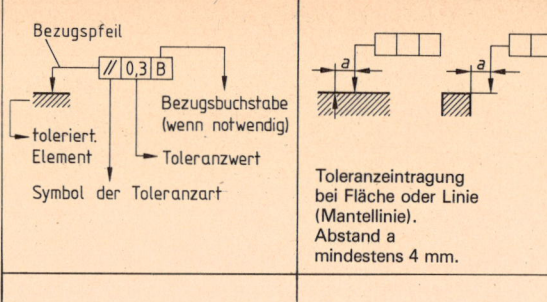

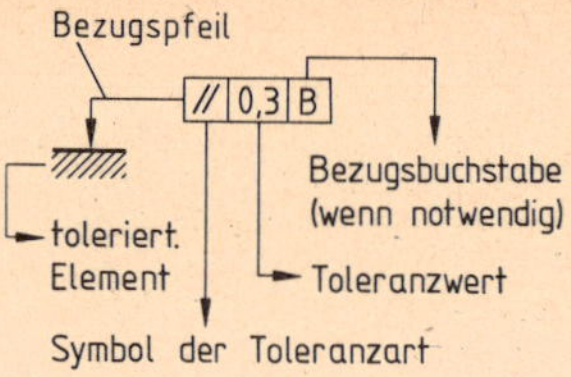

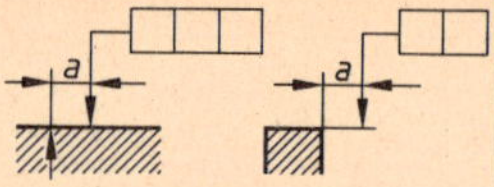

Toleranzeintragung bei Fläche oder Linie (Mantellinie).
Abstand a mindestens 4 mm.

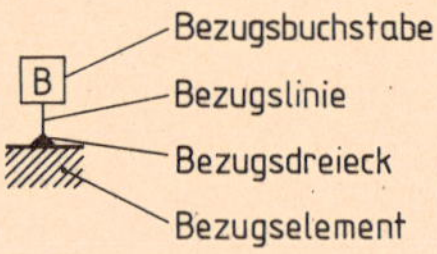

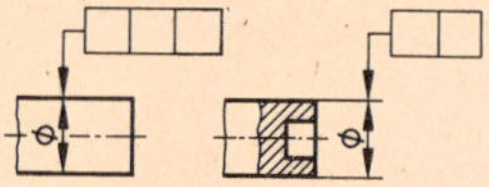

Toleranzeintragung für Achse oder Mittelebene.

Toleranzart	Symbol	tolerierte Eigenschaft	Zeichnungsangabe	Erklärung	Toleranzzone
Formtoleranzen	—	Geradheit	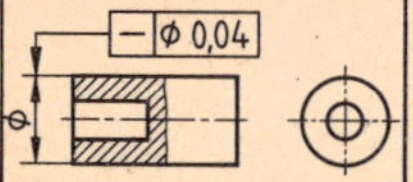	Die tolerierte Achse des Zylinders (Außenzylinder) muß innerhalb eines Zylinders vom Durchmesser $t = 0{,}04$ mm liegen.	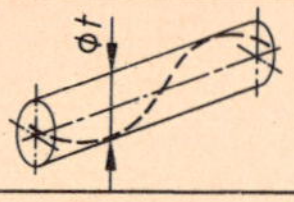
	⏥	Ebenheit	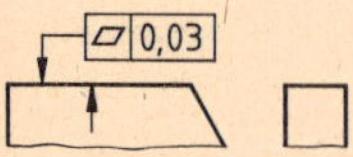	Die tolerierte Fläche muß sich zwischen zwei parallelen Ebenen vom Abstand $t = 0{,}03$ mm befinden.	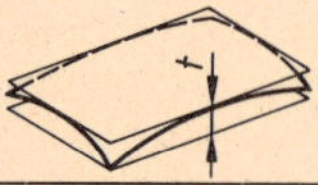
	○	Rundheit	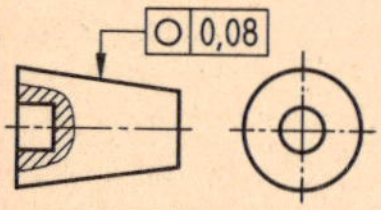	In jeder Schnittebene senkrecht zur Achse muß die tolerierte Umfangslinie zwischen zwei konzentrischen Kreisen vom Abstand $t = 0{,}08$ mm liegen. (Konzentrische Kreise = Kreise mit gleichem Mittelpunkt).	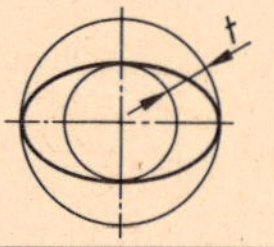
	⌭	Zylinderform	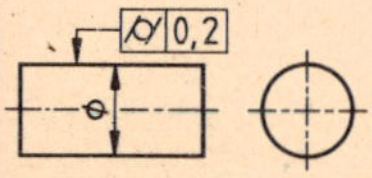	Die tolerierte Mantelfläche des Zylinders muß zwischen zwei koaxialen Zylindern liegen, die einen Abstand von $t = 0{,}2$ mm haben. (Koaxiale Zylinder = Zylinder mit gemeinsamer Achse).	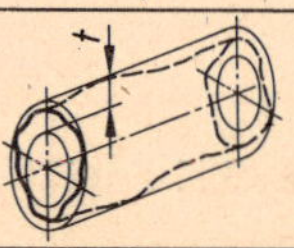
	⌒	Linienform	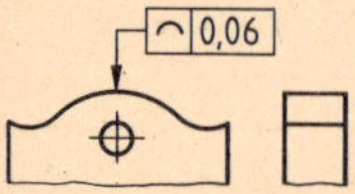	Das tolerierte Profil muß sich zwischen zwei Hüll-Linien befinden, deren Abstand durch Kreise vom Durchmesser $t = 0{,}06$ mm begrenzt wird. Die Mittelpunkte dieser Kreise liegen auf der geometrisch idealen Linie.	
	⌓	Flächenform	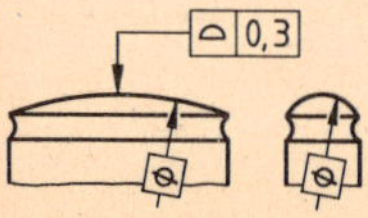	Die tolerierte Fläche muß sich zwischen zwei Hüllflächen befinden, deren Abstand durch Kugeln vom Durchmesser $t = 0{,}3$ mm begrenzt wird. Die Kugelmittelpunkte liegen auf der geometrisch idealen (theoretisch genauen) Fläche.	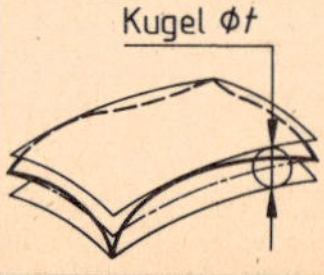

Form- und Lagetoleranzen

DIN 7184 T1 (5.72)

Toleranzart		Symbol	tolerierte Eigenschaft	Zeichnungsangabe	Erklärung	Toleranzzone
Lagetoleranzen	Richtungstoleranzen	//	Parallelität	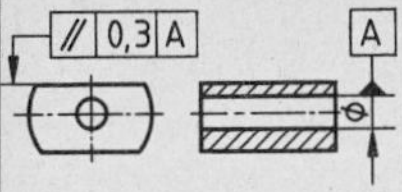	Die tolerierte Fläche muß zwischen zwei zur Bezugsachse A parallelen Ebenen vom Abstand *t* = 0,3 mm liegen.	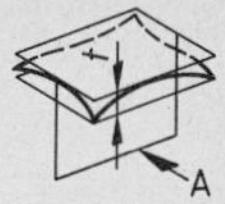
		⊥	Rechtwinkligkeit	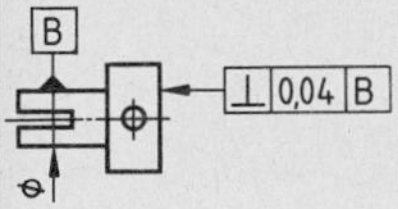	Die tolerierte Planfläche muß zwischen zwei zur Bezugsachse B senkrechten und parallelen Ebenen vom Abstand *t* = 0,04 mm liegen.	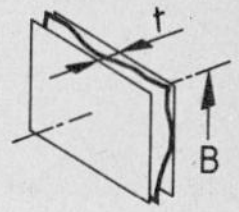
		∠	Neigung (Winkligkeit)	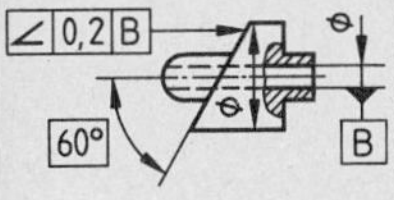	Die tolerierte Neigungsfläche muß zwischen zwei parallelen zur Bezugsachse B geneigten Ebenen vom Abstand *t* = 0,2 mm liegen. Der geometrisch ideale Winkel muß eine Neigung von 60° haben.	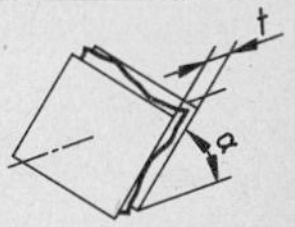
	Ortstoleranzen	⌖	Position	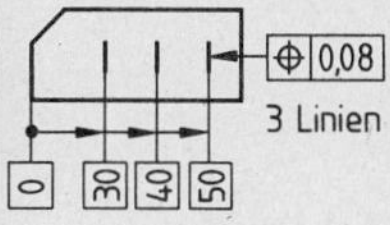	Jede der tolerierten markierten Linien muß zwischen zwei parallelen und vom geometrisch idealen Ort gleich weit entfernten Ebenen vom Abstand *t* = 0,08 mm liegen. (geometrisch ideal ≙ theoretisch genau)	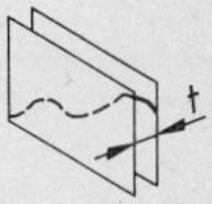
		◎	Konzentrizität und Koaxialität	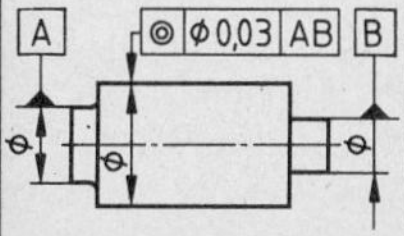	Die Achse des tolerierten Teiles der Welle muß innerhalb eines zur Bezugsachse AB koaxialen Zylinders vom Durchmesser *t* = 0,03 mm liegen. (Koaxiale Zylinder = Zylinder mit gemeinsamer Achse)	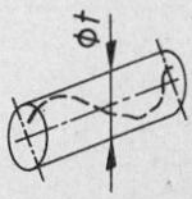
		≡	Symmetrie	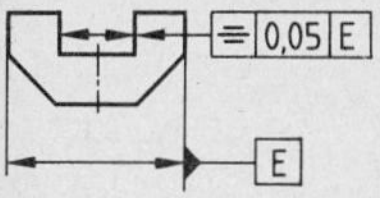	Die tolerierte Mittelebene der Nut muß zwischen zwei parallelen Ebenen vom Abstand *t* = 0,05 mm liegen, die symmetrisch zur Ebene E der beiden Außenflächen angeordnet sind.	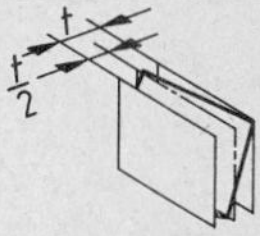
	Lauftoleranzen	↗	Rundlauf	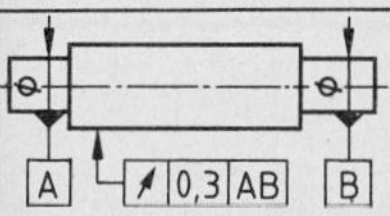	Bei Drehung der Welle um die Bezugsachse AB darf die Rundlaufabweichung in jeder Meßebene senkrecht zur Achse *t* = 0,3 mm nicht überschreiten.	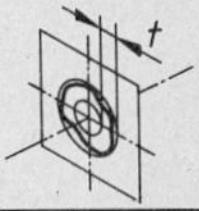
			Planlauf	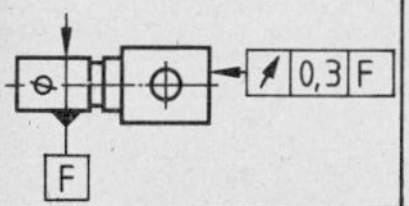	Bei Drehung der Welle um die Bezugsachse F darf die Planlaufabweichung in jedem Meßzylinder *t* = 0,3 mm nicht überschreiten.	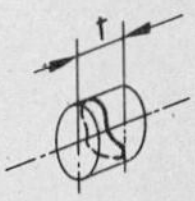

Ergänzungen zu den Form- und Lagetoleranzen

Angabe von mehreren Toleranzarten für ein toleriertes Element, z. B. Ebenheit und Planlauf:

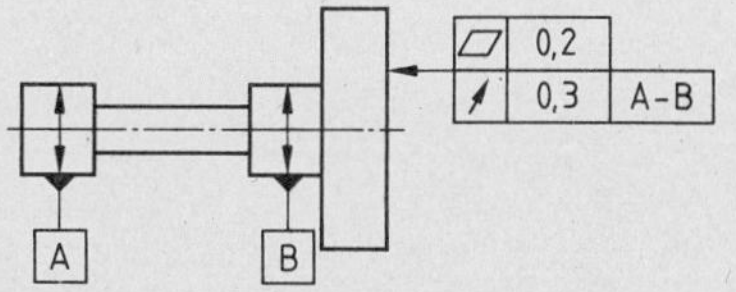

Größe des Toleranzrahmens in Abhängigkeit von der Schrifthöhe (Schriftgröße) *h*:

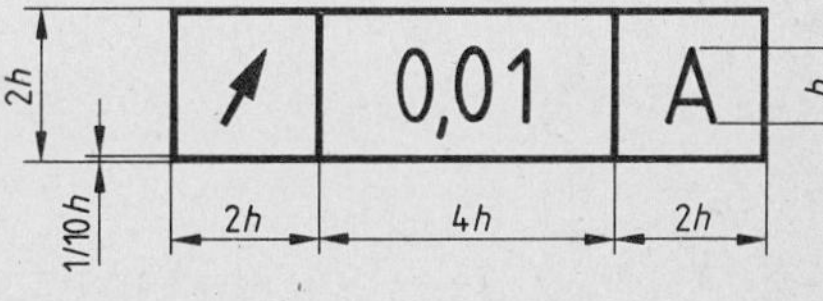

Toleranzbegriffe, Passungen, Toleranzfeldkurzzeichen

Grundbegriffe

DIN 7182 T1 (10.71); DIN 7182 T1 (Entw. 7.80)

Das **Nennmaß** (*N*) ist das in der Zeichnung genannte Maß, auf das die Abmaße bezogen sind.

Das **Istmaß** (*I*) gibt an, wie groß das fertige Werkstück tatsächlich geworden ist; dieses Maß wird durch Messen festgestellt.

Die **Toleranz** bzw. Maßtoleranz (*T*) gibt an, welcher Unterschied zwischen Größtmaß (*G*) und Kleinstmaß (*K*) geduldet (= toleriert) wird.

Die **Abmaße** (*A*), d. h. das obere Abmaß A_o und das untere Abmaß A_u geben die Grenzen der Toleranz an.

Die **Paßtoleranz** (T_p) gibt die Toleranz der Passung an; sie berechnet sich aus: Größtspiel minus Kleinstspiel oder Größtübermaß minus Kleinstübermaß oder Größtspiel plus Größtübermaß.

Nullinie: An ihr ist die Abweichung vom Nennmaß gleich Null.

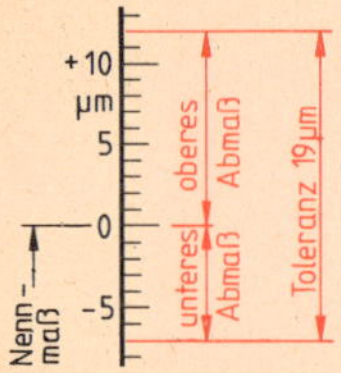

Nennmaß ∅ **25** $^{+0{,}012}_{-0{,}007}$ oberes Abmaß / unteres Abmaß

Größtmaß = größtes zulässiges Maß = **25 mm + (+ 0,012 mm) = 25,012 mm**

Kleinstmaß = kleinstes zulässiges Maß = **25 mm + (− 0,007 mm) = 24,993 mm**

Toleranz = 25,012 mm − 24,993 mm = 0,019 mm oder

Toleranz = 0,012 mm − (− 0,007 mm) = 0,012 mm + 0,007 mm = 0,019 mm

Passungen

DIN 7182 T1 (10.71); DIN 7182 T1 (Entw. 7.80)

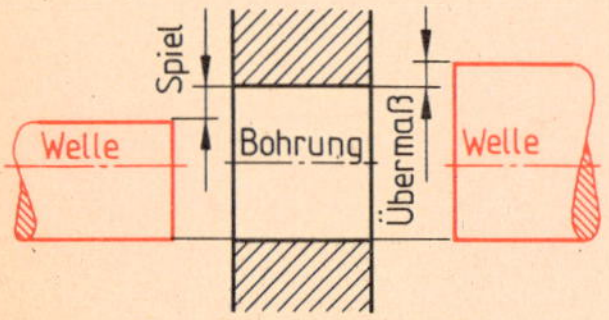

Spiel: Durchmesserunterschied zwischen Bohrung (*B*) und Welle (*W*), wenn der Bohrungsdurchmesser größer als der Wellendurchmesser ist.

Übermaß: Durchmesserunterschied zwischen Welle und Bohrung, wenn der Wellendurchmesser größer als der Bohrungsdurchmesser ist.

Die unterschiedlichen Lagen der Toleranzfelder an Bohrung und Welle ergeben entweder eine Spielpassung oder eine Preßpassung (Übermaßpassung), oder eine Übergangspassung. (G_B = Größtmaß der Bohrung, K_B = Kleinstmaß der Bohrung; G_W = Größtmaß der Welle, K_W = Kleinstmaß der Welle)

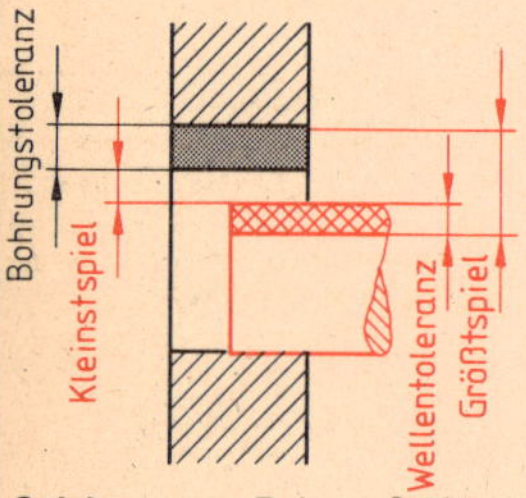

Spielpassung: Es kann Größtspiel (S_g) oder Kleinstspiel (S_k) auftreten ($S_g = G_B - K_W$; $S_k = K_B - G_W$).

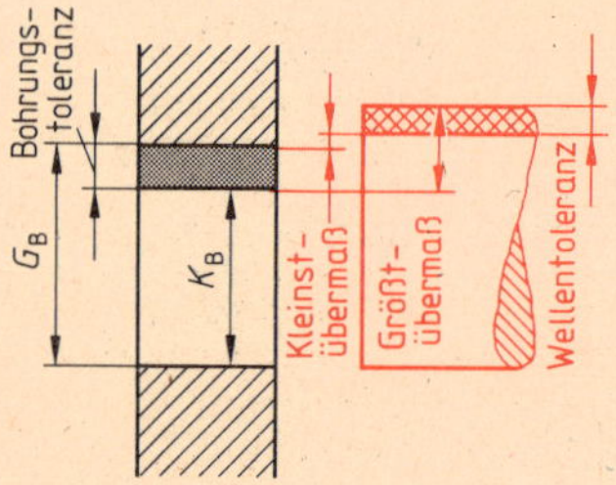

Preßpassung (Übermaßpassung): Es kann Größtübermaß (U_g) oder Kleinstübermaß (U_k) auftreten ($U_g = G_W - K_B$; $U_k = K_W - G_B$).

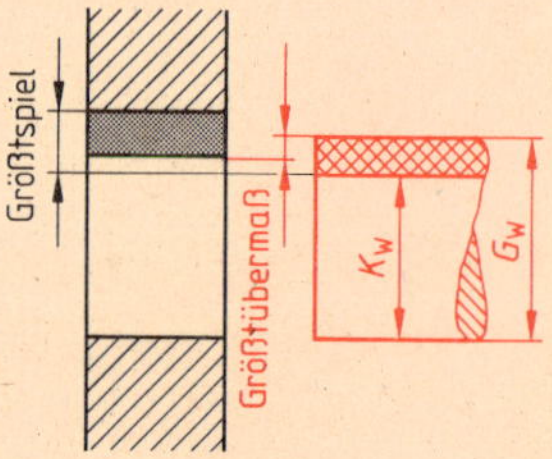

Übergangspassung: Es kann Spiel oder Übermaß auftreten ($S_g = G_B - K_W$; $U_g = G_W - K_B$).

Toleranzfeldkurzzeichen

DIN 406 T2 (8.81)

Rundpassung

Einzelteile

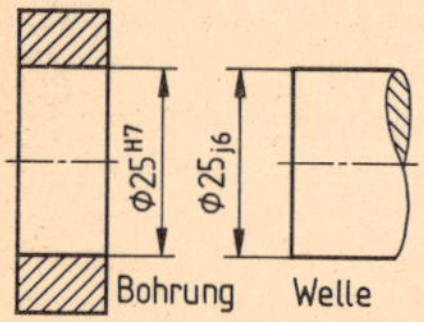

Zusammenbau

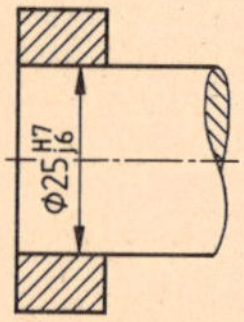

Flachpassung

Das **Außenteil** erhält Bohrungskurzzeichen.

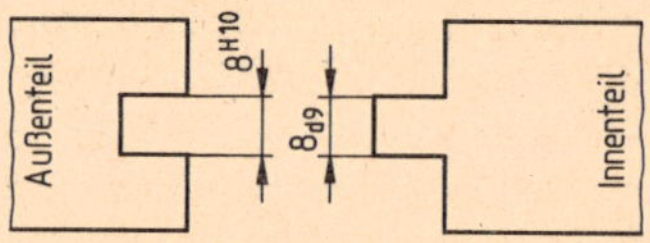

Das **Innenteil** erhält Wellenkurzzeichen.

Passungsbeispiele, Wälzlagerpassungen, Allgemeintoleranzen

Passungsbeispiele

Kurzzeichen	Merkmale und Anwendungsbeispiele
H 8 – d 9 D 10 – h 9	Die Teile **laufen** mit sehr weitem Spiel. (Förderanlagen, Landmaschinen)
H 8 – e 8 E 9 – h 9	Die Teile **laufen** mit reichlichem Spiel. (Ringschmierlager, Spindeln)
H 7 – f 7 F 7 – h 6	Die Teile **laufen** mit merklichem Spiel. (Kulissensteine in Führungen)
H 7 – g 6 G 7 – h 6	Die Teile **laufen** ohne merkliches Spiel. (Spindellager an Schleifmaschinen, ausrückbare Zahnräder, Teilkopfspindeln)
H 7 – h 6 H 7 – h 6	Die Teile **gleiten**, von Hand bewegt, gerade noch. (Pinole im Reitstock, Säulenführungen)
H 7 – j 6 J 7 – h 6	Die Teile lassen sich mit leichten Schlägen oder von Hand **verschieben**. (Riemenscheiben, Zahnräder, Nabe und Welle bei Keil- und Federverbindungen)
H 7 – m 6 M 7 – h 6	Die Teile lassen sich nur mit größerem Kraftaufwand wieder auseinander **treiben**. (Lagerbuchsen, Kolbenbolzen, Führungssäulen)
H 7 – n 6 N 7 – h 6	Die Teile **sitzen fest**, müssen aber nötigenfalls gegen Verdrehen gesichert werden. Sie lassen sich nur durch größeren Kraftaufwand wieder trennen. (Bohrbuchsen)
H 7 – s 6 S 7 – h 6	Die Teile **pressen** sich gegenseitig so fest, daß eine Sicherung gegen Verdrehen nicht erforderlich ist. (Schrumpfringe, Zahnkränze)

Toleranzen für den Einbau von Wälzlagern

DIN 5425 T1 (11.84)

Gehäusetoleranzen

Lagerart	Belastungsart	Betriebsbedingungen	Toleranzfeld
Radiallager	Punktlast für den Außenring	Loslager mit leicht verschiebbarem Außenring	H7
		Loslager bei Wärmezufuhr von der Welle	G7
	Umfangslast für den Außenring oder unbestimmte Last	normale Belastung, leichte Stöße	M7
		hohe Belastung, mittlere Stöße	N7
		hohe Belastung, starke Stöße	P7
Axiallager	Punktlast für die Gehäusescheibe		H7
	Umfangslast für die Gehäusescheibe		K7

Wellentoleranzen

Lagerart	Belastungsart	Betriebsbedingungen	Toleranzfeld
Radiallager	Punktlast für den Innenring	Loslager mit leicht verschiebbarem Innenring	g6
		Schrägkugellager und Kegelrollenlager mit angestelltem Innenring	h6
	Umfangslast für den Innenring oder unbestimmte Last	normale Belastung, leichte Stöße	m6
		hohe Belastung, mittlere Stöße	n6
		hohe Belastung, starke Stöße	p6
Axiallager	Punktlast für die Wellenscheibe		j6
	Umfangslast für die Wellenscheibe		k6

Allgemeintoleranzen (Maße ohne Toleranzangabe ≙ Freimaßtoleranzen)

DIN 7168, T1 (5.81)

Obere und untere Abmaße für Längenmaße in mm

Gen.-kts. grd. (G) / Nennmaße (N)	0,5 bis 3	über 3 bis 6	über 6 bis 30	über 30 bis 120	über 120 bis 400	über 400 bis 1000	über 1000 bis 2000	über 2000 bis 4000
f (fein)	±0,05	±0,05	±0,1	±0,15	±0,2	±0,3	±0,5	±0,8
m (mittel)	±0,1	±0,1	±0,2	±0,3	±0,5	±0,8	±1,2	±2,0
g (grob)	±0,15	±0,2	±0,5	±0,8	±1,2	±2,0	±3,0	±4,0
sg (sehr grob)	–	±0,5	±1,0	±1,5	±2,0	±3,0	±4,0	±6,0

Obere und untere Abmaße für Rundungshalbmesser und Fasen in mm

G / N	0,5 bis 3	über 3 bis 6	über 6 bis 30	über 30 bis 120	über 120 bis 400
f, m	±0,2	±0,5	±1	±2	±4
g, sg	±0,2	±1	±2	±4	±8

Obere und untere Abmaße für eingetragene Winkelmaße in Grad und Minuten (Länge des kürzeren Schenkels)

Gen.-kts.-grd. / Nennmaße (mm)	bis 10	über 10 bis 50	über 50 bis 120	über bis 400
f (fein), m (mittel)	±1°	±30′	±20′	±10′
g (grob)	±1°30′	±50′	±25′	±15′
sg (sehr grob)	±3°	±2°	±1°	±30′

Angabe nach DIN 7168, Teil 1, für Genauigkeitsgrad „mittel“: **DIN 7168-mittel** oder **DIN 7168-m**

Form und Lage

DIN 7168, Teil 2 (5.81)

Genauigkeitsgrad	Rundlauf- und Planlauftoleranz	Symmetrietoleranz
R	0,1 mm	0,3 mm
S	0,2 mm	0,5 mm
T	0,5 mm	1,0 mm
U	1,0 mm	2,0 mm

Angabe nach DIN 7168, Teil 2, für Genauigkeitsgrad „g“ für Längenmaße und „S“ für Form und Lage: **DIN 7168-g-S**

ISO-Passungen

DIN 7154 T1 (8.66)

System **Einheitsbohrung** — Abmaße in µm (1 µm = 0,001 mm)

Nennmaßbereich über … bis mm	Bohrg. H6	Wellen p 5	Wellen n 5	Wellen k 6	Wellen j 6	Wellen h 5	Bohrg. H7	Wellen s 6	Wellen r 6	Wellen n 6	Wellen m 6	Wellen k 6	Wellen j 6	Wellen h 6	Wellen g 6	Wellen f 7
1…3	+6 0	+10 +6	+8 +4	+6 0	+4 −2	0 −4	+10 0	+20 +14	+16 +10	+10 +4	+8 +2	+6 0	+4 −2	0 −6	−2 −8	−6 −16
3…6	+8 0	+17 +12	+13 +8	+9 +1	+6 −2	0 −5	+12 0	+27 +19	+23 +15	+16 +8	+12 +4	+9 +1	+6 −2	0 −8	−4 −12	−10 −22
6…10	+9 0	+21 +15	+16 +10	+10 +1	+7 −2	0 −6	+15 0	+32 +23	+28 +19	+19 +10	+15 +6	+10 +1	+7 −2	0 −9	−5 −14	−13 −28
10…14 14…18	+11 0	+26 +18	+20 +12	+12 +1	+8 −3	0 −8	+18 0	+39 +28	+34 +23	+23 +12	+18 +7	+12 +1	+8 −3	0 −11	−6 −17	−16 −34
18…24 24…30	+13 0	+31 +22	+24 +15	+15 +2	+9 −4	0 −9	+21 0	+48 +35	+41 +28	+28 +15	+21 +8	+15 +2	+9 −4	0 −13	−7 −20	−20 −41
30…40 40…50	+16 0	+37 +26	+28 +17	+18 +2	+11 −5	0 −11	+25 0	+59 +43	+50 +34	+33 +17	+25 +9	+18 +2	+11 −5	0 −16	−9 −25	−25 −50
50…65	+19 0	+45 +32	+33 +20	+21 +2	+12 −7	0 −13	+30 0	+72 +53	+60 +41	+39 +20	+30 +11	+21 +2	+12 −7	0 −19	−10 −29	−30 −60
65…80								+78 +59	+62 +43							
80…100	+22 0	+52 +37	+38 +23	+25 +3	+13 −9	0 −15	+35 0	+93 +71	+73 +51	+45 +23	+35 +13	+25 +3	+13 −9	0 −22	−12 −34	−36 −71
100…120								+101 +79	+76 +54							
120…140	+25 0	+61 +43	+45 +27	+28 +3	+14 −11	0 −18	+40 0	+117 +92	+88 +63	+52 +27	+40 +15	+28 +3	+14 −11	0 −25	−14 −39	−43 −83
140…160								+125 +100	+90 +65							
160…180								+133 +108	+93 +68							
180…200	+29 0	+70 +50	+51 +31	+33 +4	+16 −13	0 −20	+46 0	+151 +122	+106 +77	+60 +31	+46 +17	+33 +4	+16 −13	0 −29	−15 −44	−50 −96
200…225								+159 +130	+109 +80							
225…250								+169 +140	+113 +84							
250…280	+32 0	+79 +56	+57 +34	+36 +4	+16 −16	0 −23	+52 0	+190 +158	+126 +94	+66 +34	+52 +20	+36 +4	+16 −16	0 −32	−17 −49	−56 −108
280…315								+202 +170	+130 +98							
315…355	+36 0	+87 +62	+62 +37	+40 +4	+18 −18	0 −25	+57 0	+226 +190	+144 +108	+73 +37	+57 +21	+40 +4	+18 −18	0 −36	−18 −54	−62 −119
355…400								+244 +208	+150 +114							
400…450	+40 0	+95 +67	+67 +40	+45 +5	+20 −20	0 −27	+63 0	+272 +232	+166 +126	+80 +40	+63 +23	+45 +5	+20 −20	0 −40	−20 −60	−68 −131
450…500								+292 +252	+172 +132							

Eine Bohrung mit dem Toleranzfeld H (Einheitsbohrung) ergibt gepaart mit einer Welle mit dem Toleranzfeld a bis h eine Spielpassung, j bis n im allgemeinen eine Übergangspassung und p bis z meist eine Preßpassung.

ISO-Passungen

DIN 7154 T1 (8.66)

System **Einheitsbohrung** — Abmaße in µm (1 µm = 0,001 mm)

Nennmaß-bereich über…bis mm	Bohrg.	Wellen					Bohrg.	Wellen				
	H8	x 8	u 8	h 9	e 8	d 9	**H11**	h 9	h 11	d 9	c 11	a 11
1…3	+ 14 0	+ 34 + 20	– –	0 – 25	– 14 – 28	– 20 – 45	+ 60 0	0 – 25	0 – 60	– 20 – 45	– 60 – 120	– 270 – 330
3…6	+ 18 0	+ 46 + 28	– –	0 – 30	– 20 – 38	– 30 – 60	+ 75 0	0 – 30	0 – 75	– 30 – 60	– 70 – 145	– 270 – 345
6…10	+ 22 0	+ 56 + 34	– –	0 – 36	– 25 – 47	– 40 – 76	+ 90 0	0 – 36	0 – 90	– 40 – 76	– 80 – 170	– 280 – 370
10…14	+ 27 0	+ 67 + 40	– –	0 – 43	– 32 – 59	– 50 – 93	+ 110 0	0 – 43	0 – 110	– 50 – 93	– 95 – 205	– 290 – 400
14…18		+ 72 + 45	– –									
18…24	+ 33 0	+ 87 + 54	– –	0 – 52	– 40 – 73	– 65 – 117	+ 130 0	0 – 52	0 – 130	– 65 – 117	– 110 – 240	– 300 – 430
24…30		+ 97 + 64	+ 81 + 48									
30…40	+ 39 0	+ 119 + 80	+ 99 + 60	0 – 62	– 50 – 89	– 80 – 142	+ 160 0	0 – 62	0 – 160	– 80 – 142	– 120 – 280	– 310 – 470
40…50		+ 136 + 97	+ 109 + 70								– 130 – 290	– 320 – 480
50…65	+ 46 0	+ 168 + 122	+ 133 + 87	0 – 74	– 60 – 106	– 100 – 174	+ 190 0	0 – 74	0 – 190	– 100 – 174	– 140 – 330	– 340 – 530
65…80		+ 192 + 146	+ 148 + 102								– 150 – 340	– 360 – 550
80…100	+ 54 0	+ 232 + 178	+ 178 + 124	0 – 87	– 72 – 126	– 120 – 207	+ 220 0	0 – 87	0 – 220	– 120 – 207	– 170 – 390	– 380 – 600
100…120		+ 264 + 210	+ 198 + 144								– 180 – 400	– 410 – 630
120…140	+ 63 0	+ 311 + 248	+ 233 + 170	0 – 100	– 85 – 148	– 145 – 245	+ 250 0	0 – 100	0 – 250	– 145 – 245	– 200 – 450	– 460 – 710
140…160		+ 343 + 280	+ 253 + 190								– 210 – 460	– 520 – 770
160…180		+ 373 + 310	+ 273 + 210								– 230 – 480	– 580 – 830
180…200	+ 72 0	+ 422 + 350	+ 308 + 236	0 – 115	– 100 – 172	– 170 – 285	+ 290 0	0 – 115	0 – 290	– 170 – 285	– 240 – 530	– 660 – 950
200…225		+ 457 + 385	+ 330 + 258								– 260 – 550	– 740 – 1030
225…250		+ 497 + 425	+ 356 + 284								– 280 – 570	– 820 – 1110
250…280	+ 81 0	+ 556 + 475	+ 396 + 315	0 – 130	– 110 – 191	– 190 – 320	+ 320 0	0 – 130	0 – 320	– 190 – 320	– 300 – 620	– 920 – 1240
280…315		+ 606 + 525	+ 431 + 350								– 330 – 650	– 1050 – 1370
315…355	+ 89 0	+ 679 + 590	+ 479 + 390	0 – 140	– 125 – 214	– 210 – 350	+ 360 0	0 – 140	0 – 360	– 210 – 350	– 360 – 720	– 1200 – 1560
355…400		– –	+ 524 + 435								– 400 – 760	– 1350 – 1710
400…450	+ 97 0	– –	+ 587 + 490	0 – 155	– 135 – 232	– 230 – 385	+ 400 0	0 – 155	0 – 400	– 230 – 385	– 440 – 840	– 1500 – 1900
450…500		+ – –	+ 637 + 540								– 480 – 880	– 1650 – 2050

Der Nennmaßbereich beinhaltet immer die Werte von „über bis einschließlich". Es hat z. B. die Einheitsbohrung 50 H8 die Abmaße + 39 µm und 0 µm. Die Einheitsbohrung 51 H8 hat die Abmaße + 46 µm und 0 µm. Nennmaßbereiche über 500 mm bis 10 000 mm sind in DIN 7172 T1 (Entwurf 4.85) festgelegt.

ISO-Passungen

DIN 7155 T1 (8.66)

System **Einheitswelle** — Abmaße in µm (1 µm = 0,001 mm)

Nennmaß-bereich über … bis mm	Welle **h5**	Bohrungen P 6	N 6	M 6	J 6	H 6	Welle **h6**	Bohrungen S 7	R 7	N 7	M 7	K 7	J 7	H 7	G 7	F 7
1…3	0 −4	−6 −12	−4 −10	−2 −8	+2 −4	+6 0	0 −6	−14 −24	−10 −20	−4 −14	−2 −12	0 −10	+4 −6	+10 0	+12 +2	+16 +6
3…6	0 −5	−9 −17	−5 −13	−1 −9	+5 −3	+8 0	0 −8	−15 −27	−11 −23	−4 −16	0 −12	+3 −9	+6 −6	+12 0	+16 +4	+22 +10
6…10	0 −6	−12 −21	−7 −16	−3 −12	+5 −4	+9 0	0 −9	−17 −32	−13 −28	−4 −19	0 −15	+5 −10	+8 −7	+15 0	+20 +5	+28 +13
10…18	0 −8	−15 −26	−9 −20	−4 −15	+6 −5	+11 0	0 −11	−21 −39	−16 −34	−5 −23	0 −18	+6 −12	+10 −8	+18 0	+24 +6	+34 +16
18…30	0 −9	−18 −31	−11 −24	−4 −17	+8 −5	+13 0	0 −13	−27 −48	−20 −41	−7 −28	0 −21	+6 −15	+12 −9	+21 0	+28 +7	+41 +20
30…40 40…50	0 −11	−21 −37	−12 −28	−4 −20	+10 −6	+16 0	0 −16	−34 −59	−25 −50	−8 −33	0 −25	+7 −18	+14 −11	+25 0	+34 +9	+50 +25
50…65	0 −13	−26 −45	−14 −33	−5 −24	+13 −6	+19 0	0 −19	−42 −72	−30 −60	−9 −39	0 −30	+9 −21	+18 −12	+30 0	+40 +10	+60 +30
65…80								−48 −78	−32 −62							
80…100	0 −15	−30 −52	−16 −38	−6 −28	+16 −6	+22 0	0 −22	−58 −93	−38 −73	−10 −45	0 −35	+10 −25	+22 −13	+35 0	+47 +12	+71 +36
100…120								−66 −101	−41 −76							
120…140	0 −18	−36 −61	−20 −45	−8 −33	+18 −7	+25 0	0 −25	−77 −117	−48 −88	−12 −52	0 −40	+12 −28	+26 −14	+40 0	+54 +14	+83 +43
140…160								−85 −125	−50 −90							
160…180								−93 −133	−53 −93							
180…200	0 −20	−41 −70	−22 −51	−8 −37	+22 −7	+29 0	0 −29	−105 −151	−60 −106	−14 −60	0 −46	+13 −33	+30 −16	+46 0	+61 +15	+96 +50
200…225								−113 −159	−63 −109							
225…250								−123 −169	−67 −113							
250…280	0 −23	−47 −79	−25 −57	−9 −41	+25 −7	+32 0	0 −32	−138 −190	−74 −126	−14 −66	0 −52	+16 −36	+36 −16	+52 0	+69 +17	+108 +56
280…315								−150 −202	−78 −130							
315…355	0 −25	−51 −87	−26 −62	−10 −46	+29 −7	+36 0	0 −36	−169 −226	−87 −144	−16 −73	0 −57	+17 −40	+39 −18	+57 0	+75 +18	+119 +62
355…400								−187 −244	−93 −150							
400…450	0 −27	−55 −95	−27 −67	−10 −50	+33 −7	+40 0	0 −40	−209 −272	−103 −166	−17 −80	0 −63	+18 −45	+43 −20	+63 0	+83 +20	+131 +68
450…500								−229 −292	−109 −172							

Eine Welle mit dem Toleranzfeld h (Einheitswelle) ergibt gepaart mit einer Bohrung mit dem Toleranzfeld A bis H eine Spielpassung, J bis N im allgemeinen eine Übergangspassung und P bis Z meist eine Preßpassung.

ISO-Passungen

DIN 7155 T1 (8.66)

System **Einheitswelle** — Abmaße in µm (1 µm = 0,001 mm)

Nennmaß-bereich über…bis mm	Welle h9	Bohrungen H 8	H 11	F 8	E 9	D 10	C 11	Welle h11	Bohrungen H 11	D 11	C 11	A 11
1…3	0 − 25	+14 0	+ 60 0	+ 20 + 6	+ 39 + 14	+ 60 + 20	+120 + 60	0 − 60	+ 60 0	+ 80 + 20	+120 + 60	+ 330 + 270
3…6	0 − 30	+18 0	+ 75 0	+ 28 + 10	+ 50 + 20	+ 78 + 30	+145 + 70	0 − 75	+ 75 0	+105 + 30	+145 + 70	+ 345 + 270
6…10	0 − 36	+22 0	+ 90 0	+ 35 + 13	+ 61 + 25	+ 98 + 40	+170 + 80	0 − 90	+ 90 0	+130 + 40	+170 + 80	+ 370 + 280
10…18	0 − 43	+27 0	+110 0	+ 43 + 16	+ 75 + 32	+120 + 50	+205 + 95	0 −110	+110 0	+160 + 50	+205 + 95	+ 400 + 290
18…30	0 − 52	+33 0	+130 0	+ 53 + 20	+ 92 + 40	+149 + 65	+240 +110	0 −130	+130 0	+195 + 65	+240 +110	+ 430 + 300
30…40	0 − 62	+39 0	+160 0	+ 64 + 25	+112 + 50	+180 + 80	+280 +120	0 −160	+160 0	+240 + 80	+280 +120	+ 470 + 310
40…50							+290 +130				+290 +130	+ 480 + 320
50…65	0 − 74	+46 0	+190 0	+ 76 + 30	+134 + 60	+220 +100	+330 +140	0 −190	+190 0	+290 +100	+330 +140	+ 530 + 340
65…80							+340 +150				+340 +150	+ 550 + 360
80…100	0 − 87	+54 0	+220 0	+ 90 + 36	+159 + 72	+260 +120	+390 +170	0 −220	+220 0	+340 +120	+390 +170	+ 600 + 380
100…120							+400 +180				+400 +180	+ 630 + 410
120…140	0 −100	+63 0	+250 0	+106 + 43	+185 + 85	+305 +145	+450 +200	0 −250	+250 0	+395 +145	+450 +200	+ 710 + 460
140…160							+460 +210				+460 +210	+ 770 + 520
160…180							+480 +230				+480 +230	+ 830 + 580
180…200	0 −115	+72 0	+290 0	+122 + 50	+215 +100	+355 +170	+530 +240	0 −290	+290 0	+460 +170	+530 +240	+ 950 + 660
200…225							+550 +260				+550 +260	+1030 + 740
225…250							+570 +280				+570 +280	+1110 + 820
250…280	0 −130	+81 0	+320 0	+137 + 56	+240 +110	+400 +190	+620 +300	0 −320	+320 0	+510 +190	+620 +300	+1240 + 920
280…315							+650 +330				+650 +330	+1370 +1050
315…355	0 −140	+89 0	+360 0	+151 + 62	+265 +125	+440 +210	+720 +360	0 −360	+360 0	+570 +210	+720 +360	+1560 +1200
355…400							+760 +400				+760 +400	+1710 +1350
400…450	0 −155	+97 0	+400 0	+165 + 68	+290 +135	+480 +230	+840 +440	0 −400	+400 0	+630 +230	+840 +440	+1900 +1500
450…500							+880 +480				+880 +480	+2050 +1650

Der Nennmaßbereich beinhaltet immer die Werte von „über bis einschließlich". Es hat z. B. die Einheitswelle 50 h9 die Abmaße 0 µm und −62 µm. Die Einheitswelle 51 h9 hat die Abmaße 0 µm und −74 µm. Nennmaßbereiche über 500 mm bis 10000 mm sind in DIN 7172 T1 (Entwurf 4.85) festgelegt.

ISO-Toleranzen, Passungsauswahl

ISO-Grundtoleranzen (Toleranzwerte in µm; 1 µm = 0,001 mm) DIN 7151 (11.64)

Nennmaßbereich über…bis mm	IT-Qualitäten 01	0	1	2	3	4	5	6	7	8	9	10	11	12	13	14	15	16	17	18
1…3	0,3	0,5	0,8	1,2	2	3	4	6	10	14	25	40	60	100	140	250	400	600	–	–
3…6	0,4	0,6	1	1,5	2,5	4	5	8	12	18	30	48	75	120	180	300	480	750	–	–
6…10	0,4	0,6	1	1,5	2,5	4	6	9	15	22	36	58	90	150	220	360	580	900	1500	–
10…18	0,5	0,8	1,2	2	3	5	8	11	18	27	43	70	110	180	270	430	700	1100	1800	2700
18…30	0,6	1	1,5	2,5	4	6	9	13	21	33	52	84	130	210	330	520	840	1300	2100	3300
30…50	0,6	1	1,5	2,5	4	7	11	16	25	39	62	100	160	250	390	620	1000	1600	2500	3900
50…80	0,8	1,2	2	3	5	8	13	19	30	46	74	120	190	300	460	740	1200	1900	3000	4600
80…120	1	1,5	2,5	4	6	10	15	22	35	54	87	140	220	350	540	870	1400	2200	3500	5400
120…180	1,2	2	3,5	5	8	12	18	25	40	63	100	160	250	400	630	1000	1600	2500	4000	6300
180…250	2	3	4,5	7	10	14	20	29	46	72	115	185	290	460	720	1150	1850	2900	4600	7200
250…315	2,5	4	6	8	12	16	23	32	52	81	130	210	320	520	810	1300	2100	3200	5200	8100
315…400	3	5	7	9	13	18	25	36	57	89	140	230	360	570	890	1400	2300	3600	5700	8900
400…500	4	6	8	10	15	20	27	40	63	97	155	250	400	630	970	1550	2500	4000	6300	9700

ISO-Toleranzen (Auszug) Abmaße in µm DIN 7160 und DIN 7161 (beide 8.65)

Abmaße für Außenmaße (Wellen) in µm h 7	h 8	h 10	h 12	js 6	js 8	js 9	Nennmaßbereich über…bis mm	Abmaße für Innenmaße (Bohrungen) in µm H 9	H 10	H 12	J 9	JS 6	JS 8	JS 9	N 9	P 9
0 −12	0 −18	0 −48	0 −120	±4	±9	±15	3…6	+30 0	+48 0	+120 0	±15	±4	±9	±15	0 −30	−12 −42
0 −15	0 −22	0 −58	0 −150	±4,5	±11	±18	6…10	+36 0	+58 0	+150 0	±18	±4,5	±11	±18	0 −36	−15 −51
0 −18	0 −27	0 −70	0 −180	±5,5	±13,5	±21,5	10…18	+43 0	+70 0	+180 0	+21 −22	±5,5	±13,5	±21,5	0 −43	−18 −61
0 −21	0 −33	0 −84	0 −210	±6,5	±16,5	±26	18…30	+52 0	+84 0	+210 0	±26	±6,5	±16,5	±26	0 −52	−22 −74
0 −25	0 −39	0 −100	0 −250	±8	±19,5	±31	30…50	+62 0	+100 0	+250 0	±31	±8	±19,5	±31	0 −62	−26 −88
0 −30	0 −46	0 −120	0 −300	±9,5	±23	±37	50…80	+74 0	+120 0	+300 0	±37	±9,5	±23	±37	0 −74	−32 −106
0 −35	0 −54	0 −140	0 −350	±11	±27	±43,5	80…120	+87 0	+140 0	+350 0	+43 −44	±11	±27	±43,5	0 −87	−37 −124
0 −40	0 −63	0 −160	0 −400	±12,5	±31,5	±50	120…180	+100 0	+160 0	+400 0	±50	±12,5	±31,5	±50	0 −100	−43 −143
0 −46	0 −72	0 −185	0 −460	±14,5	±36	±57,5	180…250	+115 0	+185 0	+460 0	+57 −58	±14,5	±36	±57,5	0 −115	−50 −165

Passungsauswahl (Auszug) DIN 7157 (1.66)

System	Teil	Spielpassungen								Übergangspassungen			Preßpassungen			
Einheitsbohrung	Bohrg.	H11	H8	H8	H8	H7	H7	H8	H7	H7	H7	H7	H7	H7	H8	H8
	Welle	d9	d9	e8	f7	f7	g6	h9	h6	j6	k6	n6	r6	s6	u8	x8
Einheitswelle	Bohrg.	C11	C11	D10	E9	F8	F8	G7	H8	nicht festgelegt			nicht festgelegt			
	Welle	h11	h9	h9	h9	h9	h6	h6	h9							

Erreichbare Rauheit von Oberflächen

Erreichbare gemittelte Rauhtiefe „R_z“

DIN 4766 T1 (3.81)

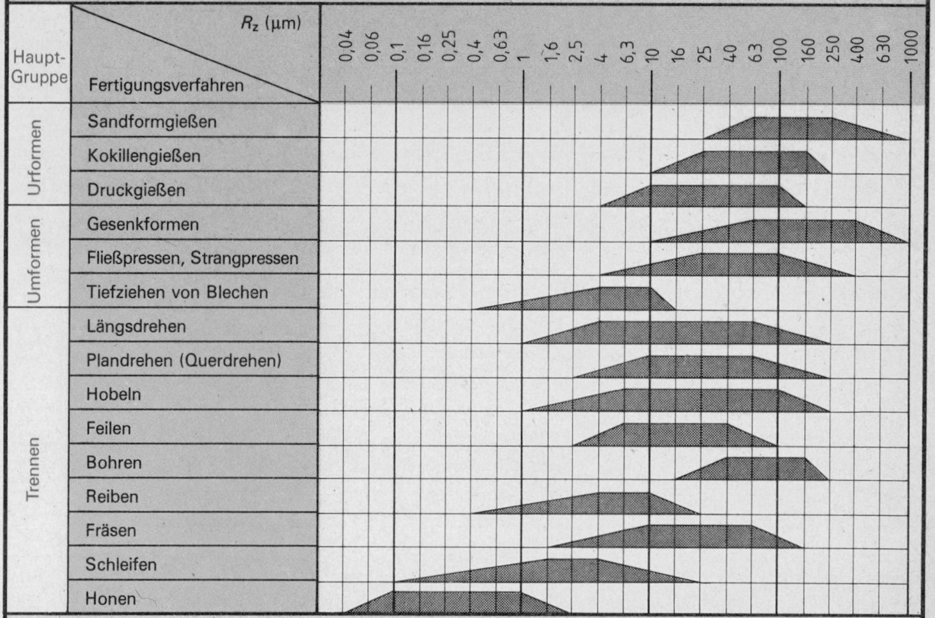

Erreichbare Mittenrauhwerte „R_a“

DIN 4766 T2 (3.81)

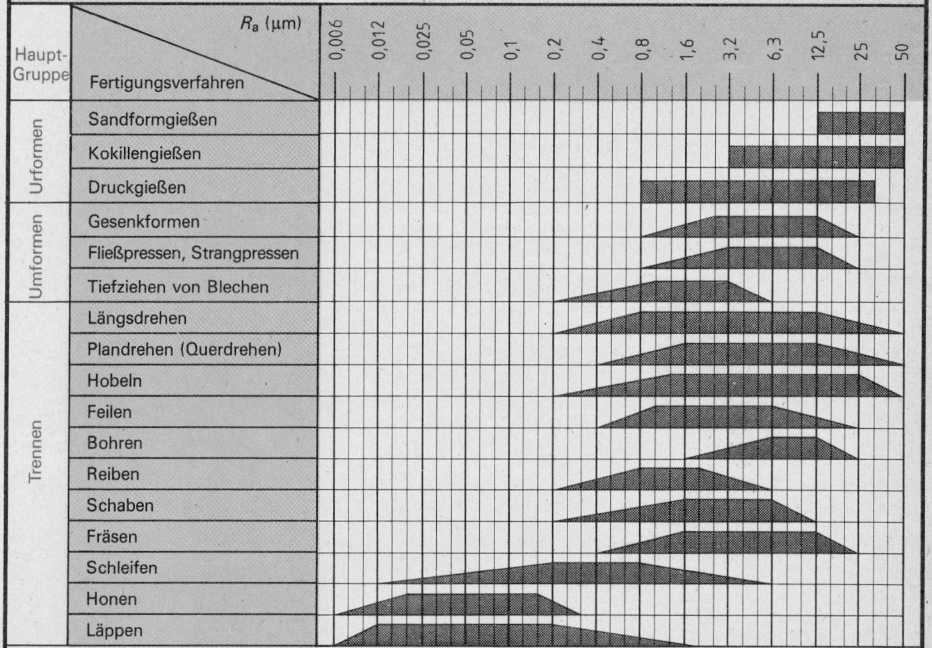

Zeichenerklärung: mit besonderer Sorgfalt erreichbare Rauheitswerte

Rauheitswert bei grober Fertigung

Oberflächenangaben

Angabe der Oberflächenbeschaffenheit

DIN ISO 1302 (6.80)

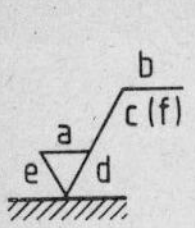

- a Rauheitswert (Mittenrauhwert) R_a in µm oder Rauheitsklasse N1 bis N12
- b Fertigungsverfahren (Bearbeitung), Oberflächenbehandlung
- c Grenzwellenlänge (Bezugsstrecke) in mm
- d Rillenrichtung
- e Bearbeitungszugabe in mm
- f andere Rauheitsmeßgrößen (z. B. R_z; R_p; R_{max})

1 2 3

Symbol	Beispiele (Erklärung)
	Beliebig (spanend oder spanlos) hergestellte Oberfläche mit einem Mittenrauhwert $R_a \leqq 3{,}2$ µm.
	Spanlos hergestellte Oberfläche mit einer größten gemittelten Rauhtiefe $R_z = 2{,}5$ µm (rechtes Symbol wird in Deutschland bevorzugt verwendet).
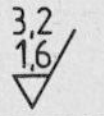	Spanend hergestellte Oberfläche mit einem Mittenrauhwert $R_a = 1{,}6$ µm bis 3,2 µm.
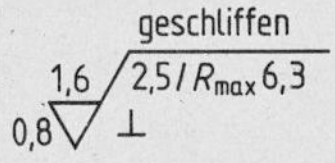	Spanend durch Schleifen hergestellte Oberfläche mit Bearbeitungszugabe 0,8 mm. Mittenrauhwert $R_a \leqq 1{,}6$ µm bei Grenzwellenlänge 2,5 mm Rillenrichtung senkrecht zur Projektionsebene Max. Rauhtiefe $R_{max} = 6{,}3$ µm bei Grenzwellenlänge 2,5 mm

1 Das Grundsymbol für die Angabe der Oberflächenbeschaffenheit besteht aus einem 60° Winkel mit ungleicher Schenkellänge. Das Grundsymbol allein ist nicht aussagefähig.

2 Bei einer **materialabtrennenden** (spanenden) Bearbeitung erhält das Grundsymbol eine Querlinie.

3 Bei einer **nicht materialabtrennenden** (spanlosen) Bearbeitung wird dem Grundsymbol ein Kreis hinzugefügt. Dieses Symbol kann auch anzeigen, daß eine Oberfläche im Anlieferzustand verbleiben soll.

Darstellung der Rillenrichtung	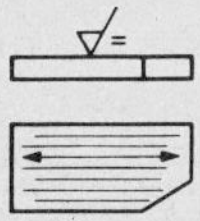	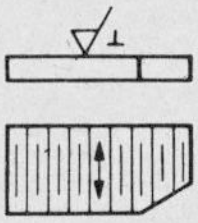	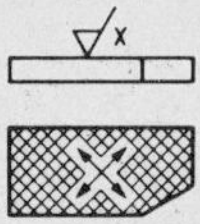	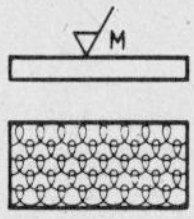		
Symbol	=	⊥	X	M	C	R
Rillenrichtung ist/hat...	parallel zur Projektionsebene	senkrecht zur Projektionsebene	gekreuzt in 2 schrägen Richtg.	viele Richtungen	zentrisch zum Mittelpunkt	radial zum Mittelpunkt

Die Symbole sind so anzuordnen, daß sie von unten oder von rechts lesbar sind. Sind von einem Werkstück mehrere Ansichten gezeichnet, so werden die Oberflächenangaben dort eingetragen, wo die betreffende Fläche bemaßt ist. Die Größe des Symbols hängt von der Linienbreite „d" ab: $H_1 = 14\,d$; $H_2 = 2\,H_1$. Der längere Schenkel befindet sich von der Spitze aus gesehen immer rechts.

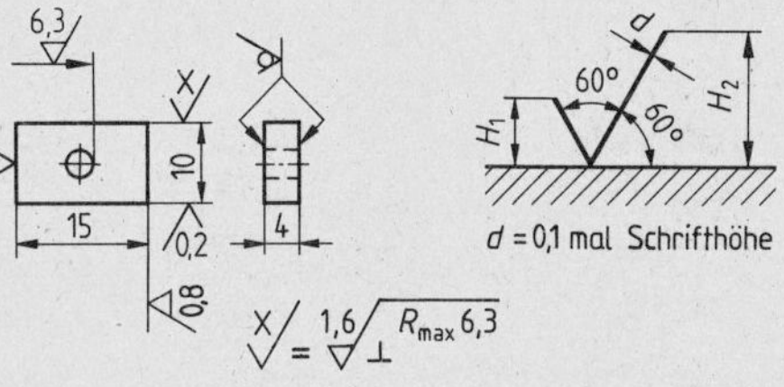

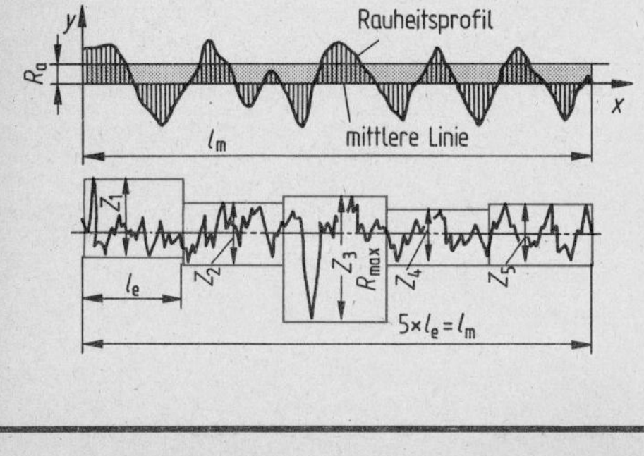

Ermittlung der Rauheitsmeßgrößen R_a, R_z, R_{max} mit elektrischen Tastschnittgeräten

(DIN 4768 T1; 8.74)

1. Der **Mittenrauhwert** R_a entspricht der Höhe eines Rechteckes, dessen Länge gleich der Gesamtmeßstrecke l_m ist. Das Rechteck muß flächengleich mit der Summe der zwischen Rauheitsprofil und mittlerer Linie eingeschlossenen Flächen sein.
2. Die **gemittelte Rauhtiefe** R_z stellt das arithmetische Mittel aus den Einzelrauhtiefen ($Z_1 \ldots Z_5$) fünf aneinandergrenzender Einzelmeßstrecken dar.
3. Die **maximale Rauhtiefe** R_{max} ist die größte der auf der Gesamtstrecke l_m vorkommenden Einzelrauhtiefen.
4. Die **Grenzwellenlänge** λ_c ist der zur Auswertung benutzte Teil der Prüflänge.

Oberflächenangaben, Härteangaben

Oberflächenangaben

DIN 3141 (zurückgezogen); DIN ISO 1302 (Beibl. 2; 10.80)

Bedeutung nach DIN 140 (zurückgezogen)	Oberflächenzeichen	R_z (R_t) in µm				Umrechnung auf R_a in µm			
		R 1	R 2	R 3	R 4	R 1	R 2	R 3	R 4
Rohe Oberfläche durch sorgfältige spanlose Herstellung	∼	beliebig				wahlweise: roh √			
geschruppt Riefen fühlbar und mit bloßem Auge sichtbar	▽	160	100	63	25	25	12,5	6,3	3,2
geschlichtet Riefen mit bloßem Auge noch sichtbar	▽▽	40	25	16	10	6,3	3,2	1,6	1,6
feingeschlichtet Riefen mit bloßem Auge nicht mehr sichtbar	▽▽▽	16	6,3	4	2,5	1,6	0,8	0,4	0,2
DIN 140 enthält dieses Oberflächenzeichen nicht	▽▽▽▽	–	1	1	0,4	–	0,1	0,1	0,025

Zeichnungsangabe z. B. **Oberflächen DIN 3141 Reihe 3** (R3 ≙ Reihe 3).

Rauheitsklasse	N 1	N 2	N 3	N 4	N 5	N 6	N 7	N 8	N 9	N 10	N 11	N 12
R_a in µm	0,025	0,05	0,1	0,2	0,4	0,8	1,6	3,2	6,3	12,5	25	50

Maße für die Gestaltabweichung in µm

E DIN 4762 Teil 1 (5.78)

Das **Bezugsprofil** ist eine dem Istprofil angepaßte Linie, die das Istprofil im höchsten Punkt *H* berührt. Die durch den tiefsten Punkt *T* laufende Parallele zum Bezugsprofil wird als **Grundprofil** bezeichnet. Die **Rauhtiefe** R_t ist der Abstand zwischen Grundprofil und Bezugsprofil. Die **Glättungstiefe** R_p ist der Abstand des mittleren Profils vom Bezugsprofil.

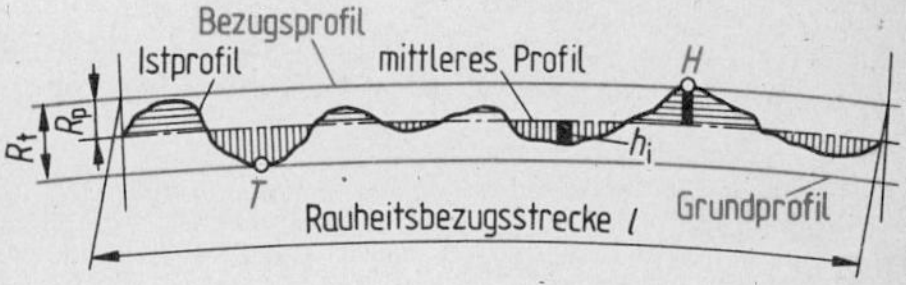

Rauheit und Maßtoleranz im ISO-Toleranzsystem

Zwischen der Maßtoleranz und der Rauheit besteht kein direkter Zusammenhang. Für Paßflächen gilt die Faustformel: $\mathbf{R_z \approx 0{,}5}$ **mal IT** (IT = Grundtoleranz nach DIN 7151). **Beispiel:** R_z für 25 H7 ≈ 0,5 · 21 µm ≈ 10 µm.

Härteangaben

DIN 6773 T3 (11.76); T2 u. T4 (5.77)

Wärmebehandlung des ganzen Teiles

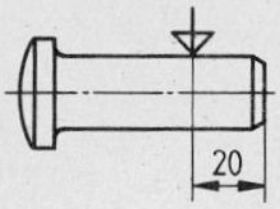

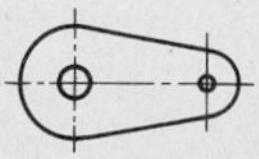

Teilweise Wärmebehandlung

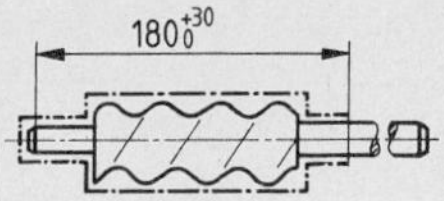

–·–·– gehärtet und angelassen 61 + 3HRC

Nicht gekennzeichnete Bereiche dürfen nicht gehärtet oder angelassen werden.

Randschichthärtung

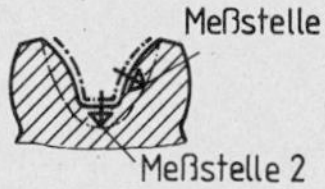

–·–·– randschichtgehärtet, ganzes Teil angelassen 52 + 6 HRC
Meßstelle 1: Rht 450 = 1,6+1,3
Meßstelle 2: Rht 450 = 1+1

An der Meßstelle 1 muß die Einhärtungstiefe mit einer Grenzhärte von 450 HV (Vickershärte) mindestens 1,6 mm, höchstens 2,9 mm betragen.

Einsatzhärtung

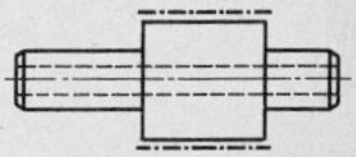

–·–·– einsatzgehärtet und angelassen 60 + 4HRC Eht = 0,8+0,4
Aufkohlung des ganzen Teils zulässig

Die Oberflächenhärte muß 60…64 HRC betragen, die Einsatzhärtungstiefe 0,8…1,2 mm. Nur die gekennzeichneten Stellen dürfen gehärtet werden.

Stoffwerte

Gasförmige Stoffe

Stoff	Dichte bei 0 °C und 1,013 bar ϱ kg/m³	Dichtezahl[4] ϱ/ϱ_L	Schmelztemperatur bei 1,013 bar ϑ °C	Siedetemperatur bei 1,013 bar ϑ °C	Wärmeleitfähigk. bei 20 °C λ W/m·K	Wärmeleitzahl[5] λ/λ_L	Spezifische Wärmekapazität bei 20 °C und 1,013 bar c_p[2] kJ/kg·K	c_v[3]
Acetylen (C_2H_2)	1,17	0,905	− 84	− 82	0,021	0,81	1,64	1,33
Ammoniak (NH_3)	0,77	0,596	− 78	− 33	0,024	0,92	2,06	1,56
Butan (C_4H_{10})	2,70	2,088	−135	− 0,5	0,016	0,62	—	—
Frigen (CF_2CL_2)	5,51	4,261	−140	− 30	0,010	0,39	—	—
Kohlenoxid (CO)	1,25	0,967	−205	−190	0,025	0,96	1,05	0,75
Kohlendioxid (CO_2)	1,98	1,531	− 57[1]	− 78	0,016	0,62	0,82	0,63
Luft	1,293	1,0	−220	−191	0,026	1,00	1,005	0,716
Methan (CH_4)	0,72	0,557	−183	−162	0,033	1,27	2,19	1,68
Propan (C_3H_8)	2,00	1,547	−190	− 43	0,018	0,69	—	—
Sauerstoff (O_2)	1,43	1,106	−219	−183	0,026	1,00	0,91	0,65
Stickstoff (N_2)	1,25	0,967	−210	−196	0,026	1,00	1,04	0,74
Wasserstoff (H_2)	0,09	0,007	−259	−253	0,18	6,92	14,24	10,10

[1] bei 5,3 bar [2] bei konst. Druck [3] bei konst. Volumen
[4] Dichtezahl = Dichte eines Gases ϱ geteilt durch die Dichte der Luft ϱ_L; $\varrho_L = 1$
[5] Wärmeleitzahl = Wärmeleitfähigkeit λ eines Gases geteilt durch die Wärmeleitfähigkeit λ_L der Luft; $\lambda_L = 1$

Flüssige Stoffe

Stoff	Dichte bei 20 °C ϱ kg/dm³	Zündtemperatur ϑ °C	Gefrier- bzw. Schmelztemperatur bei 1,013 bar ϑ °C	Siedetemperatur bei 1,013 bar ϑ °C	Spez. Verdampfungswärme[1] r kJ/kg	Wärmeleitfähigkeit bei 20 °C λ W/m·K	Spez. Wärmekapazität bei 20 °C c kJ/kg·K	Volumenausdehnungskoeffizient γ 1/°C od. 1/K
Äthyläther $(C_2H_5)_2O$	0,71	170	−116	35	377	0,13	2,28	0,0016
Benzin	0,72...0,75	220	−30...−50	25...210	419	0,13	2,02	0,0011
Dieselkraftstoff	0,81...0,85	220	− 30	150...360	628	0,15	2,05	0,00096
Heizöl EL	≈ 0,83	220	− 10	> 175	628	0,14	2,07	0,00096
Maschinenöl	0,91	400	− 20	> 300	—	0,13	2,09	0,00093
Petroleum	0,76...0,86	550	− 70	> 150	314	0,13	2,16	0,001
Quecksilber (Hg)	13,5	—	− 39	357	285	10	0,14	0,00018
Spiritus 95%	0,81	520	−114	78	854	0,17	2,43	0,0011
Wasser, destilliert	1,00[2]	—	0	100	2256	0,060	4,18	0,00018

[1] bei Siedetemperatur und 1,013 bar [2] bei 4°C

Feste Stoffe

Stoff	Dichte ϱ kg/dm³	Schmelztemperatur bei 1,013 bar ϑ °C	Siedetemperatur bei 1,013 bar ϑ °C	Spez. Schmelzwärme bei 1,013 bar q kJ/kg	Wärmeleitfähigkeit bei 20 °C λ W/m·K	Mittlere spez. Wärmekapazität bei 0...100 °C c kJ/kg·K	Spez. Widerstand bei 20 °C ϱ_{20} Ω·mm²/m	Längenausdehnungskoeffizient zwischen 0...100 °C α 1/°C od. 1/K
Aluminium (Al)	2,7	659	2270	356	204	0,94	0,028	0,0000238
Antimon (Sb)	6,69	630,5	1637	163	22	0,21	0,39	0,0000108
Asbest	2,1...2,8	≈ 1300	—	—	—	0,81	—	—
Beryllium (Be)	1,85	1280	≈ 3000	—	165	1,02	0,04	0,0000123
Beton	1,8...2,2	—	—	—	≈ 1	0,88	—	0,00001
Blei (Pb)	11,3	327,4	1751	24,3	34,7	0,13	0,208	0,000029
Chrom (Cr)	7,2	1903	2642	134	69	0,46	0,13	0,0000084
CuAl-Legierung	7,4...7,7	1040	2300	—	61	0,44	—	—
CuSn-Legierung	7,4...8,9	900	2300	—	46	0,38	0,02...0,03	0,0000175
CuZn-Legierung	8,4...8,7	900...1000	2300	167	105	0,39	0,05...0,07	0,0000185
Eis	0,92	0	100	332	2,3	2,09	—	0,000051
Eisen, rein (Fe)	7,87	1536	3070	276	81	0,47	0,13	0,000012

Funkenprobe

Werkstoff Legierungsanteile in %	Funkenbild
Einsatzstahl C 15; 0,15 C; 0,25 Si; 0,37 Mn Glatter Strahl, wenig C-Explosionen Einfluß von C	
Vergütungsstahl C 45; 0,45 C; 0,25 Si; 0,65 Mn Viele stachelförmige C-Explosionen Einfluß von C	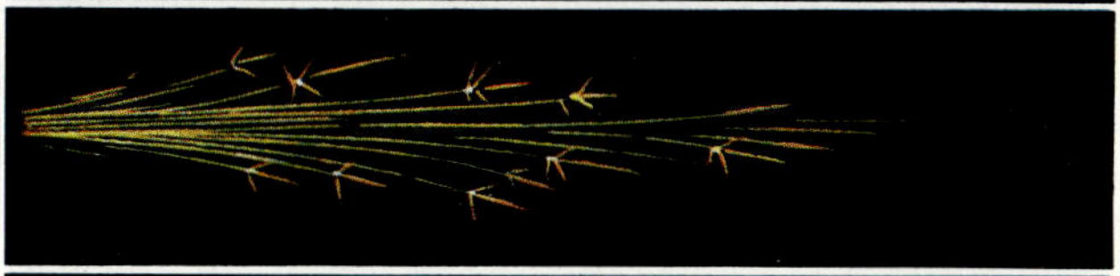
Werkzeugstahl C 100; 1,0 C; < 0,25 Si; < 0,25 Mn Viele C-Explosionen, stark verästelt Einfluß von C	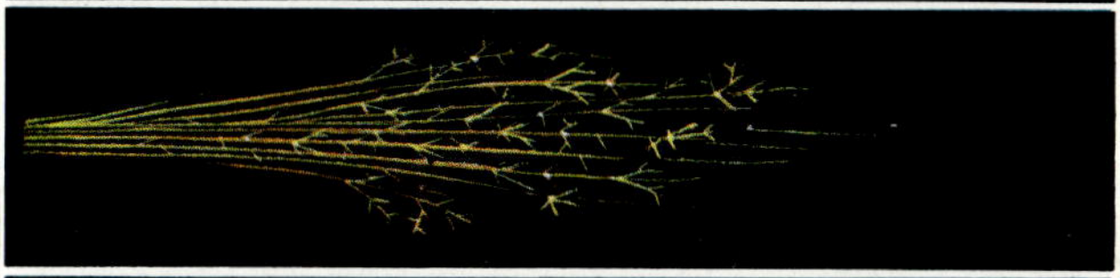
Leg. Werkzeugstahl 60 Mn Si 4; 0,6 C; 1,0 Si; 1,0 Mn Viele C-Explosionen, vor diesen helle Anschwellungen Einfluß von C und Si	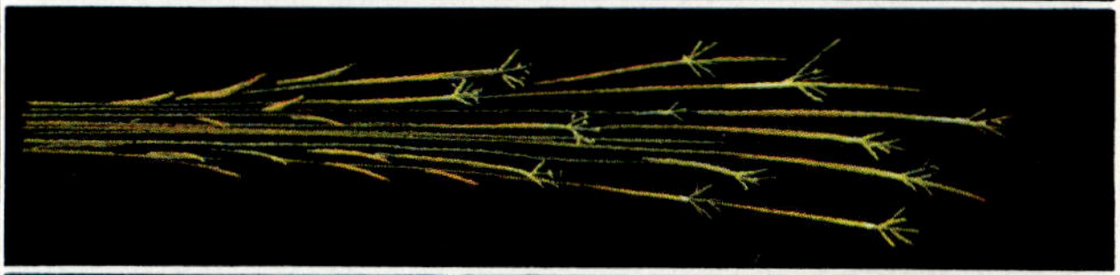
Federstahl 45 Cr Mo V 6 7; 0,45 C; 0,25 Si; 0,7 Mn; 1,4 Cr; 0,7 Mo; 0,3 V Dünne Strahlen mit Lanzenspitzen Einfluß von C und Mo	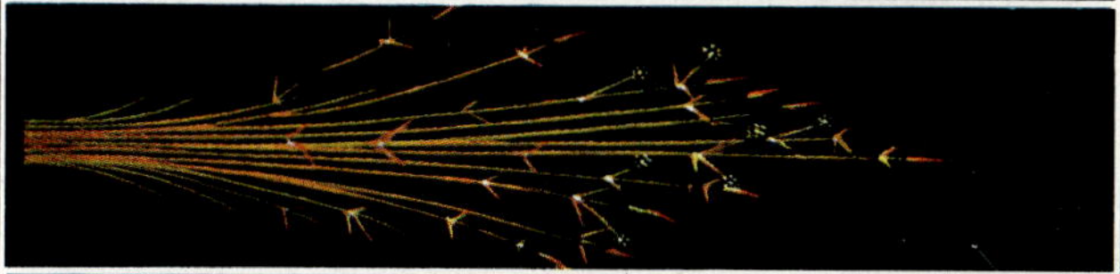
Leg. Werkzeugstahl 105 W Cr 6; 1,05 C; 0,25 Si; 1,0 Mn; 1,0 Cr; 1,2 W Dünne Strahlen mit zungenförmigen Enden Einfluß von W	
Warmarbeitsstahl 45 W Cr V 7; 0,45 C; 1,0 Si; 0,3 Mn; 1,1 Cr; 0,2 V; 2,0 W Wenig C-Explosionen mit anschließender heller Keule Einfluß von W und Si	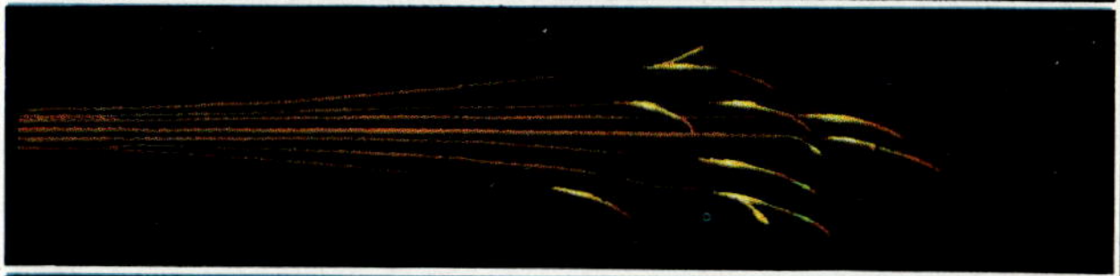
Kaltarbeitsstahl X 210 Cr W 12; 2,1 C; 0,3 Si; 0,3 Mn; 12 Cr; 0,7 W Kurze Garbe, in gehärtetem Zustand viele C-Explosionen Einfluß von W und C	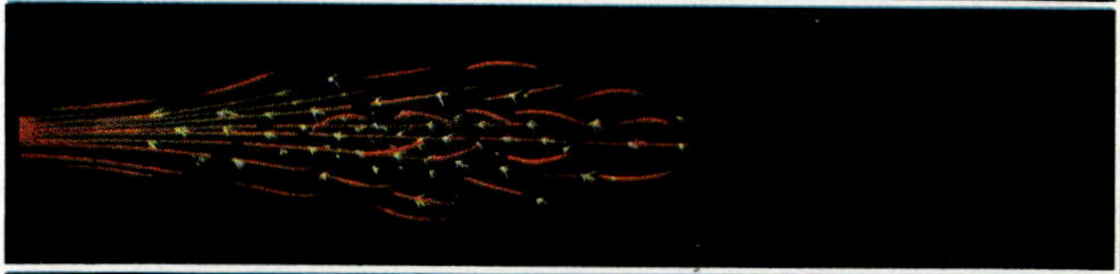
Schnellarbeitsstahl S 18 - 0 - 1; 0,75 C; 18 W; 1,1 V; 4,2 Cr Unterbrochener Strahl, nur vereinzelt C-Explosionen Einfluß von W und C	

Glühfarben		Glüh-temp. °C	Anlaßfarben für unlegierten Werkzeugstahl		Anlaß-temp. °C
Dunkelbraun		550	Weißgelb		200
Braunrot		630	Strohgelb		220
Dunkelrot		680	Goldgelb		230
Dunkelkirschrot		740	Gelbbraun		240
Kirschrot		780	Braunrot		250
Hellkirschrot		810	Rot		260
Hellrot		850	Purpurrot		270
gut Hellrot		900	Violett		280
Gelbrot		950	Dunkelblau		290
Hellgelbrot		1000	Kornblumenblau		300
Gelb		1100	Hellblau		320
Hellgelb		1200	Blaugrau		340
Gelbweiß		1300 und darüber	Grau		360

Farbmuster gemäß DIN-Farbenkarte DIN 6164

Sicherheitsfarben

VBG 125 und DIN 4844

Rot RAL 3000 — **Halt, Verbot**
Haltezeichen, Notausschalteinrichtungen, Verbotszeichen. Diese Farbe wird auch zur Kennzeichnung von Material zur Feuerbekämpfung verwendet.
Farbe des Bildzeichens: schwarz
Kontrastfarbe: weiß

Gelb RAL 1004 — **Vorsicht! Mögliche Gefahr**
Hinweis auf Gefahren (Feuer, Explosion, Strahlen, chem. Einwirkungen usw.). Kennzeichnung von Schwellen, gefährlichen Durchlässen, Hindernissen.
Farbe des Bildzeichens: schwarz
Kontrastfarbe: schwarz

Grün RAL 6001 — **Gefahrlosigkeit, Erste Hilfe**
Kennzeichnung von Rettungswegen und Notausgängen. Rettungsduschen. Erste-Hilfe- und Rettungsstationen.
Farbe des Bildzeichens: weiß
Kontrastfarbe: weiß

Blau[1] RAL 5010 — **Gebotszeichen, Hinweise**
Verpflichtung zum Tragen einer persönlichen Schutzausrüstung. Standort eines Telefons.
[1] Gilt als Sicherheitsfarbe nur in Verbindung mit einem Bildzeichen oder einem Text auf Gebotszeichen oder Hinweiszeichen mit sicherheitstechnischen Anweisungen.
Farbe des Bildzeichens: weiß
Kontrastfarbe: weiß

Geometrische Form und Bedeutung der Sicherheitszeichen

○ Gebots- und Verbotszeichen;   △ Warnzeichen;   ☐ ☐ Rettungs-, Hinweis- und Zusatzzeichen

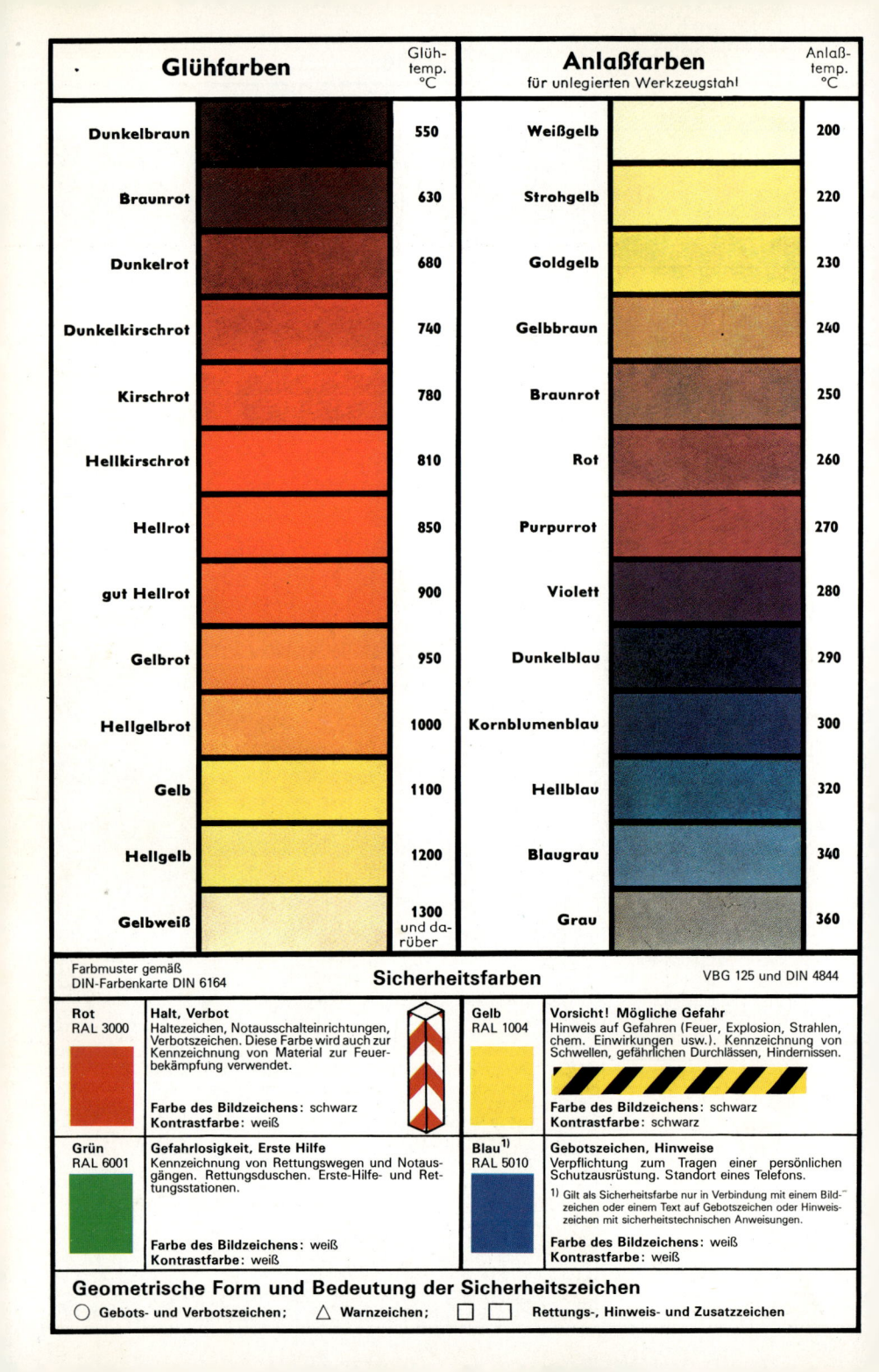

Stoffwerte

Feste Stoffe (Fortsetzung)

Stoff	Dichte ϱ kg/dm³	Schmelztemperatur bei 1,013 bar ϑ °C	Siedetemperatur bei 1,013 bar ϑ °C	Spez. Schmelzwärme bei 1,013 bar q kJ/kg	Wärmeleitfähigkeit bei 20 °C λ W/m·K	Mittlere spez. Wärmekapazität bei 0...100 °C c kJ/kg·K	Spez. Widerstand bei 20 °C ϱ_{20} Ω·mm²/m	Längenausdehnungskoeffizient zwischen 0...100 °C α 1/°C od. 1/K
Eisenoxid (Rost)	5,1	1570	–	–	0,58 (pulv.)	0,67	–	–
Fette	0,92...0,94	30...175	≈ 300	–	0,21	–	–	–
Gips	2,3	1200	–	–	0,45	1,09	–	–
Glas (Quarzglas)	2,4...2,7	≈ 700	–	–	0,81	0,83	10^{18}	0,000 0005
Gold (Au)	19,3	1064	2707	67	310	0,13	0,022	0,000 0142
Graphit (C)	2,24	≈ 3800	≈ 4200	–	168	0,71	–	0,000 0078
Gußeisen	7,25	1150...1200	2500	125	58	0,50	0,6...1,6	0,000 0105
Hartmetall (K 20)	14,8	> 2000	≈ 4000	–	81,4	0,80	–	0,000 06
Holz (lufttrocken)	0,20...0,72	–	–	–	0,06...0,17	2,1...2,9	–	≈ 0,000 04[3]
Iridium (Ir)	22,4	2443	> 4350	135	59	0,13	0,053	0,000 0065
Jod (J)	5,0	113,6	183	62	0,44	0,23	–	–
Kadmium (Cd)	8,64	321	765	54	91	0,23	0,077	0,000 03
Kobalt (Co)	8,9	1493	2880	268	69,1	0,43	0,062	0,000 0127
Kohlenstoff (C)	3,5	3800	–	–	–	0,52	–	0,000 001 18
Koks	1,6...1,9	–	–	–	0,18	0,83	–	–
Konstantan	8,89	1260	≈ 2400	–	23	0,41	0,49	0,000 0152
Kork	0,1...0,3	–	–	–	0,04...0,06	1,7...2,1	–	–
Korund (Al_2O_3)	3,9...4,0	2050	2700	–	12...23	0,96	–	0,000 0065
Kupfer (Cu)	8,96	1083	≈ 2595	213	384	0,39	0,0179	0,000 017
Leder, trocken	0,86...1,0	–	–	–	0,14...0,16	≈ 1,5	–	–
Magnesium (Mg)	1,74	650	1120	195	172	1,04	0,044	0,000 026
Magnesium-Leg.	≈ 1,8	≈ 630	1500	–	46...139	–	–	0,000 0245
Mangan (Mn)	7,43	1244	2095	251	21	0,48	0,39	0,000 023
Molybdän (Mo)	10,22	2620	4800	287	145	0,26	0,054	0,000 0052
Natrium (Na)	0,97	97,8	890	113	126	1,3	0,04	0,000 071
Nickel (Ni)	8,91	1455	2730	306	59	0,45	0,095	0,000 013
Phosphor, gelb (P)	1,82	44	280	21	–	0,80	–	–
Platin (Pt)	21,5	1769	4300	113	70	0,13	0,098	0,000 009
Polystyrol	1,05	–	–	–	0,17	1,3	10^{10}	0,000 07
Porzellan	2,3...2,5	≈ 1600	–	–	1,6[2]	1,2[2]	10^{12}	0,000 004
Quarz, Flint (SiO_2)	2,1...2,5	1480	2230	–	9,9	0,8	–	0,000 008
Ruß	1,7...1,8	–	3540[1]	–	0,07	0,84	–	–
Sand, trocken	1,5...1,7	≈ 1500	2230	–	0,58	0,8	–	–
Schaumgummi	0,06...0,25	–	–	–	0,04...0,06	–	–	–
Schwefel (S)	2,07	113	344,6	49	0,2	0,70	–	–
Selen, rot (Se)	4,4	220	688	83	0,2	0,33	–	–
Silber (Ag)	10,5	961,5	2180	105	407	0,23	0,015	0,000 0197
Silicium (Si)	2,33	1423	2355	1658	83	0,75	$2,3 \cdot 10^9$	0,000 0042
Siliciumkarbid (SiC)	2,4	zerfällt über 3000 °C in C und Si			9[4]	1,05[4]	–	–
Stahl unlegiert	7,85	1460	2500	205	48...58	0,49	0,14...0,18	0,000 0115
X 12 CrNi 18 8	7,9	1450	–	–	14	0,51	0,7	0,000 016
Steinkohle	1,35	–	–	–	0,24	1,02	–	–
Tantal (Ta)	16,6	2996	5400	172	54	0,14	0,124	0,000 0065
Titan (Ti)	4,5	1670	3280	88	15,5	0,47	0,8	0,000 0082
Uran (U)	19,1	1133	≈ 3800	356	28	0,12	–	–
Vanadium (V)	6,12	1890	≈ 3380	343	31,4	0,50	0,2	–
Wismut (Bi)	9,8	271	1560	59	8,1	0,12	1,25	0,000 0125
Wolfram (W)	19,27	3390	5500	54	130	0,13	0,055	0,000 0045
Ziegel, trocken	> 1,9	–	–	–	1,0	0,9	–	0,000 006
Zink (Zn)	7,13	419,5	907	101	113	0,4	0,06	0,000 029
Zinn (Sn)	7,29	231,9	2687	59	65,7	0,24	0,114	0,000 023

[1] sublimiert = unmittelbarer Übergang vom festen in den gasförmigen Zustand
[2] bei 800 °C [3] quer zur Faser [4] über 1000 °C

W

Kurznamen der Stahl- und Gußeisensorten

DIN Normenheft 3 (1976)

Werkstoffgruppe

Kennbuchstabe	Bedeutung	Beispiel	Kennbuchstabe	Bedeutung	Beispiel
St	allgemeiner Baustahl	St 37-2	GGL	Austenitisches Gußeisen mit Lamellengraphit	GGL-NiCr 20 2
StE	Baustahl mit Angabe der Streckgrenze	StE 39	GH	Hartguß	GH-15
GG	Gußeisen mit Lamellengraphit	GG-20	GK	Kokillenguß*	GK-AlMg 3
GGG	Gußeisen mit Kugelgraphit	GGG-60	GZ	Schleuderguß (Zentrifugalguß)	GZ-X12Cr 14
GTS	Schwarzer Tempergruß	GTS-55	GS	Stahlguß	GS-52
GTW	Weißer Temperguß	GTW-35	* Bezeichnung bei Gußeisen z. B. GG-35 (Kokillenguß)		

Bei St, GG, GTS und GTW erhält man aus der direkt angehängten Zahl durch Multiplikation mit dem Faktor 9,81 die Zugfestigkeit in N/mm², bei StE dagegen die gewährleistete Streckgrenze. Bei Hartguß bezeichnet die direkt angehängte Zahl die Tiefe der Weißeinstrahlung in mm, bei den anderen Werkstoffgruppen die chemische Zusammensetzung in Gewichtsprozenten, die mit einem Multiplikator vervielfacht wurden.

Chemische Zusammensetzung

Unlegierte Stähle

Kennbuchstabe	Bedeutung	Beispiel	Kennbuchstabe	Bedeutung	Beispiel
C	Zeichen für Kohlenstoff	C 15	W 1	Werkzeugstahl erster Güte	C 105 W 1
f	Geeignet für Flamm- und Induktionshärtung	Cf 53	W 2	Werkzeugstahl zweiter Güte	C 105 W 2
k	Niedriger Phosphor- und Schwefelgehalt	Ck 10	W 3	Werkzeugstahl dritter Güte	C 60 W 3
m	Gewährleistete Spanne des Schwefelgehaltes	Cm 35	WS	Werkzeugstahl für Sonderzwecke	C 85 WS
q	Stähle zum Kaltstauchen	Cq 15	D	Stahl für Walzdraht	D 8

Die an den Kennbuchstaben C und D angehängten Zahlen kennzeichnen den Kohlenstoffgehalt in Hundertstel Gewichtsprozent.

Legierte Stähle
Die erste Zahl des Kurznamens kennzeichnet den Kohlenstoffgehalt in Hundertstel Gewichtsprozent. Der Buchstabe C entfällt dabei. Danach folgen die chemischen Zeichen der wesentlichen Legierungselemente in der Reihenfolge der Gewichtsprozente sowie die Gewichtsprozente selbst, die mit den folgenden Faktoren multipliziert sind:

Multiplikationsfaktor

4		10				100		1000	
Cr	Chrom	Al	Aluminium	Ta	Tantal	P	Phosphor	B	Bor
Co	Kobalt	Be	Beryllium	Ti	Titan	S	Schwefel		
Mn	Mangan	Cu	Kupfer	V	Vanadium	N	Stickstoff		
Ni	Nickel	Mo	Molybdän	Zr	Zirkon	Ce	Cer		
Si	Silizium	Nb	Niob						
W	Wolfram	Pb	Blei						

Bei **Gehalten von mehr als 5% eines Legierungsbestandteils** entfällt der Multiplikationsfaktor. Zur sicheren Kennzeichnung wird jedoch meist ein X vor den hundertfachen C-Gehalt gesetzt.
Schnellarbeitsstähle werden mit dem Buchstaben S gekennzeichnet, dem in immer gleicher Reihenfolge die Legierungsbestandteile Wolfram, Molybdän, Vanadium und Kobalt in Gewichtsprozenten folgen.

Beispiel	Erläuterung	Beispiel	Erläuterung
16 MnCr 5	Einsatzstahl mit 0,16% C und 1,25% Mn	X-12 CrNi 18 8	Korrossionsbeständiger Stahl mit 0,12% C, 18% Cr und 8% Ni
GS-18 CrMo 9 10	Warmfester Stahlguß mit 0,18% C, 2,2% Cr und 1,0% Mo	S 18-1-2-5	Schnellarbeitsstahl mit 18% W, 1% Mo, 2% V und 5% Co

Kennzeichnung zusätzlicher Merkmale durch Buchstaben

Kennbuchstabe **vor** dem eigentlichen Kurznamen (Angaben zur Herstellung)

Kennbuchstabe	Bedeutung	Beispiel	Kennbuchstabe	Bedeutung	Beispiel
A	Alterungsbeständiger Stahl	A 25 CrMo 4	S	Zum Schweißen besonders geeignet	GTW-S 38-12
G	Gußwerkstoff	G-X 12 Cr 14	TT	Für tiefe Temperaturen geeignet	TTStE-32
P	Zum Gesenkschmieden	PSt 50-2	U	Unberuhigter Stahl	USt 37-2
R	Beruhigter und halbberuhigter Stahl	RSt 37-2	WT	Witterungsbeständiger Stahl	WTSt 37-3
RR	Besonders beruhigter Stahl	RRSt 34.7	Z	Zum Blankziehen geeignet	ZSt 44-2
Ro	Für geschweißte Rohre	RoSt 37-3			

Kennbuchstabe **nach** dem eigentlichen Kurznamen (Behandlungszustand)

E	Einsatzgehärtet	Cm 15 E	N	Normalgeglüht	Ck 45 N
K	Kaltgezogener Stahl	9 SMn 28 K	V	Vergütet	42 CrMo 4 V 90
G	Weichgeglüht	16 MnCr 5 G			

Einteilung und Kurzbenennung der Stähle nach EURONORM

Einteilung der Stahlsorten

EURONORM 20–74 (9.74)

		Grundstähle	Qualitätsstähle	Edelstähle
Allgem. Eigenschaften		Stahlsorten, von denen keine besonderen Gebrauchseigenschaften verlangt werden	Stahlsorten, die hinsichtlich Oberflächenbeschaffenheit, Gefüge und Sprödbruchunempfindlichkeit sorgfältig hergestellt sind	Stahlsorten, die besonders rein hergestellt sind und bei der Wärmebehandlung gleichmäßig ansprechen
Anforderungen und Anwendungsbereiche	unlegierte Stähle	Wärmebehandlung nicht vorgeschrieben Mindestzugfestigkeit ≦ 690 N/mm^2 Mindeststreckgrenze ≦ 360 N/mm^2 Mindestbruchdehn. ≦ 25% Höchstzul. Härte ≦ 60 HRB Höchstzul. C-Gehalt ≦ 0,10%	Stähle für Vergütung und Oberflächenhärtung. Allgemeine Baustähle. Baustähle mit besonderen Anforderungen an Schweißbarkeit, Sprödbruch- oder Alterungsempfindlichkeit. Stähle für Warm- und Kaltumformung. Tiefziehbleche, Automatenstähle	Stähle für Vergütung oder Oberflächenhärtung mit genauen Anforderungen an Kerbschlagzähigkeit, Einhärtungstiefe, Oberflächenbeschaffenheit, Gehalt an nichtmetallischen Einschlüssen. Werkzeugstähle Stähle für Kernreaktoren
	leg. Stähle	–	Schweißbare Feinkornbaustähle, Si-Mn-Stähle für Federn und Verschleißteile	Alle legierten Stähle, die nicht Qualitätsstähle sind

Kurzbenennung von Stählen

EURONORM 27–74 (9.74)

Kennzeichnung nach den mechanischen Eigenschaften und dem Verwendungszweck

Anfangskurzzeichen: — **Beispiele**

Fe Stahl — Fe 360-1
FeG Stahl für Stahlformguß

Mindestzugfestigkeit in N/mm^2 — (Fe 360-1)

Mindeststreckgrenze in N/mm^2 — FeE 355-2

Gütegruppe 1, 2, 3 . . . — (FeE 355-2)

Legierungsbestandteil zur Erzielung besonderer Eigenschaften — Fe 410 Pb

Verwendungszweck — **Beispiele**: Fe D 01

M besondere magn. Eigenschaften für kornorientiertes Blech
P Eignung zum Tiefziehen
D Eignung zum Kaltumformen — (Fe D 01)
R Eignung zum Herstellen geschw. Rohre oder Kaltprofilieren
Eignungsgrad — (Fe D 01)

Besondere Güten:

- Desoxidationsart — Fe 420-2 FN
  - FU unberuhigter Stahl
  - FN nicht unberuhigter Stahl
  - FF besonders beruhigter Stahl
- Eignung zum Schweißen S
- Besondere Verwendungseigenschaften — Fe 360-1 KW
  - KD Eignung für Kaltverformung
  - KZ Eignung zum Ziehen
  - KW Eignung für hohe Temperaturen
- Oberflächenart — FeP 03 MB RR
  - MB praktisch fehlerfrei
- Verformungsart — Fe 500-2 HK
  - HK kaltverformt
  - HW warmverformt
- Oberflächenausführung — Fe P 03 RL
  - RM matt
  - RL glatt
  - RN glänzend
- Wärmebehandlungszustand — Fe 350-3 TD
  - TA spannungsarmgeglüht
  - TB weichgeglüht
  - TC geglüht
  - TD normalgeglüht
  - TF vergütet

Kennzeichnung nach der chemischen Zusammensetzung

Unlegierte Stähle

Gütegrad — 1 C 35

Grundkurzzeichen C für geschmiedeten, gewalzten, gezogenen oder stranggegossenen Stahl — (1 C 35)

GC f. Stahl zur Herstellung v. Stahlformguß — GC 20

Kennzahl für das 100fache des C-Gehaltes in % — (1 C 35, GC 20)

Verwendungszweck, z. B. D Walzdraht — 2 CD 15

Legierungsbestandteil zur Erzielung bestimmter Eigenschaften hier mit Gütegrad 1 für den Cr-Zusatz — CD 30 Cr 1

Niedrig legierte und legierte Stähle (Gehalt je Legierungselement < 5%)

Gütegrad des Stahls A, B, . . . — A 20 Mn 5

Stahlformguß — G 90 Cr 4

Kennzahl für das 100fache des C-Gehaltes in % — (G 90 Cr 4)

Legierungselemente, Namen — 18 CrNi 16

Prozentgehalt multipliziert mit folgenden Faktoren: — (18 CrNi 16)

Faktor	Elemente
4	Co Cr Mn Ni Si W
10	Al Be Cu Mo Nb Pb Ta Ti V
100	N P S

Legierte Stähle (mindestens 1 Legierungsbestandteil > 5%)

Kennzeichnung wie Stähle mit Gehalt je Legierungselement <5%, jedoch ohne Faktoren bei den Prozentgehalten der Legierungselemente. Vorangestelltes X.

Beispiel: X 12 CrNi 18 8 oder X 12 CrNi 1808
Korrosionsbeständiger Chrom-Nickel-Stahl mit 0,10% C, 17 bis 19% Cr und 7 bis 9% Ni

Werkstoffnummern

DIN 17007, T 1...4
(4.59, 9.61, 1.71, 7.73)

Die Werkstoffnummern stellen ein Ordnungssystem für Werkstoffe dar, das für die Datenverarbeitung geeignet ist.

Die siebenstelligen Werkstoffnummern bestehen aus:

□.□□□□.□□

Werkstoff-Hauptgruppe (Stelle 1)
Sortennummer (Stelle 2 bis 5)
Anhängezahlen (Stelle 6 und 7)

Die Gliederungspunkte sind mitzuschreiben und mitzusprechen.

Kennzahlen für die **Hauptgruppen**	
0	Roheisen, Ferrolegierungen, Gußeisen
1	Stahl, Stahlguß
2	Nichteisen-Schwermetalle
3	Leichtmetalle
4 bis 8	Nichtmetallische Werkstoffe
9	frei für interne Benutzung

Systematik der Hauptgruppe 1 Stahl

Bedeutung der Kennzahlen in der Hauptgruppe 1 Stahl:

Stelle 2 und 3: **Sortenklasse**
Stelle 4 und 5: **Zählnummer**
Stelle 6: **Stahlgewinnungsverfahren**
Stelle 7: **Behandlungszustand**

Die Zählnummer läßt keine Rückschlüsse auf die Zusammensetzung zu.

Bedeutung der Sortennummern Stelle 2 und 3

Sortennummer	Sortenklasse	Sortennummer	Sortenklasse
	Massen- und Qualitätsstähle		**Legierte Edelstähle**
00	Handels- und Grundgüten	20...28	Werkzeugstähle
01...02	allgemeine Baustähle, unlegiert	32...33	Schnellarbeitsstähle
03...07	Qualitätsstähle, unlegiert	34	verschleißfeste Stähle
08...09	Qualitätsstähle, legiert	35	Wälzlagerstähle
90	Sondersorten, Handels- und Grundgüten	36...39	Eisenwerkstoffe mit besonderen physikalischen Eigenschaften
91...99	andere Sondersorten	40...45	Nichtrostende Stähle
	Unlegierte Edelstähle	47...48	Hitzebeständige Stähle
10	Stähle mit besonderen physikalischen Eigenschaften	49	Hochtemperaturwerkstoffe
		50...84	Baustähle
11...12	Baustähle	85	Nitrierstähle
15...18	Werkzeugstähle	88	Hartlegierungen

Bedeutung der Anhängezahlen Stelle 6 und 7

Stelle 6	Stahlgewinnungsverfahren	Stelle 7	Behandlungszustand
0	unbestimmt oder ohne Bedeutung	0	keine oder beliebige Behandlung
1	unberuhigter Thomasstahl	1	normalgeglüht
2	beruhigter Thomasstahl	2	weichgeglüht
3	sonstige Erschmelzungsart, unberuhigt	3	wärmebehandelt auf gute Zerspanbarkeit
4	sonstige Erschmelzungsart, beruhigt	4	zähvergütet
5	unberuhigter Siemens-Martin-Stahl	5	vergütet
6	beruhigter Siemens-Martin-Stahl	6	hartvergütet
7	unberuhigter Sauerstoffaufblas-Stahl	7	kaltverformt
8	beruhigter Sauerstoffaufblas-Stahl	8	federhart kaltverformt
9	Elektrostahl	9	behandelt nach besonderen Angaben

Beispiel einer vollständigen Werkstoffnummer für St 37-2, beruhigter SM-Stahl, normalgeglüht: **1.0037.61**

Systematik der Hauptgruppen 2 Nichteisen-Schwermetalle und 3 Leichtmetalle

Die vierstellige **Sortennummer** kennzeichnet die Zusammensetzung, eingeteilt nach Grundmetallen, Art und Menge der Legierungszusätze. Die **1. Anhängezahl** (Stelle 6) kennzeichnet die Zustandsgruppe. Die **2. Anhängezahl** (Stelle 7) kennzeichnet die Arbeitsgänge, durch die der Zustand erreicht wurde, ihre Bedeutung ist je nach Werkstoff unterschiedlich.

Sortennummer	Grundmetall	Stelle 6	Zustandsgruppe
2.0000...2.1799	Kupfer	0	unbehandelt
2.2000...2.2499	Zink, Kadmium	1	weich
2.3000...2.3499	Blei	2	kaltverfestigt (Zwischenhärten)
2.3500...2.3999	Zinn	3	kaltverfestigt („hart" und darüber)
2.4000...2.4999	Nickel, Kobalt	4	lösungsgeglüht, ohne mechanische Nacharbeit
2.5000...2.5999	Edelmetalle	5	lösungsgeglüht, kaltnachbearbeitet
2.6000...2.6999	Hochschmelzende Metalle	6	warmausgehärtet, ohne mechanische Nacharbeit
3.0000...3.4999	Aluminium	7	warmausgehärtet, kaltnachbearbeitet
3.5000...3.5999	Magnesium	8	entspannt, ohne vorhergie Kaltverfestigung
3.7000...3.7999	Titan	9	Sonderbehandlungen (z.B. Stabilisierungsglühen)

Beispiel einer vollständigen Werkstoffnummer für NiCr 60 15, kaltverfestigt durch Walzen und entspannt: **2.4867.21**

Gießereitechnik

Anstrich und Farbkennzeichnung der Modelle

DIN 1511 (4.78)

Fläche oder Flächenteil	Stahlguß	Gußeisen mit Kugelgraphit	Gußeisen mit Lamellengraphit	Temperguß	Schwermetallguß	Leichtmetallguß
Grundfarbe für Flächen am Modell und im Kernkasten, die am Gußteil unbearbeitet bleiben	blau	lila	rot	grau	gelb	grün
am Gußteil zu bearbeitende Flächen	gelbe Striche	gelbe Striche	gelbe Striche	gelbe Striche	rote Striche	gelbe Striche
Sitzstellen loser Modellteile (Ansteckteile) am Modell oder im Kernkasten sowie für Schrauben von losen Teilen	schwarz umrandet					
Stellen für Abschreckplatten und Marken für einzulegende Dorne	rot	rot	blau	rot	blau	blau
Kernmarken	schwarz					

Schwindmaße

DIN 1511 (4.78)

Gußwerkstoff	nach DIN	Schwindmaß in %	Gußwerkstoff	nach DIN	Schwindmaß in %
Gußeisen mit Lamellengraphit	1961	1,0	Aluminium-Gußlegierungen	1725 T2	1,2
mit Kugelgraphit, geglüht	1693 T1	0,5	Magnesium-Gußlegierungen	1729 T2	1,2
mit Kugelgraphit, ungeglüht	1693 T1	1,2	Cu-Sn-Gußlegierungen	1705	1,5
Austenitisches Gußeisen	1994	2,5	Cu-Zn-Gußlegierungen	1709	1,2
Stahlguß	1681	2,0	Cu-Sn-Zn-Gußlegierungen	1705	1,3
Weißer Temperguß	1692	1,6	Kupfergußwerkstoffe	17655	1,9
Schwarzer Temperguß	1692	0,5	Feinzink-Gußlegierungen	1743 T2	1,3

Allgemeintoleranzen und Bearbeitungszugaben für Gußrohteile aus Gußeisen mit Lamellengraphit

DIN 1686 T1 (10.80)

Abmaße für Längenmaße (Längen, Breiten, Höhen, Mittenabstände, Durchmesser, Rundungen)

Genauigkeitsgrad	Nennmaßbereich bis 18[1)]	über 18 bis 30[1)]	über 30 bis 50	über 50 bis 80	über 80 bis 120	über 120 bis 180	über 180 bis 250	über 250 bis 315	über 315 bis 400	über 400 bis 500	über 500 bis 630	über 630 bis 800	über 800 bis 1000	über 1000 bis 1250
GTB 20	±4,5	±7,5	±8	±8,5	±9	±10	±11	±11	±12	±13	±14	±15	±16	±18
GTB 19	±4,5	±4,7	±5	±5,5	±6	±6,5	±7	±7,5	±8	±8,5	±9,5	±10	±11	±12
GTB 18	±2,9	±3	±3,2	±3,4	±3,7	±4,1	±4,4	±4,7	±5	±5,5	±6	±6,5	±7	±7,5
GTB 17	±1,8	±1,9	±2	±2,1	±2,3	±2,5	±2,7	±2,9	±3,1	±3,3	±3,5	±3,8	±4,1	±4,4
GTB 16	±1,1	±1,2	±1,3	±1,4	±1,5	±1,6	±1,8	±1,9	±2	±2,1	±2,3	±2,4	±2,6	±2,8
GTB 15	±0,85	±0,95	±1	±1,1	±1,2	±1,3	±1,4	±1,5	±1,6	±1,7	±1,8	±1,9	±2	±2,2

1) Die **Istabweichung** darf in keinem Fall mehr als ±25% des Nennmaßes betragen.

Abmaße für Dickenmaße

Genauigkeitsgrad	Nennmaßbereich bis 6	über 6 bis 10	über 10 bis 18	über 18 bis 30	über 30 bis 50	über 50 bis 80	über 80 bis 120	über 120 bis 180
GTB 20	–	–	–	±7,5	±11	±12	±13	±14
GTB 19	–	–	±4,5	±7,5	± 8	± 8,5	± 9	±10
GTB 18	–	±2,5	±4,5	±4,7	± 5	± 5,5	± 6,5	–
GTB 17	±1,5	±2,5	±2,9	±3	± 3,2	± 3,4	± 3,7	–
GTB 16	±1,5	±1,8	±1,8	±1,9	± 2	± 2,1	± 2,3	–
GTB 15	±0,95	±1	±1,1	±1,2	± 1,3	± 1,4	–	–

Bearbeitungszugaben bei Gußstücken bis 1000 kg Gewicht und bis 50 mm Wanddicke

Lage der Fläche in der Gießform	Nennmaßbereich (größtes Außenmaß des Gußrohteiles) bis 50	über 50 bis 120	über 120 bis 250	über 250 bis 500	über 500 bis 1000	über 1000 bis 2500
unten, seitlich	2	2	2,5	2,5	3,5	4
oben	2,5	2,5	3	3	4,5	5

Gußeisen

Sorte Kurzname	Werkstoff-Nr.	C %	Zugfestigkeit R_m N/mm²	Dehngrenze $R_{p0,2}$ N/mm²	Dehnung A_5 %	Härte HB Gefüge	Eigenschaften	Verwendung
Gußeisen mit Lamellengraphit								DIN 1691 (8.64)
GG-10.9	0.6011	3,6	98	–	–	100...150	Gefüge ferritisch	Magn. Eigenschaften
GG-10	0.6010	3,6	98	–	–	100...150	Gute Gießbarkeit, gute Korrosionsbeständigkeit, kerbunempfindlich, hohe Dämpfungsfähigk., gute Laufeigenschaften, gute Verschleißfestigkeit, gute Bearbeitbarkeit	Gußteile o. Verschleißbeanspruchung z. B. Getriebegehäuse für Werkzeugmaschinen
GG-15	0.6015	3,5	145	–	–	140...190		
GG-20	0.6020	3,4	195	–	–	170...210		
GG-25	0.6025	3,0	245	–	–	180...240		Gußteile mit erhöhter Festigkeit auch gegen Verschleiß: Kurbelgehäuse, Pressenständer, Zylinder
GG-30	0.6030	2,8	295	–	–	200...260		
GG-35	0.6035	2,8	345	–	–	220...280		
GG-40	0.6040	2,8	390	–	–	230...300		
Für die Sorten GG-10 bis GG-20 ist die Dichte ϱ = 7,2 kg/dm³, für GG-25 bis GG-40 ist ϱ = 7,35 kg/dm³.								
Gußeisen mit Kugelgraphit								DIN 1693 T 1 (10.73)
GGG-35.3	0.7033	–	350	220	22	vorwiegend ferritisch	Gut bearbeitbar, geringe Verschleißfestigkeit	Für Gußstücke mit gewährleisteter Kerbschlagzähigkeit auch bei tiefen Temperaturen
GGG-40.3	0.7043	–	400	250	18			
GGG-40	0.7040	–	400	250	15			Gußstücke mit mittlerer Festigkeit u. Zähigkeit, Fittings, Pleuelstangen, schlagbeanspruchte Teile
GGG-50	0.7050	–	500	320	7	ferritisch/perlitisch	Sehr gut bearbeitbar, geringe Verschleißfestigkeit	
GGG-60	0.7060	–	600	380	3	perlitisch/ferritisch	Gut bearbeitbar mittl. Verschleißfestigkeit	Zahnräder, Lager, Kolben, Kurbelwellen, Ketten, Lenk- u. Kupplungsteile, komplizierte Gußteile für mittlere bis höhere Festigkeit
GGG-70	0.7070	–	700	440	2	vorwiegend perlitisch	Gute Oberflächenhärte	
GGG-80	0.7080	–	800	500	2	perlitisch	Sehr gute Oberflächenh.	
Für alle Sorten ist die Dichte ϱ = 7,2 kg/dm³.								
Austenitisches Gußeisen mit Lamellengraphit								DIN 1694 (9.81)
GGL-NiMn 13 7	0.6652	3,0	140 bis 220	–	–	120 bis 150	Nicht magnetisierbar	Nichtmagnetisierbare Gußstücke, z. B. Gehäuse für Schaltanlagen, Isolatorenflansche, Klemmen
GGL-NiCuCr 15 6 2	0.6655	3	170 bis 210	–	2	120 bis 215	Gut korrosionsbeständig, hitzebeständig, gute Gleiteigenschaften, hohe Wärmeausdehung	Pumpen, Laufbuchsen, nicht magnetisierbare Gußstücke
GGL-NiCr 20 2	0.6660	3	170 bis 210	–	2 bis 3	120 bis 215	Korrosionsbeständig gegenüber Laugen; gut hitzebeständig; gute Gleiteigenschaften	Vorzugsweise dort, wo kupferfreie Werkstoffe erforderlich sind
GGL-NiCr 30 3	0.6676	2,5	190 bis 240	–	1 bis 3	120 bis 215	Bis 800 °C hitze- und wärmeschockbeständig, mittl. Wärmeausdehnung	Pumpenteile, Ventile, Filterteile, Abgasleitungen
Austenitisches Gußeisen mit Kugelgraphit								DIN 1694 (9.81)
GGG-NiCr 30 3	0.7676	2,6	370 bis 480	210 bis 260	7 bis 18	140 bis 200	Korrosions- und hitzebeständig; gute mech. u. gute Gleiteigenschaften	Laufbuchsen; Kompressoren, Ventile, Abgasleitungen
GGG-Ni 22	0.7670	3	370 bis 450	170 bis 250	20 bis 40	130 bis 170	hohe Dehnung; geringe Hitze- u. Korrosionsbest.; hohe Wärmeausdehnung	Pumpen, Ventile, Kompressoren, Laufbuchsen, nicht magnetisierbar
GGG-Ni 35	0.7683	2,4	370 bis 420	210 bis 240	20 bis 40	130 bis 180	Geringe Wärmeausdehnung, wärmeschockbeständig	Maßbeständige Teile für Werkzeugmaschinen, wissenschaftliche Instrumente, Glaspreßformen
Die Dichte von austenitischen Gußeisen mit Lamellengraphit ist ϱ = 7,3 bis 7,4 kg/dm³, für austenitisches Gußeisen mit Kugelgraphit ϱ = 7,3 bis 7,7 kg/dm³.								

Temperguß, Stahlguß

Entkohlend geglühter Temperguß (GTW)

DIN 1692 (1.82)

Sorte Kurzzeichen neue Bezeichnung[1]	Sorte Kurzzeichen alte Bezeichnung	Werkstoffnummer	Durchmesser der Zugprobe mm	Zugfestigkeit R_m N/mm²	Dehngrenze $R_{p0,2}$ N/mm²	Bruchdehnung ($L_0 = 3d$) A_3 %	Brinellhärte HB	Eigenschaften und Verwendung
GTW-35-04	GTW-35	0.8035	9 12 15	340 350 360	– – –	5 4 3	230	Alle Sorten sind gut spanend bearbeitbar. Werkstücke mit kleiner Wanddicke wie Schlüssel, Rohrverbindungsstücke, Hebel, Kettenglieder, Bremstrommeln, Kipphebel, Schaltgabeln.
GTW-40-05	GTW-40	0.8040	9 12 15	360 400 420	200 220 230	8 5 4	220	
GTW-45-07	GTW-45	0.8045	9 12 15	400 450 480	230 260 280	10 7 4	220	
GTW-S 38-12	GTW-S 38	0.8038	9 12 15	320 380 400	170 200 210	15 12 8	200	Für geschweißte Konstruktionsteile.

Nicht entkohlend geglühter Temperguß (GTS)

DIN 1692 (1.82)

GTS-35-10	GTS-35	0.8135	12 oder 15	350	200	10	max. 150	Alle Sorten sind gut spanend bearbeitbar. Für Werkstücke mit größerer Wanddicke wie Gehäuse, Kardangabeln, Steuerkolben von Wegeventilen.
GTS-45-06	GTS-45	0.8145	12 oder 15	450	270	6	150 bis 200	
GTS-55-04	GTS-55	0.8155	12 oder 15	550	340	4	180 bis 230	
GTS-65-02	GTS-65	0.8165	12 oder 15	650	430	2	210 bis 260	
GTS-70-02	GTS-70	0.8170	12 oder 15	700	530	2	240 bis 290	

[1] Die Anhängezahlen 02, 04, 05 usw. geben die Bruchdehnung in % an.
Die mittlere Dichte von GTW und GTS beträgt $\varrho = 7{,}4$ kg/dm³.

Stahlguß für allgemeine Verwendungszwecke

DIN 1681 (6.67)

Sorte Kurzname	Werkstoff-Nr.	Zugfestigkeit R_m N/mm²	Dehngrenze $R_{p0,2}$ N/mm²	Bruchdehnung A_5 in %	C in %	Eigenschaften und Verwendung
GS-38 GS-45 GS-52	1.0416 1.0443 1.0551	375 440 510	185 225 255	25 22 18	≈0,15 ≈0,25 ≈0,35	Komplizierte Werkstücke mit mittlerer bis hoher Beanspruchung, Radsterne, Ventilgehäuse.
GS-60 GS-62 GS-70	1.0553 1.0555 1.0554	590 610 685	295 345 440	15 15 12	≈0,45 – –	Hochbeanspruchte Maschinenteile. Alle Sorten sind schweißbar und gut gießbar.

Warmfester Stahlguß

DIN 17245 (10.77)

GS-C 25 GS-22 Mo 4 GS-17 CrMo 5 5 G-X 8 CrNi 12 G-X 22 CrMoV 12 1	1.0619 1.5419 1.7357 1.4107 1.4931	440...590 440...590 490...640 540...690 690...880	245 245 315 355 590	22 22 20 18 15	0,20 0,22 0,17 0,08 0,22	Festigkeitswerte für Normaltemperatur 20°; Verwendung bis 500 °C. Hochwarmfeste Pumpengehäuse, Hochdruckgehäuse für Dampfturbinen, Heißdampfarmaturen.

Die Dichte für die hochlegierten Sorten beträgt $\varrho = 7{,}7$ kg/dm³, für die übrigen Sorten $\varrho = 7{,}85$ kg/dm³.

Nichtrostender Stahlguß

DIN 17445 (2.69)

Ferritische Stahlgußsorten

G-X 12 Cr 14 G-X 22 CrNi 17	1.4008 1.4059	685 885	390 590	15 4	0,11 0,24	Festigkeitswerte im vergüteten Zustand, schweißbar. Verwendung in der Lebensmittelindustrie.

Austenitische Stahlgußsorten

G-X 10 CrNi 18 8 G-X 6 CrNi 18 9 G-X 10 CrNiMo 18 9 G-X 6 CrMiMo 18 10	1.4312 1.4308 1.4410 1.4408	540 540 540 540	175 175 185 185	20 20 20 20	≦0,12 ≦0,07 ≦0,12 ≦0,07	Festigkeitswerte im abgeschreckten Zustand, schweißbar, korrosions- und säurefest. Chemische Industrie, Lebensmittel-Industrie. Hochdruck-Pumpengehäuse für heiße Säuren.

Die Dichte beträgt für die ferritischen Stahlgußsorten $\varrho = 7{,}7$ kg/dm³, für die austenitischen Stahlgußsorten $\varrho = 7{,}9$ kg/dm³.

Stahl

Allgemeine Baustähle DIN 17100 (1.80)

Stahlsorte		Mechanische und technologische Eigenschaften						Dehnung A_5 (längs) in %	C in %	Eigenschaften und Verwendung Allgemeine Baustähle nach DIN 17100 sind nicht für Wärmebehandlung bestimmt
Kurzname	Werkstoffnummer	Zugfestigkeit R_m für Erzeugnisdicken in mm		Streckgrenze R_e für Erzeugnisdicken in mm						
		<3 in N/mm²	≧3 ≦100	≦16	>16 ≦40 in N/mm²	>40 ≦63	>63 ≦80			
St 33	1.0035	310 bis 540	290 bis 510	185	175	—	—	18	—	Für untergeordnete Teile
St 37-2	1.0037	360 bis 510	340 bis 470	235	225	215	205	25	0,25	Für einfache Bauteile, Schmiedestücke, Wellen, Bolzen
USt 37-2	1.0036									
RSt 37-2	1.0038						215		0,19	
St 37-3	1.0116									
St 44-2	1.0044	430 bis 580	410 bis 540	275	265	255	245	21	0,24	
St 44-3	1.0144								0,23	
St 52-3	1.0570	510 bis 680	490 bis 630	355	345	335	325	21	0,24	Für höhere Festigkeit
St 50-2	1.0050	490 bis 660	470 bis 610	295	285	275	265	19	—	Zahnräder, Keile, Stifte
St 60-2	1.0060	590 bis 770	570 bis 710	335	325	315	305	15	—	
St 70-2	1.0070	690 bis 900	670 bis 830	365	355	345	335	10	—	Hochbeanspruchte Teile

Die Stähle der Gütegruppe 3 sind sprödbruchunempfindlicher als die der Gütegruppe 2. Sie sind deshalb besser zum Schweißen geeignet.
Die meisten der Stahlsorten werden auch mit besonderer Eignung zum Umformen geliefert. Sie werden dann mit einem zusätzlichen Kennbuchstaben und besonderer Werkstoffnummer gekennzeichnet.
Beispiele:

Abkanten (Q)		Blankziehen (Z)		Walzprofilieren (K)		Gesenkschmieden (P)		Herstellen geschweißter Rohre (Ro)	
Kurzname	Werkstoffnummer	Kurzname	Werkstoffnummer	Kurzname	Werkstoffnummer	Kurzname	Werkstoffnummer	Kurzname	Werkstoffnummer
UQSt 37-2	1.0121	UZSt 37-2	1.0161	UKSt 37-2	1.0124	—	—	URoSt 37-2	1.0173
RQSt 37-2	1.0122	RZSt 37-2	1.0165	RKSt 37-2	1.0125	RPSt 37-2	1.0172	RRoSt 37-2	1.0174
QSt 35-3	1.0123	ZSt 37-3	1.0168	KSt 37-3	1.0127	PSt 37-3	1.0176	RoSt 37-3	1.0175
QSt 44-2	1.0128	ZSt 44-2	1.0129	KSt 44-2	1.0148	PSt 44-2	1.0146	RoSt 44-2	1.0149
QSt 44-3	1.0133	ZSt 44-3	1.0153	KSt 44-3	1.0137	PSt 44-3	1.0135	RoSt 44-3	1.0138
QSt 52-3	1.0573	ZSt 52-3	1.0597	KSt 52-3	1.0575	PSt 52-3	1.0572	RoSt 52-3	1.0576

Kaltgewalztes Band und Blech aus weichen unlegierten Stählen DIN 1623 T1 (11.72)

Stahlsorte		Desoxydationsart	C in %	Zugfestigkeit R_m in N/mm²	Streckgrenze R_e in N/mm²	Bruchdehnung A in %	Härte HRB
Kurzname	Werkstoffnummer						
St 12	1.0330	U	0,10	270 bis 410	280	28	65
St 13	1.0333	U	0,10	270 bis 370	250	32	57
St 14	1.0338	RR	0,08	270 bis 350	220	36	50

	Benennung	Kennzeichen	Merkmale der Oberfläche
Oberflächenart	übliche kaltgewalzte Oberfläche	03	Poren, Riefen, kleine Narben, leichte Kratzer und eine leichte Verfärbung sind zulässig.
	beste Oberfläche	05	Die bessere Seite muß so gut wie fehlerfrei sein.
Oberflächenausführung	glatt	g	Gleichmäßig blank (glatt). $R_a ≤ 0,6$ μm
	matt	m	Gleichmäßig matt. $R_a > 0,6$ μm < 1,8 μm
	rauh	r	Aufgerauht. $R_a ≥ 1,5$ μm

Kaltgewalztes Flachzeug nach DIN 1623 T1 ist in Dicken bis 3 mm genormt. Es kann geschweißt und als Blech tiefgezogen werden.
Bezeichnungsbeispiele:
Sorte St 12 (Werkstoffnummer 1.0330) mit üblich kaltgewalzter Oberfläche (03) ohne Angaben über die Oberflächenausführung:
St 12 03 oder **1.0330 03**.

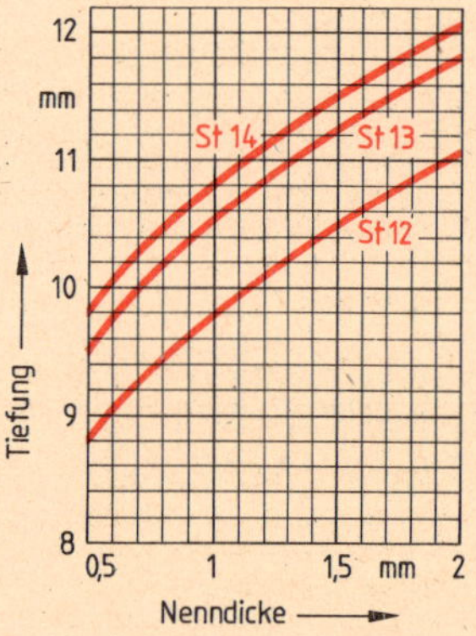

Gewährleistete Mindestwerte der Tiefung
Sorte St 14 (Werkstoffnummer 1.0338) mit bester Oberfläche (05) in matter Ausführung (m):
St 14 05 m oder **1.0338 05 m**.

Stahl

Feinstblech und Weißblech in Tafeln (Dicke 0,15 mm bis 0,49 mm) DIN 1616 (10.84)

Feinstblech ist ein kaltgewalztes Flacherzeugnis aus weichem unlegiertem Stahl, das weder verzinnt, geölt noch anderweitig behandelt ist.
Weißblech ist ein aus weichem unlegiertem Stahl kaltgewalztes Flacherzeugnis in Tafeln mit einem beidseitig elektrolytisch aufgebrachten Überzug aus Zinn.

Blecheinteilung nach der Härte

(Härte nach Rockwell HR30Tm)	Härtegrad	T52	T57	T61	T70
	angestrebter Härtebereich	48...56	54...61	57...65	66...73

Blecheinteilung nach der Zinnauflage

Art der Verzinnung	elektrolytisch verzinntes Weißblech: gleiche Zinnauflage auf jeder Seite				elektrolytisch verzinntes Weißblech: unterschiedliche Zinnauflage (differenzverzinnt)			
Kurzzeichen	E2,8/2,8	E4,0/4,0	E5,0/5,0	E10/10	D5,0/2,8	D7,5/5,0	D5,6/2,8	D8,4/5,6
Zinnauflage in g/m²/Seite	2,8	4,0	5,0	10	5,0/2,8	7,5/5,0	5,6/2,8	8,4/5,6

Kurzbezeichnung der Erzeugnisse

Feinstblech — Härtegrad T52 .... T52

Weißblech — Härtegrad T57, beidseitig gleich elektrolytisch verzinnt mit einer Zinnauflage von 2,8 g/m² je Seite T57 E2,8/2,8

Weißblech — Härtegrad T61, elektrolytisch differenzverzinnt mit einer Zinnauflage von 11,2 g/m² auf der einen Seite und 5,6 g/m² auf der anderen Seite T61 D11,2/5,6

Kesselbleche DIN 17155 (10.83)

Stahlsorte Kurzname	Werkstoff-Nr.	Chemische Zusammensetzung ≈ %	Zugfestigkeit R_m N/mm²	Streckgrenze R_e bei °C in N/mm²: 20	200	300	400	500	Bemerkungen
Unlegierte Stähle									
H I	1.0345	0,16 C; 0,35 Si; 0,40 Mn	360...480	215	175	135	100	–	Bruchdehnung $A_5 = \frac{10\,000}{\text{Zugfestigkeit}}\,\%$
H II	1.0425	0,20 C; 0,35 Si; 0,50 Mn	410...530	245	205	155	120	–	
UH I	1.0348	0,14 C; 0,5 Mn	280...400	195	135	95	70	–	
Legierte Stähle									Warmformgebung zwischen 1000 °C und 850 °C
17 Mn 4	1.0481	0,17 C; 0,30 Si; 1,00 Mn	460...580	275	245	205	155	–	
19 Mn 6	1.0473	0,19 C; 0,50 Si; 1,25 Mn	510...650	315	265	225	175	–	
15 Mo 3	1.5415	0,15 C; 0,25 Si; 0,3 Mo	440...590	265	245	195	165	135	
13 CrMo 4 4	1.7335	0,13 C; 1,0 Cr; 0,40 Mo	440...590	295	275	235	205	175	

Stahlrohre, geschweißt DIN 1626 (10.84)

Stahlsorte Kurzname	Werkstoff-Nr.	Chemische Zusammensetzung in %	Desoxidationsart	Zugfestigkeit R_m N/mm²	Obere Streckgrenze (R_{eH}) in N/mm² für Wanddicken ≦ 16 mm	> 16 mm ≦ 40 mm
USt 37.0	1.0253	0,2 C; 0,04 P; 0,04 S	U	350...480	235	–
St 37.0	1.0254	0,17 C; 0,04 P; 0,04 S	R	350...480	235	225
St 44.0	1.0256	0,21 C; 0,04 P; 0,04 S	R	420...550	275	265
St 52.0	1.0421	0,22 C; 0,04 P; 0,035 S	RR	500...650	355	345

Stahlrohre, nahtlos DIN 1629 (10.84)

Stahlsorte Kurzname	Werkstoff-Nr.	Chemische Zusammensetzung in %	Desoxidationsart	Zugfestigkeit R_m N/mm²	Obere Streckgrenze (R_{eH}) für Wanddicken in mm ≦ 16	> 16 ≦ 40	> 40 ≦ 65
St 37.0	1.0254	0,17 C; 0,04 P; 0,04 S	R	350...480	235	225	215
St 44.0	1.0256	0,21 C; 0,04 P; 0,04 S	R	420...550	275	265	255
St 52.0	1.0421	0,22 C; 0,04 P; 0,035 S	RR	500...650	355	345	335

Stahl

Stahlsorte Kurzname	Werkstoff-Nr.	Werkstoffart Zusammensetzung in %	C in %	Zugfestigkeit R_m N/mm²	Streckgrenze R_e N/mm²	Bruchdehnung A_5 in %	Eigenschaften Verwendungen
Einsatzstähle							DIN 17 210 (12.69)
Qualitätsstähle							
C 10 C 15	1.0301 1.0401	Normale Kohlenstoff- Einsatzstähle	0,10 0,15	490... 630 590... 780	295 355	16 14	Niedrig beanspruchte Teile, z. B. Hebel, Zapfen
Edelstähle							
Ck 10 Ck 15 *Cm 15	1.1121 1.1141 1.1140	Unlegierte Einsatzstähle mit bes. niedrigem P- u. S-Gehalt Mit gewährleisteter S-Spanne	0,10 0,15 0,15	450... 630 590... 780 590... 780	295 355 355	16 14 14	Hebel, Zapfen, Gelenke, Bolzen
15 Cr 3	1.7015	Chrom-Einsatzst. ≈ 0,6 Cr, 0,5 Mn	0,15	680... 880	440	11	Nockenwellen, Kolbenbolzen, Meßzeuge, Zahnräder und Wellen für Getriebe
**16 MnCr 5 **20 MnCr 5	1.7131 1.7147	Chrom-Mangan- ≈ 1,0 Cr, 1,2 Mn Einsatzstähle ≈ 1,2 Cr, 2,3 Mn	0,16 0,20	780...1080 980...1170	440 540	10 8	
**20 MoCr 4 25 MoCr 4	1.7321 1.7325	Chrom-Molybdän- ≈ 0,4 Cr, 0,5 Mo Einsatzstähle ≈ 0,5 Cr, 0,5 Mo	0,20 0,25	780...1080 980...1270	390 345	10 8	
15 CrNi 6 18 CrNi 8 17 CrNiMo 6	1.5919 1.5920 1.6587	Chrom-Nickel- ≈ 1,6 Cr, 1,6 Ni Einsatzstähle ≈ 2,0 Cr, 2,0 Ni ≈ 1,6 Cr, 1,5 Ni	0,15 0,18 0,17	880...1170 1170...1420 1080...1320	540 685 685	9 7 8	Hochbeanspruchte Teile, Zahnräder, Wellen

Die Festigkeitswerte R_m, R_e und A_5 gelten für den einsatzgehärteten Zustand an Querschnitten mit 30 mm Durchmesser.

* Einsatzstahl mit gewährleisteter Spanne des Schwefelgehaltes (0,020...0,035% S).

** Diese Einsatzstähle werden auch mit gewährleisteter Spanne des Schwefelgehaltes hergestellt; sie werden dann im Kurznamen am Ende der Buchstabengruppe zusätzlich mit dem Buchstaben S gekennzeichnet, z. B. **20 MoCrS 4**.

Stahlsorte Kurzname	Werkstoff-Nr.	Werkstoffart Zusammensetzung in %	C in %	Zugfestigkeit R_m N/mm²	Streckgrenze R_e N/mm²	Bruchdehnung A_5 in %	Eigenschaften Verwendungen
Vergütungsstähle							DIN 17 200 (11.84)
Qualitätsstähle							
+C 35 +C 45 +C 55 +C 60	1.0501 1.0503 1.0535 1.0601	Normale unlegierte Vergütungsstähle	0,35 0,45 0,55 0,60	600... 750 650... 800 750... 900 800... 950	370 430 500 520	19 16 14 13	Für Bauteile geringerer Festigkeit mit kleinen Vergütungsquerschnitten, z. B. Achsen, Wellen
Edelstähle							
28 Mn 6	1.1170	Mangan-Vergütungsstahl ≈ 1,45 Mn	0,28	690... 840	490	15	Für normal beanspruchte Teile im Fahrzeugbau und allgemeinen Maschinenbau, z. B. Kolbenstangen
38 Cr 2 46 Cr 2 ++34 Cr 4 ++37 Cr 4 ++41 Cr 4	1.7003 1.7006 1.7033 1.7034 1.7035	Chrom-Vergütungsstähle ≈ 0,7 Cr ≈ 0,7 Cr ≈ 1,0 Cr ≈ 1,0 Cr ≈ 1,0 Cr	0,38 0,46 0,34 0,37 0,41	700... 850 800... 950 800... 950 850...1000 900...1100	450 550 590 630 660	15 14 14 13 12	
25 CrMo 4 ++34 CrMo 4 ++42 CrMo 4 50 CrMo 4	1.7218 1.7220 1.7225 1.7228	Chrom-Molybdän-Vergütungsstähle ≈ 1,0 Cr, 0,25 Mo ≈ 1,0 Cr, 0,25 Mo ≈ 1,0 Cr, 0,25 Mo ≈ 1,0 Cr, 0,2 Mo	0,25 0,34 0,42 0,50	800... 950 900...1100 1000...1200 1000...1200	600 650 750 780	14 12 11 10	Für Teile hoher Festigkeit mit größeren Vergütungsquerschnitten, z. B. Kurbelwellen
36 CrNiMo 4 34 CrNiMo 6 30 CrNiMo 8	1.6511 1.6582 1.6580	Chrom-Nickel- ≈ 0,2 Cr, 0,22 Mo, 1 Ni Molybdän- ≈ 1,6 Cr, 0,22 Mo, 1,6 Ni Vergütungsst. ≈ 2 Cr, 0,4 Mo, 2 Ni	0,36 0,34 0,30	1000...1200 1100...1300 1250...1450	800 900 1050	11 10 9	Für hochbeanspruchte Teile mit großen Vergütungsquerschnitten (Flugzeug- und Schwerfahrzeugbau)
50 CrV 4	1.8159	Chrom-Vanadium-Vergütungsstahl ≈ 1,0 Cr, 0,5 V	0,50	1000...1200	800	10	

Die Festigkeitswerte R_m, R_e und A_5 gelten für den vergüteten Zustand an Querschnitten von 16 bis 40 mm Durchmesser.

\+ Die bei den Qualitätsstählen aufgeführten Sorten werden auch als Edelstähle mit besonders niedrigem P- und S-Gehalt hergestellt und erhalten dann in ihrem Kurznamen ein zusätzliches k, z. B. Ck 55.

\+\+ Diese Edelstähle werden auch mit gewährleisteter Spanne des Schwefelgehaltes hergestellt und erhalten dann im Kurzzeichen zusätzlich ein S; z. B. 34 Cr S 4.

Stahl

Stahlsorte Kurzname	Werkstoff-Nr.	Zusammensetzung in %	Zugfestigkeit R_m N/mm²	Streckgrenze R_e N/mm²	Dehnung A_5 in %	Eigenschaften Verwendungen
Nitrierstähle						DIN 17 211 (8.70)
31 CrMo 12	1.8515	0,31 C; 3,0 Cr; 0,4 Mo	1000...1200	800	11	Ventilspindel, Meßzeuge
39 CrMoV 13 9	1.8523	0,39 C; 3,2 Cr; 0,9 Mo	1300...1500	1100	8	Für hochbeanspruchte Teile, besonders hohe Kernfestigkeit
34 CrAlMo 5	1.8507	0,34 C; 1,2 Cr; 1,0 Al; 0,2 Mo	800...1000	600	14	Ventilspindel, Kurbelwellen
41 CrAlMo 7	1.8509	0,41 C; 1,7 Cr; 1,0 Al; 0,3 Mo	850...1150	700	13	Warmfeste Teile (über 450 °C), Heißdampfarmaturen
34 CrAlNi 7	1.8550	0,34 C; 1,7 Cr; 1,0 Al; 1,0 Ni	800...1000	600	13	Verschleißfeste Bauteile größerer Abmessungen
Bei den Nitrierstählen gelten die Werte R_m, R_e und A_5 für den vergüteten, noch nicht nitrierten Zustand.						
Automatenstähle						DIN 1651 (4.70)
9 S 20 9 SMn 28 9 SMnPb 28 9 SMn 36 9 SMnPb 36	1.0711 1.0715 1.0718 1.0736 1.0737	≦0,13 C; 0,9 Mn; 0,2 S ≦0,14 C; 1,1 Mn; 0,28 S ≦0,14 C; ≦0,05 Si; 1,1 Mn; 0,28 S; 0,2 Pb ≦0,15 C; 1,2 Mn; 0,36 S ≦0,15 C; ≦ 0,05 Si; 1,2 Mn 0,36 S; 0,2 Pb	470...720 470...720 470...720 550...800 550...800	360 380 380 440 440	9 8 8 7 7	Für Teile mit geringer Beanspruchung, z. B. Griffe, Scheiben, Füße, Stifte. Pb-Zusatz, um glatte Bearbeitungsflächen zu erreichen
10 S 20 10 SPb 20	1.0721 1.0722	0,1 C; 0,25 Si; 0,7 Mn; 0,2 S 0,1 C; 0,7 Mn; 0,2 S; 0,22 Pb	470...720 470...720	360 360	9 9	**Einsatzhärtbare** Automaten-Stähle für Bolzen, Kegelstifte
35 S 20 45 S 20 60 S 20	1.0726 1.0727 1.0728	0,35 C; 0,25 Si; 0,7 Mn; 0,2 S 0,45 C; 0,25 Si; 0,7 Mn; 0,2 S 0,60 C; 0,25 Si; 0,7 Mn; 0,2 S	550...750 650...850 750...950	320 380 440	8 7 7	**Vergütbare**, seigerungsarme Automatenstähle für Teile mit hoher Beanspruchung, z. B. Wellen, Spindeln, Kerbstifte u. ä.
Die Festigkeitsangaben beziehen sich auf den kaltgezogenen, normalgeglühten Zustand, Dicke 16 bis 40 mm.						

Schweißgeeignete Feinkornbaustähle

DIN 17 102 (10.83)

Stahlsorte Kurzname	Werkstoff-Nr.	Zugfestigkeit R_m in N/mm² für Erzeugnisdicken ≦ 70 mm	Obere Streckgrenze R_{eH} in N/mm² für Erzeugnisdicken in mm ≦ 35	> 35 ≦ 50	> 50 ≦ 70	chemische Zusammensetzung
St E 255	1.0461	360...480	255	245	235	0,18 C; 0,8 Mn
St E 285	1.0486	390...510	285	275	265	0,18 C; 1,0 Mn
St E 315	1.0505	440...560	315	305	295	0,18 C; 1,1 Mn
St E 355	1.0562	490...630	355	345	335	0,2 C; 1,3 Mn
St E 380	1.8900	500...650	375	365	345	0,2 C; 1,4 Mn
St E 420	1.8902	530...680	410	400	385	0,2 C; 1,4 Mn
St E 460	1.8905	560...730	450	440	420	0,2 C; 1,4 Mn
St E 500	1.8907	610...780	480	470	450	0,21 C; 1,4 Mn

Schweißgeeignete Feinkornbaustähle im Sinne dieser Norm sind Stähle, deren Mindeststreckgrenze im Bereich von 255 bis 500 N/mm² liegt und deren chemische Zusammensetzung unter Berücksichtigung einer guten Schweißeignung gewählt wurde. Diese schweißgeeigneten Feinkornbaustähle weisen eine hohe Sprödbruchunempfindlichkeit auf und sind alterungsbeständig. (≦ bedeutet „kleiner oder gleich"; > bedeutet: „größer")

Stahl

Werkzeugstähle

DIN 17 350 (10.80)

Kurzname	Werk-stoff-Nr.	Zusammensetzung in Prozent	Beispiele für die Verwendung
Unlegierte Kaltarbeitsstähle (unlegierte Werkzeugstähle)			
C 60 W	1.1740	0,6 C; 0,3 Si; 0,7 Mn; 0,03 S	Handwerkzeuge und landwirtschaftliche Werkzeuge aller Art
C 70 W2	1.1620	0,7 C; 0,2 Si; 0,2 Mn; 0,03 S	Drucklufteinsteckwerkzeuge im Berg- und Straßenbau
C 80 W1	1.1525	0,8 C; 0,18 Si; 0,18 Mn; 0,02 S	Gesenke mit flachen Gravuren, Kaltschlagmatrizen, Messer, Handmeißel
C 85 W	1.1830	0,85 C; 0,32 Si; 0,6 Mn; 0,02 S	Kreissägen, Bandsägen für Holzverarbeitung, Mähmaschinenmesser
C 105 W1	1.1545	1,05 C; 0,17 Si; 0,17 Mn; 0,02 S	Gewindeschneidwerkzeuge, Prägewerkzeuge, Endmaße
Legierte Kaltarbeits- und Warmarbeitsstähle (legierte Werkzeugstähle)			
21 Mn Cr 5	1.2162	0,21 C; 0,25 Si; 1,25 Mn; 1,15 Cr	Werkzeuge für die Kunststoffbearbeitung, die einsatzgehärtet werden
56 Ni Cr Mo V 7	1.2714	0,56 C; 0,25 Si; 0,8 Mn; 1,75 Ni	Preßstempel für Strangpressen
60 W Cr V 7	1.2550	0,6 C; 0,6 Si; 0,3 Mn; 1,1 Cr; 1,8 W	Schnitte für Stahlblech von 6 bis 15 mm, Stempel zum Kaltlochen von Blechen, Zähne für Kettensägen
90 Mn Cr V 8	1.2842	0,9 C; 0,25 Si; 2 Mn; 0,3 Cr; 0,1 V	Stanzen, Schnitte, Tiefziehwerkzeuge, Schneidwerkzeuge, Kunststofformen, Schnittplatten und Stempel, Meßzeuge
100 Cr 6	1.2067	1,0 C; 0,25 Si; 0,35 Mn; 1,5 Cr	Lehren, Dorne, Kaltwalzen, Holzbearbeitungswerkzeuge, Stempel, Ziehdorne
105 W Cr 6	1.2419	1,05 C; 0,25 Si; 0,95 Mn; 1,3 W	Schneideisen, Fräser, Reibahlen, Lehren, Schnittplatten, Stempel, Meßzeuge, Schneidbacken
115 Cr V 3	1.2210	1,15 C; 0,22 Si; 0,3 Mn; 0,75 Cr	Gewindebohrer, Auswerfer, Senker, Zahnbohrer, Stemmeisen, Stempel
X 32 Cr Mo V 3 3	1.2365	0,32 C; 0,25 Si; 0,3 Mn; 3 Cr	Gesenkeinsätze, Preßmatrizen, Preßdorne
X 38 Cr Mo V 5 1	1.2343	0,38 C; 1,1 Si; 0,4 Mn; 5 Cr; 1 Mo	Gesenke, Druckgießformen für Leichtmetall, hochbeanspruchte Werkzeuge zum Strangpressen von Leichtmetallen
X 155 Cr V Mo 12 1	1.2379	1,55 C; 0,25 Si; 12 Cr; 1 V	Metallsägen, Biegestanzen, Scherenmesser, Gewindewalzwerkzeuge, Fließpreßwerkzeuge
X 210 Cr W 12	1.2436	2,1 C; 0,25 Si; 0,3 Mn; 12 Cr	Schnittwerkzeuge, Räumnadeln, Gewindewalzwerkzeuge, Tiefziehwerkzeuge, Preßwerkzeuge, Sandstrahldüsen
X 210 Cr 12	1.2080	2,1 C; 0,25 Si; 0,3 Mn; 12 Cr	Hochbeanspruchte Holzbearbeitungswerkzeuge, Ziehkonen für Drahtzug
Schnellarbeitsstähle			
S 6-5-2	1.3343	6 W; 5 Mo; 2 V; 0,9 C; 4 Cr	Räumnadeln, Spiralbohrer, Fräser, Reibahlen, Gewindebohrer, Senker, Kreissägen, Umformwerkzeuge, Schneidwerkzeuge
S 6-5-2-5	1.3243	6 W; 5 Mo; 2 V; 5 Co; 0,9 C; 4 Cr	Fräser, Spiralbohrer, Gewindebohrer
S 10-4-3-10	1.3207	10 W; 4 Mo; 3 V; 10 Co; 1,3 C; 4,2 Cr	Drehmeißel und Formstähle
S 12-1-4-5	1.3202	12 W; 1 Mo; 4 V; 5 Co; 1,4 C; 4,2 Cr	Drehmeißel und Formstähle
S 18-1-2-5	1.3255	18 W; 1 Mo; 2 V; 5 Co; 0,8 C; 4,2 Cr	Drehmeißel, Hobelmeißel, Fräser

Stahl

Stahlsorte Kurzname	Werkstoff-Nr.	Zusammensetzung in %	Zugfestigkeit R_m N/mm²	Streckgrenze R_e N/mm²	Bruchdehnung A_5 in %	Eigenschaften Verwendungen Bemerkungen
Nichtrostende Stähle						DIN 17440 (12.72)
X 6 Cr 13	1.4000	0,06 C; 13 Cr; 1 Si; 1 Mn	440…630	245	20	Ventilteile; Wasserturbinen
X 20 Cr 13	1.4021	0,20 C; 13 Cr; 1 Si; 1 Mn	≦ 730	—	16	Dampfturbinenschaufeln
X 40 Cr 13	1.4031	0,40 C; 13 Cr; 1 Si; 1 Mn	≦ 780	—	—	nicht schweißbar
X 8 Cr 17	1.4016	0,08 C; 17 Cr; 1 Si; 1 Mn	440…590	265	20	Eßbestecke; Küchengeräte, medizinische Instrumente, Haushaltwaren (z. B. Bestecke), chemische Industrie, Lebensmittelindustrie,
X 12 CrMoS 17	1.4104	0,12 C; 17 Cr; 0,25 Mo; 1 Si	540…680	295	20	
X 6 CrTi 12	1.4512	0,06 C; 12 Cr	390…560	210	17	
X 45 CrMo V 15	1.4116	0,45 C; 15 Cr	…900	—	—	
X 5 CrNi 18 10	1.4301	0,05 C; 18 Cr	530…730	220	40	
X 2 CrNiMo 18 14 3	1.4435	0,02 C; 18 Cr; 14 Ni	530…680	240	40	
X 10 CrNiTi 18 9	1.4541	0,10 C; 18 Cr; 8 Ni; 0,5 Ti; 2 Mn	490…730	205	40	
X 5 CrNiMo 18 10	1.4401	0,05 C; 18 Cr; 10 Ni; 2 Mo; 2 Mn	490…680	205	45	
X 10 CrNiMoNb 18 10	1.4580	0,10 C; 18 Cr; 10 Ni; 2 Mo; 2 Mn	490…680	225	40	
Kohlenstoffarme unlegierte Stähle für Schrauben, Muttern und Niete						DIN 17111 (9.80)
USt 36	1.0203	0,14 C; 0,4 Mn	330…430	205	30	Die Stähle USt 36; UQSt 36; USt 38; UQSt 38; U 7 S 6 und U 10 S 10 sind unberuhigt vergossen; die Stähle RSt 36 und RSt 38 sind beruhigt vergossen.
UQSt 36	1.0204	0,14 C; 0,4 Mn				
RSt 36	1.0205	0,14 C; 0,4 Mn; 0,3 Si				
USt 38	1.0217	0,19 C; 0,4 Mn	370…460	225	25	
UQSt 38	1.0224	0,19 C; 0,4 Mn				
RSt 38	1.0223	0,19 C; 0,4 Mn; 0,3 Si				
U 7 S 6	1.0708	0,1 C; 0,5 Mn	310…440	205	—	
U 10 S 10	1.0702	0,15 C; 0,5 Mn	340…470	225	—	
Kaltstauch- und Kaltfließpreßstähle						DIN 1654 T3 u. T4 (alle 3.80)
Cq 15	1.1132	0,15 C; 0,25 Si; 0,38 Mn	740… 890	440	—	Bezugsproben bei 11 mm Durchmesser (blindgehärtet)
15 Cr 3	1.7015	0,15 C; 0,30 Si; 0,50 Mn	790…1030	510	—	
16 MnCr 5	1.7131	0,16 C; 0,30 Si; 1,15 Mn	880…1180	635	—	
20 MoCr 4	1.7321	0,20 C; 0,30 Si; 0,75 Mn	880…1180	635	—	
15 CrNi 6	1.5919	0,15 C; 0,30 Si; 0,50 Mn	970…1270	685	—	
Cq 22	1.1152	0,22 C; 0,25 Si; 0,4 Mn	540… 690	355	20	Bezugsproben bis 16 mm Durchmesser im vergüteten Zustand
38 Cr 2	1.7003	0,38 C; 0,27 Si; 0,7 Mn	780… 930	540	14	
41 Cr 4	1.7035	0,41 C; 0,27 Si; 0,7 Mn	980…1180	785	11	
30 CrNiMo 8	1.6580	0,3 C; 0,27 Si; 0,4 Mn	1230…1430	1030	9	
42 CrMo 4	1.7225	0,42 C; 0,27 Si; 0,7 Mn	1080…1280	885	10	

Patentiert gezogener Federdraht aus unlegierten Stählen

DIN 17223 T1 (12.84)

Drahtsorte	Mindestzugfestigkeit R_m in N/mm² für Nenndurchmesser „d" in mm																		
	0,08	0,1	0,3	0,5	0,7	0,9	1,1	1,3	1,5	1,7	1,9	2,4	3,0	5,0	7,0	10,0	13,0	17,0	20,0
A	—	—	—	—	—	—	1690	1640	1600	1570	1540	1470	1410	1260	1160	1060	—	—	—
B	—	—	2370	2200	2090	2010	1950	1900	1850	1810	1770	1700	1630	1460	1350	1240	1160	1070	1020
C	—	—	—	—	—	—	—	—	—	—	—	1920	1840	1660	1540	1410	1320	1220	1160
D	2800	2800	2660	2480	2360	2270	2200	2140	2090	2040	2000	1920	1840	1660	1540	1410	1320	1220	1160

Vergüteter Federdraht (FD) und vergüteter Ventilfederdraht (VD)

DIN 17223 T2 (3.64)

Drahtsortenbezeichnung	Werkstoff-Nr.	Zugfestigkeit R_m in N/mm² für Nenndurchmesser d — d in mm														Bemerkungen
		0,2	0,4	0,6	0,8	1,0	1,5	2,0	2,5	3,0	4,0	5,0	6,0	7,0	8,0	
FD	1.1230	—	—	—	—	1900	1800	1720	1680	1620	1590	1500	1500	1470	1400	FD für mäßige, VD für hohe Dauerschwingbeansprchg.
VD	1.1250	—	—	—	—	1780	1660	1600	1550	1510	1480	1420	1420	1380	—	

Nichteisenmetalle (NE-Metalle)

Nichteisenmetalle werden in Schwermetalle (Dichte größer oder gleich 5 kg/dm³) und in Leichtmetalle (Dichte kleiner 5 kg/dm³) unterteilt.

Systematische Bezeichnung der NE-Metalle

DIN 1700 (7.54)

1. Kennbuchstaben für die Herstellung und Verwendung

- G Guß (allgemein)
- GD Druckguß
- GK Kokillenguß
- GZ Schleuderguß (Zentrifugalguß)
- GC Strangguß
- Gl Gleitmetall
- Lg Lagermetall
- L Lot

2. Kennzeichen für die Zusammensetzung

a) **Chemische Symbole**

- Al Aluminium
- Cu Kupfer
- Ni Nickel
- Pb Blei
- Zn Zink

b) **Kennzahlen in %**, z. B.

- Mg 3 3% Magnesium
- Sn 25 25% Zinn
- Si 12 12% Silicium

3. Kurzzeichen für besondere Eigenschaften

a) **Behandlungszustand**

g geglüht u. abgeschreckt; wa warmausgehärtet; ka kaltausgehärtet; ta teilausgehärtet; dek dekorative Wirkung; pl plattiert; a ausgehärtet

b) **Mindestwert der Festigkeit**

F 17 Mindestzugfestigkeit 170 N/mm²

c) **Härtezustand**

p gepreßt; w weich; h hart; zh ziehhart; wh gewalzt (walzhart)

Nichteisenmetalle (Schwermetalle)

Kurzzeichen	Werkstoff-Nr.	Mindestgehalt in %	Eigenschaften Verwendungen Bemerkungen	Kurzzeichen	Werkstoff-Nr.	Mindestgehalt in %	Eigenschaften Verwendungen Bemerkungen
Kupfer (Cu) Dichte $\varrho = 8{,}9\ kg/dm^3$							DIN 1708 (1.73)
KE-Cu	2.0050	99,9 Cu	Katodenkupfer	OF-Cu	2.0040	99,95 Cu	Sauerstofffreies Kupfer, nicht desoxidiert
E1-Cu 58 E2-Cu 58 E-Cu 57 F-Cu	2.0061 2.0062 2.0060 2.0080	99,9 Cu 99,9 Cu 99,9 Cu 99,9 Cu	Sauerstoffhaltiges Kupfer zur Herstellung von Halbzeugen und Gußstücken (F-Cu für Gußstücke und Legierungen)	SE-Cu SW-Cu SF-Cu	2.0070 2.0076 2.0090	99,9 Cu 99,9 Cu 99,9 Cu	Sauerstofffreies Kupfer, mit Phosphor desoxidiert, zur Herstellung von Halbzeugen
Nickel (Ni) Dichte $\varrho = 8{,}85\ kg/dm^3$							DIN 1701 (5.80)
H-Ni 99,95	2.4017	99,95 Ni	ISO-Kurzzeichen Ni 9995	H-Ni 99,9	2.4021	99,9 Ni	ISO-Kurzzeichen Ni 9990
H-Ni 99	2.4025	99 Ni	ISO-Kurzzeichen Ni 9900	H-Ni 99,5	2.4022	99,5 Ni	ISO-Kurzzeichen Ni 9950
Zinn (Sn) Dichte $\varrho = 7{,}3\ kg/dm^3$							DIN 1704 (6.73)
Sn 99,95 Sn 99,90	2.3500 2.3501	99,95 Sn 99,90 Sn	Lieferformen: in Blöcken, Platten, Stangen und Granalien	Sn 99,75 Sn 99,50 Sn 99,00	2.3502 2.3503 2.3505	99,75 Sn 99,50 Sn 99,00 Sn	Lieferformen: in Blöcken, Platten, Stangen und Granalien
Zink (Zn) Dichte $\varrho = 7{,}2\ kg/dm^3$							DIN 1706 (3.74)
Hüttenzink				**Feinzink**			
Zn 97,5 Zn 98,5 Zn 99,5	2.2075 2.2085 2.2095	97,5 Zn 98,5 Zn 99,5 Zn	Zinkbleche- u. Zinkbänder, Legierungszwecke, Platten im graphischen Gewerbe	Zn 99,95 Zn 99,99 Zn 99,995	2.2035 2.2040 2.2045	99,95 Zn 99,99 Zn 99,995 Zn	Ätzplatten, Bleche, Bänder, Feinzinklegierung u. Tiefziehbleche aus CuZn-Leg.
Blei (Pb) Dichte $\varrho = 11{,}3\ kg/dm^3$							DIN 1719 (4.63)
Pb 98,5 Pb 99,75 Pb 99,9 Pb 99,94	2.3085 2.3075 2.3040 2.3030	98,5 Pb 99,75 Pb 99,9 Pb 99,94 Pb	Umschmelzblei für Legierungen Hüttenblei; für Legierungen Hüttenblei; für Hartblei	Pb 99,985 Pb 99,99 Pb 99,9 Cu	2.3020 2.3010 2.3021	99,985 Pb 99,99 Pb 99,9 Pb, 0,04 Cu	Feinblei; für Bleifarben optische Gläser Kupferfeinblei und für chemische Geräte

Nichteisenmetalle (Schwermetalle)

Kurzzeichen	Werkstoff-Nr.	Zusammensetzung in % ≈	Zugfestigkeit R_m N/mm²	Bruchdehnung A_5 in %	Eigenschaften Verwendungen
Kupfer-Gußlegierungen					
Kupfer-Zink-Gußlegierungen					DIN 1709 (11.81)
G-CuZn 33 Pb	2.0290.01	65 Cu, 33 Zn, 2 Pb	180	12	Sandformguß, Armaturen, Gehäuse
GK-CuZn 38 Al	2.0591.02	60 Cu, 38 Zn, 0,5 Al, 1 Ni	380	20	Kokillenguß mit metallisch bl. Oberfl.
GD-CuZn 15 Si 4	2.0492.05	81 Cu, 15 Zn, 4 Si	550	8	Druckguß für Armaturen elektr. Geräte
G-CuZn 25 Al 5	2.0598.01	65 Cu, 25 Zn, 5 Al, 5 Mn	750	8	Langsamlauf. Schneckenräder, Lager
Kupfergußlegierungen mit Sn, Pb, Al					DIN 1705, 1714 und 1716 (alle 11.81)
G-CuSn 10 Zn	2.1086.01	87 Cu, 10 Sn, 3 Zn	260	15	Gleitlagerschalen, Schneckenräder
G-CuSn 5 ZnPb	2.1096.01	85 Cu, 5 Sn, 5 Zn, 5 Pb	220	16	Armaturen, Pumpengehäuse
GK-CuAl 9 Ni	2.0970.02	90 Cu, 9 Al, 1 Ni	530	20	Gehäuse, Kegelräder, Schaltgabeln
G-CuPb 15 Sn	2.1182.01	75 Cu, 15 Pb, 7 Sn, 2 Zn	180	8	Gute Gleiteigenschaften, Lager
Kupfer-Knetlegierungen					
Kupfer-Zink-Legierungen					DIN 17660 (12.83)
CuZn 40 Pb 2	2.0402	58 Cu, 40 Zn, 2 Pb	390...670	0...35	Sehr gut zerspanbar; Profile
CuZn 40	2.0360	60 Cu, 40 Zn	420...480	12...23	Warm- u. kaltumformbar; Beschläge
CuZn 30	2.0265	70 Cu, 30 Zn	280...530	0...50	Sehr gut kaltumformbar; Federn
CuZn 40 Al 2	2.0550	57 Cu, 40 Zn, 2 Al, 1 Mn	550...650	10...18	Hohe Festigkeit; korrosionsbeständig
Kupfer-Zinn-Legierungen					DIN 17662 (12.83)
CuSn 6	2.1020	94 Cu, 6 Sn	350...750	5 ...55	Federn aller Art; Elektroindustrie
CuSn 6 Zn 6	2.1080	88 Cu, 6 Zn, 6 Sn	620...770	3 ...15	Verschleißteile aller Art
Kupfer-Aluminium-Legierungen					DIN 17665 (12.83)
CuAl 8 Fe 3	2.0932	89 Cu, 8 Al, 3 Fe	450...600	10...25	Kaltumformbar; chemische Apparate
CuAl 10 Ni 5 Fe 4	2.0966	81 Cu, 10 Al, 5 Ni, 4 Fe	650...750	10	Hohe Festigkeit; Schrauben, Wellen
Kupfer-Nickel-Zink-Legierungen					DIN 17663 (12.83)
CuNi 12 Zn 24	2.0730	64 Cu, 24 Zn, 12 Ni	350...650	0 ...40	Gut kaltumformbar; Tafelgeräte
CuNi 18 Zn 19 Pb 1	2.0790	62 Cu, 19 Zn, 18 Ni, 1 Pb	440...530	6 ...25	Gut zerspanbar; Feinmechanik, Optik
Kupfer-Nickel-Legierungen					DIN 17664 (12.83)
CuNi 10 Fe 1 Mn	2.0872	89 Cu, 10 Ni, 1 Fe	280...360	5 ...35	Sehr gut korrosionsbeständig
CuNi 25	2.0830	75 Cu, 25 Ni	—	—	Plattierwerkstoff, Münzlegierung
Nickel-Knetlegierungen					DIN 17742, 17743, 17744 (alle 2.83), DIN 17745 (1.73)
NiCr 6015	2.4867	59 Ni; 14 Cr; 19 Fe	Festigkeitswerte sind für die Verwendung nicht ausschlaggebend		Heizleiter, Widerstände
NiCu 30 Fe	2.4360	63 Ni; 28 Cu; 1 Fe			Korrosionsbeständige Bauteile
NiMo 28	2.4617	28 Mo; 2 Fe; Rest Ni			Chemische Apparate
NiMn 2	2.4110	98 Ni; 2 Mn			Bauteile für Elektronenröhren

Feinzink-Gußlegierungen DIN 1743 T2 (4.78)

Kurzzeichen	Werkstoff-Nr.	Zusammensetzung in % ≈	Zugfestigkeit R_m N/mm²	Dehngrenze $R_{p\,0,2}$ N/mm²	Bruchdehnung A_5 in %	Eigenschaften Verwendung
GD-Zn Al 4 Cu 1	2.2141.05	4 Al; 1 Cu; Rest Zn	280...350	220...250	2 ...5	Sehr gut für Druckgußstücke
G-Zn Al 4 Cu 3	2.2143.01	4 Al; 3 Cu; Rest Zn	220...260	170...200	0,5...2	Für Sand- und Kokillen-Gußstücke aller Art, Spritzgußformen für Kunststoffe
GK-ZnAl 4 Cu 3	2.2143.02		240...280	200...230	1 ...3	
G-ZnAl 6 Cu 1	2.2161.01	6 Al; 1,4 Cu; Rest Zn	180...230	150...180	1 ...3	Für gießtechnisch schwierige Gußstücke

Nichteisenmetalle (Leichtmetalle)

Zu den Leichtmetallen zählt man: Titan (ϱ = 4,5 kg/dm³), Aluminium (ϱ = 2,7 kg/dm³) und Magnesium (ϱ = 1,8 kg/dm³) sowie deren Legierungen. Bei der Bearbeitung von Magnesium besteht Brandgefahr. Niemals mit Wasser, sondern nur mit Sand löschen!

Kurzzeichen	Werkstoff-Nr.	Zusammensetzung in %	Zugfestigkeit R_m N/mm²	Streckgrenze R_e N/mm²	Bruchdehnung A_5 in %	Eigenschaften Verwendungen
Titan-Knetlegierungen						DIN 17851 (12.73)
TiAl 5 Sn 2	3.7115	5 Al; 2 Sn; Rest Ti	790...980	940	≈ 8	Hohe Festigkeit; gut schweißbar; unmagnetisch; hohe Warmfestigkeit (bis ≈ 500 °C); korrosionsbeständig; Luftfahrttechnik; Raumfahrttechnik; Meßgeräte
TiAl 6 V 4	3.7165	6 Al; 4 V; Rest Ti	970...1140	1070	8 ...12	
Reinaluminium (R) und Hüttenaluminium (H)						DIN 1712 T1 (12.76)
Al 99,99 R	3.0400	99,99 Al	60...120	–	–	Zur Weiterverarbeitung bestimmt
Al 99,8 H	3.0280	99,8 Al	70... 90	–	–	Hohe chem. Beständigkeit, gute elektr. und Wärmeleitfähigkeit, gut verformbar
Al 99,5 H	3.0250	99,5 Al	100...130	–	4 ...20	
E-Al H	3.0256	99,5 Al	80...140	–	3 ...25	
Aluminium-Knetlegierungen, nicht aushärtbar						DIN 1725 T1 (2.83)
AlMn 1	3.0515	0,9...1,4 Mn, 0...0,3 Mg Rest Al	100...160	40...130	4 ...22	Korrosionsfest, Bedachung, Zierleisten
AlMg 1	3.3315	0,8...1,2 Mg, 0,4 Fe 0...0,1 Cr, Rest Al	100...160	40...140	4 ...20	Tiefziehfähig, Verpackungen
AlMg 1,8	3.3326	1,4...2,1 Mg, 0...0,3 Mn, 0...0,3 Cr, Rest Al	150...210	60...160	4 ...19	Tiefziehfähig, polierbar, witterungs- und seewasserbeständig
AlMg 3	3.3535	2,6...3,4 Mg, 0...0,5 Mn, 0...0,3 Cr, Rest Al	180...260	80...180	4 ...17	
AlMg 5	3.3555	4,3...5,5 Mg, 0,1...0,6 Mn, 0...0,3 Cr, Rest Al	240...320	110...240	4 ...17	Seewasserbest., schweißbar, bei kurzen Nähten, geringere Verformbarkeit
AlMg 5 dek	3.3555	Wie AlMg 5	Wie AlMg 5			Dekorative Teile
AlMg 2 Mn 0,8	3.3527	1,6...2,5 Mg, 0,5...1,1 Mn, 0...0,3 Cr, Rest Al	180...250	80...180	4 ...17	Sehr gute Seewasserbeständigkeit; Schiffbau
Aluminium-Knetlegierungen, aushärtbar						DIN 1725 T1 (2.83)
AlMgSi 0,5 dek	3.3206	0,4...0,8 Mg. 0,3...0,7 Si, Rest Al	...140	... 80	...15	Dekorative Teile
AlMgSi 1	3.2315	0,75...1,3 Si, 0,6...1,2 Mg, 0,4...1,0 Mn, Rest Al	140...320	100...320	9 ...18	Konstruktionsteile mittlerer Beanspruchung
AlCuMg 1	3.1325	3,5...4,5 Cu, 0,4...1,0 Mg, 0,3...1,0 Mn, Rest Al	210...390	240...260	14...16	Gute Festigkeit, Flug- und Fahrzeugteile
AlCuMg 2	3.1355	4,0...4,8 Cu, 1,2...1,8 Mg, 0,3...0,9 Mn, Rest Al	250...440	240...290	9 ...14	Hochfeste Konstruktionsteile, Flug- und Fahrzeugteile
AlCuMg 1 pl	3.1325	Wie AlCuMg 1 und AlCuMg 2	Wie AlCuMg 1 und AlCuMg 2			Korrosionsbeständig
AlCuMgPb	3.1645	3,5...5,0 Cu, 1,0...3,0 Pb, 0,5...1 Mn, 0,4...1,8 Mg, Rest Al	–	–	–	Kurzspanende Automatenlegierung
AlZnMgCu 0,5	3.4345	4,3...5,2 Zn, 2,6...3,6 Mg, 0,5...1,0 Cu, Rest Al	...460	...380	... 8	Hohe Festigkeit, gut zerspanbar, Flug- und Fahrzeugbau, Maschinen- und Bergbau
AlZnMgCu 1,5	3.4365	5,1...6,1 Zn, 2,1...2,9 Mg, 1,2...2,0 Cu, Rest Al	280...520	...440	7 ...12	

Nichteisenmetalle (Leichtmetalle)

Kurzzeichen	Werkstoff-Nr.	Zusammensetzung in %	Zugfestigkeit R_m N/mm²	Dehngrenze $R_{p\,0,2}$ N/mm²	Bruchdehnung A_5 in %	Eigenschaften Verwendungen
Aluminium-Gußlegierungen						DIN 1725 T2 (9.73)
G-AlSi 12	3.2581.01	11...13,5 Si, 0...0,5 Mn, Rest Al	160...210	70...100	5...10	Stoß- u. druckfeste Gußstücke, witterungs- u. seewasserbest.
G-AlSi 10 Mg wa	3.2381.61	9...11 Si, 0,2...0,4 Mg, 0...0,5 Mn, Rest Al	220...320	180...260	1... 4	Hohe Festigkeit, warmausgehärtet; Motorengehäuse
G-AlMg 3	3.3541.01	2...4 Mg, 0...1,3 Si 0...0,5 Mn, 0...0,2 Ti, Rest Al	140...190	70...100	3... 8	Korrosionsbeständig, polier- und eloxierbar; Armaturen
G-AlMg 10 ho	3.3591.43	9...11 Mg, 0...0,3 Mn, 0...0,15 Ti, Rest Al	220...300	140...170	6... 9	Chemisch und mechanisch hochbeanspruchte Teile; Flugzeugbau; homogenisiert
G-AlSi 6 Cu 4	3.2151.01	5...7 Si, 3...5 Cu, 0,3...0,6 Mn, 0,1...0,3 Mg, Rest Al	160...200	100...150	1... 3	Mittlere Festigkeit, Fahrzeug-, Maschinenbau
G-AlCu 4 Ti ta	3.1841.63	4...5 Cu, 0,1...0,3 Ti, Rest Al	280...380	180...230	5...10	Hohe Festigkeit, teilausgehärtet; schwingungsfeste Teile; Fahr- und Flugzeugbau
GD-AlSi 12	3.2582.05	11..13,5 Si 0...0,5 Mn, Rest Al	220...280	140...180	1...3 (A_{10})	Korrosionsbeständig, sehr gut gießbar; dünnwandige Teile
GD-AlSi 6 Cu 4	3.2152.05	5...8 Si, 0,2...0,6 Mn, 2...4,0 Cu, Rest Al	220...300	150...220	0,5...3 (A_{10})	Sehr gut gießbar, mittlere Festigkeit
GD-AlMg 9	3.3292.05	0...1 Si, 7...10 Mg, 0,2...0,5 Mn, Rest Al	200...300	140...220	1...5 (A_{10})	Korrosionsbeständig, gut polierbar; für optische Industrie, Büromaschinen
GK-AlMg 3 (Cu)	3.3543.02	1...3 Si, 2...4 Mg, 0...0,6 Mn, Rest Al	140...200	90...110	3...8	
Magnesium-Knetlegierungen						DIN 1729 T1 (8.82)
MgMn 2	3.5200	1,2...2,0 Mn, Rest Mg	–	–	–	Korrosionsbeständig, gut schweißbar; Kraftstoffbehälter, Blechprofile
MgAl 6 Zn	3.5612	5,5...7 Al, 0,5...1,5 Zn, 0,15...0,4 Mn, Rest Mg	–	–	–	Mittlere Festigkeit, beschränkt schweißbar; Maschinenbau
MgAl 8 Zn	3.5812	7,8...9,2 Al, 0,2...0,8 Zn, 0,12...0,3 Mn, Rest Mg	–	–	–	Warmaushärtbar, hohe Festigkeit
Magnesium-Gußlegierungen						DIN 1729 T2 (7.73)
G-MgAl 6	3.5662.01	5,5...6,5 Al, 0,15...0,3 Mn, Rest Mg	160...240	80...110	8...12	Flüssigkeits- und gasdichte Sandgußstücke mittlerer Festigkeit; dauer-, stoß- u. warmbeanspruchte (bis 200 °C) Gußstücke hoher Festigkeit
G-MgAl 8 Zn 1	3.5812.01	7,5...9,0 Al, 0,3...1,0 Zn, 0,15...0,3 Mn, Rest Mg	160...220	90...110	2...6	Stoßbeanspruchte Gußstücke einfacher Form
G-MgAl 9 Zn 1	3.5912.01	8,3...10 Al, 0,3...1,0 Zn, 0,15...0,5 Mn, Rest Mg	160...220	90...120	2...5	Magnesium-Gußlegierungen mit hoher Festigkeit, schweißbar, gute Gleiteigenschaften
GD-MgAl 9 Zn 1	3.5912.05	9 Al, 1 Zn, Rest Mg	200...250	150...170	1...3	

Hartmetalle

Zerspanungs-Hauptgruppen und -Anwendungsgruppen

DIN 4990 (7. 72)

Verschleiß-festigkeit, Zähigkeit	Zerspanungs-Hauptgruppen	Kurz-zeichen	Dichte ϱ g/cm³ ≈	Zerspanungs-Anwendungsgruppen Werkstoffe	Arbeitsverfahren
↑ zunehmende Schnittgeschwindigkeit bzw. zunehmende Verschleißfestigkeit des Hartmetalles; ↓ zunehmende Vorschübe bzw. zunehmende Zähigkeit des Hartmetalles	Kennfarbe blau **P** für langspanende Werkstoffe	P 01	8,4	Stahl, Stahlguß	**Feindrehen u. Feinbohren,** hohe Schnittgeschw. kleine Vorschübe für hohe Maßgenauigkeit und Oberflächengüte
		P 10	10,7	Stahl, Stahlguß	**Drehen, Nachformdr., Fräsen Gewindeherstellung,** hohe Schnittgeschwindigkeit, kleine bis mittl. Vorschübe
		P 20	11,9	Stahl, Stahlguß, langspan. Temperguß	**Drehen, Nachformdrehen, Fräsen,** mittlere Schnittgeschw. u. Vorschübe
		P 30	13,1	Stahl, Stahlguß, langspan. Temperguß	**Drehen, Hobeln, Fräsen,** bei klein.-, mittl. bis niedr. Schnittgeschwindigkeit, mittlere bis große Vorschübe
		P 40	12,2	Stahl, Stahlguß mit Sandeinschl. u. Lunkern	**Drehen, Hobeln, Stoßen, z.T. Automatenarb.,** niedr. Schnittgeschw., großer Vorschub, große Spanwinkel
		P 50	12,4	Stahl, Stahlguß mittlerer oder niedriger Festigkeit	**Drehen, Hobeln, Stoßen, Automatenarbeit,** niedr. Schnittgeschw., große Vorschübe, höchste Anforderungen an Zähigkeit
	Kennfarbe gelb **M** für lang- und kurzspanende Werkstoffe	M 10	13,1	Stahl, Mn-Hartstahl, Stahlguß, Gußeisen	**Drehen,** mittl. u. hohe Schnittgeschw., mittlere bis kleine Vorschübe
		M 20	13,3	Stahl, Gußeisen, Stahlguß, Temperguß	**Drehen, Fräsen,** mittl. Schnittgeschw., mittlere Vorschübe
		M 30	13,4	Stahl, hochwarmfest, Stahlguß, Gußeisen	**Drehen, Hobeln, Fräsen,** mittl. Schnittgeschw., mittl. bis große Vorschübe
		M 40	13,6	Stahl niedr. Festigkeit Automatenst., NE-Met.	**Drehen, Formdrehen, Abstechen,** besonders auf Automaten
	Kennfarbe rot **K** für kurzspanende Werkstoffe	K 01	15,0	gehärteter Stahl, Kokillen-Hartguß, GG hoher Härte	**Drehen, Feindrehen, Feinbohren, Schlichtfräsen, Schaben**
		K 10	14,8	Kunststoffe, Hartpapier, Glas, Cu- u. Al-Legierung.	**Drehen, Bohren, Senken, Reiben, Räumen, Schaben, Fräsen**
		K 20	14,7	Gußeisen, Cu, Al, Cu-Legierungen	**Drehen, Hobeln, Senken, Reiben, Fräsen, Räumen,** bei höh. Ansprüchen an Zähigkeit des Hartmetalles
		K 30	14,6	Stahl niedriger Festigkeit, Schichthölzer	**Drehen, Hobeln, Stoßen, Fräsen,** große Spanwinkel möglich
		K 40	14,3	NE-Metalle, Weich- und Harthölzer	**Drehen, Hobeln, Stoßen,** große Spanwinkel möglich

Drehmeißel mit Schneidplatten aus Hartmetall

DIN 4982 (10. 80)

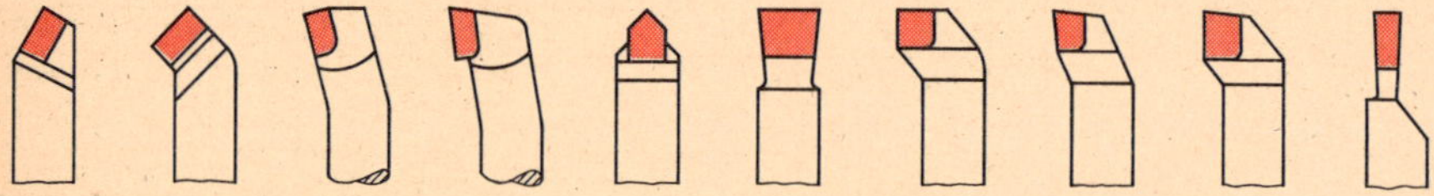

Gerader Drehmeißel	Gebogener Drehmeißel	Innendrehmeißel	Inneneckdrehmeißel	Spitzer Drehmeißel	Breiter Drehmeißel	Abgesetzter Drehmeißel	Abgesetzter Eckdrehmeißel	Abgesetzter Seitendrehmeißel	Stechdrehmeißel
DIN 4971 ISO 1	DIN 4972 ISO 2	DIN 4973 ISO 8	DIN 4974 ISO 9	DIN 4975 –	DIN 4976 ISO 4	DIN 4977 ISO 5	DIN 4978 ISO 3	DIN 4980 ISO 6	DIN 4981 ISO 7

Hartmetalle, Gleitlagerwerkstoffe

Hartmetalle

DIN 4986 (zurückgezogen)

Hartmetalle der Hauptgruppe **G** haben die Kennfarbe **braun**. Von G05 bis G60 nimmt die Verschleiß- und Abriebfestigkeit ab und die Zähigkeit zu.

Kurzzeichen	Anwendungsbeispiele für . . . spanlose Formung	Verschleißschutz
G 05	Ziehsteine zum Ziehen von Draht; Preßdüsen; Matrizen zum Pressen von mineralischen Stoffen; Meßzeuge.	Meßzeuge hoher Abriebfestigkeit; Gleitstücke; Führungen; Schleifringe; Schablonen.
G 10	Ziehsteine zum Ziehen von Draht; Ziehringe zum Ziehen von Stangen und Rohren (Zieh-∅ bis ≈ 20 mm).	Führungsschienen; Dichtungsringe; Zentrierspitzen.
G 20	Ziehringe mit Zieh-∅ bis ≈ 35 mm; Schneidplatten und Schneidstempel für Werkzeuge der Stanztechnik.	Ventilsitze; Ventilkegel; Führungsschienen für spitzenlose Schleifmaschinen.
G 30	Ziehringe mit Ziehdurchmesser über 35 mm; Einsätze an Werkzeugen der Stanztechnik; Scherenmesser; Prägewerkzeuge; Reduziermatrizen; Nietwalzen.	Hartmetalle G30 bis G60 werden für den Verschleißschutz nicht verwendet.
G 40	Stanz- und Prägewerkzeuge; Schneidwerkzeuge, wenn höhere Anforderungen an die Zähigkeit als bei G30 gestellt werden.	
G 50	Reduzier- und Preßmatrizen; Abscherwerkzeuge; Hammerbacken; Biegewerkzeuge; Vor- und Fertigstaucher; Kopfpreßmatrizen; Warmpreßwerkzeuge.	
G 60	Kaltpreßmatrizen für die Wälzkörperherstellung (Kugeln, Rollen, Kegel) und Werkzeuge wie bei G50.	

Farbkennzeichnung von Drehmeißeln mit Hartmetallschneidplatten

DIN 4982 (10.80)

Merkmale	Anordnung	Darstellung
Kennfarbe der Zerspanungs Hauptgruppe nach DIN 4990	am hinteren Schaftteil	
Name oder Zeichen des Herstellers	am Schaft, außerhalb des Farbfeldes	
Zerspanungs-Anwendungsgruppe nach DIN 4990	auf der vorderen Schaftfläche, im Farbfeld	
Hartmetallsorte (Kennzeichnung freigestellt)	auf der vorderen Schaftfläche, außerhalb des Farbfeldes	
Bezeichnungs-Nummer nach ISO	am Schaft, außerhalb des Farbfeldes	
DIN-Nummer	auf der Verpackung	

Gleitlager aus Kunststoffen

Gleitlagerwerkstoff	Kurzzeichen	Zugf. in N/mm²	Dehnung in %	Schmelztemp. in °C	Lagerherstellung durch	Dauergebrauchstemp. in °C	Schmierung
Polyamid 12	PA 12	55	8,5	≈ 180	Spritzgießen für Wanddicken von 0,5...10 mm	100	Kunststoffgleitlager eignen sich insbesondere im Bereich der Mangelschmierung
Polyamid 66	PA 66	85	3,0	≈ 250		100	
Gußpolyamid 6	PA 6 G	85	3,5	≈ 215	Gießen für Wanddicken ab 10 mm	100	
Polytetrafluoräthylen	PTFE	25...30	30...40	327	Formpressen	260	

Gleitlager aus Blei-Zinn-Gußlegierungen

DIN ISO 4381 (10.82)

Kurzzeichen	Werkstoff-Nummer	Zusammensetzung in %	Verwendung für . . .
Pb Sb 15 Sn As	2.3390	82 Pb; 15 Sb; 1,3 Sn	geringe Belastung und niedrige Geschwindigkeit
Pb Sb 15 Sn 10	2.3391	74 Pb; 15 Sb; 10 Sn	mittlere Belastung und mittlere Geschwindigkeit
Pb Sb 10 Sn 6	2.3393	83 Pb; 10 Sb; 6 Sn	geringe Belastung und mittlere Geschwindigkeit
Sn Sb 12 Cu 6 Pb	2.3790	80 Sn; 12 Sb; 6 Cu	mittlere Belastung und hohe Geschwindigkeit
Sn Sb 8 Cu 4	2.3791	89 Sn; 8 Sb; 4 Cu	mittlere bis hohe Belastg. u. hohe Geschwindigkeit
Sn Sb 8 Cu 4 Cd	2.3792	89 Sn; 8 Sb; 4 Cu	hohe Belastung und hohe Geschwindigkeit

Sinterwerkstoffe

Sint - B 51

- Sint: Sinterwerkstoff
- B: Kennbuchstabe für Werkstoffklasse bzw. Raumerfüllung R_x
- 5: Kennziffer für chem. Zusammensetzung
- 1: Kennziffer für weitere Unterscheidung

Werkstoff-klasse	Raumer-füllung R_x in %	Einsatzgebiet	Werkstoff-klasse	Raumer-füllung R_x in %	Einsatzgebiet
AF	< 73	Filter	E	94 (±1,5)	Formteile
A	75 (±2,5)	Gleitlager	F	> 95,9	warmgepreßte Formteile
B	80 (±2,5)	Gleitlager und Formteile	G	> 92	infiltrierte Formteile
C	85 (±2,5)	Gleitlager und Formteile	S	> 90	warmgepreßte Gleitlager und Gleitelemente
D	90 (±2,5)	Formteile			

Kurz-zeichen	Zugfestigkeit in N/mm^2	Kurz-zeichen	Zugfestigkeit in N/mm^2	Kurz-zeichen	Zugfestigkeit in N/mm^2	Zusammensetzung, Eigenschaften
Sint-A 00	> 60	Sint-B 00	> 80	Sint-C 00	> 150	**Sintereisen**
				Sint-C 02	> 120	**Sintereisen**, weichmagnetisch
Sint-A 10	> 120	Sint-B 10	> 150	Sint-C 10	> 200	**Sinterstahl**, kupferhaltig
Sint-A 11	> 200	Sint-B 11	> 250	Sint-C 11	> 400	**Sinterstahl**, kupfer- u. kohlenstoffhalt.
Sint-A 20	> 150	Sint-B 20	> 170	Sint-C 20	> 200	**Sinterstahl**, höher kupferhaltig
		Sint-B 21	> 250	Sint-C 21	> 350	**Sinterstahl**, höher kupfer- und kohlenstoffhaltig
Sint-A 22	> 40	Sint-B 22	> 60			**Sinterstahl**, höher kupfer- und kohlenstoffhaltig
				Sint-C 30	> 260	**Sinterstahl**, kupfer- und nickelhaltig
				Sint-C 31	> 180	**Sinterstahl**, bleihaltig
Sint-A 34	> 120	Sint-B 34	> 170	Sint-C 34	> 220	**Sinterstahl**, kupfer- und zinnhaltig
				Sint-C 35	> 230	**Sinterstahl**, phosphorhaltig
				Sint-C 36	> 280	**Sinterstahl**, kupfer- u. phosphorhaltig
Sint-A 50	> 70	Sint-B 50	> 90	Sint-C 50	> 140	**Sinter-CuSn**
Sint-A 51	> 60	Sint-B 51	> 80	Sint-C 51	> 90	**Sinter-CuSn**, graphithaltig
				Sint-C 52	> 90	**Sinter-CuZn**
				Sint-C 54	> 100	**Sinter-CuNiZn**
Sint-D 00	> 250					**Sintereisen**
Sint-D 02	> 190	Sint-E 02	> 200			**Sintereisen**, weichmagnetisch
Sint-D 10	> 300	Sint-E 10	> 350			**Sinterstahl**, kupferhaltig
Sint-D 11	> 500			Sint-S 11	> 45	**Sinterstahl**, kupfer- u. kohlenstoffhalt.
		Sint-G 22	> 7,5			**Sinterstahl**, kupferinfiltriert
Sint-D 30	> 550					**Sinterstahl**, kupfer- u. nickelhaltig
Sint-D 31	> 280					**Sinterstahl**, bleihaltig
Sint-D 32	> 280					**Sinterstahl**, nickelhaltig
Sint-D 33	> 320					**Sinterstahl**, höher nickelhaltig
Sint-D 34	> 300					**Sinterstahl**, kupfer- und zinnhaltig
Sint-D 35	> 300					**Sinterstahl**, phosphorhaltig
Sint-D 36	> 350					**Sinterstahl**, kupfer- u. phosphorhaltig
		Sint-AF 40	10 bis 150			**Sinterstahl**, chromnickelhaltig, austenitisch
				Sint-S 41	> 85	**Sinterstahl**, kupfer- nickel- und kohlenstoffhaltig
Sint-D 50	> 220	Sint-AF 50	10 bis 80			**Sinter-CuSn**
				Sint-S 51	> 40	**Sinter-CuSn**, graphithaltig
Sint-D 52	> 100					**Sinter-CuZn**
				Sint-S 53	> 45	**Sinter-CuSn**, graphit- und bleihaltig
Sint-D 54	> 130					**Sinter-CuNiZn**
				Sint-S 61	> 80	**Sinter CuNiFe**, graphithaltig
Sint-D 71	> 90	Sint-E 71	> 100			**Sinter-AlMgCu**, magnesiumhaltig
Sint-D 73	> 120	Sint-E 73	> 140			**Sinter-AlCuMg**, kupferhaltig

Bezeichnung für kupferhaltigen Sinterstahl mit Raumerfüllung R_x = 75%, geeignet für Gleitlager: **Sint-A 10**

Bleche, Drähte

Feinstblech, Weißblech DIN 1616 (3.81)

Blechdicke mm	Masse m″ kg/m²	Blechdicke mm	Masse m″ kg/m²	Blechdicke mm	Masse m″ kg/m²
0,18	1,42	0,28	2,20	0,38	2,98
0,2	1,57	0,30	2,36	0,40	3,24
0,22	1,73	0,32	2,51	0,45	3,53
0,24	1,88	0,34	2,67	0,49	3,84
0,26	2,04	0,36	2,83	Zinnauflage S. 97	

Härte nach Rockwell HR 30 Tm

Härtegrad	Werkstoffnummer Weißblech	Werkstoffnummer Feinstblech	Härtebereich
T 50	1.0381	1.0371	max. 52
T 52	1.0382	1.0372	48 bis 56
T 57	1.0385	1.0375	54 bis 61
T 61	1.0387	1.0377	57 bis 65
T 65	1.0388	1.0378	61 bis 69
T 70	1.0389	1.0379	66 bis 73

Bezeichnungsbeispiele:
Feinstblech DIN 1616 – 0,30 – T 50
Weißblech DIN 1616 – 0,45 – T 52 H12/H12

Bleche aus NE-Metallen DIN 1751 (6.73). DIN 783 (4.81)

Blechdicke mm	D-Cu	CuZn37	CuAl8	Al99,8	MgAl6	Zn97,5
	Flächenbezogene Masse m″ in kg/m²					
0,2	1,78	1,68	1,54	0,540	–	1,41
0,25	2,22	2,10	1,92	0,675	–	1,80
0,3	2,67	2,52	2,31	0,810	0,546	2,15
0,4	3,56	3,36	3,08	1,08	0,728	2,87
0,5	4,45	4,20	3,85	1,35	0,910	3,59
0,6	5,34	5,04	4,62	1,62	1,09	4,31
0,7	6,23	5,88	5,38	–	–	5,03
0,8	7,12	6,72	6,16	2,16	1,46	5,74
1	8,90	8,40	7,70	2,70	1,82	7,18
1,2	10,7	10,1	9,24	3,24	2,18	8,62
1,4	12,5	11,8	10,8	–	–	10,1
1,5	13,4	12,7	11,6	4,05	2,73	10,8
1,6	14,2	13,4	12,6	–	–	–
1,8	16,0	15,1	13,9	4,86	3,28	12,9
2	17,8	16,9	15,4	5,40	3,64	14,4
2,2	19,6	18,5	16,9	–	–	15,8
2,5	22,2	20,9	19,2	6,75	4,55	18,0
2,8	25,0	23,6	21,5	–	–	20,1
3	26,8	25,3	23,1	8,10	5,46	21,5
3,2	29,0	27,4	24,6	–	–	–
3,5	31,2	29,5	26,9	9,45	6,37	25,1
4	35,6	33,6	30,4	10,8	7,28	28,7
4,5	40,1	37,8	34,6	–	–	–
5	44,5	42,0	38,5	13,5	9,10	35,9

Lieferart: In Blechen und Bändern
Bezeichnung eines Bleches (BL) nach DIN 1783 aus Al 99,8 mit 1,5 mm Dicke: **Blech DIN 1783 – Al 99,8 – BL – 1,5**

Stahlblech DIN 1541 (8.75), DIN 1543 (11.81)

Blechdicke mm	Masse m″ kg/m²	Blechdicke mm	Masse m″ kg/m²	Blechdicke mm	Masse m″ kg/m²
0,35	2,75	1,0	7,85	4,0	31,4
0,40	3,14	1,2	9,42	4,5	35,4
0,50	3,92	1,5	11,80	4,75	37,3
0,60	4,71	2,0	15,70	5,0	39,25
0,70	5,50	2,5	19,60	8,0	62,8
0,80	6,28	3,0	23,55	10,0	78,5
0,90	7,07	3,5	27,4	15,0	117,75

Lieferart: Stahlblech nach DIN 1541 und 1543 wird als Schwarz-, Emaillier-, Verzinkungs-, Tiefzieh- oder Karosserieblech geliefert.
Werkstoff: DIN 1623-17100-17155-17200-17210-17211
Bezeichnung eines warmgewalzten Bleches aus Stahl R St37-2 mit der Dicke 4,5 mm:
Blech DIN 1543 – R St37-2 – 4,5

Stahldraht DIN 177 (3.71)

Durchmesser mm	Masse m′ kg/1000 m	Durchmesser mm	Masse m′ kg/1000 m
0,1	0,0616	1,25	9,66
0,16	0,158	1,6	15,8
0,2	0,246	2	24,6
0,25	0,385	2,24	30,9
0,28	0,484	2,5	38,5
0,36	0,798	2,8	43,4
0,4	0,989	3,55	77,7
0,45	1,25	4	98,9
0,5	1,54	4,5	125
0,63	2,45	5	154
0,8	3,95	5,6	193
0,9	4,99	6,3	245
1	6,16	7,1	311
1,12	7,69	8	395

Lieferart: In Ringen oder auf Spulen
Werkstoff: Unberuhigte Stähle DIN 17140
Bezeichnung eines kaltgezogenen Stahldrahtes mit d = 1,6 mm, der Stahlsorte D 5-2, blank:
Draht DIN 177 – D 5-2 blank – 1,6

Runddrähte aus NE-Metallen DIN 46420 (6.70). DIN 46431 (6.70)

Durchmesser mm	E-Cu	CuZn 36 Pb 1	Al 99	Durchmesser mm	E-Cu	CuZn 36 Pb 1	Al 99
	Längenbezogene Masse m′ in kg/1000 m				Längenbezogene Masse m′ in kg/1000 m		
0,05	0,0175	–	–	0,8	4,47	4,26	1,36
0,1	0,0699	0,0667	0,0212	0,9	5,66	5,42	1,72
0,125	0,109	–	0,0332	1	6,99	6,67	2,12
0,14	0,137	0,131	0,0416	1,2	–	9,65	–
0,16	0,179	0,171	0,0543	1,25	10,9	–	3,31
0,2	0,280	0,268	0,0848	1,4	13,7	13,1	4,16
0,25	0,437	0,417	0,133	1,6	17,9	17,1	5,43
0,3	–	0,601	–	2	28,0	26,8	8,48
0,315	0,694	–	0,211	2,5	43,7	41,7	13,3
0,36	–	0,865	–	3	62,9	60,1	19,1
0,4	1,12	1,07	0,339	3,5	–	81,7	–
0,45	1,42	1,36	0,429	4	112	107	33,9
0,5	1,75	1,67	0,530	4,5	142	136	42,9
0,6	–	2,41	–	5	175	167	53,0

Lieferart: In Herstellungsringen oder auf Lieferspulen

Bezeichnung für einen genau gezogenen Runddraht von Nenndurchmesser d = 0,4 mm aus E-CU F 20:

Rund DIN 46431 – E-CU F 20 – 0,4

Stabstahl

Blanker Rund-, Quadrat- und Sechskantstahl

Maße *d, a, s* mm	Längenbezogene Masse *m'* in kg/m: Rund *d*	Quadrat *a*	Sechskant *s*	Maße *d, a, s* mm	Längenbezogene Masse *m'* in kg/m: Rund *d*	Quadrat *a*	Sechskant *s*	Maße *d, a, s* mm	Längenbezogene Masse *m'* in kg/m: Rund *d*	Quadrat *a*	Sechskant *s*
2	0,0247	0,0314	0,0272	11	0,746	0,950	0,823	38	8,90	–	9,82
2,5	0,0385	–	0,0425	12	0,88	1,13	0,979	40	9,68	12,6	–
3	0,0555	0,0707	0,0612	13	(1,04)	1,33	(1,15)	45	12,5	15,9	–
3,5	0,0755	0,0962	0,0833	14	1,21	1,54	1,33	50	15,4	19,6	17,0
4	0,0986	0,126	0,109	16	1,58	2,01	(1,74)	55	18,7	(23,7)	20,6
4,5	0,125	0,159	0,138	18	2,0	2,54	–	60	22,2	(28,3)	24,5
5	0,154	0,196	0,170	20	2,47	3,14	–	63	24,5	31,2	–
5,5	(0,187)	0,237	0,206	22	2,98	3,80	3,29	65	(26,0)	(33,2)	28,7
6	0,222	0,283	0,245	24	(3,55)	(4,52)	3,92	70	(30,2)	(38,5)	33,3
7	(0,302)	0,385	0,333	25	3,85	4,91	–	75	(34,7)	(44,2)	38,2
8	0,395	0,502	0,435	30	5,55	(7,07)	6,12	80	39,5	50,2	43,5
9	0,499	0,636	0,551	32	6,31	8,04	6,96	90	49,9	–	55,1
10	0,617	0,785	0,680	36	7,99	10,2	8,81	100	61,7	78,5	68,0

Lieferart: Stangen bis 8 m Länge

Werkstoff: Für Rund- und Sechskantstähle alle Baustahlsorten, vorzugsweise 9 S 20, für Quadratstähle vorzugsweise U St 37 K

Toleranzfelder: Für Rundstahl nach DIN 668 h 11, nach DIN 671 h9, nach DIN 670 h8 bis 80 mm nach DIN 59360 h7 und nach DIN 59361 h6, für Quadratstahl nach DIN 178 und Sechskantstahl nach DIN 176 bis 65 mm h 11 und über 65 mm h 12

Abmessungen ohne Gewichtsangaben sind nicht genormt, Abmessungen mit eingeklammerten Gewichtsangaben sind zu vermeiden.

Polierter Rundstahl

DIN 175 (10. 81)

Lieferbare Abmessungen: Jeder Durchmesser von 1...6 mm um je 0,1 mm, von 10...15 mm um je 0,25 mm, von 15...20 mm um je 0,5 mm und von 20...30 mm um je 1 mm steigend

Lieferart: Stangen von 1 m und 2 m Länge

Werkstoff: Werkzeugstahl nach DIN 17350 z. B. 115 CrV 3. **Toleranzfeld:** h 9

Blanker Flachstahl

DIN 174 (6. 69)

Breite in mm	Längenbezogene Masse *m'* in kg/m – Dicke in mm: 2	2,5	3	4	5	6	8	10	12	16	20	25	32	40
5	0,079	0,098	0,118	–	–	–	–							–
6	0,094	0,118	0,141	0,188	–	–								–
8	0,126	0,157	0,188	0,251	0,314	0,377	–							–
10	0,157	0,196	0,236	0,314	0,393	0,471	–							–
12	0,188	0,236	0,283	0,377	0,471	0,565	0,754	–	–	–	–	–	–	–
16	0,251	0,314	0,377	0,502	0,628	0,754	1,00	1,26	–	–	–	–	–	–
20	0,314	0,393	0,471	0,628	0,785	0,942	1,26	1,57	1,88	2,51	–	–	–	–
22	0,345	–	0,518	0,691	0,864	1,04	1,38	1,73	2,07	–	–	–	–	–
25	0,393	0,491	0,589	0,785	0,981	1,18	1,57	1,96	2,36	3,14	3,93	–	–	–
28	0,440	–	0,659	0,879	1,10	1,32	1,76	2,20	2,64	3,52	4,40	–	–	–
32	0,502	0,628	0,754	1,00	1,26	1,51	2,01	2,51	(3,01)	4,02	5,02	6,28	–	–
36	0,565	0,707	0,848	1,13	1,41	1,70	(2,26)	2,83	3,39	(4,52)	5,65	–	–	–
40	0,628	–	0,942	1,26	1,57	1,88	2,51	3,14	3,77	5,02	6,28	7,85	10,0	–
45	0,707	–	1,06	1,41	1,77	2,12	2,83	3,53	(4,24)	5,65	7,07	8,83	11,3	–
50	0,785	–	1,18	1,57	1,96	2,36	3,14	3,93	4,71	6,28	7,85	9,81	12,6	–
56	–	–	1,32	1,76	2,20	–	3,52	4,40	5,28	7,03	8,79	11,0	14,1	–
63	–	–	1,48	1,98	2,47	2,97	3,96	4,95	5,93	7,91	9,89	12,4	15,8	19,8
70	–	–	–	2,20	2,75	3,30	(4,40)	5,50	6,59	8,79	11,0	13,7	–	22,0
80	–	–	–	–	3,14	3,77	(5,02)	6,28	7,54	10,0	12,6	15,7	–	(25,1)
90	–	–	–	–	3,53	4,24	(5,65)	7,07	8,48	11,3	14,1	17,7	–	–

Werkstoff: Stahlsorten nach DIN 17100, z. B. St 33, St 37-2, USt 37-2 u. a.

Lieferart: Stäbe bis 8 m Länge

Toleranzfelder: Für Dicken bis 30 mm und Breiten bis 100 mm h 11 und für Dicken über 30 mm h 12. Für Breiten über 100 mm gelten besondere Maßabweichungen.

Soll die Masse (das Gewicht) *m'* anderer Werkstoffe als Stahl mit der Dichte 7,85 kg/dm³ bestimmt werden, so multipliziert man die Tabellenwerte mit einem der nebenstehenden Faktoren.

Beispiel: Wieviel wiegt 1 m Flachaluminium (Al 99,9) von 50 mm Breite und 12 mm Dicke?
Masse *m'* = Tabellenwert x Faktor = 4,71 kg/m · 0,344 = **1,62 kg/m**

Werkstoff	Faktor
Cu	1,132
CuZn40	1,070
Al 99,9	0,344
AlCuMg2	0,353

Stahlrohre

Mittelschwere Gewinderohre

DIN 2440 (6.78)

Nennweite DN ≈ Innen-∅ mm	Whitworth-Rohrgewinde	Außen-∅ d_1 ≈ mm	Wanddicke s mm	Masse m' kg/m	Muffe DIN 2986 Außendurchmesser mm	Muffe DIN 2986 Länge mm	Nennweite DN ≈ Innen-∅ mm	Whitworth-Rohrgewinde	Außen-∅ d_1 ≈ mm	Wanddicke s mm	Masse m' kg/m	Muffe DIN 2986 Außendurchmesser mm	Muffe DIN 2986 Länge mm
6	R $\frac{1}{8}$	10,2	2,0	0,407	14	17	40	R1$\frac{1}{2}$	48,3	3,25	3,61	54,5	48
8	R $\frac{1}{4}$	13,5	2,35	0,650	18,5	25	50	R 2	60,3	3,65	5,10	66,3	56
10	R $\frac{3}{8}$	17,2	2,35	0,825	21,3	26	65	R2$\frac{1}{2}$	76,1	3,65	6,51	82	65
15	R $\frac{1}{2}$	21,3	2,65	1,22	26,4	34	80	R 3	88,9	4,05	8,47	95	71
20	R $\frac{3}{4}$	26,9	2,65	1,58	31,8	36	100	R 4	114,3	4,5	12,1	122	83
25	R 1	33,7	3,25	2,44	39,5	43	125	R 5	139,7	4,85	16,2	17	92
32	R 1$\frac{1}{4}$	42,4	3,25	3,14	48,3	48	150	R 6	165,1	4,85	19,2	174	92

Lieferart: Nahtlos gezogen oder geschweißt; schwarz, verzinkt (B) oder mit nichtmetallischem Schutzüberzug (C); Übliche Herstellänge 6 m **Werkstoff:** Allgemeine Baustähle DIN 17100

Bezeichnung eines nahtlos gezogenen, verzinkten (B), mittelschweren Gewinderohres mit Nennweite 40 mm (DN 40) nach DIN 2440 für Rohrgewinde R 1$\frac{1}{2}$: **Gewinderohr DIN 2440 – DN 40 – nahtlos B**

Nahtlose Präzisionsstahlrohre

DIN 2391 T1 und T2 (7.81)

Außen-∅ mm	Längenbezogene Masse m' in kg/m – Wanddicke in mm: 0,5	1	1,5	2,0	2,5	3	4	5	5,5	6	8	9	10	12,5	16	18
5	0,056	0,099														
6	0,068	0,123	0,166	0,197												
8	0,092	0,173	0,240	0,296	0,339											
10	0,117	0,222	0,314	0,395	0,462	0,519										
12	0,142	0,271	0,396	0,493	0,586	0,666	0,79									
16	0,191	0,370	0,536	0,691	0,832	0,962	1,18	1,36	1,42	1,48						
20	0,240	0,469	0,684	0,888	1,08	1,26	1,58	1,85	1,97	2,07						
25	0,302	0,592	0,869	1,13	1,39	1,63	2,07	2,47	2,64	2,81	3,35					
32	0,388	0,7656	1,13	1,48	1,82	2,15	2,76	3,33	3,59	3,85	4,74	5,10	5,43			
38	0,462	0,912	1,35	1,78	2,19	2,59	3,35	4,07	4,41	4,74	5,92	6,44	6,91			
40	0,487	0,962	1,42	1,87	2,31	2,74	3,55	4,32	4,68	5,03	6,31	6,88	7,40			
50		1,21	1,79	2,37	2,93	3,48	4,54	5,55	6,04	6,51	8,29	9,10	9,86			
60		1,46	2,16	2,86	3,55	4,22	5,52	6,78	7,39	7,99	10,3	11,3	12,3	14,6		
70		1,70	2,53	3,35	4,16	4,96	6,51	8,01	8,75	9,47	12,2	13,5	14,8	17,7	21,3	
80		1,95	2,90	3,85	4,78	5,70	7,50	9,25	10,1	10,9	14,2	15,8	17,3	20,8	25,3	
100				4,83	6,01	7,18	9,47	11,7	12,8	13,9	18,2	20,2	22,2	27,0	33,1	36,4
120				5,82	7,24	8,66	11,4	14,2	15,5	16,9	22,1	24,6	27,1	33,1	41,0	45,3
160						11,6	15,4	19,1	21,0	22,8	30,0	33,5	37,0	45,5	56,8	63,0
200							19,3	24,0	26,4	28,7	37,9	42,4	46,9	57,8	72,6	80,8

Werkstoff: z. B. St30Si, St30Al, St35, St45, St52

Lieferart: Nahtlos gezogen, zugblankhart (Bk), zugblankweich (BKW), geglüht (GBK), normal geglüht (NBK), Herstellängen 2 bis 7 m

Bezeichnung eines nahtlosen Präzisionsstahlrohres nach DIN 2391 aus St35, normal geglüht (NBK) mit Außendurchmesser 100 mm und Wanddicke 3 mm: **Rohr DIN 2391 – St 35 NBK 100 x 3**

Nahtlose Stahlrohre und Geschweißte Stahlrohre

DIN 2448 (2.81), DIN 2458 (2.81)

Außen-∅ mm	Längenbezogene Masse m' in kg/m – Wanddicke in mm: 2	2,6	2,9	3,2	3,6	4	4,5	5	5,6	6,3	7,1	8	10	12,5	14,2	16	20
10,2	0,404	0,487															
13,5	0,567	0,699	0,785	0,813	0,879												
17,2	0,750	0,936	1,02	1,10	1,21	1,30	1,41										
21,3	0,952	1,20	1,32	1,43	1,57	1,71	1,86	2,01									
26,9	1,23	1,56	1,72	1,87	2,07	2,26	2,49	2,70	2,94	3,20	3,47						
33,7		1,99	2,20	2,41	2,67	2,93	3,24	3,54	3,88	4,26	4,66	5,07					
42,4		2,55	2,82	3,09	3,44	3,79	4,21	4,61	5,08	5,61	6,18	6,79	7,99				
48,3		2,93	3,25	3,56	3,97	4,37	4,86	5,34	5,90	6,53	7,21	7,95	9,45	11,0			
60,3			4,11	4,51	5,03	5,55	6,19	6,82	7,55	8,39	9,32	10,3	12,4	14,7	16,1	17,5	
76,1			5,24	5,75	6,44	7,11	7,95	8,77	9,74	10,8	12,1	13,4	16,3	19,6	21,7	23,7	27,7
88,9				6,76	7,57	8,38	9,37	10,3	11,5	12,8	14,3	16,0	19,5	23,6	26,2	28,8	34,0
114,3					9,83	10,9	12,2	13,5	15,0	16,8	18,8	21,0	25,7	31,4	35,1	38,8	46,5
139,7						13,4	15,0	16,6	18,5	20,7	23,2	26,0	32,0	39,2	43,9	48,8	59,0

Werkstoff: z. B. St35, St37-2, St44-2, St52-3

Lieferart: Nahtlos oder geschweißt, schwarz, Herstellängen 6 bis 12 m

Bezeichnung eines nahtlosen Stahlrohres nach DIN 2448 aus St35 mit Außendurchmesser 60,3 mm und Wanddicke 2,9 mm: **Rohr DIN 2448 – St35 – 60,3 x 2,9**

Rohre aus NE-Metallen und Kunststoffen

Rohre aus Kupfer nahtlos gezogen — DIN 1754 (8.69)

Werkstoff: E-Cu, SD-Cu, SE-Cu, SF-Cu

Außen-∅ mm	Längenbezogene Masse m' in kg/m für Wanddicke s in mm: 0,5	0,75	1	1,5	2	2,5	3	4
3	0,03	0,05	0,06	—				—
4	0,05	0,07	0,08	—				—
5	0,06	0,09	0,11	—				—
6	0,08	0,11	0,14	—				—
8	0,10	0,15	0,20	0,27	—	—	—	—
10	0,13	0,19	0,25	0,36	0,45	—	—	—
12	0,16	0,24	0,31	0,44	0,56	—	—	—
16	—	0,32	0,42	0,61	0,78	0,94	1,09	—
20	—	0,40	0,53	0,78	1,01	1,22	1,43	1,79
25	—	—	0,67	0,99	1,29	1,57	1,85	2,35
30	—	—	0,81	1,20	1,57	1,92	2,26	2,91

Außen-∅ mm	Längenbezogene Masse m' in kg/m für Wanddicke s in mm: 1	2	3	4	5	6	8	10
35	0,95	1,85	2,68	3,47	—	—	—	—
42	—	2,24	3,27	4,25	5,17	—	—	—
50	—	2,68	—	—	—	—	—	—
60	—	3,24	4,78	6,26	7,69	—	—	—
70	—	3,80	—	—	—	—	—	—
80	—	4,36	—	—	—	—	—	—
100	—	5,48	—	—	—	—	—	—
114	—	—	9,31	12,3	—	—	—	—
133	—	—	10,8	14,3	17,7	—	—	—
159	—	—	—	17,3	21,5	—	—	—
210	—	—	—	—	28,6	—	—	—

Rohre aus Kupfer-Knetlegierungen nahtlos gezogen — DIN 1755 (8.69)

Werkstoff: z.B. CuZn40, CuZn38Pb1, CuZn40Pb2

Außen-∅ mm	0,5	0,75	1	1,5	2	2,5	3	4
3	0,028	0,047	0,057	—				
4	0,047	0,066	0,075	—				
5	0,057	0,085	0,104	—				
6	0,075	0,104	0,132	—				
8	0,094	0,142	0,189	0,254	0,321	—	—	—
10	0,122	0,179	0,236	0,340	0,425	0,491	0,556	—
12	0,151	0,226	0,292	0,415	0,528	0,624	0,707	0,840
16	0,208	0,302	0,393	0,575	0,736	0,887	1,03	1,26
20	—	0,378	0,500	0,736	0,953	—	1,35	1,69
25	—	—	0,634	0,934	1,22	1,48	1,75	2,22
30	—	—	0,765	1,13	1,48	1,81	2,14	2,75

Außen-∅ mm	1	2	3	4	5	6	8	10
35	0,896	1,75	2,53	3,27	3,96	4,58	5,70	—
40	1,03	2,00	2,92	3,82	4,62	5,36	6,76	7,92
50	1,29	2,53	3,72	4,85	5,95	6,96	8,86	10,6
60	1,56	3,06	4,53	5,92	7,25	8,56	10,9	13,2
70	1,82	3,58	5,30	6,96	8,58	10,1	13,1	15,8
80	—	4,12	6,10	8,04	9,92	11,7	15,2	18,5
100	—	5,18	7,68	10,1	12,5	14,9	19,4	23,8
125	—	6,48	9,62	12,7	15,7	19,7	24,7	30,4
160	—	8,35	12,4	16,4	20,5	24,4	32,1	39,6
200	—	10,5	15,6	20,6	25,6	30,7	40,5	50,1
250	—	—	19,6	25,5	32,3	38,6	51,0	63,4

Rohre aus Aluminium und Aluminium-Knetlegierungen nahtlos gezogen — DIN 1795 (8.69)

Werkstoff: Al99,98R, Al99,9Mg0,5, AlMgSi0,5, AlMgSi1

Außen-∅ mm	0,5	0,75	1	1,5	2	2,5	3	4
3	0,011	0,014	0,017	—				
4	0,015	0,021	0,025	—				
5	0,019	0,027	0,034	—				
6	0,023	0,034	0,042	—				
8	0,032	0,046	0,060	0,083	0,102	—	—	—
10	0,040	0,059	0,076	0,107	0,136	0,159	0,178	—
12	0,049	0,072	0,093	0,133	0,170	0,202	0,229	0,270
16	—	0,097	0,127	0,184	0,238	0,286	0,331	0,407
20	—	0,123	0,161	0,235	0,306	—	0,433	0,543
25	—	—	0,204	0,298	0,390	0,477	0,560	0,713
30	—	—	0,246	0,362	0,475	0,583	0,687	0,882

Außen-∅ mm	1	2	3	4	5	6	8	10
35	0,288	0,560	0,814	1,05	1,27	1,48	1,83	—
40	0,331	0,645	0,942	1,22	1,48	1,73	2,18	2,54
50	0,416	0,814	1,20	1,56	1,91	2,24	2,85	3,39
60	0,500	0,984	1,45	1,90	2,33	2,75	3,53	4,24
70	0,585	1,15	1,70	2,23	2,76	3,26	4,21	5,09
80	—	1,32	1,96	2,58	3,18	3,76	4,89	5,94
100	—	1,66	2,47	3,26	4,03	4,78	6,24	7,64
125	—	2,10	3,10	4,10	5,09	6,06	7,94	9,64
160	—	2,68	4,00	5,29	6,57	7,83	10,3	12,7
200	—	3,36	5,01	6,65	8,27	9,85	13,0	16,1
250	—	—	6,28	8,34	10,4	12,4	16,4	20,3

Lieferart: Herstellängen bis 8 m
Bezeichnungsbeispiele: Rohr DIN 1754 — SF-Cu — 60 x 3, Rohr DIN 1755 — CuZn 40 — 50 x 6

Rohre aus Kunststoffen

Rohre aus Polyäthylen hart (PE hart) Typ 1 — DIN 8074 T1 (11.77)

Außen-∅ mm	s	m'	s	m'	s	m'	s	m'
10	—	—	—	—	—	—	2	0,05
12	—	—	—	—	—	—	2	0,06
16	—	—	—	—	—	—	2	0,09
20	—	—	—	—	—	—	2	0,12
25	—	—	—	—	2	0,15	2,3	0,17
32	—	—	—	—	2	0,20	3,0	0,28
40	—	—	2	0,25	2,3	0,29	3,7	0,43
50	—	—	2	0,31	2,9	0,44	4,6	0,66
63	2	0,4	2,5	0,49	3,6	0,69	5,8	1,05
75	2,4	0,57	2,9	0,68	4,3	0,98	6,9	1,48
90	2,8	0,79	3,5	0,98	5,1	1,39	8,2	2,12
110	3,5	1,20	4,3	1,46	6,3	2,08	10	3,14

Rohre aus Polyäthylen hoher Dichte (HDPE) Typ 2 — DIN 8074 T2 (4.80)

Außen-∅ mm	s	m'	s	m'	s	m'	s	m'
10	—	—	—	—	—	—	2	0,05
12	—	—	—	—	—	—	2	0,06
16	—	—	—	—	—	—	2	0,09
20	—	—	—	—	—	—	2	0,12
25	—	—	—	—	2	0,15	2,3	0,17
32	—	—	—	—	2	0,19	3,0	0,28
40	—	—	2	0,25	2,3	0,28	3,7	0,43
50	—	—	2	0,31	2,9	0,44	4,6	0,66
63	2	0,39	2,5	0,49	3,6	0,68	5,8	1,04
75	2,4	0,57	2,9	0,67	4,3	0,97	6,9	1,47
90	2,8	0,78	3,5	0,97	5,1	1,37	8,2	2,10
110	3,5	1,19	4,3	1,45	6,3	2,06	10	3,11

Rohre aus Polyvinylchlorid hart (PVC hart) — DIN 8062 (2.74)

Außen-∅ mm	s	m'	s	m'	s	m'	s	m'
10	—	—	—	—	—	—	1	0,04
12	—	—	—	—	—	—	1	0,05
16	—	—	—	—	—	—	1,2	0,09
20	—	—	—	—	—	—	1,5	0,14
25	—	—	—	—	1,5	0,17	1,9	0,21
32	—	—	—	—	1,8	0,26	2,4	0,34
40	—	—	1,8	0,33	1,9	0,35	3,0	0,52
50	—	—	1,8	0,42	2,4	0,55	3,7	0,81
63	—	—	1,9	0,56	3,0	0,85	4,7	1,29
75	1,8	0,64	2,2	0,78	3,6	1,22	5,6	1,82
90	1,8	0,77	2,7	1,13	4,3	1,75	6,7	2,61
110	2,2	1,16	3,2	1,64	5,3	2,61	8,2	3,90

Wanddicke s in mm und längenbezogene Masse m' in kg/m

Lieferart: Ringbunde oder Längen von 5 bis 12 m
Bezeichnung eines Rohres aus HDPE, Typ 2, mit Außendurchmesser 32 mm und Wanddicke 3 mm:
Rohr DIN 8074—2—32 x 3

Formstahl

U-Stahl

DIN 1026 (10.63)

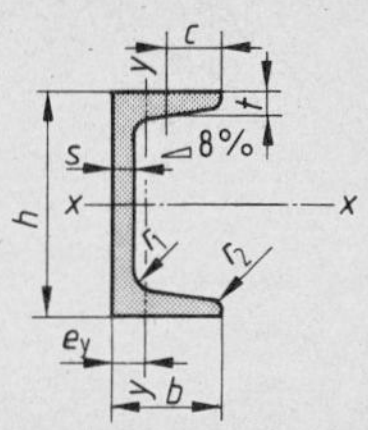

$r_1 = t$

$r_2 = \frac{t}{2}$

S Querschnittsfläche in cm²
I Flächenmoment 2. Grades in cm⁴ (axiales Flächenträgheitsmoment)
W axiales Widerstandsmoment in cm³
m' längenbezogene Masse in kg/m
I, W sind jeweils bezogen auf die zugehörige Biegeachse

Bezeichnung für U-Stahl von 100 mm Höhe aus St37-2 nach DIN 17100:
U-Profil DIN 1026 – St 37-2 – U 100

Herstellängen: 3 bis 15 m

Anreißmaße nach DIN 997 (10.70)

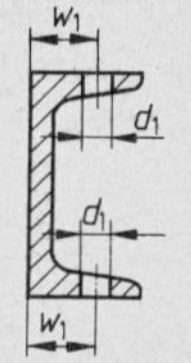

Kurzzeichen U	Abmessungen in mm h	b	s	t	c	Querschnittsfläche S cm²	Masse m' kg/m	Abstand der y-Achse e_y cm	Für die Biegeachse x–x I_x cm⁴	x–x W_x cm³	y–y I_y cm⁴	y–y W_y cm³	Anreißmaße in mm w_1	d_1 max.
30x15	30	15	4	4,5	7,5	2,21	1,74	0,52	2,53	1,69	0,38	0,39	10	6,4
30	30	33	5	7	16,5	5,44	4,27	1,31	6,39	4,26	5,33	2,68	18	8,4
40x20	40	20	5	5,5	10	3,66	2,87	0,67	7,58	3,97	1,14	0,86	11	6,4
40	40	35	5	7	17,5	6,21	4,87	1,33	14,1	7,05	6,68	3,08	18	11
50x25	50	25	5	6	12,5	4,92	3,86	0,81	16,8	6,73	2,49	1,48	16	8,4
50	50	38	5	7	19	7,12	5,59	1,37	26,4	10,6	9,12	3,75	20	11
60	60	30	6	6	15	6,46	5,07	0,91	31,6	10,5	4,51	2,16	18	8,4
65	65	42	5,5	7,5	21	9,03	7,09	1,42	57,5	17,7	14,1	5,07	25	11
80	80	45	6	8	22,5	11,0	8,64	1,45	106	26,5	19,4	6,36	25	13
100	100	50	6	8,5	25	13,5	10,6	1,55	206	41,2	29,3	8,49	30	15
120	120	55	7	9	27,5	17,0	13,4	1,60	364	60,7	43,2	11,1	30	17
140	140	60	7	10	30	20,4	16,0	1,75	605	86,4	62,7	14,8	35	17
160	160	65	7,5	10,5	32,5	24,0	18,8	1,84	925	116	85,3	18,3	35	21
200	200	75	8,5	11,5	37,5	32,2	25,3	2,01	1910	191	148	27,0	40	23
240	240	85	9,5	13	42,5	42,3	33,2	2,23	3600	300	248	39,6	45	25
280	280	95	10	15	47,5	53,3	41,8	2,53	6280	448	399	57,2	50	25
300	300	100	10	16	50	58,8	46,2	2,70	8030	535	495	67,8	55	25

Gleichschenkliger L-Stahl

DIN 1028 (10.76)

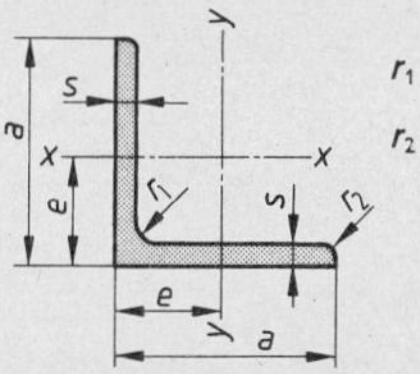

$r_1 \approx s$

$r_2 \approx \frac{s}{2}$

S Querschnittsfläche in cm²
I Flächenmoment 2. Grades in cm⁴ (axiales Flächenträgheitsmoment)
W axiales Widerstandsmoment in cm³
m' längenbezogene Masse in kg/m
I, W sind jeweils bezogen auf die zugehörige Biegeachse

Bezeichnung für Winkelstahl von 45 mm Schenkelbreite und 5 mm Schenkeldicke aus USt37-2 nach DIN 17100: **L-Profil DIN 1028 – USt37-2 – L45x5**

Herstellängen: 6 bis 12 m

Anreißmaße nach DIN 997 (10.70)

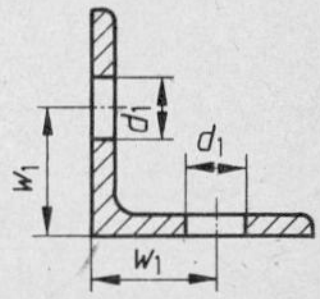

Kurzzeichen L	Abmessungen in mm a	s	Querschnittsfläche S cm²	Masse m' kg/m	Abstand der Achsen e cm	Für die Biegeachsen x–x, y–y $J_x=J_y$ cm⁴	$W_x=W_y$ cm³	Anreißmaße in mm w_1	d_1 max.
20x3	20	3	1,12	0,88	0,60	0,39	0,28	12	4,3
25x3	25	3	1,42	1,12	0,73	0,79	0,45	15	6,4
25x4	25	4	1,85	1,45	0,76	1,01	0,58		
30x3	30	3	1,74	1,36	0,84	1,41	0,65	17	8,4
30x4	30	4	2,27	1,78	0,89	1,81	0,86		
35x4	35	4	2,67	2,10	1,00	2,96	1,18	18	11
35x5	35	5	3,28	2,57	1,04	3,56	1,45		
40x4	40	4	3,08	2,42	1,12	4,38	1,56	22	11
40x5	40	5	3,79	2,97	1,16	5,43	1,91		
45x4	45	4	3,49	2,74	1,23	6,43	1,97	25	13
45x5	45	5	4,3	3,38	1,28	7,83	2,43		
50x5	50	5	4,8	3,77	1,40	11,0	3,05		
50x6	50	6	5,69	4,47	1,45	12,8	3,61	30	13
50x7	50	7	6,56	5,15	1,49	14,6	4,15		
60x5	60	5	5,82	4,57	1,64	19,4	4,45	35	17

Kurzzeichen L	Abmessungen in mm a	s	Querschnittsfläche S cm²	Masse m' kg/m	Abstand der Achsen e cm	Für die Biegeachsen x–x, y–y $J_x=J_y$ cm⁴	$W_x=W_y$ cm³	Anreißmaße in mm w_1	d_1 max.
60x 6	60	6	6,91	5,42	1,69	22,8	5,29	35	17
60x 8	60	8	9,03	7,09	1,77	29,1	6,88		
65x 7	65	7	8,7	6,83	1,85	33,4	7,18		21
70x 7	70	7	9,4	7,38	1,97	42,4	8,43	40	21
70x 9	70	9	11,9	9,34	2,05	52,6	10,6		
75x 7	75	7	10,1	7,94	2,09	52,4	9,67		23
75x 9	75	8	11,5	9,03	2,13	58,9	11,0	45	23
80x 6	80	6	9,35	7,34	2,17	55,8	9,57		
80x 8	80	8	12,3	9,60	2,26	72,3	12,6		
80x10	80	10	15,1	11,9	2,34	87,5	15,5	50	25
90x 7	90	7	12,2	9,61	2,45	92,6	14,1		
90x 9	90	9	15,5	12,2	2,54	116	18,0		
100x 8	100	8	15,5	12,2	2,74	145	19,9	55	25
100x10	100	120	19,2	15,1	2,82	177	24,7		
100x12	100	12	22,7	17,8	2,90	207	29,2		

Formstahl

Ungleichschenkliger L-Stahl

DIN 1029 (7.78)

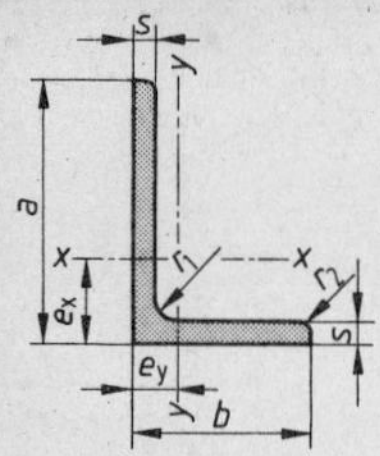

$r_1 \approx s$

$r_2 \approx \frac{s}{2}$

S Querschnittsfläche in cm^2
I Flächenmoment 2. Grades in cm^4 (axiales Flächenträgheitsmoment)
W axiales Widerstandsmoment in cm^3
m' längenbezogene Masse in kg/m
I, W sind jeweils bezogen auf die zugehörige Biegeachse

Bezeichnung für ungleichschenkligen Winkelstahl mit 65 mm und 50 mm Schenkelbreite und 5 mm Schenkeldicke aus USt37-2 nach DIN 17100:
L-Profil DIN 1029 – USt37-2 – L 65x50x5

Herstellängen: 6 bis 12 m

Anreißmaße nach DIN 997 (10.70)

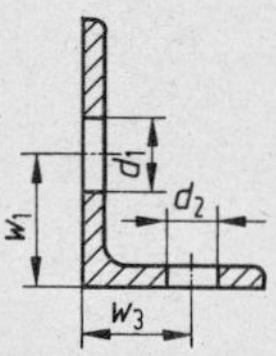

Kurzzeichen	Abmessungen in mm			Querschnittsfläche	Masse	Abstände der Achsen		Für die Biegeachse				Anreißmaße in mm			
								x – x		y – y					
				S	m'	e_x	e_y	I_x	W_x	I_y	W_y			d_1	d_2
L	a	b	s	cm^2	kg/m	cm	cm	cm^4	cm^3	cm^4	cm^3	w_1	w_3	max.	max.
30x20x 3	30	20	3	1,42	1,11	0,99	0,50	1,25	0,62	0,44	0,29	17	12	8,4	4,3
30x20x 4	30	20	4	1,85	1,45	1,03	0,54	1,59	0,81	0,55	0,38				
40x20x 3	40	20	3	1,72	1,35	1,43	0,44	2,79	1,08	0,47	0,30	22		11	
40x20x 4	40	20	4	2,25	1,77	1,47	0,48	3,59	1,42	0,60	0,39	22	12	11	4,3
45x30x 4	45	30	4	2,87	2,25	1,48	0,74	5,78	1,91	2,05	0,91	25	17	13	8,4
45x30x 5	45	30	5	3,53	2,77	1,52	0,78	6,99	2,35	2,47	1,11				
50x30x 4	50	30	4	3,07	2,41	1,68	0,70	7,71	2,33	2,09	0,91	30	17	13	8,4
50x30x 5	50	30	5	3,78	2,96	1,73	0,74	9,41	2,88	2,54	1,12				
50x40x 5	50	40	5	4,27	3,35	1,56	1,07	10,04	3,02	5,89	2,01		22		11
60x30x 5	60	30	5	4,29	3,37	2,15	0,68	15,6	4,04	2,60	1,12	35	17	17	8,4
60x40x 5	60	40	5	4,79	3,76	1,96	0,97	17,2	4,25	6,11	2,02		22		11
60x40x 6	60	40	6	5,68	4,46	2,00	1,01	20,1	5,03	7,12	2,38				
65x50x 5	65	50	5	5,54	4,35	1,99	1,25	23,1	5,11	11,9	3,18	35	30	21	13
70x50x 6	70	50	6	6,88	5,40	2,24	1,25	33,5	7,04	14,3	3,81				
75x50x 7	75	50	7	8,3	6,51	2,48	1,25	46,4	9,24	16,5	4,39	40		23	
75x55x 5	75	55	5	6,3	4,95	2,31	1,33	35,5	6,84	16,2	3,89	40	30	23	17
75x55x 7	75	55	7	8,66	6,80	2,40	1,41	47,9	9,39	21,8	5,52				
80x40x 6	80	40	6	6,89	5,41	2,85	0,88	44,9	8,73	7,59	2,44	45	22		11
80x40x 8	80	40	8	9,01	7,07	2,94	0,95	57,6	11,4	9,68	3,18	45	22	23	11
80x60x 7	80	60	7	9,38	7,36	2,51	1,52	59,0	10,7	28,4	6,34		35		21
90x60x 6	90	60	6	8,69	6,82	2,89	1,41	71,7	11,7	25,8	5,61	50		25	17
90x60x 8	90	60	8	11,4	8,96	2,97	1,49	92,5	15,4	33,0	7,31	50	35	25	17
100x50x 6	100	50	6	8,73	6,85	3,49	1,04	89,7	13,8	15,3	3,86	55	30		13
100x50x 8	100	50	8	11,5	8,99	3,59	1,13	116	18,0	19,5	5,04				
100x50x10	100	50	10	14,1	11,1	3,67	1,20	141	22,2	23,4	6,17				

⅂ -Stahl

DIN 1027 (10.63)

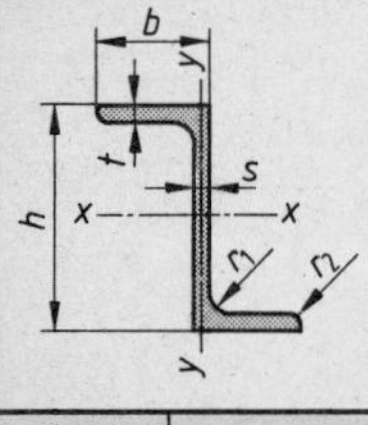

$r_1 = t$

$r_2 \approx \frac{t}{2}$

S Querschnittsfläche in cm^2
I Flächenmoment 2. Grades in cm^4 (axiales Flächenträgheitsmoment)
W axiales Widerstandsmoment in cm^3
m' längenbezogene Masse in kg/m
I, W sind jeweils bezogen auf die zugehörige Biegeachse

Bezeichnung für ⅂ -Stahl von 80 mm Höhe aus USt37-2 nach DIN 17100:
⅂ -Profil DIN 1027 – USt37-2 – ⅂ 80

Herstellängen: 3 bis 15 m

Anreißmaße nach DIN 997 (10.70)

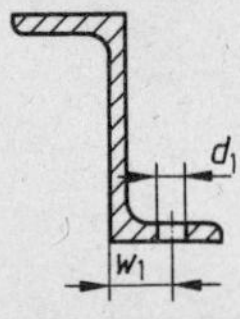

Kurzzeichen	Abmessungen in mm				Querschnittsfläche	Masse	Für die Biegeachse				Anreißmaße in mm	
							x – x		y – y			
					S	m'	I_x	W_x	I_y	W_y		d_1
⅂	h	b	s	t	cm^2	kg/m	cm^4	cm^3	cm^4	cm^3	w_1	max.
30	30	38	4	4,5	4,32	3,39	5,96	3,97	13,7	3,80	20	11
40	40	40	4,5	5	5,43	4,26	13,5	6,75	17,6	4,66	22	11
50	50	43	5	5,5	6,77	5,31	26,3	10,5	23,8	5,88	25	11
60	60	45	5	6	7,91	6,21	4,7	14,9	30,1	7,09	25	13
80	80	50	6	7	11,1	8,71	109	27,3	47,4	10,1	30	13
100	100	55	6,5	8	14,5	11,4	222	44,4	72,5	14,0	30	17
120	120	60	7	9	18,2	14,3	402	67,0	106	18,8	35	17
140	140	65	8	10	22,9	18,0	676	96,6	148	24,3	35	17
160	160	70	8,5	11	27,5	21,6	1060	132	204	31,0	35	21

Formstahl

Schmale I-Träger

DIN 1025 T1 (10.63)

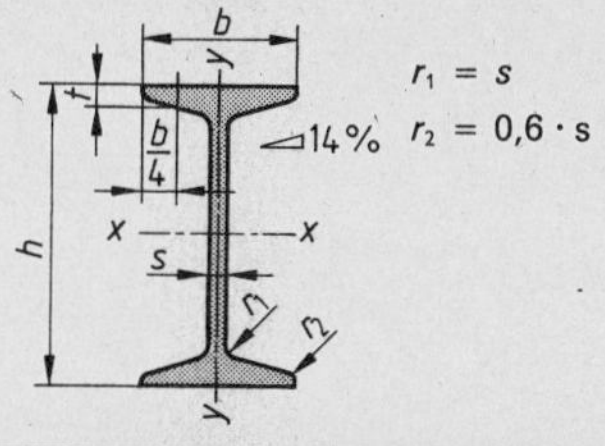

S Querschnittsfläche in cm²
I Flächenmoment 2. Grades in cm⁴ (axiales Flächenträgheitsmoment)
W axiales Widerstandsmoment in cm³
m' längenbezogene Masse in kg/m
I, W sind jeweils bezogen auf die zugehörige Biegeachse

Bezeichnung für einen schmalen I-Träger (Doppel-T-Träger) I-Reihe von 180 mm Höhe aus USt44-2 nach DIN 17100.

I-Profil DIN 1025 – USt44-2 – I 180

Herstellängen: 4 bis 15 m

Anreißmaße nach DIN 997 (10.70)

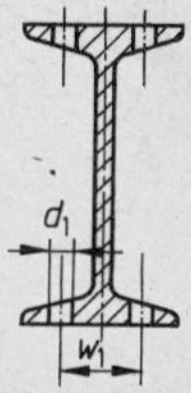

Kurzzeichen I	Abmessungen in mm *h*	*b*	*s*	*t*	Querschnittsfläche *S* cm²	Masse *m'* kg/m	Für die Biegeachse x–x I_x cm⁴	W_x cm³	y–y I_y cm⁴	W_y cm³	Anreißmaße in mm w_1	d_1 max.
80	80	42	3,9	5,9	7,57	5,94	77,8	19,5	6,29	3,00	22	6,4
100	100	50	4,5	6,8	10,6	8,34	171	34,2	12,2	4,88	28	6,4
120	120	58	5,1	7,7	14,2	11,1	328	54,7	21,5	7,41	32	8,4
140	140	66	5,7	8,6	18,2	14,3	573	81,9	35,2	10,7	34	11
160	160	74	6,3	9,5	22,8	17,9	935	117	54,7	14,8	40	11
180	180	82	6,9	10,4	27,9	21,9	1450	161	81,3	19,8	44	13
200	200	90	7,5	11,3	33,4	26,2	2140	214	117	26,0	48	13
220	220	98	8,1	12,2	39,5	31,1	3060	278	162	33,1	52	13
240	240	106	8,7	13,1	46,1	36,2	4250	354	221	41,7	56	17
260	260	113	9,4	14,1	53,3	41,9	5740	442	288	51,0	60	17
280	280	119	10,1	15,2	61,0	47,9	7590	542	364	61,2	60	17
300	300	125	10,8	16,2	69,0	54,2	9800	653	451	72,2	64	21
320	320	131	11,5	17,3	77,7	61,0	12510	782	555	84,7	70	21
360	360	143	13,0	19,5	97,0	76,1	19610	1090	818	114	76	23
400	400	155	14,4	21,6	118	92,4	29210	1460	1160	149	86	23

Breite I-Träger mit parallelen Flanschflächen

DIN 1025 T2 (10.63)

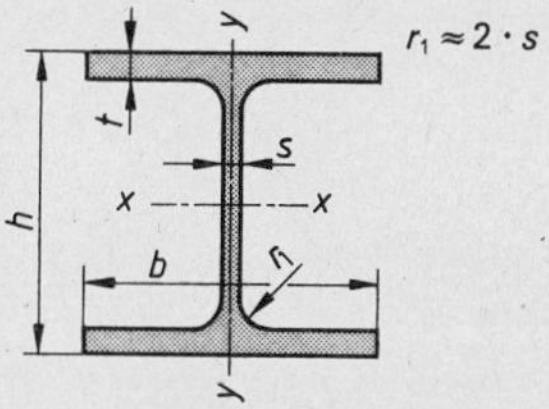

S Querschnittsfläche in cm²
I Flächenmoment 2. Grades in cm⁴ (axiales Flächenträgheitsmoment)
W axiales Widerstandsmoment in cm³
m' längenbezogene Masse in kg/m
I, W sind jeweils bezogen auf die zugehörige Biegeachse

Bezeichnung für einen breiten I-Träger (Doppel-Träger) mit parallelen Flanschflächen IPB-Reihe von 240 mm höhe aus St52-3 nach DIN 17100:

IPB-Profil DIN 1025 – St52-3 – IPB 240

Herstellängen: 4 bis 15 m

Anreißmaße nach DIN 997 (10.70)

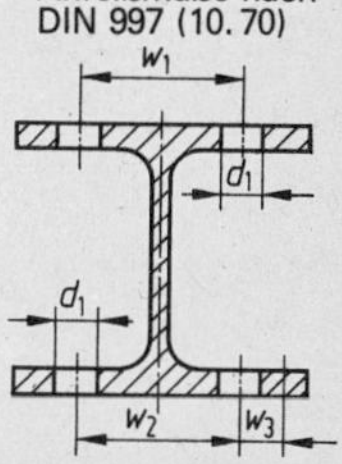

Kurzzeichen IPB	Abmessungen in mm *h*	*b*	*s*	*t*	Querschnittsfläche *S* cm²	Masse *m'* kg/m	Für die Biegeachse x–x I_x cm⁴	W_x cm³	y–y I_y cm⁴	W_y cm³	Anreißmaße in mm einreihig w_1	zweireihig w_2	w_3	d_1 max.
100	100	100	6	10	26,0	20,4	450	89,9	167	33,5	56			13
120	120	120	6,5	11	34,0	26,7	864	144	318	52,9	66	–	–	17
140	140	140	7	12	43,0	33,7	1510	216	550	78,5	76			21
160	160	160	8	13	54,3	42,6	2490	311	889	111	86			23
180	180	180	8,5	14	65,3	51,2	3830	426	1360	151	100	–	–	25
200	200	200	9	15	78,1	61,3	5700	570	2000	200	110			25
220	220	220	9,5	16	91,0	71,5	8090	736	2840	258	120	–	–	
240	240	240	10	17	106	83,2	11260	938	3920	327	–	96	35	25
260	260	260	10	17,5	118	93,0	14920	1150	5130	395	–	106	40	
280	280	280	10,5	18	131	103	19270	1380	6590	471		110		25
300	300	300	11	19	149	117	25170	1680	8560	571	–	120	45	28
320	320	300	11,5	20,5	161	127	30820	1930	9240	616		120		28
360	360	300	12,5	22,5	181	142	43190	2400	10140	676				
400	400	300	13,5	24	198	155	57680	1880	10820	721	–	120	45	28
450	450	300	14	26	218	171	78890	3550	11720	781				
500	500	300	14,5	28	239	187	107200	4290	12620	842	–	120	45	28
550	550	300	15	29	254	199	136700	4970	13080	872				

Formstahl

Mittelbreite I-Träger mit parallelen Flanschflächen

DIN 1025 T5 (3.65)

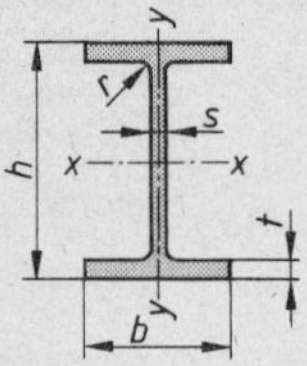

S Querschnittsfläche in cm^2
I Flächenmoment 2. Grades in cm^4 (axiales Flächenträgheitsmoment)
W axiales Widerstandsmoment in cm^3
m' längenbezogene Masse in kg/m
I, W sind jeweils bezogen auf die zugehörige Biegeachse

Bezeichnung für einen mittelbreiten I-Träger (Doppel-T-Träger) IPE-Reihe von 300 mm Höhe aus St 44-2 nach DIN 17100:

IPE-Profil DIN 1025 – St44-2 – IPE 300

Herstellängen: 4 bis 15 m

Anreißmaße nach DIN 997 (10.70)

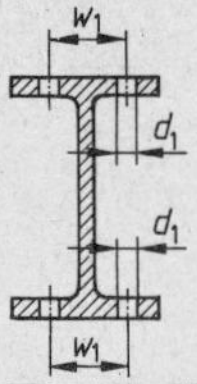

Kurzzeichen	Abmessungen in mm					Querschnittsfläche	Masse	Für die Biegeachse				Anreißmaße in mm	
								x – x		y – y			
						S	m'	I_x	W_x	I_y	W_y		d_1
IPE	h	b	s	t	r	cm^2	kg/m	cm^4	cm^3	cm^4	cm^3	w_1	max.
80	80	46	3,8	5,2	5	7,64	6,0	80,1	20,0	8,49	3,69	26	6,4
100	100	55	4,1	5,7	7	10,3	8,1	171	34,2	15,9	5,79	30	8,4
120	120	64	4,4	6,3	7	13,2	10,4	318	53,0	27,7	8,65	36	8,4
160	160	82	5,0	7,4	9	20,1	15,8	869	109	68,3	16,7	44	13
200	200	100	5,6	8,5	12	28,5	22,4	1940	194	142	28,5	56	13
240	240	120	6,2	9,8	15	39,1	30,7	3890	324	284	47,3	68	17
300	300	150	7,1	10,7	15	53,8	42,2	8360	557	604	80,5	80	23
360	360	170	8,0	12,7	18	72,7	57,1	16270	904	1040	123	90	25
400	400	180	8,6	13,5	21	84,5	66,3	23130	1160	1320	146	96	28

Hochstegiger- und breitfüßiger T-Stahl

DIN 1024 (3.82)

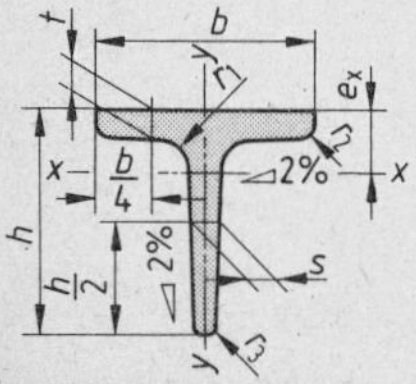

$r_1 = s$

$r_2 \approx \frac{s}{2}$

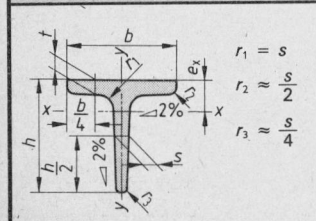

$r_3 \approx \frac{s}{4}$

S Querschnittsfläche in cm^2
I Flächenmoment 2. Grades in cm^4 (axiales Flächenträgheitsmoment)
W axiales Widerstandsmoment in cm^3
m' längenbezogene Masse in kg/m
I, W sind jeweils bezogen auf die zugehörige Biegeachse

Bezeichnung für hochstegigen T-Stahl von 50 mm Höhe aus St37-2 nach DIN 17100:

T-Profil DIN 1024 – St37-2 – T50

Herstellängen: 6 bis 12 m

Anreißmaße nach 997 (10.70)

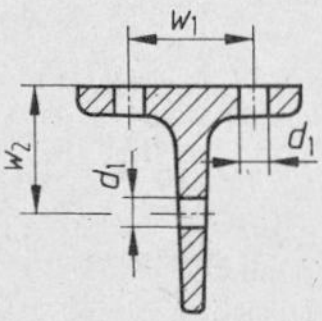

Hochstegiger T-Stahl

Kurzzeichen	Abmessungen in mm		Querschnittsfläche	Masse	Abstand der x-Achse	Für die Biegeachse				Anreißmaße in mm		
						x – x		y – y				
			S	m'	e_x	I_x	W_x	I_y	W_y			d_1
T	$b = h$	$s = t$	cm^2	kg/m	cm	cm^4	cm^3	cm^4	cm^3	w_1	w_2	max.
20	20	3	1,12	0,88	0,58	0,38	0,27	0,20	0,20	–	–	3,2
25	25	3,5	1,64	1,29	0,73	0,87	0,49	0,43	0,34	15	14	3,2
30	30	4	2,26	1,77	0,85	1,72	0,80	0,87	0,58	17	17	4,3
40	40	5	3,77	2,96	1,12	5,28	1,84	2,58	1,29	21	22	6,4
50	50	6	5,66	4,44	1,39	12,1	3,36	6,06	2,42	30	30	6,4
60	60	7	7,94	6,23	1,66	23,8	5,48	12,2	4,07	34	35	8,4
80	80	9	13,6	10,7	2,22	73,7	12,8	37,0	9,25	45	45	11
100	100	11	20,9	16,4	2,74	179	24,6	88,3	17,7	60	60	13
120	120	13	29,6	23,2	3,28	366	42,0	178	29,7	70	70	17
140	140	15	39,3	31,3	3,80	660	64,7	330	47,2	80	75	21

Breitfüßiger T-Stahl

Kurzzeichen	Abmessungen in mm			Querschnittsfläche	Masse	Abstand der x-Achse	Für die Biegeachse				Anreißmaße in mm	
							x – x		y – y			
				S	m'	e_x	I_x	W_x	I_y	W_y		d_1
TB	h	b	$s = t$	cm^2	kg/m	cm	cm^4	cm^3	cm^4	cm^3	w_1	max.
30	30	60	5,5	4,64	3,64	0,67	2,58	1,11	8,62	2,87	34	8,4
35	35	70	6	5,94	4,66	0,77	4,49	1,65	15,1	4,31	37	11
40	40	80	7	7,91	6,21	0,88	7,81	2,50	28,5	7,13	45	11
50	50	100	8,5	12,0	9,42	1,09	18,7	4,78	67,7	13,5	55	13
60	60	120	10	17,0	13,4	1,30	38,0	8,09	137	22,8	65	17

Bezeichn. für breitfüßigen T-Stahl von 60 mm Höhe aus St 44-2 nach DIN 17100: **TB-Profil DIN 1024 – St44-2 – TB 60**

Profile aus Aluminium und Al-Knetlegierungen

Die L-, I-, U- und T-Profile werden mit runden Kanten (R) und mit scharfen Kanten (S) geliefert. Die Rundungen r_1 und r_2 sind für L-, I-, U- und T- Profile gültig.

s	1,5...2	2,5...4	5...6	über 6
r_1	1,6	2,5	4	6
r_2	0,4	0,4	0,6	0,6

L-Profile DIN 1771 (9.81)

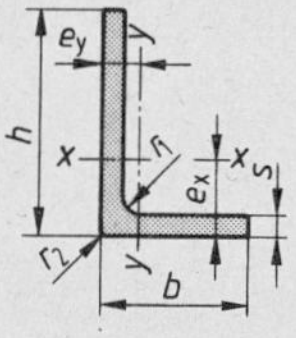

- S Querschnittsfläche in cm^2
- I Flächenmoment 2. Grades (axiales Flächenträgheitsmoment) in cm^4
- W axiales Widerstandsmoment in cm^3
- m' längenbezogene Masse in kg/m
- I, W sind jeweils bezogen auf die zugehörige Biegeachse

Bezeichnung und Maße	Querschnittsfläche	Für AlMgSi1 Masse[1]	Abstände der Achsen		Für die Biegeachse x – x		y – y	
$h \times b \times s$ mm	S cm^2	m' kg/m	e_x cm	e_y cm	I_x cm^4	W_x cm^3	I_y cm^4	W_y cm^3
10x10x1,5	0,283	0,076	0,305	0,305	0,025	0,082	0,025	0,082
20x10x2	0,566	0,153	0,743	0,243	0,226	0,305	0,038	0,158
20x20x2,5	0,953	0,257	0,592	0,592	0,384	0,587	0,348	0,587
30x20x3	1,42	0,383	1,01	0,512	1,27	1,26	0,455	0,889
40x20x4	2,25	0,608	1,49	0,486	3,62	2,44	0,615	1,27
40x40x5	3,78	1,02	1,18	1,18	5,56	4,70	5,56	4,70
50x25x4	2,85	0,770	1,82	0,570	7,30	4,00	1,26	2,21
50x30x5	3,78	1,02	1,75	0,750	9,45	5,40	2,58	3,43
60x30x4	3,45	0,952	2,15	0,654	12,9	5,99	2,25	3,44
60x60x5	5,78	1,56	1,68	1,68	19,9	11,8	19,9	11,8
80x40x6	6,87	1,85	2,90	0,896	45,2	15,6	7,83	8,74
80x80x8	12,24	3,30	2,29	2,29	73,7	32,1	73,7	32,1

I-Profile DIN 9712 (8.69)

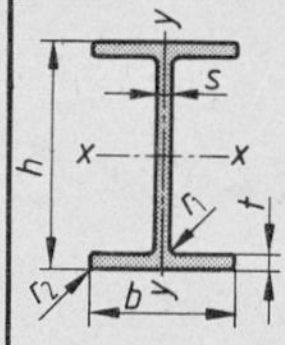

- S Querschnittsfläche in cm^2
- I Flächenmoment 2. Grades (axiales Flächenträgheitsmoment) in cm^4
- W axiales Widerstandsmoment in cm^3
- m' längenbezogene Masse in kg/m
- I, W sind jeweils bezogen auf die zugehörige Biegeachse

Bezeichnung und Maße	Querschnittsfläche	Für AlMgSi1 Masse[1]	Für die Biegeachse x – x		y – y	
$h \times b \times s \times t$ mm	S cm^2	m' kg/m	I_x cm^4	W_x cm^3	I_y cm^4	W_y cm^3
40x40x3x3	3,47	0,397	9,4	4,68	3,20	1,60
40x40x4x4	4,53	1,22	11,6	5,80	4,28	2,14
45x45x3x3	3,92	1,06	13,6	6,04	4,56	2,02
45x45x4x5	5,95	1,61	19,8	8,81	7,62	3,39
50x50x3x3	4,37	1,18	19,0	7,60	6,26	2,52
50x50x4x4	5,73	1,55	27,5	11,0	8,55	3,42
50x50x4x6	7,66	2,01	31,7	12,7	12,5	5,00
60x50x3x3	4,67	1,26	28,7	9,57	6,26	2,52
60x50x4x4	6,13	1,66	36,5	12,2	8,61	3,45
60x60x4x6	9,26	2,50	57,4	19,1	21,6	7,20
80x42x4x6	7,90	2,13	81,6	20,4	7,44	3,54
80x60x5x6	10,74	2,90	113,8	23,5	21,7	7,23

Herstellängen: 2 bis 8 m. **Werkstoff:** AlMgSi0,5; AlMgSi1; AlZn4,5 Mg 1

Bezeichnung eines Winkel-Profils mit gerundeten Kanten (R) aus AlMgSi1 F 22 mit Höhe h = 20 mm, Breite b = 20 mm und Dicke s = 3 mm: **L-Profil DIN 1771 – AlMgSi1 F 22 – R 20x20x3**

U-Profile DIN 9713 (9.81)

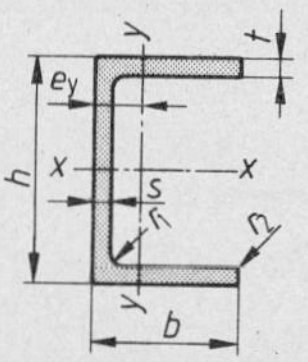

- S Querschnittsfläche in cm^2
- I Flächenmoment 2. Grades (axiales Flächenträgheitsmoment) in cm^4
- W axiales Widerstandsmoment in cm^3
- m' längenbezogene Masse in kg/m
- I, W sind jeweils bezogen auf die zugehörige Biegeachse

Bezeichnung und Maße	Querschnittsfläche	Für AlMgSi1 Masse[1]	Abstand der y-Achse	Für die Biegeachse x – x		y – y	
$h \times b \times s \times t$ mm	S cm^2	m' kg/m	e_y cm	I_x cm^4	W_x cm^3	I_y cm^4	W_y cm^3
40x20x2x2	1,53	0,413	0,574	3,70	1,85	0,57	1,00
40x20x3x3	2,25	0,608	0,610	5,17	2,59	0,80	1,30
40x30x3x3	2,85	0,770	1,01	7,24	3,62	2,52	2,49
40x40x4x4	4,51	1,22	1,49	11,6	5,80	7,12	4,80
40x40x5x5	5,57	1,50	1,52	13,6	6,80	8,59	5,64
50x30x3x3	3,15	0,851	0,929	12,2	4,88	2,70	2,91
50x30x4x4	4,11	1,11	0,965	15,5	6,20	3,66	3,80
50x40x5x5	6,07	1,64	1,42	23,3	9,32	9,26	6,54
60x30x4x4	4,51	1,22	0,896	23,7	7,90	3,69	4,12
60x40x5x5	6,57	1,77	1,33	36,0	12,0	9,94	7,47
80x45x6x8	11,2	3,02	1,57	108	27,1	21,8	13,9

T-Profile DIN 9714 (9.81)

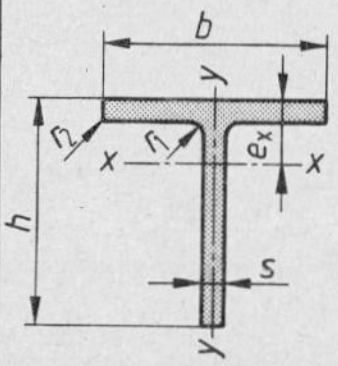

- S Querschnittsfläche in cm^2
- I Flächenmoment 2. Grades (axiales Flächenträgheitsmoment) in cm^4
- W axiales Widerstandsmoment in cm^3
- m' längenbezogene Masse in kg/m
- I, W sind jeweils bezogen auf die zugehörige Biegeachse

Bezeichnung und Maße	Querschnittsfläche	Für AlMgSi1 Masse[1]	Abstand der x-Achse	Für die Biegeachse x – x		y – y	
$h \times b \times s$ mm	S cm^2	m' kg/m	e_x cm^3	I_x cm^4	W_x cm^3	I_y cm^4	W_y cm^3
20x30x2	0,97	0,262	0,475	0,323	0,68	0,46	0,308
25x40x3	1,89	0,510	0,594	0,391	1,57	1,60	0,800
30x30x3	1,74	0,470	0,861	1,44	1,67	0,68	0,452
30x45x4	2,87	0,775	0,750	2,08	2,78	3,05	1,35
30x60x5	4,32	1,17	0,689	2,70	3,91	9,03	3,01
40x40x4	3,07	0,829	1,15	4,58	3,98	2,15	1,08
40x60x5	4,82	1,30	0,987	6,21	6,28	9,02	3,01
40x80x7	8,07	2,18	0,932	8,87	9,56	30,0	7,50
50x50x4	3,87	1,04	1,40	9,19	6,56	4,19	1,68
50x70x6	6,91	1,87	1,27	14,4	11,3	17,2	4,92
80x80x9	13,75	3,71	2,32	81,7	35,2	38,9	9,73

Bezeichnungsbeispiel: U-Profil DIN 9713 – AlMgSi 1 F 22 – R 80x45x6x8

1) Für AlZn 4,5 Mg 1 mit ϱ = 2,77 kg/dm^3 müssen die Werte für m' mit dem Faktor 1,026 multipliziert werden.

Vergleich Kunststoffe – Metalle

Innerer Aufbau

Merkmale	Metalle	Kunststoffe	Auswirkungen auf Eigenschaften der Kunststoffe
Kleinste Teilchen	Atome der Metalle	Makromoleküle aus Nichtmetallen	niedrige Dichte
Bindungskraft der Teilchen	große gegenseitige Anziehung zwischen Metallionen und freien Elektronen	schwache Bindung zwischen Molekülen, keine freien Elektronen	große Wärmedehnung, geringe Festigkeit, elektrische Nichtleiter
Bindungsart der Teilchen	kristallin (Metallgitter)	amorph (wattebauschartig verfilzt) oder teilkristallin	**Thermoplaste:** bei höherer Temperatur plastisch verformbar, zäh, elastisch, durch Recken höhere Zugfestigkeit
		räumliche Vernetzung	**Duroplaste:** hart, spröde

Vergleich der allgemeinen Eigenschaften[1)]

	Metalle	Kunststoffe
Vorteilhafte Eigenschaften	hohe Festigkeit, große Härte, härtbar, gute thermische und elektrische Leitfähigkeit, Formstabilität, Beständigkeit bei hohen und tiefen Temperaturen, witterungsbeständig	einfache Verformung bzw. Formgebung, gute thermische und elektrische Isoliereigenschaften, Korrosionsbeständigkeit, chemische Beständigkeit, leichte Einfärbbarkeit bzw. gute Transparenz, geringe Dichte
Nachteilige Eigenschaften	hohe Dichte, z. T. schlechte Korrosionsbeständigkeit und chemische Beständigkeit	nehmen Wasser auf, kriechen unter Last (nicht formbeständig), teilweise entflamm- und brennbar, geringe Wärmebeständigkeit (Zersetzung)

1) Die aufgeführten Eigenschaften treffen nicht immer auf alle Metalle bzw. Kunststoffe gleichzeitig zu.

Vergleich physikalischer Eigenschaften

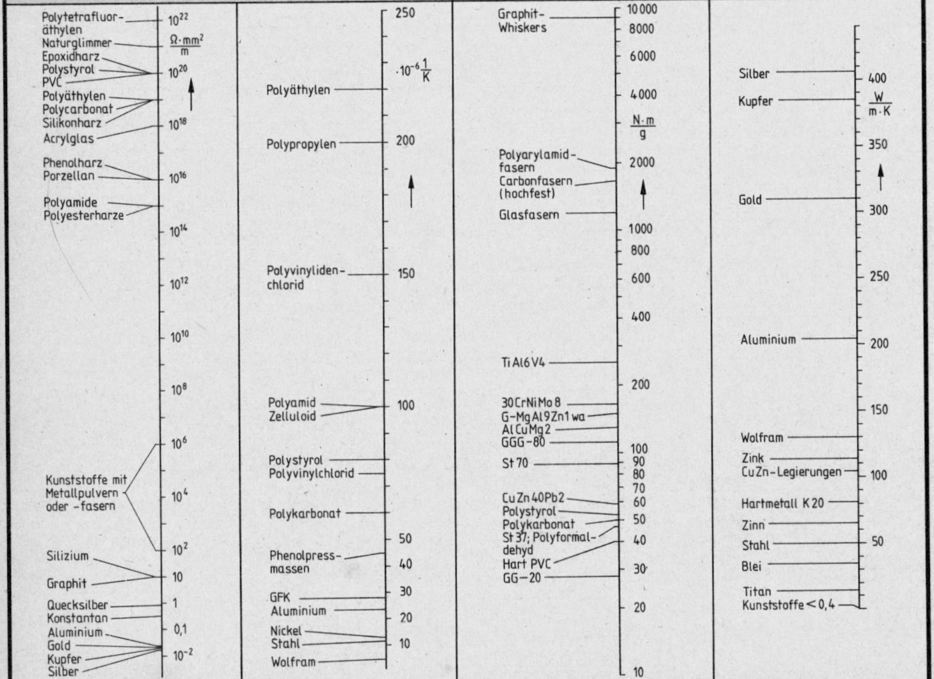

Spezifischer elektrischer Widerstand | Längenausdehnungskoeffizient | Spezifische Festigkeit (Zugfestigkeit pro Dichte) | Wärmeleitfähigkeit

Kunststoffe

Kurzzeichen für Kunststoffe

DIN 7728, T1 (4.78)

Kurzzeichen	Erklärung	Kurzzeichen	Erklärung	Kurzzeichen	Erklärung
ABS	Acrylnitril-Butadien-Styrol	PC	Polycarbonat	PVAC	Polyvinylacetat
AMMA	Acrylnitril-Methylmethacrylat	PCTFE	Polychlortrifluoräthylen	PVAL	Polyvinylalkohol
CA	Celluloseacetat	PDAP	Polydiallylphtalat	PVB	Polyvinylbutyral
CAB	Celluloseacetobutyrat	PE	Polyäthylen	PVC	Polyvinylchlorid
CF	Kresolformaldehyd	PETP	Polyäthylenterephthalat	PVCC	Chloriertes Polyvinylchlorid
CMC	Carboxymethylcellulose	PF	Phenol-Formaldehyd	PVDC	Polyvinylidenchlorid
CN	Cellulosenitrat	PIB	Polyisobutylen	PVF	Polyvinylfluorid
CP	Cellulosepropionat	PMMA	Polymethylmethacrylat	PVFM	Polyvinylformal
CS	Casein	POM	Polyoxymethylen; Polyformaldehyd	SAN	Styrol-Acrylnitril
EC	Äthylcellulose			SB	Styrol-Butadien
EP	Epoxid	PP	Polypropylen	SI	Silikon
EVA	Äthylen-Vinylacetat	PS	Polystyrol	SMS	Styrol-α-Methylstyrol
MF	Melamin-Formaldehyd	PTFE	Polytetralfluoräthylen	UF	Harnstoff-Formaldehyd
PA	Polyamid	PUR	Polyurethan	UP	Ungesättigte Polyester

Unterscheidungsmerkmale der Kunststoffe

Kurzzeichen	D[1]) T[2])	Dichte g/cm³	Brennverhalten	Sonstige Merkmale
ABS	T	1,06 ...1,12	gelbe Flamme, rußt stark, riecht nach Gas	zähelastisch, wird von Tetrachlorkohlenstoff nicht angelöst, klingt dumpf
CA	T	1,31	gelbe, sprühende Flamme, tropft, riecht nach Essigsäure und verbranntem Papier	angenehmer Griff, klingt dumpf
CAB	T	1,19	gelbe, sprühende Flamme, tropft brennend, riecht nach ranziger Butter	klingt dumpf
MF	D	1,50	schwer entflammbar, verkohlt mit weißen Kanten, riecht nach Ammoniak	schwer zerbrechlich, klingt scheppernd (vgl. UF)
PA	T	1,04 ...1,15	blaue Flamme mit gelblichem Rand, tropft fadenziehend, riecht nach verbranntem Horn	zähelastisch, unzerbrechlich, klingt dumpf
PC	T	1,20	gelbe Flamme, erlischt nach Wegnahme der Flamme, rußt, riecht nach Phenol	zähhart, unzerbrechlich, klingt scheppernd
PE	T	0,92	helle Flamme mit blauem Kern, tropft brennend ab, Geruch paraffinartig, Dämpfe kaum sichtbar (vgl. PP)	wachsartige Oberfläche, mit dem Fingernagel markierbar, unzerbrechlich, Verarbeitungstemperatur > 230 °C
PF	D	1,40	schwer entflammbar, gelbe Flamme, verkohlt, riecht nach Phenol und verbranntem Holz	schwer zerbrechlich, klingt scheppernd
PF (Hp)	D	1,30 ...1,40	schwer entflammbar, gelbe Flamme, verkohlt, wobei sich die Schichten trennen, riecht nach Phenol und verbranntem Zellstoff	unzerbrechlich, (Hp = Hartpapier)
PF (Hgw)	D			unzerbrechlich, (Hgw = Hartgewebe)
PMMA	T	1,18	leuchtende Famme, fruchtiger Geruch, knistert, tropft	uneingefärbt glasklar, klingt dumpf
POM	T	1,41	bläuliche Flamme, tropft, riecht nach Formaldehyd	unzerbrechlich, klingt scheppernd
PP	T	0,91	helle Flamme mit blauem Kern, tropft brennend ab, Geruch paraffinartig, Dämpfe kaum sichtbar (vgl. PE)	nicht mit dem Fingernagel markierbar, unzerbrechlich
PS	T	1,05	gelbe Flamme, rußt stark, riecht süßlich nach Gas, tropft brennend ab	spröde, klingt metallisch blechern, wird u.a. von Tetrachlorkohlenstoff angelöst
PTFE	T	2,20	unbrennbar, bei Rotglut stechender Geruch	wachsartige Oberfläche
PUR	D	1,26	gelbe Flamme, stark stechender Geruch	Polyurethan, gummielastisch
PUR	D	0,03 ...0,06		Polyurethan-Schaum
PVC h	T	1,38	schwer entflammbar, erlischt nach Wegnahme der Flamme, riecht nach Salzsäure, verkohlt	klingt scheppernd, (h = hart)
PVC w	T	1,20 ...1,35	je nach Weichmacher besser brennbar als PVC h, riecht nach Salzsäure, verkohlt	gummiartig flexibel, klanglos, (w = weich)
SAN	T	1,06	gelbe Flamme, rußt stark, riecht nach Gas, tropft brennend ab	zähelastisch, wird von Tetrachlorkohlenstoff nicht angelöst
SB	T	1,05	gelbe Flamme, rußt stark, riecht nach Gas und Gummi, tropft brennend ab	nicht so spröde wie PS, wird u. a. von Tetrachlorkohlenstoff angelöst
UF	D	1,50	schwer entflammbar, verkohlt mit weißen Kanten, riecht nach Ammoniak	schwer zerbrechlich, klingt scheppernd (vgl. MF)
UP	D	2,00	Leuchtende Flamme, verkohlt, rußt, riecht nach Styrol, Glasfaserrückstand	schwer zerbrechlich, klingt scheppernd

[1]) D = Duroplast [2]) T = Thermoplast

Kunststoffe

Thermoplaste (Auswahl)

Kurzzeichen	Chemische Bezeichnung	Handelsname®	Dichte g/cm³	Zugfestigkeit bzw. Streckspannung¹) N/mm²	Schlagzähigkeit bzw. Kerbschlagzähigkeit²) kJ/m²	Anwendungs-Grenztemperaturen °C	Chem. Beständigkeit bei 20 °C: Mineralöle	Benzin	Trichloräthylen	Tetrachlorkohlenstoff	verdünnte Säuren	verdünnte Laugen	Anwendungsbeispiele
PE	Polyäthylen	Baylon Hostalen, Lupolen, Vestolen	0,92 ...0,96	9...28	◡²)	100 ...120	◐	◐	◔	◔	●	●	Dichtmanschetten, Rohre, Behälter, geblasene Hohlkörper
EVA	Äthylen-Copolimerisate	Lewapren, Lupolen V	0,94	4,5¹)	◡²)	≈ 80	◐	◐	○	○	●	●	Stoßfänger, Faltenbälge, Dichtungen,
PP	Polypropylen	Hostalen PP, Novolen, Vestolen P	0,91	33¹)	7²)	≈ 140	◐	◐	◐	○	●	●	Teile mit hoher Wärme- und chem. Beständigkeit
PS	Polystyrol	Hostyren, Polystyrol, Vestyron	1,05	56²)	18	≈ 85	◐	○	○	○	◕	●	Schaugläser, Verpackungen, Schaumstoffe
SB	Polystyrol, schlagfest	Polystyrol 400 Vestyron 500 Hostyren S	1,05	20...40	7...10²)	≈ 75	◐	○	○	○	◕	●	Tiefziehtafeln für Gehäuse und Behälter
SAN	Polystyrol-Acrylnitril	Luran 300, Vestoran	1,08	75	18	≈ 90	●	◕	○	●	●	●	Batteriekästen, Geräte der Feinwerktechnik
ABS	ABS-Copolymere	Terluran, Novodur	≈ 1,10	35...55	7...18²)	≈ 90	●	◕	○	○	◕	●	Gehäuse, Schutzhelme, Lüfterräder, Abdeckungen
PVC hart	Polyvinylchlorid, hart	Hostalit, Vinoflex, Vestolit, Vinnol	≈ 1,38	≈ 55	4²)	≈ 70	●	◕	○	○	●	●	Wasserleitungen, Behälter, Rolladenprofile
PVC schlagzäh	Polyvinylchlorid, schlagzäh		≈ 1,35	50	15 ...40²)	≈ 70	●	◕	○	○	◕	●	Fensterrahmen, Dachrinnen, Sitzschalen
PVC weich	Weich-Polyvinylchlorid		1,2...1,3	10...30	◡²)	40...60	◕	◕	○	○	◕	◕	Schläuche, Folien, Fußbodenbeläge, Bekleidung
PTFE	Polytetrafluoräthylen	Hostaflon TF, Teflon	> 2,1	20...40	16²)	260	●	●	●	●	●	●	Gleitbahnen, Beschichtungen, Dichtungen
PMMA	Polymethylmethacrylat	Plexiglas, Resorit, Degalan	1,18	70	18	70...90	●	●	◐	◐	◐	◐	Verglasungen, Leuchten, Formmassen, Gießharze
POM	Polyformaldehyd	Delrin, Hostaform, Ultraform	1,4...1,7	70	5...9²)	100 ...150	●	●	◐	●	◐	●	Zahnräder, Lager, Pumpenteile, formstabile Teile der Feinwerktechnik
PC	Polycarbonat	Makrolon	1,20	5	20²)	90...130	●	●	◐	○	◕	◕	Maschinenteile, medizin. Geräte, Haushaltsgeschirr, schußsichere Verglasungen
PA	Polyamide 6-Polyamid 12-Polyamid 6.6-Polyamid 6.10-Polyamid	Ultramid, Durethan B, Rilsan, Trogamid T	1,01 ...1,14	50...70	15² ...◡²)	60...140	●	●	◐	●	◐	●	Zahnräder, Röhren, Schläuche, Schutzhelme, gereckt als Textilfasern, Perlon, Nylon

¹) Werte für Streckspannung ²) Werte für Kerbschlagzähigkeit ◡ Probe nicht gebrochen

● beständig ◕ weitgehend beständig ◐ bedingt beständig ◔ wenig beständig ○ nicht beständig

Kunststoffe

Kennzeichnung thermoplastischer Formmassen

Polyäthylen (PE)

DIN 16776 (4.78)

1. Zeichen

Zeichen	Hauptsächliche Anwendung für:
B	Hohlkörper
C	Beschichtung
E	Extrusion (Strangpressen)
F	Folie
K	Kabelisolierung
L	Monofil
M	Formung, z. B. Spritzgießen
P	Rohr
R	Rotationsformen (Pulververarb.)
S	Schaumstoff
T	Textilfaser
Y	Band

2. Zeichen

Zeichen	Dichte in g/cm³ über	bis
15	–	0,917
20	0,917	0,922
25	0,922	0,927
30	0,927	0,932
35	0,932	0,937
40	0,937	0,942
45	0,942	0,947
50	0,947	0,952
55	0,952	0,957
60	0,957	0,962
65	0,962	–

3. Zeichen

Zeichen	Schmelzindex in g/10 min über	bis
000	–	0,1
003	0,1	0,4
005	0,4	0,7
010	0,7	1,3
020	1,3	3
050	3	7
100	7	13
200	13	25
500	25	–

4. Zeichen

Zeichen	Zusätze
00	Ohne besondere Zusätze
AB	Antiblockmittel
AS	Antistatikum
CB	Ruß
FR	Flammschutzmittel
GF	Glas
LS	Lichtstabilisator
MF	Mineral
SA	Spezielles Additiv
SL	Gleitmittel

Bezeichnung einer Polyäthylen-Formmasse für Spritzguß der Dichte 0,930 g/cm³, einem Schmelzindex von 5 g/10 min und dem Zusatz Ruß: **Formmasse DIN 16776–PE–M–30–050–CB**

Polypropylen (PP)

DIN 16774 T1 (8.78)

1. Zeichen

Zeichen	Chemischer Aufbau
A	Homopolymerisate des Propylens mit einem Massengehalt unter 10% an heptanlöslichem Anteil
B	Homopolymerisate des Propylens mit einem Massengehalt über 10% an heptanlöslichem Anteil
C	Thermoplastische Copolymerisate des Propylens
M	Polymermischungen von mindestens 50% Polypropylen

2. Zeichen

Zeichen	Hauptsächliche Anwendung für
B	Hohlkörper
C	Beschichtung
E	Extrusion (Strangpressen)
F	Folie
K	Kabelisolierung
L	Monofil
M	Formung (z. B. Spritzguß)
P	Rohr
R	Rotationsformen
S	Schaumstoff
T	Textilfaser
Y	Band

3. Zeichen

Zeichen	Schmelzind. g/10 min über	bis
000	–	0,1
003	0,1	0,4
005	0,4	0,7
010	0,7	1,3
020	1,3	3
050	3	7
100	7	13
200	13	25
500	25	–

4. Zeichen

Zeichen	Zusätze (außer Farbmittel)
00	Ohne besondere Zusätze
AB	Antiblockmittel
AS	Antistatikum
CB	Ruß
FR	Flammenschutz
GF	Glas
LS	Lichtstabilisator
MF	Mineral
SA	Spezielles Additiv
SL	Gleitmittel

Bezeichnung einer Polypropylen-Formmasse, Polymermischung mit 60% Polypropylen für Schaumstoff, mit einem Schmelzindex von 10 g/10 min mit dem Zusatz Antistatikum:
Formmasse DIN 16774–PP–M–S–100–AS

Polycarbonat (PC)

DIN 7744 T1 (1.80)

Kennzeichnende Eigenschaften

1. Zeichen:

Zeichen	Viskositätszahl in cm³/g über	bis
46	unter 46	
49	46	52
55	52	58
61	58	64
67	64	70
70	70	–

2. Zeichen:

Zeichen	Schmelzindex in g/10 min über	bis
030	unter 3	
045	3	6
090	6	12
180	12	24
240	24	–

3. Zeichen

Zeichen	Zusätze
LS	Lichtstabilisator
FR	Flammenschutzmittel
HS	Wärmestabilisator
ER	Entformungshilfsmittel
SA	Spezielle Additive

Füllstoff

4. Zeichen

Zeichen	Art
GF	Glasfasern
MF	Mineralien
WF	Weitere Füllstoffe

5. Zeichen

Zeichen	Massengehalt in% über	bis
5	–	7,5
10	7,5	12,5
15	12,5	17,5
20	17,5	22,5
25	22,5	27,5
	usw. bis	
70	67,5	–

Bezeichnung einer Polycarbonat-Formmasse (PC) mit einer Viskositätszahl von 56 cm³/g, einem Schmelzindex von 5,5 g/10 min, einem Flammenschutzmittel und einem Massegehalt an Glasfasern von 30%:
Formmasse DIN 7744–PC–55–045–FR–GF–30.

Kunststoffe

Kennzeichnung und Eigenschaften duroplastischer Formmassen (härtbar)

Typ	Zusammensetzung Harz	Zusammensetzung Füllstoff	Biegefestigkeit in N/mm² min.	Schlagzähigkeit in kJ/m² min.	Temperatur für Formbeständigk. in °C min.	Wasseraufnahme in mg max.	Verwendung und sonstige Eigenschaften
Phenoplast-Formmassetypen (PF)							DIN 7708 T2 (10.75)
31	PF	Holzmehl	70	6	125	150	Allgemeine Verwendung
85		Holzmehl/Zellstoff		5		200	erhöhte Kerbschlagzähigkeit
51		Zellstoff u. a.	60			300	
83		Baumwollkurzfasern				180	
71		Baumwollfasern u. a		6		250	
84		Baumwollgewebeschnitzel/Zellstoff				150	
74		Baumwollgewebeschnitzel		12		300	
75		Kunstseidenstränge		14		300	
12		Asbestfasern	50	3,5	150	60	erhöhte Formbeständigkeit in der Wärme, mit Asbestfasern mechanisch hoch beanspruchbar
15				5		130	
16		Asbestschnur	70	15		90	
11.5		Gesteinsmehl	50	3,5		45	erhöhte elektrische Eigenschaften, spezifischer elektrischer Widerstand $10^{11}\ \Omega \cdot cm$
13		Glimmer		3		20	
13.9		Glimmer				20	sonstige zusätzliche Eigenschaften ammoniakfrei
51.9		Zellstoff	60	5	125	300	
Aminoplast-Formmassetypen (UF; MF; MP)							DIN 7708 T3 (10.75)
131	UF	Zellstoff	80	6,5	100	300	allgemeine Verwendung (sanitäre Teile, Haushaltsgeräte) UF nicht für Eß- und Trinkgeschirr
150	MF	Holzmehl	70	6	120	250	
180	MP	Holzmehl	80	6	120	180	
153	MF	Baumwollfasern	60	5	125	300	erhöhte Kerbschlagzähigkeit
154	MF	Baumwollgewebeschnitzel	60	6	125	300	
155	MF	Gesteinsmehl	40	2,5	130	200	erhöhte Formbeständigkeit in der Wärme
156	MF	Asbestfasern	50	3,5	140	200	
157	MF	Asbestfasern/Holzmehl	60	4,5	140	200	
131.5	UF	Zellstoff	80	6,5	100	300	erhöhte elektrische Eigenschaften (Elektro- und Installationsmaterial)
183	MP	Zellstoff/Gesteinsmehl	70	5	120	120	
152.7	MF	Zellstoff	80	7	120	200	Sonderanforderungen; für Eß- und Trinkgeschirr

Schichtpreßstoffe: Hartpapier (Hp), Hartgewebe (Hgw), Hartmatte (Hm) — DIN 7735 T2 (9.75)

Typ	Zusammensetzung Harz	Zusammensetzung Füllstoff	Biegefestigkeit in N/mm² min.	Schlagzähigkeit in kJ/m² min.	Zugfestigkeit in N/mm² min.	Grenztemp. in °C	Verwendung und sonstige Eigenschaften
Hp 2061	Phenolharz	Papier	150	20	120	120	Geschichtete Papierbahnen als Harzträger; Tafeln, Stäbe, Rohre, Formteile
Hp 2063			80	7	70	120	
Hgw 2031		Asbestgewebe	65	10	40	130	Geschichtete Gewebebahnen als Harzträger
Hgw 2072		Glasfilamentgewebe	200	15	100	130	
Hgw 2082		Baumwollfeingew.	130	30	80	110	Tafeln, Stäbe, gewickelte oder formgepreßte Rohre, Formteile
Hgw 2272	Melaminharz	Glasfilamentgewebe	270	50	120	130	
Hgw 2372	Epoxidharz	Glas, Glasgewebe	350	100	220	130	
Hgw 2572	Siliokonharz	Glasfilamentgewebe	125	40	90	180	
Hm 2471	Polyesterharz	Glasfilamentmatte	125	80	60	130	Filzartige Glasseidenmatte als Harzträger; Lieferform wie Hartgewebe
Hm 2472			200	100	100	130	

Kühlschmierstoffe für die spanende Formung der Metalle

Begriffe und Anwendungsbereiche

Kühlschmierstoff DIN 51385 (11.81)	Abkürzung in Tabelle	Erläuterung
Kühlschmier-emulsion	E 1...10%	Emulsion mit einem Mischungsverhältnis von 1% bis 10% emulgierbarem oder emulgierendem Kühlschmierstoff in Wasser, meist als Bohrwasser bezeichnet. Anwendung, wenn gute Kühlwirkung, aber nur geringe Schmierwirkung gewünscht wird, z. B. bei hoher Schnittgeschwindigkeit und geringer Flächenpressung.
Kühlschmierlösung	L 1	Lösungen von vorwiegend organischen, meist synthetischen Stoffen in Wasser. Diese Lösungen sind durchsichtig, weniger geruchintensiv als Emulsionen, der Anwendungsbereich entspricht dem der Emulsion.
	L 2	Lösungen von anorganischen Stoffen wie Soda oder Natriumnitrit in Wasser. Gute Kühlwirkung, geringe Schmierwirkung, vorwiegend zum Schleifen
nichtwasser-mischbare Kühlschmierstoffe	S 1	Schneidöl mit polaren Zusätzen, z. B. pflanzliche und tierische Fettstoffe, zur Verbesserung der Haftung auf der Metalloberfläche, sehr gute Schmierwirkung
	S 2	Schneidöl mit mild wirkenden E. P.-Zusätzen[1] zur Erhöhung der Druckfestigkeit
	S 3	Schneidöl mit polaren und mild wirkenden E. P.-Zusätzen[1]
	S 4	Schneidöl mit aktiven E. P.-Zusätzen[1]. Bessere Druckfestigkeit als S2, jedoch Angriff der Metalloberflächen möglich
	S 5	Schneidöl mit polaren und aktiven E. P.-Zusätzen[1]

[1] E.P. ≙ extreme pressure = Hochdruck

Richtlinien für die Auswahl von Kühlschmierflüssigkeiten

Fertigungsverfahren		Stahl normal spanbar	Stahl schwer spanbar	Gußeisen Temperguß	Kupfer Kupferleg.	Aluminium Al.-Leg.	Magnesium
Drehen	Schruppen	E 2...5% L1	E 10% S4, S5	trocken	trocken L1, S1	E 2...5% L1, S1, S3	trocken S1, S2
	Schlichten	E 2...5% S3	E 10% S4, S5	trocken E 2...5%	trocken L1, S1, S2	trocken S1, S2, S3	trocken S1, S2, S3
Automatendrehen		S1, S2, S3	S4, S5	S1, S2, S3	S1, S2, S3	S1, S2, S3	S1, S2, S3
Fräsen		E 5...10% L1, S3	E 10% S4, S5	trocken E 1...3%	trocken E 2...5% S1, S2, S3	S1, S2, S3 E 2...5%	trocken S1, S2, S3
Bohren		E 2...5%	E 10% S4, S5	trocken E1...3%	trocken S1, S2, S3 E 2...5%	E 2...5% S1, S2, S3	trocken S1, S2, S3
Tiefbohren		S3	S5	S3	S3	S3	S3
Reiben		S2, S3 E 10%	S3 S4, S5	trocken S1	trocken S1, S2, S3	S1, S2, S3	S1, S2, S3
Sägen		E 2...5% L1	E 10%	trocken E 2...5%	S1, S2, S3 E 2...5%	S1, S2, S3 E 2...5%	trocken S1, S2, S3
Hobeln		trocken E 2...5%	trocken E 10%, S1	trocken	—	—	—
Stoßen		trocken S1, S2, S3	S4, S5	trocken	trocken S1, S2, S3	—	—
Räumen		S2, S3, E10%	S4, S5	E 2...5%	S1, S2, S3	S1, S2, S3	S1, S2, S3
Zahnradfräsen Zahnradstoßen		S3	S5	E 2...5% S3	S2, S3	S2, S3	—
Gewindeschneiden		S3	S5	S3 E 5...10%	S3	S3	S3 trocken
Gewindefräsen		S2, S3	S4, S5	S2	S1, S2, S3	S1, S2, S3	S1, S2, S3
Gewindeschleifen		S3	S5	—	—	—	—
Flachschleifen Rundschleifen		E 1% L1, L2	S3 L1, L2	L1, L2 E 1%	E 1% L1, L2	L1 E 1%	—
Honen, Läppen		S2, S3	S4, S5	S2	—	—	—

Schmierstoffe

Schmieröle

DIN 51502 (11. 79)

Stoffgruppe, Sinnbild	Kennbuchstabe	Normblatt Nr. DIN	Schmierstoffart, Eigenschaften, Anwendung
Mineralöle	N	51501 (11.79)	Normalschmieröle ohne Zusätze für Durchlauf- und Umlaufschmierung bei Öltemperaturen bis 50 °C, für Anwendungen ohne besondere Anforderungen
	B	51513 (8.77)	Bitumenhaltige Schmieröle für Hand-, Durchlauf- und Tauchschmierung; besonders hohe Haftfähigkeit, vorwiegend für offene Schmierstellen
	C	51517 T1 (12. 79)	Alterungsbeständige Schmieröle ohne Zusätze, für Umlaufschmierung bei Gleit- und Wälzlagern sowie Getrieben
	CL	51517 T2 (12. 79)	Schmieröle für Umlauf-, Tauch- und Ölnebelschmierung von Lagern mit hohen Drehzahlen und Pneumatikanlagen bei höheren Anforderungen an Alterungs-und Korrosionsbeständigkeit (Kennbuchstabe L)
	CLP	51517 T3 (12. 79)	Schmieröle für Umlauf- und Tauchschmierung bei erhöhten Anforderungen an den Verschleißschutz (Kennbuchstabe P) bei langsam laufenden und hoch belasteten Lagern und Getrieben (ausgenommen Hypoidgetrtiebe)
	CG	8659 T2 (4. 80)	Mineralöle mit Wirkstoffen zur Verschleißminderung im Mischreibungsgebiet für Gleit- und Führungsbahnen sowie Schneckengetriebe
	K	51503 (5. 80)	Kältemaschinenöle, die der Einwirkung des Kältemittels ausgesetzt sind. Schmieröle KA für Ammoniak, Schmieröle KC für Halogen-Kältemittel
	L	–	Öle, die als Abschreck- und Anlaßbäder zur Wärmebehandlung dienen
	Q	51522 (11. 82)	Wärmeträgeröle
	R	1)	Korrosionsschutzöle
	S	1)	Nichtwassermischbare und wassermischbare Kühlschmierstoffe
	T	51515 (5. 78)	Schmier- und Regleröle für Turbinen, insbesondere für Dampfturbinen
	V	51506 (7. 77)	Reine Mineralöle oder Mineralöle mit Zusätzen (Kennbuchstabe L) für Luftverdichter mit ölgeschmierten Druckräumen
	Z	51510 (3. 77)	Reine Mineralöle zum Schmieren der gleitenden dampfberührten Teile von Dampfmaschinen und Dampfmotoren
Syntheseflüssigkeiten	E	–	Esteröle mit besonders geringer Viskositätsänderung, für Lagerstellen mit stark wechselnden Temperaturen
	FK	–	Fluorkohlenwasserstofföle, temperatur- und sauerstoffbeständig für Sauerstoffverdichter, Chemiepumpenlager, Triebwerke
	PG	–	Polyglykolöle mit gutem Mischreibungsverhalten, hoher Alterungsbeständigkeit, teilweise wassermischbar
	SI	–	Silikonöle, für besonders hohe und tiefe Temperaturen geeignet, stark wasserabstoßend, hohe Alterungsbeständigkeit

Bezeichnung eines Schmieröles auf Mineralölbasis für Umlaufschmierung mit erhöhten Anforderungen an Korrosions- und Alterungsbeständigkeit der ISO-Viskositätsklasse VG 100:
Schmieröl DIN 51517 – CL 100.

Kennzeichnung des gleichen Öles durch Sinnbild: CL 100

1) Normung in Vorbereitung. Hydraulikflüssigkeiten (Kennbuchstabe H) Seite 232

ISO-Viskositätsklassen für flüssige Industrieschmierstoffe

DIN 51502 (11.79)

Kennzahl nach ISO	kinematische Viskosität in mm²/s bei			Kennzahl nach ISO	kinematische Viskosität in mm²/s bei			Kennzahl nach ISO	kinematische Viskosität in mm²/s bei		
	20 °C	**40 °C**	50 °C		20 °C	**40 °C**	50 °C		20 °C	**40 °C**	50 °C
VG 2	3,3	2,2	1,3	VG 22	–	22	15	VG 220	–	220	130
VG 3	5	3,2	2,7	VG 32	–	32	20	VG 320	–	320	180
VG 5	8	4,6	3,7	VG 46	–	46	30	VG 460	–	460	250
VG 7	13	6,8	5,2	VG 68	–	68	40	VG 680	–	680	360
VG 10	21	10	7	VG 100	–	100	60	VG 1000	–	1000	510
VG 15	34	15	11	VG 150	–	150	90	VG 1500	–	1500	740

Schmierstoffe

SAE-Viskositätsklassen der Schmieröle für Otto- und Dieselmotore

DIN 51511 (8.79)

SAE-Viskositätsklasse[1]	scheinbare Viskosität bei −18 °C mPa·s über	bis	kinematische Viskosität bei 100 °C mm²/s min.	SAE Viskositätsklasse	kinematische Viskosität bei 100 °C mm²/s min.	max.
5 W	—	1250	3,8	20	5,6	9,2
10 W	1250	2500	4,1	30	9,3	12,4
15 W	2500	5000	5,6	40	12,5	16,2
20 W	5000	10000	5,6	50	16,3	21,8

Ein Mehrbereichsöl ist ein Schmieröl, dessen Viskosität bei −18 °C in den Bereich einer mit W gekennzeichneten Viskositätsklasse und bei 100 °C in den Bereich einer nicht mit W gekennzeichneten Viskositätsklasse fällt.
Bezeichnung eines Motoren-Schmieröles mit einer scheinbaren Viskosität von 1500 mPa·s bei −18 °C und einer kinematischen Viskosität von 10 mm²/s bei 100 °C: **SAE 10 W – 30**

[1] Society of Automotive Engineers Inc. (SAE), Vereinigung amerikanischer Automobilingenieure

Schmierfette

Kennbuchstabe	Normblatt Nr. DIN	Schmierfettart, Eigenschaften, Anwendung
K KL	51825 T1 (6.81)	Schmierfette der NLGI-Klassen[2] 0 bis 4, auf Mineralöl- und/oder Syntheseölbasis für einen Gebrauchstemperaturbereich von −20 bis +140 °C; zur Schmierung von Wälz- und Gleitlagern sowie Gleitflächen. Schmierfette KL enthalten Wirkstoffzusätze für erhöhten Korrosionsschutz.
KT	51825 T2 (12.79)	Schmierfette K der NLGI-Klassen[2] 0 bis 3 mit besserem Tieftemperaturverhalten; Gebrauchstemperaturbereich für KTA ab −30 °C, für KTB ab −40 °C, für KTC ab −50 °C
KP KLP	51825 T3 (6.81)	Schmierfette K der NLGI-Klassen[2] 00 bis 3 mit Wirkstoffzusätzen für erhöhten Verschleißschutz im Mischreibungsgebiet; Schmierfett KLP mit erhöhter Korrosionsschutzwirkung

Konsistenz-Einteilung für Schmierfette

DIN 51818 (12.81)

NLGI-Klasse[2]	Walkpenetration DIN ISO 2137 (12.81)	NLGI-Klasse[2]	Walkpenetration DIN ISO 2137 (12.81)	NLGI-Klasse[2]	Walkpenetration DIN ISO 2137 (12.81)
000	445...475	1	310...340	4	175...205
00	400...430	2	265...295	5	130...160
0	355...385	3	220...250	6	85...115

[2] National Lubricating Grease Institute (NLGI), Nationales Schmierfett-Institut, USA

Zusatzbuchstaben für Schmierfette

DIN 51502 (11.79)

Zusatzbuchstabe	Bewertungsstufe[3]	Gebrauchs-Temperaturbereich °C	Zusatzbuchstabe	Bewertungsstufe[3]	Gebrauchs-Temperaturbereich °C
A[4]	—	unter −20	G	0 oder 1	−20... +100
B	0 oder 1	−20... +50	H	2 oder 3	−20... +100
C	0 oder 1	−20... +60	K	0 oder 1	−20... +120
D	2 oder 3	−20... +60	M	2 oder 3	−20... +120
E	0 oder 1	−20... +80	N	0 oder 1	−20... +140
F	2 oder 3	−20... +80	R	0 oder 1	über +140

[3] Bewertungsstufen für Verhalten gegenüber Wasser nach DIN 51807, T1 (4.79):
0 keine Veränderung
1 geringe Veränderung
2 mäßige Veränderung
3 starke Veränderung

[4] Nicht in DIN 51502 enthalten

Kennzeichnung eines Schmierfettes auf Mineralölbasis:
Kennbuchstabe K: Schmierfettart K
NLGI-Klasse 3: Walkpenetration 220...250
Zusatzbuchstabe N: Keine oder geringe Veränderung gegenüber Wasser; Gebrauchstemperaturbereich −20... +140 °C

Kennzeichnung eines Schmierfettes auf Syntheseölbasis:
Kennbuchstabe K: Schmierfettart K
Kennbuchstabe SI: Silikonölbasis
NLGI-Klasse 2: Walkpenetration 265...295
Zusatzbuchstabe R: Keine oder geringe Veränderung gegenüber Wasser; Gebrauchstemperaturbereich über +140 °C

Festschmierstoffe

Schmierstoff	Formel	Anwendung
Graphit	C	Als Pulver oder Paste sowie Beimengung zu Schmierölen und Schmierfetten, Anwendungsbereich von −18 °C bis +450 °C, nicht in Sauerstoff, Stickstoff oder Vakuum
Molybdändisulfid	MoS_2	Als mineralölfreie Paste, Gleitlack oder Beimengung zu Schmierölen und Schmierfetten, geeignet für sehr hohe Flächenpressung und Temperaturen von −180 °C bis +400 °C
Polytetrafluorethylen	PTFE	Als Pulver in Gleitlacken und synthetischen Schmierfetten sowie als Lagerwerkstoff, sehr niedrige Gleitreibungszahl von $\mu = 0{,}04$ bis 0,09, Temperaturbereich von −250 °C bis +260 °C

Wärmebehandlung

Wärmebehandlung der Einsatzstähle[1]

DIN 17210 (12.69)

Stahlsorte Kurzname	Stahlsorte Werkstoff-Nr.	Mögliche Behandlungsart	Behandlungsfolgen: Einsetzen °C	Direkthärten aus Einsatz in	Einfachhärten: Abkühlung in	Einfachhärten: Zwischenglühen °C	Einfachhärten: Härten °C	Einfachhärten: Härten in	Doppelhärten: 1. Härten aus Eins. in	Doppelhärten: 2. Härten °C	Doppelhärten: 2. Härten in	Anlassen °C
C 10 C 15	1.0301 1.0401	Direkthärten, Einfachhärten	900 bis 950	Wasser (Öl), Warmbad	Luft, Einsatzkasten	–	880 bis 920	Wasser, Warmbad	–	–	–	150 bis 180
15 Cr 3	1.7015						870 bis 900					
16 MnCr 5 20 MnCr 5	1.7131 1.7147	Einfachhärten, Direkthärten (Doppelhärten)		Öl, (Wasser)	Luft, Einsatzkasten, Salzbad	–	850 bis 880	Öl, Warmbad	Öl	810 bis 840	Öl	170 bis 210
20 MoCr 4 25 MoCr 4	1.7321 1.7325	Direkthärten		Öl, Warmbad	–	–	–	–	–	–	–	
15 CrNi 6 18 CrNi 8 17 CrNiMo 6	1.5919 1.5920 1.6587	Einfachhärten (Doppelhärten)		–	Luft, Einsatzkasten, Salzbad	630 bis 650	840 bis 870	Öl, Warmbad	Öl, Warmbad	800 bis 830	Öl, Warmbad	

Warmbäder haben eine Temperatur von 160...250 °C. Das Abkühlen im Salzbad (580...680 °C) ersetzt beim Einfachhärten das Zwischenglühen zur Gefügeumwandlung.

Wärmebehandlung der Vergütungsstähle[1]

DIN 17200 (12.69)

Stahlsorte Kurzname	Stahlsorte Werkstoff-Nr.	Warmformgebung °C	Weichglühen °C	Weichglühen Härte HB max.	Normalglühen °C	Stirnabschreckversuch °C	Stirnabschreckversuch Härte HRC	Vergüten: Härten in Wasser °C	Vergüten: Härten in Öl °C	Anlassen °C
C 35	1.0501	1 100...850	650...700	183	860...890	–	–	840...870	850...880	550 bis 660
C 45	1.0503			207	840...870			820...850	830...860	
C 55	1.0535	1 050...850		229	830...860			805...835	815...845	
C 60	1.0601			241	820...850			800...830	810...840	
28 Mn 6	1.5065	1 100...850		223	840...870	850	55...46	820...850	830...860	
38 Cr 2	1.7003			207			59...51	830...860	840...870	
46 Cr 2	1.7006						63...54	820...850	830...860	
34 Cr 4	1.7033	1 050...850	680...720	217	850...890		57...49	830...860	840...870	540 bis 680
37 Cr 4	1.7034				845...885		59...51	825...855	835...865	
41 Cr 4	1.7035				840...880		61...53	820...850	830...860	
25 CrMo 4	1.7218			212	860...900	860	52...44	840...870	850...880	
34 CrMo 4	1.7220			217	850...890	850	57...49	830...860	840...870	
42 CrMo 4	1.7225				840...880		61...53	820...850	830...860	
32 CrMo 12	1.7361	1 100...900		248	880...920	875	57...49	–	860...900	
36 CrNiMo 4	1.6511	1 050...850	650...700	217	850...880	850	59...51	820...850	–	
34 CrNiMo 6	1.6582			235			58...50	–	830...860	
30 CrNiMo 8	1.6580			248			57...49			
50 CrV 4	1.8159		680...720	235	840...880		65...57	820...850		

Die Wahl des **Abschreckmittels** richtet sich nach Form und Größe des Werkstücks. Stähle mit mehr als 0,40% Kohlenstoff neigen beim Abschrecken in Wasser zur Rißbildung.

Die **Anlaßtemperatur** ist nach den gewünschten Festigkeitseigenschaften zu wählen. Den Einfluß der Anlaßtemperatur zeigen die Schaubilder.

Die **Anlaßdauer** richtet sich nach der Größe der Teile. Molybdänfreie Stähle werden nach dem Anlassen in Öl, die übrigen in Öl oder Luft abgekühlt.

Einfluß der Anlaßtemperatur auf Zugfestigkeit R_m, Streckgrenze R_e und Bruchdehnung A

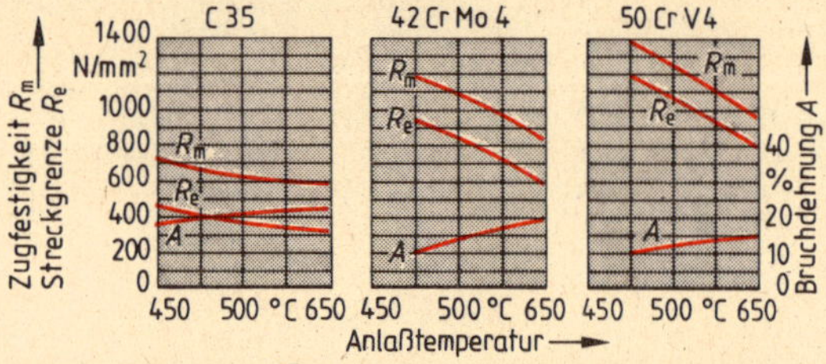

[1] Mindestwerte für Zugfestigkeit, Streckgrenze und Dehnung Seite 106

Wärmebehandlung

Wärmebehandlung der unlegierten Kaltarbeitsstähle

DIN 17350 (10.80)

Stahlsorte Kurzname	Werkstoff-Nr.	Warmformgebungstemperatur °C	Weichglühen Temperatur °C	Weichglühen Härte HB max.	Härten Temperatur °C	Härten Abschreckmittel	Härten Einhärtetiefe[1] mm	Härten Durchhärtung bis mm ∅	Oberflächenhärte in HRC ≈ nach dem Härten	nach dem Anlassen[2] bei 100 °C	200 °C	300 °C
C 45 W	1.1730	1050…800	680…710	wird meist ohne Wärmebehandlung mit Härte ≈ 190 HB geliefert								
C 60 W	1.1740			231	800…830	Öl	3,5	12	58	58	54	48
C 70 W2	1.1620			183	790…820	Wasser	3,0	10	64	63	60	53
C 80 W1	1.1525			192	780…820	Wasser	2,5	10	64	64	60	54
C 85 W	1.1830			222	800…830	Öl	4,5	12	63	63	59	54
C 105 W1	1.1545			213	770…800	Wasser	2,5	10	65	64	62	56

[1] Für 30 mm Vierkantstahl

[2] Die Höhe der Anlaßtemperatur richtet sich nach dem Verwendungszweck und der gewünschten Gebrauchshärte.

Wärmebehandlung der legierten Kaltarbeitsstähle, Warmarbeitsstähle und Schnellarbeitsstähle

DIN 17350 (10.80)

Stahlsorte Kurzname	Werkstoff-Nr.	Warmformgebungstemperatur °C	Weichglühen °C	Weichglühen Härte HB max.	Härten Temperatur[1]	Härten Abschreckmittel[2]	Oberflächenhärte in HRC ≈ nach dem Härten	nach dem Anlassen[3] bei 200 °C	300 °C	400 °C	500 °C	550 °C
105 CrV 3	1.2210	1050…850	710…750	223	760…810 810…840	Wasser Öl	64	61	58	51	44	40
90 MnCrV 8	1.2842		680…720	229	790…820	Öl	64	60	56	50	42	40
105 WCr 6	1.2419		710…750	229	800…830		64	61	58	54	50	46
100 Cr 6	1.2067		710…750	223	820…850		64	61	56	50	43	40
60 WCrV 7	1.2550		710…750	229	870…900		60	59	56	52	48	46
X 210 CrW 12	1.2436		800…840	255	950…980	Öl, Warmbad, Luft	64	62	60	58	56	52
X155 CrVMo12 1	1.2379		780…820	255	1020…1050		63	61	59	58	58	56
X38 CrMoV 5 1	1.2343	1100…900	750…800	229	1000…1040		53	52	52	53	54	52
S 6-5-2	1.3343		770…840	300	1190…1230		64	62	62	62	65	65
S 12-1-4-5	1.3202				1210…1250		65	62	62	62	64	67

[1] Die Austenitisierungsdauer ist die Dauer des Haltens auf Härtetemperatur und beträgt bei Kaltarbeitsstählen ca. 15 min, bei Schnellarbeitsstählen ca. 80 Sekunden. Das Erwärmen erfolgt in Stufen.

[2] Die für den jeweiligen Verwendungszweck richtige Abkühlgeschwindigkeit kann aus dem Zeit-Temperatur-Umwandlungsschaubild nach DIN 17350 ermittelt werden.

[3] Schnellarbeitsstähle werden 2- bis 3mal bei 540…580 °C angelassen, die Härte steigt dabei an.

Vergleich der Wärmebehandlung für Werkzeugstähle

Zeit-Temperatur-Folge-Schaubilder für die Wärmebehandlung von Werkzeugstählen

Unlegierte und legierte Kaltarbeitsstähle mit Härtetemperaturen bis 900 °C

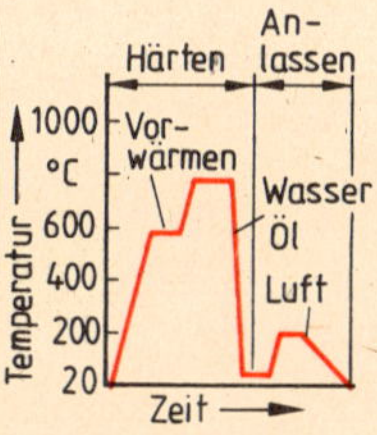

Schnellarbeitsstähle

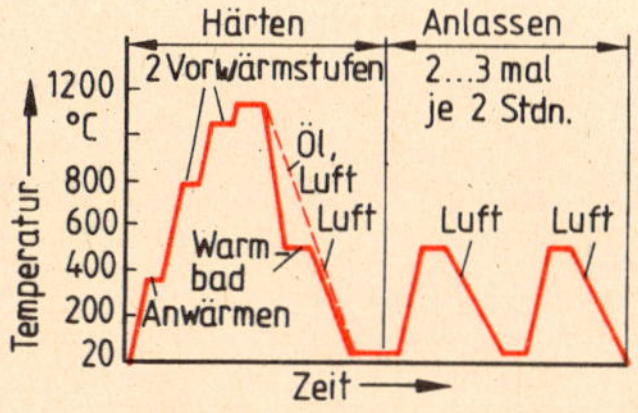

Anlaßbeständigkeit der Werkzeugstähle

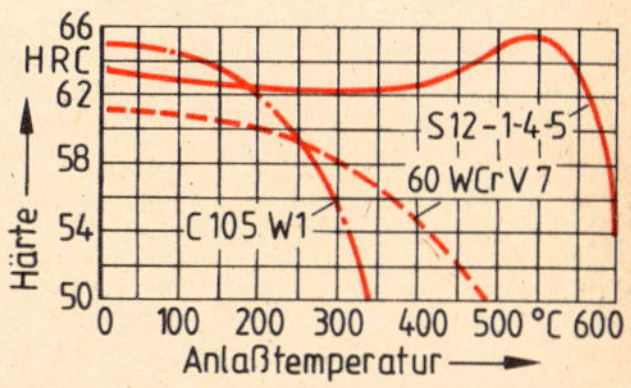

Wärmebehandlung

Wärmebehandlung der Nitrierstähle

DIN 17211 (8.70)

Stahlsorte Kurzname	Stahlsorte Werkstoff-Nr.	Wärmebehandlung vor dem Nitrieren: Weichglühen °C	Weichglühen: größte Härte HB	Vergüten: Härten in Wasser °C	Vergüten: Härten in Öl °C	Vergüten: Anlassen °C	Nitrieren °C	Nitrierhärte HV ≈
31 CrMo 12	1.8515		248	–	870…910	570…700	490…510	800
39 CrMoV 139	1.8523		262		920…960			
34 CrAlMo5	1.8507	650…700	248	900…930	910…940	570…650		
41 CrAlMo7	1.8509		262	–	880…920		500…520	950
34 CrAlNi7	1.8550		245		850…900	580…660		

Die Nitrierdauer hängt von der gewünschten Tiefe der Nitrierschicht ab.

Aushärten von Aluminiumlegierungen

Werkstoff Kurzzeichen	Werkstoff-Nr.	Lösungsglühen °C	Abschrecken in Wasser $t \leqq$ °C	Kaltauslagerzeit Tage	Warmauslagern: Vorlagerzeit Tage	1. Stufe Temperatur °C	1. Stufe Haltezeit h	2. Stufe Temperatur °C	2. Stufe Haltezeit h	Richtwerte für Zugfestigkeit: kaltausgehärtet N/mm²	warmausgehärtet N/mm²
AlCuMg1	3.1325	500±5	40	5…8	–	–	–	–	–	400	–
AlCuMg2	3.1355	495±5	40	5…8	4	190±5	16…18	–	–	480	500
AlMgSi1	3.2315	525±5	40	5…8	–	165±5	8…16	–	–	280	360
AlZnMg1	3.4335	450…480	1)	90	2	130±5	18…24	–	–	210	320
AlZnMgCu1,5	3.4365	470±5	60	–	3	120±5	12…16	170±5	4…5	–	540
G-AlSi5Mg	3.2341	525±5	40	4	–	155±5	8…10	–	–	250	300

1) AlZnMg1: Abkühlen nach dem Lösungsglühen in bewegter oder ruhender Luft.

Haltezeit beim Lösungsglühen aller Legierungen: Salzbadofen 3…45 min, Luftumwälzofen 8…150 min, abhängig von Anlieferungszustand und Bauteilgröße.

Viele Gußlegierungen härten nach dem Gießen selbsttätig aus, da beim Schmelzen die Legierungsbestandteile gelöst werden und beim Erstarren die nötige Abkühlungsgeschwindigkeit erreicht wird.

Aushärtungsverlauf verschiedener Aluminiumlegierungen

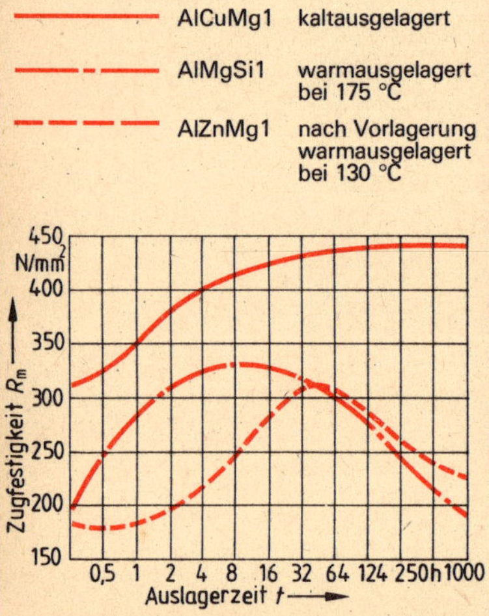

Warmformgebung und Weichglühen von Leichtmetallen

Werkstoff Kurzzeichen	Werkstoff-Nr.	Warmformgeben °C	Weichglühen: Temperatur °C	Haltezeit h	Abkühlgeschwindigkeit °C/h 1)
Al 99,5	3.0255	350…550	370± 10	2…4	–
AlMg2	3.3325	330…450	330…360	1…3	–
AlCuMg2	3.1355	400…470	410± 10	1…2	30
AlMgSi1	3.2315	480…520	410± 10	2	30
AlZnMg1	3.4335	400…450	410± 10	1…2	30 2)
MgAl3Zn	3.5312	≈ 270	280…320	–	–
TiAl6V4	3.7165	250…500	650…700	0,5…2	30

1) Kontrollierte Abkühlung im Ofen bis ca. 250 °C, anschließend an Luft.

2) Nach Erreichen von 200 °C Halten der Temperatur 5 h.

Gußteile werden durch besondere Glühverfahren stabilisiert, entspannt oder homogenisiert.

Werkstoffprüfung

Zugversuch

DIN 50145 (5.75)

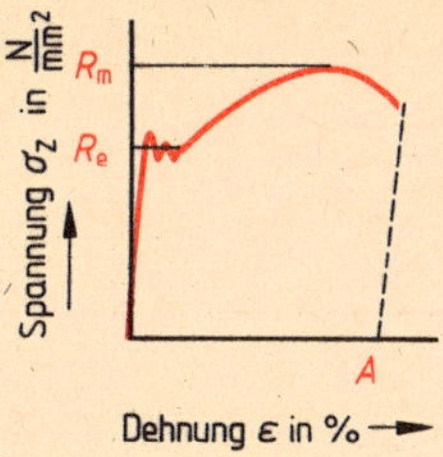

Spannungs-Dehnungs-Diagramm mit unstetigem Übergang, z. B. bei weichem Stahl

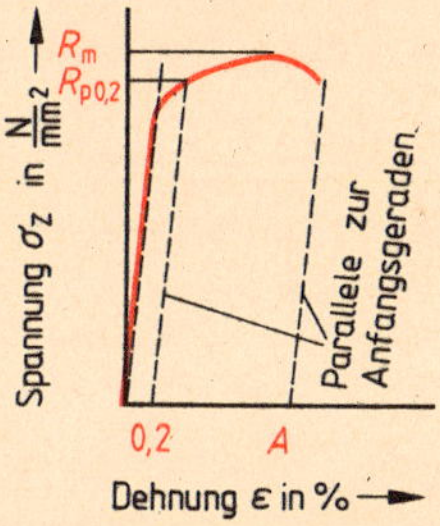

Spannungs-Dehnungs-Diagramm mit stetigem Übergang, z. B. bei hartem Stahl

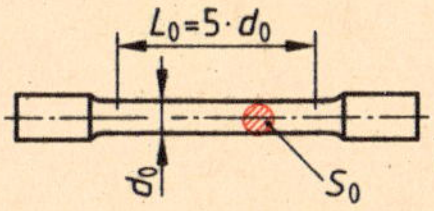

Kurzer Proportionalstab Form A nach DIN 50125

Beim Zugversuch wird eine Zugprobe im allgemeinen bis zum Bruch gedehnt. Die Änderung der Zugspannung und der Dehnung werden in einem Diagramm aufgezeichnet.

Die Zugproben sind genormt (DIN 50125, 4.51). Vergleichbare Werte können nur durch Proportionalproben erhalten werden, bei denen die Anfangsmeßlänge L_0 fünf- oder zehnmal so groß wie der Anfangsdurchmesser d_0 ist.

Die Zugfestigkeit R_m und die Bruchdehnung A werden errechnet, die Streckgrenze R_e bzw. die Dehngrenze $R_{p0,2}$ aus dem Versuchsdiagramm entnommen.

$$\sigma_z = \frac{F}{S_0}$$

$$R_m = \frac{F_m}{S_0}$$

$$\varepsilon = \frac{L - L_0}{L_0} \cdot 100\%$$

$$A = \frac{L_u - L_0}{L_0} \cdot 100\%$$

$$Z = \frac{S_0 - S_u}{S_0} \cdot 100\%$$

$$E = \frac{\sigma_z}{\varepsilon} \cdot 100\%$$

F	Zugkraft
F_m	Höchstzugkraft
L	Meßlänge
L_0	Anfangsmeßlänge
L_u	Meßlänge nach Bruch
d_0	Anfangsdurchmesser
S_0	Anfangsquerschnitt der Probe
S_u	kleinster Probenquerschnitt nach Bruch
ε	Dehnung
A	Bruchdehnung
A_5	Bruchdehnung bei Proportionalprobe mit $L_0 = 5 \cdot d_0$
Z	Brucheinschnürung
σ_z	Zugspannung
R_m	Zugfestigkeit
R_e	Streckgrenze
$R_{p0,2}$	Dehngrenze bei 0,2% Dehnung
E	Elastizitätsmodul

Beispiel:

Proportionalstab, $L_0 = 125$ mm; $d_0 = 25$ mm; $F_m = 340$ kN; $L_u = 143$ mm; $R_m = ?$; $A = ?$

$$S_0 = \frac{\pi \cdot d^2}{4} = \frac{\pi \cdot (25\ \text{mm})^2}{4} = 490{,}9\ \text{mm}^2$$

$$\mathbf{R_m} = \frac{F_m}{S_0} = \frac{340\,000\ \text{N}}{490{,}9\ \text{mm}^2} = \mathbf{692{,}6\ \frac{N}{mm^2}}$$

$$\mathbf{A} = \frac{L_u - L_0}{L_0} \cdot 100\%$$

$$= \frac{143\ \text{mm} - 125\ \text{mm}}{125\ \text{mm}} \cdot 100\% = \mathbf{14{,}4\%}$$

Zeitstandversuch unter Zugbeanspruchung

DIN 50118 (1.82)

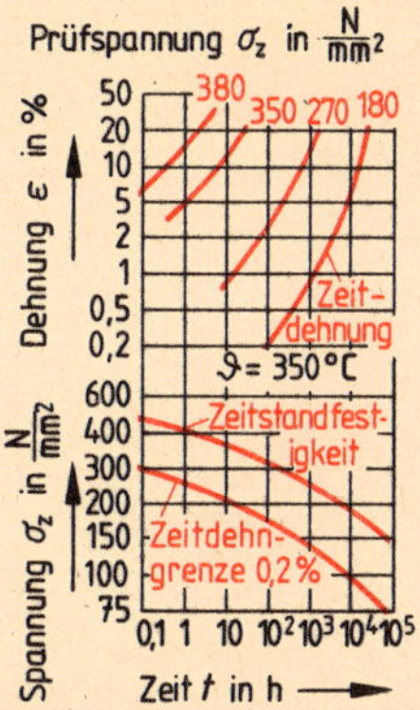

Der Zeitstandversuch dient zur Ermittlung des mechanischen Verhaltens metallischer Werkstoffe bei konstanter Zugkraft F und konstanter Temperatur ϑ.

Probenform, Formelzeichen und Berechnungsformel entsprechen dem Zugversuch. Bei der Angabe der Zeitstandfestigkeit und der Zeitdehngrenze werden den Formelzeichen R_m und $R_{p0,2}$ die Beanspruchungsdauer t und die Prüftemperatur ϑ in °C als Index angehängt.

Die Versuchsergebnisse werden in Diagrammen dargestellt.

$$R_{mt/\vartheta} = \frac{F_{t/\vartheta}}{S_0}$$

Bezeichnung der Zeitstandfestigkeit eines Stahles, der bei einer Prüfspannung von $\sigma_z = 150$ N/mm² und einer Prüftemperatur $\vartheta = 350$ °C nach einer Beanspruchungsdauer $t = 100\,000$ h gebrochen ist:

$\mathbf{R_{m\,100000/350} = 150\ N/mm^2}$

Druckversuch

DIN 50 106 (12.78)

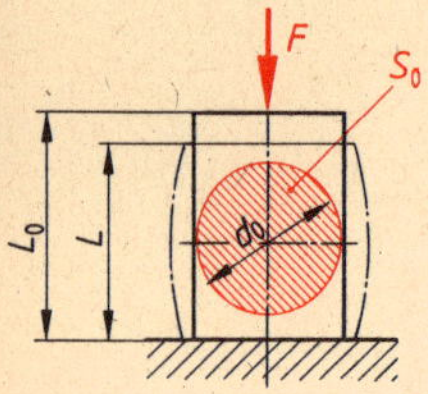

Beim Druckversuch wird eine zylindrische Probe bis zum Bruch, bis zum Anriß oder bis zu einer vereinbarten Stauchung (meist 50%) zusammengedrückt.

Die Druckfestigkeit σ_{dB} und die Bruchstauchung ε_{dB} werden berechnet, die Stauchgrenze $\sigma_{d0,2}$ und die Quetschgrenze σ_{dF} werden wie beim Zugversuch aus dem Versuchsdiagramm entnommen.

F_m Druckkraft beim Anriß oder Bruch
σ_{dB} Druckfestigkeit
ε_{dB} Bruchstauchung
L_0 Anfangsmeßlänge
L Meßlänge nach dem Versuch
S_0 Anfangsquerschnitt

$$\sigma_{dB} = \frac{F_m}{S_0}$$

$$\varepsilon_{dB} = \frac{L_0 - L}{L_0} \cdot 100\%$$

Für St und GG:
$d_0 = 10 \ldots 30$ mm
$L_0 = 1{,}5 \cdot d_0$

Für Lagermetall:
$d_0 = L_0 = 20$ mm

Beispiel:
$S_0 = 201\ \text{mm}^2$; $F_B = 93{,}5$ kN; $L_0 = 24$ mm;
$L = 17{,}6$ mm; $\sigma_{dB} = ?$; $\varepsilon_{dB} = ?$

$$\sigma_{dB} = \frac{F_m}{S_0} = \frac{93\,500\ \text{N}}{201\ \text{mm}^2} = \mathbf{465}\ \frac{\mathbf{N}}{\mathbf{mm^2}}$$

$$\varepsilon_{dB} = \frac{L_0 - L}{L_0} \cdot 100\% = \frac{24\ \text{mm} - 17{,}6\ \text{mm}}{24\ \text{mm}} \cdot 100\% = \mathbf{26{,}67\%}$$

Scherversuch

DIN 50 141 (1.82)

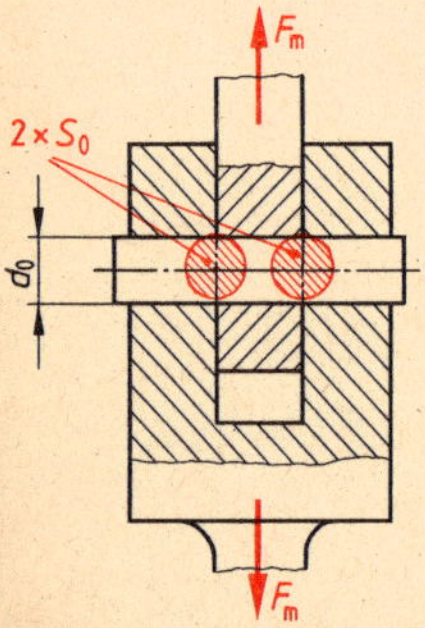

Beim Scherversuch werden zylindrische Proben mit einem Durchmesser von 2 bis 25 mm in einer genormten Vorrichtung abgeschert. Die Trennung erfolgt an zwei Querschnitten der Probe.

Die Höchstscherkraft F_m wird gemessen, die Scherfestigkeit τ_{aB} berechnet.

τ_{aB} Scherfestigkeit
F_m Höchstscherkraft
d_0 Probendurchmesser
S_0 Anfangsquerschnitt

$$\tau_{aB} = \frac{F_m}{2 \cdot S_0}$$

Beispiel: $F_m = 19{,}9$ kN; $d_0 = 6$ mm; $\tau_{aB} = ?$

$$\tau_{aB} = \frac{F_m}{2 \cdot S_0} = \frac{2 \cdot F_m}{\pi \cdot d_0^2} = \frac{2 \cdot 19\,900\ \text{N}}{\pi \cdot (6\ \text{mm})^2} = \mathbf{352}\ \frac{\mathbf{N}}{\mathbf{mm^2}}$$

Biegeversuch

DIN 50 110 (2.62)

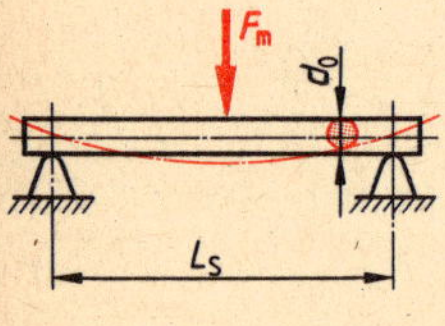

Beim Biegeversuch werden genormte Rundproben aus Gußeisen zwischen zwei Auflagern bis zum Bruch durchgebogen.

Die Höchstbiegekraft F_m wird gemessen, die Biegefestigkeit σ_{dB} wird berechnet.

$$\sigma_{bB} = \frac{M_b}{W_b}$$

σ_{bB} Biegefestigkeit
M_b Biegemoment
W_b axiales Widerstandsmoment
F_m Höchstbiegekraft
d_0 Probendurchmesser
L_S Stützweite

$$M_b = \frac{F_m \cdot L_S}{4}$$

$$W_b = \frac{\pi \cdot d_0^3}{32}$$

$$\sigma_{bB} = \frac{8 \cdot F_m \cdot L_S}{\pi \cdot d_0^3}$$

$L_S = 20 \cdot d_0$

Beispiel:
$F_m = 3{,}5$ kN; $d_0 = 20$ mm; $L_S = 20 \cdot d_0$;
$\sigma_{bB} = ?$

$$\sigma_{bB} = \frac{8 \cdot F_m \cdot L_S}{\pi \cdot d_0^3} = \frac{8 \cdot 3500\ \text{N} \cdot 400\ \text{mm}}{\pi \cdot (20\ \text{mm})^3} = \mathbf{446}\ \frac{\mathbf{N}}{\mathbf{mm^2}}$$

Werkstoffprüfung

Härteprüfung

Prüfverfahren	Härteprüfung nach Brinell DIN 50351 (1.73, E 1.84)	Härteprüfung nach Rockwell[1)] DIN 50103 T1 (3.84)				Härteprüfung nach Vickers DIN 50133 (12.72)
Durchführung	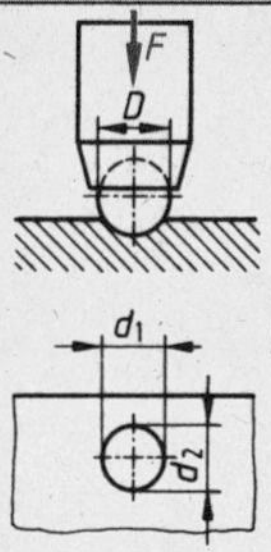	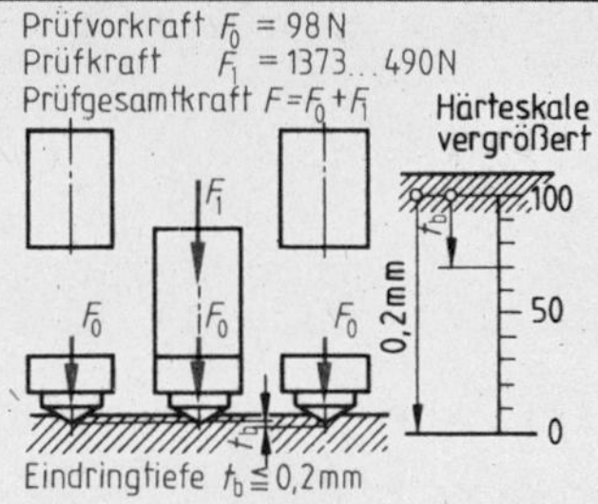				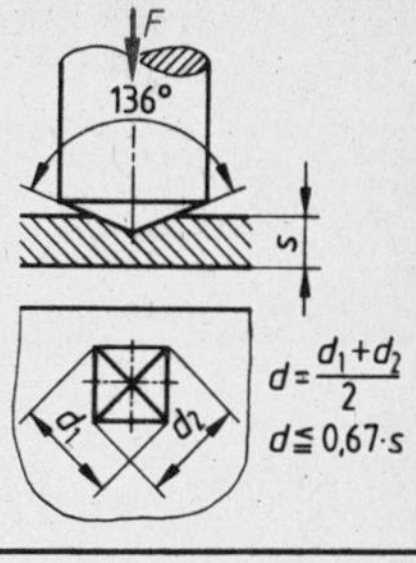
Kurzzeichen	**HBS oder HBW**	**HRC**	**HRA**	**HRB**	**HRF**	**HV**
Prüfkörper	Kugel aus Stahl (HBS) bei Härte über 300 HB aus Hartmetall (HBW), Durchmesser nach Tabelle unten	Diamantkegel Kegelwinkel 120°		gehärtete Stahlkugel ∅ 1/16 inch		Diamantpyramide mit quadratischer Grundfläche Flächenwinkel 136°
Prüfkraft	nach Tabelle unten	1373 N	490 N	883 N	490 N	980...49 N 49...1,96 N (Kleinlast)
Einwirkdauer	10...15 s; 30 s oder nach Vereinbarung	bis 2 s; 5...8 s oder nach Vereinbarung				10...15 s; 30 s oder nach Vereinbarung
Meßwert	Eindruckdurchmesser	bleibende Eindrucktiefe unter Einwirkung der Prüfvorkraft von 98 N				Diagonale des Eindrucks
Eignung	Alle Metalle bis zu einer Härte 450 HB, z. B. weicher Stahl, NE-Metalle	harte Werkstoffe, z. B. gehärteter Stahl		weiche Werkstoffe, z. B. weicher Stahl, NE-Metalle		Alle Metalle von sehr kleiner bis sehr großer Härte
Berechnung des Prüfergebnisses	F Prüfkraft in N D Kugeldurchmesser d Eindruckdurchmesser A Eindruckoberfläche	t_b bleibende Eindrucktiefe		t_b bleibende Eindrucktiefe		F Prüfkraft d Eindruckdiagonale
	$\left.\begin{matrix}HBS\\HBW\end{matrix}\right\} = \frac{0{,}102 \cdot F}{A}$ $A = \frac{\pi \cdot D}{2} \cdot (D - \sqrt{(D^2 - d^2)})$	$\left.\begin{matrix}HRC\\HRA\end{matrix}\right\} = 100 - \frac{t_b}{0{,}002\ mm}$		$\left.\begin{matrix}HRB\\HRF\end{matrix}\right\} = 130 - \frac{t_b}{0{,}002\ mm}$		$HV = 0{,}189 \cdot \frac{F}{d^2}$
Angaben im Kurzzeichen	**Beispiel: 120 HBS 5/250/30** Brinellhärte 120 Stahlkugel ∅ 5 mm Prüfkraft 250 · 9,81 N Einwirkdauer 30 s Ist der Kugeldurchmesser 10 mm, die Prüfkraft 29420 N und die Einwirkdauer 10...15 s, so entfallen diese Angaben **Beispiel: 350 HBW**	**Beispiel:** **45 HRC** bedeutet Rockwellhärte 45, Verfahren Rockwell C **80 HRB** bedeutet Rockwellhärte 80, Verfahren Rockwell B 1) Verwendet werden nach DIN 50103 T2 auch die Härteprüfverfahren Rockwell N mit Diamantkegel und Rockwell T mit Stahlkugel als Prüfkörper.				**Beispiel: 180 HV 0,2/30** Vickershärte 180 Prüfkraft 0,2 · 9,81 N Einwirkdauer 30 s Ist die Einwirkdauer 10...15 s, so wird sie nicht angegeben. **Beispiel: 640 HV 30** Vickershärte 640 Prüfkraft 30 · 9,81 N Einwirkdauer 10...15 s

Kugeldurchmesser, Probendicke und Probenwerkstoff für Härteprüfungen nach Brinell

Probenwerkstoff	Prüfbereich HBS HBW	Belastungsgrad	Kugel-∅ 1 mm	Kugel-∅ 2,5 mm	Kugel-∅ 5 mm	Kugel-∅ 10 mm
			Prüfkraft *F* in N bei Probendicke			
			0,6...1,5 mm	1,5...3 mm	3...6 mm	über 6 mm
Stahl, Gußeisen, Stahlguß	67...450	30	294	1840	7355	29420
Al-Legierung, CuZn, CuSn	22...315	10	98	613	2450	9800
Reinaluminium, Zink	11...158	5	49	306,5	1225	4900
Lagermetalle	6...78	2,5	24,5	153,2	613	2450
Blei, Zinn, Weichmetalle	3...39	1,25	12,25	76,6	306,5	1225

Werkstoffprüfung

Umwertungstabelle für Härtewerte und Zugfestigkeit

DIN 50150 (12.76)

Zugfestigkeit R_m N/mm²	Vickershärte HV (F ≧ 98 N)	Brinellhärte[1) HB	HRC	Rockwellhärte HRA	HRB[2)]	HRF[2)]	Zugfestigkeit R_m N/mm²	Vickershärte HV (F ≧ 98 N)	Brinellhärte[1)] HB[2)]	Rockwellhärte HRC	HRA
255	80	76	—	—	—	—	1155	360	342	36,6	68,7
285	90	85,5	—	—	48	82,6	1220	380	361	38,8	69,8
320	100	95	—	—	56,2	87	1290	400	380	40,8	70,8
350	110	105	—	—	62,3	90,5	1350	420	399	42,7	71,8
385	120	114	—	—	66,7	93,6	1420	440	418	44,5	72,8
415	130	124	—	—	71,2	96,4	1485	460	437	46,1	73,6
450	140	133	—	—	75	99	1555	480	(456)	47,7	74,5
480	150	143	—	—	78,7	(101,4)	1595	490	(466)	48,4	74,9
510	160	152	—	—	81,7	(103,6)	1665	510	(485)	49,8	75,7
545	170	162	—	—	85	(105,5)	1740	530	(504)	51,1	76,4
575	180	171	—	—	87,1	(107,2)	1810	550	(523)	52,3	77
610	190	181	—	—	89,5	(108,7)	1880	570	(542)	53,6	77,8
640	200	190	—	—	91,5	(110,1)	1955	590	(561)	54,7	78,4
675	210	199	—	—	93,5	(111,3)	2030	610	(580)	55,7	78,9
705	220	209	—	—	95	(112,4)	2105	630	(599)	56,8	79,5
740	230	219	—	—	96,7	(113,4)	2180	650	(618)	57,8	80
770	240	228	20,3	60,7	98,1	(114,3)	—	670	—	58,8	80,6
800	250	238	22,2	61,6	99,5	(115,1)	—	690	—	59,7	81,1
835	260	247	24	62,4	(101)	—	—	720	—	61	81,8
865	270	257	25,6	63,1	(102)	—	—	760	—	62,5	82,6
900	280	266	27,1	63,8	(104)	—	—	800	—	64	83,4
930	290	276	28,5	64,5	(105)	—	—	840	—	65,3	84,1
965	300	285	29,8	65,2	—	—	—	880	—	66,4	84,7
1030	320	304	32,2	66,4	—	—	—	920	—	67,5	85,3
1095	340	323	34,4	67,6	—	—	—	940	—	68	85,6

1) Für Belastungsgrad 30 ($F = 9{,}81 \cdot 30 \cdot D^2$); 2) Werte in Klammern liegen außerhalb des genormten Bereiches

Vergleich verschiedener Härteskalen

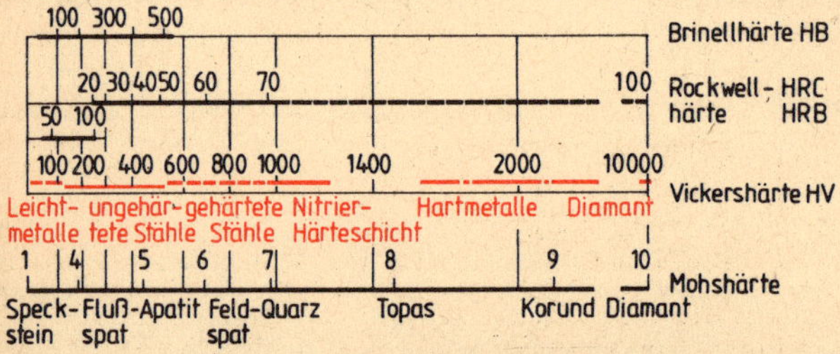

Von zwei Stoffen ist der härter, der den andern ritzt. In der Mohs-Härteskale sind die Stoffe in der Reihenfolge ihrer Ritzhärte angeordnet und durch Härtezahlen 1 bis 10 gekennzeichnet.

Für technische Zwecke wird die Härte in Brinell-, Rockwell- und Vickershärtewerten, weniger in den Werten der Härteskale nach Mohs angegeben.

Härteprüfung von Kunststoffen durch Eindruckversuch

DIN 53456 (1.73)

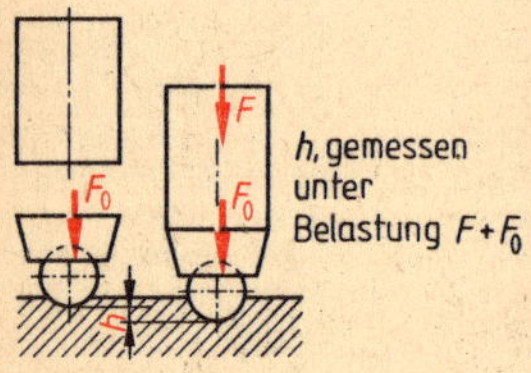

Prüfkraft F in N	Kugeldruckhärte H in N/mm² bei Eindrucktiefe *h* in mm 0,15	0,16	0,17	0,18	0,19	0,20	0,21	0,22	0,23	0,24
49	23,8	21,8	20,2	18,7	17,5	16,4	15,4	14,6	13,8	13,1
132	64	59	54	51	47	44	42	39	37	35
358	174	160	147	137	128	120	113	106	101	96
961	467	428	395	367	343	321	302	286	271	257

Prüfkraft F in N	Kugeldruckhärte H in N/mm² bei Eindrucktiefe *h* in mm 0,25	0,26	0,27	0,28	0,29	0,30	0,31	0,32	0,33	0,34
49	12,5	11,9	11,4	10,9	10,5	10,1	9,7	9,4	9,0	8,7
132	34	32	31	30	28	27	26	25	24	24
358	91	87	83	80	77	74	71	68	66	64
961	245	234	223	214	206	198	190	184	177	171

Eindringkörper: Gehärtete Stahlkugel ∅ 5 mm

Eindringtiefe *h*: 0,15...0,35 mm

Einwirkungsdauer: 30 s

Durch die an das Zeichen H angehängten Ziffern werden die Prüfkraft in N und die Einwirkungsdauer in s gekennzeichnet.

Beispiel: H 132/30 = 31 N/mm² bedeutet Kugeldruckhärte 31 N/mm², angewendete Prüfkraft 132 N, Einwirkungsdauer 30 s

Werkstoffprüfung

Kerbschlagbiegeversuch

DIN 50115 (2.75)

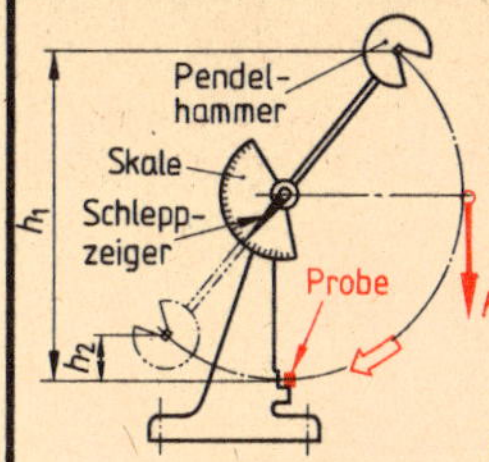

Der Kerbschlagbiegeversuch dient zur Beurteilung des Bruchverhaltens von Werkstoffen bei verschiedenen Temperaturen. Die beim Durchschlagen der Probe verbrauchte Schlagarbeit wird gemessen und in ihrer Abhängigkeit von der Prüftemperatur in einem Diagramm aufgezeichnet.

$$W_v = F \cdot (h_1 - h_2)$$

$$a_k = \frac{W_v}{S}$$

- F Auflagekraft des Pendelhammers (Gewichtskraft)
- S Prüfquerschnitt
- W_v Kerbschlagarbeit[1]
- a_k Kerbschlagzähigkeit[2]
- h_1 Pendelhöhe vor dem Versuch
- h_2 Pendelhöhe nach dem Versuch

[1] Die Kerbschlagarbeit W_v ist an der Skale der Pendelschlagwerke abzulesen.
[2] Soll in Zukunft nicht mehr verwendet werden.

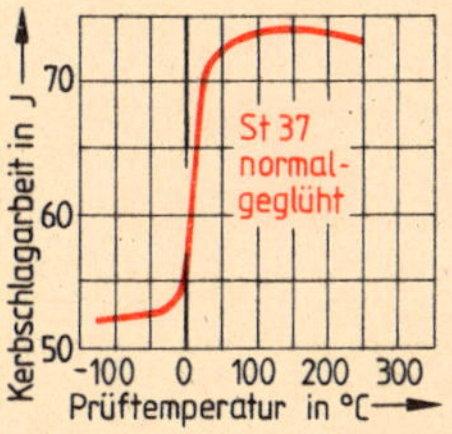

Kerbschlagarbeit-Temperatur-Diagramm

Abmessungen genormter Kerbschlagproben

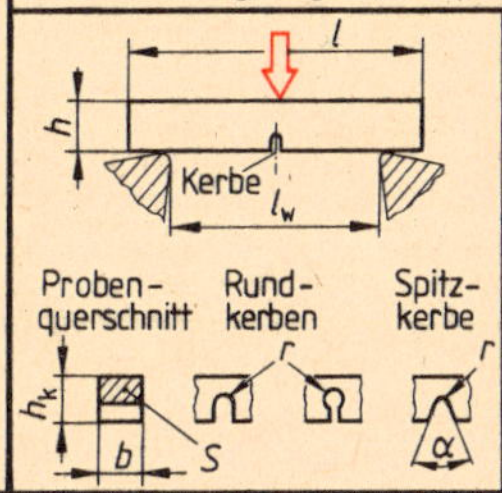

Kurzzeichen	Kerbform	l mm	b mm	h mm	h_k mm	r mm	α °	S cm²	l_w mm
ISO-V	spitz	55	10	10	8	0,25	45	0,80	40
ISO-U	rund	55	10	10	5	1,0	–	0,50	40
DVM	rund	55	10	10	7	1,0	–	0,70	40
DVMK	rund	44	6	6	4	0,75	–	0,24	30
KLST	spitz	27	3	4	3	0,1	60	0,09	22

Bezeichnung einer Kerbschlagarbeit von 90 J, gemessen an einer ISO-Spitzkerbprobe:
W_v (ISO-V) = 90 J

Dauerschwingversuch

DIN 50100 (2.78)

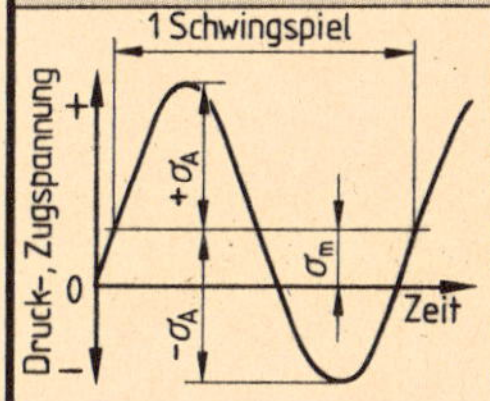

Der Dauerschwingversuch dient zur Ermittlung des Verhaltens von Werkstoffen oder Bauteilen bei dynamischer Beanspruchung. Dabei werden 6 bis 10 gleiche Proben so lange gestaffelten Schwingbelastungen ausgesetzt, bis sie brechen. Die Bruchspannungen und die zugehörigen Schwingspielzahlen werden in einem Diagramm eingetragen.

Aus der **Wöhlerlinie** lassen sich die **Dauerfestigkeit** σ_D und die **Zeitfestigkeit** $\sigma_{D\,(10^x)}$ für eine geforderte Schwingungsanzahl entnehmen.

- σ_D Dauerfestigkeit
- σ_m Mittelwert der dynamischen Beanspruchung
- σ_A Spannungsausschlag, gemessen von σ_m aus
- σ_W Wechselfestigkeit, Sonderfall von σ_D für $\sigma_m = 0$
- $\sigma_{D\,(10^x)}$ Zeitfestigkeit, Spannung, die nach 10^x Schwingungen zum Bruch führt

$$\sigma_D = \sigma_m \pm \sigma_A$$

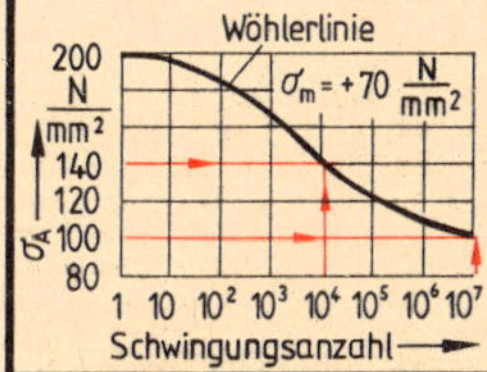

Beispiel: Aus nebenstehendem Diagramm kann entnommen werden:

$\sigma_D = +70 \pm 100\ N/mm^2$; $\sigma_{D\,(10^4)} = +70 \pm 140\ N/mm^2$

Tiefungsversuch (nach Erichsen)

DIN 50101 und 50102 (9.79)

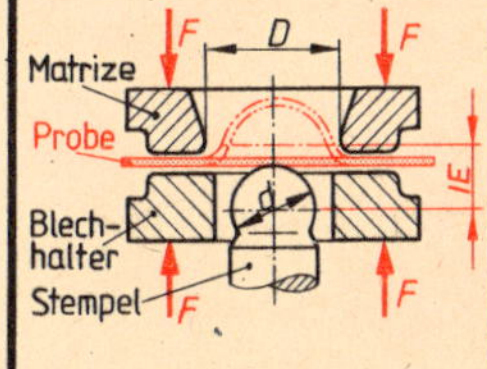

- D Bohrungsdurchmesser der Matrize
- d Kugeldurchmesser des Stempels
- F Blechhaltekraft

Der Tiefungsversuch liefert Vergleichswerte für die Tiefziehfähigkeit von Blechen und Bändern.

Durchführung: Die mit graphithaltigem Fett geschmierte Probe wird zwischen Blechhalter und Matrize gespannt. Die Kugel des Stempels wird gegen die Probe gedrückt bis ein durchgehender Riß auftritt.

Die im Augenblick des Einreißens ermittelte Eindringtiefe des Stempels ist die **Erichsentiefung IE.**

Mindesttiefziehwerte von Blechen und Bändern Seite 117

Kurzzeichen	Normblatt Nr. DIN	Prüfgerät D mm	Prüfgerät d mm	Prüfgerät F kN	Probenform Länge mm	Probenform Breite mm	Probenform Dicke mm
IE	50101 T1	27	20	10	90…270	90…100	0,2…2
IE_{40}	50101 T2	40	20	10	90…400	90…100	2 …3
IE_{21} IE_{11}	50102	21 11	15 8	10 10	55…270	55… 90 30… 55	0,2…2 0,2…1

Bezeichnung einer Erichsen-Tiefung nach DIN 50101 T1 von 12 mm: **IE = 12 mm**
Bezeichnung einer Erichsen-Tiefung nach DIN 50101 T2 von 16 mm: **IE_{40} = 16 mm**

Korrosion und Korrosionsschutz

Arten und Formen der Korrosion

Flächenkorrosion	Lochfraßkorrosion	Kontaktkorrosion	Interkristalline Korrosion	Transkristalline Korrosion
		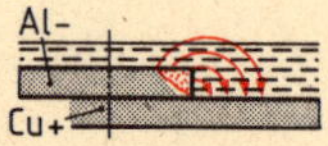	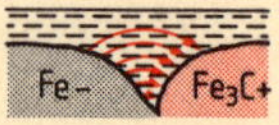	
Gleichmäßiger Abtrag auf der ganzen Oberfläche, hervorgerufen durch Einwirkung von Luft, Wasser oder Chemikalien	Bildung kraterförmiger oder die Oberfläche unterhöhlender Vertiefungen, meist durch elektrochemische Einwirkung	Korrosion durch Elementbildung bei Berührung von Werkstoffen unterschiedlichen Potentials. Der Werkstoff mit niedrigerem Potential wird zerstört	Korrosion entlang den Korngrenzen eines Gefüges, wobei ein Gefügebestandteil zerstört wird	Korrosion, die parallel zur Umformungsrichtung durch das Innere der Körner eines Gefüges verläuft

Beständigkeit der Metalle gegen agressive Stoffe

Agressive Stoffe[1]	Metalle: Ag	Al	Au	Cd	Co	Cr	Cu	Fe	Mg	Mo	Ni	Pb	Sn	Ta	Ti	W
Salzsäure	●	○	●	◐	○	○	◔	○	○	●	◔	◔	◐	●	◐	●
Schwefelsäure	◐	○	●	◔	◔	○	◔	○	○	●	◐	●	◐	●	◐	●
Salpetersäure	○	◐	●	○	○	●	○	◔	○	◔	◔	○	◐	●	●	◔
Natronlauge	●	○	●	◔	●	◔	●	●	●	●	◔	◔	◔	◔	◐	●
Luft, feucht	●	●	●	◐	◐	●	◐	○	◔	●	●	●	●	●	●	●
Luft, 400 °C	●	◐	●	◐	○	◐	◔	◔	○	○	◐	◐	◐	○	●	●

Bedeutung der Zeichen:
- ● beständig, Angriff sehr gering
- ◐ bedingt beständig, Angriff abhängig von Konzentration, Temperatur und Zusammensetzung des agressiven Stoffes
- ◔ wenig beständig
- ○ unbeständig, rasche Zersetzung

Beständigkeit nichtrostender Stähle gegen agressive Stoffe

Agressive Stoffe[1]	Konzentration	Temperatur °C	Beständigkeit[2] der nichtrostenden Stähle Gruppe[3] 1	2	3	4	5
Ammoniumchlorid[4]	25%	100	◐	◐	◔	◐	◐
Atmosphäre	–	–	◐	◐	●	●	●
Chlorkalk[4], feucht	–	20	○	○	◔	◐	◐
Chlorwasser[4]	–	20	○	○	○	◐	◐
Essigsäure	10%	100	◔	◐	●	●	●
Flußsäure	40%	20	○	○	○	○	○
Kalziumhydroxid	–	20	●	●	●	●	●
Milchsäure	1,5%	20	◐	●	●	●	●
Natriumchlorid[4] (Kochsalz)	35%	20	◐	●	●	●	●
	35%	100	◔	●	●	◐	●
Natronlauge	25%	100	◔	◔	◔	◐	◐
Natriumperchlorat	10%	100	◔	◔	◐	●	●
Phosphorsäure	konz.	20	◔	◔	◐	◐	●
Salpetersäure	25%	20	●	●	●	●	●
	25%	100	◔	◐	◐	●	●
	konz.	20	◔	◐	◐	◐	◔
Salzsäure[4]	0,5%	20	○	◔	◔	◐	◐
	0,5%	100	○	○	○	○	○
Schwefelsäure	1%	20	○	○	◔	◐	●
	1%	100	○	○	○	◐	◐
	konz.	20	–	●	●	●	●
Wasser, Leitungs-	–	20	●	●	●	●	●
-, Dampf	–	400	●	●	●	●	●
-, Dampf mit CO_2	–	–	◔	◔	–	●	●
-, Dampf mit SO_2	–	–	◔	–	–	◐	●
-, Abwässer, sauer	–	40	◔	◔	◔	●	●
-, Meerwasser[4]	–	20	–	●	●	●	●

1) Reine Stoffe; bei Anwesenheit von Beimengungen kann sich das Verhalten ändern. Vor Verwendung eines Stahles sind daher Versuche unter Praxisbedingungen unbedingt zu empfehlen.

2) **Bedeutung der Zeichen:**
- ● beständig, Abtrag weniger als 0,1 mm/Jahr
- ◐ geringer Angriff, beschränkt verwendbar, Abtrag 0,1 mm bis 1 mm/Jahr
- ◔ kaum beständig, praktisch nicht verwendbar, Abtrag 1 mm bis 11 mm/Jahr
- ○ unbeständig, Abtrag mehr als 11 mm/Jahr

3) Nichtrostende Stähle werden entsprechend ihrer Beständigkeit in Gruppen eingeteilt:

Gruppe 1	Gruppe 2	Gruppe 3	Gruppe 4	Gruppe 5
X 7 Cr 13	X 8 Cr 17	X 6 CrMo 17	X 5 CrNi 18 9	X 2 CrNiMoN 18 12
X 12 CrS 13	X 22 CrNi 17	X 4 CrNiCuNb 17 4	X 2 CrNi 18 9	X 2 CrNiMoN 18 13
X 40 Cr 13	X 90 CrMoV 18	X 7 CrNiAl 17 7	X 12 CrNi 17 7	X 8 CrNiMo 27 5
X 45 CrMoV 15	X 35 CrMo 17		X 10 CrNiTi 18 9	X 10 CrNiMoTi 18 10
X 105 CrMo 17	X 12 CrNiS 18 8		X 10 CrNiNb 18 9	X 10 CrNiMoNb 18 10

4) Gefahr der Lochfraßkorrosion, unabhängig von der sonstigen Beständigkeit

Korrosion und Korrosionsschutz

Elektrochemische Spannungsreihe der Metalle

Als **Normalpotential** bezeichnet man die Spannung zwischen einem Elektrodenwerkstoff und einer mit Wasserstoff umspülten Platinelektrode. Durch **Passivierung** kann sich die Stellung eines Werkstoffes in der Spannungsreihe verändern.

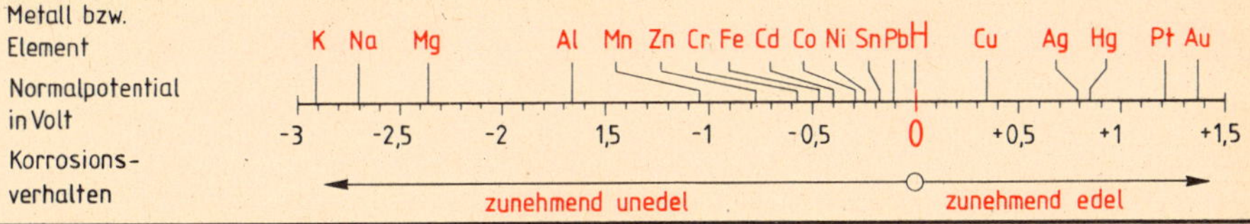

Elektrischer Korrosionsschutz

Hierbei wird die elektrochemische Korrosion nicht verhindert, sondern auf ungefährliche Stellen (Opferanoden) verlagert. Der zu schützende Gegenstand und die Opferanode müssen sich in einem gemeinsamen Elektrolyten (Erde, Wasser) befinden. Anwendung zum Schutz von Tankanlagen, Wasserbauten, Schiffen.

Das notwendige Schutzpotential kann durch ein galvanisches Element mit einem unedleren Metall oder durch eine Fremdspannung erzeugt werden.

Anodenwerkstoffe für katodischen Korrosionsschutz von Stahl

Anodenmetall	Normalpotential V	Ruhepotential in Meerwasser V	Ausbeute Ah/kg
Zink	−0,76	−0,8...−0,85	800
Aluminiumlegierungen[1)]	−1,66	−0,8...−1,18	2 500
Magnesiumlegierungen	−2,57	−1,35...−1,4	1 100

1) Es sind Sonderlegierungen mit Sn, In, Hg erforderlich, um die Passivierung der Elektrode zu verringern.

Katodischer Korrosionsschutz

durch Opferanode aus unedlerem Metall

durch Fremdspannung Gleichspannungsquelle 0,6 bis 1 V

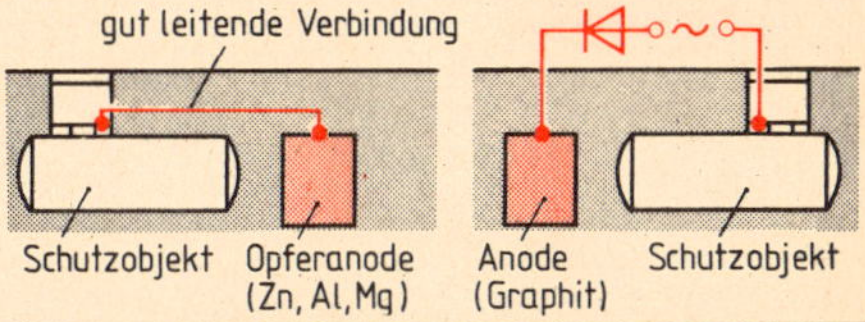

Passiver Korrosionsschutz

Aufbringen von Schutzüberzügen nach vorheriger Oberflächenbehandlung durch Reinigen, Entrosten, Entzundern, Beizen, Sandstrahlen, Entfetten.

Metallische Überzüge, z.B. mit Zn, Cd, Ni, Cr, können, abhängig von Grund- und Überzugsmetall, durch Schmelztauchen, Galvanisieren, Plattieren, Aufspritzen, Diffundieren und Aufdampfen hergestellt werden.

Nichtmetallische Überzüge sind chemisch erzeugte Schutzschichten (Phosphatieren, Anodisieren) oder Überzüge mit Farben, Kunststoffen sowie Glasschmelzen. Sie werden durch Tauchen, Spritzen, Walzen, mit dem Pinsel oder durch Aufsintern hergestellt.

Richtlinien für die Vorbehandlung bei passivem Oberflächenschutz

Grundmetall	Überzug	Behandlungsfolge
Stahl	Lack, Farbe Nickel, Chrom Zink, Kadmium	11-20-1-30-1-3-5-33 10-1-12-1-20-1-31-1 10-1-12-1-20-1-4-1
Kupfer	farbloser Lack	11-21-1-2-5
CuZn, CuSn	farbloser Lack Nickel, Chrom	11-24-1-2-5 10-1-13-1-21-1-31-1

Grundmetall	Überzug	Behandlungsfolge
Reinaluminium	Anodisieren	10-1-22-1-26-1-5
Al-Legierungen, siliciumhaltig	Anodisieren Galvanisieren	11-13-1-25-1-5 10-1-12-1-25-1-32-1
Al-Legierungen, magnesiumhaltig	Anodisieren Galvanisieren	11-12-1-22-1-26-1-5 10-1-12-1-23-1-32-1
Zink	Galvanisieren	10-1-12-1-25-1-31-1

Erläuterung der Kennziffern für Behandlungsfolgen

1 Spülen in Kaltwasser
2 Spülen in Heißwasser
3 Spülen in 0,2 bis 1%iger Sodalösung (Passivieren)
4 Spülen in 10%iger Cyanidlösung
5 Trocknen in Warmluft

10 Kochentfetten in alkalischen Entfettungsbädern
11 Entfetten durch organische Lösungsmittel (Tri, Per), durch Abwaschen, Tauchen, Dampfbad
12 katodische Entfettung in alkalischer Lösung
13 anodische Entfettung in alkalischer Lösung

20 Beizen in 10%iger Salzsäure, 20 °C, evtl. mit Zusatz von Phosphorsäure und Reaktionshemmern
21 Beizen in 5 bis 25%iger Schwefelsäure, 40 bis 80 °C
22 Beizen in 10%iger Natronlage, 80 bis 90 °C
23 Beizen in 3%iger Salpetersäure, 80 °C
24 Gelbbrennen in Gemisch von konz. Salpetersäure mit konz. Schwefelsäure, 1 : 1
25 Beizen in verdünnter Flußsäure (3 bis 10%)
26 Beizen in 30%iger Salpetersäure

30 Phosphatieren, Chromatieren
31 Vorverkupfern als Zwischenschicht
32 Zinkatbeize (Ausfällen von Zink)
33 Grundieren mit Rostschutzfarbe

Gewinde

Übersicht über die Gewindearten

DIN 202 (12.81)

Rechtsgewinde, eingängig

Gewindebenennung	Gewindeprofil	Abkürzung	Bezeichnungsbeispiel	Nenndurchmesserbereich	Normblatt	Anwendung
Metrisches ISO-Gewinde			M 0,8	0,3 bis 0,9 mm	DIN 14 T2	Uhren, Feinwerktechnik
			M 30	1 bis 68 mm	DIN 13 T1	allgemein (Regelgewinde)
			M 20 x 1	1 bis 1000 mm	DIN 13 T1...11	allgemein
Metr. Gewinde mit großem Spiel		M	DIN 2510-M 36	12 bis 180 mm	DIN 2510 T2	Schrauben mit Dehnschaft
Metrisches zylindrisches Innengewinde			DIN 158-M 30 x 2	6 bis 60 mm	DIN 158	Innengewinde für Verschlußschrauben und Schmiernippel
Metrisches kegeliges Außengewinde	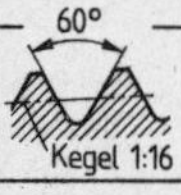		DIN 158-M 30 x 2 keg	6 bis 60 mm	DIN 158	Verschlußschrauben und Schmiernippel
Whitworth-Rohrgewinde, zylindrisch			R 3/4	1/8 bis 6 inch	DIN 259 T1	Rohre, Rohrverbindungen
Whitworth-Rohrgewinde, zylindrisches Innengewinde			DIN 2999-Rp-1/2	1/16 bis 6 inch	DIN 2999	Gewinderohre, Fittings
		R	DIN 3858-R 1/8	1/8 bis 1 1/2 inch	DIN 3858	Rohrverschraubungen
Whitworth-Rohrgewinde, kegeliges Außengewinde			DIN 2999-R 1/2	1/16 bis 6 inch	DIN 2999 T1	Gewinderohre, Fittings
			DIN 3858-R 1/8-1	1/8 bis 1 1/2 inch	DIN 3858	Rohrverschraubungen
Metrisches ISO-Trapezgewinde		Tr	Tr 40 x 7	8 bis 300 mm	DIN 103 T2	allgemein als Bewegungsgewinde
Sägengewinde		S	S 48 x 8	10 bis 640 mm	DIN 513 T2	allgemein als Bewegungsgewinde
Rundgewinde	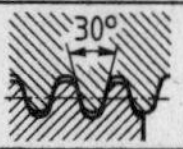	Rd	Rd 40 x 1/6	8 bis 200 mm	DIN 405	allgemein
			Rd 40 x 5	10 bis 300 mm	DIN 20400	Rundgewinde mit großer Tragtiefe
			DIN 7273-Rd 70	20 bis 100 mm	DIN 7273 T1	Teile aus Blech
Elektrogewinde		E	DIN 40400-E 27	E 14, E 16, E 18, E 27, E 33	DIN 40400	Elektrische Glühlampenfassungen und D-Sicherungen
Stahlpanzerrohrgewinde		Pg	DIN 40430-Pg 21	Pg 7 bis Pg 48	DIN 40430	Elektrotechnik

Linksgewinde und mehrgängige Gewinde

Gewindeart	Erläuterung	Kurzbezeichnung
Linksgewinde	Das Kurzzeichen „LH" ist hinter die vollständige Gewindebezeichnung zu setzen (LH = Left-Hand).	M 30-LH Tr 40 x 7-LH
Mehrgängiges Rechtsgewinde	Hinter dem Kurzzeichen und dem Gewindedurchmesser folgt die Steigung P_h und die Teilung P.	Tr 40 x 14 P7
Mehrgängiges Linksgewinde	Hinter die Gewindebezeichnung des mehrgängigen Gewindes wird „LH" gesetzt.	Tr 40 x 14 P7-LH

Bei Teilen, welche Rechts- und Linksgewinde gemeinsam haben, ist hinter die Gewindebezeichnung des Rechtsgewindes das Kurzzeichen „RH" (RH = Right-Hand) und hinter das Linksgewinde „LH" zu setzen. Die Gangzahl eines Gewindes errechnet sich aus Steigung P_h geteilt durch Teilung P (Gangzahl = $P_h : P$).

Metrisches ISO-Gewinde, Abmessungen

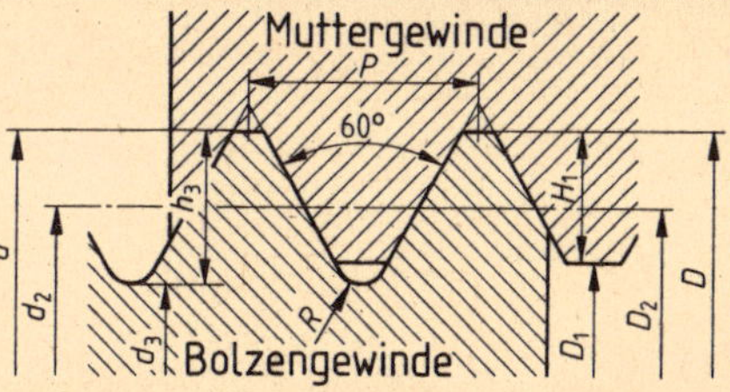

Nenndurchmesser	d	$= D$
Steigung	P	
Gewindetiefe des Bolzengewindes	h_3	$= 0{,}6134 \cdot P$
Gewindetiefe des Muttergewindes	H_1	$= 0{,}5413 \cdot P$
Rundung	R	$= 0{,}1443 \cdot P$
Flanken-Ø	d_2	$= D_2 = d - 0{,}6495 \cdot P$
Kern-Ø des Bolzengewindes	d_3	$= d - 1{,}2269 \cdot P$
Kern-Ø des Muttergewindes	D_1	$= d - 1{,}0825 \cdot P$
Kernlochbohrer-Ø		$= d - P$
Flankenwinkel		60°

Regelgewinde

Maße in mm — DIN 13 T 1 (3.73)

Gewindebezeichnung $d = D$	Steigung P	Flanken-Ø $d_2 = D_2$	Kern-Ø Bolzen d_3	Kern-Ø Mutter D_1	Gewindetiefe Bolzen h_3	Gewindetiefe Mutter H_1	Rundung R	Spannungsquerschnitt A_s[1] mm²	Kernlochbohrer Ø	Durchgangsloch-Ø für Schrauben DIN ISO 273 fein	Durchgangsloch-Ø mittel	Sechskantschlüsselweite	Mutternhöhe ≈ $0{,}8 \cdot d$
M 1	0,25	0,838	0,693	0,729	0,153	0,135	0,036	0,46	0,75	1,1	1,2	–	0,8
M 1,2	0,25	1,038	0,893	0,929	0,153	0,135	0,036	0,73	0,95	1,3	1,4	–	1
M 1,6	0,35	1,373	1,171	1,221	0,215	0,189	0,051	1,27	1,3	1,7	1,8	3,2	1,3
M 2	0,4	1,740	1,509	1,567	0,245	0,217	0,058	2,07	1,6	2,2	2,4	4	1,6
M 2,5	0,45	2,208	1,948	2,013	0,276	0,244	0,065	3,39	2,1	2,7	2,9	5	2
M 3	0,5	2,675	2,387	2,459	0,307	0,271	0,072	5,03	2,5	3,2	3,4	5,5	2,4
M 4	0,7	3,545	3,141	3,242	0,429	0,379	0,101	8,78	3,3	4,3	4,5	7	3,2
M 5	0,8	4,480	4,019	4,134	0,491	0,433	0,115	14,2	4,2	5,3	5,5	8	4
M 6	1	5,350	4,773	4,917	0,613	0,541	0,144	20,1	5,0	6,4	6,6	10	5
M 8	1,25	7,188	6,466	6,647	0,767	0,677	0,180	36,6	6,8	8,4	9	13	6,5
M 10	1,5	9,026	8,160	8,376	0,920	0,812	0,217	58,0	8,5	10,5	11	16	8
M 12	1,75	10,863	9,853	10,106	1,074	0,947	0,253	84,3	10,2	13	13,5	18	9,5
M 16	2	14,701	13,546	13,835	1,227	1,083	0,289	157	14	17	17,5	24	13
M 20	2,5	18,376	16,933	17,294	1,534	1,353	0,361	245	17,5	21	22	30	16
M 24	3	22,051	20,319	20,752	1,840	1,624	0,433	353	21	25	26	36	18
M 30	3,5	27,727	25,706	26,211	2,147	1,894	0,505	561	26,5	31	33	46	22
M 36	4	33,402	31,093	31,670	2,454	2,165	0,577	817	32	37	39	55	28
M 42	4,5	39,077	36,479	37,129	2,760	2,436	0,650	1121	37,5	43	45	65	32
M 48	5	44,752	41,866	42,587	3,067	2,706	0,722	1473	43	50	52	75	38
M 56	5,5	52,428	49,252	50,046	3,374	2,977	0,794	2030	50,5	58	62	85	44
M 64	6	60,103	56,639	57,505	3,681	3,248	0,866	2676	58	66	70	95	50

Feingewinde

Maße in mm — DIN 13, T 2 bis T 10 (3.70 bis 9.70)

Gewindebezeichnung $d \times P$	Flanken-Ø $d_2 = D_2$	Kern-Ø Bolzen d_3	Kern-Ø Mutter D_1	Gewindebezeichnung $d \times P$	Flanken-Ø $d_2 = D_2$	Kern-Ø Bolzen d_3	Kern-Ø Mutter D_1	Gewindebezeichnung $d \times P$	Flanken-Ø $d_2 = D_2$	Kern-Ø Bolzen d_3	Kern-Ø Mutter D_1
M 2 x 0,2	1,870	1,755	1,783	M 10 x 1	9,350	8,773	8,917	M 30 x 1,5	29,026	28,160	28,376
M 2,5 x 0,25	2,338	2,193	2,229	M 12 x 1	11,350	10,773	10,917	M 30 x 2	28,701	27,546	27,835
M 3 x 0,35	2,773	2,571	2,621	M 12 x 1,25	11,188	10,466	10,647	M 36 x 1,5	35,026	34,160	34,376
M 4 x 0,5	3,675	3,387	3,459	M 16 x 1	15,350	14,773	14,917	M 36 x 2	34,701	33,546	33,835
M 5 x 0,5	4,675	4,387	4,459	M 16 x 1,5	15,026	14,160	14,376	M 42 x 1,5	41,026	40,160	40,376
M 6 x 0,75	5,513	5,080	5,188	M 20 x 1	19,350	18,773	18,917	M 42 x 2	40,701	39,546	39,835
M 8 x 0,75	7,513	7,080	7,188	M 20 x 1,5	19,026	18,160	18,376	M 48 x 1,5	47,026	46,160	46,376
M 8 x 1	7,350	6,773	6,917	M 24 x 1,5	23,026	22,160	22,376	M 48 x 2	46,701	45,546	45,835
M 10 x 0,75	9,513	9,080	9,188	M 24 x 2	22,701	21,546	21,835	M 56 x 1,5	55,026	54,160	54,376

Für Gewinde, die nicht in den Tabellen enthalten sind, berechnet man die Maße nach obigen Formeln.

Beispiel: Wie groß sind der Flanken-Ø d_2, der Bolzenkern-Ø d_3 und der Mutterkern-Ø D_1 für M 60 x 3?

$\mathbf{d_2} = d - 0{,}6495 \cdot P = 60\ \text{mm} - 0{,}6495 \cdot 3\ \text{mm} = \mathbf{58{,}051\ mm}$

$\mathbf{d_3} = d - 1{,}2269 \cdot P = 60\ \text{mm} - 1{,}2269 \cdot 3\ \text{mm} = \mathbf{56{,}319\ mm}$

$\mathbf{D_1} = d - 1{,}0825 \cdot P = 60\ \text{mm} - 1{,}0825 \cdot 3\ \text{mm} = \mathbf{56{,}752\ mm}$

[1] Spannungsquerschnitt $A_s = \frac{\pi}{4}\left(\frac{d_2 + d_3}{2}\right)^2$

Gewinde

Whitworth-Gewinde

(nicht genormt)

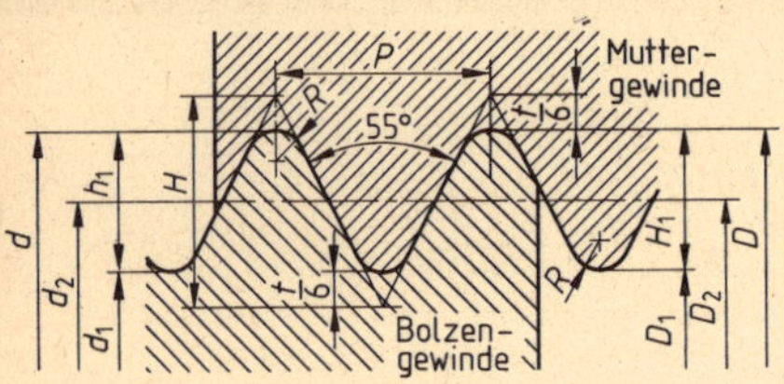

Außendurchmesser	d	$= D$
Kerndurchmesser	d_1	$= D_1 = d - 1{,}28 \cdot P = d - 2 \cdot t_1$
Flankendurchmesser	d_2	$= D_2 = d - 0{,}640 \cdot P$
Gangzahl pro inch (Zoll)	Z	
Steigung	P	$= \frac{25{,}4\ \text{mm}}{Z}$
Gewindetiefe	h_1	$= H_1 = 0{,}640 \cdot P$
Rundung	R	$= 0{,}137 \cdot P$
Flankenwinkel		55°

Gewindebezeichnung d	Maße in mm für Bolzen und Mutter: Außen-∅ $d = D$	Kern-∅ $d_1 = D_1$	Flanken-∅ $d_2 = D_2$	Gangzahl pro inch Z	Gewindetiefe $h_1 = H_1$	Kernquerschnitt mm²	Gewindebezeichnung d	Maße in mm für Bolzen und Mutter: Außen-∅ $d = D$	Kern-∅ $d_1 = D_1$	Flanken-∅ $d_2 = D_2$	Gangzahl pro inch Z	Gewindetiefe $h_1 = H_1$	Kernquerschnitt mm²
¼″	6,35	4,72	5,54	20	0,813	17,5	1¼″	31,75	27,10	29,43	7	2,324	577
5/16″	7,94	6,13	7,03	18	0,904	29,5	1½″	38,10	32,68	35,39	6	2,711	839
⅜″	9,53	7,49	8,51	16	1,017	44,1	1¾″	44,45	37,95	41,20	5	3,253	1131
½″	12,70	9,99	11,35	12	1,355	78,4	2″	50,80	43,57	47,19	4½	3,614	1491
⅝″	15,88	12,92	14,40	11	1,479	131	2¼″	57,15	49,02	53,09	4	4,066	1886
¾″	19,05	15,80	17,42	10	1,627	196	2½″	63,50	55,37	59,44	4	4,066	2408
⅞″	22,23	18,61	20,42	9	1,807	272	3″	76,20	66,91	72,56	3½	4,647	3516
1″	25,40	21,34	23,37	8	2,033	358	3½″	88,90	78,89	83,89	3¼	5,000	4888

Whitworth-Rohrgewinde für Gewinderohre und Fittings

DIN 2999 T1 (7.83)

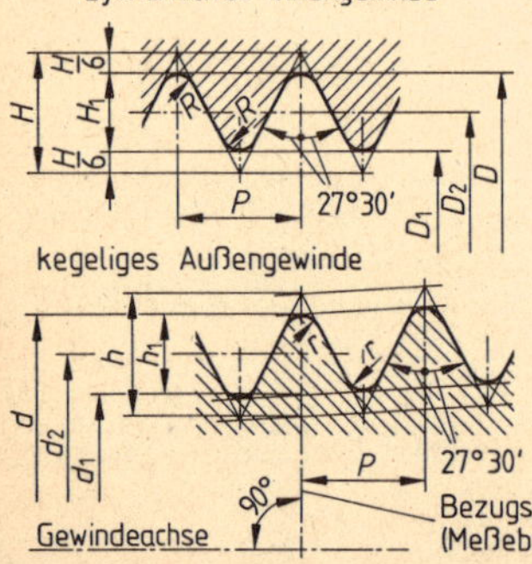

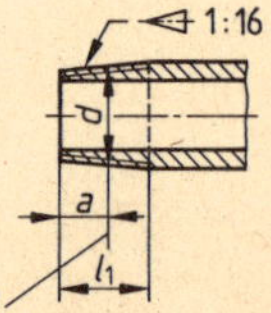

Außendurchmesser des Gewindes	d	$= D$
Kerndurchmesser	d_1	$= D_1$
Flankendurchmesser	d_2	$= D_2$
Gangzahl auf 25,4 mm	Z	
Steigung	P	$= \frac{25{,}4\ \text{mm}}{Z}$
Gewindetiefe	h_1	$= H_1$
Rundung	r	$= R$
Flankenwinkel		55°

Bezeichnungsbeispiel eines kegeligen Whitworth-Rohraußengewindes:
Rohrgewinde DIN 2999-R ½

Bezeichnungsbeispiel eines zylindrischen Whitworth-Rohrinnengewindes:
Rohrgewinde DIN 2999-Rp ½

Kurzzeichen Außengewinde	Kurzzeichen Innengewinde	Nennweite der Rohre DN	Abstand der Bezugsebene a	Außendurchmesser $d = D$	Flankendurchmesser $d_2 = D_2$	Kerndurchmesser $d_1 = D_1$	Steigung P	Gangzahl auf 25,4 mm Z	Gewindetiefe $h_1 = H_1$	Rundung $r = R$ ≈	Nutzbare Gewindelänge l_1
R 1/16	Rp 1/16	3	4,0	7,72	7,14	6,56	0,91	28	0,58	0,13	6,5
R ⅛	Rp ⅛	6	4,0	9,73	9,15	8,57	0,91	28	0,58	0,13	6,5
R ¼	Rp ¼	8	6,0	13,16	12,30	11,45	1,34	19	0,86	0,18	9,7
R ⅜	Rp ⅜	10	6,4	16,66	15,81	14,95	1,34	19	0,86	0,18	10,1
R ½	Rp ½	15	8,2	20,96	19,79	18,63	1,81	14	1,16	0,25	13,2
R ¾	Rp ¾	20	9,5	26,44	25,28	24,12	1,81	14	1,16	0,25	14,5
R 1	Rp 1	25	10,4	33,25	31,77	30,29	2,31	11	1,48	0,32	16,8
R 1¼	Rp 1¼	32	12,7	41,91	40,43	38,95	2,31	11	1,48	0,32	19,1
R 1½	Rp 1½	40	12,7	47,80	46,32	44,85	2,31	11	1,48	0,32	19,1
R 2	Rp 2	50	15,9	59,61	58,14	56,66	2,31	11	1,48	0,32	23,4
R 2½	Rp 2½	65	17,5	75,18	73,71	72,23	2,31	11	1,48	0,32	26,7
R 3	Rp 3	80	20,6	87,88	86,41	84,93	2,31	11	1,48	0,32	29,8
R 4	Rp 4	100	25,4	113,03	111,55	110,07	2,31	11	1,48	0,32	35,8
R 5	Rp 5	125	28,6	138,43	136,95	135,47	2,31	11	1,48	0,32	40,1
R 6	Rp 6	150	28,6	163,83	162,35	160,87	2,31	11	1,48	0,32	40,1

Gewinde

Metrisches ISO-Trapezgewinde

DIN 103 T 1 (4.77)

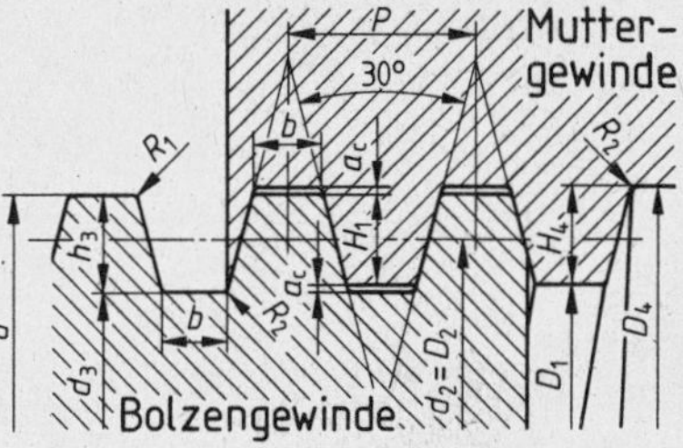

Maß	für Steigungen P in mm 1,5	2...5	6...12	14...44
a_c	0,15	0,25	0,5	1
R_1	0,075	0,125	0,25	0,5
R_2	0,15	0,25	0,5	1

Nenndurchmesser	d	
Steigung bei eingängigen Gewinden u. Teilung bei mehrgäng. Gewinden	P	
Steigung bei mehrgäng. Gewinden	P_h	
Gangzahl	n	$= P_h : P$
Kern-∅ des Bolzengewindes	d_3	$= d - (P + 2 \cdot a_c)$
Außen-∅ des Muttergewindes	D_4	$= d + 2 \cdot a_c$
Kern-∅ des Muttergewindes	D_1	$= d - P$
Flanken-∅ des Gewindes	d_2	$= D_2 = d - 0{,}5 \cdot P$
Gewindetiefe des Bolzen- und Muttergewindes	h_3	$= H_4 = 0{,}5 \cdot P + a_c$
Flankenüberdeckung	H_1	$= 0{,}5 \cdot P$
Spitzenspiel	a_c	
Rundungen	R_1 und R_2	
Drehmeißelbreite	b	$= 0{,}366 \cdot P - 0{,}54 \cdot a_c$
Flankenwinkel	30°	

Gewinde-bezeichnung $d \times P$	Gewindemaße in mm: Flanken-∅ $d_2 = D_2$	Kern-∅ Bolzen d_3	Kern-∅ Mutter D_1	Außen-∅ D_4	Gewindetiefe $h_3 = H_4$	Drehmeißelbreite b	Gewinde-bezeichnung $d \times P$	Gewindemaße in mm: Flanken-∅ $d_2 = D_2$	Kern-∅ Bolzen d_3	Kern-∅ Mutter D_1	Außen-∅ D_4	Gewindetiefe $h_3 = H_4$	Drehmeißelbreite b
Tr 10 x 2	9	7,5	8	10,5	1,25	0,597	Tr 40 x 7	36,5	32	33	41	4	2,292
Tr 12 x 3	10,5	8,5	9	12,5	1,75	0,963	Tr 44 x 7	40,5	36	37	45	4	2,292
Tr 16 x 4	14	11,5	12	16,5	2,25	1,329	Tr 48 x 8	44	39	40	49	4,5	2,658
Tr 20 x 4	18	15,5	16	20,5	2,25	1,329	Tr 52 x 8	48	43	44	53	4,5	2,658
Tr 24 x 5	21,5	18,5	19	24,5	2,75	1,695	Tr 60 x 9	55,5	50	51	61	5	3,024
Tr 28 x 5	25,5	22,5	23	28,5	2,75	1,695	Tr 70 x 10	65	59	60	71	5,5	3,390
Tr 32 x 6	29	25	26	33	3,5	1,926	Tr 80 x 10	75	69	70	81	5,5	3,390
Tr 36 x 6	33	29	30	37	3,5	1,926	Tr 90 x 12	84	77	78	91	6,5	4,122

Beispiel: Für ein Trapezgewinde Tr 30 x 16 P 2 sollen alle zur Fertigung notwendigen Maße berechnet werden.
Das Gewinde hat $\boldsymbol{n} = P_h : P = 16\,\text{mm} : 2\,\text{mm} = \mathbf{8}$ **Gänge**; das Spitzenspiel $\boldsymbol{a_c}$ **ist nach Tabelle = 0,25 mm**

$\boldsymbol{d_2} = \boldsymbol{D_2} = d - 0{,}5 \cdot P = 30\,\text{mm} - 0{,}5 \cdot 2\,\text{mm} = \mathbf{29\,mm}$

$\boldsymbol{d_3} = d - (P + 2 \cdot a_c) = 30\,\text{mm} - (2\,\text{mm} + 2 \cdot 0{,}25\,\text{mm}) = \mathbf{27{,}5\,mm}$

$\boldsymbol{D_1} = d - P = 30\,\text{mm} - 2\,\text{mm} = \mathbf{28\,mm}$; $\boldsymbol{D_4} = d + 2 \cdot a_c = 30\,\text{mm} + 2 \cdot 0{,}25\,\text{mm} = \mathbf{30{,}5\,mm}$

$\boldsymbol{b} = 0{,}366 \cdot P - 0{,}54 \cdot a_c = 0{,}366 \cdot 2\,\text{mm} - 0{,}54 \cdot 0{,}25\,\text{mm} = \mathbf{0{,}597\,mm}$

Sägengewinde

DIN 513 (4.85)

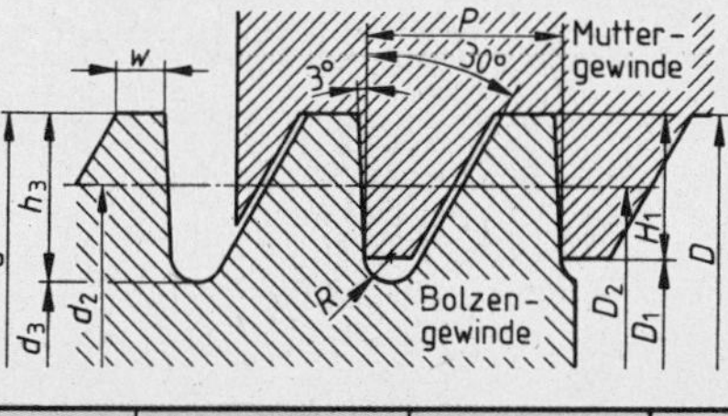

Nennmaß des Gewindes	d	$= D$
Steigung	P	
Kern-∅ des Bolzengewindes	d_3	$= d - 1{,}736 \cdot P$
Kern-∅ des Muttergewindes	D_1	$= d - 1{,}5 \cdot P$
Flanken-∅	d_2	$= D_2 = d - 0{,}75 \cdot P$
Gewindetiefe des Bolzens	h_3	$= 0{,}868 \cdot P$
Gewindetiefe der Mutter (Tragtiefe)	H_1	$= 0{,}75 \cdot P$
Rundung	R	$= 0{,}124 \cdot P$
Profilbreite am Außen-∅	w	$= 0{,}264 \cdot P$
Flankenwinkel	33°	

Gewinde-bezeichnung $d \times P$	Bolzen Kern-∅ d_3	Bolzen Gewindetiefe h_3	Mutter Kern-∅ D_1	Mutter Gewindetiefe H_1	Flanken-∅ $d_2 = D_2$	Gewinde-bezeichnung $d \times P$	Bolzen Kern-∅ d_3	Bolzen Gewindetiefe h_3	Mutter Kern-∅ D_1	Mutter Gewindetiefe H_1	Flanken-∅ $d_2 = D_2$
S 10 x 2	6,528	1,736	7	1,5	8,5	S 48 x 8	34,116	6,942	36	6	42,00
S 12 x 3	6,792	2,604	7,5	2,25	9,75	S 55 x 9	39,380	7,810	41,5	6,75	48,25
S 16 x 4	9,056	3,472	10	3	13	S 60 x 9	44,380	7,810	46,5	6,75	53,25
S 20 x 4	13,056	3,472	14	3	17	S 70 x 10	52,644	8,678	55	7,5	62,50
S 24 x 5	15,322	4,339	16,5	3,75	20,25	S 80 x 10	62,644	8,678	65	7,5	72,50
S 30 x 6	19,586	5,207	21	4,5	25,50	S 90 x 12	69,174	10,413	72	9	81,00
S 36 x 6	25,586	5,207	27	4,5	31,50	S 100 x 12	79,174	10,413	82	9	91,00
S 40 x 7	27,852	6,074	29,5	5,25	34,75	S 120 x 14	95,702	12,149	99	10,5	109,50

Schrauben

Mechanische Eigenschaften von Schrauben aus unlegiertem oder legiertem Stahl — DIN ISO 898 T1 (4.79)

Festigkeitsklasse		3.6	4.6	4.8	5.6	5.8	6.8	8.8	9.8	10.9	12.9
Nennzugfestigkeit R_m in N/mm²		300	400		500		600	800	900	1000	1200
Streckgrenze R_e bzw. 0,2-Dehngrenze $R_{p0,2}$ in N/mm²	nom.	180	240	320	300	400	480	640	720	900	1080
	min.	190	240	340	300	420	480	640	720	940	1100
Bruchdehnung A_5 in %		25	22	14	20	10	8	12	10	9	8

Bei **Schrauben aus NE-Metallen** wird an Stelle der Festigkeitsklassen der Werkstoff angegeben, zum Beispiel:
Bezeichnung einer Sechskantschraube aus Kupfer-Zink-Legierung (Messing):
Sechskantschraube DIN 931-M 12 x 50 CuZn (Sorte der Cu-Zn-Legierung nach Wahl des Herstellers)

Mindesteinschraubtiefen in Grundlochgewinde

		Empfohlene Einschraubtiefe			
Festigkeitsklasse		8.8	8.8	10.9	10.9
Gewindefeinheit $\frac{d}{P}$		< 9	≧ 9	< 9	≧ 9
Werkstoff des Innengewindes	Harte Al-Legierungen, z. B. AlCuMg 1 F 40	1,1 · *d*	1,4 · *d*		–
	Gußeisen mit Lamellengraphit, z. B. GG-25	1,0 · *d*	1,25 · *d*		1,4 · *d*
	Stahl niederer Festigkeit, z. B. St 37, C 15 N	1,0 · *d*	1,25 · *d*		1,4 · *d*
	Stahl mittlerer Festigkeit, z. B. St 50, C 35 N	0,9 · *d*	1,0 · *d*		1,2 · *d*
	Stahl hoher Festigkeit mit R_m > 800 N/mm²	0,8 · *d*	0,9 · *d*		1,0 · *d*

Sechskantschrauben — DIN 931 T1 (7.82), 933 (12.70)

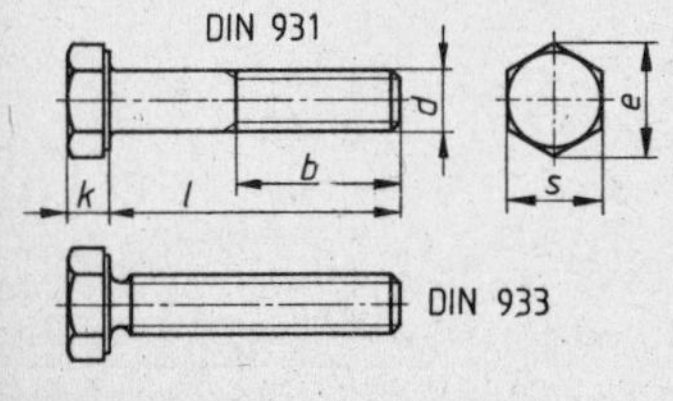

		d	M3	M4	M5	M6	M8	M 10	M 12	M 16	M 20
DIN 933		b	Gewinde annähernd bis Kopf								
	l	von	4	5	6	6	8	8	10	12	16
		bis	25	70	80	90	110	150	150	150	200
DIN 931		b	12	14	16	18	22	26	30	38	46
	l	von	20	25	25	30	35	40	45	55	65
		bis	30	40	50	60	80	100	120	160	200
		k	2	2,8	3,5	4	5,5	7	8	10	13
		s	5,5	7	8	10	13	17/16[1)]	19/18[1)]	24	30
		e ≈	6,1	7,7	8,9	11	14,4	18,9/17,7	21,1/20,0	26,8	33,5

Festigkeitsklassen: 5.6, 8.8, 10.9

Bezeichnungen: Sechskantschraube nach DIN 931 mit Gewinde M 12, Länge *l* = 80, Festigkeit 8.8:
Sechskantschraube DIN 931-M 12 x 80 – 8.8

Gleiche Schraube, jedoch mit der neuen Schlüsselweite nach DIN ISO 272:
Sechskantschraube DIN 931 – M 12 x 80 – SW 18 – 8.8

Nennlängen *l*: 4, 5, 6, 8, 10, 12, 16, 20, 25, 30, 35, 40, 45 usw., bis 80 mm je 5 mm gestuft, von 80 mm bis 220 mm je 10 mm gestuft.

1) nach DIN ISO 272.

Sechskant-Paßschrauben mit langem Gewindezapfen — DIN 609 (7.84)

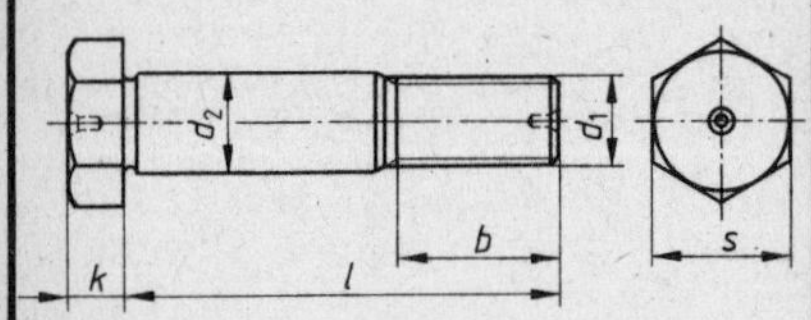

	d_1	M8	M10	M12	M16	M20 M20x1,5 M20x2	M24 M24x1,5 M24x2	M30 M30x2	M36 M36x3
für *b*	*l*<50	14,5	17,5	20,5	25	28,5	–	–	–
	l>50<150	16,5	19,5	22,5	27	30,5	36,5	43	49
	l>150	21,5	24,5	27,5	32	35,5	41,5	48	54
	d_2 k6	9	11	13	17	21	25	32	38
	k	5,5	7	8	10	13	15	19	23
	s	13	17/16[1)]	19/18[1)]	24	30	36	46	55

Festigkeitsklasse: 5.6

Bezeichnung einer Sechskant-Paßschraube mit Gewinde M 20, Länge *l* = 80 mm und Festigkeitsklasse 5.6:
Sechskant-Paßschraube DIN 609-M 20 x 80 – 5.6

Nennlängen *l*: 25, 28, 30, 32, 35, 38, 40, 42, 45, 48, 50, 55 usw. bis 150 mm je 5 mm, von 150 mm bis 200 mm je 10 mm gestuft.

1) nach DIN ISO 272.

Schrauben

Zylinderschrauben, Senkschrauben, Linsensenkschrauben

Zylinderschrauben mit Schlitz
DIN 84 (10.70)

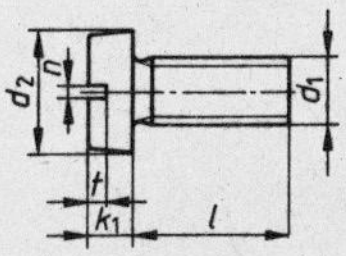

Senkschrauben mit Schlitz
DIN 963 (6.70)

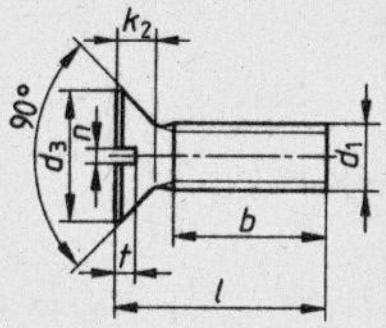

Senkschrauben mit Kreuzschlitz
DIN 965 (12.71)

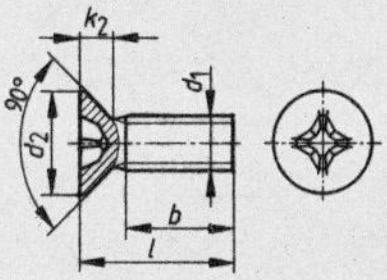

Linsensenkschrauben mit Schlitz
DIN 964 (12.71)

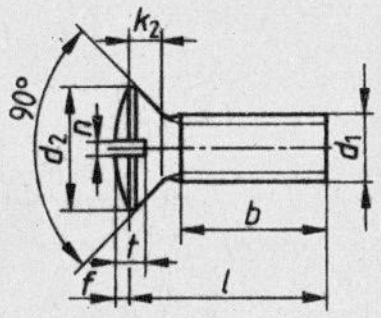

d_1		M2	M2,5	M3	M4	M5	M6	M8	M10	M12	M16
b		Gewinde bis zum Kopf									
für l	von	3	3	3	4	6	8	10	12	20	25
	bis	16	20	20	25	25	35	40	45	60	70
b		16	18	19	22	25	28	35	40	46	58
für l	von	20	25	25	30	30	40	45	50	70	80
	bis	20	30	40	50	50	50	55	60	80	100
d_2		3,8	4,5	5,5	7	8,5	10	13	16	–	–
d_3		3,8	4,7	5,6	7,5	9,2	11	14,5	18	22	29
k_1		1,3	1,6	2	2,6	3,3	3,9	5	6	–	–
k_2		1,2	1,5	1,65	2,2	2,5	3	4	5	6	8
f		0,5	0,6	0,75	1	1,25	1,5	2	2,5	–	–
n		0,5	0,6	0,8	1	1,2	1,6	2	2,5	3	4
$t \approx$		0,6	0,7	0,9	1,2	1,5	1,8	2,2	2,5	3	4
Kreuzschlitzgröße		1			2		3	4		–	–

Nennlängen l: 5, 6, 8, 10, 12, 16, 20, 25 usw. bis 60 mm je 5 mm gestuft, von 60 bis 100 mm je 10 mm gestuft.

Nenngrößen d_1: M1 bis M10 bei DIN 84, DIN 964, DIN 965, DIN 966, M1 bis M20 bei DIN 963

Linsensenkschrauben mit Kreuzschlitz
DIN 966 (12.71): Maße wie DIN 964

Festigkeitsklassen: 4.8 und 5.8

Bezeichnung einer Senkschraube mit Schlitz, Gewinde M5, Länge l = 20 mm, Festigkeitsklasse 4.8:
Senkschraube DIN 963 – M 5 x 20 – 4.8

Blechschrauben

Zylinder-Blechschrauben mit Schlitz
DIN 7971 (7.70)

Form B

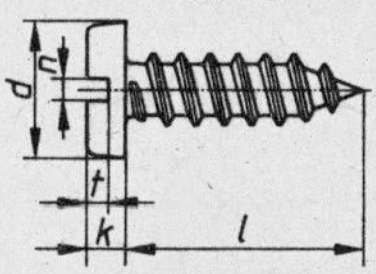

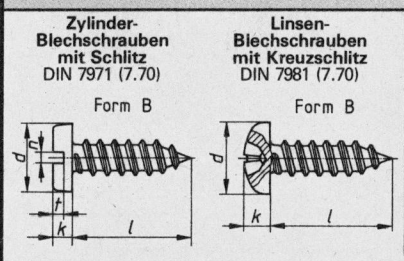

Linsen-Blechschrauben mit Kreuzschlitz
DIN 7981 (7.70)

Form B

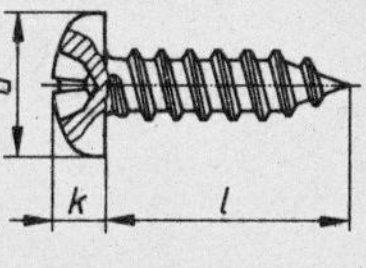

Nenndurchmesser d_1	2,2	2,9	3,5	4,2	4,8	6,3
d	4,3	5,5	6,8	8,1	9,5	12,4
k	1,3	1,7	2,1	2,5	3	3,8
f	0,7	0,9	1,2	1,4	1,5	2
n	0,6	0,8	1	1,2	1,2	1,6
$t \approx$	0,5	0,7	1,0	1,1	1,3	1,7
Kreuzschlitzgröße	1		2			3

Senk-Blechschrauben mit Schlitz
DIN 7972 (7.70)

Form B

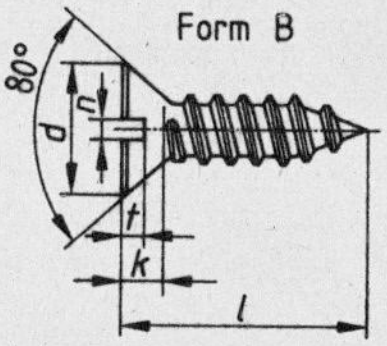

Senk-Blechschrauben mit Kreuzschlitz
DIN 7982 (12.72)

Form BZ

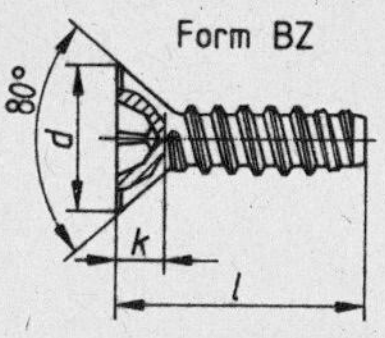

Linsensenk-Blechschrauben mit Schlitz
DIN 7973 (7.70)

Form BZ

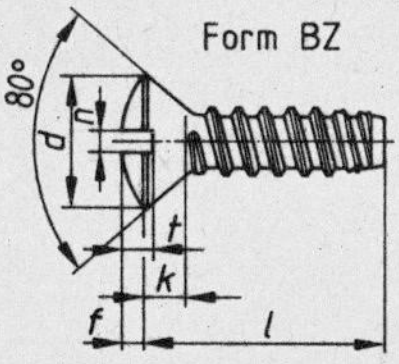

Linsensenk-Blechschrauben mit Kreuzschlitz
DIN 7983 (12.72)

Form BZ

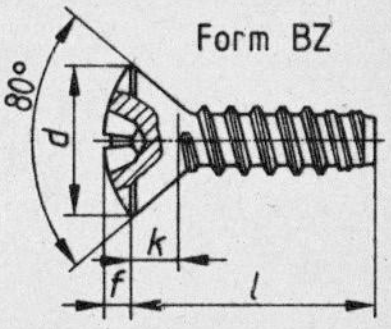

Nennlängen l: 4,5, 6,5, 9,5, 13, 16, 19, 22, 25, 32, 38, 45, 50 mm

Ausführungen: Form B mit Spitze; Form BZ mit Zapfen

Bezeichnung einer Linsensenk-Blechschraube mit Kreuzschlitz und Spitze, 3,5 mm Nenndurchmesser und 19 mm Länge:
Blechschraube DIN 7983 – B 3,5 x 19

Schrauben

Zylinderschrauben mit Innensechskant

DIN 912 (9.79)

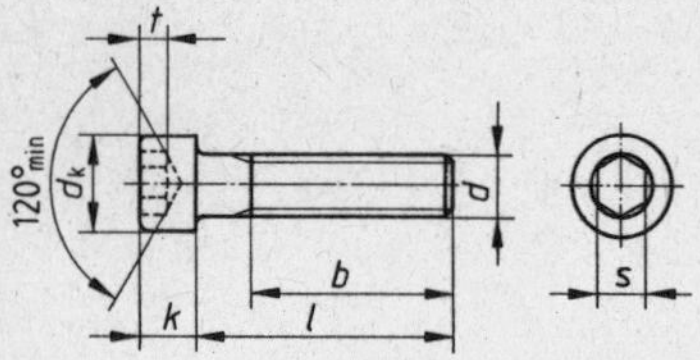

d	M3	M4	M5	M6	M8 M8 x1	M10 M10 x1,25	M12 M12 x1,25	M16 M16 x1,5	M20 M20 x1,5
b	Gewinde annähernd bis Kopf								
für l von / bis	5 / 20	6 / 25	8 / 25	10 / 30	12 / 35	16 / 40	20 / 45	25 / 55	30 / 65
b	18	20	22	24	28	32	36	44	52
für l von / bis	25 / 30	30 / 40	30 / 50	35 / 60	40 / 80	45 / 100	50 / 120	60 / 160	70 / 200
d_k	5,5	7	8,5	10	13	16	18	24	30
k	3	4	5	6	8	10	12	16	20
s	2,5	3	4	5	6	8	10	14	17

Festigkeitsklassen: 8.8; 10.9; 12.9

Bezeichnung einer Zylinderschraube mit Innensechskant mit Gewinde M10, Nennlänge l = 40 mm und Festigkeitsklasse 10.9:
Zylinderschraube DIN 912 - M 10 x 40 - 10.9

Nennlängen l: 5, 6, 8, 10, 12, 16, 20, 25, 30, 40 usw. bis 70 mm je 5 mm gestuft, von 70 mm bis 160 mm je 10 mm, darüber bis 300 mm je 20 mm gestuft.

Senkschrauben mit Innensechskant

DIN 7991 (1.70)

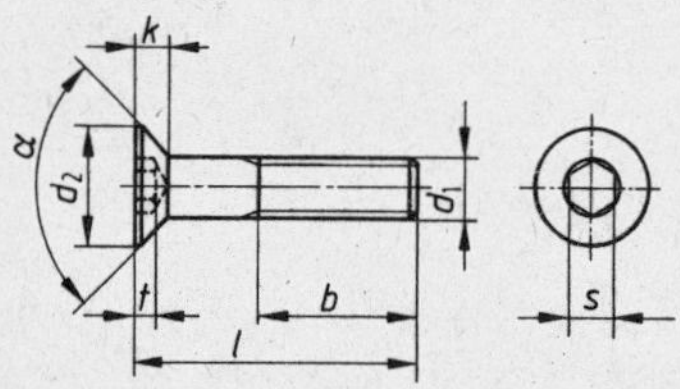

d_1	M3	M4	M5	M6	M8 M8 x1	M10 M10 x1,25	M12 M12 x1,5	M16 M16 x1,5	M20 M20 x2
α	90°								
b	12	14	16	18	22	26	30	38	46
d_2	6	8	10	12	16	20	24	30	36
k	1,7	2,3	2,8	3,3	4,4	5,5	6,5	7,5	8,5
s	2	2,5	3	4	5	6	8	10	12
l von / bis	8 / 30	8 / 40	8 / 50	8 / 50	10 / 50	12 / 70	20 / 70	30 / 90	35 / 100

Festigkeitsklasse: 8.8

Bezeichnung einer Senkschraube mit Innensechskant mit Gewinde M8 und Länge l = 35 mm:
Senkschraube DIN 7991-M 8 x 35

Nennlängen l: 8, 10, 12, 16, 20, 25, 30, 35, 40 bis 100 mm je 10 mm gestuft.

Flachrundschrauben mit Vierkantansatz

DIN 603 (10.81)

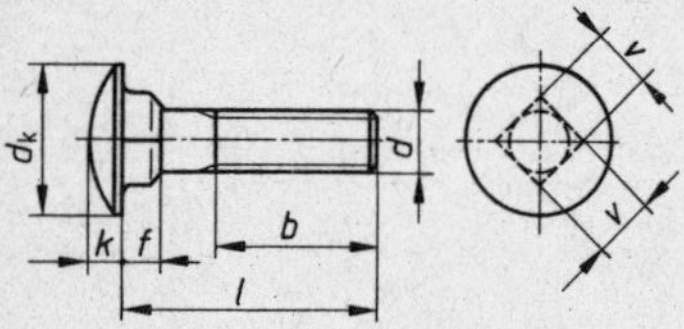

d	M5	M6	M8	M10	M12	M16	M20
l von / bis	16 / 80	16 / 150	20 / 150	20 / 200	30 / 200	50 / 200	70 / 200
b für $l < 120$ / für $l > 120$	16 / 22	18 / 24	22 / 28	26 / 32	30 / 36	38 / 44	46 / 52
d_k	13	16	20	24	30	38	46
f	3,5	4	5	6	8	12	15
k	3	3,5	4,5	5	6,5	8,5	10,5
v	5	6	8	10	12	16	20

Festigkeitsklasse: 3.6 oder 4.6 nach Wahl des Herstellers

Bezeichnung einer Flachrundschraube mit Vierkantansatz, Gewinde M10 und Länge l = 70 mm:
Flachrundschraube DIN 603 – M 10 x 70

Nennlängen l: 16, 20, 25, 30 usw., bis 80 mm je 5 mm, von 80 mm bis 200 mm je 10 mm gestuft.

Ringschrauben

DIN 580 (3.72)

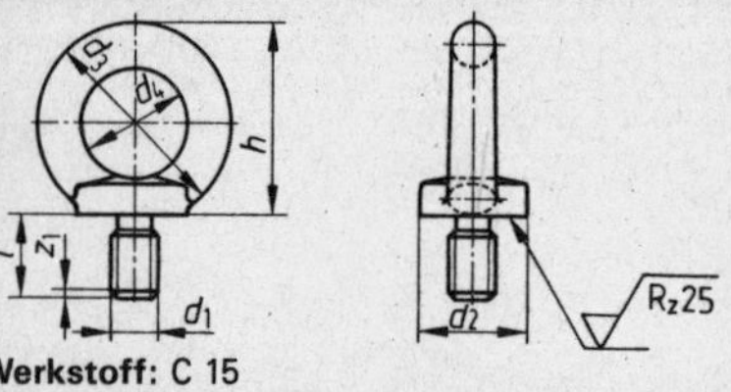

d_1	M8	M10	M12	M16	M20 M20x2	M24 M24x2	M30 M30x2	M36 M36x3	M42 M42x3
l	13	17	20,5	27	30	36	45	54	63
d_2	20	25	30	35	40	50	65	75	85
d_3	36	45	54	63	72	90	108	126	144
d_4	20	25	30	35	40	50	60	70	80
h	36	45	53	62	71	90	109	128	147
	Zulässige Last durch das anzuhängende Stück in kg								
m	140	230	340	700	1200	1800	3600	5100	7000

Werkstoff: C 15

Bezeichnung einer Ringschraube mit d_1 = M 20:
Ringschraube DIN 580 – M 20

Stiftschrauben, Gewindestifte

Stiftschrauben

DIN 835 (12.72), 938 (12.72), 939 (12.72)

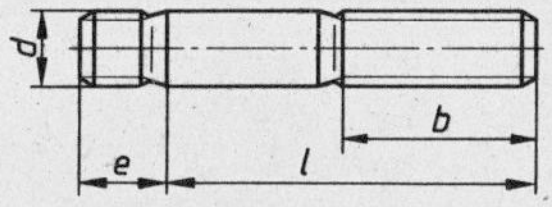

	d	M5	M6	M8 M8x1	M10 M10 x1,25	M12 M12 x1,25	M16 M16 x1,5	M20 M20 x1,5	M24 M24 x2
b	für *l* bis 125 mm	16	18	22	26	30	38	46	54
	für *l* = 125...200 mm	22	24	28	32	36	44	52	60
e	für DIN 838	5	6	8	10	12	16	20	24
	für DIN 939	6,5	7,5	10	12	15	20	25	30
	für DIN 935	10	12	16	20	24	32	40	48
l	von	22	25	30	35	40	50	60	70
	bis	50	60	80	100	120	160	200	200

Nennlängen *l*: 20, 25, 30 usw. bis 80 mm je 5 mm gestuft, darüber bis 200 mm je 10 mm.

Festigkeitsklassen: 5.6, 8.8, 10.9

Bezeichnung einer Stiftschraube mit Gewinde M12, Länge l = 80 mm, zum Einschrauben in Gußeisen, Festigkeitsklasse 8.8:
Stiftschraube DIN 939-M12 x 80-8.8

Einteilung:

DIN 938 zum Einschrauben in Stahl, $e \approx d$
DIN 939 zum Einschrauben in Gußeisen, $e \approx 1{,}25 \cdot d$
DIN 835 zum Einschrauben in Al-Legierungen, $e \approx 2 \cdot d$

Gewindestifte

DIN 417, 438, 551, 553 (alle 2.72) und DIN 913, 914, 915, 916 (alle 12.80)

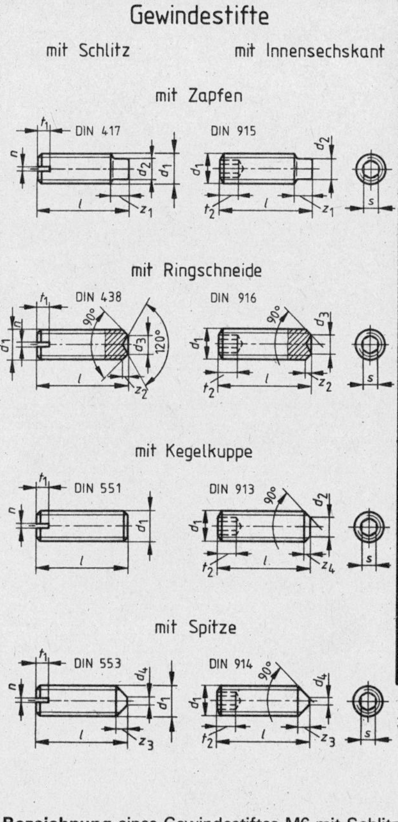

d_1	M3	M4	M5	M6	M8	M10	M12	M16	M20
	Für DIN 417, 438, 551 und 553						—	—	—
	Für DIN 913, 914, 915 und 916								
d_2	2	2,5	3,5	4	5,5	7	9,5	12	15
d_3	1,4	2	2,5	3	5	6	8	10	14
d_4	—	—	—	1	2	2	2	4	6
z_1	2,5	3	3	3,5	5	5,5	7	9	9
z_2	0,8	1	1,25	1,5	1,5	2	2	3	3
z_3	1,5	2	2,5	2,5	3	4	5	6	7
z_4	0,5	0,75	0,75	1	1,25	1,5	1,75	2	2,5
n	0,4	0,6	0,8	1	1,2	1,6	—	—	—
$t_1 \approx$	1,4	1,9	2,2	2,7	3,4	4,0	—	—	—
s	1,5	2	2,5	3	4	5	6	8	10
t_{2min}	2	2,5	3	3,5	5	6	8	10	12
DIN	Längen *l* von/bis								
417	5/12	6/16	8/16	8/20	10/25	12/35	—	—	—
438	3/10	4/12	5/16	6/20	8/25	10/30	—	—	—
551	3/10	4/12	4/16	5/20	6/25	10/30	—	—	—
553	4/12	6/16	8/20	8/20	10/25	12/35	—	—	—
913	4/20	5/20	6/25	8/35	10/40	12/40	16/40	20/40	25/50
914	3/20	4/20	6/25	8/35	8/40	10/40	16/40	20/40	20/50
915	5/20	6/20	8/25	8/35	10/40	12/40	16/40	20/40	25/50
916	4/20	6/20	6/25	8/35	10/40	12/40	16/40	20/40	25/50

Nennlängen *l*:
3, 4, 5, 6, 8, 10, 12, 16, 20, 25, 30, 35, 40, 45, 50 mm

Festigkeitsklassen: 4.6 und 5.8 bei DIN 417, 551, 553
5.8 und 8.8 bei DIN 438
45 H (Vergütungsstahl mit mindestens 45 HRC) bei DIN 913, 914, 915, 916.

Bezeichnung eines Gewindestiftes M6 mit Schlitz und Zapfen, l = 20 mm, Festigkeitsklasse 5.8:
Gewindestift DIN 417 - M6 x 20 - 5.8

Berechnung von Schraubenverbindungen

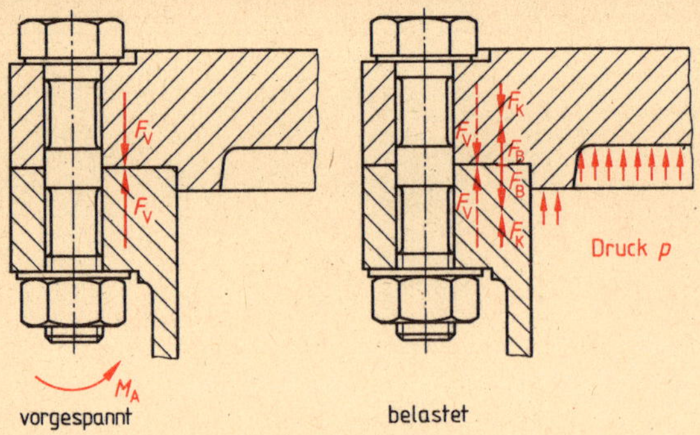

F_v	Vorspannkraft
F_k	Mindestklemmkraft
F_B	Betriebskraft
M_A	Anziehdrehmoment
$R_{p\,0,2}$	0,2%-Dehngrenze
A_S	Spannungsquerschnitt
A_T	Querschnitt des Dehnschaftes
μ	Gleitreibungszahl im Gewinde und an der Auflagefläche der Schraube

Das Anziehdrehmoment M_A bei der Montage einer Schraubenverbindung muß eine genügend große Vorspannkraft F_v ergeben, daß auch unter dem Einfluß der Betriebskraft die notwendige Mindestklemmkraft F_k erhalten bleibt. Die Vorspannkräfte und Anziehdrehmomente der Tabellen sind so berechnet, daß die Zugspannung im maßgebenden Querschnitt zusammen mit der beim Anziehen auftretenden Torsionsspannung 90% der 0,2%-Dehngrenze erreicht. Maßgebender Querschnitt ist bei Schaftschrauben der Spannungsquerschnitt A_S, bei Dehnschrauben der Querschnitt A_T des Dehnschaftes.

Schaftschrauben

	Gewindebezeichnung	Spannungsquerschnitt A_S in mm²	Maximale Vorspannkraft F_v in kN									Maximales Anziehdrehmoment M_A in N·m								
			Festigkeitsklasse									Festigkeitsklasse								
			8.8			10.9			12.9			8.8			10.9			12.9		
			Gleitreibungszahl μ[1)]									Gleitreibungszahl μ[1)]								
			0,10	0,15	0,20	0,10	0,15	0,20	0,10	0,15	0,20	0,10	0,15	0,20	0,10	0,15	0,20	0,10	0,15	0,20
Regelgewinde	M8	36,6	18	16	15	26	24	21	31	28	25	20	25	30	30	37	44	35	43	52
Regelgewinde	M10	58,0	29	26	23	42	38	34	49	45	40	40	50	60	59	73	87	69	84	100
Regelgewinde	M12	84,3	42	38	34	61	56	50	72	65	58	69	87	105	100	125	151	120	148	177
Regelgewinde	M16	157	79	71	64	115	105	94	135	122	110	170	220	260	250	315	380	290	370	445
Regelgewinde	M20	240	126	114	103	180	165	147	210	190	172	340	430	520	490	615	740	570	700	840
Regelgewinde	M24	353	182	165	149	259	235	212	303	275	248	590	740	890	840	1050	1250	980	1250	1500
Feingewinde	M8x1	39,2	20	18	16	29	26	24	34	31	28	22	28	33	32	40	48	37	46	56
Feingewinde	M10x1,25	61,2	31	28	25	45	41	37	53	48	43	42	53	64	62	77	93	72	90	110
Feingewinde	M12x1,5	88,1	44	40	36	65	59	53	76	69	62	72	92	110	105	132	160	125	155	185
Feingewinde	M16x1,5	167	86	78	71	125	114	103	147	134	121	180	230	280	265	340	410	310	390	480
Feingewinde	M20x1,5	272	144	131	119	206	188	170	241	220	199	375	480	590	530	680	840	620	800	980
Feingewinde	M24x2	384	203	185	168	290	265	239	339	310	280	630	810	990	900	1150	1400	1050	1350	1650

Dehnschrauben

	Gewindebezeichnung	Dehnschaftquerschnitt A_T in mm²	Maximale Vorspannkraft F_v in kN									Maximales Anziehdrehmoment M_A in N·m								
			Festigkeitsklasse									Festigkeitsklasse								
			8.8			10.9			12.9			8.8			10.9			12.9		
			Gleitreibungszahl μ[1)]									Gleitreibungszahl μ[1)]								
			0,10	0,15	0,20	0,10	0,15	0,20	0,10	0,15	0,20	0,10	0,15	0,20	0,10	0,15	0,20	0,10	0,15	0,20
Regelgewinde	M8	23,1	10,5	9,3	8,1	15	13	12	18	16	14	12	15	17	17	21	24	20	24	28
Regelgewinde	M10	37,1	16	14	13	24	21	19	28	25	22	23	28	32	34	42	47	40	48	56
Regelgewinde	M12	55	25	22	19	36	32	28	43	38	33	41	50	58	60	73	85	70	85	100
Regelgewinde	M16	106	51	45	40	75	67	59	88	78	69	110	135	160	165	200	235	190	235	275
Regelgewinde	M20	168	84	75	66	120	106	93	140	125	110	225	275	320	325	395	470	375	465	550
Regelgewinde	M24	243	120	107	95	172	153	135	200	180	160	390	480	570	560	675	810	650	800	950
Feingewinde	M8x1	26	12	10,7	9,4	18	16	14	21	18	16	13	16	19	19	24	28	23	28	33
Feingewinde	M10x1,25	41	19	17	15	28	25	22	33	29	26	26	32	38	38	47	55	45	55	65
Feingewinde	M12x1,5	59	28	25	22	41	36	32	48	42	37	45	56	66	67	82	96	78	97	115
Feingewinde	M16x1,5	117	58	51	45	84	75	66	99	88	78	120	150	180	175	220	265	210	260	310
Feingewinde	M20x1,5	196	100	89	78	142	127	112	166	148	130	260	325	390	365	460	550	430	540	650
Feingewinde	M24x2	275	140	125	110	200	178	156	230	207	184	435	545	650	620	775	930	720	910	1100

1) $\mu = 0{,}10$ sehr gute Oberfläche, geschmiert; $\mu = 0{,}15$ gute Oberfläche, geschmiert oder trocken; $\mu = 0{,}20$ Oberfläche schwarz oder phosphatiert, trocken

Senkungen für Schrauben und Muttern

DIN 74 T1 und 2 (12.80), T3 (12.72)

Grundformen

A — Ausführung mittel (m), Ausführung fein (f)

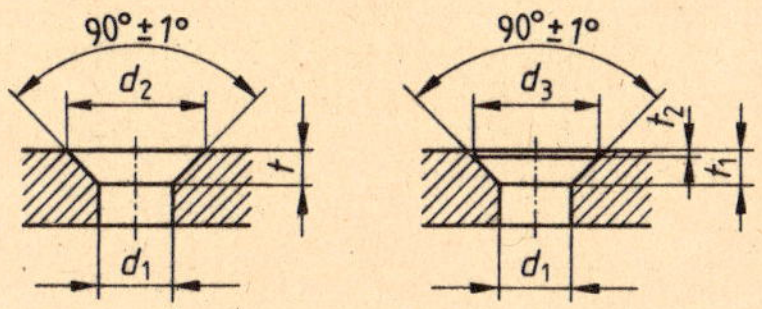

H, J, K

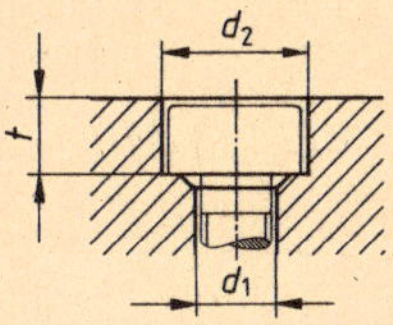

R

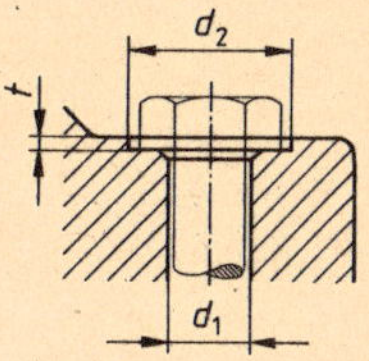

Anwendungen

Form A für Senkschrauben DIN 963 und DIN 965, Linsensenkschrauben DIN 964 und DIN 966, Gewindeschneidschrauben DIN 7513 (Form F und G) und DIN 7516 (Form D und E)

Form H für Zylinderschrauben DIN 84 und DIN 7984, Gewindeschneidschrauben DIN 7513 (Form B)

Form J für Zylinderschrauben mit Innensechskant DIN 6912

Form K für Zylinderschrauben mit Innensechskant DIN 912

Bezeichnung einer Senkung Form H mit Durchgangsloch mittel (m), für Gewindedurchmesser 10 mm:
Senkung DIN 74-H m 10

Die Formen H, J, K werden mit Zusatzzahlen versehen, wenn andere Senktiefen t und Durchmesser d_2 erforderlich sind.

Zusatzzahl 1 bedeutet: Mit Federring DIN 127, DIN 128, DIN 6905 oder Federscheibe A DIN 137 oder Scheibe DIN 433...
Zusatzzahl 2 bedeutet: Mit Scheibe DIN 125 oder Federscheibe B nach DIN 137 oder DIN 6904
Zusatzzahl 3 bedeutet: Mit Federring DIN 7980.

Bezeichnung einer Senkung Form H mit Durchgangsloch mittel (m), für Gewindedurchmesser 10 mm:
Senkung DIN 74-H1 m 10

Form R für Sechskantschrauben und Sechskantmuttern mit normalen Schlüsselweiten.

Maße

Form	Gewinde-∅	2	2,5	3	3,5	4	5	6	8	10	12	14	16	18	20
A	d_1 mittel H 13	2,4	2,9	3,4	3,9	4,5	5,5	6,6	9	11	13,5	15,5	17,5	20	22
	d_1 fein H 12	2,2	2,7	3,2	3,7	4,3	5,3	6,4	8,4	10,5	13	15	17	19	21
	d_2 H 13	4,6	5,7	6,5	7,6	8,6	10,4	12,4	16,4	20,4	24,4	27,4	32,4	36,4	40,4
	d_3 H 12	4,3	5	6	7	8	10	11,5	15	19	23	26	30	34	37
	t_1 mittel	1,1	1,4	1,6	1,9	2,1	2,5	2,9	3,7	4,7	5,2	5,7	7,2	8,2	9,2
	t_1 fein	1,2	1,5	1,7	2	2,2	2,6	3	4	5	5,7	6,2	7,7	8,7	9,7
	t_2 fein + 0,1	0,15	0,35	0,25	0,3	0,3	0,2	0,45	0,7	0,7	0,7	0,7	1,2	1,2	1,7
H und K	d_1 mittel H 13	2,4	2,9	3,4	3,9	4,5	5,5	6,6	9	11	13,5	15,5	17,5	20	22
	d_1 fein H 12	2,2	2,7	3,2	3,7	4,3	5,3	6,4	8,4	10,5	13	15	17	19	21
	d_2 H 13	4,3	5	6	6,5	8	10	11	15	18	20	24	26	30	33
	t für Form H	1,6	2	2,4	2,9	3,2	4	4,7	6	7	8	9	10,5	11,5	12,5
	t für Form K	2,3	2,9	3,4	—	4,6	5,7	6,8	9	11	13	15	17,5	19,5	21,5
	zulässige Abweichung	+ 0,2				+ 0,4									
R	d_1 mittel H 13	2,4	2,9	3,4	3,9	4,5	5,5	6,6	9	11	13,5	15,5	17,5	20	22
	d_1 fein H 12	2,2	2,7	3,2	3,7	4,3	5,3	6,4	8,4	10,5	13	15	17	19	21
	d_2 H 15	6	8	9	9	10	11	13	18	22	26	30	33	36	40
	t	Angesenkt bis vollständige Kreisringfläche entstanden ist.													

Muttern

Festigkeitsklassen

DIN ISO 898 T2 (3.81)

Die Festigkeitsklasse einer Mutter richtet sich nach der Festigkeitsklasse der Schraube, mit der die Mutter verwendet werden soll. Bei Muttern aus NE-Metallen wird anstelle der Festigkeitsklasse der Werkstoff angegeben.

		Mutterhöhe $\geqq 0{,}5 \cdot d_1$	$< 0{,}8 \cdot d_1$	Mutterhöhe $\geqq 0{,}8 \cdot d_1$								
Festigkeitsklasse der Mutter		04	05	4	5		6	8	9		10	12
Nennprüfspannung in N/mm²		400	500	400	500		600	800	900		1000	1200
Zugehörige Schraube	Festigkeitsklasse	nicht festgelegt		3.6/4.6 4.6	3.6/4.6 4.8	5.6/5.8	6.8	8.8	8.8	9.8	10.8	12.9
	Größe	alle		>M16	≦M16	alle	alle	alle	>M16 ≦M39	≦M16	alle	≦M39

Sechskantmuttern

DIN 439 (12.72), DIN 934 (7.82), DIN 970 (7.82)

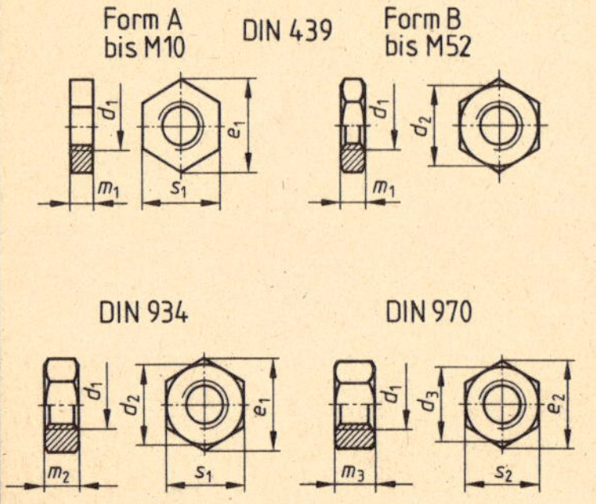

d_1	M3	M4	M5	M6	M8	M10	M12	M16	M20	M24
$d_{2\,min}$	4,5	5,8	6,8	8,8	11,3	15,3	17,2	22,2	28,2	33,2
$d_{3\,min}$	4,6	5,9	6,9	8,9	11,6	14,6	16,6	22,5	27,7	33,2
e_1	6,0	7,7	8,8	11,1	14,4	18,9	21,1	26,8	33,0	39,6
e_2	6,0	7,7	8,8	11,1	14,4	17,8	20,0	26,8	33,0	39,6
s_1	5,5	7	8	10	13	17	19	24	30	36
s_2	5,5	7	8	10	13	16	18	24	30	36
m_1	1,8	2,2	2,7	3,2	4	5	6	8	10	12
$m_{2\,min}$	2,2	2,9	3,7	4,7	6,1	7,6	9,6	12,3	14,9	19
$m_{3\,min}$	2,2	2,9	4,4	4,9	6,4	8,0	10,4	14,1	16,9	20,2

Festigkeitsklassen für DIN 439: 04
DIN 934: 5 6 8 10 12
DIN 970: 4 5 6 8 9 10 12

Bezeichnung einer Sechskantmutter DIN 970 mit Gewinde d_1 = M12, Festigkeitsklasse 8:
Sechskantmutter DIN 970-M12-8

Kronenmuttern

DIN 935 (4.77), DIN 979 (4.77)

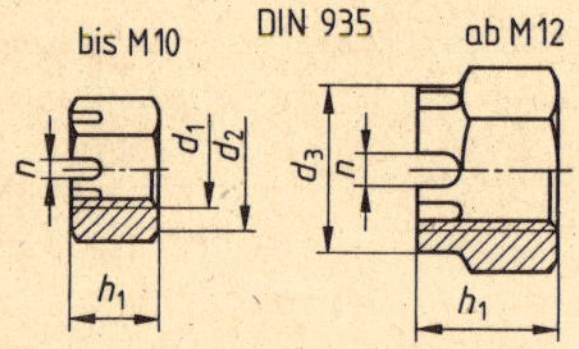

d_1	M4	M5	M6	M8	M10	M12	M16	M20	M24	M30	M36
$d_{2\,min}$	6,3	7,2	9,0	11,7	15,3	17,1	21,6	27,0	32,4	41,4	49,5
d_3	–	–	–	–	–	17	22	28	34	42	50
h_1 1)	5	6	7,5	9,5	12	15	19	22	27	33	38
h_2 2)	–	–	5	6,5	8	10	13	16	19	24	29
n	1,2	1,4	2	2,5	2,8	3,5	4,5	4,5	5,5	7	7

Festigkeitsklassen für DIN 935: 5; 6; 8; 10
für DIN 979: 04 und 06 bis M39; 14H über M39

Bezeichnung einer Kronenmutter DIN 935 mit Gewinde d_1 = M16 und Festigkeitsklasse 8:
Kronenmutter DIN 935-M16-8

1) DIN 935 2) DIN 979

Nutmuttern

DIN 1804 (3.71)

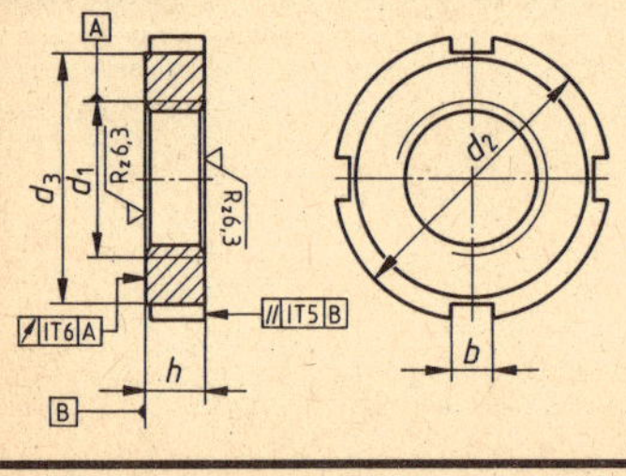

d_1	M16 x1,5	M20 x1,5	M24 x1,5	M30 x1,5	M35 x1,5	M40 x1,5	M45 x1,5	M50 x1,5	M55 x1,5	M60 x1,5	M65 x1,5
d_2	32	36	42	50	55	62	68	75	80	90	95
d_3	27	30	36	43	48	54	60	67	70	80	85
b	5	6	6	7	7	8	8	8	10	10	10
h	7	8	9	10	11	12	12	13	13	13	14

Anzahl der Nuten: 4 (bis M42), 6 (über M42)
Ausführung: w ungehärtet und ungeschliffen,
h gehärtet, Planflächen geschliffen

Bezeichnung einer Nutmutter M50 x 1,5, gehärtet:
Nutmutter DIN 1804-M50 x 1,5-h

Bezeichnungsbeispiele für Schrauben und Muttern

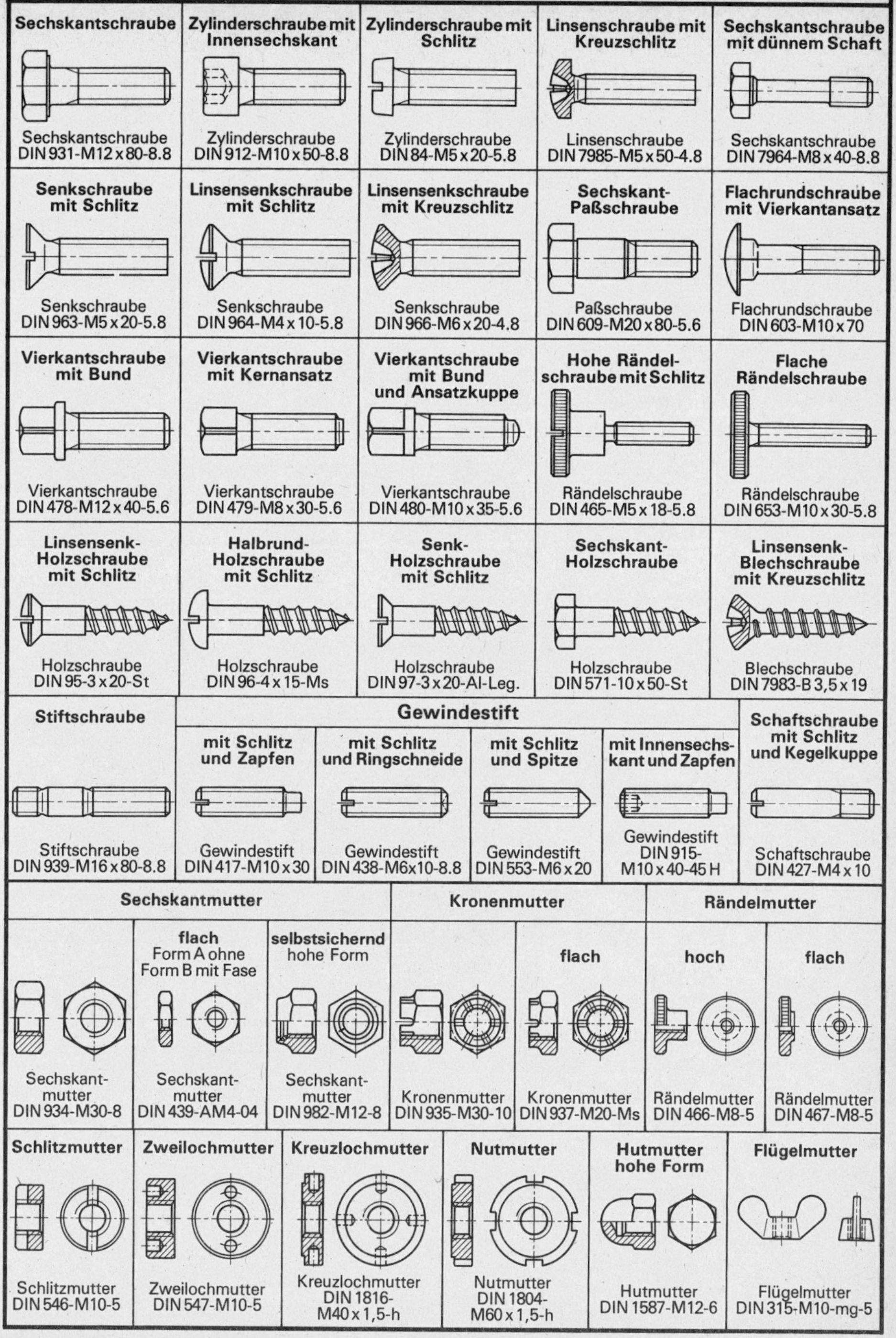
Sechskantschraube
Sechskantschraube
DIN 931-M12 x 80-8.8
Zylinderschraube mit Innensechskant
Zylinderschraube
DIN 912-M10 x 50-8.8
Zylinderschraube mit Schlitz
Zylinderschraube
DIN 84-M5 x 20-5.8
Linsenschraube mit Kreuzschlitz
Linsenschraube
DIN 7985-M5 x 50-4.8
Sechskantschraube mit dünnem Schaft
Sechskantschraube
DIN 7964-M8 x 40-8.8
Senkschraube mit Schlitz
Senkschraube
DIN 963-M5 x 20-5.8
Linsensenkschraube mit Schlitz
Senkschraube
DIN 964-M4 x 10-5.8
Linsensenkschraube mit Kreuzschlitz
Senkschraube
DIN 966-M6 x 20-4.8
Sechskant-Paßschraube
Paßschraube
DIN 609-M20 x 80-5.6
Flachrundschraube mit Vierkantansatz
Flachrundschraube
DIN 603-M10 x 70
Vierkantschraube mit Bund
Vierkantschraube
DIN 478-M12 x 40-5.6
Vierkantschraube mit Kernansatz
Vierkantschraube
DIN 479-M8 x 30-5.6
Vierkantschraube mit Bund und Ansatzkuppe
Vierkantschraube
DIN 480-M10 x 35-5.6
Hohe Rändelschraube mit Schlitz
Rändelschraube
DIN 465-M5 x 18-5.8
Flache Rändelschraube
Rändelschraube
DIN 653-M10 x 30-5.8
Linsensenk-Holzschraube mit Schlitz
Holzschraube
DIN 95-3 x 20-St
Halbrund-Holzschraube mit Schlitz
Holzschraube
DIN 96-4 x 15-Ms
Senk-Holzschraube mit Schlitz
Holzschraube
DIN 97-3 x 20-Al-Leg.
Sechskant-Holzschraube
Holzschraube
DIN 571-10 x 50-St
Linsensenk-Blechschraube mit Kreuzschlitz
Blechschraube
DIN 7983-B 3,5 x 19
Stiftschraube
Stiftschraube
DIN 939-M16 x 80-8.8
Gewindestift
mit Schlitz und Zapfen
Gewindestift
DIN 417-M10 x 30
mit Schlitz und Ringschneide
Gewindestift
DIN 438-M6x10-8.8
mit Schlitz und Spitze
Gewindestift
DIN 553-M6 x 20
mit Innensechskant und Zapfen
Gewindestift
DIN 915-M10 x 40-45 H
Schaftschraube mit Schlitz und Kegelkuppe
Schaftschraube
DIN 427-M4 x 10
Sechskantmutter
Sechskantmutter
DIN 934-M30-8
flach
Form A ohne
Form B mit Fase
Sechskantmutter
DIN 439-AM4-04
selbstsichernd
hohe Form
Sechskantmutter
DIN 982-M12-8
Kronenmutter
Kronenmutter
DIN 935-M30-10
flach
Kronenmutter
DIN 937-M20-Ms
Rändelmutter
hoch
Rändelmutter
DIN 466-M8-5
flach
Rändelmutter
DIN 467-M8-5
Schlitzmutter
Schlitzmutter
DIN 546-M10-5
Zweilochmutter
Zweilochmutter
DIN 547-M10-5
Kreuzlochmutter
Kreuzlochmutter
DIN 1816-M40 x 1,5-h
Nutmutter
Nutmutter
DIN 1804-M60 x 1,5-h
Hutmutter hohe Form
Hutmutter
DIN 1587-M12-6
Flügelmutter
Flügelmutter
DIN 315-M10-mg-5

Schlüsselweiten, Werkzeugvierkante

Schlüsselweiten

DIN 475 T1 (3.80)

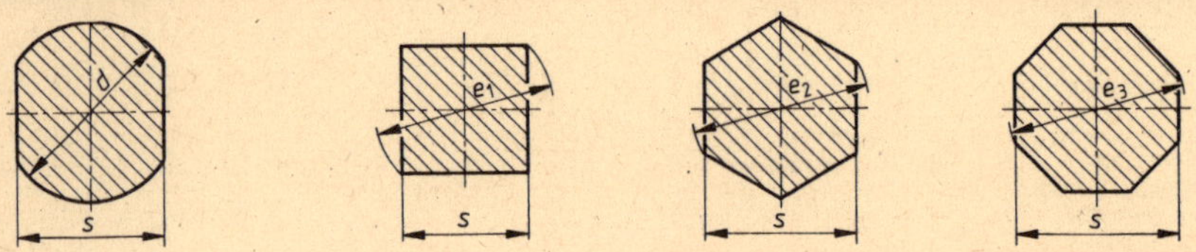

Bezeichnung einer Schlüsselweite (SW) mit Nennmaß $s = 16$ mm: **DIN 475-SW16**

$e_1 = 1{,}4142 \cdot s$
$s = 0{,}7071 \cdot e_1$

$e_2 = 1{,}1547 \cdot s$
$s = 0{,}8660 \cdot e_2$

$e_3 = 1{,}0824 \cdot s$
$s = 0{,}9239 \cdot e_3$

Schlüsselweite (SW) Nennmaß s	Eckenmaß			Schlüsselweite (SW) Nennmaß s	Eckenmaß				Schlüsselweite (SW) Nennmaß s	Eckenmaß			
	2kant d	4kant e_1 ≈	6kant e_2* ≈		2kant d	4kant e_1 ≈	6kant e_2* ≈	8kant e_3 ≈		2kant d	4kant e_1 ≈	6kant e_2* ≈	8kant e_3 ≈
3,2	3,7	4,5	3,7	15	17	21,2	17,3	–	32	38	45,3	36,9	34,6
3,5	4	4,9	4,0	16	18	22,6	18,5	–	34	40	48,0	39,3	36,7
4	4,5	5,7	4,6	17	19	24,0	19,6	–	36	42	50,9	41,6	39,0
4,5	5	6,4	5,2	18	21	25,4	20,8	–	41	48	58,0	47,3	44,4
5	6	7,1	5,8	19	22	26,9	21,9	–	46	52	65,1	53,1	49,8
5,5	7	7,8	6,4	20	23	28,3	23,1	–	50	58	70,7	57,7	54,1
6	7	8,5	6,9	21	24	29,7	24,2	22,7	55	65	77,8	63,5	59,5
7	8	9,9	8,1	22	25	31,1	25,4	23,8	60	70	84,8	69,3	64,9
8	9	11,3	9,2	23	26	32,5	26,6	24,9	65	75	91,9	75,0	70,3
9	10	12,7	10,4	24	28	33,9	27,7	26,0	70	82	99,0	80,8	75,7
10	12	14,1	11,5	25	29	35,5	28,9	27,0	75	88	106	86,6	81,2
11	13	15,6	12,7	26	31	36,8	30,0	28,1	80	92	113	92,4	86,6
12	14	17,0	13,9	27	32	38,2	31,2	29,1	85	98	120	98,1	92,0
13	15	18,4	15,0	28	33	39,6	32,3	30,2	90	105	127	103,9	97,4
14	16	19,8	16,2	30	35	42,4	34,6	32,5	95	110	134	109,7	103

* In DIN 475 sind die Maße e_2 kleiner, diese kleineren Maße sind empfohlene Herstellungsmaße für fertiggepreßte Sechskantprodukte.

Werkzeug-Vierkante

DIN 10 (4.73)

Außenvierkante **Innenvierkante**

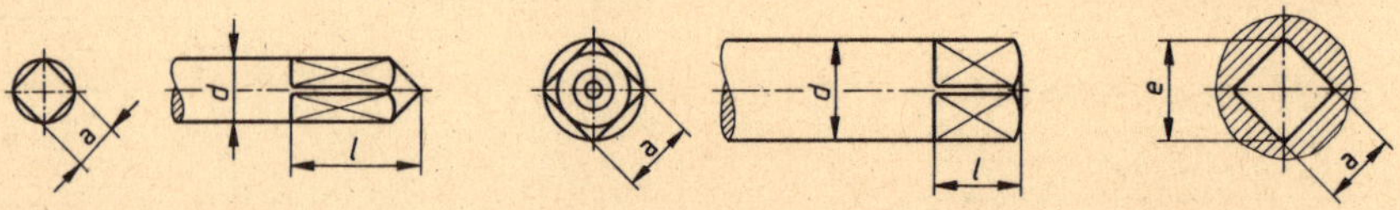

Bezeichnung eines Werkzeug-Vierkantes mit Vierkantmaß $a = 8$ mm: **ISO-Vierkant DIN 10-8**

Schaft-∅ d	Durchmesserbereich		Nennmaß a	Außenvierkant a		l	Innenvierkant a		e
	über	bis		max.	min.		max.	min.	
2	1,9	2,12	1,6	1,60	1,54	4	1,68	1,62	2,18
2,5	2,36	2,65	2	2,00	1,94	4	2,08	2,02	2,71
3,15	3	3,35	2,5	2,50	2,44	5	2,58	2,52	3,42
4	3,75	4,25	3,15	3,15	3,07	6	3,25	3,18	4,32
5	4,75	5,3	4	4,00	3,92	7	4,10	4,03	5,37
6,3	6	6,7	5	5,00	4,92	8	5,10	5,03	6,79
8	7,5	8,5	6,3	6,30	6,21	9	6,43	6,34	8,59
10	9,5	10,6	8	8,00	7,91	11	8,13	8,04	10,71
12,5	11,8	13,2	10	10,00	9,91	13	10,13	10,04	13,31
16	15	17	12,5	12,50	12,39	16	12,66	12,55	17,11
20	19	21,2	16	16,00	15,89	20	16,16	16,05	21,33
25	23,6	26,5	20	20,00	19,87	24	20,19	20,06	26,63
31,5	30	33,5	25	25,00	24,87	28	28,19	25,06	33,66
40	37,5	42,5	31,5	31,50	31,34	34	31,74	31,58	42,66
50	47,6	53	40	40,00	39,84	42	40,24	40,08	53,19

Scheiben, Federringe

Scheiben

DIN 125 (5.68)

Form **A** ohne Fase　　　Form **B** mit Fase

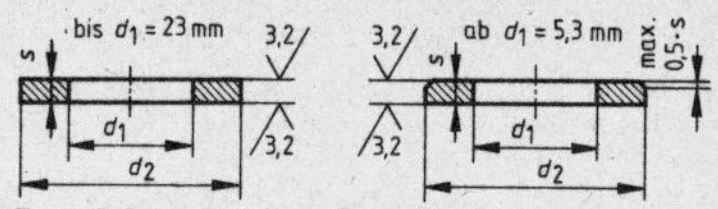

Bezeichnung einer Scheibe Form A, d_1 = 8,4 mm Stahl:
Scheibe DIN-125-A 8,4-St

Für Schrauben	d_1	d_2	s	Für Schrauben	d_1	d_2	s	Für Schrauben	d_1	d_2	s
M 2,5	2,7	6,5	0,5	M 8	8,4	17	1,6	M 24	25	44	4
M 3	3,2	7	0,5	M 10	10,5	21	2	M 30	31	56	4
M 4	4,3	9	0,8	M 12	13	24	2,5	M 36	37	66	5
M 5	5,3	10	1	M 16	17	30	3	M 42	43	78	7
M 6	6,4	12,5	1,6	M 20	21	37	3	M 48	50	92	8

Federringe

DIN 127 (12.70)

Form **A** aufgebogen　　　Form **B** glatt

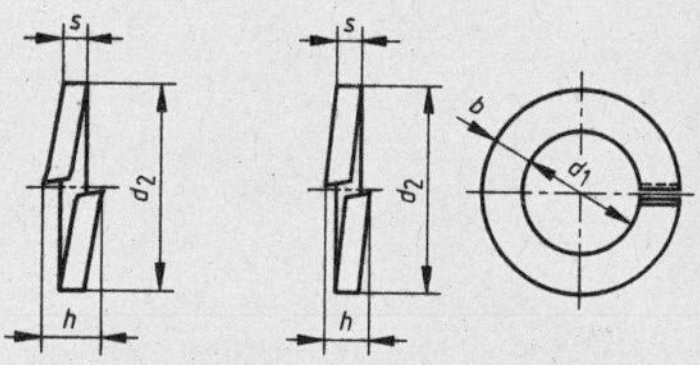

Bezeichnung eines Federringes Form A, Größe 10: **Federring DIN 127-A 10**

Größe	d_1	d_2	h Form A		h Form B		b	s
		max.	min.	max.	min.	max.		
3	3,1	6,2	1,9	2,1	1,6	1,9	1,3	0,8
4	4,1	7,6	2,1	2,5	1,8	2,1	1,5	0,9
5	5,1	9,2	2,7	3,2	2,4	2,8	1,8	1,2
6	6,1	11,8	3,6	4,2	3,2	3,8	2,5	1,6
8	8,1	14,8	4,6	5,4	4	4,7	3	2
10	10,2	18,1	5	5,9	4,4	5,2	3,5	2,2
12	12,2	21,1	5,8	6,8	5	5,9	4	2,5
16	16,2	27,4	7,8	9,2	7	8,3	5	3,5
20	20,2	33,6	8,8	10,4	8	9,4	6	4
24	24,5	40	11	13	10	11,8	7	5

Zahnscheiben

DIN 6797 (8.71)

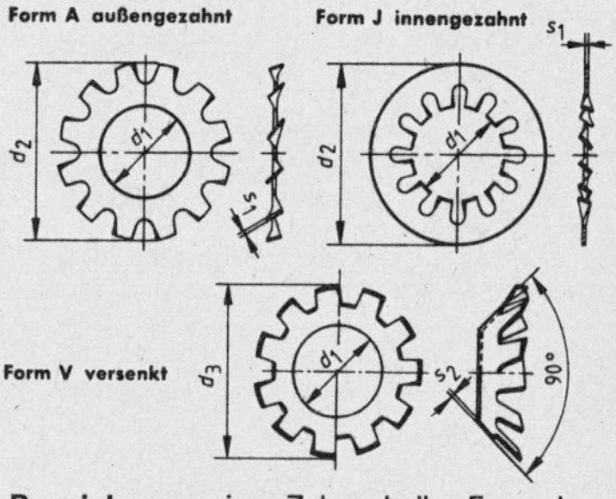

Bezeichnung einer Zahnscheibe Form J, d_1 = 6,4 mm phosphat-rostgeschützt:
Zahnscheibe DIN 6797-J 6,4-phr

für Gewindedurchmesser	d_1 H13	d_2 h14	d_3 ≈	s_1	s_2	Mindestanzahl der Zähne Form A u. J	V
3	**3,2**	6	6	0,4	0,2	6	6
4	**4,3**	8	8	0,5	0,25	8	8
5	**5,1** 1)	9	–	0,5	–	8	–
5	**5,3**	10	9,8	0,6	0,3	8	8
6	**6,4**	11	11,8	0,7	0,4	8	10
8	**8,2** 1)	14	–	0,8	–	8	–
8	**8,4**	15	15,3	0,8	0,4	8	10
10	**10,5**	18	19	0,9	0,5	9	10
12	**12,5**	20,5	23	1	0,5	10	10
16	**16,5**	26	30,2	1,2	0,6	12	12
20	**21**	33	–	1,4	–	12	–
24	**25**	38	–	1,5	–	14	–

1) Nur für Sechskantschrauben

Fächerscheiben

DIN 6798 (8.71)

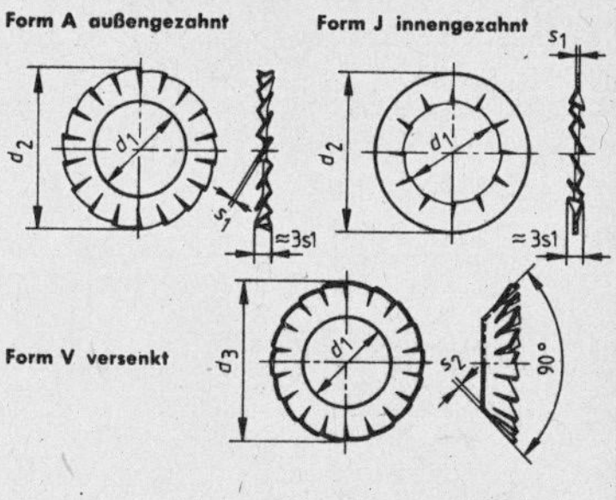

Bezeichnung einer Fächerscheibe Form J, d_1 = 6,4 mm, phosphat-rostgeschützt:
Fächerscheibe DIN 6798-J 6,4-phr

Für Gewindedurchmesser	d_1 H13	d_2 h14	d_3 ≈	s_1	s_2	Mindestanzahl der Zähne Form A	J	V
3	**3,2**	6	6	0,4	0,2	9	7	12
4	**4,3**	8	8	0,5	0,25	11	8	14
5	**5,1** 1)	9	–	0,5	–	11	8	–
5	**5,3**	10	9,8	0,6	0,3	11	8	14
6	**6,4**	11	11,8	0,7	0,4	12	9	16
8	**8,2** 1)	14	–	0,8	–	14	10	–
8	**8,4**	15	15,3	0,8	0,4	14	10	18
10	**10,5**	18	19	0,9	0,5	16	12	20
12	**12,5**	20,5	23	1	0,5	16	12	26
16	**16,5**	26	30,2	1,2	0,6	18	14	30
20	**21**	33	–	1,4	–	20	16	–
24	**25**	38	–	1,5	–	20	16	–

1) Nur für Sechskantschrauben

Stifte

Zylinderstifte

DIN 7 (6.56)

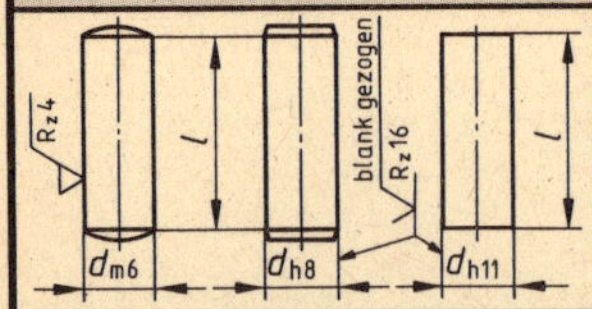

d	0,8	1,0	1,2	1,5	2,0	2,5	3,0	4,0	5,0	6,0	8,0	10	12	14	16	20
l von	2	3	3	3	4	4	4	5	5	6	8	10	10	14	16	20
l bis	8	12	14	16	20	24	32	40	50	60	80	100	120	160	180	200

Bezeichnung eines Zylinderstiftes von 4 mm Nenndurchmesser mit einem Toleranzfeld h8 und 20 mm Länge: **Zylinderstift DIN 7–4 h8 x 20**
Werkstoff: St 50 K, 9 S 20 K

Zylinderstifte, gehärtet

DIN 6325 (10.71)

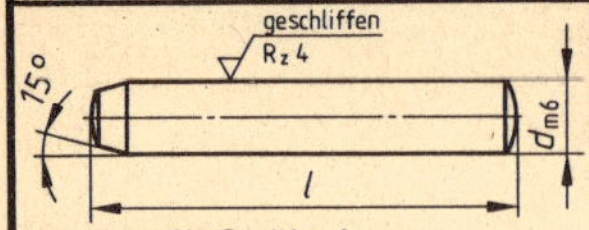

Werkstoff: Stahl mit $R_m \geqq 600$ N/mm², gehärtet

d	0,8	1	1,5	2	2,5	3	4	5	6	8	10	12	14	16	20
l von	2	4	4	6	6	8	10	12	14	18	24	28	36	40	50
l bis	8	10	16	20	24	32	40	50	60	80	100	100	120	120	120

Bezeichnung eines gehärteten Zylinderstiftes von 4 mm Nenndurchmesser mit der Toleranz m6 und 20 mm Länge: **Zylinderstift DIN 6325–4 m6 x 20**

Kegelstifte

DIN 1 (3.61)

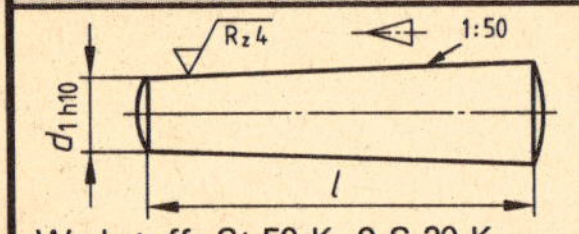

Werkstoff: St 50 K, 9 S 20 K

d_1	0,6	0,8	1,0	1,5	2,0	3,0	4,0	5,0	7,0	8,0	10	12	14	16	20
l von	4	6	8	10	12	14	16	20	24	28	32	36	36	40	50
l bis	10	14	18	26	36	50	60	70	100	120	140	165	165	200	230

Bezeichnung eines Kegelstiftes von 3 mm Nenndurchmesser und 25 mm Länge: **Kegelstift DIN 1–3 x 25**

Kegelstifte mit Gewindezapfen und konstanten Kegellängen

DIN 258 (2.77)

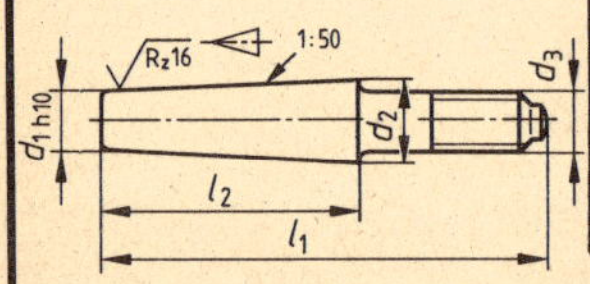

Werkstoff: 9 S Mn Pb 28 K

d_1	5	6	8	10	12	14	16	20	25	30
l_2	25	30	40	45	55	65	72	85	100	110
l_1 von	40	45	55	65	85	85	100	120	140	160
l_1 bis	50	60	75	100	140	140	160	190	250	280
d_3	M5	M6	M8	M10	M12	M12	M16	M16	M20	M24

Bezeichnung eines Kegelstiftes mit Gewindezapfen von Nenndurchmesser d_1 = 10 mm, Länge l_1 = 85 mm, aus 9 SMn Pb 28 K (St): **Stift DIN 258 – 10 x 85 – St**

Kegelstifte mit Innengewinde

DIN 7978 (2.77)

Ausführung A geschliffen (R_z 4 µm)
" B gedreht (R_z 16 µm)

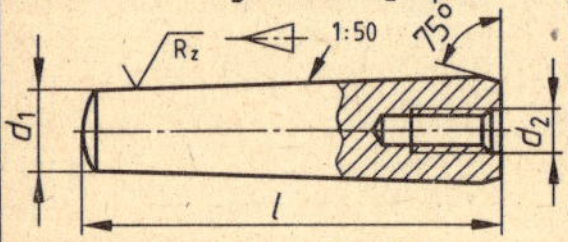

Werkstoff: 9 S Mn Pb 28 K

d_1	6	8	10	12	14	16	20	25	30	40	50
l von	16	20	24	28	28	32	36	45	55	90	110
l bis	55	90	110	130	140	180	260	260	260	260	260
d_2	M4	M5	M6	M8	M8	M10	M12	M16	M20	M20	M24

Bezeichnung eines Kegelstiftes Ausführung A, von Nenndurchmesser d_1 = 8 mm und Länge l = 45 mm aus 9 S Mn Pb 28 K (St): **Stift DIN 7979 – A 10 x 45 – St**

Spannstifte

DIN 1481 (11.78)

bis 6 mm Nenndurchmesser

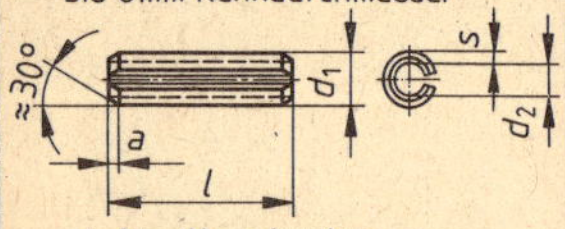

ab 8 mm Nenndurchmesser

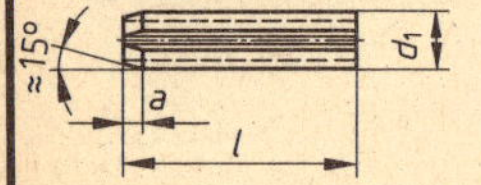

Werkstoff: Federstahl 55 Si 7, vergütet auf 422...560 HV 5

Nenndurchmesser		2	3	4	6	8	10	12	14	16	18	21	25
vor dem Einbau	d_1 min.	2,3	3,3	4,4	6,4	8,5	10,5	12,5	14,4	16,5	18,5	21,5	25,5
	d_1 max.	2,4	3,5	4,6	6,7	8,8	10,8	12,8	14,8	16,8	18,8	21,9	25,9
	$d_2 \approx$	1,5	2,1	2,8	3,9	5,5	6,5	7,5	8,5	10,5	11,5	13,5	15,5
l	von	4	4	4	10	10	10	10	10	10	10	14	14
	bis	30	40	50	100	120	160	180	200	200	200	200	200
für Schraube		–	–	–	M3	M4	M5	M6	–	M8	M10	M12	M14

Der Nenndurchmesser d der Spannstifte ist zugleich der Nenndurchmesser der zugehörigen Aufnahmebohrung (H 12).
Bezeichnung eines Spannstiftes von 10 mm Nenndurchmesser und 40 mm Länge: **Spannstift DIN 1481 – 10 x 40**

Kerbstifte, Kerbnägel, Bolzen

Kerbstifte, Kerbnägel

DIN 1471...1477 (11.78)

Kegelkerbstifte DIN 1471

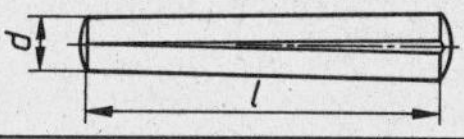

Paßkerbstifte DIN 1472

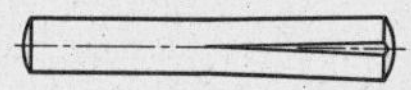

Zylinderkerbstifte DIN 1473

Steckkerbstifte DIN 1474

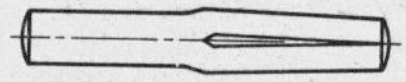

Knebelkerbstifte DIN 1475

Halbrundkerbnägel DIN 1476

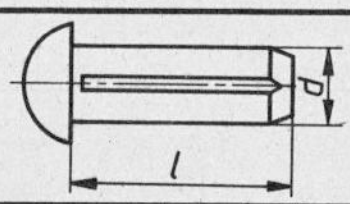

Senkkerbnägel DIN 1477

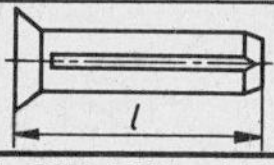

	d	1,5	2	2,5	3	4	5	6	8	10	12	14	16	20
Kegelkerbstifte DIN 1471	*l* von	4	5	6	6	8	8	10	12	16	16	20	25	30
	l bis	20	30	30	40	60	60	80	100	120	120	120	120	120
Paßkerbstifte DIN 1472	*l* von	6	6	6	6	10	10	10	12	16	20	25	30	30
	l bis	20	30	30	40	60	60	80	100	160	180	180	180	180
Zylinderkerbstifte DIN 1473	*l* von	4	4	6	6	6	8	10	12	16	16	20	25	30
	l bis	20	30	30	40	60	60	80	100	120	120	120	120	120
Steckkerbstifte DIN 1474	*l* von	6	6	8	8	10	10	12	16	20	30	30	30	30
	l bis	20	30	30	40	60	60	80	100	160	180	180	180	180
Knebelkerbstifte DIN 1475	*l* von	8	12	12	12	20	20	25	25	35	40	45	45	45
	l bis	20	30	30	40	60	60	80	100	160	180	180	180	180
	d	1,4	1,6	2	2,5	3	4	5	6	8	10	12	16	20
Halbrundkerbnägel DIN 1476	*l* von	3	3	3	3	4	6	8	8	10	12	16	20	25
	l bis	6	6	10	10	16	20	25	35	40	40	40	40	40
Senkkerbnägel DIN 1477	*l* von	3	3	4	4	5	6	8	8	10	12	16	20	25
	l bis	6	6	10	10	16	20	25	35	40	40	40	40	40

Werkstoffe für DIN 1471...1475:
St (≙ 9 SMn Pb 28 K)
Werkstoffe für DIN 1476 und 1477:
St (≙ USt 36-2 oder UQSt 36-2)
Regelausführung: blank, geölt

Bezeichnung eines blanken Paßkerbstiftes mit Nenndurchmesser $d = 5$ mm und Länge $l = 50$ mm aus 9 SMn Pb 28 K (St):

Kerbstift DIN 1472 – 5 x 50 – St

Bolzen ohne Kopf und mit Kopf

DIN 1443 (3.74), DIN 1444 (3.74)

Bolzen ohne Kopf DIN 1443

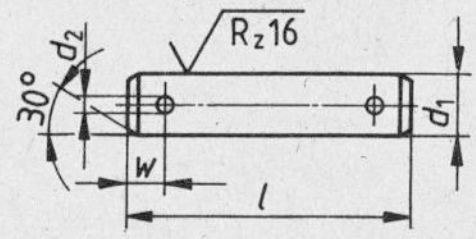

Bolzen mit Kopf DIN 1444

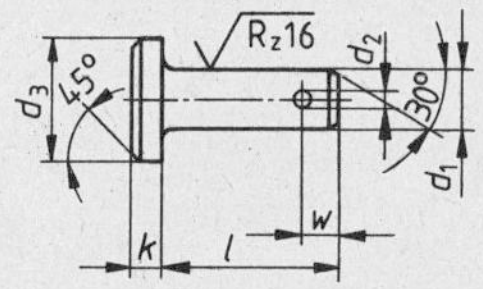

d_1	3	4	5	6	8	10	12	14	16	18	20	22	24
d_2 H13	0,8	1	1,2	1,6	2	3,2	3,2	4	4	5	5	5	6,3
d_3 h14	5	6	8	10	14	18	20	22	25	28	30	33	36
k js14	1	1	1,6	2	3	4	4	4	4,5	5	5	5,5	6
w	1,6	2,2	2,9	3,2	3,5	4,5	5,5	6	6	7	8	8	9
l von	6	8	10	12	16	20	25	30	35	40	40	45	50
l bis	30	40	50	60	80	100	100	100	100	100	100	100	100

Bezeichnung eines Bolzens ohne Kopf Form A, mit Durchmesser $d_1 = 10$ mm, Toleranzfeld h 11 und Länge $l = 50$ mm, aus 9 SMnPb 28 K (St):

Bolzen DIN 1443 – A 10 h 11 x 50 - St

Werkstoff: St (≙ 9 S MnPb 28 K)
Form A ohne Splintloch
Form B mit Splintloch

Empfohlene Toleranzfelder für den Bolzendurchmesser d_1:
a 11, c 11, f 8 oder h 11

Bolzen mit Kopf und Gewindezapfen

DIN 1445 (2.77)

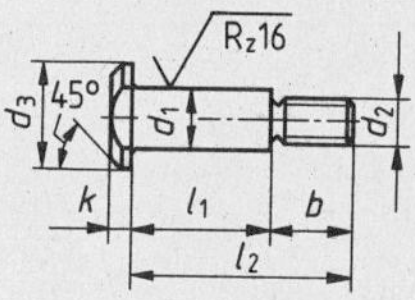

d_1 h11	8	10	12	14	16	18	20	24	30	40	50
b min	11	14	17	20	20	20	25	29	36	42	49
d_2	M6	M8	M10	M12	M12	M12	M16	M20	M24	M30	M36
d_3 h14	14	18	20	22	25	28	30	36	44	55	66
k js14	3	4	4	4	4,5	5	5	6	8	8	9
s	11	13	17	19	22	24	27	32	36	50	60

Werkstoff: St (≙ 9 SMnPb 28 K)

Bezeichnung eines Bolzens von $d_1 = 12$ mm, mit Toleranzfeld h 11, Klemmlänge $l_1 = 30$ mm und Länge $l_2 = 50$ mm, aus 9 SMnPb 28 K (St):
Bolzen DIN 1445 - 12 h 11 x 30 x 50 - St

Niete

Halbrundniete DIN 660 (7.77) und Senkniete DIN 661 (7.77)

Nenndurchmesser 1 bis 8 mm

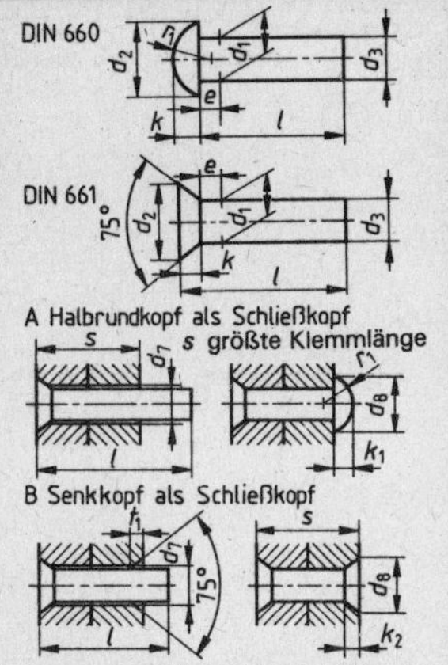

	Nenndurchmesser d_1	1	1,2	1,6	2	2,5	3	4	5	6	8
	d_2	1,8	2,1	2,8	3,5	4,4	5,2	7	8,8	10,5	14
	d_3 min.	0,93	1,13	1,52	1,87	2,37	2,87	3,87	4,82	5,82	7,76
	e	0,5	0,6	0,8	1	1,3	1,5	2	2,5	3	4
	d_7 H 12	1,05	1,25	1,65	2,1	2,6	3,1	4,2	5,2	6,3	8,4
Halbrundkopf A	d_8	1,8	2,1	2,8	3,5	4,4	5,2	7	8,8	10,5	14
	k_1	0,6	0,7	1	1,2	1,5	1,8	2,4	3	3,6	4,8
	$r_1 \approx$	1	1,2	1,6	1,9	2,4	2,8	3,8	4,6	5,7	7,5
Senkkopf B	d_8	1,8	2,1	2,8	3,5	4,4	5,2	7	8,8	10,5	14
	$k_2 \approx$	0,4	0,5	0,7	0,8	1	1,3	1,9	2,4	2,8	3,9
	t_1	0,4	0,5	0,7	0,8	1	1,3	1,8	2,3	2,7	3,7
DIN 660 l	von	2	2	2	2	3	3	4	5	6	8
	bis	6	8	12	20	25	30	40	40	40	40
DIN 661 l	von	2	2	2	3	4	5	6	8	10	12
	bis	5	6	8	10	12	16	20	25	30	40

Nennlängen l: 2, 3, 4, 5, 6, 8, 10, 12, 14, 16, 18, 20, 22, 25, 28, 30, 32, 35, 38, 40 mm. Über 40 mm von 5 zu 5 mm gestuft.

Halbrundniete DIN 124 (7.77) und Senkniete DIN 302 (7.77)

Nenndurchmesser 10 bis 36 mm

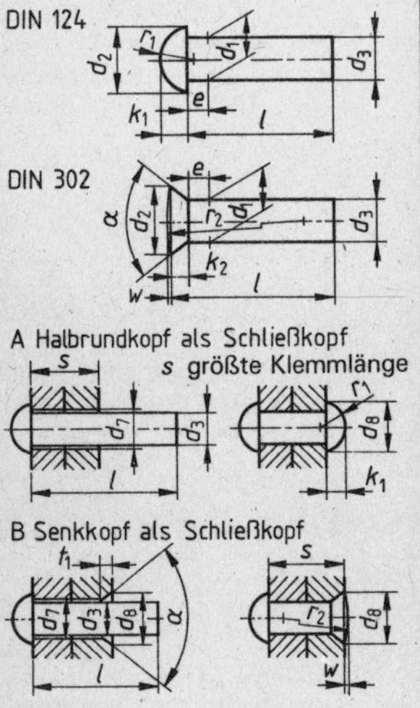

Werkstoffe:
USt 36-2 oder UQSt 36-2

	Nenndurchmesser d_1	10	12	16	20	24	30	36
DIN 124	d_2 h 16 = d_8	16	19	25	32	40	48	58
	$r_1 \approx$	8	9,5	13	16,5	20,5	24,5	30
	l von	10	18	24	30	38	50	62
	l bis	50	60	80	100	120	150	160
DIN 302	d_2 h 16 = d_8	14,5	18	26	31,5	38	42,5	51
	$k_2 \approx$	3	4	6,5	10	12	15	18
	$r_2 \approx$	32	45	85	120	85	120	170
	l von	10	14	24	30	36	45	55
	l bis	52	60	80	100	120	150	160
DIN 124 und DIN 302	d_3 min.	9,4	11,3	15,2	19,1	22,9	28,6	34,6
	e	5	6	8	10	12	15	18
	d_7 H 12	10,5	13	17	21	25	31	37
	k_1	6,5	7,5	10	13	16	19	23
	$r_1 \approx$	8	9,5	13	16,5	20,5	24,5	30
	$r_2 \approx$	32	45	85	120	85	120	170
	$w \approx$	1				2		
	t_1	4,2	5,1	7	10	11,7	17,5	20
	α	75°			60°		45°	

Nennlängen l für Halbrundniete DIN 124 und für Senkniete DIN 302: 10, 12, 14, 16, 18, 20, 22, 24, 26, 28, 30, 32, 34, 36, 38, 40, 42, 45, 48, 50, 52, 55, 58, 60, 62, 65, 68, 70, 72, 75, 78, 80 mm; bis 160 mm um je 5 mm; über 160 mm um je 10 mm gestuft.

Nietverbindungen

Einreihige Überlappungsnietung

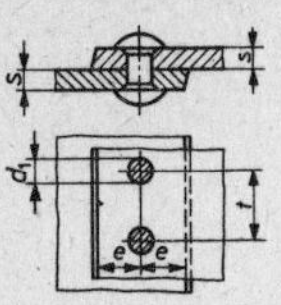

$e = 1{,}5 \cdot d_1$
$t = 2 \cdot d_1 + 8$ mm

Zweireihige Überlappungsnietung

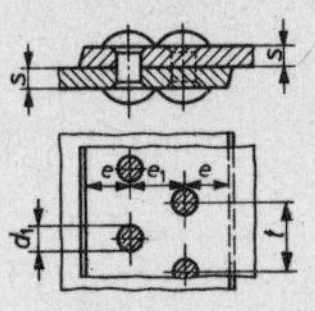

$e = 1{,}5 \cdot d_1$
$t = 2{,}6 \cdot d_1 + 15$ mm
$e_1 = 0{,}6 \cdot t$

Einreihige einfache Laschennietung

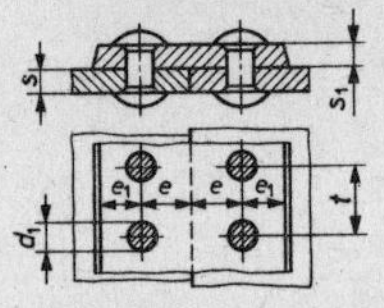

$e = 1{,}5 \cdot d_1$
$t = 2{,}6 \cdot d_1 + 8$ mm
$e_1 = 1{,}35 \cdot d_1$; $s_1 = 1{,}2 \cdot s$

Einreihige Doppellaschennietung

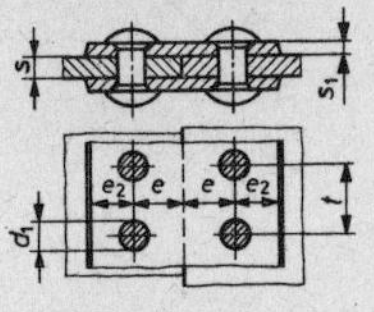

$e = 1{,}5 \cdot d_1$
$t = 2{,}6 \cdot d_1 + 10$ mm
$e_2 = 1{,}35 \cdot d_1$; $s_1 = 0{,}67 \cdot s$

Keile und Federn, Nuten

Einlegekeile, Treibkeile, Nuten

DIN 6886 (12.67)

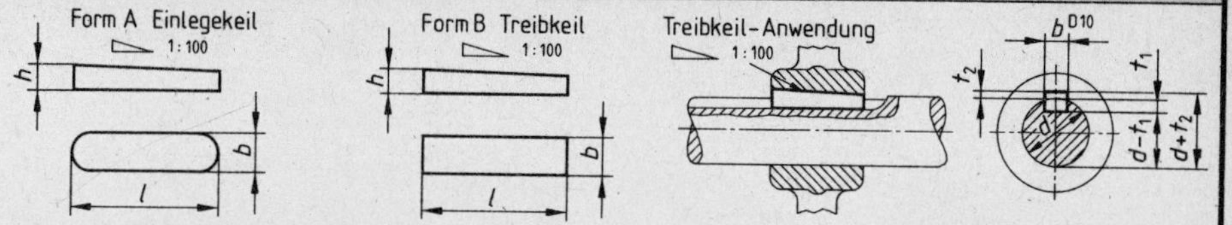

Für Wellendurchmesser *d*	über / bis	6 / 8	8 / 10	10 / 12	12 / 17	17 / 22	22 / 30	30 / 38	38 / 44	44 / 50	50 / 58	58 / 65	65 / 75	75 / 85	85 / 95
Keilquerschnitt	*b* / *h*	2 / 2	3 / 3	4 / 4	5 / 5	6 / 6	8 / 7	10 / 8	12 / 8	14 / 9	16 / 10	18 / 11	20 / 12	22 / 14	25 / 14
Wellennuttiefe / Nabennuttiefe	t_1 / t_2	1,2 / 0,5	1,8 / 0,9	2,5 / 1,2	3 / 1,7	3,5 / 2,2	4 / 2,4	5 / 2,4	5 / 2,4	5,5 / 2,9	6 / 3,4	7 / 3,4	7,5 / 3,9	9 / 4,4	9 / 4,4
Keillänge	*l* von / bis	6 / 20	8 / 36	10 / 45	12 / 56	16 / 70	20 / 90	25 / 110	32 / 140	40 / 160	45 / 180	50 / 200	56 / 220	63 / 250	70 / 280

Bezeichnung eines Keils der Form A, von $b = 20$ mm, $h = 12$ mm, $l = 125$ mm:
Keil DIN 6886 – A 20 x 12 x 125

		zulässige Abweichung
Wellennuttiefe	t_1	+0,1…+0,2
Nabennuttiefe	t_2	+0,1…+0,2
Länge des Keils	*l*	−0,2…−0,5
Länge der Nut	*l*	+0,2…+0,5

Paßfedern, Nuten

DIN 6885 T1 (8.68)

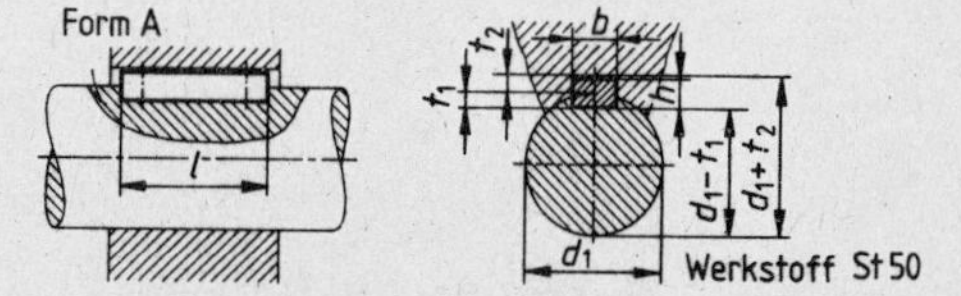

		Toleranz
Wellennutbreite *b*	fester Sitz / leichter Sitz	P 9 / N 9
Nabennutbreite *b*	fester Sitz / leichter Sitz	P 9 / JS 9
Wellennuttiefe t_1	zul. Abweichung	+0,1…0,2
Nabennuttiefe t_2	zul. Abweichung	+0,1…0,2

Für Wellendurchmesser	d_1 über / bis	6 / 8	8 / 10	10 / 12	12 / 17	17 / 22	22 / 30	30 / 38	38 / 44	44 / 50	50 / 58	58 / 65	65 / 75	75 / 85	85 / 95	95 / 110	110 / 130
Paßfeder-Querschnitt	Breite *b* / Höhe *h*	2 / 2	3 / 3	4 / 4	5 / 5	6 / 6	8 / 7	10 / 8	12 / 8	14 / 9	16 / 10	18 / 11	20 / 12	22 / 14	25 / 14	28 / 16	32 / 18
Wellennuttiefe	t_1	1,2	1,8	2,5	3	3,5	4	5	5	5,5	6	7	7,5	9	9	10	11
Nabennuttiefe	t_2	1	1,4	1,8	2,3	2,8	3,3	3,3	3,3	3,8	4,3	4,4	4,9	5,4	5,4	6,4	7,4
Paßfederlänge	*l* von / bis	6 / 20	6 / 36	8 / 45	10 / 56	14 / 70	18 / 90	20 / 110	28 / 140	36 / 160	45 / 180	50 / 200	56 / 220	63 / 250	70 / 280	80 / 320	90 / 360

Bezeichnung einer Paßfeder Form A, $b = 12$ mm, $h = 8$ mm, $l = 56$ mm: **Paßfeder DIN 6885 – A 12 x 8 x 56**

Scheibenfedern

DIN 6888 (8.56)

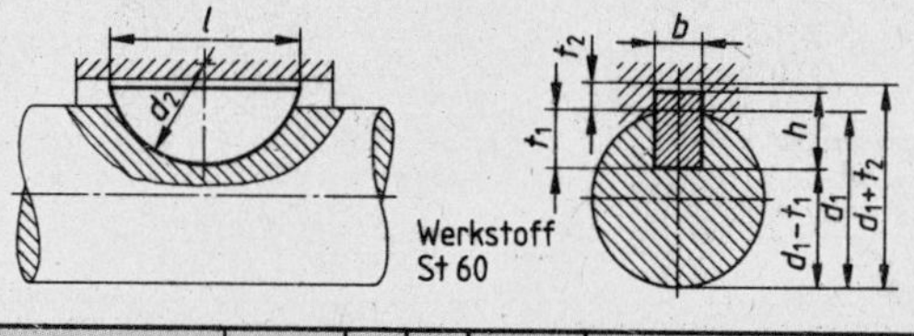

		Toleranz
Wellennutbreite *b*	fester Sitz / leichter Sitz	P 9 / N 9
Nabennutbreite *b*	fester Sitz / leichter Sitz	P 9 / J 9
Wellennuttiefe t_1	zul. Abweichung	+0,1…0,2
Nabennuttiefe t_2	zul. Abweichung	+0,1…0,2
Federlänge *l*	ungefähr	$0{,}97 \cdot d_2$

Wellendurchmesser	d_1 über / bis	3 / 4	4 / 6	6 / 8		8 / 10				10 / 12			12 / 17			17 / 22			22 / 30			30 / 38		
Querschnitt	b_{h9}	1	1,5	2		2,5	3			4			5			6			8			10		
	h_{h12}	1,4	2,6	2,6	3,7	3,7	3,7	5	6,5	5	6,5	7,5	6,5	7,5	9	7,5	9	11	9	11	13	11	13	16
Durchmesser	d_2	4	7	7	10	10	10	13	16	13	16	19	16	19	22	19	22	28	22	28	32	28	32	45
Wellennuttiefe	t_1	1	2	1,8	2,9	2,9	2,5	3,8	5,3	3,5	5,0	6,0	4,5	5,5	7,0	5,1	6,6	8,6	6,2	8,2	10	7,8	9,8	13
Nabennuttiefe	t_2	0,6	0,8	1,0		1,0	1,4			1,7			2,2			2,6			3,0			3,4		

Bezeichnung einer Scheibenfeder von Breite $b = 6$ mm und Höhe $h = 9$ mm: **Scheibenfeder DIN 6888 – 6 x 9**

Kegel

Werkzeugkegel

DIN 228 T1 und T2 (7.82)

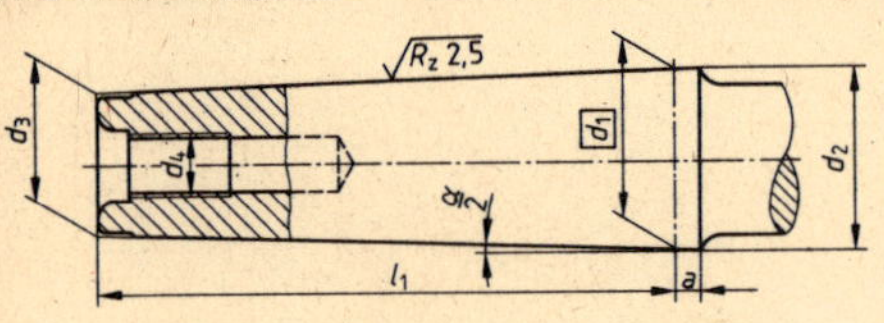

Form A Kegelschaft mit Anzuggewinde

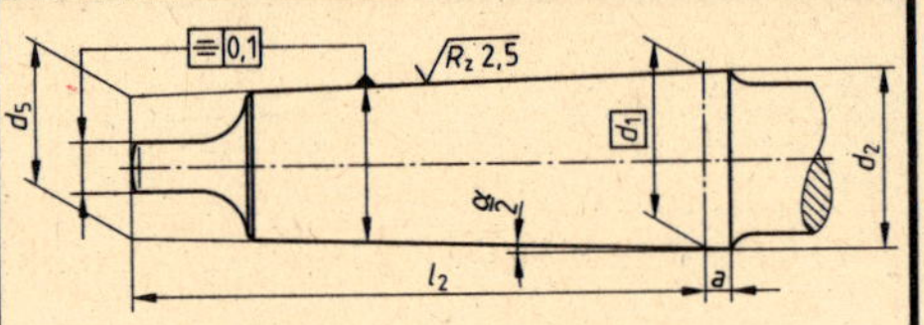

Form B Kegelschaft mit Austreiblappen

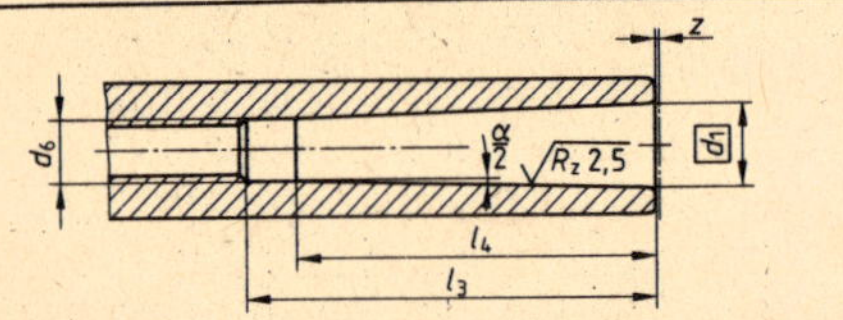

Form C Kegelhülse für Kegelschäfte mit Anzuggewinde

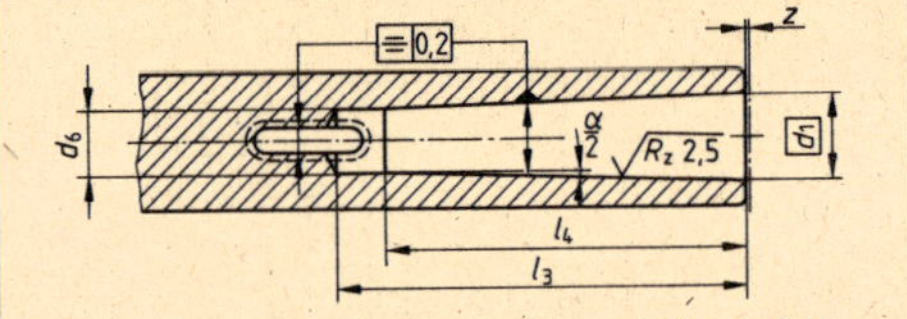

Form D Kegelhülse für Kegelschäfte mit Austreiblappen

Kegel	Größe	Kegelschaft								Kegelhülse					
		d_1	d_2	d_3	d_4	d_5	l_1	a	l_2	d_6	l_3	l_4	z[1]	Verjüngung	$\frac{\alpha}{2}$
Metr. Kegel (ME)	4	4	4,1	2,9	–	–	23	2	–	3	25	20	0,5	1 : 20 = 0,05	1°25′56″
	6	6	6,2	4,4	–	–	32	3	–	4,6	34	28	0,5		
Morsekegel (MK)	0	9,045	9,2	6,4	–	6,1	50	3	56,5	6,7	52	45	1	1 : 19,212	1°29′27″
	1	12,065	12,2	9,4	M 6	9	53,5	3,5	62	9,7	56	47	1	1 : 20,047	1°25′43″
	2	17,780	18	14,6	M 10	14	64	5	75	14,9	67	58	1	1 : 20,020	1°25′50″
	3	23,825	24,1	19,8	M 12	19,1	81	5	94	20,2	84	72	1	1 : 19,922	1°26′16″
	4	31,267	31,6	25,9	M 16	25,2	102,5	6,5	117,5	26,5	107	92	1	1 : 19,254	1°29′15″
	5	44,399	44,7	37,6	M 20	36,5	129,5	6,5	149,5	38,2	135	118	1	1 : 19,002	1°30′26″
	6	63,348	63,8	53,9	M 24	52,4	182	8	210	54,8	188	164	1	1 : 19,180	1°29′36″
Metr. Kegel (ME)	80	80	80,4	70,2	M 30	69	196	8	220	71,5	202	170	1,5	1 : 20 = 0,05	1°25′56″
	100	100	100,5	88,4	M 36	87	232	10	260	90	240	200	1,5		
	120	120	120,6	106,6	M 36	105	268	12	300	108,5	276	230	1,5		
	160	160	160,8	143	M 48	141	340	16	380	145,5	312	290	2		

[1] Das Prüfmaß d_1 kann bis maximal im Abstand z vor der Kegelhülse liegen.

Bezeichnung eines metrischen Kegelschafts (ME), Form B der Größe 80 und Kegelwinkel-Toleranzqualität AT6:
Kegelschaft DIN 228 – ME – B 80 AT6.

Steilkegelschäfte für Werkzeuge und Spannzeuge Form A

DIN 2080 T1 (12.78)

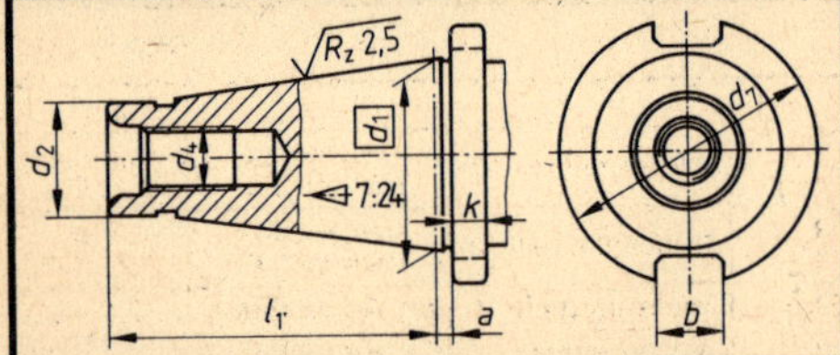

Nr.	d_1	d_2 a10	d_4	$d_{7\,-0,4}$	l_1	a ±0,2	b H12
30	31,75	17,4	M 12	50	68,4	1,6	16,1
40	44,45	25,3	M 16	63	93,4	1,6	16,1
50	69,85	39,6	M 24	97,5	126,8	3,2	25,7
60	107,95	60,2	M 30	156	206,8	3,2	25,7
70	165,1	92	M 36	230	296	4	32,4
80	254	140	M 48	350	469	6	40,5

Vorzugswerte für Kegel nach Reihe 1[1]

DIN 254 (6.74)

Kegelverjüngung	Kegelwinkel	Einstellwinkel	Kegelverjüngung	Kegelwinkel	Einstellwinkel	Kegelverjüngung	Kegelwinkel	Einstellwinkel
1 : 0,289	120°	60°	1 : 3	18,925°	9,462°	1 : 100	0,573°	0,286°
1 : 0,500	90°	45°	1 : 5	11,421°	5,711°	1 : 200	0,286°	0,143°
1 : 0,866	60°	30°	1 : 10	5,725°	2,862°	1 : 500	0,115°	0,057°
1 : 1,207	45°	22,5°	1 : 20	2,864°	1,432°	1 : 3,429[2]	16,594°	8,297°
1 : 1,866	30°	15°	1 : 50	1,146°	0,573°	1 : 16[3]	3,580°	1,790°

[1] Gerundete Werte; Kegel für besondere Anwendungsbeispiele; [2] Steilkegel; [3] Metrisches kegeliges Gewinde

Keilwellenverbindungen und Kerbverzahnungen

Keilwellenverbindungen mit geraden Flanken

DIN 5461 (9.65)

A Keilnabenprofil

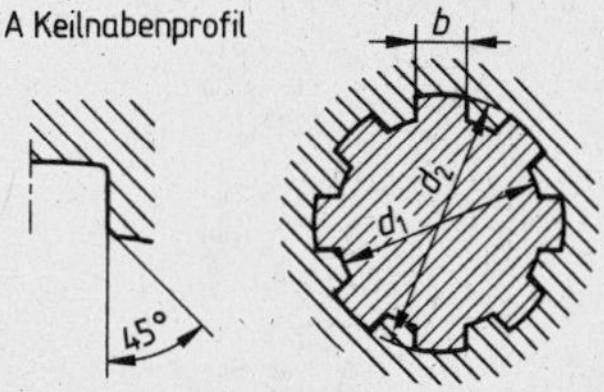

B Keilwellenprofil

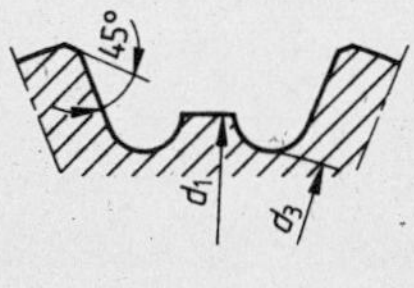

Toleranzen

		b Nabe weich	b Nabe hart	d_1	d_2
Nabe	Iz[1] + Fz[2]	D9	F10	H7	H11
Welle Iz[1]	Welle bewegl.	h8	e8	f7	a11
Welle Iz[1]	Welle fest	P6	h6	j6	
Welle Fz[2]	Welle bewegl.	h8	e8	—	
Welle Fz[2]	Welle fest	u6	k6	—	

d_1	Leichte Reihe DIN 5462 (9.55)				Mittlere Reihe DIN 5463 (9.55)				Schwere Reihe DIN 5464 (9.65)			
	z[3]	d_2	$d_{3\,min}$	b	z[3]	d_2	$d_{3\,min}$	b	z[3]	d_2	$d_{3\,min}$	b
21	—	—	—	—	6	25	19,5	5	10	26	18,44	3
23	6	26	22,1	6	6	28	21,3	6	10	29	20,3	4
26	6	30	24,6	6	6	32	23,4	6	10	32	23	4
28	6	32	26,7	7	6	34	25,9	7	10	35	24,4	4
32	8	36	30,42	6	8	38	29,4	6	10	40	28	5
36	8	40	34,5	7	8	42	33,5	7	10	45	31,3	5
42	8	46	40,4	8	8	48	39,5	8	10	52	36,9	6
46	8	50	44,62	9	8	54	42,7	9	10	56	40,9	7
52	8	58	49,7	10	8	60	48,7	10	16	60	47	5
56	8	62	53,6	10	8	65	52,2	10	16	65	50,6	5
62	8	68	59,82	12	8	72	57,8	12	16	72	56,1	6
72	10	78	69,6	12	10	82	67,4	12	16	82	65,9	7

1) Iz Innenzentrierung: Nabe sitzt mit ihrem Innendurchmesser auf dem Innendurchmesser des Wellenprofils.

2) Fz Flankenzentrierung: Welle und Nabe berühren sich nur an den Flanken. Spiel zwischen Außen- und Innendurchmesser von Welle und Nabe.

3) z Anzahl der Keile

Bezeichnung eines Keilwellenprofils B DIN 5462 mit $z = 6$ Keilen, $d_1 = 28$ mm, $d_2 = 32$ mm:
Keilwellenprofil DIN 5462 – B 6 x 28 x 32

Kerbzahnnaben- und Kerbzahnwellen-Profile

DIN 5481 (1.52)

A Zahnnabenprofil

B Zahnwellenprofil

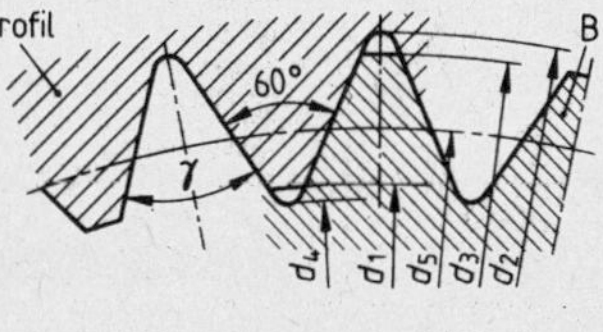

Kerbverzahnungen

Lückenwinkel der Welle	Nenndurchmesser
60°	7 x 8 bis 55 x 60
55°	60 x 65 bis 120 x 125

Nenndurchmesser $\approx d_1 \times d_3$	d_1 A11 mm	d_2 mm	d_3 a11 mm	d_4 mm	d_5 mm	γ	Zähnezahl z
8 x 10	8,1	9,9	10,1	8,26	9	47°8′ 35″	28
10 x 12	10,1	12	12	10,2	11	48°	30
12 x 14	12	14,18	14,2	12,6	13	48°23′ 14″	31
15 x 17	14,9	17,28	17,2	14,91	16	48°45′	32
17 x 20	17,3	20	20	17,37	18,5	49°5′ 27″	33
21 x 24	20,8	23,76	23,9	20,76	22	49°24′ 42″	34
26 x 30	26,5	30,06	30	26,40	28	49°42′ 52″	35
30 x 34	30,5	34,17	34	30,38	32	50°	36
36 x 40	36	40,16	39,9	35,95	38	50°16′ 13″	37
40 x 44	40	44,42	44	39,72	42	50°31′ 35″	38

Bezeichnung einer Kerbverzahnung DIN 5481 von Nenndurchmesser 12 x 14 mm:
Kerbverzahnung DIN 5481 – 12 x 14

Zentrierbohrungen, Rändel

Zentrierbohrungen

DIN 332 T1 (11.73) und T 7 (9.82)

Form A	Form B	Form R
mit geraden Laufflächen, ohne Schutzsenkung	mit geraden Laufflächen, mit kegelförmiger Schutzsenkung	mit gewölbten Laufflächen, ohne Schutzsenkung

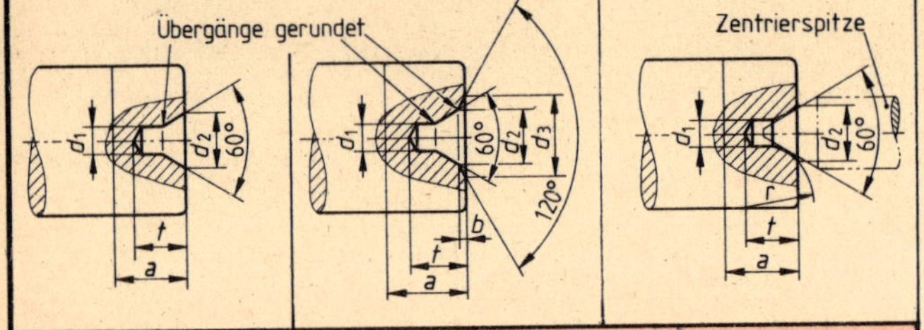

Nennmaß d_1	d_2	Form A t	a	Form B b	d_3	t	a	Form R t	a	r
1	2,12	1,9	3	0,3	3,15	2,2	3,5	1,9	3	3,15
1,25	2,65	2,3	4	0,4	4	2,7	4,5	2,3	4	4
1,6	3,35	2,9	5	0,5	5	3,4	5,5	2,9	5	5
2	4,25	3,7	6	0,6	6,6	4,3	6,6	3,7	6	6,3
2,5	5,3	4,6	7	0,8	8,3	5,4	8,3	4,6	7	8
3,15	6,7	5,8	9	0,9	10	6,8	10	5,8	9	10
4	8,5	7,4	11	1,2	12,7	8,6	12,7	7,4	11	12,5
5	10,6	9,2	14	1,6	15,6	10,8	15,6	9,2	14	16
6,3	13,2	11,4	18	1,6	20	12,9	20	11,4	18	20
8	17	14,7	22	1,6	25	16,4	25	14,7	22	25
10	21,2	18,3	28	2	31	20,4	31	18,3	28	31,5

Die erforderliche Größe d_1 (für 60°-Zentrierbohrung) in mm errechnet sich nach der Formel:

$$d_1 = 1{,}15\sqrt{(F_G + F_S)\cdot\frac{2{,}9}{R_m}}$$

F_G = Gewichtskraft in N an der Zentrierbohrung

F_S = Schnittkraft in N ≙ 2,5 mal Schnittiefe (a) mal Vorschub (s) mal Zugfestigkeit (R_m).

Beispiel: $F_G = 700$ N; $a = 5$ mm; $s = 0{,}6$ mm; $R_m = 360$ N/mm² (St 37)

$d_1 = 1{,}15$ mal

$$\sqrt{(700 + 2{,}5\cdot 5\cdot 0{,}6\cdot 360)\cdot\frac{2{,}9}{360}}$$

$$d_1 = 1{,}15\sqrt{(700 + 2700)\cdot 0{,}0081}$$

$d_1 = 6$ mm; **gewählt:** $d_1 = 6{,}3$

Bezeichnung einer Zentrierbohrung Form A von $d_1 = 4$ mm und $d_2 = 8{,}5$ mm: **Zentrierbohrung DIN 332 – A 4 x 8,5**

Rändel

DIN 82 (1.73)

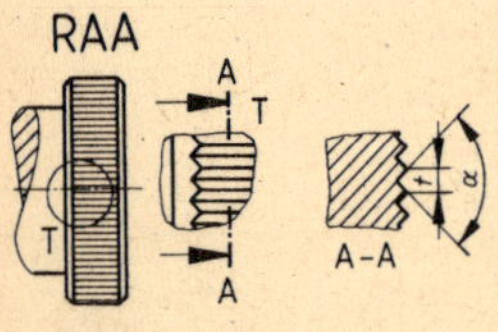

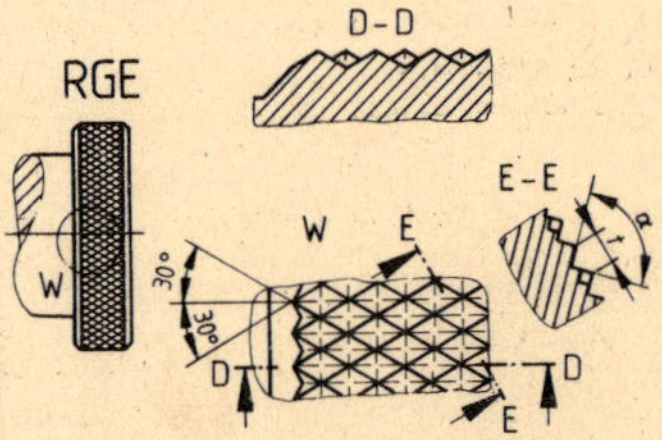

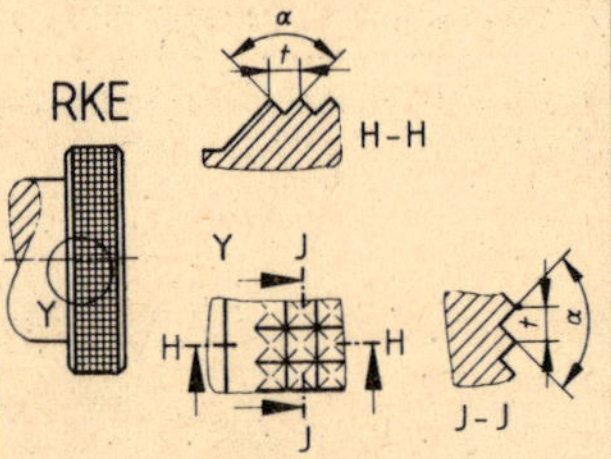

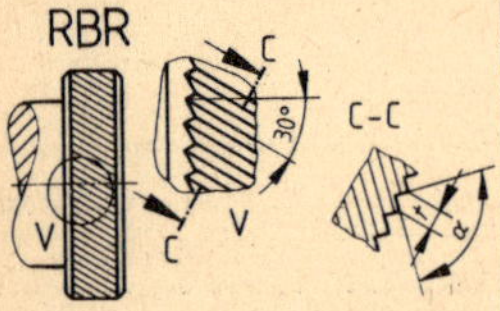

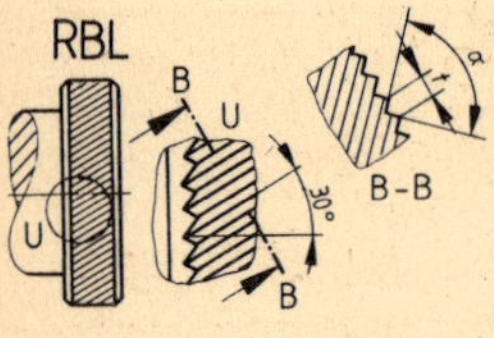

Rändelform		Ausgangs-∅ d_2
RAA RBR RBL	Rändel mit achsparallelen Riefen Rechtsrändel Linksrändel	$d_1 - 0{,}5\,t$
RGE	Links-Rechtsrändel, Spitzen erhöht	$d_1 - 0{,}67\,t$
RGV	Links-Rechtsrändel, Spitzen vertieft	$d_1 - 0{,}33\,t$
RKE	Kreuzrändel, Spitzen erhöht	$d_1 - 0{,}67\,t$
RKV	Kreuzrändel, Spitzen vertieft	$d_1 - 0{,}33\,t$

Nenndurchmesser d_1 ist der Außendurchmesser des fertigen Rändels.
Genormte Teilungen t: 0,5, 0,6, 0,8, 1,0, 1,2, 1,6 mm
Profilwinkel $\alpha = 90°$, in Sonderfällen $\alpha = 105°$

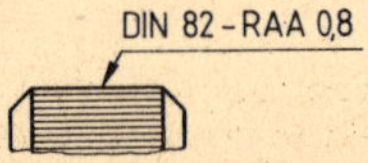

Bezeichnung eines Rändels mit achsparallelen Riefen (Form RAA), mit Teilung $t = 0{,}8$ mm: **Rändel DIN 82 – RAA 0,8**

Bohrbuchsen

Bohrbuchsen

DIN 179 (6.79)

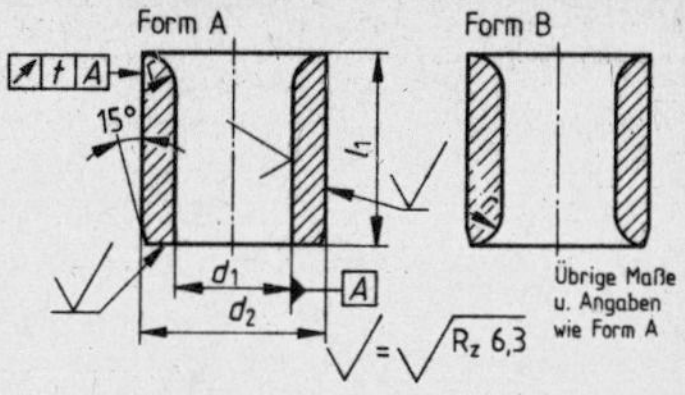

Werkstoff: Einsatzstahl gehärtet, Härte 780 ± 40 HV 10

d_1 F7 über / bis	1 / 1,8	1,8 / 2,6	2,6 / 3,3	3,3 / 4	4 / 5	5 / 6	6 / 8	8 / 10	10 / 12	12 / 15	15 / 18	18 / 22	22 / 26	26 / 30
l_1 kurz	6		8			10		12		16		20		25
l_1 mittel	9		12			16		20		28		36		45
l_1 lang	—		16			20		25		36		45		56
d_2 n6	4	5	6	7	8	10	12	15	18	22	26	30	35	42
r	1		1			1,5		2				3		
t	0,01					0,02								

Bezeichnung einer Bohrbuchse A mit Bohrung d_1 = 18 mm und Länge l_1 = 16 mm: **Bohrbuchse DIN 179 – A 18 x 16**

Bundbohrbuchsen

DIN 172 (6.79)

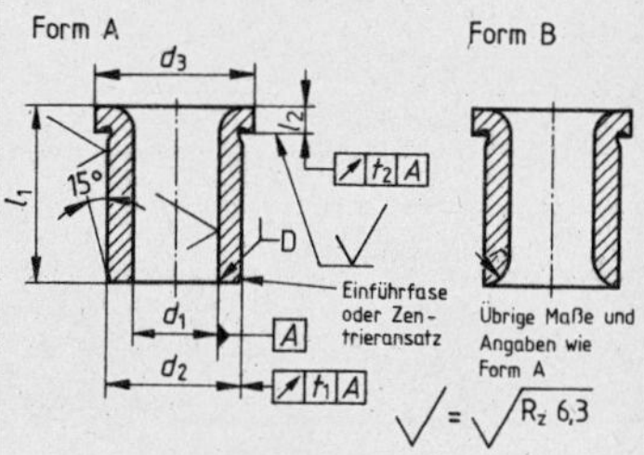

Werkstoff: Einsatzstahl gehärtet, Härte 780 ± 40 HV 10

d_1 F7 über / bis	1 / 1,8	1,8 / 2,6	2,6 / 3,3	3,3 / 4	4 / 5	5 / 6	6 / 8	8 / 10	10 / 12	12 / 15	15 / 18	18 / 22	22 / 26	26 / 30
l_1 kurz	6		8			10		12		16		20		25
l_1 mittel	9		12			16		20		28		36		45
l_1 lang	—		16			20		25		36		45		56
d_2 n6	4	5	6	7	8	10	12	15	18	22	26	30	35	42
d_3	7	8	9	10	11	13	15	18	22	26	30	34	39	46
l_2	2		2,5			3		4				5		
r	1		1			1,5		2				3		
t_1	0,01					0,02								
t_2	0,03													0,05

Bezeichnung einer Bundbohrbuchse Form A von d_1 = 22 mm, l_1 = 36 mm: **Bohrbuchse DIN 172 – A – 22 x 36**

Steckbohrbuchsen

DIN 173 (6.79)

Form K Schnellwechselbuchsen für rechtsschneidende Werkzeuge

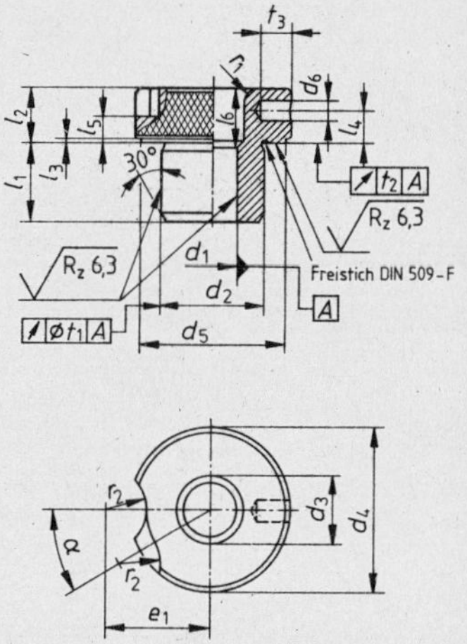

Werkstoff: Einsatzstahl gehärtet, Härte 780 ± 40 HV 10

Bezeichnung einer Steckbohrbuchse Form K von d_1 = 15 mm, d_2 = 22 mm und l_1 = 36 mm:
Bohrbuchse DIN 173 – K 15 x 22 x 36

d_1 F7 über / bis	4 / 6	6 / 8	8 / 10	10 / 12	12 / 15	15 / 18	18 / 22	22 / 26	26 / 30	30 / 35	35 / 42	42 / 48	48 / 55
d_2 m6	10	12	15	18	22	26	30	35	42	48	55	62	70
l_1 kurz	12		16		20		25		30			35	
l_1 mittel	20		28		36		45		56			67	
l_1 lang	25		36		45		56		67			78	
d_3	d_1 + 0,5							d_1 + 1					
d_4	18	22	26	30	34	39	46	52	59	66	74	82	90
d_5	15	18	22	26	30	35	42	46	53	60	68	76	84
d_6 H7	2,5	3			5			6				8	
l_2	8	10			12					16			
α	65°	60°	50°		35°		30°				25°		
l_3	1							1,5		2			
l_4	4,25	6			7					9		8	
l_5	3	4			5,5					7			
l_6 mittel	8		12		16		20		26			32	
l_6 lang	13		20		25		31		37			43	
t_1	0,02							0,04					
t_2	0,005							0,008					
t_3	4		5	6	7	8		9	10	12		14	
r_1	2				3						3,5		
r_2	7	8,5			10,5					12,5			
e_1	13	16,5	18	20	23,5	26	29,5	32,5	36	41,5	45,5	49	53

Gewindestifte, Druckstücke, Kugelknöpfe

Gewindestifte mit Druckzapfen

DIN 6332 (5.68)

Form S

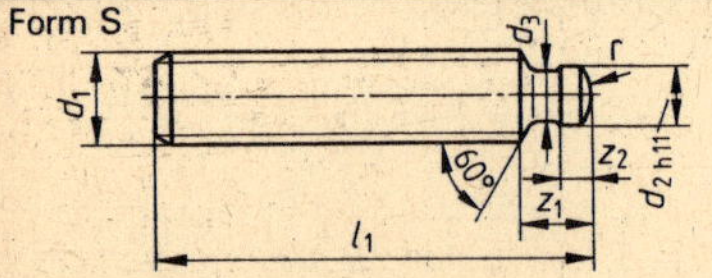

Werkstoff: Festigkeitsklasse 5.8

Anwendungsbeispiele für Gewindestifte als Spannschrauben

mit Kreuzgriff DIN 6335 oder Sterngriff DIN 6336 M6 bis M12

mit Rändelmutter DIN 6303 M6 bis M10

mit Flügelmutter DIN 3115 M6 bis M10

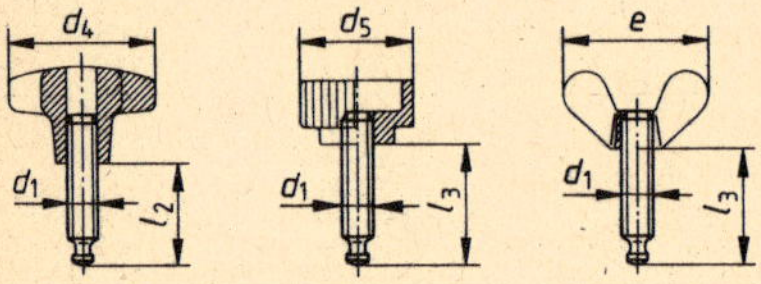

d_1	M6		M8		M10		M12	M16	M20
d_2	4,5		6		8		8	12	15,5
d_3	4		5,4		7,2		7,2	11	14,4
r	3		5		6		6	9	13
z_1	6		7,5		9		10	12	14
z_2	2,5		3		4,5		4,5	5	5,5
d_4	32		40		50		63	–	–
d_5	24		30		36		–	–	–
e	32		40		50		–	–	–
l_1	30	50	40	60	60	80	60…100	80…125	100…150
l_2	20	40	27	47	44	64	40…80	–	–
l_3	22	42	30	50	48	68	–	–	–

Bezeichnung eines Gewindestiftes Form S mit Gewinde d_1 = M 12 und Länge l_1 = 60 mm:
Gewindestift DIN 6332 – S M 12 x 60

Druckstücke

DIN 6311 (5.68)

Form S

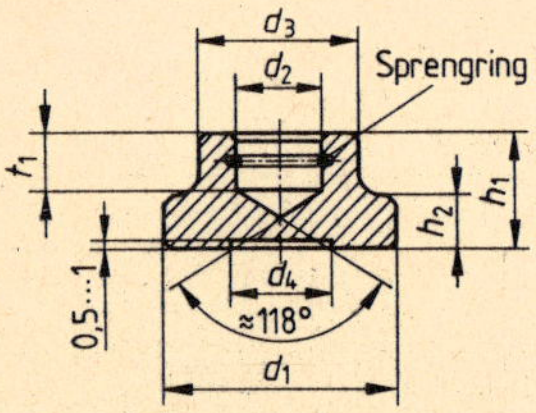

d_1	d_2 H 12	d_3	d_4	h_1	h_2	t_1	zugehöriger Sprengring DIN 9045
12	4,6	10	5	7	2,5	4	4
16	6,1	12	7	9	4	5	6
20	8,1	15	8	11	5	6	8
25		18	10	13	6	7	
32	12,1	22	14	15	7	7,5	12
40	15,6	28	18	16	9	8	16

Werkstoff: Druckstück: Stahl, Sorte nach Wahl des Herstellers
Sprengring: Federstahl

Bezeichnung eines Druckstückes Form S von d_1 = 40 mm mit eingesetztem Sprengring:
Druckstück DIN 6311 – S 40

Kugelknöpfe

DIN 319 (12.78)

Form C mit Gewinde

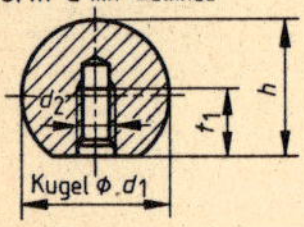

Form L mit Klemmhülse

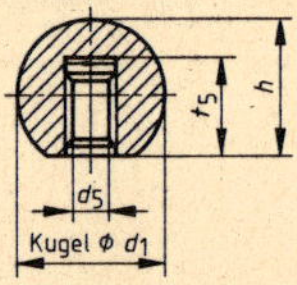

Form E mit Gewindebuchse

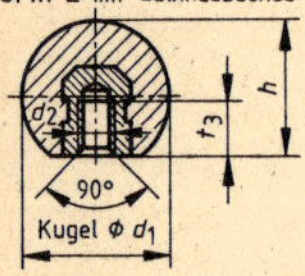

Form M mit kegeliger Bohrung

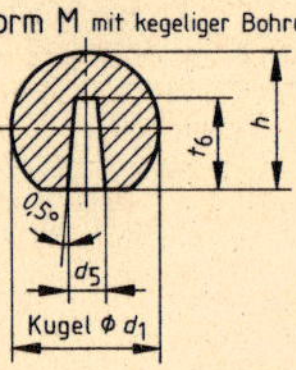

Form K und KN mit zylindrischer Bohrung

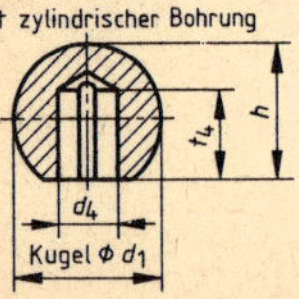

d_1	16	20	25			32			40			50		
d_2	M4	M5	M6			M8			M10			M12		
t_1	7,2	9,1	11			14,5			18			21		
t_3	6	7,5	9			12			15			18		
d_4	6	8	10			12			16			20		
t_4	10	12	16			20			25			32		
d_5	4	5	6	8	10	8	10	12	10	12	16	12	16	20
t_5	11	13	16	15	15	15	20	20	20	23	23	20	23	28
t_6	9	12	15			15			20			22		
h	15	18	22,5			29			37			46		

Werkstoff	Form	Kugelkörper aus
St	C, K und KN	Stahl, Sorte nach Wahl des Herstellers
FS	C, K, KN, L und M	Kunststoff, Formstoff FS 31 DIN 7708 oder ein anderer geeigneter Kunststoff, schwarz
FS/St	E	Die Einpreßmutter besteht aus St oder CuZn nach Wahl des Herstellers
FS/CuZn		

Bezeichnung eines Kugelknopfes Form E von d_1 = 25 mm aus Kunststoff (FS): **Kugelknopf DIN 319 – E 25 FS**

Griffe, Aufnahme- und Auflagebolzen

Kreuzgriffe

DIN 6335 (5.68)

Form A
Rohteil

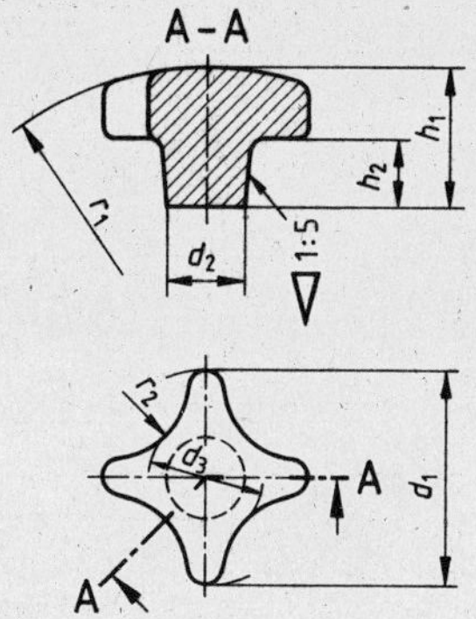

d_1	d_2	d_3	d_4 H7	d_5	t	h_1	h_2	r_1	r_2 ≈
20	8	11,5	4	M 4	10	14	6	30	8
25	10	15	5	M 5	12	17	8	40	12
32	12	18	6	M 6	15	21	10	50	13
40	14	21	8	M 8	18	26	14	60	14,5
50	18	25	10	M10	21	34	20	70	16
63	20	32	12	M12	25	42	25	80	21
80	25	40	16	M16	32	52	30	100	25
100	32	48	20	M20	40	65	38	120	28

Formen A bis D:
Form A Rohteil
Form B mit durchgehender Bohrung d_4
Form C mit Grundlochtiefe t
Form D mit Gewinde d_5

Werkstoffe der Kreuzgriffe:
GG (≙…GG-20) St (≙…St34-2)
GTW (≙…GTW-35) L (≙…G-AlMg3)

Bezeichnung eines Kreuzgriffes Form B von d_1 = 50 mm aus Gußeisen GG-20: **Kreuzgriff DIN 6335 – B 50 – GG**

Sterngriffe

DIN 6336 (5.68)

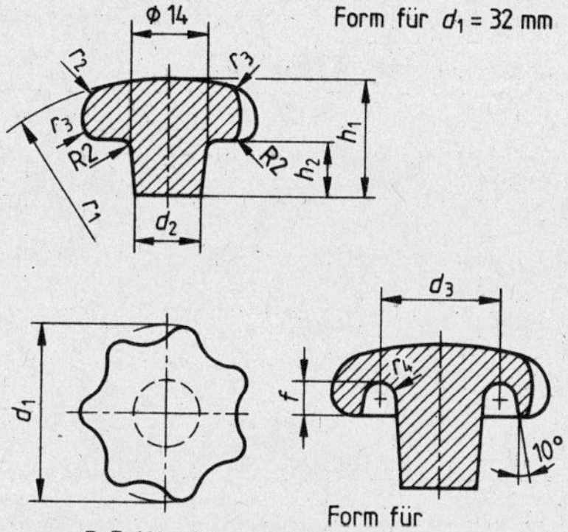

7 Griffmulden

Form für d_1 = 40 mm bis 80 mm

d_1	d_2	d_3	f Größtmaß	h_1	h_2	r_1	r_2	r_3	r_4
32	12	–	–	21	10	50	6	3	–
40	14	22	6	26	13	60	7	4	3
50	18	28	8	34	17	70	8	5	4
63	20	32	10	42	21	80	10	7	5
80	25	40	12	52	25	100	12	10	6

Übrige Maße wie Sterngriff von d_1 = 32 mm

Werkstoffe und Formen A…D gleich wie Kreuzgriff DIN 6335

Bezeichnung eines Sterngriffes Form A von d_1 = 50 mm aus Gußeisen GG-20:
Sterngriff DIN 6336 – A 50 – GG

Aufnahme- und Auflagebolzen

DIN 6321 (12.73)

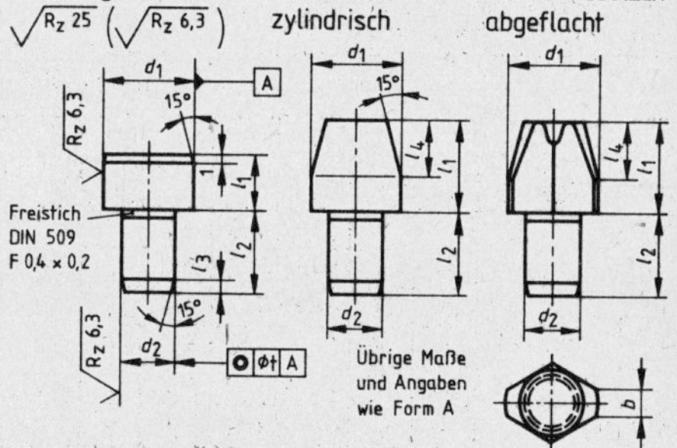

Werkstoff: Werkzeugstahl gehärtet,
Härte: 56 ± 2 HRC

d_1 g6	l_1 Form A h9	l_1 Form B und C kurz	l_1 Form B und C lang	b	d_2 n6	l_2	l_3	l_4	t
6	5	7	12	1	4	6	1,2	4	
8	–		16	1,6					
10	6	10	18	2,5	6	9	1,6	6	0,02
12	–								
16	8	13	22	3,5	8	12	2	8	
20	–	15	25	5	12	18	2,5	9	0,04
25	10								

Bezeichnung eines Bolzens Form C von d_1 = 20 mm und l_1 = 25 mm: **Bolzen DIN 6321 – C 20 x 25**

T-Nuten, Muttern und Schrauben für T-Nuten, Kugelscheiben und Kegelpfannen

T-Nuten und Muttern für T-Nuten

DIN 650 (3.77) und 508 (2.79)

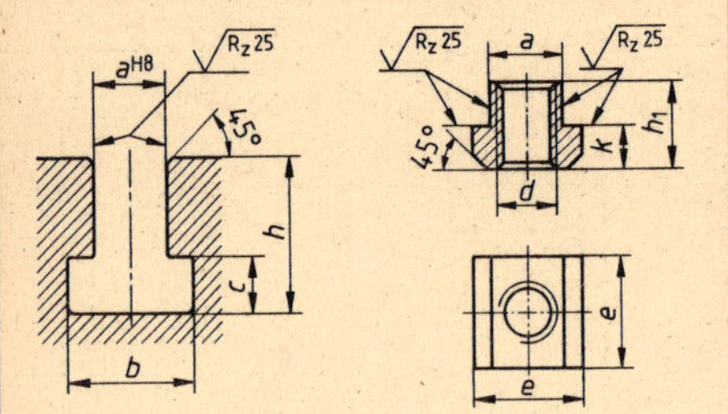

Breite	a b	8 14,5	10 16	12 19	14 23	18 30	22 37	28 46	36 56	42 68
	c	7	8	9	10	12	16	20	25	29
h	max.	18	21	25	28	36	45	56	71	85
	min.	15	17	20	23	30	38	48	61	74
Gewinde	d	M6	M8	M10	M12	M16	M20	M24	M30	M36
	e	13	15	18	22	28	35	44	54	65
	h_1	10	12	14	16	20	28	36	44	52
	k	6	6	7	8	10	14	18	22	26

Bezeichnung einer Mutter für T-Nuten mit d = M10 und a = 12 mm: **Mutter DIN 508 – M 10 x 12**

Schrauben für T-Nuten

DIN 787 (8.77)

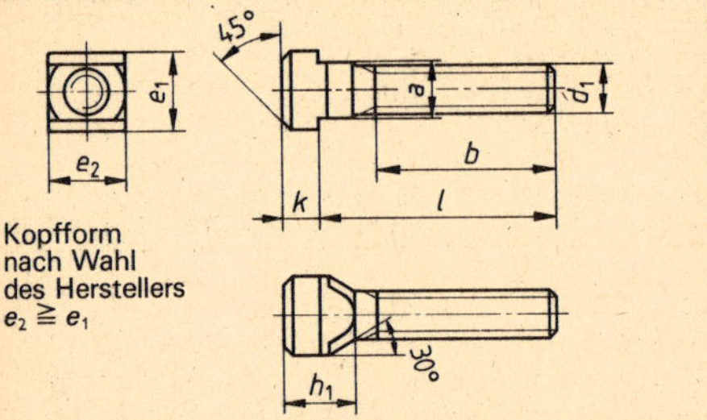

a		8	10	12	14	18	22	28	36
b	von bis	22 50	30 60	35 120	35 120	45 150	55 190	70 240	80 300
d_1		M8	M10	M12		M16	M20	M24	M30
e_1		13	15	18	22	28	35	44	54
h_1		12	14	16	20	24	32	41	50
k		6	6	7	8	10	14	18	22

Nennlängen l = 25, 32, 40, 50, 63, 80, 100, 125, 160, 200, 250, 315, 400, 500 mm

Bezeichnung einer Schraube für T-Nuten von d_1 = M10, a = 10 mm, l = 100 mm und Festigkeitsklasse 8.8: **Schraube DIN 787 – M 10 x 10 x 100 – 8.8**

Lose Nutensteine

DIN 6323 (7.80)

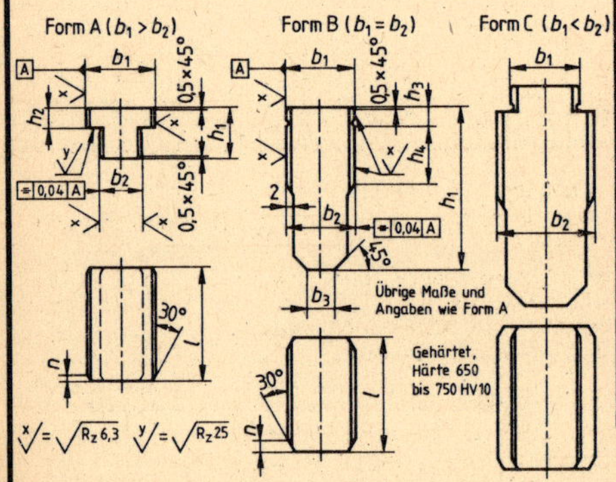

<table>
<tr><th>b_1 h6</th><th>b_2 h6</th><th>Form</th><th>b_3</th><th>h_1</th><th>h_2</th><th>h_3</th><th>h_4</th><th>l</th><th>n</th></tr>
<tr><td rowspan="4">12</td><td>6</td><td rowspan="3">A</td><td rowspan="3">–</td><td rowspan="3">12</td><td rowspan="3">3,6</td><td rowspan="3">–</td><td rowspan="3">–</td><td rowspan="3">20</td><td rowspan="3">2</td></tr>
<tr><td>8</td></tr>
<tr><td>10</td></tr>
<tr><td>12</td><td>B</td><td>5</td><td>28,6</td><td>–</td><td>5,5</td><td>9</td><td>20</td><td>2</td></tr>
<tr><td rowspan="7">20</td><td>12</td><td rowspan="3">A</td><td rowspan="3">–</td><td rowspan="3">14</td><td rowspan="3">5,5</td><td rowspan="3">–</td><td rowspan="3">–</td><td rowspan="3">32</td><td rowspan="3">2</td></tr>
<tr><td>14</td></tr>
<tr><td>18</td></tr>
<tr><td>22</td><td rowspan="4">C</td><td>9</td><td>50,5</td><td rowspan="4">–</td><td rowspan="4">7</td><td>18</td><td rowspan="2">40</td><td rowspan="4">3</td></tr>
<tr><td>28</td><td>12</td><td>61,5</td><td>24</td></tr>
<tr><td>36</td><td>16</td><td>76,5</td><td>30</td><td rowspan="2">50</td></tr>
<tr><td>42</td><td>19</td><td>90,5</td><td>36</td></tr>
</table>

Bezeichnung eines losen Nutensteines Form C von b_1 = 20 mm und b_2 = 28 mm: **Nutenstein DIN 6323 – C 20 x 28**

Kugelscheiben und Kegelpfannen

Entwurf DIN 6319 (3.80)

Form C Kugelscheibe; Form D Kegelpfanne $d_4 = d_3$
Form G Kegelpfanne $d_4 > d_3$

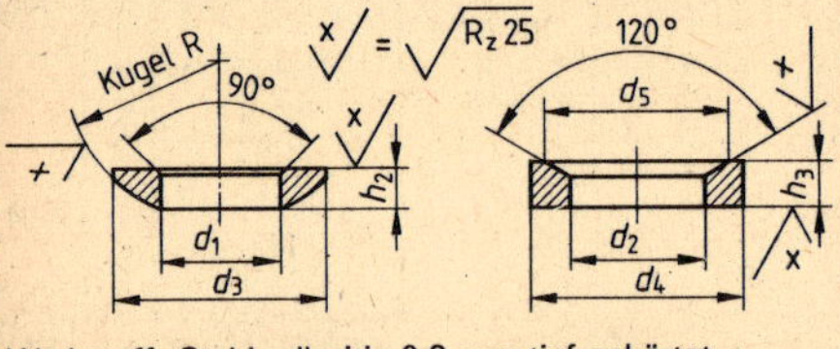

Werkstoff: Stahl, allseitig 0,2 mm tief gehärtet,
Härte: 630 ± 50 HV.

d_1 H12	d_2 H12	d_3	d_4 Form D	d_4 Form G	d_5	h_2	h_3 Form D	h_3 Form G	R Kugel
6,4	7,1	12	12	17	11	2,3	2,8	4	9
8,4	9,6	17	17	24	14,5	3,2	3,5	5	12
10,5	12	21	21	30	18,5	4	4,2	5	15
13	14,2	24	24	36	20	4,6	5	6	17
17	19	30	30	44	26	5,3	6,2	7	22
21	23,2	36	36	50	31	6,3	7,5	8	27

Bezeichnung einer Kugelscheibe (C) von d_1 = 17 mm: **Kugelscheibe DIN 6319 – C 17**

Normteile für Werkzeuge der Stanztechnik

Einspannzapfen mit Nietschaft Form A und AE — DIN 9859 T 2 (12.56)

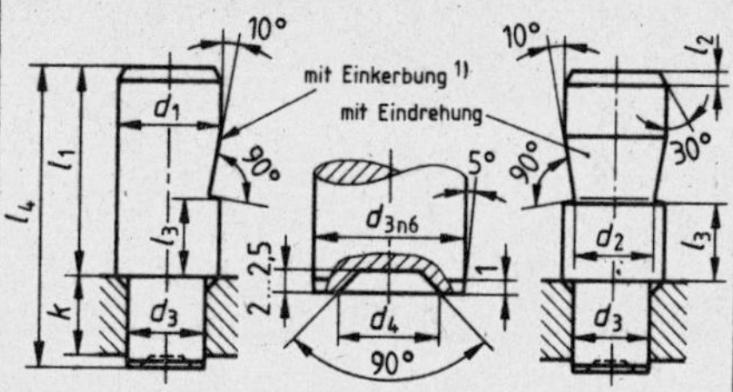

d_1	d_2	d_3	d_4	l_1	l_2	l_3	l_4 [2]		k	
8	—	6	—	22	2	—	35	—		—
10	—	8	—	25	3	—	38,5	—	12	—
12	—	10	—	28		—	41,5	—		—
16	—	12	—	32	3	—	46	52	12	18
20	15	16	9	40		12	54,5	60,5		
25	20	20	12	45	4	16	65,5	70,5	18	23
32	25	25	17	56	4	16	77	82	18	23
40	32	32	24	70	5	26	91	96		23

Einspannzapfen mit Hals und Bund Form D und DE — DIN 9859 T 4 DIN (1.69)

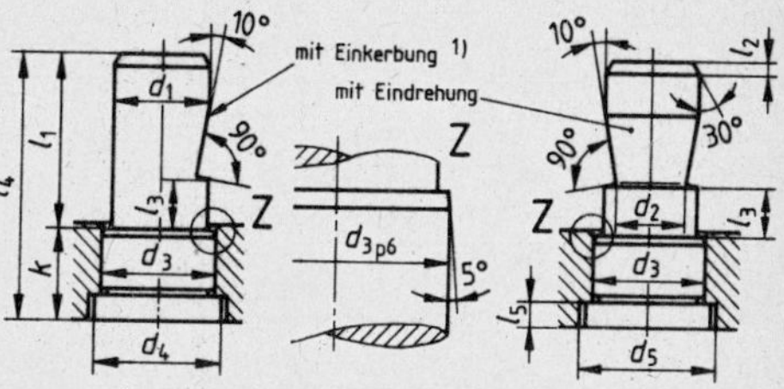

d_1	d_2	d_3	d_4	d_5	l_1	l_2	l_3	l_4 [2]		k		l_5
20	15	22	25	25,5	40,5	3	12,5	58	—		—	5
25	20	26	32	32,5	45,5	4	16,5	63	68	18	23	
32	25	34	40	40,5	56,5			74	79			6
40	32	42	50	50,5	70,5	5		88	93	18	23	6
50	42	52	60	60,5	80,5	6	26,5	103	108	23	28	
65	53	68	78	78,5	100,5	8		—	128	—		8

1) Einkerbung erst bei Inbetriebnahme des Werkzeuges einarbeiten.
2) Die Länge l_4 richtet sich nach der Dicke k der Kopfplatte.

Einspannzapfen mit Gewindeschaft Form C und CE — DIN 9859 T 3 (7.62)

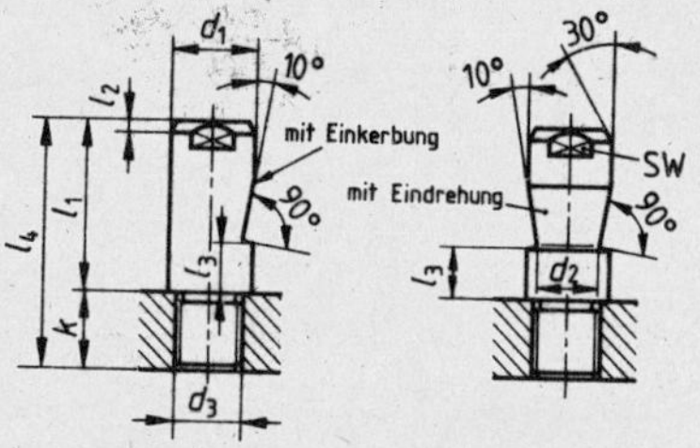

Bezeichnung eines Einspannzapfens Form C mit Durchmesser d_1 = 32 mm und d_3 = M 24 x 1,5:
Einspannzapfen DIN 9859 – C 32 – M 24 x 1,5

d_1	d_2	d_3	l_1	l_2	l_3	l_4	k	SW
20	15	M 16 x 1,5	40	3	12	58	18	17
25	20	M 16 x 1,5 M 20 x 1,5	45	4	16	68	23	22
32	25	M 20 x 1,5 M 24 x 1,5	56	4	16	79	23	27
40	32	M 24 x 1,5 M 30 x 2	70	5	26	93	23	32
50	42	M 30 x 2	80	6	26	108	28	41
65	53	M 42 x 3	100	8	26	128	28	55

Aufnahmefutter und Kupplungszapfen

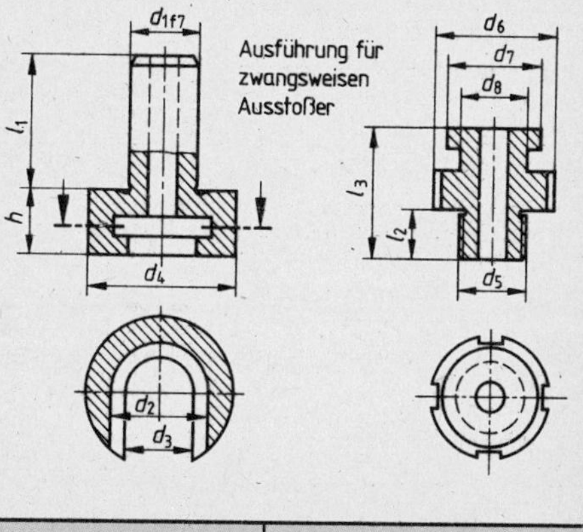

Aufnahmefutter						Kupplungszapfen					
d_1	d_2	d_3	d_4	l_1	h	d_5	d_6	d_7	d_8	l_2	l_3
32	38,5	29	58	56	25	M 27 x 3 M 45 x 3	48 58	37,5	28	20	49
						M 56 x 4	68			23	54
40	48,5	33	98	71	30	M 64 x 4	78	47,5	32	23	60
						M 85 x 4 M 95 x 4	98 108			25	71
						M 105 x 4	128			30	76
50	48,5	33	98	90	30	M 105 x 4	128	47,5	32	30	76

Normteile für Werkzeuge der Stanztechnik

Eckige Stempelköpfe Form B ohne und Form BD mit Druckplatte — DIN 9866 T 2 (9.57)

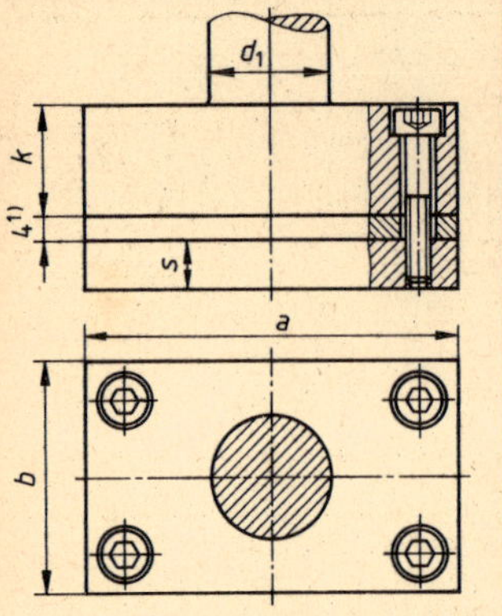

Bezeichnung eines eckigen Stempelkopfes Form BD von Nenngröße 80 x 125 und Zapfendurchmesser d_1 = 25 mm;
Stempelkopf DIN 9866 – BD 80 x 125

Nenngröße	d_1		a	b	k	s	Zylinderschraube DIN 912 Form B ohne Druckplatte[1]	Form BD mit Druckplatte[1]	Anzahl
50 x 50 50 x 63 50 x 80 50 x 100	20	25	50 63 80 100	48	18	10	M 6x20	M 6x25	4
63 x 63 63 x 80 63 x 100	25	32	63 80 100	63	18	10	M 8x20	M 8x25	4
80 x 80 80 x 100 80 x 125 80 x 160	25	32	80 100 125 160	77	18	12	M 8x20	M 8x25	4 6
100 x 100 100 x 125 100 x 160 100 x 200	32	40	100 125 160 200	97	23	12	M 8x25	M 8x30	4 6
125 x 125 125 x 160 125 x 200	32	40	125 160 200	127	23	12	M 8x25	M 8x30	6
160 x 160 160 x 200	32	40	160 200	156	23	16	M 10x25	M 10x30	8

Runde Stempelköpfe Form A ohne und Form AD mit Druckplatte — DIN 9866 T 1 (9.57)

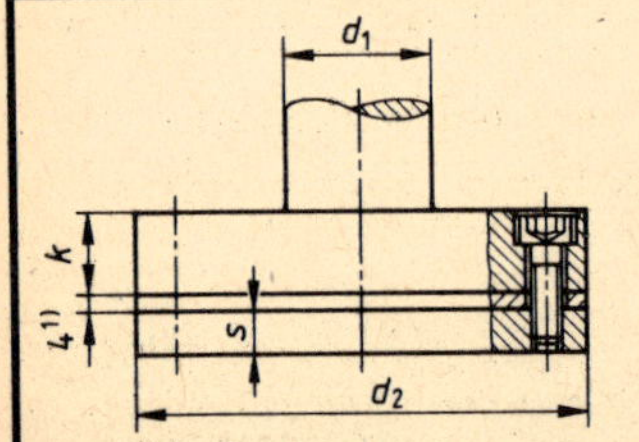

Nenngröße	d_1			d_2	k	s	Zylinderschraube DIN 912 Form A	Form AD	Anzahl
50	20			50	14	10	M 6x18	M 6x20	3
63	20	25		63	18		M 8x20	M 8x25	
80				80			M 8x20	M 8x25	
100	25	32	40	97	23	12	M 8x25	M 8x30	4
125	32	40		122			M 8x25	M 8x30	
160				157			M 8x25	M 8x30	6
200				196		18	M 10x30	M 10x35	

[1] In den Stempelkopf ist eine gehärtete Druckplatte einzubauen, wenn die Flächenpressung am Kopf des Stempels den Wert von 250 N/mm² übersteigt.

Schneidwerkzeuge mit Plattenführung (Schnittkästen) — DIN 9867 T 2 (4.54)

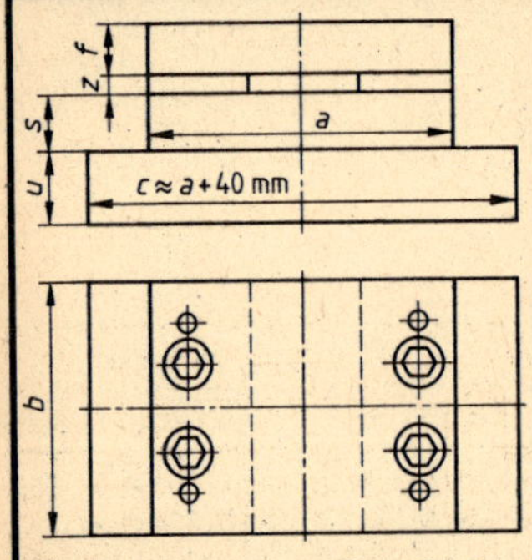

Schneidwerkzeuge der Form *B* haben in Richtung des Streifenvorschubes eine größere Ausdehnung, als Form *A* bei gleichen Nenngrößen.

Bezeichnung eines Schneidwerkzeuges mit Plattenführung Form A, von Nenngröße 100 x 160:
Schneidwerkzeug mit Plattenführung DIN 9867 – A 100 x 160

Form	Nenngröße	a	b	f	s	u	z	Zyl.-Schraube DIN 912 Maße	Anzahl	Je 4 Zylinderstifte
A	80x100 80x125 80x160	100 125 160	77	18	23	23	6	M 8x50	2	6x60
	100x125 100x160 100x200	125 160 200	97	18	23	23	6	M 8x50	4	8x60
	125x125 125x160 125x200	125 160 200	127	23	28	28	8	M 10x60	4	8x80
	160x160 160x200 160x250	160 200 250	156	23	32	28	8	M 10x70	4	8x80
	200x200 200x250	200 250	196	28	37	37	8	M 10x70	4	8x80
B	80x100 100x125	100 125	77 97	18	23	23	6	M 8x50	2 4	6x60 8x60
	125x160 125x200	160 200	127	23	28	28	8	M 10x60	4	8x80
	160x200 160x250	200 250	156	23	32	28	8	M 10x70	4	8x80

Normteile für Werkzeuge der Stanztechnik

Säulengestelle mit rechteckiger Arbeitsfläche Form C DIN 9812 (7.62)

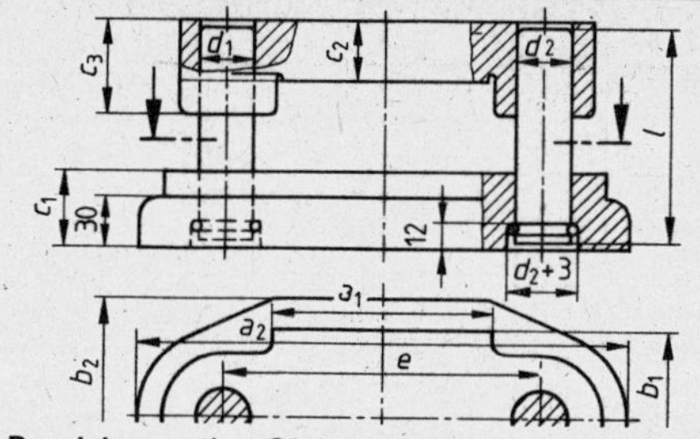

Bezeichnung eines Säulengestelles Form C mit Arbeitsfläche $a_1 \times b_1$ = 100 mm x 80 mm:
Säulengestell DIN 9812 – C 100 x 80

$a_1 \times b_1$	e	d_1	d_2	l	a_2	b_2	c_1	c_2	c_3
100 x 80	155	24	25	160	275	120	50	30	80
125 x 80	180				300				
160 x 80	215				335				
125 x 100	180	24	25	170	300	140	50	40	90
160 x 100	215				335				
200 x 100	265	30	32	180	395		56		
250 x 100	315				445				
160 x 125	225	30	32	180	355	165	56	40	90
200 x 125	265				395				
250 x 125	315				445				
200 x 160	265	30	32	200	395	200	56	50	100
250 x 160	315				445				
250 x 200	330	38	40	220	490	250	63	50	100
315 x 200	395				555				

Säulengestelle mit runder Arbeitsfläche Form D DIN 9812 (7.62)

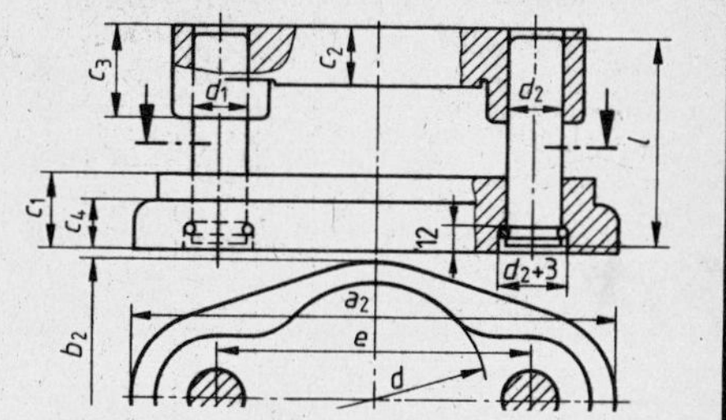

Bezeichnung eines Säulengestelles Form D mit Arbeitsfläche d = 160 mm:
Säulengestell DIN 9812 – D 160

d	e	d_1	d_2	l	a_2	b_2	c_1	c_2	c_3	c_4
50	80	15	16	125	170	90	40	25	65	20
63	95			140	185	103				
80	125	18	19	160	240	120	50	30	80	30
100	155	24	25		275	140				
125	180				300	165				
160	225	30	32	180	335	200	56	40	90	30
180	245				375	220				
200	265			190	395	240				
250	330	38	40	200	490	300	56	50	100	30
315	395			220	555	365	63			

Säulengestelle mit mittigstehenden Führungssäulen und dicker Säulenführungsplatte Form DF DIN 9816 (12.81)

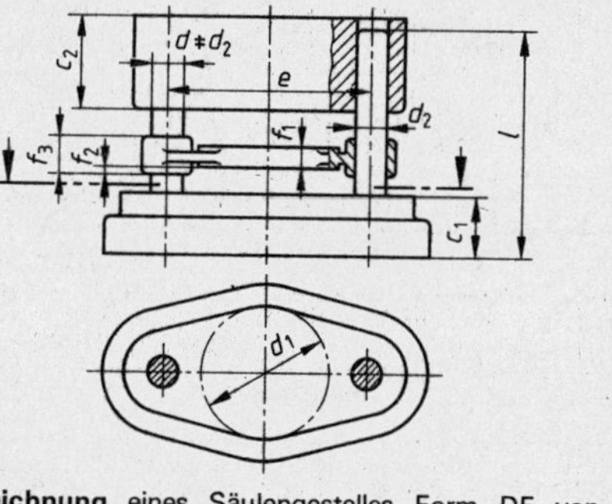

Bezeichnung eines Säulengestelles Form DF von d_1 = 100 mm und Gleitführung aus Gußeisen (GG)
Säulengestell DIN 9819 – DF 100 GG

d_1	c_1	c_2 max.	d_2	e min.	f_1	f_2	f_3	l
80	50	80	90	125	16	10	36	170
100	50	85	25	155	18	11	40	180
125		90		180				190
160	56	100	32	225	23	11	45	220
200		110		265				240

Säulengestelle mit übereckstehenden Führungssäulen Form C DIN 9819 (12.81)

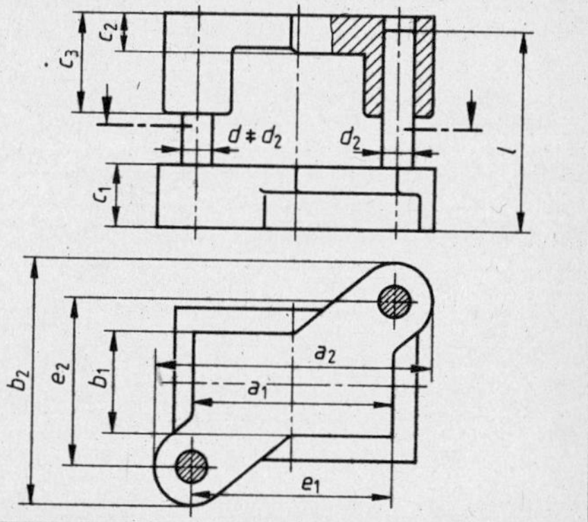

$a_1 \times b_1$	a_2 max.	b_2 max.	c_1	c_2	c_3 max.	d_2	e_1 min.	e_2 min.
200 x 100	275	255	56	40	90	32	195	158
250 x 100	325						245	
160 x 125	235	280					155	183
200 x 125	275						195	
250 x 125	325						245	
250 x 160		315		50	100			218

Federn

Zylindrische Schraubenfedern aus runden Drähten; Baugrößen für Druckfedern

DIN 2098 T1 (10.68), T2 (8.70)

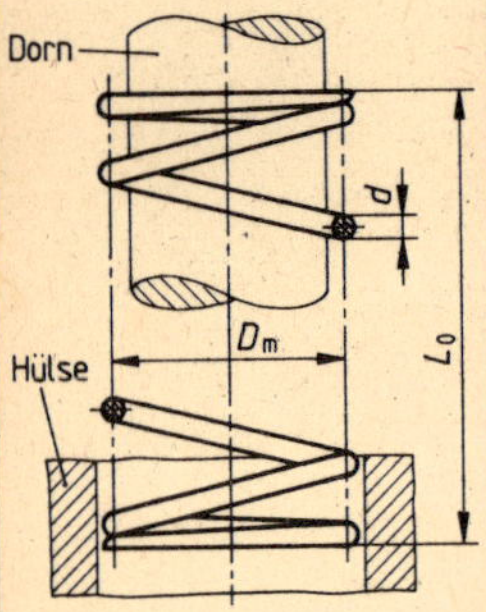

D_m mittlerer Windungsdurchmesser
d Drahtdurchmesser
D_d Dorndurchmesser
D_h Hülsendurchmesser
L_0 Länge der unbelasteten Feder
F größte zulässige Federkraft
f größter zulässiger Federweg
i Anzahl der federnden Windungen

Bezeichnung einer Druckfeder mit $d = 2$ mm, $D_m = 20$ mm und $L_0 = 94$ mm: **Druckfeder DIN 2098 – 2 x 20 x 94**

Werkstoff für $d < 0{,}5$ mm: X 12 CrNi 17 7 K,
Werkstoff für $d \geqq 0{,}5$ mm: Drahtsorte DIN 17223 – D

1) Wegen Ausknickgefahr sind Dorn oder Hülse notwendig

Federberechnung nach Nomogramm Seite 37

d	D_m	D_d max.	D_h min.	F in N	$i = 3{,}5$ L_0	$i = 3{,}5$ f	$i = 5{,}5$ L_0	$i = 5{,}5$ f	$i = 8{,}5$ L_0	$i = 8{,}5$ f	$i = 12{,}5$ L_0	$i = 12{,}5$ f
0,1	1,2	0,8	1,6	0,27	2,6	1,8	3,8	2,8	5,8	4,3	8,4	6,3
	1	0,7	1,4	0,31	2	1,2	2,9	1,9	4,4	2,9	6,3	4,3
	0,8	0,5	1,1	0,38	1,5	0,8	2,2	1,2	3,2	1,8	4,6	2,7
0,2	2,5	2,0	3,1	1,02	5,4	3,8	8,2	6,0	12,4	9,3	17,9	13,7
	2	1,5	2,6	1,26	4	2,4	5,9	3,8	8,7	5,9	12,6	8,6
	1,6	1,1	2,1	1,53	3	1,5	4,4	2,4	6,4	3,6	9,2	5,4
	1,2	0,8	1,7	1,93	2,3	0,8	3,2	1,3	4,6	1,9	6,5	2,8
	1	0,6	1,4	2,18	2	0,5	2,7	0,8	3,9	1,3	5,5	1,9
0,5	6,3	5,3	7,5	6,7	13,5	9,2	20 [1]	14,0	30 [1]	21,3	44 [1]	31,8
	5	4,0	6,2	8,2	9,4	5,5	14	8,6	20,5 [1]	12,9	30 [1]	19,4
	4	3,1	5,0	9,5	7	3,3	10	4,9	15	7,9	21,5 [1]	11,7
	3,2	2,4	4,1	10,2	5,5	1,8	7,9	2,8	11,5	4,4	16	6,2
	2,5	1,7	3,4	10,6	4,4	0,9	6,1	1,4	8,7	2,2	12	3,0
1	12,5	10,8	14,4	22,4	24	14,6	36,5	23,1	55,5 [1]	36,1	80,5 [1]	53,1
	10	8,4	11,8	27,9	17,5	9,5	26	14,8	39	23,0	56 [1]	33,6
	8	6,5	9,6	33,8	13	5,7	19	8,9	28,5	14,2	40,5 [1]	20,6
	6,3	4,9	7,8	34,8	10	2,7	14,5	4,4	21,5	7,2	30,5	10,6
	5	3,6	6,5	44,6	8,5	1,9	12	3,0	17	4,4	24	6,6
1,6	20	17,5	22,6	86,5	48 [1]	35,6	73,5 [1]	55,9	110 [1]	84,5	165 [1]	129
	16	13,7	18,5	108	34	23,0	51,5 [1]	36,0	77,5 [1]	55,3	110 [1]	78,8
	12,5	10,3	14,7	138	24	14,0	36	21,9	53,5 [1]	33,4	78 [1]	50,0
	10	7,9	12,1	173	18,5	9,1	27	13,8	40,5	21,6	58,5 [1]	32,0
	8	5,9	10,1	216	14,5	5,5	21,5	8,9	31,5	13,6	45	20,2
2	25	22,0	28,0	130	58 [1]	43,0	88,5 [1]	67,1	135 [1]	104	195 [1]	151
	20	17,1	22,9	162	41	27,4	62 [1]	42,8	94 [1]	66,4	135 [1]	96,2
	16	13,4	18,6	202	30	17,5	45	27,3	68 [1]	42,5	98 [1]	62,1
	12,5	9,9	15,1	259	22,5	10,8	33	16,6	49,5	26,0	71 [1]	38,0
	10	7,5	12,5	324	18	6,8	26,5	10,9	38,5	16,5	55	24,4
2,5	32	28,3	36,0	186	71,5 [1]	52,2	110 [1]	82,1	170 [1]	129	245 [1]	187
	25	21,6	28,4	238	49	32,2	74,5 [1]	50,5	115 [1]	80,2	165 [1]	116
	20	16,8	23,2	298	36	20,5	54	32,1	81,5 [1]	50,0	120 [1]	75,7
	16	12,9	19,1	372	27,5	12,9	41	20,5	61	31,7	88 [1]	46,9
	12,5	9,4	15,6	477	22	8,0	32	12,5	47,5	19,7	67,5	28,8
3,2	40	35,6	44,6	294	82 [1]	60,8	125 [1]	95,3	190 [1]	148	275 [1]	216
	32	27,6	36,5	368	58,5	38,7	88,5 [1]	61,1	135 [1]	96,2	190 [1]	136
	25	21,1	28,9	470	42,5	23,4	63,5	37,2	94,5 [1]	57,4	135 [1]	83,4
	20	16,1	23,9	588	33,5	15,0	49,5	23,6	74	36,9	105 [1]	53,4
4	50	44,0	56,0	435	99 [1]	71,6	150 [1]	111	230 [1]	175	335 [1]	257
	40	34,8	45,2	543	71	45,8	105 [1]	69,9	160 [1]	110	235 [1]	165
	32	27,0	37,0	679	53,5	29,5	79,5	46,2	120	72,8	170 [1]	104
	25	20,3	29,7	869	41	18,1	60,5	28,3	89,5	43,5	130 [1]	65,5

Tellerfedern

DIN 2093 (4.78)

Einzelteller

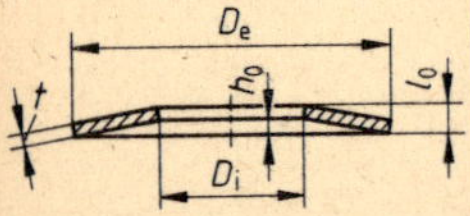

Tellerfedern gleichsinnig geschichtet

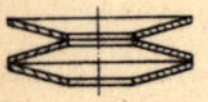
Tellerfedern wechselsinnig aneinandergereiht

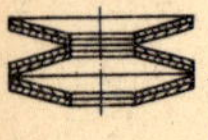
Tellerfedernpaket (Federsäule) aus wechselsinnig aneinandergereihten Federpaketen

Werkstoffe: Edelstähle nach DIN 17221 und DIN 17222

Außendurchmesser	D_e	12,5	14	16	18	20	22,5	25	28	31,5	35,5	40
Innendurchmesser	D_i	6,2	7,2	8,2	9,2	10,2	11,2	12,2	14,2	16,3	18,3	20,4
Reihe A $\frac{D_e}{t} \approx 18$; $\frac{h_0}{t} \approx 0{,}4$												
Tellerdicke	t	0,7	0,8	0,9	1	1,1	1,25	1,5	1,5	1,75	2	2,25
Federhöhe	h_0	0,3	0,3	0,35	0,4	0,45	0,5	0,55	0,65	0,7	0,8	0,9
Ungespannte Länge	l_0	1,0	1,1	1,25	1,4	1,55	1,75	2,05	2,15	2,45	2,8	3,15
Federweg	s	0,23	0,23	0,26	0,3	0,34	0,38	0,41	0,49	0,53	0,6	0,68
Federkraft F in N		660	797	1010	1250	1520	1930	2930	2840	3870	5190	6500
Reihe B $\frac{D_e}{t} \approx 28$; $\frac{h_0}{t} \approx 0{,}75$												
Tellerdicke	t	0,5	0,5	0,6	0,7	0,8	0,8	0,9	1	1,25	1,25	1,5
Federhöhe	h_0	0,35	0,4	0,45	0,5	0,55	0,65	0,7	0,8	0,9	1	1,15
Ungespannte Länge	l_0	0,85	0,9	1,05	1,2	1,35	1,45	1,6	1,8	2,15	2,25	2,65
Federweg	s	0,26	0,3	0,34	0,38	0,41	0,49	0,53	0,6	0,68	0,75	0,86
Federkraft F in N		293	279	410	566	748	707	862	1110	1910	1700	2620

Bezeichnung einer Tellerfeder der Reihe A mit $D_e = 16$ mm, $t = 0{,}9$ mm und Gruppe 1 (kaltgeformt): **Tellerfeder DIN 2093 – A 16 GR 1**

Flachriementrieb

Lederriemen

Riemendicke s in mm	3	4	5	6	7	8	10	12	14	16
Kleinstzulässiger Scheiben-∅ d in mm	60	80	100	120	160	200	300	400	600	800

Durchm. der kleinen Scheibe d_k mm	Riemen-dicke s mm	Drehzahl n_k der kleinen Scheibe in 1/min: 315	500	800	1250	2000	3150
		Nennleistung P_N in kW/mm Riemenbreite					
100	4	0,008	0,013	0,021	0,035	0,059	0,096
	5	0,013	0,019	0,031	0,055	0,088	0,147
160	5	0,016	0,026	0,043	0,074	0,118	0,177
	6	0,020	0,033	0,058	0,088	0,147	0,206
250	6	0,041	0,066	0,110	0,191	0,294	0,324
	7	0,053	0,088	0,147	0,236	0,353	0,383
400	7	0,081	0,147	0,221	0,354	0,383	–
	8	0,110	0,184	0,294	0,442	0,456	–
630	8	0,184	0,294	0,442	0,472	–	–
	10	0,236	0,396	0,588	0,574	–	–

P zu übertragende Leistung in kW
P_N Nennleistung in kW/mm Riemenbreite
d_k Durchmesser der kleinen Scheibe
n_k Drehzahl der kleinen Scheibe
d_g Durchmesser der großen Scheibe
v Riemengeschwindigkeit in m/s
e Achsabstand
β Umschlingungswinkel an der kleinen Scheibe in ° (Grad)
c_1 Winkelfaktor
c_2 Betriebsfaktor
c_3 Typenfaktor
b Riemenbreite in mm

$$\cos\frac{\beta}{2} = \frac{d_g - d_k}{2\,e}$$

$$b = \frac{P \cdot c_1 \cdot c_2}{P_N}$$

Winkelfaktor c_1[1]	1	1,02	1,05	1,08	1,12	1,16	1,22	1,28	1,37	1,47
Umschlingungswinkel β	180°	170°	160°	150°	140°	130°	120°	110°	100°	90°

Betriebsfaktor c_2[1]

Tägliche Betriebsdauer in Stunden: bis 10	über 10 bis 16	über 16	**angetriebene Arbeitsmaschinen**
1,0	1,1	1,2	Kreiselpumpen, Ventilatoren, Bandförderer für leichtes Gut
1,1	1,2	1,3	Werkzeugmaschinen, Pressen, Blechscheren, Druckereimaschinen
1,2	1,3	1,4	Mahlwerke, Kolbenpumpen, Stoßförderer, Textil- und Papiermaschinen
1,3	1,4	1,5	Steinbrecher, Mischer, Winden, Krane, Bagger

Beispiel: Lederriemen für eine Presse $s = 7$ mm; $P = 12$ kW; tägliche Betriebsdauer 16 Stunden $d_k = 250$ mm; $n_k = 1250$/min; $d_g = 630$ mm; $e = 800$ mm; $b = ?$

Lösung: Umschlingungswinkel β: $\cos\frac{\beta}{2} = \frac{d_g - d_k}{2\,e} = \frac{630\text{ mm} - 250\text{ mm}}{2 \cdot 800\text{ mm}} = 0{,}2375$; $\frac{\beta}{2} = 76°\,15'$; $\beta \approx$ **150°**

Tabellenwerte für: Winkelfaktor $\mathbf{c_1 = 1{,}08}$; Betriebsfaktor $\mathbf{c_2 = 1{,}2}$; Nennleistung $\mathbf{P_N = 0{,}236}$ **kW/mm.**

Riemenbreite $\boldsymbol{b} = \frac{P \cdot c_1 \cdot c_2}{P_N} = \frac{12\text{ kW} \cdot 1{,}08 \cdot 1{,}2}{0{,}236\text{ kW/mm}} \approx 65{,}9$ mm; gewählt $\boldsymbol{b}$ **= 70 mm**

Mehrschicht-Kunststoffriemen

Riementype	6	10	14	20	28	40	54	80	Lieferbare Riemenbreiten: von 20 bis 1200 mm
kleinstzulässiger Scheiben-∅ d in mm	40	50	80	125	200	280	400	560	

Typenfaktor c_3 in 1/mm	1,3	1,25	1,18	1,13	1,10	1,06	0,95	0,88	0,83	0,79	0,74
Riemengeschwindigkeit v in m/s	5	6	7	8	9	10	15	20	25	30	40

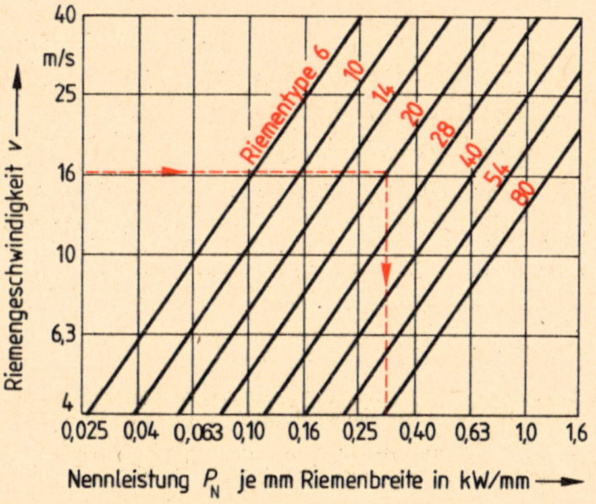

$$\text{Riementype} = 0{,}1 \cdot d_k \cdot c_3$$

Wählt man die nächst kleinere Type als errechnet, so ergibt sich eine größere Riemenbreite; ein solcher Riemen ist geschmeidiger als einer der nächst größeren Type.

Die Riemenbreite b von Mehrschicht-Kunststoffriemen berechnet man nach der gleichen Formel wie bei Lederriemen.

Beispiel: Für den gleichen Antrieb wie bei Lederriemen angegeben, soll die Breite b eines Kunststoffriemens berechnet werden.

$\boldsymbol{v} = \pi \cdot d_k \cdot n_k = \pi \cdot 0{,}250\text{ m} \cdot 20{,}83/\text{s} \approx$ **16,4 m/s**

Typenfaktor $\mathbf{c_3}$ nach Tabelle = **0,95/mm**

Type $= 0{,}1 \cdot d_k \cdot c_3 = 0{,}1 \cdot 250\text{ mm} \cdot 0{,}95\frac{1}{\text{mm}} = 23{,}75$ gewählt **Type 20**

$\mathbf{P_N}$ nach Diagramm = **0,32 kW/mm**

$\boldsymbol{b} = \frac{P \cdot c_1 \cdot c_2}{P_N} = \frac{12\text{ kW} \cdot 1{,}08 \cdot 1{,}2}{0{,}32\text{ kW/mm}} \approx$ **50 mm**

[1] Die Werte für c_1 und c_2 gelten für Lederriemen, Mehrschicht-Kunststoffriemen und Keilriemen.

Keilriementrieb

Abmessungen der Keilriemen und Keilriemenscheiben

Bezeichnungen		Keilriemen und zugehörige Keilriemenscheiben							Schmalkeilriemen und zugehörige Keilriemenscheibe				
Riemenprofil	Kurzzeichen	6	10	13	17	22	32	40	–	–	–	–	19
	ISO-Kurzzeichen	Y	Z	A	B	C	D	E	SPZ	SPA	SPB	SPC	–
b_o	obere Riemenbreite	6	10	13	17	22	32	40	9,7	12,7	16,3	22	18,6
b_w	Wirkbreite	5,3	8,5	11	14	19	27	32	8,5	11	14	19	16
h	Riemenhöhe	4	6	8	11	14	20	25	8	10	13	18	15
h_w	Abstand	1,6	2,5	3,3	4,2	5,7	8,1	12	2	2,8	3,5	4,8	4
d_{wk}	kleinstzulässiger Wirk-∅	28	50	80	125	200	355	500	63	90	140	224	180
b_1	obere Rillenbreite	6,3	9,7	12,7	16,3	22	32	40	9,7	12,7	16,3	22	18,6
c	Abstand vom Wirk-∅ bis Außen-∅	1,6	2	2,8	3,5	4,8	8,1	12	2	2,8	3,5	4,8	4
t	kleinstzulässige Rillentiefe	7	11	14	18	24	33	38	11	14	18	24	20
e	Rillenabstand	8	12	15	19	25,5	37	44,5	12	15	19	25,5	22
f	Rillenabstand vom Rande	6	8	10	12,5	17	24	29	8	10	12,5	17	14,5
Rillenwinkel α 32°	für Wirk-∅ bis	63	–	–	–	–	–	–	–	–	–	–	–
Rillenwinkel α 36°	für Wirk-∅ über	63	–	–	–	–	500	630	–	–	–	–	–
Rillenwinkel α 34°	für Wirk-∅ bis	–	80	118	190	315	–	–	80	118	190	315	250
Rillenwinkel α 38°	für Wirk-∅ über	–	80	118	190	315	500	630	80	118	190	315	250

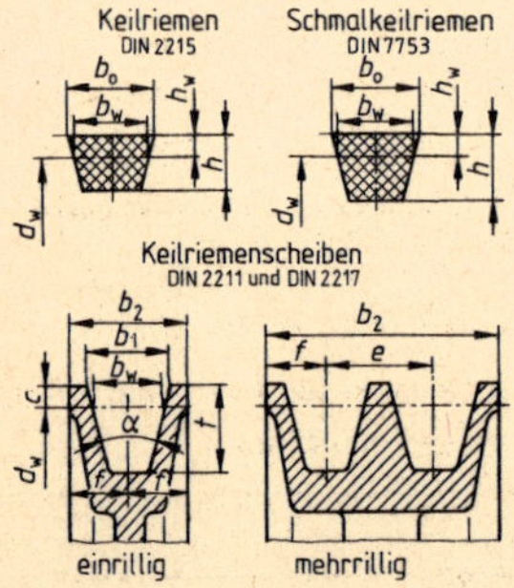

Diagramm zur Bestimmung des Profils für Schmalkeilriemen

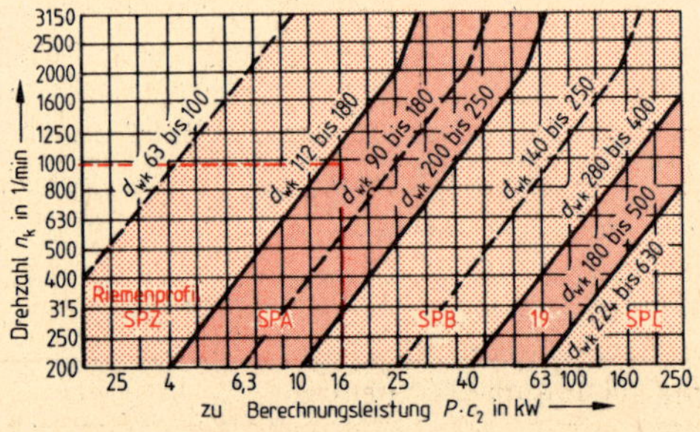

Leistungswerte für Schmalkeilriemen

DIN 7753 T2 (4.76)

Riemenprofil	SPZ			SPA			SPB			SPC			19		
d_{wk} der kleinen Scheibe	63	100	180	90	160	250	140	250	400	224	400	630	180	315	500
n_k der kleinen Scheibe	Nennleistung P_N in kW je Riemen														
400	0,35	0,79	1,71	0,75	2,04	3,62	1,92	4,86	8,64	5,19	12,56	21,42	3,26	7,66	13,31
700	0,54	1,28	2,81	1,17	3,30	5,88	3,02	7,84	13,82	8,13	19,79	32,37	5,15	12,27	20,89
950	0,68	1,66	3,65	1,48	4,27	7,60	8,83	10,04	17,39	10,19	24,52	37,37	6,52	15,56	25,56
1450	0,93	2,36	5,19	2,02	6,01	10,53	5,19	13,66	22,02	13,22	29,46	31,74	8,76	20,36	29,00
2000	1,17	3,05	6,63	2,49	7,60	12,85	6,31	16,19	22,07	14,58	25,81	–	10,39	22,24	20,57
2800	1,45	3,90	8,20	3,00	9,24	14,13	7,15	16,44	9,37	11,89	–	–	10,86	16,54	–

P vom Riementrieb zu übertragende Leistung in kW
P_N Nennleistung in kW je Riemen
c_1 Winkelfaktor } siehe Seite 173
c_2 Betriebsfaktor } siehe Seite 173
z Anzahl der Riemen

$$z = \frac{P \cdot c_1 \cdot c_2}{P_N}$$

Beispiel: Mit Schmalkeilriemen ist $P = 12$ kW auf eine Kolbenpumpe zu übertragen. Tägliche Betriebsdauer über 16 Stunden, $d_{wk} = 160$ mm, $n_k = 950$/min, $\beta = 140°$. Gesucht: Riemenprofil und Anzahl der Riemen.

Lösung: Betriebsfaktor $\mathbf{c_2}$ nach Tabelle Seite 173 = **1,4**; **Riemenprofil** aus der Berechnungsleistung $P \cdot c_2 = 12$ kW · 1,4 = 16,8 kW; $d_{wk} = 160$ mm und $n_k = 950$/min nach Diagramm = **SPA**;
$\mathbf{P_N}$ nach Tabelle = **4,27** kW je Riemen;
Winkelfaktor $\mathbf{c_1}$ nach Tabelle Seite 173 = **1,12**; Anzahl der Riemen $\mathbf{z} = \frac{P \cdot c_1 \cdot c_2}{P_N} = \frac{12\,\text{kW} \cdot 1{,}12 \cdot 1{,}4}{4{,}27\,\text{kW}} = \mathbf{4{,}4}$
gewählt **5 Riemen.**

Synchronriementrieb

Synchronriemen (Zahnriemen)

DIN 7721 T 1 (9.79)

Einfachverzahnung

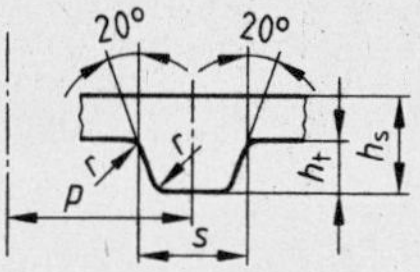

Doppel-Verzahnung

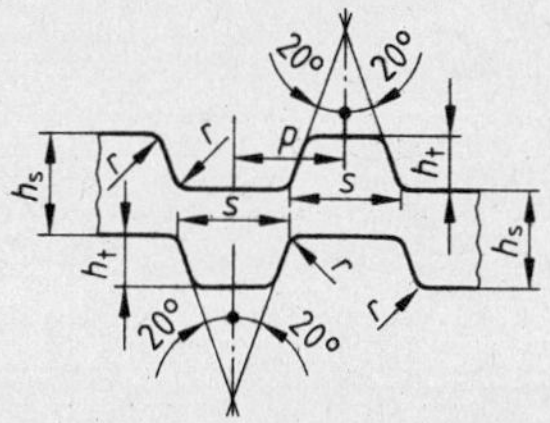

Zahnteilungs-Kurzzeichen	Zahnteilung p	Maße der Zähne s	h_t	r	Nenndicke h_s	Synchronriemenbreite b			
T 2,5	2,5	1,5	0,7	0,2	1,3	–	4	6	10
T 5	5	2,65	1,2	0,4	2,2	6	10	16	25
T 10	10	5,3	2,5	0,6	4,5	16	25	32	50
T 20	20	10,15	5,0	0,8	8,0	32	50	75	100

Wirklänge	Zähnezahl für **T 2,5**	**T 5**	Wirklänge	Zähnezahl für **T 5**	**T 10**	Wirklänge	Zähnezahl für **T 10**	**T 20**
120	48	–	530	–	53	1010	101	–
150	–	30	560	112	56	1080	108	54
160	64	–	610	122	61	1150	115	–
200	80	40	630	126	63	1210	121	–
245	98	49	660	–	66	1250	125	–
270	–	54	700	–	70	1320	132	66
285	114	–	720	144	72	1390	139	–
305	–	61	780	156	78	1460	146	73
330	132	66	840	168	84	1560	156	–
390	–	78	880	–	88	1610	161	–
420	168	84	900	180	–	1780	178	89
455	–	91	920	–	92	1880	188	94
480	192	–	960	–	96	1960	196	–
500	200	100	990	198	–	2250	225	–

Bezeichnung eines Synchronriemens mit Einfach-Verzahnung der Breite 6 mm mit dem Zahnteilungs-Kurzzeichen T 2,5 und der Wirklänge 480 mm: **Riemen DIN 7721 – 6 T 2,5 x 480**

Ein Synchronriemen mit Doppel-Verzahnung wird mit den angehängten Kennbuchstaben D gekennzeichnet.

Synchronriemenscheiben

DIN 7721 T 2 (9.79)

Zahnlücken	Scheibenaußen-∅ d_0 für T 2,5	T 5	T 10	T 20	Zahnlücken	Scheibenaußen-∅ d_0 für T 2,5	T 5	T 10	T 20	Zahnlücken	Scheibenaußen-∅ d_0 für T 2,5	T 5	T 10	T 20
10	7,45	15,05	–	–	17	13,0	26,2	52,25	105,4	32	24,95	50,1	100,0	200,85
11	8,25	16,65	–	–	18	13,8	27,8	55,45	111,75	36	28,1	56,45	112,75	226,35
12	9,0	18,25	36,35	–	19	14,6	29,4	58,6	118,1	40	31,3	62,86	125,45	251,8
13	9,8	19,85	39,5	–	20	15,4	31,0	61,8	124,5	48	37,7	75,55	150,95	302,7
14	10,6	21,45	42,7	–	22	17,0	34,25	68,15	137,2	60	47,25	94,65	189,1	379,1
15	11,4	23,05	45,9	92,65	25	19,35	39,0	77,7	156,3	72	56,8	113,75	227,3	455,5
16	12,2	24,6	49,05	99,0	28	21,75	43,75	87,25	175,4	84	–	132,85	265,5	531,9

Zahnlückenmaße

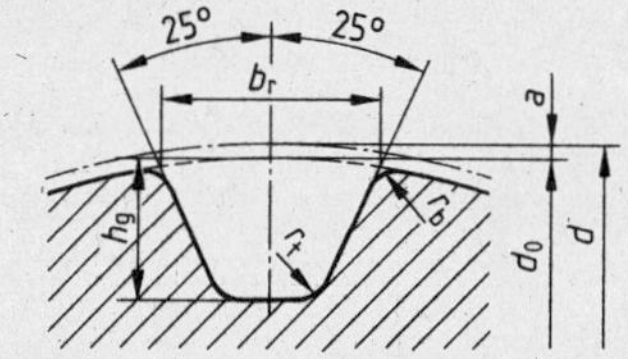

Wirkdurchmesser $d = d_0 + 2a$

Zahnteilungs-Kurzzeichen	Form SE b_r	Form N b_r	Form SE h_g	Form N h_g	r_b	r_t	$2a$
T 2,5	1,75	1,83	0,75	1	0,2	0,3	0,6
T 5	2,96	3,32	1,25	1,95	0,4	0,6	1
T 10	6,02	6,57	2,6	3,4	0,6	0,8	2
T 20	11,65	12,6	5,2	6	0,8	1,2	3

Synchronriemenscheibenmaße

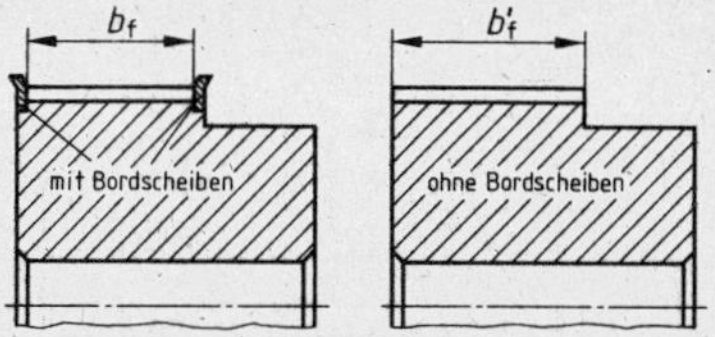

Zahnteilungs-Kurzzeichen	Riemenbreite b	Scheibenbreite mit Bord b_f	Scheibenbreite ohne Bord b'_f	Zahnteilungs-Kurzzeichen	Riemenbreite b	Scheibenbreite mit Bord b_f	Scheibenbreite ohne Bord b'_f
T 2,5	4	5,5	8	T 10	16	18	21
	6	7,5	10		25	27	30
	10	11,5	14		32	34	37
					50	52	55
T 5	6	7,5	10	T 20	32	34	38
	10	11,5	14		50	52	56
	16	17,5	20		75	77	81
	25	26,5	29		100	102	106

Bezeichnung eines Zahnlückenprofils für Synchronriemenscheibe, Breite 7,5 mm, Zahnteilungs-Kurzzeichen T 2,5, Zahnlückenzahl 25, Zahnlückenform N, 1 Bordscheibe:
Zahnlückenprofil DIN 7721 – 7,5 T 2,5 x N 1

Buchsen für Gleitlager aus Kupferlegierungen

DIN 1850 T 1 (10.76)

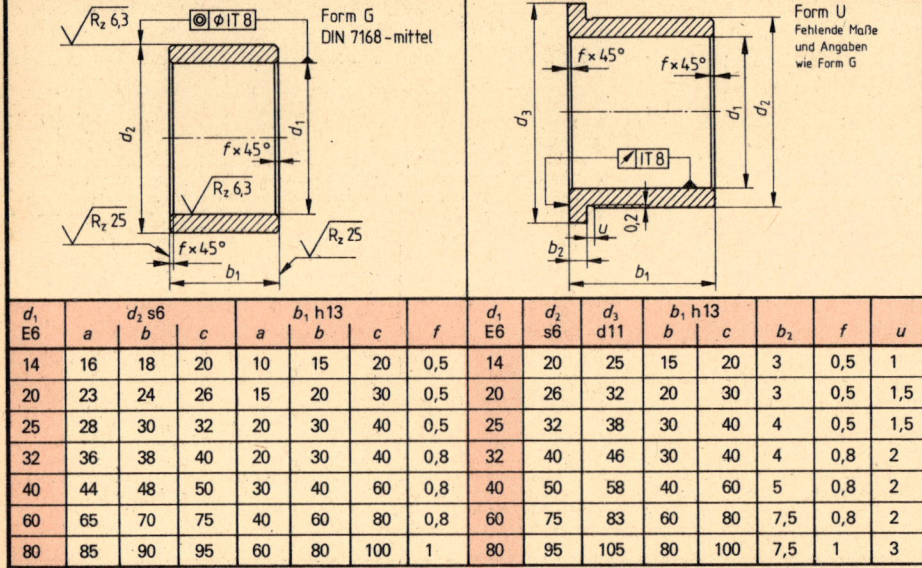

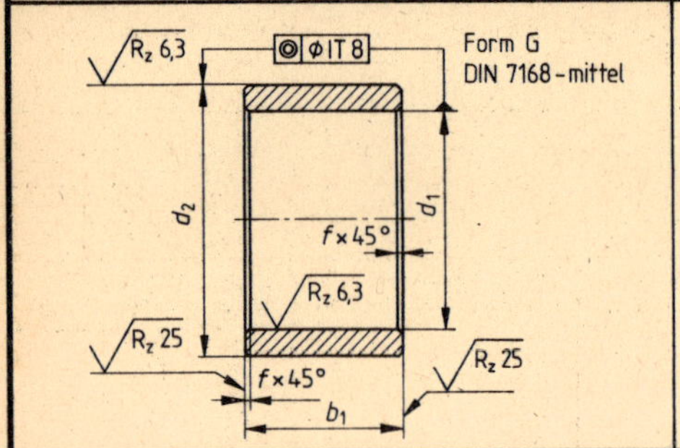

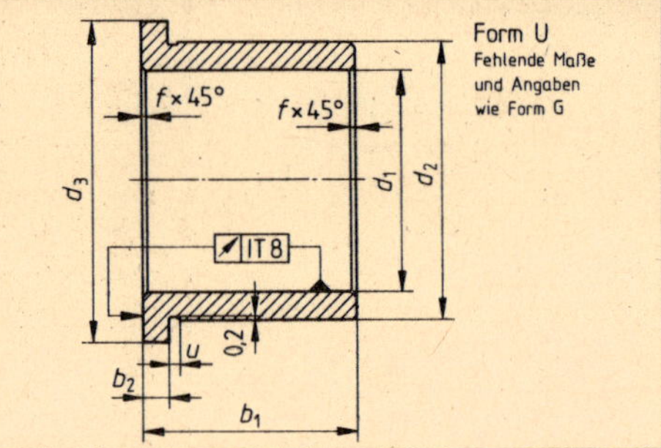

d_1 E6	d_2 s6 a	b	c	b_1 h13 a	b	c	f
14	16	18	20	10	15	20	0,5
20	23	24	26	15	20	30	0,5
25	28	30	32	20	30	40	0,5
32	36	38	40	20	30	40	0,8
40	44	48	50	30	40	60	0,8
60	65	70	75	40	60	80	0,8
80	85	90	95	60	80	100	1

d_1 E6	d_2 s6	d_3 d11	b_1 h13 b	c	b_2	f	u
14	20	25	15	20	3	0,5	1
20	26	32	20	30	3	0,5	1,5
25	32	38	30	40	4	0,5	1,5
32	40	46	30	40	4	0,8	2
40	50	58	40	60	5	0,8	2
60	75	83	60	80	7,5	0,8	2
80	95	105	80	100	7,5	1	3

Bezeichnung einer Buchse Form G von $d_1 = 20$ mm, $d_2 = 24$ mm nach Reihe b und $b_1 = 20$ mm, aus CuSn 8:
Buchse DIN 1850 G 20 x 24 x 20 – CuSn 8

Abmessungen von Wälzlagern

DIN 625, 635 (T1), 711 (alle 9.59), DIN 628 (3.73)

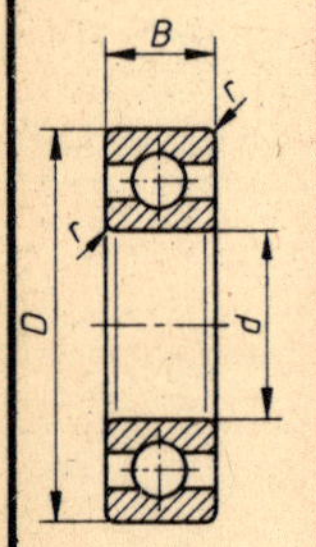

Rillenkugellager

Kurzzeichen	d	D	B	r
6200	10	30	9	1
6202	15	35	11	1
6204	20	47	14	1,5
6205	25	52	15	1,5
6206	30	62	16	1,5
6207	35	72	17	2
6208	40	80	18	2
6210	50	90	20	2
6212	60	110	22	2,5
6220	100	180	34	3,5

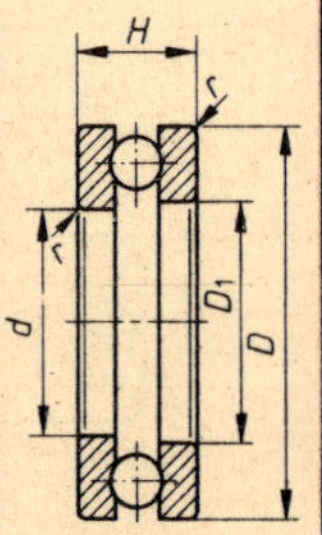

Axial-Rillenkugellager

Kurzzeichen	d	D_1	D	H	r
51201	12	14	28	11	1
51203	17	19	35	12	1
51204	20	22	40	14	1
51205	25	27	47	15	1
51206	30	32	52	16	1
51207	35	37	62	18	1,5
51208	40	42	68	19	1,5
51210	50	52	78	22	1,5
51212	60	62	95	26	1,5
51214	70	72	105	27	1,5

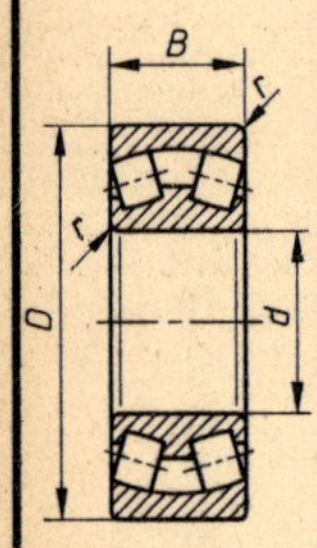

Pendelrollenlager

Kurzzeichen	d	D	B	r
22308	40	90	33	2,5
22309	45	100	36	2,5
22310	50	110	40	3
22311	55	120	43	3
22312	60	130	46	3,5
22314	70	150	51	3,5
22316	80	170	58	3,5
22318	90	190	64	4
22320	100	215	73	4
22328	140	300	102	5

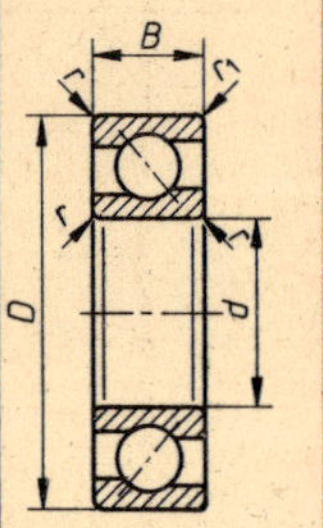

Schrägkugellager

Kurzzeichen	d	D	B	r	r_1
7200 B	10	30	9	1	0,5
7202 B	15	35	11	1	0,5
7204 B	20	47	14	1,5	0,8
7205 B	25	52	15	1,5	0,8
7206 B	30	62	16	1,5	0,8
7208 B	40	80	18	2	1
7210 B	50	90	20	2	1
7212 B	60	110	22	2,5	1,2
7216 B	80	140	26	3	1,5
7220 B	100	180	34	3,5	2

Sicherungsringe, Sicherungsscheiben, Sprengringe

Sicherungsringe (Regelausführung) DIN 471 – 472

für Wellen DIN 471 (9.81)

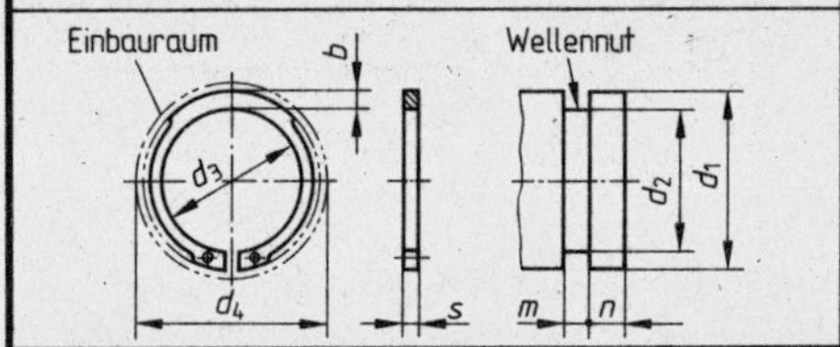

Nennmaß d_1 mm	Ring Maße in mm s	d_3	d_4	b ≈	Nut Maße in mm d_2	m min.	n min.
10	1,0	9,3	17	1,8	9,6	1,1	0,6
13	1,0	11,9	20,2	2,0	12,4	1,1	0,9
15	1,0	13,8	22,6	2,2	14,3	1,1	1,1
18	1,2	16,5	26,2	2,4	17,0	1,3	1,5
22	1,2	20,5	30,8	2,8	21,0	1,3	1,5
25	1,2	23,2	34,2	3,0	23,9	1,3	1,7
30	1,5	27,9	40,5	3,5	28,6	1,6	2,1
34	1,5	31,5	45,4	3,8	32,3	1,6	2,6
38	1,75	35,2	50,2	4,2	36,0	1,85	3,0
45	1,75	41,5	59,1	4,7	42,5	1,85	3,8
50	2,0	45,8	64,5	5,1	47,0	2,15	4,5
63	2,0	58,8	79	6,2	60,0	2,15	4,5
80	2,5	74,5	98,1	7,4	76,5	2,65	5,3
90	3,0	84,5	108,5	8,2	86,5	3,15	5,3
95	3,0	89,5	114,8	8,6	91,5	3,15	5,3

Bezeichnung eines Sicherungsringes für d_1 = 38 mm und s = 1,75 mm: **Sicherungsring DIN 471-38 x 1,75**

für Bohrungen DIN 472 (9.81)

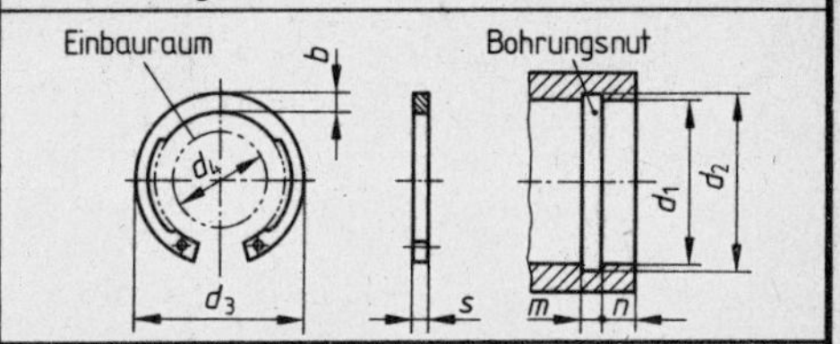

Nennmaß d_1 mm	Ring Maße in mm s	d_3	d_4	b ≈	Nut Maße in mm d_2	m min.	n min.
10	1,0	10,8	3,3	1,4	10,4	1,1	0,6
13	1,0	14,1	5,4	1,8	13,6	1,1	0,9
15	1,0	16,2	7,2	2,0	15,7	1,1	1,1
18	1,0	19,5	9,4	2,2	19,0	1,1	1,5
22	1,0	23,5	13,2	2,5	23,0	1,1	1,5
25	1,2	26,9	15,5	2,7	26,2	1,3	1,8
30	1,2	32,1	19,9	3,0	31,4	1,3	2,1
34	1,5	36,5	22,6	3,3	35,7	1,6	2,6
38	1,5	40,8	26,4	3,7	40,0	1,6	3,0
45	1,75	48,5	32	4,3	47,5	1,85	3,8
50	2,0	54,2	36,3	4,6	53,0	2,15	4,5
63	2,0	67,2	47,7	5,6	66,0	2,15	4,5
80	2,5	85,5	62,1	7,0	83,5	2,65	5,3
90	3,0	95,5	71,9	7,6	93,5	3,15	5,3
95	3,0	100,5	76,5	8,1	98,5	3,15	5,3

Bezeichnung eines Sicherungsringes für d_1 = 80 mm und s = 2,5 mm: **Sicherungsring DIN 472-80 x 2,5**

Sicherungsscheiben DIN 6799 (9.81)

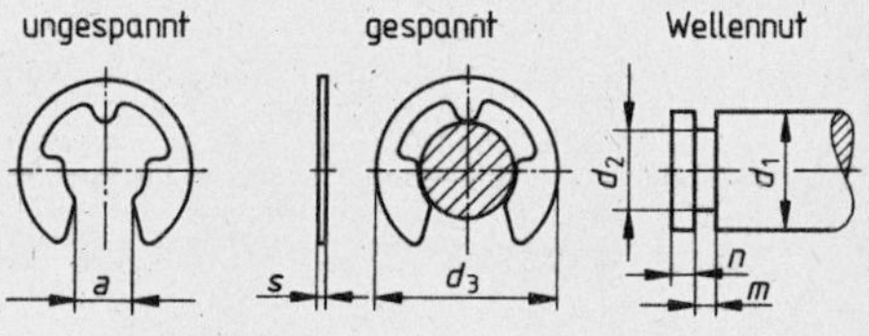

Bezeichnung einer Sicherungsscheibe von d_2 = 15 mm: **Sicherungsscheibe DIN 6799-15**

Sicherungsscheibe d_2 h11	d_3 gespannt	a	s ±0,03	Wellennut d_1 von	d_1 bis	m +0,06	n min.
8	16,3	6,52	1,0	9	12	1,05	1,8
12	23,4	10,45	1,3	13	18	1,35	2,5
15	29,4	12,61	1,5	16	24	1,55	3,0
19	37,6	15,92	1,75	20	31	1,80	3,5
24	44,6	21,88	2,0	25	38	2,05	4,0

Sprengringe DIN 9045 (9.74)

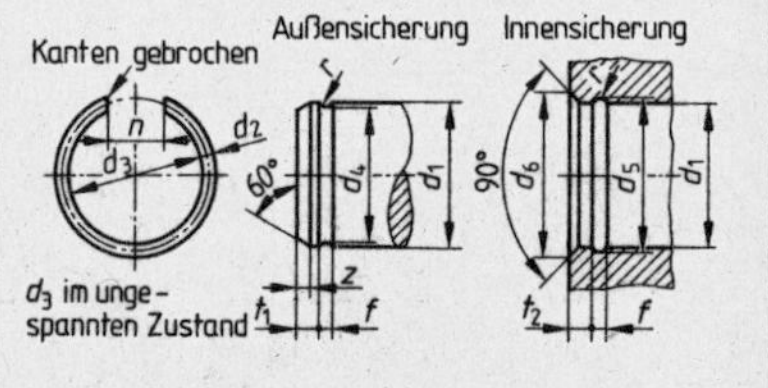

Bezeichnung eines Sprengringes für d_1 = 30 mm: **Sprengring DIN 9045-30**

Sprengring d_1	d_2	d_3	n ≈	Außensicherung d_4	r	t_1 min.	z ≈	f	Innensicherung d_5	d_6	t_2 min.
5	0,8	4,4	2,5	4,6	0,4	1,6	1	0,8	–	–	–
10	0,8	9,2	4	9,6	0,4	1,6	1	0,8	10,4	11,2	1,6
16	1,6	14,5	6	15	1	3	2	1,8	17	18	3
20	2	18,2	10	18,8	1,2	4	2,5	2,2	21,2	22,5	4
25	2	23,2	10	23,8	1,2	4	2,5	2,2	26,2	27,5	4
30	2	28,2	10	28,8	1,2	4	2,5	2,2	31,2	32,5	4
40	2,5	38	12	38,5	1,6	5	3	2,8	41,5	43,5	5

Wellendichtringe, Runddichtringe, Paßscheiben, Splinte

Radial-Wellendichtringe

DIN 3760 (4.72)

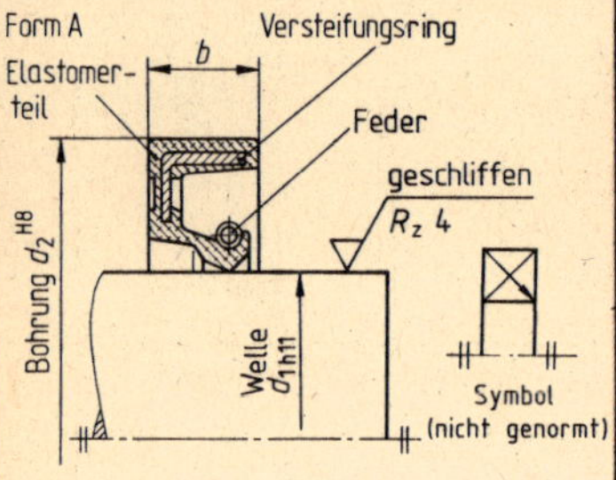

d_1	d_2		b ±0,2	d_1	d_2		b ±0,2	d_1	d_2		b ±0,2
16	28	32	7	36	52	62	7	63	85	90	10
	30	35	7	40	52	55	7	70	90	100	10
25	35	40	7		62	72	7	80	100	110	10
	42	52	7	45	60	62	8	90	110	120	12
30	40	42	7		65	72	8	100	120	125	12
	52	62	7	50	65	68	8	110	130	140	12
36	47	50	7		72	80	8	130	160	170	12

Außer der Form A wird noch die Form AS (mit Schutzlippe) verwendet. Die Maße der Form AS entsprechen denen der Form A.

Bezeichnung eines Wellendichtringes (WDR) der Form A für Wellendurchmesser $d_1 = 25$ mm, Außendurchmesser $d_2 = 40$ mm und Breite $b = 7$ mm, Elastomerteil aus Nitril-Butadien-Kautschuk (NB):
WDR DIN 3760 – A 25 x 40 x 7 – NB

Runddichtringe

DIN 3770 (10.70)

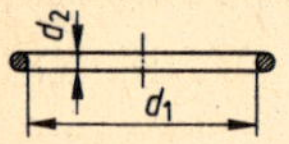

d_1 Innendurchmesser
d_2 Ringdicke

$d_1 \times d_2$	$d_1 \times d_2$	$d_1 \times d_2$	$d_1 \times d_2$	$d_1 \times d_2$	$d_1 \times d_2$	$d_1 \times d_2$	$d_1 \times d_2$	$d_1 \times d_2$	$d_1 \times d_2$
2x1,6	4x2	6x2	10x2	25x3,15	45x4	80x6,3	125x8	200x10	375x10
2,5x1,6	4,5x2	7,1x2	12,5x2,5	31,5x4	50x4	90x6,3	140x8	250x10	400x10
3x1,6	5x2	8x2	16x2,5	35,5x4	63x5	100x6,3	160x8	300x10	450x10
3,55x1,6	5,6x2	9x2	20x3,15	40x4	71x5	112x6,3	180x8	355x10	500x10

Bezeichnung eines Runddichtringes (RDR) von Innendurchmesser $d_1 = 63$ mm, Ringdicke $d_2 = 5$ mm, Sortenmerkmal B, aus Nitril-Butadien-Kautschuk (NB) mit Shore-A-Härte 70: **RDR DIN 3770 – 63 x 5 B – NB 70**

Paßscheiben

DIN 988 (5.71)

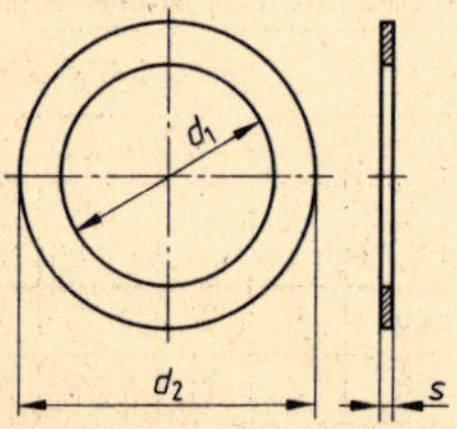

		3	6	10	14	20	25	30	40	50	60	80
d_1 D12		3	6	10	14	20	25	30	40	50	60	80
d_2 d12		6	12	16	20	28	36	42	50	62	75	100
s	von	0,1	0,1	0,1	0,1	0,1	0,1	0,1	0,1	0,1	0,1	0,1
	bis	1,2	1,4	1,8	2,0	2,0	2,0	2,0	2,0	2,0	2,0	2,0

Bezeichnung einer Paßscheibe mit $d_1 = 40$ mm, $d_2 = 50$ mm und $s = 0{,}5$ mm:
Paßscheibe DIN 988 – 40 x 50 x 0,5

Splinte

DIN 94 (9.83)

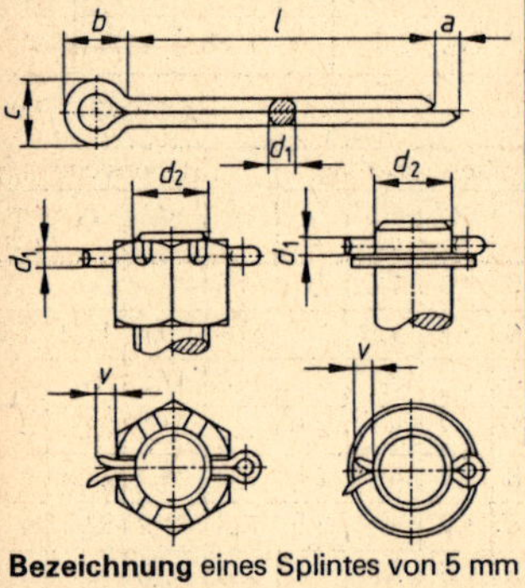

Für Bolzen d_2		Für Schrauben d_2		Splint-∅ Loch-∅ d_1	Nennlänge l		a	b	c		v
über	bis	über	bis		von	bis	max.		min.	max.	min.
3	4	3,5	4,5	1	6	18	1,6	3	1,6	1,8	4
5	6	5,5	7	1,6	8	32	2,5	3,2	2,4	2,8	5
6	8	7	9	2	10	40	2,5	4	3,2	3,6	6
9	12	11	14	3,2	18	80	3,2	6,4	5,1	5,8	8
12	17	14	20	4	20	125	4	8	6,5	7,4	8
17	23	20	27	5	20	125	4	10	8	9,2	10
23	29	27	39	6,3	28	140	4	12,6	10,3	11,8	12
44	69	56	80	10	56	140	6,3	20	16,6	19	16

Normale Längen l: 4, 5, 6, 8, 10, 12, 14, 16, 18, 20, 22, 25, 28, 32, 36, 40, 45, 50, 56, 63, 71, 80, 90, 100, 112, 125, 140, 160, 180, 200, 224, 250, 280 mm.

Bezeichnung eines Splintes von 5 mm Nenndurchmesser und 50 mm Länge aus St 37: **Splint DIN 94 – 5 x 50-St**

Wendeschneidplatten — DIN 4987 (3.81)

Bezeichnung einer Wendeschneidplatte: Schneidplatte DIN... —T P G N 16 03 04 E N —P20

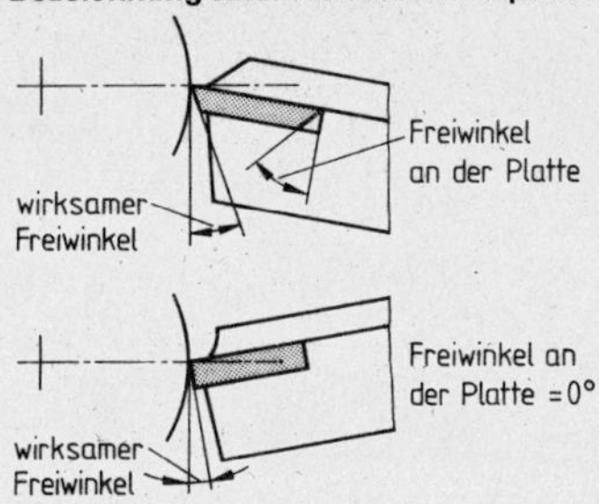

- Norm-Nummer
- Grundform
- Normal-Freiwinkel
- Toleranzklasse
- Spanformer und Befestigungsmerkmale
- Plattengröße
- Plattendicke
- Ausführung der Schneidenecke
- Schneide
- Schneidrichtung
- Schneidstoff

(Abbildungen: wirksamer Freiwinkel, Freiwinkel an der Platte, Freiwinkel an der Platte = 0°)

Grundform									
H, O, P, R, S, T gleichseitig und gleichwinklig	H	O	P	R	S	T	C 80°	D 55°	
C, D, E, M, V, W gleichseitig und ungleichwinklig	E 75°	M 86°	V 35°	W 80°	L	A 85°	B 82°	K 55°	
L ungleichseitig und gleichwinklig									
A, B, K ungleichseitig und ungleichwinklig									

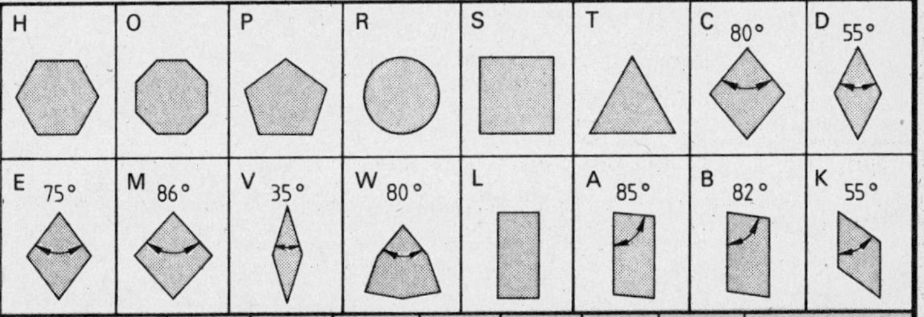

Normal-Freiwinkel α_n an der Platte	A	B	C	D	E	F	G	N	P	O
	3°	5°	7°	15°	20°	25°	30°	0°	11°	bes. Angaben

Toleranzklasse	Zul. Abw. für	A, F	C, H	E	G	J	K	L	M	U
	Prüfmaß m	±0,005	±0,013	±0,025	±0,025	±0,005	±0,013	±0,025	±0,08... ±0,18...	±0,13... ±0,38
	Plattendicke s	±0,025	±0,025	±0,025	±0,13	±0,025	±0,025	±0,025	±0,13	±0,13

Spanformer und Befestigungsmerkmale	N	A	R	M	F	G	X
							Besonderheiten n. Zeichnung

Spanformer auf den Spanflächen sind z. B. Spanformrillen oder -stufen. Befestigungsmerkmal ist z. B. die durchgehende zylindrische Bohrung.

Plattengröße: Als Schneidenlänge wird bei ungleichseitigen Platten die längere Schneide angegeben, bei runden Platten der Durchmesser. Die Plattendicke wird ohne Dezimalstellen in mm angegeben.

Ausführung der Schneidenecke: Der Radius an der Schneidenecke wird in mm angegeben. Bei runden Schneidplatten oder solchen mit scharfkantigen Schneidenecken (Eckenradius $r_\varepsilon = 0$) ist die Kennzahl 00.

1. Kennbuchstaben für den Einstellwinkel $\varkappa_r$ der Hauptschneide	A	D	E	F	P
	45°	60°	75°	85°	90°

2. Kennbuchstaben für den Freiwinkel α'_n an der Planschneide (Eckenfase)	A	B	C	D	E	F	G	N	P
	3°	5°	7°	15°	20°	25°	30°	0°	11°

Schneide und Schneidrichtung	F	E	T	S	R	L	N
	scharf	gerundet	gefast	gefast und gerundet	rechtsschneidend	linksschneidend	links- und rechts schneidend

Bezeichnung einer Wendeschneidplatte aus Hartmetall mit Eckenrundungen (DIN 4968), dreieckig (T), Normalfreiwinkel $\alpha_n = 11°$ (P), Toleranzklasse G (G), ohne Besonderheiten (N), mit der Länge $l = 16,5$ mm (16), der Dicke $s = 3,18$ mm (03), und Eckenradius $r_\varepsilon = 0,8$ (08), der Zerspanungs-Anwendungsgruppe P 20:

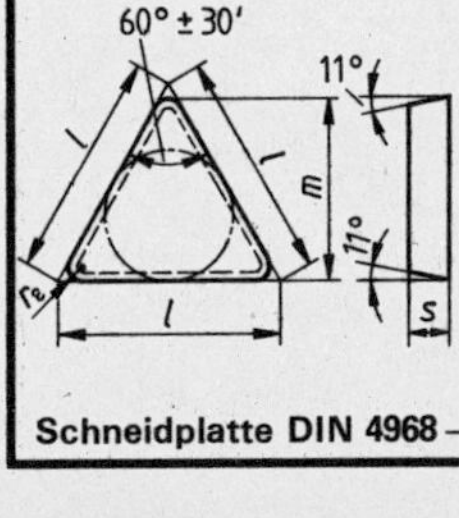

Schneidplatte DIN 4968 — TDGN 160308 — P 20

Bezeichnung einer Wendeschneidplatte aus Hartmetall mit Planschneiden (DIN 6590), quadratisch (S), Normalfreiwinkel $\alpha_n = 0°$ (N), Toleranzklasse E (E), ohne Besonderheiten (N), Länge $l = 19,05$ mm (19), Dicke $s = 5,56$ mm (05), Einstellwinkel $\varkappa_r = 45°$ (A), Freiwinkel an der Planschneide $\alpha'_n = 0$ (N), Zerspanungs-Anwendungsgruppe P 10:

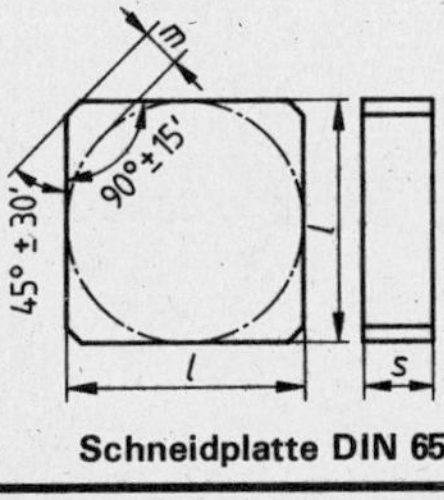

Schneidplatte DIN 6590 – SNEN 1905 AN – P 10

Auftragszeit nach REFA

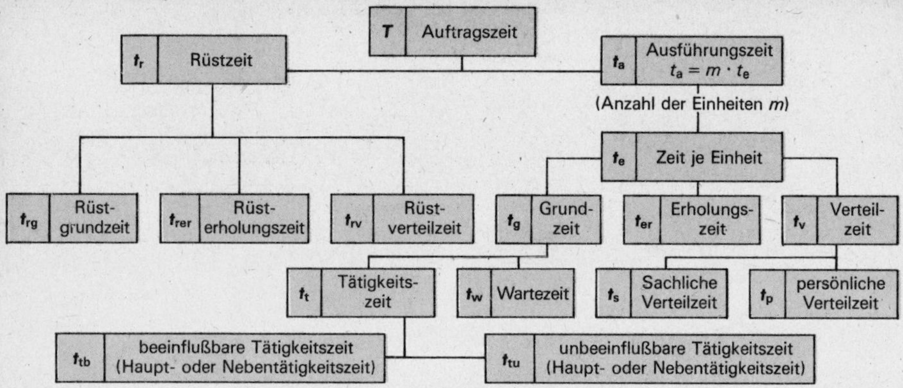

REFA	REFA – Verband für Arbeitsstudien und Betriebsorganisation e. V.
T	Die dem Arbeiter für die Erledigung eines Auftrages insgesamt vorgegebene Zeit. Sie gliedert sich in „Vorbereiten der Auftragsausführung (Rüsten)" und „Ausführen des Auftrags".
t_a	Die Zeit für die Ausführungsarbeit an allen Einheiten m des Auftrags. In der Regel ist $t_a = m \cdot t_e$.
t_r	In der Rüstzeit werden Arbeitsplatz, Maschine und Werkzeuge für die Ausführung des Auftrages vorbereitet (gerüstet) und wieder in den ursprünglichen Zustand zurückversetzt. Die Rüstzeit kommt unabhängig von der Zahl der Einheiten meist nur einmal je Auftrag vor.
t_g t_{rg}	Grundzeiten sind für das planmäßige Rüsten und Ausführen des Auftrages nötig. Die Grundzeit setzt sich aus der Tätigkeitszeit und der Wartezeit zusammen. **Beispiel** für die Rüstgrundzeit: Auftrag und Zeichnung lesen, Maschine einstellen, Eintragungen in die Arbeitskarte
t_{er} t_{rer}	Während der Erholungszeiten wird die Tätigkeit unterbrochen, um die Arbeitsermüdung abzubauen. **Beispiele:** Ausruhen nach dem Überkopfschweißen einer Schweißnaht, Erholen nach längerem Kontrollieren kleiner Werkstücke
t_v t_{rv}	Unregelmäßig auftretende Zeiten, die zusätzlich zur planmäßigen Ausführung eines Auftrages durch den Menschen notwendig sind. Sie werden meist mit einem bestimmten Prozentsatz der zugehörigen Grundzeit berücksichtigt. **Beispiele** für sachliche Verteilzeiten: Arbeitsplatz bei Schichtbeginn vorbereiten, für persönliche Verteilzeiten: Gespräche mit Vorgesetzten, Lohnabrechnung prüfen, für Rüstverteilzeiten: unvorhergesehenes Werkzeugschärfen
t_t	In der **Haupttätigkeitszeit** wird der Auftrag unmittelbar vorangetrieben. **Beispiel**: Zeit, in der Werkstoff zerspant wird. In der **Nebentätigkeitszeit** tritt kein direkter Fortschritt im Sinne des Auftrags ein. **Beispiel**: Spannen des Werkstücks. Tätigkeitszeiten können vom Arbeiter teils beeinflußt, teils nicht beeinflußt werden. **Beispiele** für **unbeeinflußbare Tätigkeitszeiten:** Zeiten, in denen mit selbsttätigem Vorschub zerspant wird und der Ablauf überwacht werden muß, für **beeinflußbare Tätigkeitszeiten**: Zusammenbauarbeiten von Hand
t_w	In der Wartezeit wartet der Arbeiter auf das Ende von Arbeitsabschnitten, die seiner eigentlichen Tätigkeit vorangehen. **Beispiel:** Warten auf das nächste Werkstück in der Fließfertigung oder auf das Ende eines selbsttätig ablaufenden Schruppvorganges, der nicht überwacht werden muß.

Beispiel: Drehen von 3 Wellen

Rüstzeiten:			min
Auftrag rüsten			= 4,5
Maschine rüsten			= 10,0
Werkzeug rüsten			= 12,5
Rüstgrundzeit	t_{rg}		= 27,0
Rüsterholungszeit	t_{rer}	= 4% von t_{rg}	= 1,1
Rüstverteilzeit	t_{rv}	= 14% von t_{rg}	= 3,8
Rüstzeit	t_r	$= t_{rg} + t_{rer} + t_{rv}$	= **31,9**

Ausführungszeiten:			min
Tätigkeitszeit	t_t		= 14,7
Wartezeit	t_w		= 3,8
Grundzeit	t_g	$= t_t + t_w$	= 18,5
Erholungszeit	t_{er}	durch t_w abgegolten	–
Verteilzeit	t_v	= 8% von t_g	= 1,5
Zeit je Einheit	t_e	$= t_g + t_{er} + t_v$	= 20,0
Ausführungszeit	t_a	$= m \cdot t_e$	= **60,0**

Auftragszeit T = Rüstzeit t_r + Ausführungszeit t_a = 31,9 min + 60,0 min = 91,9 min ≈ **92 min**

Belegungszeit nach REFA

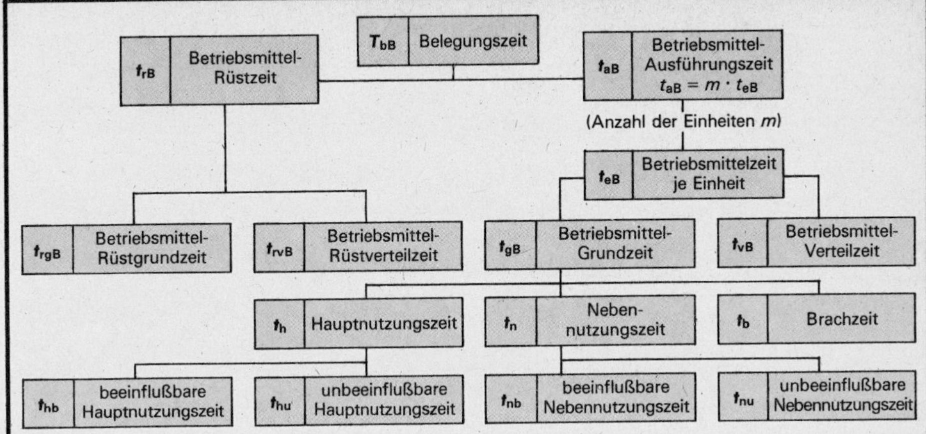

T_{bB}	In der Belegungszeit wird ein Betriebsmittel durch einen Auftrag belegt. Betriebsmittel sind Maschinen, Vorrichtungen, Werkzeuge, Transportfahrzeuge, Härteöfen.
t_{aB}	Während dieser Zeit wird mit dem Betriebsmittel der Auftrag ausgeführt.
t_{rB}	Die Betriebsmittel-Rüstzeit umfaßt die Zeiten, in denen das Betriebsmittel für die Ausführung des Auftrages vorbereitet oder während der Ausführung umgestellt und in den ursprünglichen Zustand zurückversetzt wird. Diese Zeit fällt in der Regel je Auftrag nur einmal an.
t_{gB} t_{rgB}	In der Betriebsmittel-Rüstgrundzeit und der Betriebsmittel-Grundzeit wird das Betriebsmittel planmäßig gerüstet bzw. durch die Ausführung belegt. **Beispiel** für die Betriebsmittel-Rüstgrundzeit: Die Zeit, in der die Fräsvorrichtung auf der Fräsmaschine befestigt wird.
t_{vB} t_{rvB}	Verteilzeiten sind Zeiten, in denen das Betriebsmittel zusätzlich genutzt oder durch Störungen oder persönlich bedingtes Unterbrechen nicht genutzt wird. Sie treten unregelmäßig auf und werden meist mit dem gleichen Prozentsatz ermittelt wie die Verteilzeiten bei der Auftragszeit. **Beispiele:** Im Härteofen wird das Zahnrad eines Reparaturauftrages zusätzlich zum laufenden Auftrag gehärtet; Stromausfall, kurze Gespräche mit dem Meister.
t_h	Während der Hauptnutzungszeit wird der Arbeitsgegenstand planmäßig verändert. Hauptnutzungszeiten können vom Arbeiter beeinflußt oder nicht beeinflußt werden. **Beispiel** für unbeeinflußbare Hauptnutzungszeiten: Fräsen mit Maschinenvorschub; für beeinflußbare Hauptnutzungszeiten: Entgraten eines Zahnrades von Hand
t_n	In der Nebennutzungszeit wird das Betriebsmittel planmäßig für die Hauptnutzung vorbereitet, beschickt und entleert oder es steht still, um den Arbeitsgegenstand innerhalb des Betriebsmittels messen zu können. **Beispiel** für unbeeinflußbare Nebennutzungszeiten: Selbsttätiges Zuführen und Spannen von Werkstücken; für beeinflußbare Nebennutzungszeiten: Auswechseln einer abgenutzten Wendeschneidplatte
t_b	Brachzeiten unterbrechen planmäßig die Nutzung des Betriebsmittels. Sie umfassen die ablauf- und erholungsbedingten Unterbrechungen. **Beispiel** für ablaufbedingte Unterbrechung: Füllen des Werkstückmagazins an einem Drehautomaten, der dazu stillgesetzt werden muß; für erholungsbedingte Unterbrechung: Persönliche Erholungszeit

Beispiel: Fräsen der Auflagefläche von 20 Reitstöcken auf einer Senkrechtfräsmaschine

Rüstzeiten:

		min
Auftrag und Zeichnung lesen	=	4,5
Bereitstellen und Weglegen von Planfräser und Spannmitteln	=	3,6
Fräser ein- und ausspannen	=	3,0
Maschine einstellen	=	2,8
Betriebsmittel – Rüstgrundzeit t_{rgB}	=	13,9
Betriebsmittel – Rüstverteilzeit t_{rvB} = 10% v. t_{rgB}	=	1,4
Betriebsmittel – Rüstzeit $t_{rB} = t_{rgB} + t_{rvB}$	=	**15,3**
	≈	16

Ausführungszeiten:

		min
Fräsen ≙ Hauptnutzungszeit t_h	=	3,5
Werkstück spannen und abspannen, Maschine einschalten, Frästisch zurückfahren ≙ Nebennutzungszeit t_n	=	4,0
Werkstück aufnehmen und weglegen ≙ Brachzeit t_b	=	1,2
Betriebsmittel – Grundzeit $t_{gB} = t_h + t_n + t_b$	=	8,7
Betriebsmittel – Verteilzeit t_{vB} = 10% v. t_{gB}	=	0,9
Betriebsmittelzeit je Einheit $t_{eB} = t_{gB} + t_{vB}$	=	9,6
Betriebsmittel – Ausführungszeit $t_{aB} = m \cdot t_{eB}$	=	**192,0**

Belegungszeit T_{bB} = Betriebsmittel-Rüstzeit t_{rB} + Betriebsmittel-Ausführungszeit t_{aB} = 16 min + 192 min = **208 min**

F

Kalkulation

Einfache Kalkulationsbeispiele

Bei der einfachen Kalkulation werden die Gemeinkosten von der überwiegenden Kostenart ermittelt.

Überwiegende Kostenart **Fertigungslöhne**	Überwiegende Kostenart **Werkstoffkosten**	Keine Kostenart überwiegt wesentlich
Werkstoffkosten = 60,– DM Fertigungslöhne = 560,– DM Gemeinkosten[1] 160% der Fertigungslöhne = 896,– DM	Werkstoffkosten = 3400,– DM Fertigungslöhne = 560,– DM Gemeinkosten[1] 120% der Werkstoffkosten = 4080,– DM	Werkstoffkosten = 380,– DM Fertigungslöhne = 450,– DM Gemeinkosten[1] 80% der Werkstoffkosten und Fertigungslöhne = 664,– DM
Selbstkosten = 1516,– DM Gewinn[2] 10% der Selbstkosten = 151,60 DM	Selbstkosten = 8040,– DM Gewinn[2] 10% der Selbstkosten = 804,– DM	Selbstkosten = 1494,– DM Gewinn[2] 10% der Selbstkosten = 149,40 DM
Verkaufspreis ohne MWSt. = 1667,60 DM	**Verkaufspreis ohne MWSt. = 8844,– DM**	**Verkaufspreis ohne MWSt. = 1643,40 DM**

[1] Der Gemeinkosten-Prozentsatz muß für jeden einzelnen Betrieb ermittelt werden; [2] Angenommener Gewinn 10%

Erweiterte Kalkulation (Schema)

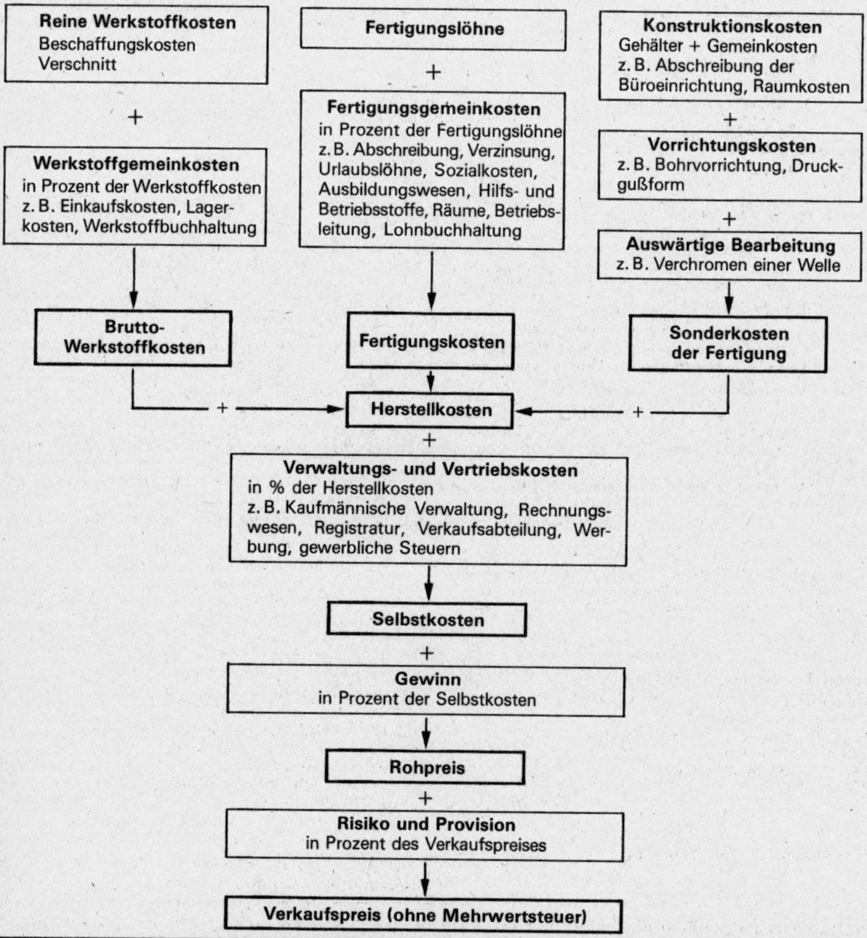

Lastdrehzahlen von Werkzeugmaschinen

DIN 804 (3.77)

Die Lastdrehzahlen gelten für die Arbeitsspindeln von Werkzeugmaschinen bei Nennbelastung des Antriebsmotors. Sie sind geometrisch gestufte Normzahlen nach DIN 323 Teil 1 (siehe Seite 61). Die Stufensprünge der Reihen betragen q = 1,12; 1,26; 1,41; 1,58 und 2,00.

Nennwerte der Lastdrehzahlen in min^{-1}						Grenzwerte der Grundreihe R 20 in min^{-1}			
Grundreihe R 20	Abgeleitete Reihen: R 20/2 Beispiel	R 20/3 Beispiel	R 20/4 Beispiel	R 20/4 Beispiel	R 20/6 Beispiel	bei mech. Abweichung		bei mech. und elektr. Abweichung	
q = 1,12	q = 1,25	q = 1,41	q = 1,58	q = 1,58	q = 2,00	−2%	+3%	−2%	+6%
100						98	103	98	106
112	112	11,2		112	11,2	110	116	110	119
125		125				123	130	123	133
140	140	1 400	140		1 400	138	145	138	150
160		16				155	163	155	168
180	180	180		180	180	174	183	174	188
200		2 000				196	206	196	212
224	224	22,4	224		22,4	219	231	219	237
250		250				246	259	246	266
280	280	2 800		280	2 800	276	290	276	299
315		31,5				310	326	310	335
355	355	355	355		355	348	365	348	376
400		4 000				390	410	390	422
450	450	45		450	45	438	460	438	473
500		500				491	516	491	531
560	560	5 600	560		5 600	551	579	551	596
630		63				618	650	618	669
710	710	710		710	710	694	729	694	750
800		8 000				778	818	778	842
900	900	90	900		90	873	918	873	945
1 000		1 000				980	1 030	980	1 060

Die abgeleiteten Reihen werden aus der Grundreihe R 20 gebildet, indem bei der Reihe R 20/2 jeder zweite Wert der Reihe R 20, bei der Reihe R 20/3 jeder dritte Wert der Reihe R 20 verwendet wird usw. Die abgeleiteten Reihen können bei jedem beliebigen Wert der Grundreihe beginnen, wobei die Grundreihe nach oben und unten durch Vervielfachen bzw. Teilen mit 10, 100 usw. fortgesetzt werden kann.

In der Grundreihe R 20 sind die Nenndrehzahlen der Elektromotoren bei Vollast mit n = 355, 710, 1 400 und 2 800 min^{-1} angenähert enthalten.

Die Grenzwerte enthalten die zulässigen Abweichungen der Nennwerte. Die mechanische Abweichung gilt für die meist nicht genau einzuhaltenden Übersetzungen, die elektrische Abweichung berücksichtigt den Schlupf von Motoren unterschiedlicher Herkunft und Leistung.

Berechnung der Stufensprünge und der Zwischendrehzahlen

q Stufensprung

n_z größte Drehzahl

n_1 kleinste Drehzahl

z Anzahl der Drehzahlen

Die nächsthöhere Drehzahl erhält man, indem man die vorhergehende Drehzahl mit dem Stufensprung multipliziert.

Stufensprung

$$q = \sqrt[z-1]{\frac{n_z}{n_1}}$$

Zwischendrehzahlen

$$n_2 = n_1 \cdot q$$
$$n_3 = n_2 \cdot q = n_1 \cdot q^2$$
$$n_4 = n_3 \cdot q = n_1 \cdot q^3$$
usw.
$$n_z = n_{z-1} \cdot q = n_1 \cdot q^{z-1}$$

1. Beispiel: n_1 = 14 min^{-1}, n_6 = 140 min^{-1}, q = 1,58
Zwischendrehzahlen?

Lösung:
$\mathbf{n_1}$ = **14 min^{-1}**
$\mathbf{n_2}$ = 14 min^{-1} · 1,58 = **22 min^{-1}**
$\mathbf{n_3}$ = 22 min^{-1} · 1,58 = **35 min^{-1}**
$\mathbf{n_4}$ = 35 min^{-1} · 1,58 = **55 min^{-1}**
$\mathbf{n_5}$ = 55 min^{-1} · 1,58 = **88 min^{-1}**
$\mathbf{n_6}$ = 88 min^{-1} · 1,58 = **140 min^{-1}**

2. Beispiel: Das Getriebe einer Fräsmaschine soll z = 8 Drehzahlen zwischen n_1 = 56 min^{-1} und n_8 = 1 400 min^{-1} erhalten.

a) Wie groß ist der Stufensprung q?

b) Welche Zwischendrehzahlen sind zu wählen?

Lösung: a) $\mathbf{q} = \sqrt[z-1]{\frac{n_z}{n_1}} = \sqrt[8-1]{\frac{1\,400\ min^{-1}}{56\ min^{-1}}} = \sqrt[7]{25} = \mathbf{1{,}58}$ (Stufensprung der Reihe R 20/4)

b) Eine Drehzahlreihe nach R 20/4 entsteht aus der erweiterten Grundreihe R 20, indem von den Werten der Grundreihe nur jeder vierte Wert verwendet wird:

56 63 71 80 **90** 100 112 125 **140** 160 180 200 **224** 250 280 315 **355** 400 450 500 **560** 630 710 800 **900** 1 000 1 120 1 250 **1 400 min^{-1}**

Drehzahldiagramme

Bei Werkzeugmaschinen muß oft aus dem Werkstückdurchmesser *d* und der möglichen Schnittgeschwindigkeit *v* die Drehzahl *n* bestimmt werden. Dies kann entweder rechnerisch mit Hilfe der Formel $v = \pi \cdot d \cdot n$ oder grafisch mittels eines Drehzahldiagrammes oder einer Leitertafel erfolgen, welche die an der Maschine einstellbaren Drehzahlen enthalten. Die Lastdrehzahlen der Arbeitsspindeln sind entweder geometrisch gestuft (Seite 183) oder stufenlos einstellbar.

Drehzahldiagramm mit linear geteilten Achsen

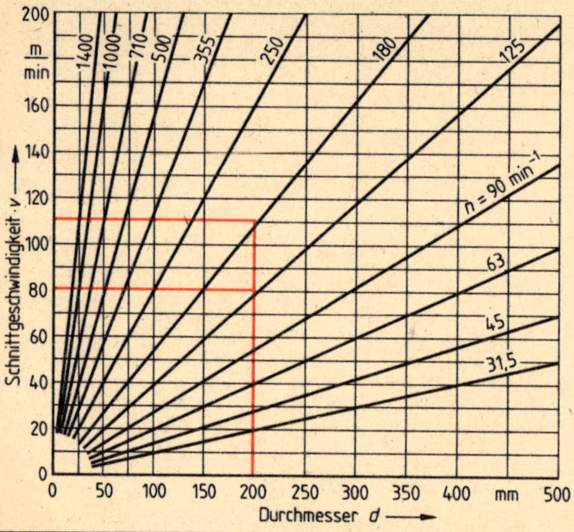

Kennzeichen:

Die Achsen für *d* und *v* sind linear geteilt. Das Diagramm ist einfach zu erstellen, aber im Bereich des Ursprungs ungenau ablesbar.

Ablesebeispiele:

a) *d* = 200 mm; *v* = 100 m/min; *n* = ?

Abgelesen: $\mathbf{n = 125\ min^{-1}}$ bei $v \approx 80 \frac{m}{min}$

oder $\mathbf{n = 180\ min^{-1}}$ bei $v \approx 110 \frac{m}{min}$

b) *d* = 120 mm; *n* = 355 min⁻¹, *v* = ?

Abgelesen: $\mathbf{v \approx 125 \frac{m}{min}}$

Drehzahldiagramm mit logarithmisch geteilten Achsen

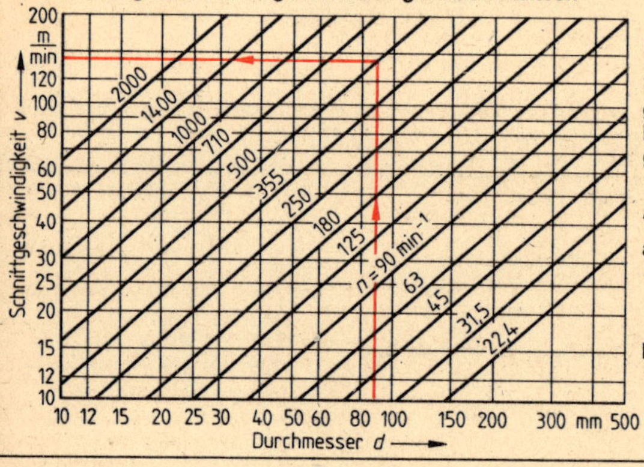

Kennzeichen:

Die Achsen für *d* und *v* sind logarithmisch geteilt. Das Diagramm ist schwieriger zu erstellen, besitzt aber in allen Bereichen eine gleich große Ablesegenauigkeit.

Ablesebeispiele:

a) *d* = 90 mm; *v* = 150 m/min; *n* = ?

Abgelesen: $\mathbf{n = 500\ min^{-1}}$ bei $v \approx 140 \frac{m}{min}$

b) *d* = 20 mm; $n = 500 \frac{1}{min}$; *v* = ?

Abgelesen: $\mathbf{v \approx 32 \frac{m}{min}}$

Leitertafel

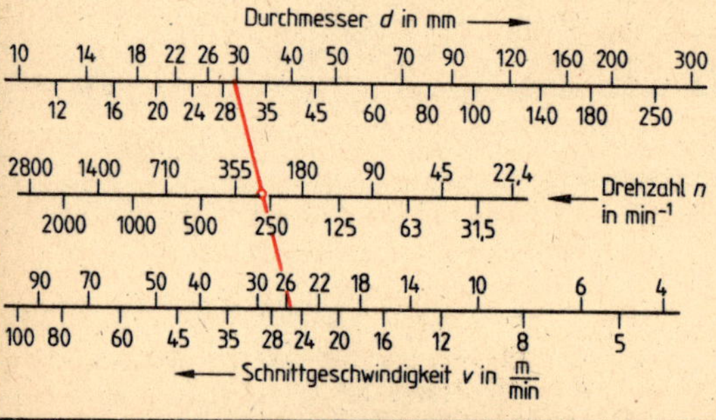

Kennzeichen:

Bei Leitertafeln sind die voneinander abhängigen Größen auf parallelen Leitern mit logarithmischer Teilung aufgetragen (Seite 37). Zwischenwerte können bei entsprechender Teilung der Leitern abgelesen werden.

Ablesebeispiel:

d = 30 mm; $v = 25 \frac{m}{min}$; *n* = ?

Abgelesen: $\mathbf{n \approx 265\ min^{-1}}$

Hauptnutzungszeit beim Drehen

Langdrehen und Plandrehen (Längs- Runddrehen und Quer-Plandrehen)

t_h Hauptnutzungszeit
d Außendurchmesser
d_1 Innendurchmesser
d_m mittlerer Durchmesser
l Werkstücklänge
l_a Anlauf
l_u Überlauf
L Drehlänge, Vorschubweg
f Vorschub je Umdrehung
n Drehzahl
i Anzahl der Schnitte
v_c Schnittgeschwindigkeit

Langdrehen (Längs-Runddrehen)		Plandrehen (Quer-Plandrehen)		
		Vollzylinder		Hohlzylinder
ohne Ansatz	mit Ansatz	ohne Ansatz	mit Ansatz	
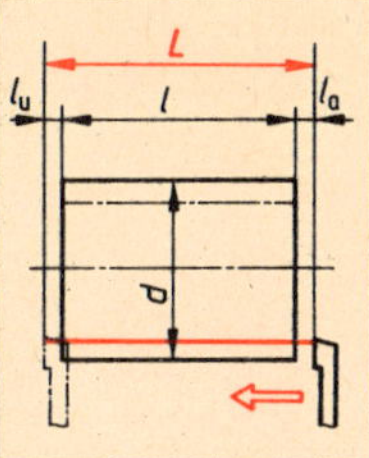	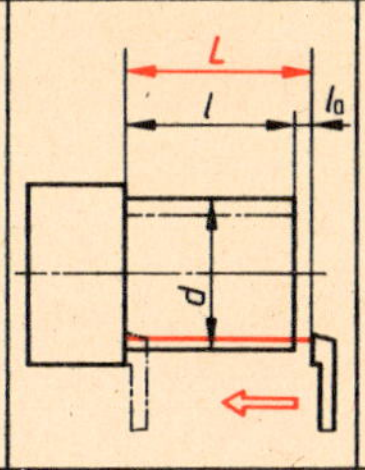	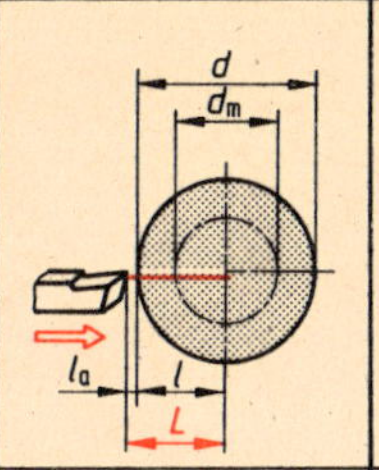	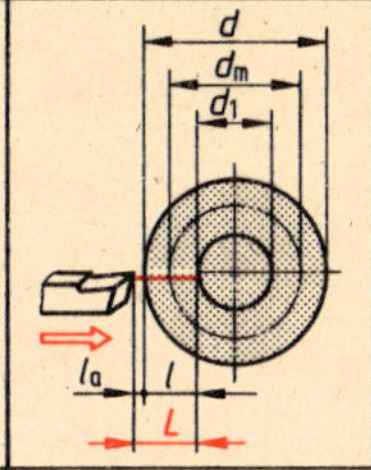	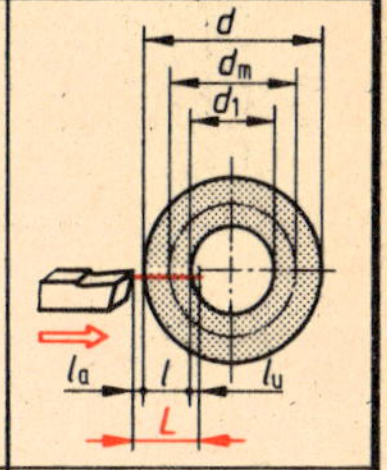
$L = l + l_a + l_u$	$L = l + l_a$	$L = \frac{d}{2} + l_a$	$L = \frac{d - d_1}{2} + l_a$	$L = \frac{d - d_1}{2} + l_a + l_u$
$n = \frac{v_c}{\pi \cdot d}$		$d_m = \frac{d}{2}$; $n = \frac{v_c}{\pi \cdot d_m}$	$d_m = \frac{d + d_1}{2}$; $n = \frac{v_c}{\pi \cdot d_m}$	

$$\textbf{Hauptnutzungszeit} = \frac{\textbf{Drehlänge x Anzahl der Schnitte}}{\textbf{Drehzahl x Vorschub}}$$

$$t_h = \frac{L \cdot i}{n \cdot f}$$

1. Beispiel: Langdrehen ohne Ansatz, l = 1240 mm; $l_a = l_u$ = 2 mm; f = 0,6 mm; v_c = 120 m/min; i = 2; d = 160 mm. L = ?; n = ? (für stufenlose Drehzahleinstellung); t_h = ?

$$\mathbf{L} = l + l_a + l_u = 1240\text{ mm} + 2\text{ mm} + 2\text{ mm} = \mathbf{1244\ mm}$$

$$\mathbf{n} = \frac{v_c}{\pi \cdot d} = \frac{120\,\frac{\text{m}}{\text{min}}}{\pi \cdot 0{,}16\text{ m}} = \mathbf{238{,}7\,\frac{1}{min}};\quad \mathbf{t_h} = \frac{L \cdot i}{n \cdot f} = \frac{1244\text{ mm} \cdot 2}{238{,}7\,\frac{1}{\text{min}} \cdot 0{,}6\text{ mm}} = \mathbf{17{,}4\ min}$$

2. Beispiel: Plandrehen eines Vollzylinders mit Ansatz; l_a = 2 mm; d = 120 mm; d_1 = 85 mm; v_c = 120 m/min; i = 1; f = 0,1 mm. L = ? n = ? (für stufenlose Drehzahleinstellung); t_h = ?

$$\mathbf{L} = \frac{d - d_1}{2} + l_a = \frac{120\text{ mm} - 85\text{ mm}}{2} + 2\text{mm} = \mathbf{19{,}5\,mm};\quad d_m = \frac{d + d_1}{2} = \frac{120\text{ mm} + 85\text{ mm}}{2} = \mathbf{102{,}5\,mm}$$

$$\mathbf{n} = \frac{v_c}{\pi \cdot d_m} = \frac{120\,\frac{\text{m}}{\text{min}}}{\pi \cdot 0{,}1025\text{ m}} \approx \mathbf{373\,\frac{1}{min}};\quad \mathbf{t_h} = \frac{L \cdot i}{n \cdot f} = \frac{19{,}5\text{ mm} \cdot 1}{373\,\frac{1}{\text{min}} \cdot 0{,}1\text{ mm}} = \mathbf{0{,}52\ min}$$

Gewindedrehen

t_h Hauptnutzungszeit
L Gesamtweg des Gewindedrehmeißels
l Gewindelänge
l_a Anlauf
l_u Überlauf
i Anzahl der Schritte
P Gewindesteigung
n Drehzahl
g Gangzahl
h Gewindetiefe
a Schnittiefe
v_c Schnittgeschwindigk.

$$\textbf{Hauptnutzungszeit} = \frac{\textbf{Gesamtweg x Anzahl der Schnitte x Gangzahl}}{\textbf{Gewindesteigung x Drehzahl}}$$

$$t_h = \frac{L \cdot i \cdot g}{P \cdot n}\ ^{1)}$$

L wird wie beim Langdrehen berechnet.

$$\textbf{Anzahl der Schnitte} = \frac{\textbf{Gewindetiefe}}{\textbf{Schnittiefe}}$$

$$i = \frac{h}{a}$$

Beispiel: Gewinde M 24; l = 76 mm; $l_a = l_u$ = 2 mm; v = 6 m/min; a = 0,15 mm; h = 1,84 mm; P = 3 mm; g = 1
L = ?; n = ?; i = ?; t_h = ?

$$\mathbf{L} = l + l_a + l_u = 76\text{mm} + 2\text{mm} = \mathbf{80\,mm};\quad \mathbf{n} = \frac{v_c}{\pi \cdot d} = \frac{6\,\frac{\text{m}}{\text{min}}}{\pi \cdot 0{,}024\text{ m}} \approx \mathbf{80\,\frac{1}{min}};\quad \mathbf{i} = \frac{h}{a} = \frac{1{,}84\text{ mm}}{0{,}15\text{ m}} = 12{,}2 \approx \mathbf{13}$$

$$\mathbf{t_h} = \frac{L \cdot i \cdot g}{P \cdot n} = \frac{80\text{ mm} \cdot 13 \cdot 1}{3\text{mm} \cdot 80\,\frac{1}{\text{min}}} = \mathbf{4{,}3\ min}$$

[1)] Die Rücklaufzeit ist eine Maschinen-Nebenzeit und deshalb in der Gleichung nicht berücksichtigt.

Hauptnutzungszeit beim Bohren, Hobeln

Bohren

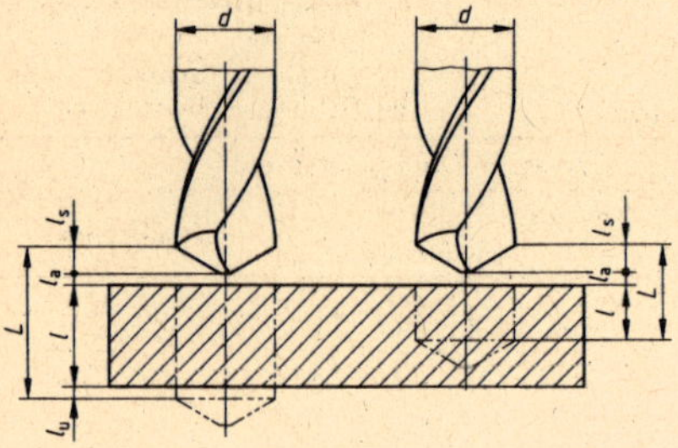

t_h Hauptnutzungszeit
d Bohrerdurchmesser
l Bohrungstiefe
l_a Anlauf
l_u Überlauf
l_s Anschnitt
L Bohrweg
f Vorschub je Umdrehung
i Anzahl der Schnitte
v_c Schnittgeschwindigkeit
n Drehzahl

Anschnitt l_s				Bohrweg L	
Werkzeugtyp	N	H	W	Durchgangsbohrung	Grundlochbohrung
Spitzenwinkel	118°	80°	140°	$L = l + l_s + l_a + l_u$	$L = l + l_s + l_a$
Anschnitt l_s	$0{,}3 \cdot d$	$0{,}6 \cdot d$	$0{,}2 \cdot d$		

Hauptnutzungszeit = $\frac{\textbf{Bohrweg x Anzahl der Bohrungen}}{\textbf{Drehzahl x Vorschub}}$

$$t_h = \frac{L \cdot i}{n \cdot f}$$

Beispiel: Grundlochbohrung mit $d = 30$ mm; $l = 90$ mm; $f = 0{,}15$ mm; $n = 450/\text{min}$; $i = 15$; $l_a = 1$ mm Werkzeugtyp W. $L = ?$; $t_h = ?$

$\mathbf{L} = l + l_s + l_a = 90\text{ mm} + 0{,}2 \cdot 30\text{ mm} + 1\text{ mm} = \mathbf{97\ mm}$

$\mathbf{t_h} = \frac{L \cdot i}{n \cdot f} = \frac{97\text{ mm} \cdot 15}{450\,\frac{1}{\text{min}} \cdot 0{,}15\text{ mm}} = \mathbf{21{,}56\ min}$

Hobeln und Stoßen

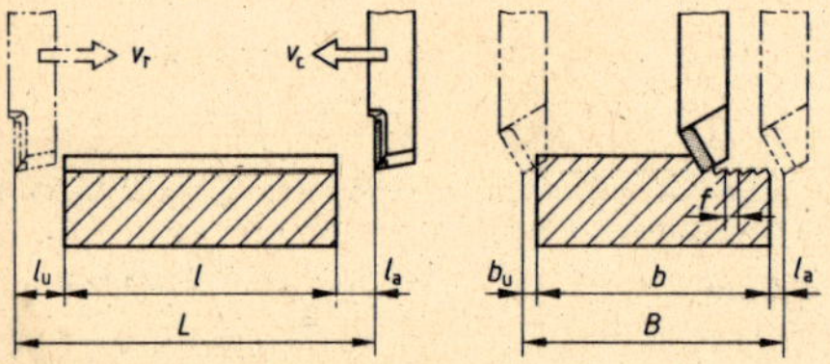

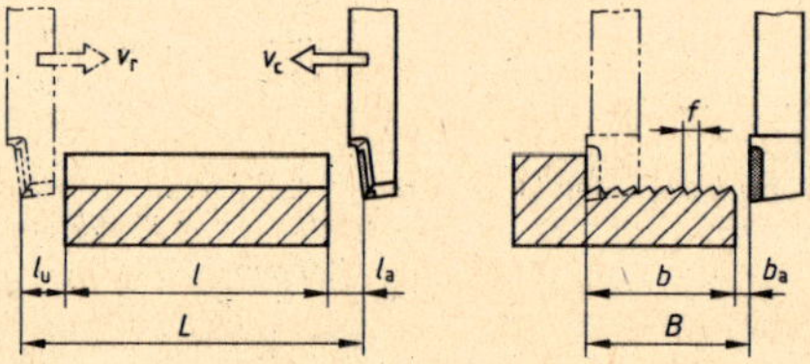

Ohne Ansatz: $L = l + l_a + l_u$; $B = b + b_a + b_u$

Mit Ansatz: $L = l + l_a + l_u$; $B = b + b_a$

t_h Hauptnutzungszeit
l Werkstücklänge
l_a Anlauf
l_u Überlauf
L Hublänge
b Werkstückbreite
b_a Anlaufbreite
b_u Überlaufbreite
B Hobel-, Stoßbreite
f Vorschub je Doppelhub
i Anzahl der Schnitte
n Doppelhubzahl je Minute
v_c Schnitt-, Vorlaufgeschwindigkeit
v_r Rücklaufgeschwindigkeit
v_m mittlere Geschwindigkeit
q Geschwindigkeitsverhältnis

Hauptnutzungszeit = Zeit je Doppelhub x Anzahl der Doppelhübe

$$t_h = \left(\frac{L}{v_c} + \frac{L}{v_r}\right) \cdot \frac{B \cdot i}{f}$$

$$t_h = \frac{B \cdot i}{n \cdot f} \qquad n = \frac{v_m}{2 \cdot L} \qquad v_m = \frac{2 \cdot v_c \cdot q}{q + 1} \qquad q = \frac{v_r}{v_c}$$

Beispiel: Hobeln ohne Ansatz, $l = 405$ mm; $l_a = 20$ mm; $l_u = 10$ mm; $b = 240$ mm; $b_a = b_u = 4$ mm; $v_c = 14$ m/min; $v_r = 21$ m/min; $f = 1{,}2$ mm; $i = 1$; $L = ?$; $B = ?$; $t_h = ?$

$\mathbf{L} = l + l_a + l_u = 405\text{ mm} + 20\text{ mm} + 10\text{ mm} = 435\text{ mm}$; $\mathbf{B} = b + b_a + b_u = 240\text{ mm} + 2 \cdot 4\text{ mm} = 248\text{ mm}$

$\mathbf{t_h} = \left(\frac{L}{v_c} + \frac{L}{v_r}\right) \cdot \frac{B \cdot i}{f} = \left(\frac{0{,}435\text{ m}}{14\,\frac{\text{m}}{\text{min}}} + \frac{0{,}435\text{ m}}{21\,\frac{\text{m}}{\text{min}}}\right) \cdot \frac{248\text{ m} \cdot 1}{1{,}2\text{ mm}} = \mathbf{10{,}7\ min}$

Hauptnutzungszeit beim Fräsen

t_h Hauptnutzungszeit	b Werkstückbreite	f_z Vorschub je Fräserzahn
l Werkstücklänge	n Drehzahl	v_c Schnittgeschwindigkeit
l_a Anlauf	a Spanungstiefe	d Fräserdurchmesser
l_u Überlauf	t Nuttiefe	z Zähnezahl des Fräsers
l_s Anschnitt	f Vorschub je Fräserumdrehung	v_f Vorschubgeschwindigkeit
L Fräsweg		i Anzahl der Schnitte

Hauptnutzungszeit = $\dfrac{\textbf{Fräsweg x Anzahl der Schnitte}}{\textbf{Vorschubgeschwindigkeit}}$ $\qquad t_h = \dfrac{L \cdot i}{v_f}$

Vorschub je Umdrehung = Vorschub je Fräserzahn x Zähnezahl des Fräsers $\qquad f = f_z \cdot z$

Vorschubgeschwindigkeit = Vorschub je Umdrehung x Drehzahl $\qquad v_f = n \cdot f$

Drehzahl des Fräsers = $\dfrac{\textbf{Schnittgeschwindigkeit}}{\textbf{Fräserumfang}}$ $\qquad n = \dfrac{v_c}{\pi \cdot d}$

Umfangsfräsen (Walzenfräser)

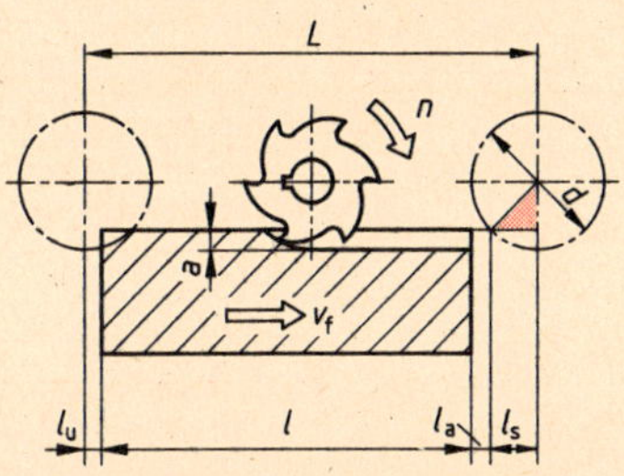

Schruppen oder Schlichten
Fräsweg $L = l + l_s + l_a + l_u$
Anschnitt $l_s = \sqrt{d \cdot a - a^2}$; $l_a = l_u \approx 1{,}5$ mm

Stirn-Umfangsfräsen (Scheiben- oder Walzenstirnfräser)

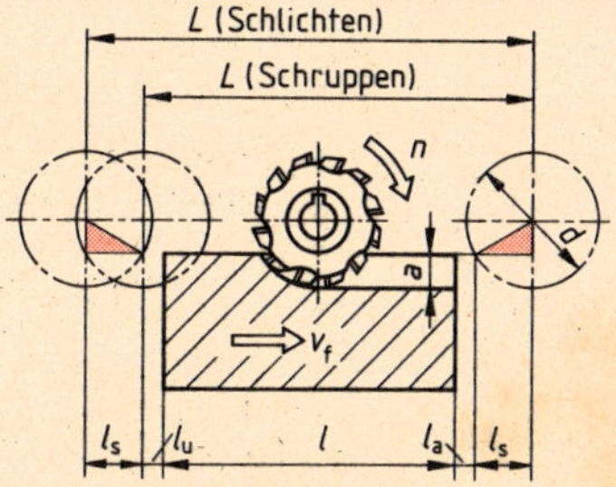

Schruppen	Schlichten
$L = l + l_s + l_a + l_u$	$L = l + 2 \cdot l_s + l_a + l_u$
$l_s = \sqrt{d \cdot a - a^2}$; $l_a = l_a = l_u \approx 1{,}5$ mm	

Mittiges Stirnfräsen (Stirn- oder Planfräser)

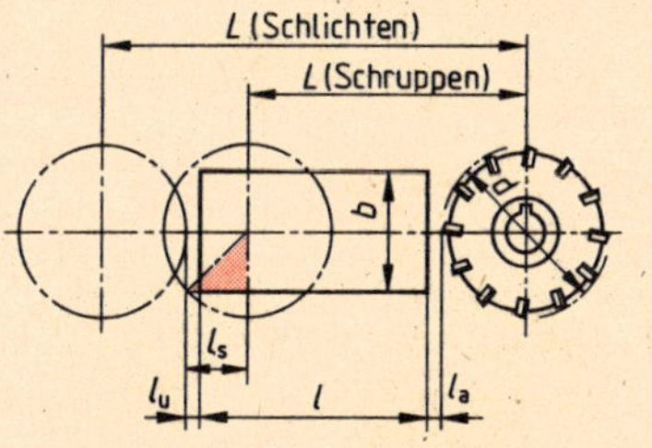

Nutenfräsen (Schaftfräser)

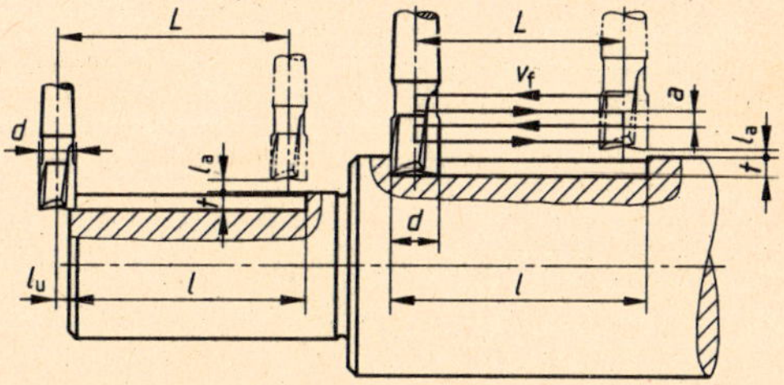

Mittiges Stirnfräsen: Schruppen	Mittiges Stirnfräsen: Schlichten	Nutenfräsen: Einseitig offene Nut	Nutenfräsen: Geschlossene Nut
$L = l + \frac{d}{2} - l_s + l_a + l_u$	$L = l + d + l_a + l_u$	$L = l - \frac{d}{2} + l_u$	$L = l - d$
$l_s = \frac{1}{2} \cdot \sqrt{d^2 - b^2}$	–	$i = \frac{t + l_a}{a}$	
$l_a = l_u \approx 1{,}5$ mm		$l_u = l_a \approx 1{,}5$ mm	

Beispiel: Umfangsfräsen, $l = 176$ mm, $l_a = l_u = 1{,}5$ mm Walzenfräserdurchmesser $d = 100$ mm, $z = 8$, $n = 64\ \text{min}^{-1}$, $f_z = 0{,}1$ mm, $a = 8$ mm, $i = 1$; $L = ?$; $f = ?$; $v_f = ?$; $t_h = ?$

$$\mathbf{L} = l + l_s + l_a + l_u = 176\ \text{mm} + \sqrt{100\ \text{mm} \cdot 8\ \text{mm} - (8\ \text{mm})^2} + 1{,}5\ \text{mm} + 1{,}5\ \text{mm} = \mathbf{206\ mm}$$

$$\mathbf{f} = f_z \cdot z = 0{,}1\ \text{mm} \cdot 8 = \mathbf{0{,}8\ mm};\quad v_f = n \cdot f = 64\,\frac{1}{\text{min}} \cdot 0{,}8\ \text{mm} = \mathbf{51{,}2\ \frac{mm}{min}}$$

$$\mathbf{t_h} = \frac{L \cdot i}{v_f} = \frac{206\ \text{mm} \cdot 1}{51{,}2\ \frac{\text{mm}}{\text{min}}} = \mathbf{4{,}0\ min}$$

Hauptnutzungszeit beim Schleifen

Rundschleifen (Umfangs-Längsschleifen)

t_h Hauptnutzungszeit
d_1 Ausgangsdurchmesser des Werkstücks
d Fertigdurchmesser des Werkstücks
l Werkstücklänge
l_u Überlauf
L Schleifweg
f Vorschub je Umdrehung
n Drehzahl des Werkstücks
v_f Vorschubgeschwindigkeit
i Anzahl der Schliffe
a Spannungstiefe, Zustellung
t Schleifzugabe
b_s Schleifscheibenbreite

ohne Ansatz

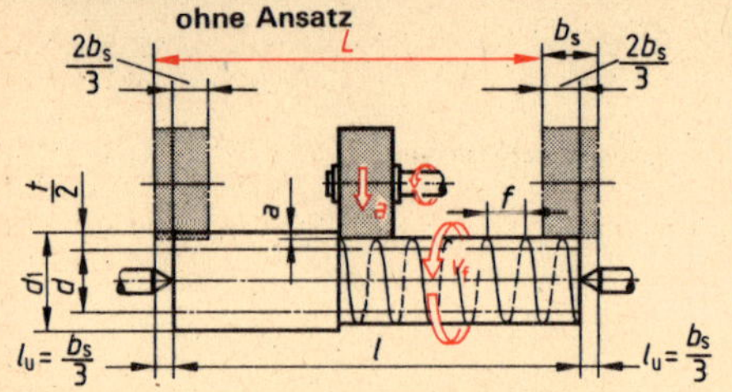

Schleifweg $L = l - \frac{1}{3} \cdot b_s$

mit Ansatz

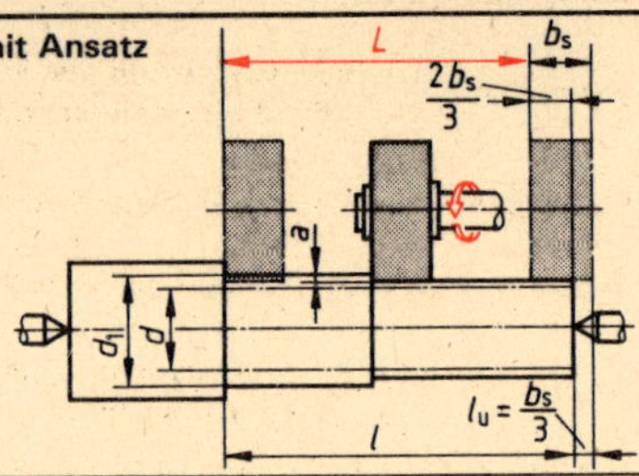

Schleifweg $L = l - \frac{2}{3} \cdot b_s$

Vorschub beim Schruppen $f = \frac{2}{3} \cdot b_s \ldots \frac{3}{4} \cdot b_s$; Vorschub beim Schlichten $f = \frac{1}{4} \cdot b_s \ldots \frac{1}{2}\, b_s$

Hauptnutzungszeit = $\frac{\textbf{Schleifweg x Anzahl der Schliffe}}{\textbf{Drehzahl x Vorschub}}$

$$t_h = \frac{L \cdot i}{n \cdot f}$$

Drehzahl des Werkstücks = $\frac{\textbf{Vorschubgeschwindigkeit}}{\pi \textbf{ x Ausgangsdurchmesser}}$

$$n = \frac{v_f}{\pi \cdot d_1}$$

Anzahl der Schliffe = $\frac{\textbf{Schleifzugabe}}{\textbf{2 x Zustellung}}$ **+ 8 Doppelhübe zum Ausfeuern**

$$i = \frac{d_1 - d}{2 \cdot a} + 8$$

(für Außenrundschleifen)

Beim Innenrundschleifen berechnet man die Schleifzugabe $t = d - d_1$.

Planschleifen (Flachschleifen)

t_h Hauptnutzungszeit
l Werkstücklänge
l_a Anlauf, Überlauf
L Schleiflänge
b Werkstückbreite
b_u Überlaufbreite
B Schleifbreite
f Quervorschub je Hub
n Hubzahl je Minute
v_f Vorschubgeschwindigkeit
i Anzahl der Schliffe
t Schleifzugabe
b_s Schleifscheibenbreite

ohne Ansatz

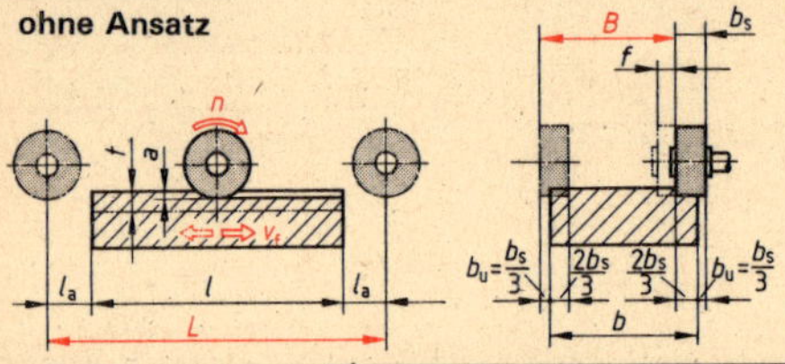

Schleiflänge $L = l + 2\, l_a$; Schleifbreite $B = b - \frac{1}{3}\, b_s$

mit Ansatz

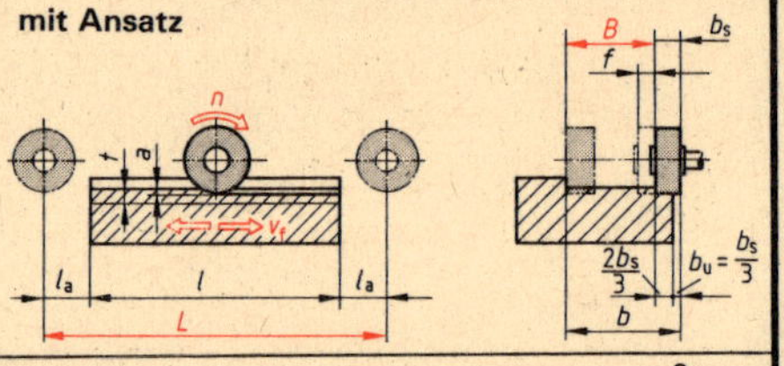

Schleiflänge $L = l + 2\, l_a$; Schleifbreite $B = b - \frac{2}{3}\, b_s$

Quervorschub beim Schruppen $f = \frac{2}{3}\, b_s \ldots \frac{4}{5}\, b_s$; Quervorschub beim Schlichten $f = \frac{1}{2}\, b_s \ldots \frac{2}{3} \cdot b_s$

Hauptnutzungszeit = $\frac{\textbf{Schleifbreite x Anzahl der Schliffe}}{\textbf{Hubzahl x Vorschub}}$

$$t_h = \frac{B \cdot i}{n \cdot f}$$

Hubzahl = $\frac{\textbf{Vorschubgeschwindigkeit}}{\textbf{Schleiflänge}}$

$$n = \frac{v_f}{L}$$

Anzahl der Schliffe = $\frac{\textbf{Schleifzugabe}}{\textbf{Zustellung}}$ **+ 8 Doppelhübe zum Ausfeuern**

$$i = \frac{t}{a} + 8$$

Zahnradberechnungen

Stirnräder mit Geradverzahnung

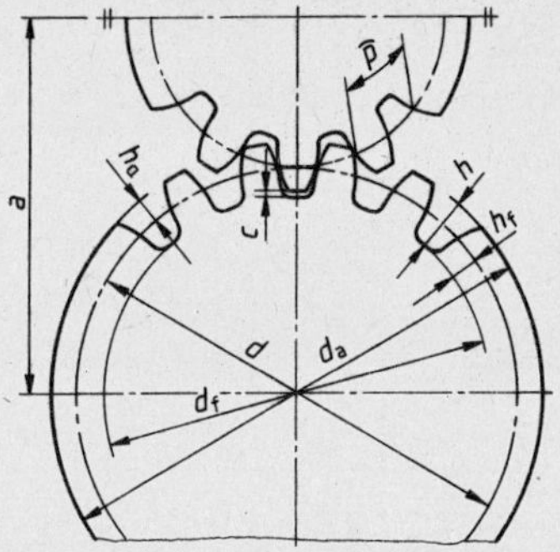

Modul 1 entspricht einer Teilung von 3,14159... mm, als Bogenmaß auf dem Teilkreis gemessen. Für Maße in Richtung des Halbmessers dagegen ist Modul 1 = 1 mm.

m	Modul	h_a	Zahnkopfhöhe
p	Teilung	h_f	Zahnfußhöhe
d	Teilkreisdurchmesser	h	Zahnhöhe
d_a	Kopfkreisdurchmesser	c	Kopfspiel
d_f	Fußkreisdurchmesser	a	Achsabstand
z	Zähnezahl		

Berechnung außenverzahnter Stirnräder mit Geradverzahnung

Modul	$m = \frac{p}{\pi} = \frac{d}{z}$	**Teilkreisdurchmesser**	$d = m \cdot z = \frac{z \cdot p}{\pi}$
Teilung	$p = \pi \cdot m$	**Kopfkreisdurchmesser**	$d_a = d + 2 \cdot m = m\,(z+2)$
Zähnezahl	$z = \frac{d}{m} = \frac{d_a - 2 \cdot m}{m}$	**Fußkreisdurchmesser**	$d_f = d - 2\,(m + c)$
Kopfspiel	$c = 0{,}1 \cdot m$ bis $0{,}3 \cdot m$ häufig $c = 0{,}167 \cdot m$	**Zahnhöhe**	$h = 2 \cdot m + c$
Zahnkopfhöhe	$h_a = m$	**Zahnfußhöhe**	$h_f = m + c$

Berechnung innenverzahnter Stirnräder mit Geradverzahnung

Fußkreisdurchmesser	$d_f = d + 2\,(m + c)$	**Kopfkreisdurchmesser**	$d_a = d - 2 \cdot m = m\,(z-2)$

Die weiteren Größen werden gleich wie bei außenverzahnten Stirnrädern berechnet.

Beispiel: Innenverzahntes Stirnrad $m = 1{,}5$ mm; $z = 80$; $c = 0{,}167 \cdot m$; $d = ?$; $d_a = ?$; $h = ?$

Lösung: $\mathbf{d} = m \cdot z = 1{,}5\ \text{mm} \cdot 80 =$ **120 mm**
$\mathbf{d_a} = d - 2 \cdot m = 120\ \text{mm} - 2 \cdot 1{,}5\ \text{mm} =$ **117 mm**
$\mathbf{h} = 2 \cdot m + c = 2 \cdot 1{,}5\ \text{mm} + 0{,}167 \cdot 1{,}5\ \text{mm} =$ **3,25 mm**

Achsabstand

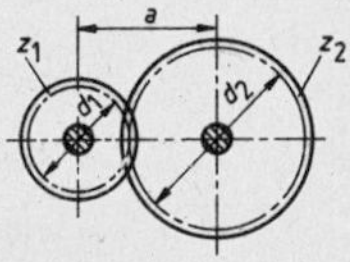

mit außenliegendem Gegenrad

$$\textbf{Achsabstand}\ a = \frac{d_1 + d_2}{2} = \frac{m\,(z_1 + z_2)}{2}$$

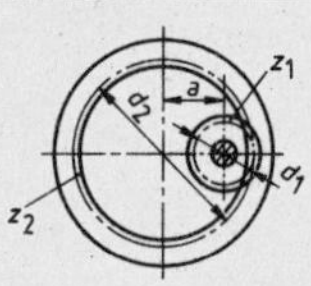

mit innenliegendem Gegenrad

$$\textbf{Achsabstand}\ a = \frac{d_2 - d_1}{2} = \frac{m\,(z_2 - z_1)}{2}$$

Modulreihe

DIN 780 T1 und T2 (5.77)

Modul Reihe I	0,2	0,25	0,3	0,4	0,5	0,6	0,7	0,8	0,9	1,0	1,25
Teilung	0,628	0,785	0,943	1,257	1,571	1,885	2,199	2,513	2,827	3,142	3,927
Modul Reihe I	1,5	2,0	2,5	3,0	4,0	5,0	6,0	8,0	10,0	12,0	16,0
Teilung	4,712	6,283	7,854	9,425	12,566	15,708	18,850	25,132	31,416	37,699	50,265

Einteilung des Satzes von 8 Modul-Scheibenfräsern (bis zu m = 9 mm)

Fräser-Nr.	1	2	3	4	5	6	7	8
Zähnezahl	12...13	14...16	17...20	21...25	26...34	35...54	55...134	135...Zahnstange

Für Zahnräder mit $m > 9$ mm wird ein Satz mit 15 Modul-Scheibenfräsern verwendet.

Zahnradberechnungen

Stirnräder mit Schrägverzahnung, Achsen parallel

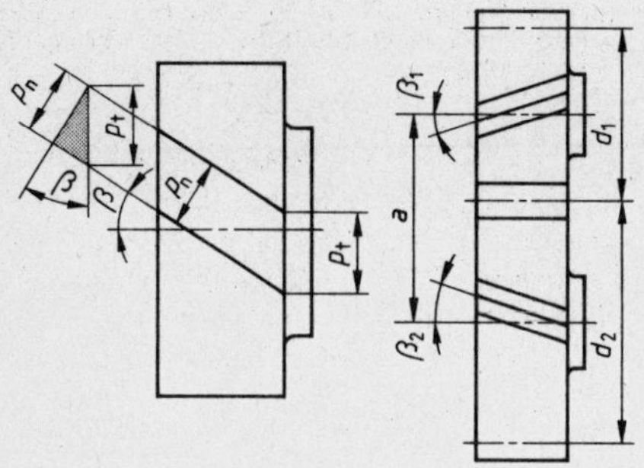

Bei Stirnrädern mit Schrägverzahnung muß zur Berechnung des Teilkreisdurchmessers statt des Normalmoduls m_n der Stirnmodul m_t eingesetzt werden.

m_n Normalmodul
m_t Stirnmodul
β Schrägungswinkel
z_i ideelle Zähnzahl

p_n Normalteilung
p_t Stirnteilung
p_z Steigungshöhe

Bei parallelen Achsen ist ein Rad rechts-, das andere linkssteigend, der Schrägungswinkel für beide Räder gleich d. h. $\beta_1 = \beta_2$; höchstens jedoch 20°.

Berechnung außenverzahnter Stirnräder mit Schrägverzahnung

Stirnmodul	$m_t = \frac{m_n}{\cos\beta} = \frac{p_t}{\pi}$	**Normalmodul**	$m_n = \frac{p_n}{\pi} = m_t \cdot \cos\beta$
Stirnteilung	$p_t = \frac{p_n}{\cos\beta} = \frac{\pi \cdot m_n}{\cos\beta}$	**Normalteilung**	$p_n = \pi \cdot m_n = p_t \cdot \cos\beta$
Teilkreisdurchmesser	$d = m_t \cdot z = \frac{z \cdot m_n}{\cos\beta}$	**Kopfkreisdurchmesser**	$d_a = d + 2 \cdot m_n$
Zähnezahl	$z = \frac{d}{m_t} = \frac{\pi \cdot d}{p_t}$	**Ideelle Zähnezahl**	$z_i = \frac{z}{\cos^3\beta}$
Steigungshöhe	$p_z = \pi \cdot d \cdot \tan(90° - \beta)$	**Achsabstand**	$a = \frac{d_1 + d_2}{2}$

Kopfspiel, Zahnhöhe, Zahnkopfhöhe, Zahnfußhöhe wie bei Stirnrädern mit Geradverzahnung.

Bei Stirnrädern mit Schrägverzahnung verlaufen die Zähne schraubenförmig auf dem zylindrischen Radkörper. Die Steigungshöhe p_z entspricht der vollen Windung eines Schrägzahnes.

Die Werkzeuge zur Herstellung von Stirnrädern und Schraubenrädern müssen dem Normalmodul entsprechen. Werden diese Räder mit Modulscheibenfräsern auf Universalfräsmaschinen gefräst, so ist für die Wahl des Fräsers nicht die wirkliche, sondern die ideelle Zähnezahl z_i maßgebend.

Beispiel: Für die Fertigung eines Stirnrades mit Schrägverzahnung mit 32 Zähnen, Normalmodul $m_n = 1{,}5$ mm und einem Schrägungswinkel von $\beta = 19{,}5°$ sind alle notwendigen Maße für ein Kopfspiel von $c = 0{,}167 \cdot m$ zu berechnen.

Lösung:

$$\mathbf{m_t} = \frac{m_n}{\cos\beta} = \frac{1{,}5\text{ mm}}{\cos 19{,}5°} = \mathbf{1{,}591\text{ mm}}$$

$$\mathbf{d_a} = d + 2 \cdot m_n = 50{,}9\text{ mm} + 2 \cdot 1{,}5\text{ mm} = \mathbf{53{,}9\text{ mm}}$$

$$\mathbf{p_z} = \pi \cdot d \cdot \tan(90° - \beta) = \pi \cdot 50{,}9\text{ mm} \cdot \tan 70{,}5° \approx \mathbf{452\text{ mm}}$$

$$\mathbf{d} = m_t \cdot z = 1{,}591\text{ mm} \cdot 32 = \mathbf{50{,}9\text{ mm}}$$

$$\mathbf{h} = 2 \cdot m_n + c = 2 \cdot 1{,}5\text{ mm} + 0{,}167 \cdot 1{,}5\text{ mm} = \mathbf{3{,}25\text{ mm}}$$

$$\mathbf{z_i} = \frac{z}{\cos^3\beta} = \frac{32}{\cos^3 19{,}5°} \approx \mathbf{38}$$

Bei $z_i \approx 38$ ist der Modulscheibenfräser Nr. 6 zu verwenden (Seite 189).

Zahnradberechnungen

Kegelräder mit Geradverzahnung

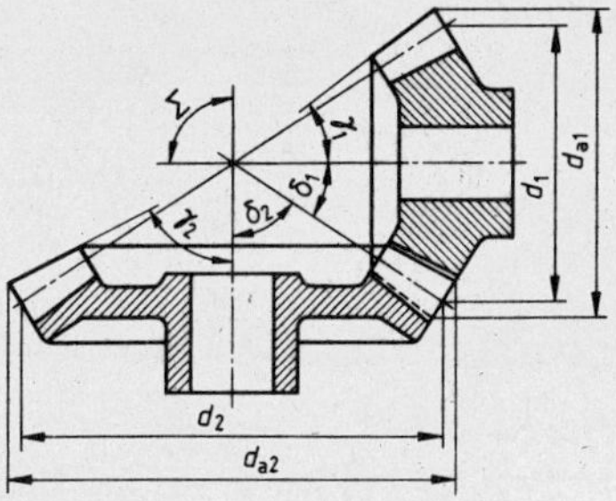

Der Achsenwinkel Σ ist meist 90°, er kann aber auch größer oder kleiner sein.

Berechnung der Kegelräder

Benennung	treibendes Rad	getriebenes Rad
Teilkreisdurchmesser	$d_1 = m \cdot z_1$	$d_2 = m \cdot z_2$
Außendurchmesser	$d_{a1} = d_1 + 2 \cdot m \cdot \cos\delta_1$	$d_{a2} = d_2 + 2 \cdot m \cdot \cos\delta_2$
Kegelwinkel	$\tan\delta_1 = \frac{z_1 + 2 \cdot \cos\delta_1}{z_2 - 2 \cdot \sin\delta_1}$	$\tan\delta_2 = \frac{z_2 + 2 \cdot \cos\delta_2}{z_1 - 2 \cdot \sin\delta_2}$
Teilkreiswinkel	$\tan\delta_1 = \frac{d_1}{d_2} = \frac{z_1}{z_2} = \frac{1}{i}$	$\tan\delta_2 = \frac{d_2}{d_1} = \frac{z_2}{z_1} = i$
Achsenwinkel	$\Sigma = \delta_1 + \delta_2$	
Kopfspiel, Zahnhöhe, Zahnkopfhöhe usw. wie bei Stirnrädern		

Bei einem geradverzahnten Kegelrädergetriebe kann niemals ein Rad gegen ein anderes mit anderer Zähnezahl ausgetauscht werden, weil sich mit der Zähnezahl auch der Teilkreiswinkel ändert.

Beispiel: Bei einem Kegelrädergetriebe mit Modul $m = 2$ mm ist $z_1 = 30$ und $z_2 = 120$, Achsenwinkel $\Sigma = 90°$. Die Maße zum Drehen der Kegelräder sind zu berechnen.

Lösung:

Treibendes Rad

$\tan\boldsymbol{\delta_1} = \frac{z_1}{z_2} = \frac{30}{120} = \mathbf{0{,}25}$; $\quad \delta_1 = \mathbf{14{,}04°}$

$\mathbf{d_1} = m \cdot z_1 = 2\text{ mm} \cdot 30 = \mathbf{60\ mm}$

$\mathbf{d_{a1}} = d_1 + 2 \cdot m \cdot \cos\delta_1$
$= 60\text{ mm} + 2 \cdot 2\text{ mm} \cdot \cos 14{,}04° = \mathbf{63{,}88\ mm}$

$\tan\boldsymbol{\gamma_1} = \frac{z_1 + 2\cos\delta_1}{z_2 - 2\sin\delta_1} = \frac{30 + 2 \cdot \cos 14{,}04°}{120 - 2 \cdot \sin 14{,}04°} = \mathbf{0{,}267}$

$\gamma_1 = \mathbf{14{,}95°}$

Getriebenes Rad

$\tan\boldsymbol{\delta_2} = \frac{z_2}{z_1} = \frac{120}{30} = \mathbf{4}$; $\quad \delta_2 = \mathbf{75{,}96°}$

$\mathbf{d_2} = m \cdot z_2 = 2\text{ mm} \cdot 120 = \mathbf{240\ mm}$

$\mathbf{d_{a2}} = d_2 + 2 \cdot m \cdot \cos\delta_2$
$= 240\text{ mm} + 2 \cdot 2\text{ mm} \cdot \cos 75{,}96° = \mathbf{240{,}97\ mm}$

$\tan\boldsymbol{\gamma_2} = \frac{z_2 + 2 \cdot \cos\delta_2}{z_1 - 2 \cdot \sin\delta_2} = \frac{120 + 2 \cdot \cos 75{,}96°}{30 - 2 \cdot \sin 75{,}96°} = \mathbf{4{,}294}$

$\gamma_2 = \mathbf{76{,}89°}$

Schneckentrieb

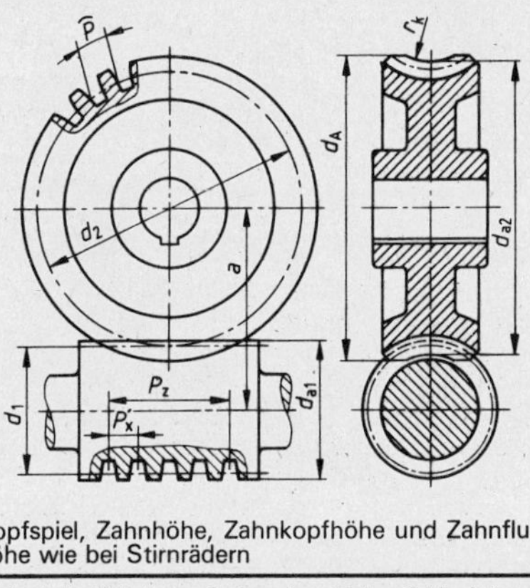

Kopfspiel, Zahnhöhe, Zahnkopfhöhe und Zahnflußhöhe wie bei Stirnrädern

Berechnung des Schneckentriebes

Benennung	Schnecke	Schneckenrad
Teilkreisdurchmesser	d_1 = Nennmaß	$d_2 = m \cdot z_2$
Teilung	$p_x = \pi \cdot m$	$p = \pi \cdot m$
Kopfkreisdurchmesser	$d_{a1} = d_1 + 2 \cdot m$	$d_{a2} = d_2 + 2 \cdot m$
Außendurchmesser	–	$d_A \approx d_{a2} + m$
Kopfkehlhalbmesser	–	$r_k = \frac{d_1}{2} - m$
Steigungshöhe	$p_z = p_x \cdot z_1 = \pi \cdot m \cdot z_1$	–
Achsabstand	$a = \frac{d_1 + d_2}{2}$	

Beispiel: Bei einem Schneckentrieb mit Modul $m = 2{,}5$ mm soll die Schnecke $z_1 = 2$ Zähne (= 2gängig) und einen Teilkreisdurchmesser $d_1 = 40$ mm, das Schneckenrad $z_2 = 40$ Zähne erhalten. Wie groß werden die übrigen Maße?

Lösung:

Schnecke

$\mathbf{p_z} = \pi \cdot z_1 \cdot m = \pi \cdot 2 \cdot 2{,}5\text{ mm} = \mathbf{15{,}708\ mm}$

$\mathbf{d_{a1}} = d_1 + 2 \cdot m = 40\text{ mm} + 2 \cdot 2{,}5\text{ mm} = \mathbf{45\ mm}$

$\mathbf{a} = \frac{d_1 + d_2}{2} = \frac{40\text{ mm} + 100\text{ mm}}{2} = \mathbf{70\ mm}$

Schneckenrad

$\mathbf{d_2} = m \cdot z_2 = 2{,}5\text{ mm} \cdot 40 = \mathbf{100\ mm}$

$\mathbf{d_{a2}} = d_2 + 2\text{ m} = 100\text{ mm} + 2 \cdot 2{,}5\text{ mm} = \mathbf{105\ mm}$

$\mathbf{d_A} \approx d_{a2} + m = 105\text{ mm} + 2{,}5\text{ mm} = \mathbf{107{,}5\ mm}$

$\mathbf{r_k} = \frac{d_1}{2} - m = \frac{40\text{ mm}}{2} - 2{,}5\text{ mm} = \mathbf{17{,}5\ mm}$

Übersetzungen

Riementrieb

Einfache Übersetzung

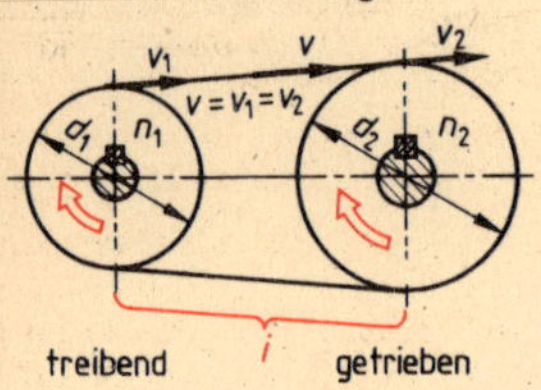

$d_1, d_3, d_5 \ldots$ Durchmesser } treibende
$n_1, n_3, n_5 \ldots$ Drehzahlen } Scheiben
$d_2, d_4, d_6 \ldots$ Durchmesser } getriebene
$n_2, n_4, n_6 \ldots$ Drehzahlen } Scheiben
n_a Anfangsdrehzahl
n_e Enddrehzahl
i Gesamtübersetzungsverhältnis
$i_1, i_2, i_3 \ldots$ Einzelübersetzungsverhältnisse
v, v_1, v_2 Umfangsgeschwindigkeit

$$v = v_1 = v_2$$

$$n_1 \cdot d_1 = n_2 \cdot d_2$$

$$i = \frac{d_2}{d_1} = \frac{n_1}{n_2} = \frac{n_a}{n_e}$$

$$i = \frac{d_2 \cdot d_4 \cdot d_6 \ldots}{d_1 \cdot d_3 \cdot d_5 \ldots}$$

$$i = i_1 \cdot i_2 \cdot i_3 \ldots$$

1. Beispiel: $n_1 = 600/\text{min} \cdot n_2 = 400/\text{min}$
$d_1 = 240\text{ mm};\ i = ?;\ d_2 = ?$

$$\mathbf{i} = \frac{n_1}{n_2} = \frac{600/\text{min}}{400/\text{min}} = \frac{1{,}5}{1} = \mathbf{1{,}5}$$

$$\mathbf{d_2} = \frac{n_1 \cdot d_1}{n_2} = \frac{600/\text{min} \cdot 240\text{ mm}}{400/\text{min}} = \mathbf{360\ mm}$$

Mehrfache Übersetzung

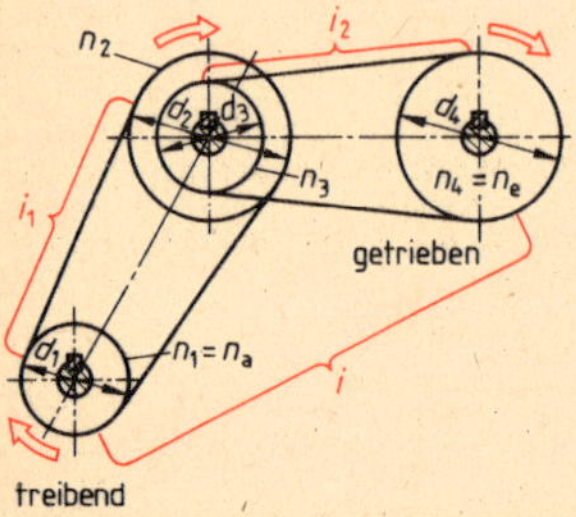

2. Beispiel: $i = 4;\ i_2 = 2{,}5;\ n_1 = 720/\text{min};\ d_1 = 150\text{ mm};\ d_4 = 400\text{ mm}$
$i_1 = ?;\ n_2 = ?;\ n_3 = ?;\ n_4 = ?;\ d_2 = ?;$

$$\mathbf{i_1} = \frac{i}{i_2} = \frac{4}{2{,}5} = \mathbf{1{,}6};\quad \mathbf{n_2} = \mathbf{n_3} = \frac{n_1}{i_1} = \frac{720/\text{min}}{1{,}6} = \mathbf{450/min}$$

$$\mathbf{n_4} = \frac{n_3}{i_2} = \frac{450/\text{min}}{2{,}5} = \mathbf{180/min}$$

$$\mathbf{d_2} = i_1 \cdot d_1 = 1{,}6 \cdot 150\text{ mm} = \mathbf{240\ mm}$$

Zahntrieb

Einfache Übersetzung

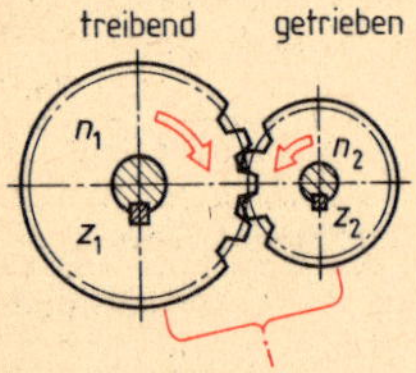

$z_1, z_3, z_5 \ldots$ Zähnezahlen } treibende
$n_1, n_3, n_5 \ldots$ Drehzahlen } Räder
$z_2, z_4, z_6 \ldots$ Zähnezahlen } getriebene
$z_2, z_4, z_6 \ldots$ Drehzahlen } Räder
n_a Anfangsdrehzahl
n_e Enddrehzahl
i Gesamtübersetzungsverhältnis
$i_1, i_2, i_3 \ldots$ Einzelübersetzungsverhältnisse

$$n_1 \cdot z_1 = n_2 \cdot z_2$$

$$i = \frac{z_2}{z_1} = \frac{n_1}{n_2} = \frac{n_a}{n_e}$$

$$i = \frac{z_2 \cdot z_4 \cdot z_6 \ldots}{z_1 \cdot z_3 \cdot z_5 \ldots}$$

$$i = i_1 \cdot i_2 \cdot i_3 \ldots$$

1. Beispiel: $i = 0{,}4;\ n_1 = 180/\text{min};\ z_2 = 24;$
$n_2 = ?;\ z_1 = ?$

$$\mathbf{n_2} = \frac{n_1}{i} = \frac{180/\text{min}}{0{,}4} = \mathbf{450/min}$$

$$\mathbf{z_1} = \frac{n_2 \cdot z_2}{n_1} = \frac{450/\text{min} \cdot 24}{180/\text{min}} = \mathbf{60}$$

Mehrfache Übersetzung

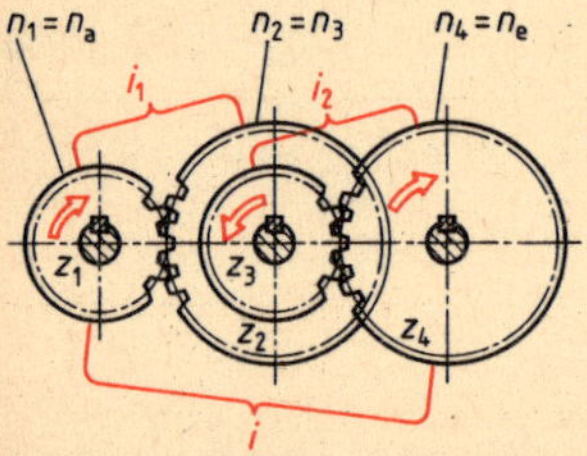

2. Beispiel: $i_1 = 3{,}5;\ n_2 = n_3 = 270/\text{min};\ z_2 = 84;\ z_3 = 30;\ n_4 = 90/\text{min}$
$z_1 = ?;\ n_2 = ?;\ z_4 = ?$

$$\mathbf{z_1} = \frac{z_2}{i_1} = \frac{84}{3{,}5} = \mathbf{24};$$

$$\mathbf{n_1} = i_1 \cdot n_2 = 3{,}5 \cdot 270/\text{min} = \mathbf{945/min};$$

$$\mathbf{z_4} = \frac{n_3 \cdot z_3}{n_4} = \frac{270/\text{min} \cdot 30}{90/\text{min}} = \mathbf{90}$$

Schneckentrieb

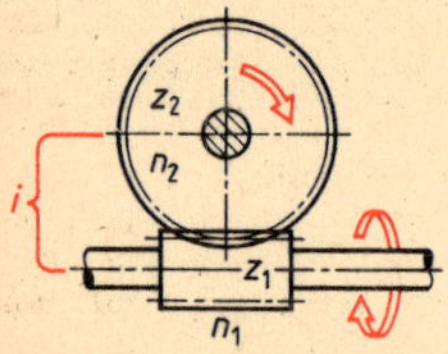

z_1 Zähnezahl (Gangzahl) der Schnecke
n_1 Drehzahl der Schnecke
z_2 Zähnezahl des Schneckenrades
n_2 Drehzahl des Schneckenrades

$$n_1 \cdot z_1 = n_2 \cdot z_2$$

$$i = \frac{n_1}{n_2}$$

$$i = \frac{z_2}{z_1}$$

Beispiel: $i = 25;\ n_1 = 1500/\text{min};\ z_1 = 3;$
$n_2 = ?;\ z_2 = ?$

$$\mathbf{n_2} = \frac{n_1}{i} = \frac{1500/\text{min}}{25} = \mathbf{60/min};$$

$$\mathbf{z_2} = \frac{n_1 \cdot z_1}{n_2} = \frac{1500/\text{min} \cdot 3}{60/\text{min}} = \mathbf{75}$$

Bohren

Spiralbohrer-Begriffe DIN 1412 (12.66)

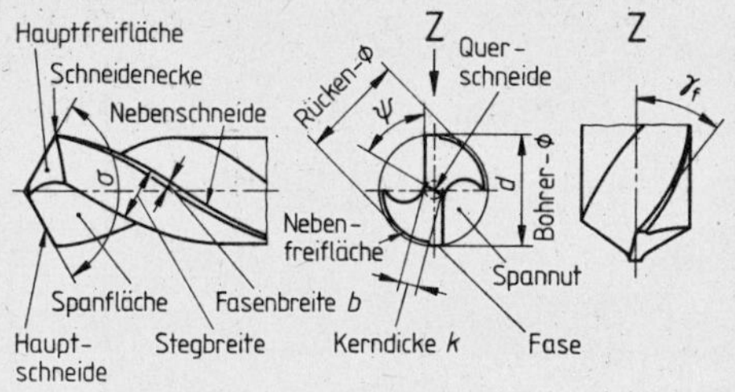

σ Spitzenwinkel (Sigma) ψ Querschneidenwinkel (Psi) γ_f Seitenspanwinkel (Gamma)

Winkel am Spiralbohrer DIN 1414 (10.77)

Bohrer-Typ	Anwendungs-beispiele	Seitenspan-winkel γ_f	Spitzen-winkel σ
H	harte, zähharte Werkstoffe	10°...19°	118°
N	allg. Baustähle, weiches Guß-eisen, mittelharte NE-Metalle	19°...40°	118°
W	weiche, zähe Werkstoffe	27°...45°	130°

Bezeichnung: Spiralbohrer DIN 338; d = 8,85 mm; Werkzeugtyp H; Spitzenwinkel 118°; Anschliff B DIN 1412; Mitnehmer (ML); Linksdrall (L); Werkstoffgruppe HSS:
Spiralbohrer DIN 338 – 8,85 H 118 B ML-L-HSS

Richtwerte für das Bohren mit Spiralbohrern aus Schnellarbeitsstahl

Werkstoff	Zugfestigkeit R_m in N/mm²	Schnittgeschwindigkeit v_c in m/min	Vorschub f in mm je Umdrehung bei Bohrerdurchmesser d in mm								Kühlschmierstoff 1)
			2,5	4	6,3	10	16	25	40	63	
unlegierte Baustähle	bis 700	30...35	0,05	0,08	0,12	0,18	0,25	0,32	0,4	0,56	Bohröl-Emulsion
unlegierte Baustähle	über 700	20...25									
legierte Stähle	bis 1000										
Gußeisen	bis 250	15...25	0,08	0,12	0,2	0,28	0,38	0,5	0,63	0,85	trocken (Druckluft)
Gußeisen	über 250	10...20	0,06	0,1	0,16	0,22	0,3	0,4	0,5	0,7	
CuZn-Legier., spröde	–	60...100	0,08	0,12	0,2	0,28	0,38	0,5	0,63	0,85	trocken (Druckluft)
CuZn-Legier., zäh	–	35...60	0,06	0,1	0,16	0,22	0,3	0,4	0,5	0,7	
Al-Legierungen bis 11% Si	–	30...50	0,08	0,12	0,2	0,28	0,38	0,5	0,63	0,85	Bohröl-Emulsion
Thermoplaste 2)	–	20...40	0,08	0,12	0,2	0,28	0,38	0,5	0,63	0,85	Wasser, Druckluft
Duroplaste mit organ. Füllstoffen 2)	–	15...25	0,05	0,08	0,12	0,18	0,25	0,32	0,4	0,56	trocken (Druckluft)
Duroplaste mit anorgan. Füllstoffen 2)	–	15...35	0,03	0,05	0,08	0,11	0,15	0,2	0,25	0,36	

Richtwerte für das Bohren mit Hartmetall-Spiralbohrern

Werkstoffe	Zugfestigkeit in N/mm² bzw. Härte HB	Schnittgeschwindigkeit v_c in m/min	Vorschub f in mm je Umdrehung bei Bohrerdurchmesser d in mm			Hartmetall-Sorte	Kühlschmierstoff 1)
			2 bis 8	über 8 bis 20	über 20 bis 40		
Werkzeugstähle und Vergütungsstähle	830 bis 980	40...60	0,02...0,05	0,05...0,12	0,12...0,18	K 10, K 20	Bohrölemulsion
	über 980 bis 1180	25...40	0,02...0,04	0,04...0,08	0,08...0,12		
	über 1180 bis 1370	20...28	0,02...0,03	0,03...0,06	–		
Gehärtete Stähle	über 50 HRC	8...12	0,01...0,02	0,02...0,03	–		
Gußeisen	über 250 HB	40...80	0,04...0,08	0,08...0,16	0,16...0,30		trocken
CuZn- und CuSn-Legierungen	–	50...80	0,06...0,08	0,08...0,12	0,12...0,20		trocken
Aluminium-Legierungen	über 80 HB	100...140	0,06...0,10	0,10...0,18	0,18...0,25		Bohrölemulsion
Duroplaste mit Füllstoffen 2)	–	60...100	0,04...0,06	0,06...0,12	0,12...0,20	K 10	trocken

1) Kühlschmierstoffe Seite 131 2) Spanende Formung der Kunststoffe Seite 207

Reiben und Gewindebohren

Richtwerte für das Reiben mit Maschinenreibahlen aus Schnellarbeitsstahl

Werkstoff	Zugfestigkeit in N/mm² bzw. Härte HB	Schnittgeschwindigkeit v_c in m/min	Durchmesser *d* der Reibahle 5	8	12	16	25	Kühlschmierstoff	Durchmesser *d* ...10	11...20	21...30	31...50
			Vorschub *f* in mm je Umdrehung						Bearbeitungszugabe in mm			
Unlegierte und legierte Stähle	bis 490	10...12	0,10	0,15	0,20	0,25	0,35	Bohrölemulsion oder Schneidöl	0,1	0,15	0,3	0,4
	über 490 bis 690	8...10	0,10	0,15	0,20	0,25	0,35					
Legierte Stähle, Kalt- und Warmarbeitsstähle	über 690 bis 880	6...8	0,10	0,15	0,20	0,25	0,35	Schneidöl				
Schnellarbeitsstähle, vergütete Stähle	bis 1080	4...6	0,08	0,10	0,15	0,20	0,25					
Gußeisen	bis 220 HB	8...10	0,15	0,20	0,25	0,30	0,40	trocken oder Petroleum				
	über 220 HB	4...6	0,10	0,15	0,20	0,25	0,35					
Kupfer-Zink-Legierung (für Automatenbearbeitung)	–	15...20	0,15	0,20	0,25	0,30	0,40	Bohrölemulsion oder trocken	0,2	0,35	0,5	0,7
Al-Legierungen gering legiert	–	15...20	0,15	0,20	0,25	0,30	0,40	Bohrölemuslion				
Al-Legierungen bis 11% Si-Gehalt	–	8...10	0,15	0,20	0,25	0,30	0,40					
Duroplaste und Thermoplaste	hart	4...6	0,20	0,25	0,30	0,35	0,45	trocken				
	weich	6...10	0,25	0,30	0,35	0,40	0,50					

Richtwerte für das Reiben mit Maschinenreibahlen aus Hartmetall

Werkstoff	Zugfestigkeit in N/mm² bzw. Härte HB	Schnittgeschwindigkeit v_c in m/min	Spantiefe *a* in mm / Vorschub *f* in mm je Umdreh.	Durchmesser *d* der Reibahle bis 10	über 10 bis 25	über 25 bis 40	Durchmesser *d* ...10	11...20	21...30	31...50
							Bearbeitungszugabe in mm			
Legierte und unlegierte Stähle	bis 980	8...12	*a*	0,02...0,05	0,05...0,12	0,12...0,20	0,15	0,25	0,3	0,35
			s	0,15...0,25	0,20...0,40	0,30...0,50				
	über 980	6...10	*a*	0,02...0,05	0,05...0,12	0,12...0,20				
			s	0,12...0,20	0,15...0,30	0,20...0,40				
Gußeisen	bis 220 HB	8...15	*a*	0,03...0,06	0,06...0,15	0,15...0,25				
			s	0,20...0,30	0,30...0,50	0,40...0,70				
	über 220 HB	6...12	*a*	0,03...0,06	0,06...0,15	0,15...0,25				
			s	0,15...0,25	0,20...0,40	0,30...0,50				
CuZn-Legierungen	–	15...30	*a*	0,03...0,06	0,06...0,15	0,15...0,25	0,2	0,3	0,4	0,5
			s	0,20...0,30	0,30...0,50	0,40...0,70				
Al, Al-Legierungen gering legiert	–	15...30	*a*	0,09...0,14	0,14...0,18	0,18...0,23				
			s	0,15...0,25	0,20...0,35	0,30...0,50				
Al-Legierungen über 10% Si	–	10...20	*a*	0,08...0,12	0,12...0,15	0,15...0,20				
			s	0,15...0,25	0,20...0,35	0,30...0,50				
Duroplaste und Thermoplaste	–	10...20	*a*	0,08...0,14	0,12...0,18	0,15...0,23				
			s	0,15...0,25	0,20...0,35	0,30...0,50				

Richtwerte für maschinelles Gewindebohren (Gewindebohrer aus Schnellarbeitsstahl)

Werkstoff	Zugfestigkeit in N/mm²	Schnittgeschwindigkeit v_c in m/min	Werkzeugtyp nach DIN 1836	Spanwinkel γ	Kühlschmierstoff
Unlegierte Stähle	bis 700	16	N	10°...12°	Bohrölemulsion, Schneidöl
	über 700	10	H (N)	6°...8°	
Legierte Stähle	bis 1000				
Gußeisen	bis 250	10	H	5°...6°	Petroleum, Bohrölemulsion, trocken
	über 250	8	H	0°...3°	
CuZn-Legierungen, spröde	–	25	H	2°...4°	Bohröl, Bohrölemulsion
CuZn-Legierungen, zäh	–	16	H	12°...14°	
Al-Legierungen	–	16...20	W, N	16°...22°	Bohrölemulsion

Schnittkraft, Leistung und zerspantes Volumen beim Drehen

a	Schnittiefe	F_c	Schnittkraft
b	Spanungsbreite	k_s	spezifische Schnittkraft
f	Vorschub je Umdrehung	$k_{s1 \cdot 1}$	Hauptwert der spez. Schnittkraft
h	Spanungsdicke	P	Leistung des Antriebsmotors
S	Spanungsquerschnitt	V_t	zerspantes Volumen
$\varkappa$	Einstellwinkel	$1\text{-}z$	Anstiegswert der spez. Schnittkraft
v_c	Schnittgeschwindgkeit	η	Wirkungsgrad der Drehmaschine

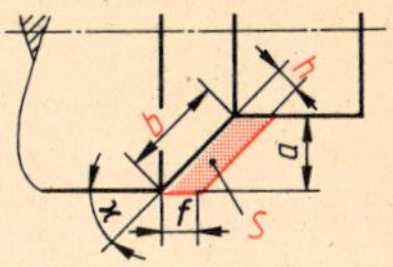

Schnittkraft

Schnittkraft F_c = Spanungsquerschnitt x spezifische Schnittkraft

$$F_c = S \cdot k_s$$

Beispiel: Werkstoff St 60-2; $a = 6\,\text{mm}$; $f = 0{,}9\,\text{mm}$; $\varkappa = 45°$; $F_c = ?$
$S = a \cdot f = 6\,\text{mm} \cdot 0{,}9\,\text{mm} = 5{,}4\,\text{mm}^2$; $h = f \cdot \sin\varkappa = 0{,}9\,\text{mm} \cdot 0{,}707 \approx 0{,}63\,\text{mm}$. Mit $h = 0{,}63\,\text{mm}$ ergibt sich aus Tabelle $k_s = 2240\,\text{N/mm}^2$.
$\mathbf{F_s} = S \cdot k_s = 5{,}4\,\text{mm}^2 \cdot 2240\,\text{N/mm}^2 = 12096\,\text{N} \approx \mathbf{12{,}1\,kN}$

$$S = a \cdot f = b \cdot h$$

$$h = f \cdot \sin\varkappa \qquad b = \frac{a}{\sin\varkappa}$$

Schnittkraft, Berechnung des k_s-Wertes

$$F_c = b \cdot h^{1-z} \cdot k_{s1 \cdot 1}$$

Beispiel: Werkstoff St 50-2; $a = 14\,\text{mm}$; $f = 3{,}5\,\text{mm}$; $\varkappa = 45°$; $F_c = ?$

$$b = \frac{a}{\sin\varkappa} = \frac{14\,\text{mm}}{\sin 45°} = \frac{14\,\text{mm}}{0{,}707} = 19{,}8\,\text{mm};\ h = f \cdot \sin\varkappa = 3{,}5\,\text{mm} \cdot \sin 45° = 3{,}5\,\text{mm} \cdot 0{,}707 \approx 2{,}5\,\text{mm}$$

Für St 50-2 ergibt sich aus Tabelle für $1\text{-}z = 0{,}74$ und für $k_{s1 \cdot 1} = 1950\,\text{N/mm}^2$.

$$\mathbf{F_c} = b \cdot h^{1-z} \cdot k_{s1 \cdot 1} = 19{,}8\,\text{mm} \cdot 2{,}5^{0{,}74}\,\text{mm} \cdot 1950\,\text{N/mm}^2 = 19{,}8\,\text{mm} \cdot 1{,}97\,\text{mm} \cdot 1950\,\text{N/mm}^2 \approx \mathbf{76\,kN}$$

Schnittkraftwerte in N/mm^2

Werkstoff	Anstiegswert 1-z	Hauptwert $k_{s1 \cdot 1}$	Spezifische Schnittkraft k_s bei Spanungsdicke h in mm										
			0,125	0,16	0,20	0,25	0,315	0,40	0,50	0,63	0,80	1,25	1,6
St 44-2	0,75	1740	2920	2750	2600	2450	2320	2190	2060	1950	1830	1640	1540
St 50-2	0,74	1950	3360	3140	2960	2800	2640	2480	2330	2200	2070	1840	1730
St 60-2	0,83	2070	2940	2830	2710	2620	2520	2420	2330	2240	2150	1990	1900
C 45	0,83	1520	2560	2400	2280	2150	2030	1910	1800	1710	1610	1440	1350
9 S 20	0,90	1570	1930	1880	1840	1810	1770	1720	1680	1650	1610	1530	1500
34 Cr 4	0,65	1760	3640	3340	3080	2850	2630	2420	2240	2060	1900	1630	1490
GG-20	0,75	1010	1700	1600	1510	1430	1340	1280	1200	1140	1070	950	900
GTW-35	0,79	1180	1820	1730	1650	1580	1500	1420	1360	1290	1240	1130	1070
GS-45	0,83	1570	2240	2140	2060	1990	1910	1840	1770	1700	1630	1510	1450
CuZn 40	0,62	420	930	840	770	720	660	600	550	500	460	390	350
AlMg 5	0,84	440	620	590	570	550	530	510	490	470	460	420	410
MgAl 9	0,66	240	480	440	400	370	350	320	290	270	260	220	200

Der **Hauptwert** der spezifischen Schnittkraft $\mathbf{k_{s1 \cdot 1}}$ entspricht der Schnittkraft für einen angenommenen Spanungsquerschnitt $b \cdot h = 1\,\text{mm} \cdot 1\,\text{mm}$ bei $\varkappa = 90°$. Das unterschiedliche Schnittkraftverhalten eines Werkstoffes bei unterschiedlichen Spanungsdicken h wird durch den **Anstiegswert 1-z** berücksichtigt. Die Ermittlung der Schnittkräfte mit Hilfe der Spanungsdicke $h = f \cdot \sin\varkappa$ ermöglicht die Berücksichtigung des Einstellwinkels $\varkappa$.

Leistung und zerspantes Volumen

$$\textbf{Leistung } \mathbf{P} = \frac{\textbf{Schnittkraft x Schnittgeschwindigkeit}}{\textbf{Wirkungsgrad}}$$

$$P = \frac{F_c \cdot v_c}{\eta}$$

Beispiel: $F_c = 6285\,\text{N}$; $v_c = 100\,\text{m/min} = 1{,}67\,\text{m/s}$; $\eta = 0{,}7$; $P = ?$

$$\mathbf{P} = \frac{F_c \cdot v_c}{\eta} = \frac{6285\,\text{N} \cdot 1{,}67\,\text{m/s}}{0{,}7} = 14994\,\frac{\text{N} \cdot \text{m}}{\text{s}} = 14994\,\text{W} \approx \mathbf{15\,kW}$$

Zerspantes Volumen V_t = Spanungsquerschnitt x Schnittgeschwindigkeit

$$V_t = S \cdot v_c$$

Beispiel: $a = 10\,\text{mm}$; $f = 2\,\text{mm}$; $v_c = 30\,\text{m/min}$; V_t in $\text{dm}^3/\text{min} = ?$

$$\mathbf{V_t} = S \cdot v_c = a \cdot f \cdot v_c = 0{,}1\,\text{dm} \cdot 0{,}002\,\text{dm} \cdot 300\,\frac{\text{dm}}{\text{min}} = \mathbf{0{,}6\,\frac{dm^3}{min}}$$

Drehen

Winkel am Drehmeißel

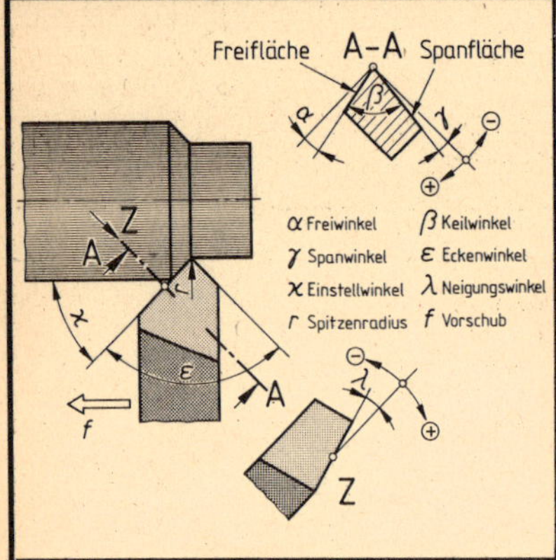

Rauhtiefe in Abhängigkeit vom Spitzenradius und vom Vorschub

R_z gemittelte Rauhtiefe

r Spitzenradius am Drehmeißel

f Vorschub

$$R_z = \frac{f^2}{8 \cdot r}$$

Beispiel: $R_z = 2{,}5\ \mu m$; $r = 1{,}2$ mm; $f = ?$

$$f = \sqrt{8 \cdot r \cdot R_z} = \sqrt{8 \cdot 1{,}2\,mm \cdot 0{,}025\,mm} \approx \mathbf{0{,}5\,mm}$$

Spitzenradius r in mm	Schruppen		Schlichten		Feindrehen	
	R_z 100 µm	R_z 63 µm	R_z 25 µm	R_z 16 µm	R_z 6,3 µm	R_z 4 µm
	Vorschub f in mm je Umdrehung					
0,4	0,57	0,45	0,28	0,2	0,14	0,1
0,8	0,80	0,63	0,4	0,3	0,2	0,16
1,2	1,0	0,8	0,5	0,4	0,25	0,2
1,6	1,13	0,9	0,6	0,45	0,3	0,23
2,4	1,4	1,3	0,7	0,55	0,35	0,28

Richtwerte für das Drehen mit Schnellarbeitsstahl

Richtlinie VDI 3206

Werkstoffe	Zugfestigkeit R_m in N/mm²	Schnitttiefe a in mm	Vorschub f in mm	Schnittgeschwindigkeit v_c in m/min	Schnellarbeitsstahl	Standzeit in min	Frei-∢ α	Span-∢ γ	Neigungs-∢ λ
Allg. Baustähle, Einsatzstähle, Vergütungsstähle, Werkzeugstähle, Stahlguß	...500	0,5	0,1	75...60	S 10-4-3-10	60	8°	18°	0...4°
		3	0,5	65...50					
		6	1,0	50...35	S 18-1-2-10				−4°
	500...700	0,5	0,1	70...50	S 10-4-3-10	60	8°	14°	0°...4°
		3	0,5	50...30					
		6	1,0	35...25	S 18-1-2-10				−4°
Automatenstähle	...700	0,5	0,1	90...60	S 10-4-3-10	240	8°	...20°	0...4°
		3	0,3	75...50	S 18-1-2-10				
		6	0,6	55...35					
Gußeisen	...250	0,5	0,1	40...32	S 12-1-4-5	60		0°...6°	0°
		3	0,3	32...23					−4°
		6	0,6	23...15					
Kupfer, Kupferlegierungen	—	3	0,3	150...100	S 10-4-3-10	120	10°	18°...30°	+4°
		6	0,6	120...80					
Al-Legierungen	...900	6	0,6	180...120	S 10-4-3-10	240		25°...35°	
Duroplaste, } ohne Füllstoffe		3	0,2	250...150	S 14-1-4-5	480		0°	
Thermoplaste } ohne Füllstoffe		3	0,2	400...200					

Richtwerte für das Drehen mit oxidkeramischen Schneidplatten

Werkstoff	Zugfestigkeit R_m in N/mm² bzw. Härte	Schnittgeschwindigkeit v_c in m/min	Vorschub f in mm			Schnitttiefe a in mm			Frei-∢ α	Span-∢ γ	Neigungs-∢ λ
			Schruppen	Schlichten	Feindrehen	Schruppen	Schlichten	Feindrehen			
Einsatzstähle, Vergütungsstähle	400	180...900	0,3...0,5	0,2...0,4	0,1...0,2	bis 5	0,5...1	0,3	+5°	0...+6°	−4°
	600	150...750									
	800	120...600									
	53 HRC	50...220									
Gußeisen	100...150 HB	150...1000	0,4...0,6	0,2...0,4	0,1...0,2	bis 5	0,5...1	0,3	+5°	0...+6°	−4°
	230...300 HB	90...600									
Hartguß	500 HV	20...90							+5°	-6°...-10°	−4°

Für Schruppen und Schlichten von Gußeisen und Stahl sowie für Feindrehen von Stahl wird weiße Reinkeramik Al_2O_3 verwendet. Für Hartgußbearbeitung sowie Feindrehen von Gußeisen wird schwarze Mischkeramik $Al_2O_3 + TiC$ eingesetzt. Cu-, Al- und Mg-Legierungen werden vorteilhafter mit Hartmetallen bearbeitet.

Drehen

Richtwerte für das Drehen mit Hartmetall

Werkstoffe	Zugfestigkeit R_m in N/mm² bzw. Härte HB	Schnitttiefe a in mm	Vorschub f in mm	Schnittgeschwindigkeit v_c in m/min	Hartmetallsorten	Schneidenwinkel Frei-∢ α	Span-∢ γ	Neigungs-∢ λ
Allgemeine Baustähle, unlegierte Einsatzstähle, Automatenstähle	...500	0,5...1	0,1...0,3	330...260	K 10, P 10	6°...10°	12°...25°	0°
		1...4	0,2...0,4	330...220	P 10		12°...18°	−4°
		4...8	0,3...0,6	240...120	P 10			
		> 8	0,5...1,5	140...60	P 20		12°...15°	
Allgemeine Baustähle, legierte Einsatzstähle, Vergütungsstähle	500...700	0,5...1	0,1...0,3	300...220	P 10	6°...8°	12°...18°	0°
		1...4	0,2...0,4	240...150	P 20, M 10			−4°
		4...8	0,3...0,6	160...100	P 30, M 20		12°...15°	
		> 8	0,5...1,5	110...60	P 30			
Vergütungsstähle	700...900	0,5...1	0,1...0,3	260...150	P 10	6°...8°	12°	0°
		1...4	0,2...0,4	210...100	P 10			−4°
		4...8	0,3...0,6	130...85	P 30, M 20			
		> 8	0,5...1,5	90...50	P 30			
Vergütungsstähle, Werkzeugstähle	900...1100	0,5...1	0,1...0,3	150...110	P 10	6°...8°	6°...12°	0°
		1...4	0,2...0,4	135...85	P 10, M 20			−4°
		4...8	0,3...0,6	90...60	P 30, M 20			
		> 8	0,5...1,5	70...35	P 30			
	1100...1400	0,5...1	0,1...0,3	120...90	P 10, M 10	6°...8°	6°	0°
		1...4	0,2...0,4	100...60	P 20, M 20			−4°
		4...8	0,3...0,6	70...40	P 30, M 20			
		> 8	0,5...1,2	45...25	P 30			
Stahlguß	...700	...1	0,1...0,3	140...110	P 10, K 10	6°...8°	6°...12°	0°
		1...4	0,2...0,4	120...80	P 10, M 20			−4°
		4...8	0,3...0,6	85...55	P 20, M 20			
		> 8	0,5...1,5	60...35	P 30, M 30			
Gußeisen	...200 HB	...1	...0,1	250...150	K 01	6°...8°	6°...12°	−4°
		1...4	0,1...0,3	160...120	K 10, M 10			
		4...8	0,3...0,6	130...75	K 10, M 20			
		> 8	0,6...1,5	75...55	K 20, M 20		6°	
	200 HB...	...1	...0,1	180...130	K 01	6°...8°	6°...12°	−4°
		1...4	0,1...0,3	130...90	K 10, M 10		6°	
		4...8	0,3...0,6	100...60	K 10, M 10			
		> 8	0,6...1,5	60...40	K 20, M 20			
Aluminium-Legierungen	...80 HB	...1	...0,1	1700...1200	K 10	8°...10°	20°...30°	0°
		1...4	0,1...0,3	1400...900				
		> 4	0,3...0,6	1100...700				
	80...120 HB	...1	...0,1	850...600	K 10	8°...10°	12°...20°	0°
		1...4	0,1...0,3	650...450				
		> 4	0,3...0,6	500...350				
Kupfer-Legierungen	...110 HB	...1	...0,1	600...350	K 10	8°...10°	8°...12°	0°
		1...4	0,1...0,3	500...300				
		> 4	0,3...0,6	400...200				
Duroplaste mit organischen Füllstoffen	–	...1	...0,1	400...300	K 01	6°...10°	10°...15°	0°
		1...4	0,1...0,3	350...150				
		> 4	0,3...0,6	200...100	K 10			
Duroplaste mit anorganischen Füllstoffen	–	...1	...0,1	100...60	K 05	6°...8°	0°...12°	0°
		1...4	0,1...0,3	70...45	K 01			
		> 4	0,3...0,6	50...25	K 10			

Kegeldrehen

Bezeichnungen am Kegel

DIN ISO 3040 (4.78)

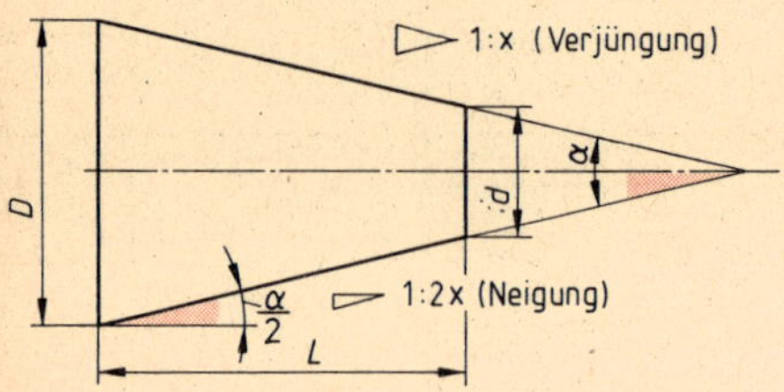

- D großer Kegeldurchmesser
- d kleiner Kegeldurchmesser
- L Kegellänge
- α Kegelwinkel
- $\frac{\alpha}{2}$ Kegelerzeugungswinkel (Einstellwinkel)
- C Kegelverjüngung
- $\frac{C}{2}$ Kegelneigung
- V_R Reitstockverstellung
- L_w Werkstücklänge

Kegeldrehen durch Verdrehung des Oberschlittens

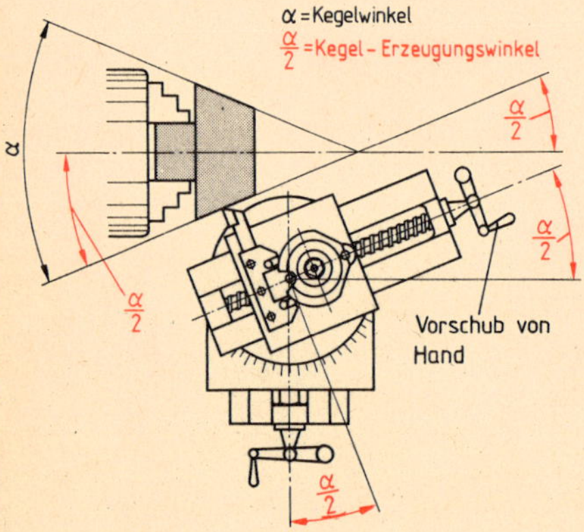

Einstellwinkel $\frac{\alpha}{2}$

$$\tan\frac{\alpha}{2} = \frac{C}{2}$$

$$\tan\frac{\alpha}{2} = \frac{D-d}{2 \cdot L}$$

Kegelverjüngung C

$$C = \frac{D-d}{L}$$

Einstellwinkel der Normkegel Seite 162

1. Beispiel: Kegel 1 : 20; $\alpha/2 = ?$

$$\tan\frac{\alpha}{2} = \frac{C}{2} = \frac{1}{2 \cdot 20} = \frac{1}{40} = 0{,}025$$

$$\frac{\alpha}{2} = \mathbf{1{,}432° = 1° 25' 55''}$$

2. Beispiel: $D = 225$ mm, $d = 150$ mm, $L = 100$ mm; $\alpha/2 = ?$

$$\tan\frac{\alpha}{2} = \frac{D-d}{2 \cdot L} = \frac{(225-150)\ \text{mm}}{2 \cdot 100\ \text{mm}} = \frac{75}{200} = 0{,}375$$

$$\frac{\alpha}{2} = \mathbf{20{,}556° = 20° 33' 22''}$$

Kegeldrehen durch Verstellen des Reitstockes

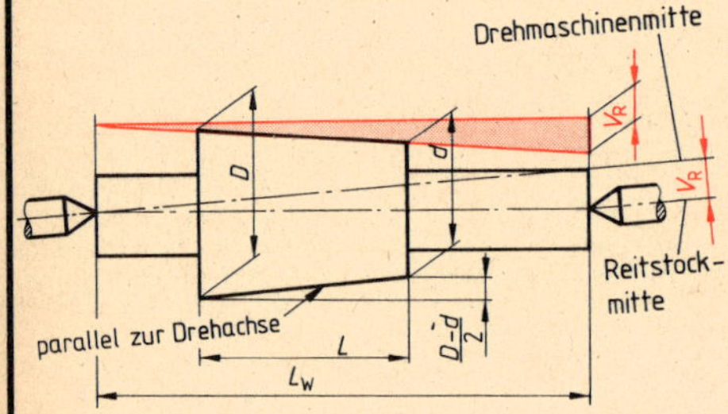

Reitstockverstellung

$$V_R = \frac{C}{2} \cdot L_w$$

$$V_R = \frac{D-d}{2} \cdot \frac{L_w}{L}$$

Die Reitstockverstellung V_R darf nicht größer als $\frac{1}{50}$ der Werkstücklänge L_w sein.

$$V_R \leqq \frac{L_w}{50}$$

Beispiel: $D = 20$ mm; $d = 18$ mm; $L = 80$ mm; $L_w = 100$ mm; $V_R = ?$; $V_{R\,max.} = ?$

$$V_R = \frac{D-d}{2} \cdot \frac{L_w}{L} = \frac{(20-18)\ \text{mm}}{2} \cdot \frac{100\ \text{mm}}{80\ \text{mm}} = \mathbf{1{,}25\ mm}$$

$$V_{R\,max} = \frac{L_w}{50} = \frac{100\ \text{mm}}{50} = \mathbf{2\ mm}$$

Gewindedrehen

Wechselräder-Berechnung

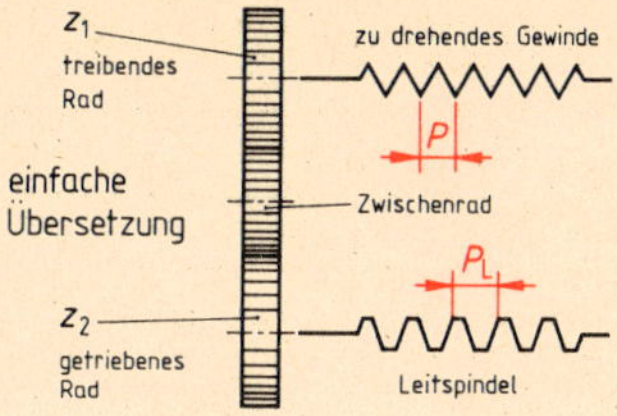

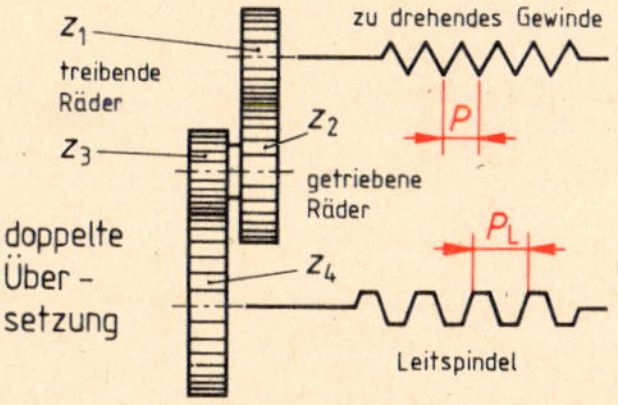

P Steigung des zu drehenden Gewindes
P_L Steigung der Leitspindel
z_t Zähnezahlen der treibenden Räder (z_1 oder $z_1 \cdot z_3$)
z_g Zähnezahlen der getriebenen Räder (z_2 oder $z_2 \cdot z_4$)
m Modul des zu drehenden Schneckengewindes

Ist die Übersetzung von Wendeherz-Getriebe und Vorschubgetriebe insgesamt 1 : 1, so gilt:

bei einfacher Übersetzung

$$\frac{z_t}{z_g} = \frac{z_1}{z_2} = \frac{P}{P_L}$$

bei doppelter Übersetzung

$$\frac{z_t}{z_g} = \frac{z_1 \cdot z_3}{z_2 \cdot z_4} = \frac{P}{P_L}$$

Sind die Einheiten von Leitspindelsteigung und Steigung des zu drehenden Gewindes verschieden, so müssen sie in gleiche Einheiten umgerechnet werden. Steigung in inch (*P*) und Gangzahl je inch (*Z*) dürfen nicht verwechselt werden. Es ist $P = \frac{1}{Z}$

Angenommener Rädersatz: 20, 20, 25, 30, 35, 40, 45…125, 127
Zähnezahlen um jeweils 5 steigend

Näherungswerte zur Wechselräderberechnung

1 inch = 25,400 mm	Fehler in mm/m	π = 3,14159…	Fehler in mm/m	$\frac{\pi}{25{,}4} = \frac{3{,}14159}{25{,}400} = 0{,}12368$	Fehler in mm/m
$25{,}4 = \frac{127}{5}$	0,000	$\pi \approx \frac{22}{7}$	0,402	$\frac{\pi}{25{,}4} \approx \frac{12}{97}$	0,214
$25{,}4 \approx \frac{330}{13} = \frac{5 \cdot 6 \cdot 11}{13}$	0,606	$\pi \approx \frac{19 \cdot 21}{127} = \frac{19 \cdot 3 \cdot 7}{10 \cdot 12{,}7}$	0,044	$\frac{\pi}{25{,}4} \approx \frac{5 \cdot 19}{32 \cdot 24}$	0,106
$25{,}4 \approx \frac{1600}{63} = \frac{40 \cdot 40}{7 \cdot 9}$	0,125	$\pi \approx \frac{32 \cdot 27}{11 \cdot 25} = \frac{24 \cdot 36}{11 \cdot 25}$	0,072	$\frac{\pi}{25{,}4} \approx \frac{5 \cdot 9}{14 \cdot 26} = \frac{5 \cdot 3 \cdot 3}{4 \cdot 7 \cdot 13}$	0,472

Beispiele für Leitspindel mit mm-Steigung

Zu drehendes Gewinde hat mm-Steigung

P = 1,5 mm; P_L = 6 mm

$$\frac{z_t}{z_g} = \frac{P}{P_L} = \frac{1{,}5\ \text{mm}}{6\ \text{mm}} = \frac{3}{12} = \mathbf{\frac{30}{120}}$$

Zu drehendes Gewinde hat inch-Steigung

$P = \frac{1}{8}\ \text{inch} = \frac{25{,}4}{8}\ \text{mm}$; P_L = 5 mm

$$\frac{z_t}{z_g} = \frac{P}{P_L} = \frac{25{,}4\ \text{mm}}{8 \cdot 5\ \text{mm}} = \frac{10 \cdot 12{,}7}{25 \cdot 8} = \mathbf{\frac{40 \cdot 127}{100 \cdot 80}}$$

Zu drehendes Gewinde hat Modul-Steigung

Schnecke mit 1 Zahn (= 1gängig); m = 2,5 mm; $P = \pi \cdot 2{,}5$ mm; P_L = 6 mm

$$\frac{z_t}{z_g} = \frac{P}{P_L} = \frac{\pi \cdot 2{,}5\ \text{mm}}{6\ \text{mm}}$$

Für π den Näherungswert $\frac{24 \cdot 36}{11 \cdot 25}$ eingesetzt ergibt:

$$\frac{z_t}{z_g} = \frac{2{,}5 \cdot 24 \cdot 36}{6 \cdot 11 \cdot 25} = \frac{6 \cdot 12}{11 \cdot 5} = \mathbf{\frac{60 \cdot 120}{110 \cdot 50}}$$

Beispiele für Leitspindel mit inch-Steigung

Zu drehendes Gewinde hat inch-Steigung

$P = \frac{1}{18}$ inch; $P_L = \frac{1}{4}$ inch

$$\frac{z_t}{z_g} = \frac{P}{P_L} = \frac{\frac{1}{18}\ \text{inch}}{\frac{1}{4}\ \text{inch}} = \frac{4}{18} = \frac{2}{9} = \mathbf{\frac{20}{90}}$$

Zu drehendes Gewinde hat mm-Steigung

P = 2 mm; $P_L = \frac{1}{4}$ inch

$$\frac{z_t}{z_g} = \frac{P}{P_L} = \frac{2\ \text{mm}}{\frac{25{,}4\ \text{mm}}{4}} = \frac{2 \cdot 4}{25{,}4} = \mathbf{\frac{40}{127}}$$

Zu drehendes Gewinde hat Modul-Steigung

Schnecke mit 1 Zahn (= 1gängig); m = 2 mm; $P = \pi \cdot 2$ mm; $P_L = \frac{1}{2}$ inch

$$\frac{z_t}{z_g} = \frac{P}{P_L} = \frac{\pi \cdot 2\ \text{mm}}{\frac{1}{2}\ \text{inch}} = \frac{\pi \cdot 2\ \text{mm} \cdot 2}{25{,}4\ \text{mm}}$$

Für $\frac{\pi}{25{,}4}$ den Näherungswert $\frac{5 \cdot 9}{14 \cdot 26}$ eingesetzt ergibt:

$$\frac{z_t}{z_g} = \frac{2 \cdot 2 \cdot 5 \cdot 9}{14 \cdot 26} = \frac{5 \cdot 9}{7 \cdot 13} = \mathbf{\frac{50 \cdot 45}{70 \cdot 65}}$$

Fräsen

Richtwerte für Schnittgeschwindigkeit v_c in m/min und Vorschub f_z in mm/Fräserzahn

Fräswerkzeug	Art der Bearbeitung		Unl. Stahl bis 700 N/mm²	Leg. Stahl bis 750 N/mm²	Leg. Stahl bis 1000 N/mm²	Gußeisen bis 180 HB	Kupfer-legie-rungen	Leicht-metalle
Walzenfräser 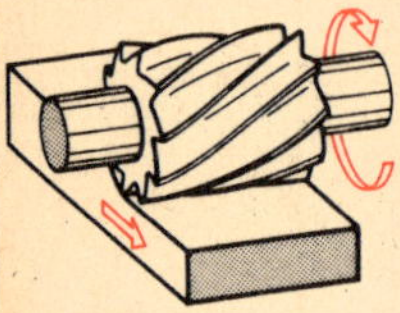	**Fräser aus Schnellarbeitsstahl**							
	Schruppen	v_c	12…14	10…12	8…10	10…12	35…50	150…210
		f_z	0,1…0,2	0,1…0,15	0,1…0,15	0,1…0,3	0,1…0,25	0,15…0,3
	Schlichten	v_c	18…22	14…18	10…14	14…18	40…60	200…300
		f_z	0,05…0,1	0,05…0,1	0,05…0,1	0,1…0,15	0,1…0,15	0,1…0,15
	Fräser mit Hartmetallschneiden							
	Schruppen	v_c	30…80	40…80	25…40	50…80	90…150	500…1200
		f_z	0,1	0,08	0,06	0,1	0,15	0,15
	Schlichten	v_c	60…120	80…120	40…80	80…120	150…300	1200
		f_z	0,05	0,02	0,02	0,05	0,05	0,08
Walzenstirnfräser 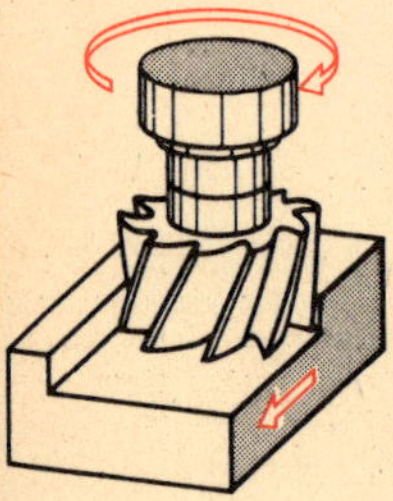	**Fräser aus Schnellarbeitsstahl**							
	Schruppen	v_c	12…14	10…12	8…10	10…12	30…40	150…250
		f_z	0,1…0,2	0,1…0,2	0,1…0,15	0,15…0,3	0,2…0,3	0,2…0,3
	Schlichten	v_c	20…22	16…18	12…14	16…18	50…60	200…300
		f_z	0,05…0,1	0,05…0,1	0,05…0,1	0,1…0,2	0,1…0,2	0,1…0,2
	Fräser mit Hartmetallschneiden							
	Schruppen	v_c	30…80	40…80	25…40	50…80	90…150	500…1200
		f_z	0,1	0,08	0,06	0,1	0,15	0,15
	Schlichten	v_c	60…120	80…120	40…80	80…120	150…300	1200
		f_z	0,02	0,02	0,02	0,05	0,05	0,08
Scheibenfräser 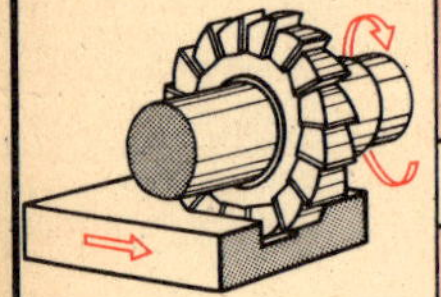	**Fräser aus Schnellarbeitsstahl**							
	Schruppen	v_c	12…14	10…12	8…10	10…12	30…40	160…200
		f_z	0,1…0,2	0,1…0,15	0,1…0,15	0,15…0,3	0,2…0,3	0,2…0,3
	Fertigfräsen	v_c	18…22	15…18	10…14	15…18	45…60	220…300
		f_z	0,05…0,1	0,05…0,1	0,05…0,1	0,07…0,2	0,07…0,2	0,07…0,2
	Fräser mit Hartmetallschneiden							
	Schruppen	v_c	30…80	40…80	25…40	50…80	90…150	500…1200
		f_z	0,1	0,08	0,06	0,1	0,15	0,15
	Fertigfräsen	v_c	60…120	80…120	40…80	80…120	150…300	1200
		f_z	0,02	0,02	0,02	0,05	0,05	0,08

Fräsen, Hobeln und Stoßen

Richtwerte für Schnittgeschwindigkeit v_c in m/min, Vorschub f_z in mm/Fräserzahn und Vorschubgeschwindigkeit v_f in mm/min beim Fräsen

Fräswerkzeug	Art der Bearbeitung		Stahl bis 700 N/mm²	Stahl bis 750 N/mm²	Stahl bis 1000 N/mm³	Gußeisen bis 180 HB	Kupferlegierungen	Leichtmetalle
Schaftfräser 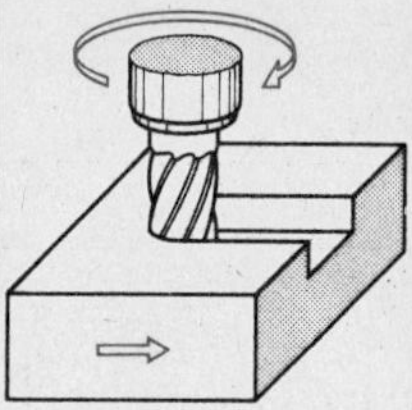			**Fräser aus Schnellarbeitsstahl**					
	Schruppen	v_c	16...18	14...16	12...14	14...16	30...40	150...180
		f_z	0,1...0,2	0,1...0,15	0,05...0,1	0,15...0,3	0,2...0,3	0,2...0,3
	Schlichten	v_c	22...24	18...20	16...18	18...20	50...60	160...180
		f_z	0,04...0,1	0,04...0,1	0,02....0,1	0,07...0,2	0,05...0,2	0,04...0,2
			Fräser mit Hartmetallschneiden					
	Schruppen	v_c	30...80	40...80	25...40	50...80	90...150	500...1200
		f_z	0,06	0,12	0,05	0,1	0,2	0,05
	Schlichten	v_c	60...120	80...120	40...80	80...120	150...300	1200
		f_z	0,05	0,05	0,03	0,05	0,05	0,05
Fräskopf (Messerkopf) 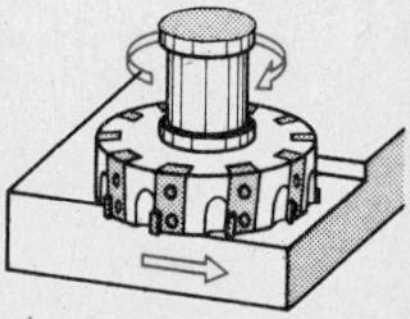			**Schneiden aus Hartmetall**					
	Schruppen	v_c	60...100	40...80	25...40	50...60	60...100	400...1000
		f_z	0,09	0,08	0,06	0,15	0,12	0,1
	Schlichten	v_c	100...150	80...120	40...80	80...120	80...150	800...1500
		f_z	0,06	0,06	0,03	0,08	0,1	0,08
Metall-Kreissäge 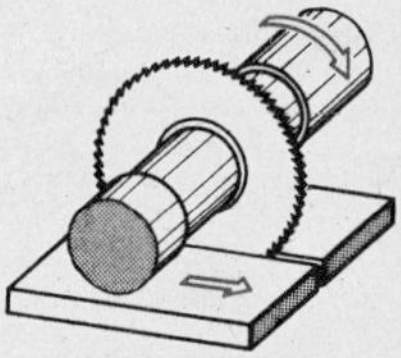			**Kreissägen aus Schnellarbeitsstahl**					
	Schnittiefe bis 4 mm	v_c	45...50	35...40	25...40	30...40	300...400	200...400
		v_f	60...75	45...60	30...40	65...80	200...500	250...400
	Schnittiefe bis 8 mm	v_c	40...45	30...35	20...25	30...35	300...400	300...350
		v_f	45...60	35...50	20...30	45...60	150...300	160...200
	Schnittiefe bis 20 mm	v_c	35...40	25...30	15...20	20...30	300...350	200...300
		v_f	25...30	20...25	12...15	30...35	80...150	100...190

Richtwerte für Schnittgeschwindigkeit, Vorschub und Schneidenwinkel beim Hobeln und Stoßen

Art der Bearbeitung	Schneidstoff	Schnittgeschwindigkeit v_c in m/min für Stahl bis 400 N/mm²	Stahl bis 600 N/mm²	Gußeisen	Kupfer legierungen	Leichtmetall	Vorschub f je Doppelhub in mm
Schruppen	Schnellarb.stahl	15...20	12...16	12...16	20...25	35...40	0,2...4
	Hartmetall	60...80	40...60	30...40	72...95	90...120	0,2...4
Schlichten	Schnellarb.stahl	20...25	16...20	14...22	30...40	50...60	0,2...0,5
	Hartmetall	72...100	50...75	40...60	90...120	110...150	0,2...0,5

Frei-, Keil- und Spanwinkel am Hobelmeißel sind ungefähr gleich groß wie beim Drehmeißel (vgl. Seite 196 und 197). Der Neigungswinkel λ wird meist negativ ausgeführt ($\lambda = -10°$ bis $-15°$). Der Einstellwinkel $\varkappa$ beträgt 45° bis 70°.

Teilen mit dem Teilkopf

Direktes Teilen

Beim direkten Teilen wird die Teilkopfspindel mit der Teilscheibe und dem Werkstück direkt um den gewünschten Teilschritt gedreht. Dabei sind Schnecke und Schneckenrad außer Eingriff.

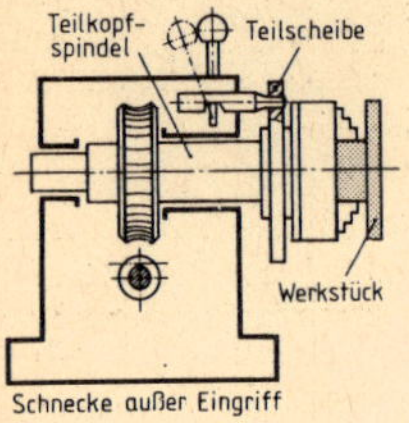

T Teilzahl
α Winkelteilung
n_L Anzahl der Löcher der Teilscheibe
n_l Anzahl der weiterzuschaltenden Lochabstände; Teilschritt

$$n_l = \frac{n_L}{T}$$

$$n_l = \frac{\alpha \cdot n_L}{360°}$$

1. Beispiel: $n_L = 24,\ T = 8;\ n_l = ?$

$$\mathbf{n_l} = \frac{n_L}{T} = \frac{24}{8} = \textbf{3 Lochabstände}$$

2. Beispiel: $n_L = 24,\ \alpha = 30°;\ n_l = ?$

$$\mathbf{n_l} = \frac{\alpha \cdot n_L}{360°} = \frac{30° \cdot 24}{360°} = \textbf{2 Lochabstände}$$

Indirektes Teilen

Beim indirekten Teilen wird die Teilkopfspindel durch die Schnecke über das Schneckenrad angetrieben.

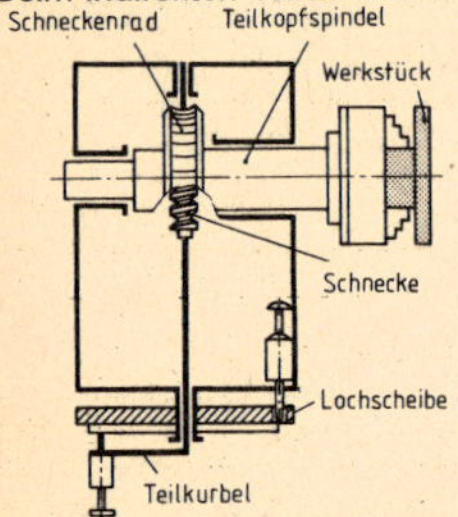

T Teilzahl
α Winkelteilung
i Übersetzungsverhältnis des Teilkopfes
n_K Anzahl der Teilkurbelumdrehungen für eine Teilung; Teilschritt

$$n_K = \frac{i}{T}$$

$$n_K = \frac{i \cdot \alpha}{360°}$$

Lochkreise der Lochscheiben

15	16	17	18	19	20	21	23	27			
29	31	33	37	39	41	43	47	49			
oder											
17	19	23	24	25	27	28	29	30	31	33	37
39	41	42	43	47	49	51	53	57	59	61	63

1. Beispiel: $T = 68,\ i = 50,\ n_K = ?$

$$\mathbf{n_K} = \frac{i}{T} = \frac{40}{68} = \mathbf{\frac{10}{17}}$$

Die Teilkurbel muß um 10 Lochabstände auf dem 17er Lochkreis weitergedreht werden.

2. Beispiel: $\alpha = 37{,}2°,\ i = 40,\ n_K = ?$

$$\mathbf{n_K} = \frac{i \cdot \alpha}{360°} = \frac{40 \cdot 37{,}2°}{360°} = \frac{37{,}2}{9} = \frac{186}{9 \cdot 5} = \frac{62}{15} = \mathbf{4\,\frac{2}{15}}$$

Ausgleichsteilen (Differentialteilen)

Beim Ausgleichsteilen wird die Teilkopfspindel wie beim indirekten Teilen über Schnecke und Schneckenrad angetrieben. Gleichzeitig dreht aber die Teilkopfspindel über Wechselräder die Lochscheibe mit.

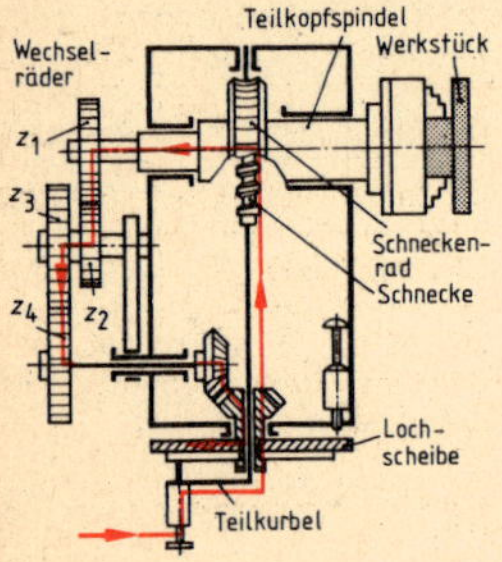

T Teilzahl
T' Hilfsteilzahl
α Winkelteilung
i Übersetzungsverhältnis des Teilkopfes
n_K Anzahl der Teilkurbelumdrehungen für eine Teilung; Teilschritt
z_t Zähnezahlen der treibenden Räder (z_1, z_3)
z_g Zähnezahlen der getriebenen Räder (z_2, z_4)

$$n_K = \frac{i}{T'}$$

$$\frac{z_t}{z_g} = \frac{i}{T'}\,(T' - T)$$

Zähnezahlen der Wechselräder:

24	24	28	32	36	40	44	48
56	64	72	80	84	86	96	100

Wählt man die Hilfsteilzahl T' größer als die Teilzahl T, so müssen Teilkurbel und Lochscheibe die gleiche Drehrichtung haben. Ist dagegen T' kleiner als T, so müssen sich Teilkurbel und Lochscheibe entgegengesetzt drehen. Die erforderliche Drehrichtung erreicht man gegebenenfalls durch ein weiteres Zwischenrad.

1. Beispiel: $i = 40;\ T = 97;\ n_K = ?;\ \frac{z_t}{z_g} = ?\ T'$ gewählt $= 100$

Lösung:

$$\mathbf{n_K} = \frac{i}{T'} = \frac{40}{100} = \frac{2}{5} = \mathbf{\frac{8}{20}};$$

$$\mathbf{\frac{z_t}{z_g}} = \frac{i}{T'} \cdot (T' - T) = \frac{40}{100} \cdot (100 - 97) = \frac{2}{5} \cdot 3 = \frac{6}{5} = \mathbf{\frac{48}{40}}$$

2. Beispiel: $i = 40;\ T = 149;\ n_K = ?;\ \frac{z_t}{z_g} = ?\ T'$ gewählt $= 144$

Lösung:

$$\mathbf{n_K} = \frac{40}{144} = \mathbf{\frac{5}{18}};\quad \mathbf{\frac{z_t}{z_g}} = \frac{i}{T'} \cdot (T' - T) = \frac{40}{144} \cdot (144 - 149) = \frac{5}{18} \cdot (-5) = -\frac{25}{18} = -\mathbf{\frac{100}{72}}\text{[1]}$$

[1] Minuszeichen vor den Wechselrädern bedeutet: entgegengesetzter Drehsinn von Teilkurbel und Lochscheibe.

Wendelnutenfräsen

Wendelnuten sind Schraubenwindungen mit großer Steigung. Sie können auf Universalfräsmaschinen in Verbindung mit dem Teilkopf gefräst werden.

Beim Wendelnutfräsen führt der Frästisch die geradlinige und die Teilkopfspindel die kreisförmige Bewegung aus. Die Drehbewegung wird von der Tischspindel über die Wechsel- und Kegelräder auf die Lochscheibe übertragen. Diese dreht über den eingerasteten Teilstift die Teilkurbel und damit den Schneckentrieb und das Werkstück. Bei scheibenförmigen Fräsern muß der Frästisch zum Fräsen um den Einstellwinkel β geschwenkt werden.

Sind in ein Werkstück mehrere Nuten zu fräsen, so muß dieses nach jeder Nut durch indirektes Teilen weitergedreht werden.

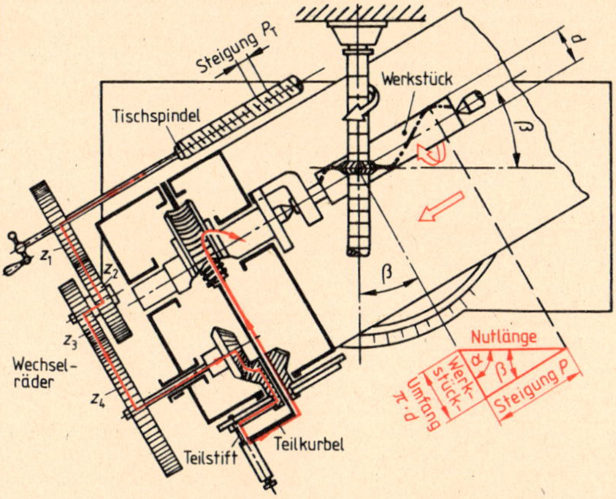

- α Steigungswinkel
- β Einstellwinkel
- P Steigung der Wendel
- P_T Steigung der Tischspindel
- i Übersetzungsverhältnis des Schneckentriebes
- i_1 Übersetzungsverhältnis der Kegelräder
- z_t Zähnezahlen der treibenden Räder (z_1, z_3)
- z_g Zähnezahlen der getriebenen Räder (z_2, z_4)

Steigung der Wendel $P = \pi \cdot d \cdot \tan\alpha$

Steigungswinkel $\tan\alpha = \dfrac{P}{\pi \cdot d}$

Einstellwinkel $\beta = 90° - \alpha$

Wechselräder $\dfrac{z_t}{z_g} = \dfrac{P_T \cdot i \cdot i_1}{P}$

Zähnezahlen der Wechselräder

24	24	28	32	36	40	44	48
56	64	72	80	84	86	96	100

Lochkreise der Lochscheiben

15	16	17	18	19	20	21	23	27
29	31	33	37	39	41	43	47	49

oder

17	19	23	24	25	27	28	29	30	31	33	37
39	41	42	43	47	49	51	53	57	59	61	63

1. Beispiel: Ein schrägverzahnter Fräser soll einen Schrägungswinkel (= Einstellwinkel) von $\beta = 25°$ und 9 Zähne erhalten. $d = 80$ mm; $i = 40$; $i_1 = 1$; $P_T = 6$ mm.

Gesucht: Steigung P; Wechselräder z_t/z_g und Teilkurbelumdrehungen n_K.

Lösung:

$\alpha = 90° - \beta = 90° - 25° = \mathbf{65°}$

$\mathbf{P} = \pi \cdot d \cdot \tan\alpha = \pi \cdot 80\,\text{mm} \cdot \tan 65° = 539\,\text{mm} \approx \mathbf{540\,mm}$

$\dfrac{z_t}{z_g} = \dfrac{P_T \cdot i \cdot i_1}{P} = \dfrac{6\,\text{mm} \cdot 40 \cdot 1}{540\,\text{mm}} = \dfrac{240}{540} = \dfrac{4}{9} = \mathbf{\dfrac{32}{72}}$

$n_K = \dfrac{i}{T} = \dfrac{40}{9} = 4\dfrac{4}{9} = \mathbf{4\dfrac{12}{27}}$

2. Beispiel: Ein Werkstück mit einem Durchmesser $d = 120$ mm soll 6 Wendelnuten mit P = 200 mm erhalten. $i = 40$; $i_1 = 2$; $P_T = 4$ mm.

Gesucht: Einstellwinkel β; Wechselräder z_t/z_g; Teilkurbelumdrehungen n_K.

Lösung:

$\tan\alpha = \dfrac{P}{\pi \cdot d} = \dfrac{200\,\text{mm}}{\pi \cdot 120\,\text{mm}} = 0{,}5305$;

$\alpha = \mathbf{27{,}95°}$

$\beta = 90° - \alpha = 90° - 27{,}95° = \mathbf{62{,}05°}$

$\dfrac{z_t}{z_g} = \dfrac{P_T \cdot i \cdot i_1}{P} = \dfrac{4\,\text{mm} \cdot 40 \cdot 2}{200\,\text{mm}} = \dfrac{4 \cdot 40 \cdot 2}{200} = \mathbf{\dfrac{64}{40}}$

$n_K = \dfrac{i}{T} = \dfrac{40}{6} = 6\dfrac{4}{6} = \mathbf{6\dfrac{16}{24}}$

Schleifen

Schleifkörper

DIN 96100 (6.72)

	Bezeichnung		Anwendung
Schleifmittel	Normalkorund Edelkorund	A	Für zähe Werkstoffe mit höherer Festigkeit: Werkzeugstahl (gehärtet und ungehärtet), Stahl- und Temperguß, Bronze, Schweißnähte.
	Siliziumkarbid	C	Für spröde, aber auch sehr weiche Werkstoffe: Hartmetalle, Hartguß, Gußeisen, Glas, Aluminium, Kupfer, Hartgummi.
	Bornitrid	CBN	Schnellarbeitsstähle, Werkzeugstähle über 60 HRC.
	Diamant	D	Hartmetallbestückte Werkzeuge, Feinschleifen.

Körnung	Körnung / Art	6 8 10 12 14 16 20 24 grob	30 36 46 54 60 mittel	70 80 100 120 150 180 fein	220 bis 200 sehr fein
	Diamantkorngrößen von 0,5 bis 300 µm; Bezeichnung: D 0,5 bis D 300				

Härtegrad	Bezeichnung / Härtegrad	A B C D äußerst weich	E F G sehr weich	H I Jot K weich	L M N O mittel	P Q R S hart	T U V W sehr hart	X Y Z äußerst hart

Bindung	Kurzzeichen	Bindungsart	Kurzzeichen	Bindungsart	Kurzzeichen	Bindungsart
	V	keramische Bindung	RF	Gummibindung faserstoffverstärkt	BF	Kunstharzbindung faserstoffverstärkt
	S	Silikatbindung	B	Kunstharzbindung	E	Schellackbindung
	R	Gummibindung			Mg	Magnesitbindung

Bezeichnung einer Schleifscheibe nach DIN 69126, mit Randform F, Außendurchmesser $d_1 = 400$ mm, Breite $b = 100$ mm, Bohrungsdurchmesser $d_2 = 127$ mm, Schleifmittel Korund (A), Körnung 60, Härtegrad L, Gefüge 5, Kunstharzbindung (B), zulässige Umfangsgeschwindigkeit 45 m/s:
Schleifscheibe DIN 69126 – F 400 x 100 x 127 – A 60 L 5 B 45.

Allgemeine Höchstumfangsgeschwindigkeiten v der Schleifscheiben in m/s

DSA 101 T3 (10.80)

Maschinenart	Anwendungsweise	Schleifverfahren	Bindung V, R, S	Bindung B, BF	Bindung Mg[3]	Bindung Mg[4]
ortsfeste Schleifmaschinen	zwangsweise Führung	Umfangsschleifen	35	35[1] 50[2]	25	15
		Seitenschleifen	30	35	20	–
	handgeführtes Schleifen	Umfangsschleifen	30	30[1] 45[2]	20	15
		Seitenschleifen	25	30	15	–
Handschleifmaschinen (Trennschleifmaschinen)	Freihandschleifen	Umfangsschleifen	30	45	–	–
		Seitenschleifen	25	30	–	–

Schleifscheiben mit erhöhter Umfangsgeschwindigkeit.
Sie benötigen eine Zulassungsnummer des Deutschen Schleifscheiben-Ausschusses DSA und sind durch einen Farbstreifen gekennzeichnet:

Farbstreifen	blau	gelb	rot	grün
v_{max} in m/s	45	60	80	100
Farbstreifen	grün + blau	grün + gelb	grün + rot	
v_{max} in m/s	125	140	160	

[1] für $d_1 > 500$ mm, $b > 75$ mm; [3] für $d_1 \leqq 1$ m;
[2] für $d_1 \leqq 500$ mm, $b \leqq 75$ mm; [4] für $d_1 > 1$ m.

Verwendungseinschränkungen (VE) für Schleifscheiben

DSA 101 T3 (10.80)

VE 1	Nicht zulässig für Freihand- und handgeführtes Schleifen
VE 2	Nicht zulässig für Freihandschleifen
VE 3	Nicht zulässig für Naßschleifen
VE 4	Zulässig nur für geschlossenen Arbeitsbereich (ortsfeste Schleifmaschinen mit besonderen Schutzeinrichtungen)
VE 5	Nicht zulässig ohne besondere Absaugung

Vorschubgeschwindigkeit v_f der Werkstücke in m/min und Schnittgeschwindigkeit v_c der Schleifscheiben in m/s

Werkstoff	Flachschleifen Umfangsschleifen v_c	Flachschleifen Umfangsschleifen v_f	Flachschleifen Stirnschleifen v_c	Flachschleifen Stirnschleifen v_f	Rundschleifen Außenrundschleifen v_c	Rundschleifen Außenrundschleifen v_f Vorschl.	Rundschleifen Außenrundschleifen v_f Fert.schl.	Rundschleifen Innenrundschleifen v_c	Rundschleifen Innenrundschleifen v_f	Trennschleifen v_c
weicher Stahl	30	10…35	25	6…25	30	13	10	25	19	45…80
gehärteter Stahl	30		25		35	16	10	25	23	
Gußeisen	30		25	6…3	25	13	11	25	23	
Kupferlegierungen	25	15…40	–	20…45	30	19	16	25	24	
Alu-Legierungen	20		20		20	35	27	20	35	–
Hartmetall	8	4	8	4	8	5	4	8	8	45

Schleifen

Auswahl der Schleifscheiben

Außenrundschleifen

Werkstoff	Schleifmittel	Schleifscheibendurchmesser in mm: bis 350		über 350 bis 450		über 450 bis 600	
		Körnung	Härte	Körnung	Härte	Körnung	Härte
Stahl ungehärtet	A	60	L...M	50	L...M	46	L...M
Stahl gehärtet	A		K...L		K...L		K...L
Schnellarbeitsstahl gehärtet	A		H...J		H...J		H...J
Hartmetall	C	80	H	60	H	–	–
Gußeisen	A, C	60	J	50	J	46	J

Innenrundschleifen

Werkstoff	Schleifmittel	Schleifscheibendurchmesser in mm: bis 16		über 16 bis 36		über 36 bis 80		über 80 bis 125	
		Körnung	Härte	Körnung	Härte	Körnung	Härte	Körnung	Härte
Stahl ungehärtet bis 700 N/mm^2	A	80	M	60	L	46	K	46	J
Stahl vergütet bis 1200 N/mm^2	A		K...L		J...K		H...J		H
Hartmetall, Stahl gehärtet	D	D 100	–	D 150	–	D 200	–	D 250	–
Gußeisen	C	80	K	60	J	46	H	36	H

Flachschleifen

Werkstoff	Schleifmittel	Schleifscheibendurchmesser in mm: bis 200		bis 200		über 200 bis 350		Segmente	
		Flachscheiben		Topfscheiben					
		Körnung	Härte	Körnung	Härte	Körnung	Härte	Körnung	Härte
Stahl ungehärtet	A	46	J...K	46	J...K	36	J...K	24	J...K
Stahl gehärtet	A		H...J	36	H...J	30	H...J	30	J
Schnellarbeitsstahl gehärtet	A		G...H	46	G...J	36	H		H
Hartmetall	C	60	H	60	H	50	H	46	H
Gußeisen	A, C	46	J	46	J	36	J	30	J

Werkzeugschleifen

Schleifscheiben	Werkzeugstahl: Schleifmittel	Körnung	Härte	Schnellarbeitsstahl: Schleifmittel	Körnung	Härte	Hartmetall: Schleifmittel	Körnung	Härte
Werkzeugschleifkörper nach DIN 69149 bis ∅ 200 mm	A	46...80	K...L	A	46...80	J...K	C	70...100	J
Flachscheibe bis ∅ 500 mm für Umfangsschleifen	A	36...60	M...O	A	36...60	L...M	C	Vorschliff 36 Fertigschliff 80...100 Feinschliff 240	 J...K H...J H...J
Topfscheiben und Schleifzylinder für Stirnschleifen bis ∅ 350 mm	A	30...46	L...M	A	30...46	K...L	C		

Abgraten und Putzen

Werkstoff	Schleifmittel	Schleifscheibendurchmesser in mm: bis 200, $v_c = 30$ m/s		bis 200, $v_c = 45$ m/s		über 200 bis 400, $v_c = 30$ m/s		über 200 bis 400, $v_c = 45$ m/s	
		Körnung	Härte	Körnung	Härte	Körnung	Härte	Körnung	Härte
Stahl und Stahlguß	A	20	Q	16	R	20	Q	16	R
Schweißnähte	A	24	P	20	Q	24	P	20	Q
Gußeisen (GG), Messing	C		P	–	–	20	Q	–	–
Bronze	C	20	N...P	–	–	24	P	–	–
Leichtmetalle	A, C	36	O	–	–	36	N	–	–

Honen

Schnittgeschwindigkeit und Bearbeitungszugaben

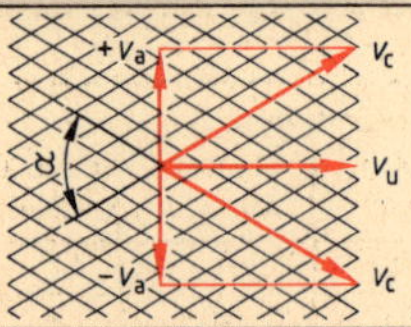

v_c Schnittgeschwindigkeit
v_a Axialgeschwindigkeit
v_u Umfangsgeschwindigkeit
α Überschneidungswinkel der Bearbeitungsspuren

$$v_c = \sqrt{v_a^2 + v_u^2}$$

$$\tan\alpha = \frac{v_a}{v_u}$$

Werkstoff	Umfangsgeschwindigkeit in m/min		Axialgeschwindigkeit in m/min		Bearbeitungszugaben in mm für Bohrungsdurchmesser in mm		
	Vorhonen	Fertighonen	Vorhonen	Fertighonen	2…15	15…100	100…500
Stahl, ungehärtet	18…22	20…25	9…12	10…13	0,02…0,05	0,03…0,08	0,06…0,3
Stahl, gehärtet	14…22	15…24	5…9	6…10	0,01…0,03	0,02…0,05	0,03…0,1
legierte Stähle	23…25	25…28	10…12	11…13			
Gußeisen	23…28	25…30	10…12	11…13	0,02…0,05	0,03…0,08	0,06…0,3
Aluminium	22…24	24…26	9…12	10…13			

Honen mit Diamantkorn: v_u bis 40 m/min und v_a bis 25 m/min; $\alpha = 60…90°$

Spezifischer Anpreßdruck von Honwerkzeugen

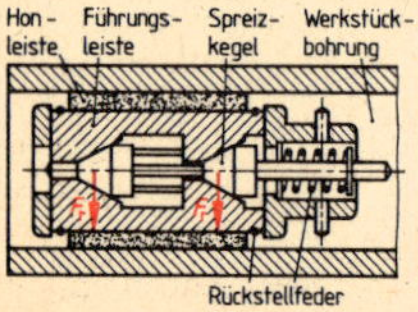

$p_{spez.}$ spezifischer Anpreßdruck
A Anlagefläche der Honsteine
F_r radiale Zustellkraft

$$p_{spez.} = \frac{F_r}{\cdot A}$$

Honverfahren	Spezifischer Anpreßdruck in N/cm²			
	keramische Honsteine	kunststoffgebundene Honsteine	Diamant-Honleisten	Bornitrid-Honleisten
Vorhonen	50…250	200…400	300…700	200…400
Fertighonen	20…100	40…250	100…300	100…200

Auswahl der Honsteine

Werkstoff	Zugfestigk. R_m in N/mm²	Verfahren[1)]	Rauhtiefe R_z µm	Honsteinqualität: Honmittel	Körnung	Härte	Bindung	Gefüge
Stahl	bis 500	V	8…12	A	70	R	B	1
		F	2…5		400	R		5
		P	0,5…1,5		1200	M		2
	500…700	V	5…10	A	80	R	B	3
		F	2…3		400	O		5
		P	0,5..2		700	N		3

Werkstoff	Verfahren[1)]	Rauhtiefe R_z µm	Honsteinqualität: Honmittel	Körnung	Härte	Bindung	Gefüge
Gußeisen	V	5…8	C	80	M	V	3
	F	2…4		220	K		7
NE-Metalle	V	6…10	A	80	O	V	3
	F	2…3	A	400	O		1
	P	0,5…1	C	1000	N		5

1) V = Vorhonen; F = Fertighonen; P = Polieren

Ermittlung der Hublänge und Hublage

Zu honendes Werkstück wurde durch vorangegangene Bearbeitung

genau zylindrisch	einseitig kegelig	beidseitig entgegengesetzt kegelig	tonnenförmig
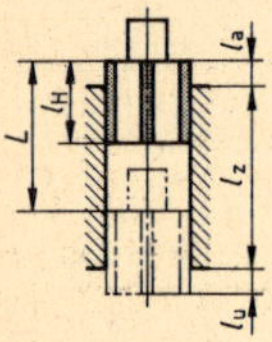	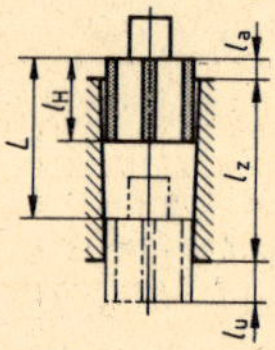	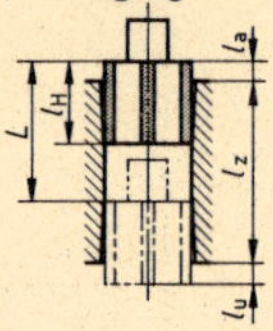	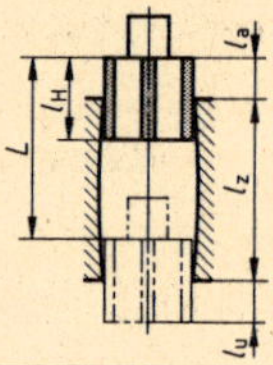
$l_a = l_u = \frac{1}{3}\, l_H$	$l_a = \frac{1}{4}\, l_H;\; l_u = \frac{1}{2}\, l_H$	$l_a = l_u = \frac{1}{4} \cdot l_H$	$l_a = l_u = \frac{1}{2}\, l_H$
$L = l_Z + \frac{2}{3}\, l_H$	$L = l_Z + \frac{3}{4}\, l_H$	$L = l_Z + \frac{1}{2}\, l_H$	$L = l_Z + l_H$

L Hublänge; l_H Honsteinlänge; l_a Anlauf; l_u Überlauf; l_Z Zylinderlänge

Spanende Formung der Kunststoffe

Bearbeitungsverfahren

VDI 2003 (1.76)

Drehen

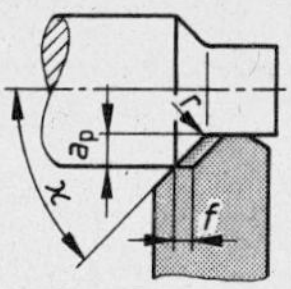

Breitschlichtmeißel

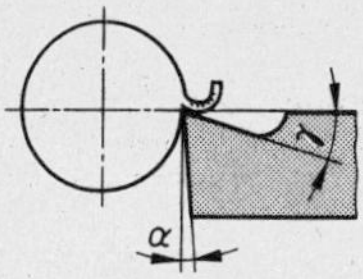

Stechmeißel

$\varkappa$ Einstellwinkel	meist 45° bis 60°, bei PTFE 9° bis 11°, bei PMMA, PS und ABS 15°	
f Vorschub	bei Duroplasten 0,05 mm bis 0,5 mm, bei Thermoplasten 0,1 mm bis 0,5 mm, bei PVC, PMMA, PS und ABS 0,1 mm bis 0,2 mm	
a_p Spanungstiefe	bei Duroplasten bis 10 mm, bei Thermoplasten bis 6 mm (PS, ABS bis 2 mm)	
α Freiwinkel γ Spanwinkel v_c Schnittgeschwindigkeit	} nach Tabelle unten	

Die Spanabnahme erfolgt möglichst in einem Schnitt. Die Spitzenrundung r von mind. 0,5 mm und eine breite Schlichtschneide verbessern die Oberflächengüte. Schmierung ist bei ABS erforderlich.

Bohren

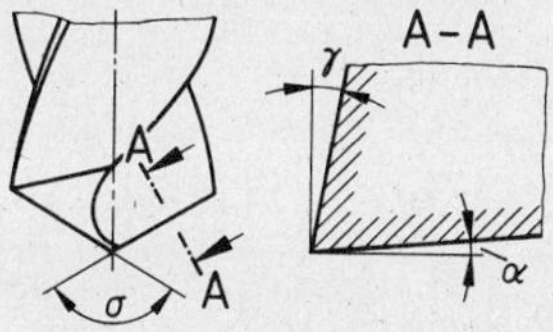

f Vorschub: bei Duroplasten 0,04 mm bis 0,6 mm, bei Thermoplasten 0,1 mm bis 0,5 mm, bei PTFE 0,1 mm bis 0,3 mm

α Freiwinkel, σ Spitzenwinkel, γ Spanwinkel, v_c Schnittgeschwindigkeit } nach Tabelle unten

Schnittgeschwindigkeit und Vorschub müssen bei Thermoplasten so gewählt werden, daß der Werkstoff nicht schmiert. Der Drallwinkel der Spiralbohrer beträgt 12° bis 16°. Hohlbohrer (Kronenbohrer) werden für dünnwandige Teile verwendet, bei duroplastischen Schichtstoffen mit Diamantbesatz. Kühlschmierung ist nicht erforderlich.

Der Bohrerdurchmesser muß teilweise um 0,05 mm bis 0,1 mm größer als der gewünschte Lochdurchmesser gewählt werden, da beim Erkalten nach der Bearbeitung die Bohrungen kleiner werden.

Fräsen

Bevorzugt wird das Stirnfräsen mit Fräswerkzeugen geringer Schneidenzahl. Der Vorschub kann bis zu 0,5 mm/Zahn betragen. Fräser aus Schnellarbeitsstahl wählt man für Thermoplaste (v bis 1000 m/min, bei PMMA bis 2000 m/min) und Duroplaste mit organischen Füllstoffen (v bis 80 m/min). Fräser mit Hartmetallschneiden sind geeignet für alle Duroplaste mit Füllstoffen (v bis 1000 m/min). Kühlschmierung ist bei PMMA und ABS erforderlich.

Sägen (Trennen)

Zum Trennen eignen sich vorzugsweise die in der Holzverarbeitung üblichen Kreis- oder Bandsägen mit hohen Schnittgeschwindigkeiten, v = 1000 bis 5000 m/min. Duroplaste mit stark verschleißend wirkenden Füllstoffen werden durch Trennschleifen mit Diamantscheiben bearbeitet.

Richtwerte für die spanende Formung von Kunststoffen

	Werkstoff Kurzzeichen	Werkstoff Bezeichnung	Schneidstoff	Drehen α	Drehen γ	Drehen v_c m/min	Bohren α	Bohren γ	Bohren σ	Bohren v_c m/min
Duroplaste	PF MF EP	Preß- und Schichtstoffe mit organischen Füllstoffen	SS HM	5°...10°	15°...20° 10°...15°	bis 80 bis 400	6°...8°	6°...10°	100°...120°	30...40 100...120
Duroplaste	PF MF UF	Preß- und Schichtstoffe mit anorganischen Füllstoffen	HM	5°...11°	0°...12°	bis 40	6°...8°	0°...6°	80°...100°	20...40
Thermoplaste	ABS	Acrylnitril-Butadien-Styrol		5°...10°	0°...2°	50...60	5°...8°			30...80
Thermoplaste	PA	Polyamide	SS	5°...15°	0°...10°	200...500	10°...12°	3°...5°	60°...90°	50...100
Thermoplaste	PC	Polycarbonat		5°...10°	0°...5°	200...300	5°...8°			20...60
Thermoplaste	PE PP	Polyäthylen Polypropylen		5°...15°	0°...10°	200...500	10°..12°			50...100
Thermoplaste	PMMA	Polymethylmethacrylat			0°...4°	200...300	3°...8°	0°...4°		20...60
Thermoplaste	POM	Polyoxymethylen		5°...10°	0°...5°	200...500	5°...8°		60°...90°	50...100
Thermoplaste	PS	Polystyrol	SS		0°...2°	50...60	3°...8°			20...60
Thermoplaste	PTFE	Polytetrafluoräthylen		10°...15°	15°...20°	100...300	ca. 16°	3°...5°	ca. 130°	100...300
Thermoplaste	PVC	Polyvinylchlorid		5°...10°	0°...5°	200...500	8°...10°		80°...110°	
Thermoplaste	SB	Styrol-Butadien			0°...2°	50...60			60°...75°	30...80

Spanloses Formen

Begriffe der Stanztechnik

DIN 9870 T1 (10.74); T2 (10.72)

Schneiden ist Zerteilen von Werkstücken zwischen zwei Schneiden, die sich aneinander vorbeibewegen.

Ausgangsform / Fertigungsablauf / Endform	
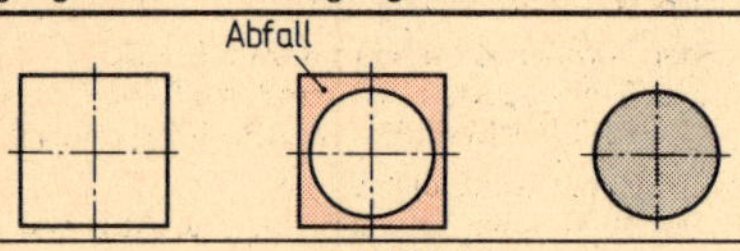	**Ausschneiden** ist vollständiges Schneiden längs einer in sich geschlossenen Schnittlinie zum Herstellen der Außenform des Schnitteils.
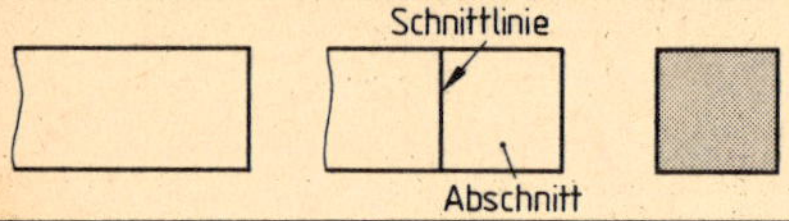	**Abschneiden** ist vollständiges Schneiden längs einer offenen Schnittlinie; der Abschnitt wird abgetrennt.
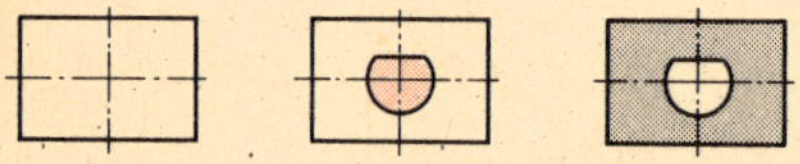	**Lochen** ist ein vollständiges Schneiden längs einer in sich geschlossenen Schnittlinie zum Herstellen einer Innenform am Werkstück.
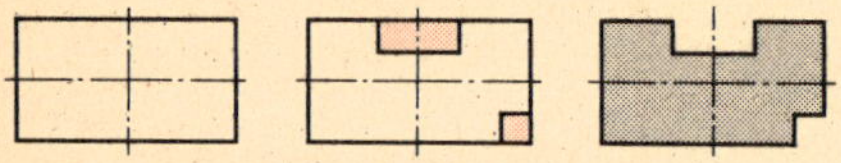	**Ausklinken** ist vollständiges Schneiden, bei dem Flächenteile aus der Innen- oder Außenform eines Werkstückes längs einer an zwei Randstellen offenen Schnittlinie herausgetrennt werden.
	**Einschneiden** ist teilweises Schneiden längs einer offenen Schnittlinie am Werkstück.
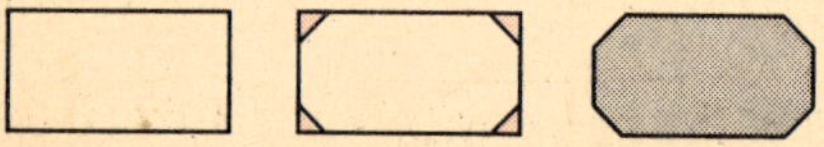	**Beschneiden** ist vollständiges Schneiden, bei dem Ränder, Bearbeitungszugaben u. dgl. längs einer offenen oder in sich geschlossenen Schnittlinie von Werkstücken abgetrennt werden.

Keilschneiden ist Zerteilen von Werkstücken mit einer oder zwei keilförmigen Schneiden, bei dem Werkstücke auseinandergedrängt werden.

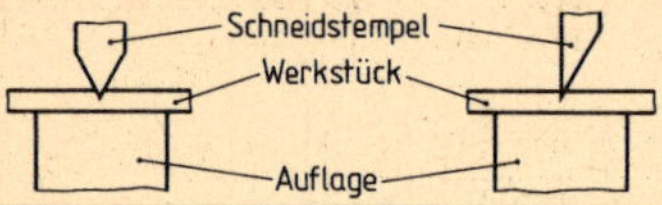	**Messerschneiden** ist Keilschneiden mit einer Schneide, deren Keil den Werkstoff längs einer Schnittlinie auseinanderdrängt.
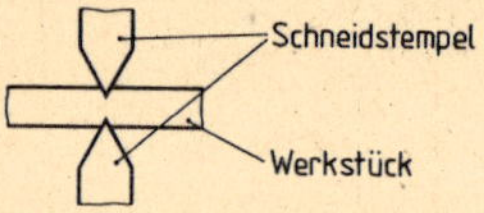	**Beißschneiden** ist Keilschneiden zwischen zwei Schneiden, die sich aufeinander zubewegen und deren Keile den Werkstoff längs einer Schnittlinie auseinanderdrängen.
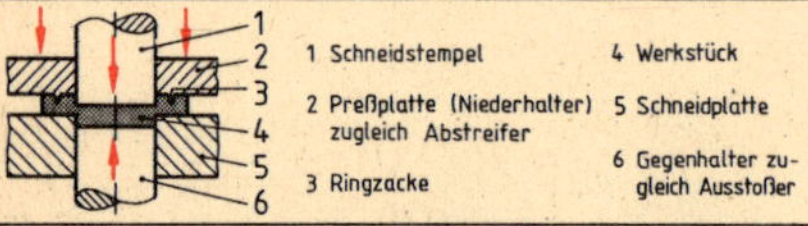	**Feinschneiden** ist vollständiges Schneiden zum Herstellen von Innen- und Außenformen mit zur Planfläche des Werkstücks rechtwinkligen Schnittflächen von geringer Rauhtiefe.
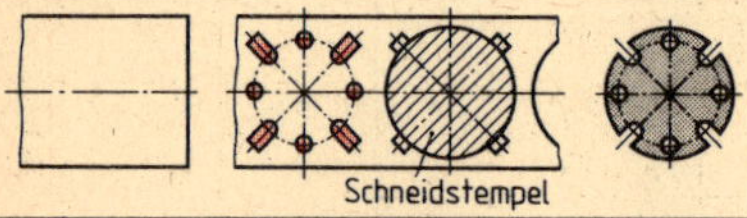	**Folgeschneiden** ist vollständiges Schneiden beliebiger Innen- und Außenformen bei dem verschiedenartige Schneidverfahren nacheinander in unmittelbarer Folge angewendet werden.
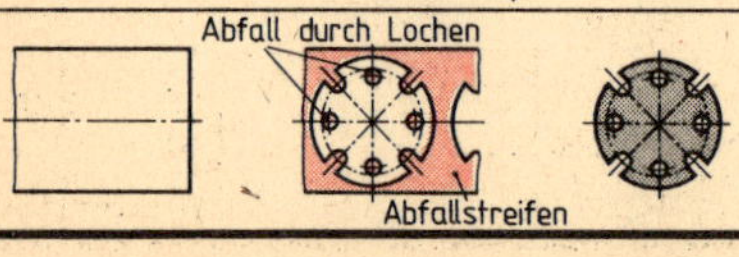	**Gesamtschneiden** ist vollständiges Schneiden zum Herstellen von Ausschnitten mit Innenformen und zwar so, daß Außen- und Innenform(en) längs einer Schnittlinie in einem Hub erzeugt werden.

Schneidspaltmaße zwischen Schneidstempel und Schneidplatte — VDI 3368 (5.82)

Schneidverfahren mit Freiwinkel α
z. B. Plattenführungswerkzeug

Blechdicke s	Freiwinkel α
bis 1 mm	12′…18′
über 1 mm	30′…35′

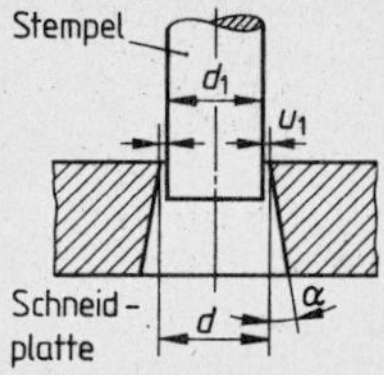

Schneidverfahren ohne Freiwinkel α
z. B. Gesamtschneid-werkzeug

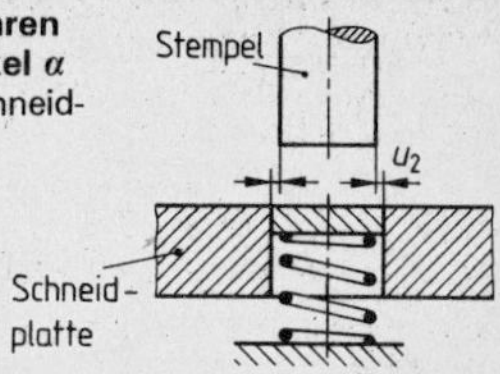

Blechdicke s in mm	Schneidspalt u_1 für eine Scherfestigkeit τ_{aB} in N/mm² bis 250	251…400	401…600	über 600	Schneidspalt u_2 für eine Scherfestigkeit τ_{aB} in N/mm² bis 250	251…400	401…600	über 600
0,4…0,6	0,01	0,015	0,02	0,025	0,015	0,02	0,025	0,03
0,7…0,8	0,015	0,02	0,03	0,04	0,025	0,03	0,04	0,05
0,9…1	0,02	0,03	0,04	0,05	0,03	0,04	0,05	0,06
1,5…2	0,03	0,04…0,05	0,05…0,07	0,07…0,09	0,05	0,06…0,08	0,08…0,10	0,09…0,12
2,5…3	0,04	0,06…0,07	0,09…0,10	0,11…0,13	0,08	0,1…0,12	0,13…0,15	0,15…0,18
3,5…4	0,05…0,06	0,08…0,09	0,11…0,13	0,15…0,17	0,10…0,12	0,14…0,16	0,18…0,20	0,21…0,24

Schneidspalt u ist gleich dem Maß der Schneidplatte minus Maß des Schneidstempels geteilt durch 2.
Bei zylindrischen Schneidwerkzeugen ist $u = \frac{d - d_1}{2}$.

Regel zur Einhaltung genauer Maße am Schnitteil:

Verfahren	Sollmaß erhält	Veränderung erfährt
Ausschneiden	Schneidplatte	Schneidstempel; wird um $2 \cdot u$ kleiner
Lochen	Lochstempel	Schneidplatte; wird um $2 \cdot u$ größer

Stegbreite, Randbreite, Seitenschneiderabfall für metallische Werkstoffe — VDI 3367 (7.70)

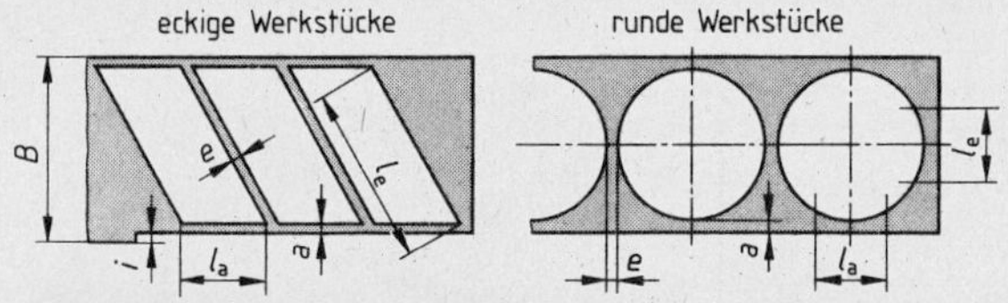

a Randbreite
e Stegbreite
l_a Randlänge
l_e Steglänge
B Streifenbreite
i Seitenschneiderabfall

Streifenbreite B	Steglänge l_e Randlänge l_a in mm		Stegbreite e und Randbreite a für Werkstoffdicke s in mm: 0,1	0,3	0,5	0,75	1,0	1,25	1,5	1,75	2,0	2,5	3,0
bis 100 mm	bis 10	e a	0,8 1,0	0,8 0,9	0,8 0,9	0,9	1,0	1,2	1,3	1,5	1,6	1,9	2,1
	11… 50	e a	1,6 1,9	1,2 1,5	0,9 1,0	1,0	1,1	1,4	1,4	1,6	1,7	2,0	2,3
	51…100	e a	1,8 2,2	1,4 1,7	1,0 1,2	1,2	1,3	1,6	1,6	1,8	1,9	2,2	2,5
	über 100	e a	2,0 2,4	1,6 1,9	1,2 1,5	1,4	1,5	1,8	1,8	2,0	2,1	2,4	2,7
	Seitenschneiderabfall i		1,5					1,8	2,2	2,5	3,0	3,5	4,5
über 100 mm bis 200 mm	bis 10	e a	0,9 1,2	1,0 1,1	1,0 1,1	1,0	1,1	1,3	1,4	1,6	1,7	2,0	2,3
	11… 50	e a	1,8 2,2	1,4 1,7	1,0 1,2	1,2	1,3	1,6	1,6	1,8	1,9	2,2	2,5
	51…100	e a	2,0 2,4	1,6 1,9	1,2 1,5	1,4	1,5	1,8	1,8	2,0	2,1	2,4	2,7
	über 100	e a	2,2 2,7	1,8 2,2	1,4 1,7	1,6	1,7	2,0	2,0	2,2	2,3	2,6	2,9
	Seitenschneiderabfall i		1,5				1,8	2,0	2,5	3,0	3,5	4,0	5,0

Schneidwerkzeuge

Lage des Einspannzapfens bei Stempelformen mit bekanntem Schwerpunkt (Kreis, Quadrat, Rechteck, Ellipse)

Bei Schneidwerkzeugen muß der Einspannzapfen im Kräftemittelpunkt sämtlicher schneidender Kanten liegen. Da die Schneidkantenlängen (Umfänge aller Stempel) proportional den auftretenden Schneidkräften sind, ergibt sich nach dem Hebelgesetz für den Abstand x des Kräftemittelpunktes:

$U_1, U_2, U_3 \ldots$ Umfänge der einzelnen Stempel
$a_1, a_2, a_3 \ldots$ Abstände der Stempelschwerpunkte von der Bezugskante
x Abstand des Kräftemittelpunktes S von der Bezugskante

$$x = \frac{U_1 \cdot a_1 + U_2 \cdot a_2 + U_3 \cdot a_3 + \ldots}{U_1 + U_2 + U_3 + \ldots}$$

Die Bezugskante entspricht der Lage des Drehpunktes. Als Bezugskante wählt man die Stempelmitte oder eine Stempelfläche.

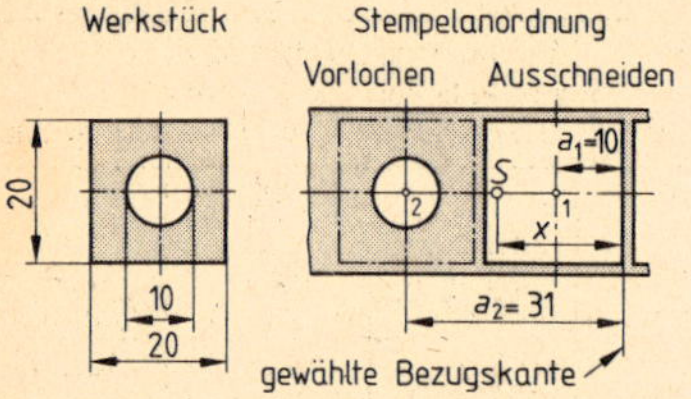

Beispiel: Gesucht ist die Lage des Einspannzapfens (Abstand x).

Lösung: Als Bezugskante wird die äußere Fläche des Ausschneidstempels gewählt.

$U_1 = 4 \cdot 20\ \text{mm} = 80\ \text{mm};\ a_1 = 10\ \text{mm}$

$U_2 = \pi \cdot 10\ \text{mm} = 31{,}4\ \text{mm};\ a_2 = 31\ \text{mm}$

$$\mathbf{x} = \frac{U_1 \cdot a_1 + U_2 \cdot a_2}{U_1 + U_2} = \frac{80\ \text{mm} \cdot 10\ \text{mm} + 31{,}4\ \text{mm} \cdot 31\ \text{mm}}{80\ \text{mm} + 31{,}4\ \text{mm}} \approx \mathbf{16\ mm}$$

Bei unsymmetrischer Stempelanordnung fällt der Kräftemittelpunkt nicht auf eine Mittelachse. Deshalb muß auch der Abstand des Kräftemittelpunktes von der waagrechten Bezugskante aus ermittelt werden.

Lage des Einspannzapfens bei Stempelformen mit unbekanntem Schwerpunkt

Der Kräftemittelpunkt entspricht dem Linienschwerpunkt aller Schnittkanten.

$l_1, l_2, l_3 \ldots$ Schnittkantenlängen
$a_1, a_2, a_3 \ldots$ Abstände der Linienschwerpunkte von den Bezugskanten
x Abstand des Kräftemittelpunktes von der Bezugskante

$$x = \frac{l_1 \cdot a_1 + l_2 \cdot a_2 + l_3 \cdot a_3 + \ldots}{l_1 + l_2 + l_3 + \ldots}$$

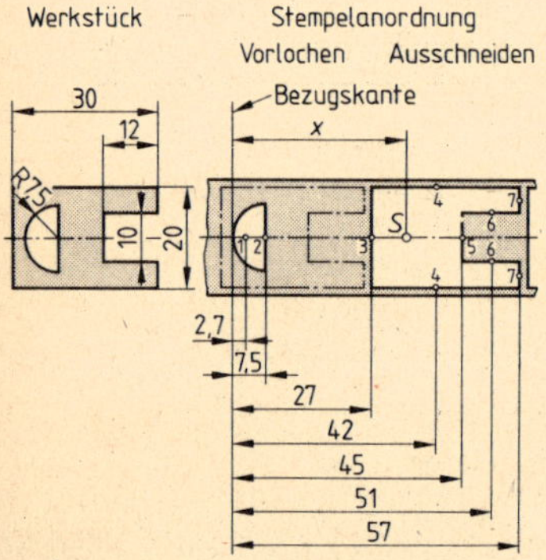

Beispiel: Für das Schneidwerkzeug ist die Lage des Einspannzapfens zu berechnen.

Lösung: Wahl der Bezugskante (vgl. Abbildung)

$$l_1 = \frac{\pi \cdot 15\ \text{mm}}{2} = 23{,}6\ \text{mm}$$

$$a_1 = r - \frac{l \cdot 57{,}3°}{\alpha°} = 7{,}5\ \text{mm} - \frac{2 \cdot 7{,}5\ \text{mm} \cdot 57{,}3°}{180°} \approx 2{,}7\ \text{mm}$$

$l_2 = 15\ \text{mm};\ a_2 = 7{,}5\ \text{mm};\ l_3 = 20\ \text{mm};\ a_3 = 27\ \text{mm}$

$l_4 = 2 \cdot 30\ \text{mm} = 60\ \text{mm};\ a_4 = 42\ \text{mm};\ l_5 = 10\ \text{mm}$

$a_5 = 45\ \text{mm};\ l_6 = 2 \cdot 12\ \text{mm} = 24\ \text{mm};\ a_6 = 51\ \text{mm}$

$l_7 = 2 \cdot 5\ \text{mm} = 10\ \text{mm};\ a_7 = 57\ \text{mm}$

$$\mathbf{x} = \frac{l_1 \cdot a_1 + l_2 \cdot a_2 + l_3 \cdot a_3 + l_4 \cdot a_4 + l_5 \cdot a_5 + l_6 \cdot a_6 + l_7 \cdot a_7}{l_1 + l_2 + l_3 + l_4 + l_5 + l_6 + l_7}$$

$$= \frac{(23{,}6 \cdot 2{,}7 + 15 \cdot 7{,}5 + 20 \cdot 27 + 60 \cdot 42 + 10 \cdot 45 + 24 \cdot 51 + 10 \cdot 57)\ \text{mm}^2}{(23{,}6 + 15 + 20 + 60 + 10 + 24 + 10)\ \text{mm}}$$

$$= \mathbf{33{,}7\ mm}$$

Lage des Linienschwerpunktes

Strecke

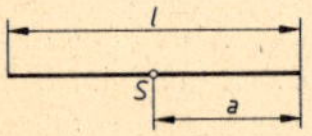

$$a = \frac{l}{2}$$

Rechter Winkel mit gleichen Schenkeln

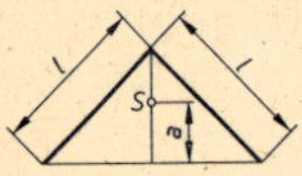

$$a = \frac{\sqrt{2}}{4} \cdot l$$

Winkel mit ungleichen Schenkeln

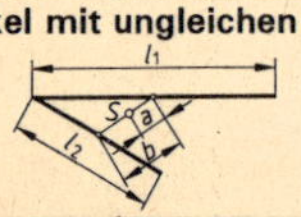

$$a = \frac{l_2 \cdot b}{l_1 + l_2}$$

Dreieck

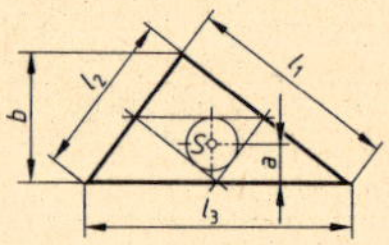

$$a = \frac{l_1 + l_2}{l_1 + l_2 + l_3} \cdot \frac{b}{2}$$

Kreisbogen

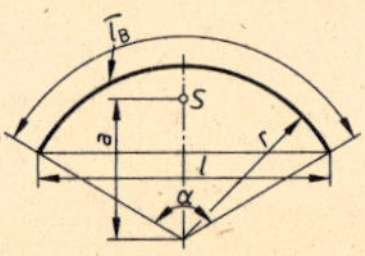

$$a = \frac{r \cdot l}{l_B}$$

$$a = \frac{l \cdot 57{,}3°}{\alpha}$$

Richtwerte für Biegeteile aus Stahl

Kleinster zulässiger Biegehalbmesser für Biegewinkel $\alpha \leqq 120°$ [1] — DIN 6935 (10.75)

Dicke s in mm	1	1…1,5	1,5…2,5	2,5…3	3…4	4…5	5…6	6…7	7…8	8…10	10…12	12…14
Stahl mit Mindestzugfestigkeit R_m in N/mm²	Kleinster zulässiger Biegehalbmesser r in mm											
bis 390	1	1,6	2,5	3	5	6	8	10	12	16	20	25
390…490	1,2	2	3	4	5	8	10	12	16	20	25	28
490…640	1,6	2,5	4	5	6	8	10	12	16	20	25	32

Zuschnittsermittlung für 90°-Biegeteile

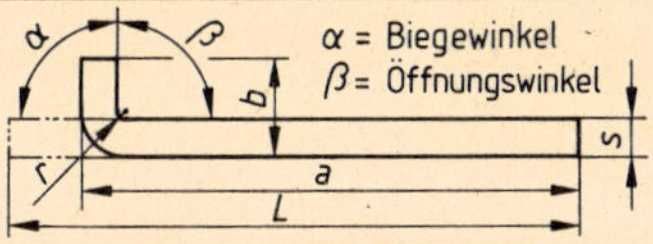

L gestreckte Länge
a und *b* Länge der Schenkel
s Blechdicke
r Biegehalbmesser
x Ausgleichswert

$$L = a + b - x$$

Ausgleichswerte x für Biegewinkel $\alpha = 90°$ — Beiblatt 2 zu DIN 6935 (2.83)

Biegehalbmesser r in mm / Dicke s in mm	1	1,5	2	2,5	3	3,5	4	4,5	5	6	8	10
1	1,9	—	—	—	—	—	—	—	—	—	—	—
1,6	2,1	2,9	—	—	—	—	—	—	—	—	—	—
2,5	2,4	3,2	4,0	4,8	—	—	—	—	—	—	—	—
4	3,0	3,7	4,5	5,2	6,0	6,9	—	—	—	—	—	—
6	3,8	4,5	5,2	5,9	6,7	7,5	8,3	9,0	9,9	—	—	—
10	5,5	6,1	6,7	7,4	8,1	8,9	9,6	10,4	11,2	12,7	—	—
16	8,1	8,7	9,3	9,9	10,5	11,2	11,9	12,6	13,3	14,8	17,8	21,0
20	9,8	10,4	11,0	11,6	12,2	12,8	13,4	14,1	14,9	16,3	19,3	22,3
25	11,9	12,6	13,2	13,8	14,4	15,0	15,6	16,2	16,8	18,2	21,1	24,1
32	15,0	15,6	16,2	16,8	17,4	18,0	18,6	19,2	19,8	21,0	23,8	26,7
40	18,4	19,0	19,6	20,2	20,8	21,4	22,0	22,6	23,2	24,5	26,9	29,7
50	22,7	23,3	23,9	24,5	25,1	25,7	26,3	26,9	27,5	28,8	31,2	33,6

Zuschnittsermittlung für Teile mit beliebigem Biegewinkel — DIN 6935 (10.75)

L gestreckte Länge
a, b Länge der Schenkel
α Biegewinkel
β Öffnungswinkel
r Biegehalbmesser
s Dicke
k Korrekturfaktor
x Ausgleichswert

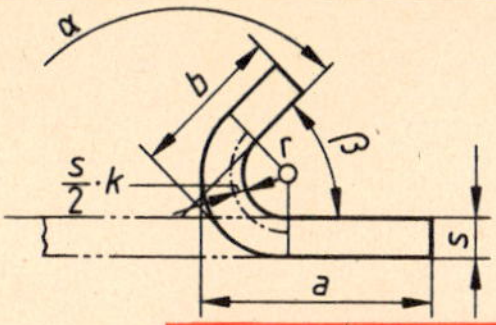

$$L = a + b - x$$

Für β 0° bis 90°:

$$x = 2\,(r + s) - \pi \cdot \left(\frac{180° - \beta}{180°}\right) \cdot \left(r + \frac{s}{2} \cdot k\right)$$

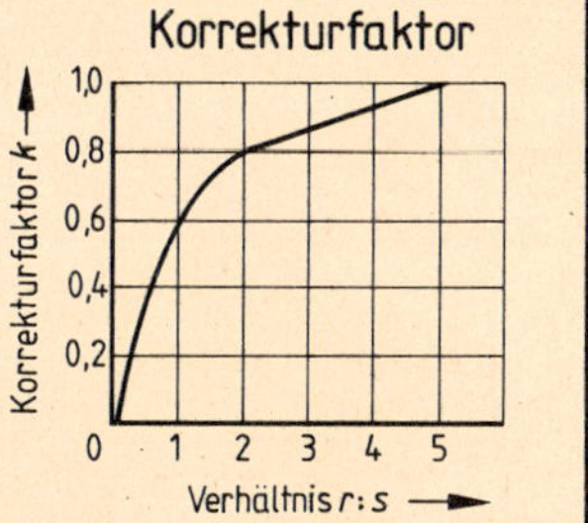

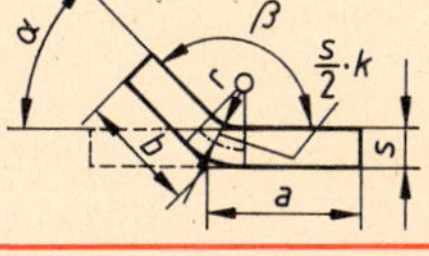

Für β > 90° bis 165°:

(Für β > 165° bis 180° ist $x = 0$)

$$x = 2\,(r + s) \cdot \tan\frac{180° - \beta}{2} - \pi \cdot \left(\frac{180° - \beta}{180°}\right) \cdot \left(r + \frac{s}{2} \cdot k\right)$$

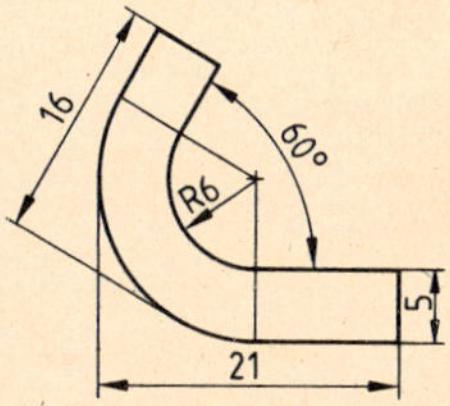

Beispiel: Biegeteil mit Öffnungswinkel $\beta = 60°$; $k = ?$; $x = ?$; $L = ?$;
$r : s = 6\,\text{mm} : 5\,\text{mm} = 1{,}2$; $\mathbf{k = 0{,}7}$ (aus Diagramm)

$$\mathbf{x} = 2\,(r + s) - \pi \cdot \left(\frac{180° - \beta}{180°}\right) \cdot \left(r + \frac{s}{2} \cdot k\right)$$

$$= 2\,(6 + 5)\,\text{mm} - \pi \cdot \left(\frac{180° - 60°}{180°}\right) \cdot \left(6 + \frac{5}{2} \cdot 0{,}7\right)\text{mm} = \mathbf{5{,}77\ mm}$$

$$\mathbf{L} = a + b - x = 16\,\text{mm} + 21\,\text{mm} - 5{,}77\,\text{mm} \approx \mathbf{32\ mm}$$ [2]

[1] Für $\alpha > 120°$ ist der nächsthöhere Tabellenwert einzusetzen; [2] Gestreckte Längen sind auf volle mm aufzurunden

Tiefziehen

Berechnung der Zuschnittdurchmesser[1)]

Ziehteil	Zuschnittdurchmesser	Ziehteil	Zuschnittdurchmesser
	$D = \sqrt{d^2 + 4\,d \cdot h}$	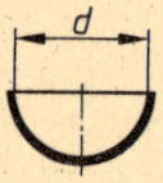	$D = \sqrt{2\,d^2} = 1{,}414\,d$
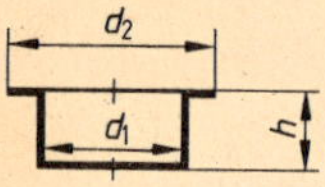	$D = \sqrt{d_2^2 + 4\,d_1 \cdot h}$	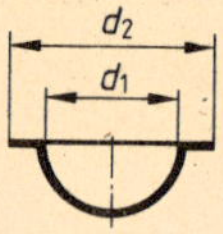	$D = \sqrt{d_1^2 + d_2^2}$
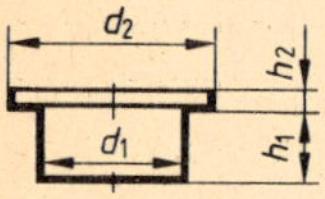	$D = \sqrt{d_2^2 + 4(d_1 \cdot h_1 + d_2 \cdot h_2)}$	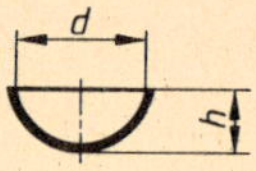	$D = \sqrt{d^2 + 4\,h^2}$
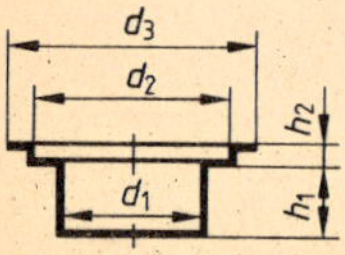	$D = \sqrt{d_3^2 + 4(d_1 \cdot h_1 + d_2 \cdot h_2)}$	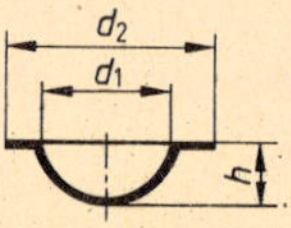	$D = \sqrt{d_2^2 + 4\,h^2}$
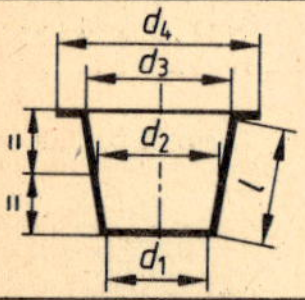	$D = \sqrt{d_1^2 + 4\,d_2 \cdot l + (d_4^2 - d_3^2)}$	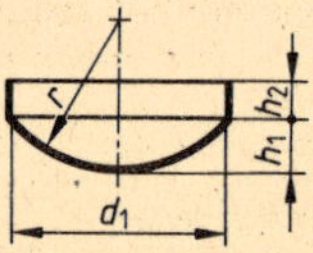	$D = \sqrt{d_1^2 + 4\,h_1^2 + 4\,d_1 \cdot h_1}$
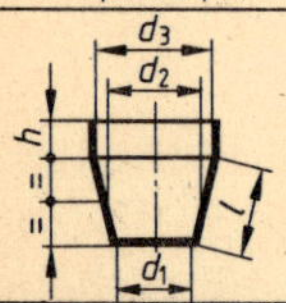	$D = \sqrt{d_1^2 + 4\,d_2 \cdot l + 4\,d_3 \cdot h}$	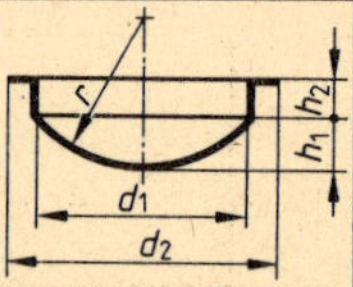	$D = \sqrt{d_1^2 + 4h_1^2 + 4d_1 \cdot h_2 + (d_2^2 - d_1^2)}$

Ziehspalt, Radien am Ziehring und Ziehstempel

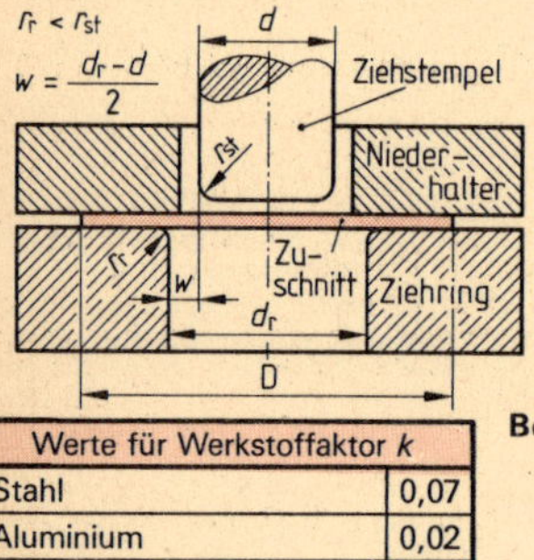

- w Ziehspalt
- s Blechdicke
- k Werkstoffaktor
- r_r Radius am Ziehring
- r_{st} Radius am Ziehstempel
- D Zuschnittdurchmesser
- d Stempeldurchmesser
- d_r Ziehringdurchmesser

$$w = s + k \cdot \sqrt{10 \cdot s} \quad \text{in mm}$$

$$r_r = 0{,}035 \cdot [50 + (D - d)] \cdot \sqrt{s} \quad \text{in mm}$$

Bei jedem Weiterzug ist der Radius am Ziehring um 20...40% zu verkleinern.

$$r_{st} = (4...5) \cdot s$$

Werte für Werkstoffaktor k	
Stahl	0,07
Aluminium	0,02
Sonstige NE-Metalle	0,04
hochwarmfeste Legierungen	0,2

Beispiel: Stahlblech mit $D = 120$ mm; $d = 60$ mm; $s = 1{,}5$ mm; $w = ?$; $r_r = ?$; $r_{st} = ?$

$\mathbf{w} = s + k \cdot \sqrt{10 \cdot s} = 1{,}5\text{ mm} + 0{,}07\sqrt{10 \cdot 1{,}5}\text{ mm} \approx \mathbf{1{,}8\ mm}$

$\mathbf{r_r} = 0{,}035 \cdot [50 + (120 - 60)] \cdot \sqrt{1{,}5}\text{ mm} = \mathbf{4{,}7\ mm}$

$\mathbf{r_{st}} \approx 4 \cdot s = 4 \cdot 1{,}5\text{ mm} = \mathbf{6\ mm}$

1) Die Oberfläche des Zuschnitts ist gleich der Oberfläche des fertigen Ziehteiles.

Tiefziehen

Ziehstufen und Ziehverhältnis

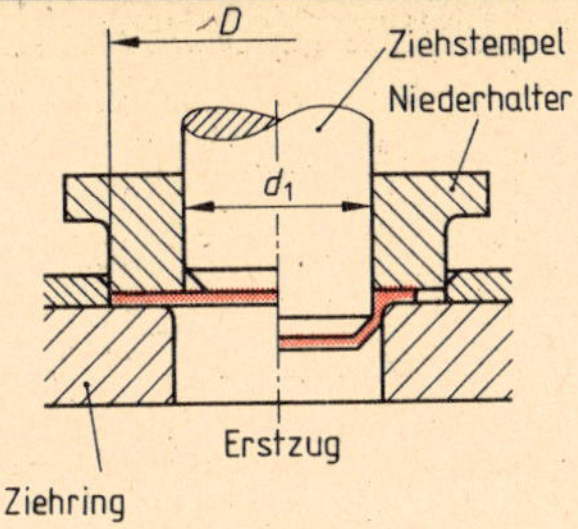

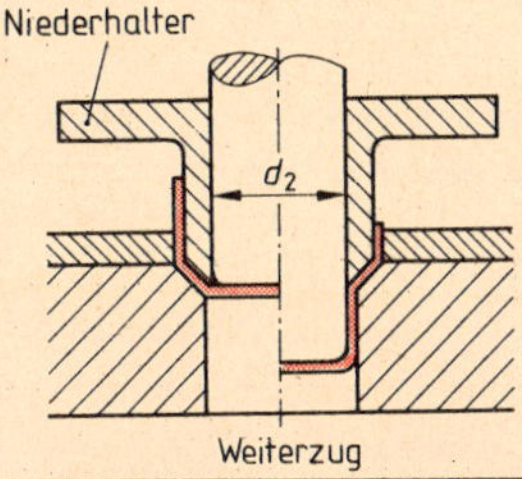

D Zuschnittdurchmesser
d_1 Stempeldurchmesser beim 1. Zug
d_2 Stempeldurchmesser beim 2. Zug
β_1 Ziehverhältnis für 1. Zug
β_2 Ziehverhältnis für 2. Zug
s Blechdicke

$$\beta_1 = \frac{D}{d_1}$$

$$\beta_2 = \frac{d_1}{d_2}$$

Beispiel: Napf ohne Rand für RR St 14 ohne Zwischenglühen mit $d = 50$ mm; $h = 60$ mm; $D = ?$; $\beta_1 = ?$; $\beta_2 = ?$; $d_1 = ?$; $d_2 = ?$

$$\mathbf{D} = \sqrt{d^2 + 4\,d \cdot h} = \sqrt{(50\text{ mm})^2 + 4 \cdot 50\text{ mm} \cdot 60\text{ mm}} \approx \mathbf{120\text{ mm}}$$

$\boldsymbol{\beta_1} = \mathbf{2{,}0}$; $\boldsymbol{\beta_2} = \mathbf{1{,}3}$ nach Tabelle

$$\mathbf{d_1} = \frac{D}{\beta_1} = \frac{120\text{ mm}}{2{,}0} = \mathbf{60\text{ mm}};\ \mathbf{d_2} = \frac{d_1}{\beta_2} = \frac{60\text{ mm}}{1{,}3} = \mathbf{46\text{ mm}}$$

Da der 2. Zug nur bis ∅ 50 mm ausgeführt wird, ist die Sicherheit vorhanden, daß der Ziehvorgang einwandfrei verläuft.

Werkstoff	Ziehverhältnisse[1] β_1 max.	β_2 max. ohne Zwischenglühen	β_2 max. mit Zwischenglühen	Werkstoff	Ziehverhältnisse[1] β_1 max.	β_2 max. ohne Zwischenglühen	β_2 max. mit Zwischenglühen	Werkstoff	Ziehverhältnisse[1] β_1 max.	β_2 max. ohne Zwischenglühen	β_2 max. mit Zwischenglühen
St 10	1,7	1,2	1,5	Kupfer	2,1	1,3	1,9	Al 99,5 w	2,1	1,6	2,0
St 12	1,8	1,2	1,6	CuZn 37 w	2,1	1,4	2,0	AlMg 1 w	1,85	1,3	1,75
St 13	1,9	1,25	1,65	CuZn 37 h	1,9	1,2	1,7	AlCuMg 1 pl w	2,0	1,5	1,8
St 14	2,0	1,3	1,7	CuSn 6 w	1,5	—	—	AlCuMg 1 pl ka	1,8	1,3	1,5

[1] Die Werte gelten bis $d_1 : s = 300$; sie wurden ermittelt für $d_1 = 100$ mm und $s = 1$ mm. Für andere Blechdicken und Stempeldurchmesser ändern sich die Werte geringfügig.

Tiefziehkraft, Niederhalterkraft, Gesamttiefziehkraft

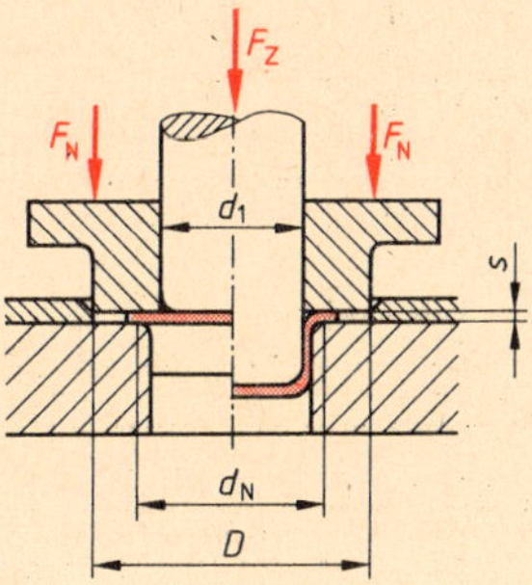

F_B Bodenreißkraft
F_Z Tiefziehkraft
d_1 Stempeldurchmesser
s Blechdicke
R_m Zugfestigkeit
β jeweils durchgeführtes Ziehverhältnis
β_{max} höchstmögliches Ziehverhältnis
F_N Niederhalterkraft
D Zuschnittdurchmesser
d_N Auflagedurchmesser des Niederhalters
p Niederhalterdurck
F Gesamttiefziehkraft

$$F_B = \pi \cdot (d_1 + s) \cdot s \cdot R_m$$

$$F_Z = \pi \cdot (d_1 + s) \cdot s \cdot R_m \cdot 1{,}2 \frac{\beta - 1}{\beta_{max} - 1}$$

$$F_N = \frac{\pi}{4} \cdot (D^2 - d_N^2) \cdot p$$

$$F = F_Z + F_N$$

Niederhalterdruck *p* in N/mm²	
Stahl	2,5
Kupferlegierungen	2,0...2,4
Aluminiumlegierungen	1,2...1,5

Beispiel: $D = 210$ mm; $d_1 = 140$ mm; $s = 1$ mm; $R_m = 380$ N/mm²; $d_N = 160$ mm; $p = 25$ bar; $\beta_{max} = 1{,}9$; $F_Z = ?$; $F_N = ?$; $F = ?$

$$\mathbf{F_Z} = \pi \cdot (d_1 + s) \cdot s \cdot R_m \cdot 1{,}2 \frac{\beta - 1}{\beta_{max} - 1} = \pi \cdot (140\text{ mm} + 1\text{ mm})$$

$$\cdot 1\text{ mm} \cdot 380 \frac{\text{N}}{\text{mm}^2} \cdot 1{,}2 \frac{1{,}5 - 1}{1{,}9 - 1} = 112\,217{,}6\text{ N} \approx \mathbf{112{,}2\text{ kN}}$$

$$\mathbf{F_N} = \frac{\pi}{4} \cdot (D^2 - d_N^2) \cdot p = \frac{\pi}{4} \cdot (210^2\text{ mm}^2 - 160^2\text{ mm}^2) \cdot 2{,}50 \frac{\text{N}}{\text{mm}^2} = 36\,324{,}7\text{ N} \approx \mathbf{36{,}3\text{ kN}}$$

$$\mathbf{F} = F_Z + F_N = 112{,}2\text{ kN} + 36{,}3\text{ kN} = \mathbf{148{,}5\text{ kN}}$$

Gasschweißen

Druckgasflaschen

Gasart	Kennfarbe	Anschlußgewinde	Volumen in l	Fülldruck in bar	Füllmenge
Sauerstoff	blau	R 3/4	10 40 50	200 150 200	2 m^3 6 m^3 10 m^3
Acetylen	gelb	Spannbügel	10 40 50	18 19 19	2 kg 8 kg 10 kg
Wasserstoff	rot	W 21,80 x 1/14 – LH	10 50	200 200	2 m^3 10 m^3
Propan	rot	W 21,80 x 1/14 – LH	10 50	8,3 8,3	4,25 kg 21 kg
Argon	grau	W 21,80 x 1/14	10 50	200 200	2 m^3 10 m^3
Helium	grau	W 21,80 x 1/14	10 50	200 200	2 m^3 10 m^3
Mischgase (Schutzgase)	grau	W 21,80 x 1/14	10 20 50	200 200 200	2 m^3 4 m^3 10 m^3
Kohlendioxid	grau	W 21,80 x 1/14	10 50	58 58	7,5 kg 20 kg
Stickstoff	grün	W 24,32 x 1/14	10 40 50	200 150 200	2 m^3 6 m^3 10 m^3

Gasschweißstäbe für das Verbindungsschweißen von Stählen

DIN 8554 T1 (3.76)

Einteilung und Eignung

Grundwerkstoffe: Stahlart	Grundwerkstoffe: Stahlsorte	Schweißstabklasse: G I	G II	G III	G IV	G V	G VI	G VII
allgemeine Baustähle nach DIN 17100	USt 37-2		●	●	●			
	RSt 37-2		●	●	●			
geschweißte Stahlrohre nach DIN 1926 Teil 1	St 37, St 42	●	●	●	●			
	St 34-2, St 37-2, St 42-2		●	●	●			
	St 52-3				●			
nahtlose Rohre aus unlegierten Stählen nach DIN 1629 Teil 1	St 35, St 45	●	●	●	●			
	St 52				●			
	St 35.4, St 45.4		●	●	●			
Rohre nach DIN 17175 Teil 1	St 35.8, St 45.8			●	●			
	St 52.4				●			
Kesselbleche nach DIN 17155 Teil 1	H I, H II, H III			●	●			
	17 Mn 4			●	●			
Kesselbleche und Rohre nach DIN 17155 Teil 1 und DIN 17175 Teil 1	15 Mo 3				●			
	13 Mo 4 4					●1)		
	10 CrMo 9 10						●1)	
Schienenstähle								●

1) Bei Mehrlagenschweißen ● gut geeignet

Kennzeichnung und Schweißverhalten

Schweißstabklasse	G I	G II	G III	G IV	G V	G VI	G VII
Einprägung	I	II	III	IV	V	VI	VII
Farbkennzeichnung	–	grau	gold	rot	gelb	grün	silber
Fließverhalten	dünnfließend	weniger dünnfließend	zähfließend				
Spritzer	viel	wenig	keine				
Porenneigung	ja	ja	gering	nein			gering

Maße: Nenndurchmesser: 2; 2,5; 3; 4; 5 mm Länge: 1000 mm

Bezeichnung eines Schweißstabes von 2 mm Nenndurchmesser der Klasse G III:
Schweißstab DIN 8554 – 2 – G III

Gasschweißen und Brennschneiden

Gasverbrauch und Schweißleistung (Richtwerte)

Stahl

Blechdicke mm	Brennerbezeichnung Nr.	Sauerstoffverbrauch = Acetylenverbrauch l/m	Sauerstoffverbrauch = Acetylenverbrauch l/h	Schweißgeschwindigkeit mm/min	Zeitbedarf min/m
0,5...1	0	15	90	100	10
1...2	1	30	150	80	12
2...4	2	70	280	65	15
4...6	3	165	500	50	20
6...9	4	280	700	40	25
9...14	5	550	1100	35	30
14...20	6	1000	1600	25	40

Aluminium und Aluminiumlegierungen

Blechdicke mm	Brennerbezeichnung Nr.	Sauerstoffverbrauch = Acetylenverbrauch l/m	Sauerstoffverbrauch = Acetylenverbrauch l/h	Schweißgeschwindigkeit mm/min	Zeitbedarf min/m
0,5...1	0	6	70	200	5
1...2	1	8	80	165	6
2...4	2	20	120	100	10
4...6	3	60	240	65	15
6...9	4	200	400	35	30
9...14	5	600	600	17	50
14...20	6	1300	700	9	120

Ermittlung des Gasverbrauchs bei Gasflaschen

V Volumen der Gasflasche
V_F Füllvolumen der Acetylenflasche
ΔV Gasverbrauch bei konstanter Temperatur
p_1 Flaschendruck vor dem Schweißen
p_2 Flaschendruck nach dem Schweißen
p_F Fülldruck bei Acetylenflaschen
p_{amb} Normaldruck

Grafische Ermittlung

bei 40 l-Flaschen

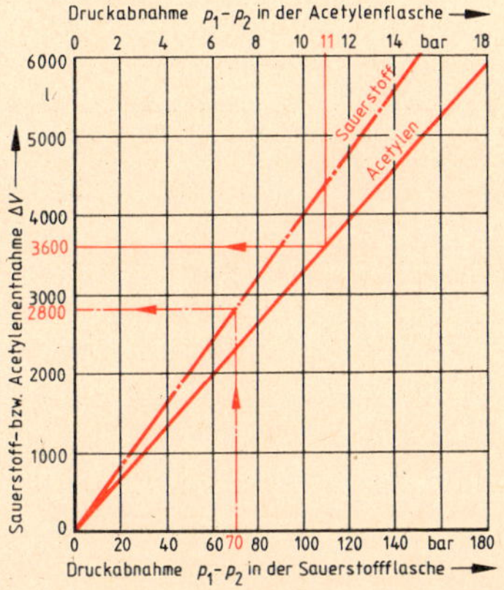

Rechnerische Ermittlung

Gasverbrauch (außer Acetylen)

$$\Delta V = \frac{V\,(p_1 - p_2)}{p_{amb}}$$

Beispiel: Sauerstoffflasche $V = 40$ l,
$p_1 = 150$ bar, $p_2 = 80$ bar, $p_{amb} = 1$ bar

$$\Delta V = \frac{V\,(p_1 - p_2)}{p_{amb}} = \frac{40\ \text{l}\ (150 - 80)\ \text{bar}}{1\ \text{bar}} = \mathbf{2800\ l}$$

Acetylenverbrauch

$$\Delta V = \frac{V_F\,(p_1 - p_2)}{p_F}$$

Beispiel: Acetylenflasche $V_F = 5850$ l,
$p_1 = 14$ bar, $p_2 = 3$ bar, $p_F = 18$ bar

$$\Delta V = \frac{V_F\,(p_1 - p_2)}{p_F} = \frac{5850\ \text{l}\ (14 - 3)\ \text{bar}}{18\ \text{bar}} = \mathbf{3575\ l}$$

Brennschneiden von Stahl (Richtwerte)

Werkstückdicke mm	Schneiddüse mm	Schnittfugenbreite mm	Sauerstoffdruck Schneiden bar	Sauerstoffdruck Heizen bar	Acetylendruck bar	Gesamtsauerstoffverbrauch m³/h	Acetylenverbrauch m³/h	Schneidgeschwindigkeit Konstruktionsschnitt mm/min	Schneidgeschwindigkeit Trennschnitt mm/min
3	3...10	1,5	2,0	2,0	0,2	1,64	0,24	730	870
5		1,5	2,0			1,67	0,27	690	840
8		1,5	2,5			1,92	0,32	640	780
10		1,5	3,0			2,14	0,34	600	740
10	10...25	1,8	2,5	2,5	0,2	2,46	0,36	620	750
15		1,8	3,0			2,67	0,37	520	690
20		1,8	3,5			2,98	0,38	450	640
25		1,8	4,0			3,20	0,40	410	600
25	25...40	2,0	4,0	2,5	0,2	3,20	0,40	410	600
30		2,0	4,3			3,42	0,42	380	570
35		2,0	4,5			3,54	0,44	360	550
40		2,0	5,0			3,85	0,45	340	530

Schutzgasschweißen

Schutzgase zum Schweißen

DIN 32526 (8.78)

Gruppe	Kennzahl	Komponentenzahl	Komponenten in Volumen-Prozenten: oxidierend CO_2	oxidierend O_2	inert Ar	inert He	reduzierend H_2	reaktionsträge N_2	Verfahren nach DIN 1910 T4	Bemerkungen
R	1	1	–	–	–	–	100	–	WHG	reduzierend
	2	2	–	–	Rest[1]	–	1 bis 15	–	WIG WP	
I	1	1	–	–	100	–	–	–	WIG WP MIG Wurzelschutz	inert
	2	1	–	–	–	100	–	–		
	3	2	–	–	Rest	25 bis 75	–	–		
M 1	1	2	–	1 bis 3	Rest[1]	–	–	–	MAGM	schwach oxidierend ↓ stärker oxidierend
	2	2	2 bis 5	–		–	–	–		
	3	2	6 bis 14	–		–	–	–		
M 2	1	2	15 bis 25	–	Rest[1]	–	–	–		
	2	3	5 bis 15	1 bis 3		–	–	–		
	3	2	–	4 bis 8		–	–	–		
M 3	1	2	26 bis 40	–	Rest[1]	–	–	–		
	2	3	5 bis 20	4 bis 6		–	–	–		
	3	2	–	9 bis 12		–	–	–		
C	1	1	100	–	–	–	–	–	MAGC	
F	1	2	–	–	Rest[1]	–	1 bis 30	–	Wurzelschutz	reduzierend bei mehr als 10% H_2 abfackeln
	2	2	–	–	–	–	1 bis 30	Rest		

[1] Argon (Ar) darf außer bei dem Schutzgas I 3 durch Helium (He) ersetzt werden.

Bezeichnung für Mischgas der Gruppe M 2 mit 15% bis 25% CO_2, Rest Ar: **Schutzgas DIN 32526 – M 21**

Einteilung und Kurzzeichen der Schutzgasschweißverfahren

DIN 1910 T4 (8.78)

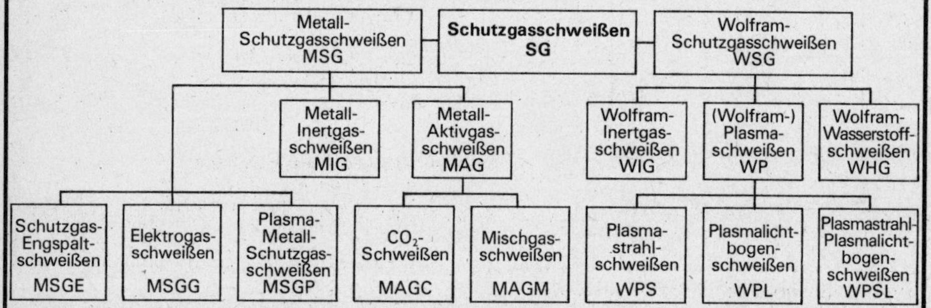

Anwendungsbereiche der Schutzgasschweißverfahren

Verfahren	Schutzgasgruppe	Unlegierte und niedriglegierte Stähle	Hochlegierte Stähle	Aluminium und Al-Legierungen	Kupfer und Cu-Legierungen	Nickel, Titan, Tantal, Molybdän
WIG WP[1]	I 1		●	●	●	●
	I 2			●	●	
	R 2		●			
MIG	I 1			●	●	
	I 3			●	●	
MAGC	C 1	●				
MAGM	M 1		●			
	M 2 und M3	●				

[1] WP vor allem für Dünnbleche ● Gut geeignet

Lichtbogenschweißen

Stabelektroden

DIN 1913 T1 (6.84)

Mechanische Gütewerte des reinen Schweißgutes

Kennzahl	Zugfestigkeit N/mm² bei Raumtemperatur	Streckgrenze N/mm² bei Raumtemperatur	Erste Kennziffer	Mindestdehnung A_5 in % bei Raumtemperatur	Mindest-Kerbschlagarbeit[1] 28 J bei	Zweite Kennziffer	Mindest-Kerbschlagarbeit[1] 47 J bei
43	430…550	≧ 360	0	keine Angaben		0	keine Angaben
51	510…650	≧ 380	1	22	+20 °C	1	+20 °C
			2		0 °C	2	0 °C
			3	24	−20 °C	3	−20 °C
			4		−30 °C	4	−30 °C
			5		−40 °C	5	−40 °C

1) ISO-Spitzkerbprobe

Einteilung der Stabelektroden

Typ	Schweiß-position	Strom-eignung	Umhüllung	Klasse
A1	1	5	dünn sauerumhüllt	1
A2	1	3	dünn sauerumhüllt	2
R2	1	5	dünn rutilumhüllt	
R3	2	2	mitteldick rutilumhüllt	3
RC3	1	2	mitteldick rutilzellulose-umhüllt	
C4	1	0⁺	mitteldick zelluloseumhüllt	4
A5	2	5	dick sauerumhüllt	5
RR6	2	2	dick rutilumhüllt	6
AR7	2	5	dick rutilsauer-umhüllt	7
RR(B)7	2	5	dick rutilbasisch-umhüllt	
RR8	2	2	dick rutilumhüllt	8
RR(B)8	2	5	dick rustibasisch-umhüllt	
B9	1	0⁺	dick basisumhüllt	9
B10	2	0⁺	dick basischumhüllt	10
RR11	4	5	rutilumhüllt, Ausbringen ≧ 105%	11
AR11	4	5	rutilsauerumhüllt Ausbringen ≧ 105%	
B12	4	0⁺	basischumhüllt, Ausbringen ≧ 120%	12

Kennziffer für Schweißpositionen

Kennziffer	Schweißpositionen
1	alle Positionen
2	alle Positionen außer Fallposition
3	Stumpfnaht, Wannenposition Kehlnaht, Wannenposition Kehlnaht, Horizontalposition
4	Stumpfnaht, Wannenposition Kehlnaht, Wannenposition

Kennziffer für Stromeignung

Gleich- oder Wechselstrom – Bei Wechselstrom Leerlaufspannung des Transformators in Volt mindestens: 50	70	90	Gleichstrom	Polung der Stabelektrode
Kennziffer				
1	4	7	0	jede Polung
2	5	8	0⁻	negativ
3	6	9	0⁺	positiv

Beispiele für die Bezeichnung von Stabelektroden

Bezeichnung	Zugfestigkeit N/mm²	Dehnung bei Raumtemperatur in %	Kerbschlagarbeit 28 J bei	Kerbschlagarbeit 47 J bei	Umhüllung	Klasse
Stabelektrode DIN 1913 E 43 32 AR7	43 430…550	24	3 −20 °C	2 0 °C	AR rutilsauer	7 7
Stabelektrode DIN 1913 E 51 43 RR11 160	51 510…650	24	4 −30 °C	3 −20 °C	RR dick rutil	11

160 = Ausbringung 160% (Hochleistungselektrode)

Bewertungsgruppen für Schmelzschweißverbindungen an Stahl

DIN 8563 T3 (1.79)

Bewertungsmerkmale (Auswahl)	Stumpfnähte	Bewertungsgruppe AS	BS	CS	DS	Kehlnähte	Bewertungsgruppe AK	BK	CK
Nahtüberhöhung		abnehmend zulässige Nahtüberhöhung					abnehmend zulässige Nahtüberhöhung		
Kantenversatz bzw. Ungleichschenkligkeit	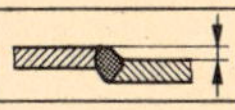	abnehmend zulässiger Kantenversatz				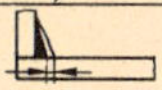	abnehmend zulässige Ungleichschenkligkeit		
Einbrandkerben		nicht zul.	abnehmend zulässige Tiefe				nicht zulässig	abnehmend zulässige Tiefe	
Schlackeneinschlüsse	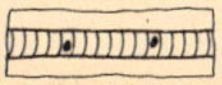	nicht zulässig		abnehmend zul. Einschlüsse		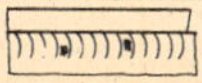	nicht zulässig	abnehmend zulässige Einschlüsse	

Leistungskennwerte beim Schweißen

Lichtbogenhandschweißen von St 52-3

	Naht- bzw. Blechdicke mm	Naht Öffnungswinkel	Naht Spalt mm	Einstellwerte Schweißstrom A	Einstellwerte Elektrodenabmessung mm x mm	Nahtquerschnitt mm²	Verbrauchswerte Schweißzusatz g/m	Verbrauchswerte Abschmelzzeit s/Elektrode	Verbrauchswerte Elektrodenverbrauch Stück/m
Kehlnaht		Schweißposition h				Stabelektrode DIN 1913-E 51 32 RR 11 160			
Nahtdicke	3	90°	–	130 180	3,25 x 450 4,00 x 450	9	105	88 93	2,5 1,8
	4			140 190	3,25 x 450 4,00 x 450	16	155	83 90	3,5 2,5
	5			150 200	3,25 x 450 4,0 x 450	25	240	80 86	5,5 3,5
	6			190 290	4,0 x 450 5,0 x 450	36	330	90 92	5,0 3,0
	8			200 300	4,0 x 450 5,0 x 450	64	580	85 90	2,5[1] 4,0
	10			200 335	4,0 x 450 6,0 x 450	100	910	85 110	2,5[1] 6,5
V-Naht		Schweißposition w				Stabelektrode DIN 913-E 51 54 B 10			
Blechdicke	6	60°	1	80 120	2,5 x 350 3,25 x 450	27	210	80 88	4[1] 7
	10		2	120 170	3,25 x 450 4,0 x 450	78	610	88 94	4[1] 11
	15		2	130 170	3,25 x 450 4,0 x 450	160	1 250	85 95	4[1] 25
	20		2	160 220 280	4,0 x 450 5,0 x 450 6,0 x 450	270	2 150	95 105 115	4[1] 30 22

[1] Elektrodenverbrauch beim Schweißen der Wurzelnaht

Schutzgasschweißen (MAG) von unlegiertem Baustahl

Stumpfnähte — Schweißposition w — Drahtelektrode DIN 8559-SG 2

Werkstückdicke mm	Nahtart	Naht Spalt mm	Naht Öffnungswinkel	Naht Schweißlage[1]	Drahtdurchmesser mm	Einstellwerte Arbeitsspannung V	Einstellwerte Schweißstrom A	Einstellwerte Drahtvorschubgeschwindigkeit m/min	Schutzgas l/min	Anzahl der Lagen	Verbrauchswerte Schweißzusatz g/m	Verbrauchswerte Schutzgas l/m	Verbrauchswerte Hauptnutzungszeit t_h min/m
1,5 2	I-Naht	0,5 1,0	–	–	0,8 1,0	18	110 125	5,9 4,2	10	1	40 50	17 19	1,7 1,9
3 4		1,5 2,0			1,0	19	130 135	4,7 4,8			70 105	24 35	2,4 3,5
5	V-Naht	2,0	50°	W D	1,0	18 21	125 200	4,3 8,0	12	2	220	80	6,5
6				W D		18 21	125 205	4,3 8,3			250		
8				W M; D	1,2	18 27	135 270	3,1 8,1	10...15	3	375	100	8
10		2,5		W M; D		18 28	135 290	3,2 9,0			590	135	11
12				W 2 M; D		18 28	135 290	3,2 9,0		4	790	170	13
15		3,0		W 3 M; D		18 28	130 300	3,2 9,2		5	1 275	260	20
20				W 11 M; D		19 29	140 310	3,8 9,5		13	2 085	400	29
20	DV-Naht	3,0	50°	W 3 M 2 D	1,2	19 29 29	140 310 310	3,8 9,5 9,5	10...15	6	1 200	240	18

[1] W = Wurzellage, M = Mittellage, D = Decklage

Schweißen von Kunststoffen

Einteilung der Schweißverfahren

Kurzzeichen[1]	Verfahren[1]	Anwendungsgebiete	Schweißwerkstoffe
H	**Direktes Heizelementschweißen**		
HS	Heizelement-Stumpfschweißen	Apparatebau, Rohrverbindungen, Bauprofile	PE, PP, PVC
HN	Heizelement-Nutschweißen	Apparate- und Behälterbau, Rohrverbindungen	PE, PP
HB	Heizelement-Schwenkbiegeschweißen	Behälter, Rechteckrohre	PE, PP
HD	Heizelement-Muffenschweißen	Verbindung von Leitungsrohren	PE, PP
HM	Heizwendelschweißen	Verbindung von Leitungsrohren	PE, PP
HH	Heizkeilschweißen	Beschichtete Gewebe, Planen, Folien	PVC weich
HT	Heizelement-Trennahtschweißen	Verpackungen, Umschläge	PE
H	**Indirektes Heizelementschweißen**		
HI	Wärmeimpulsschweißen	Verpackungen, Abdeckfolien	PE
HK	Wärmekontaktschweißen	Verpackungen	PE
HR	Heizelement-Rollbandschweißen	Folien, Bahnen	PE
W	**Warmgasschweißen**		
WF	Warmgas-Fächelschweißen	Apparate- und Maschinenbau, Platten, Rohre	PVC, PE, PP
WZ	Warmgas-Ziehschweißen	Apparate- und Maschinenbau, Platten, Bodenbeläge	PVC, PE, PP
WU	Warmgas-Überlappschweißen	Baubahnen, Behälter-Auskleidungen	PVC, weich
WE	Warmgas-Extrusionsschweißen	Apparatebau, Lüftungstechnik	PE, PP
LI	**Lichtstrahlschweißen**	Apparatebau, Lüftungstechnik	PE, PP
US	**Ultraschallschweißen**	Formteile, Folien	PVC, PC, PA POM, PMMA
FR	**Reibschweißen**	Rohrverbindungen, Formteile, Behälterbau, Stangen	PVC, PE, PP
HF	**Hochfrequenzschweißen**	Folien, beschichtete Gewebe, Maschinenbau	PVC

[1] DIN 1910 T3 (9.77)

Bildliche Darstellung einiger Schweißverfahren

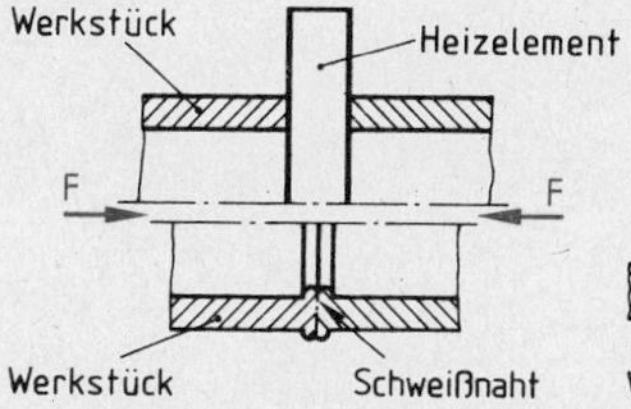

Heizelement-Stumpfschweißen

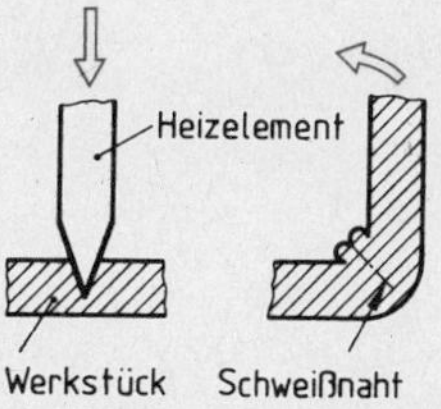

Heizelement-Schwenkbiegeschweißen

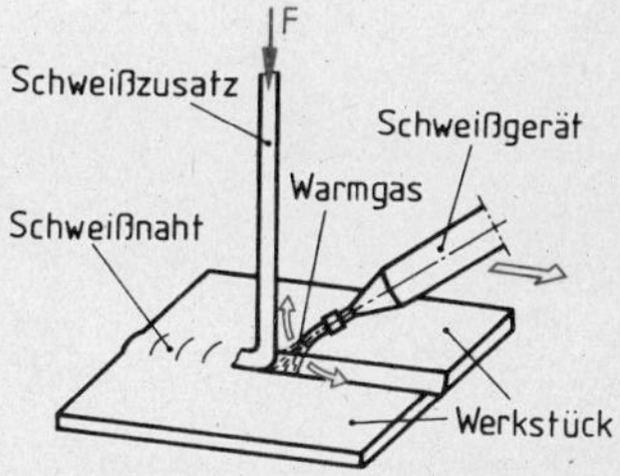

Warmgas-Fächelschweißen

Richtwerte für das Heizelementschweißen DVS 2207 (12.79)

Werkstoff	Temperatur-Heizelement °C	Anwärmzeit s	Anpreßdruck N/cm²	Schweißdruck N/cm²
PVC hart	225	20... 60	7,5	20
PVC zäh	225	20... 50	7,5	20
PE hart	200	30... 60	5	15
PE weich	180	20... 60	5	10
PP	210	30...120	7,5	15

Richtwerte für das Warmgasschweißen

Werkstoff	Werkstofftemperatur °C	Schweißgastemperatur °C	Schweißgeschwindigkeit Fächelschweißen cm/min	Schweißgeschwindigkeit Ziehschweißen cm/min
PVC hart	160	350...380	15...25	50...70
PVC zäh	160	300...350	15...25	50...70
PE hart	120	190...240	10...20	50...70
PE weich	150	220...260	10...20	40...60
PP	175	bis 370	15...20	50...70

Nahtarten beim Warmgasschweißen DIN 16 960 T1 (2.74)

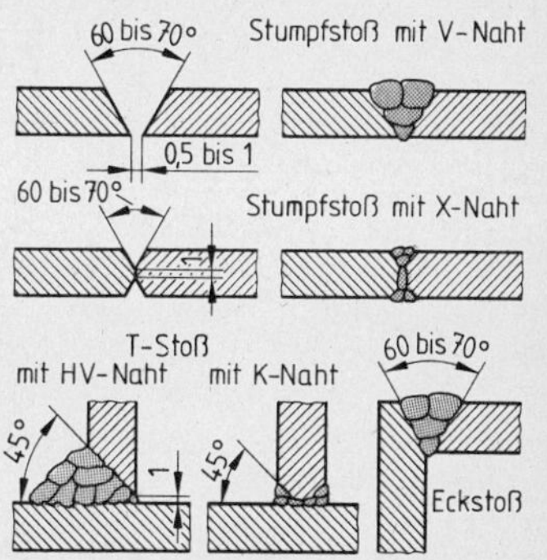

Lote und Flußmittel

Hartlote für Schwermetalle, Kupferbasislote

DIN 8513 T1 (10.79)

Lotwerkstoff Kurzzeichen1)	Werkstoff-Nr.	Zusammensetzung Mittelwerte Gew.-% Cu	Zn	Sn	sonstige	Schmelzbereich2) von °C	bis °C	Arbeitstemperatur °C	Hinweise für die Verwendung Grundwerkstoffe	Lötstoß3)	Lotzufuhr4)
L-SFCu	2.0091	100	–	–	bis 0,04% P	1083		1100	Stähle	S	e
L-CuSn6	2.1021	94	–	6	bis 0,4% P	910	1040	1040	Fe- und Ni-Werkstoffe	S	e
L-CuSn12	2.1055	88	–	12	bis 0,4% P	825	990	990	Fe- und Ni-Werkstoffe	S	e
L-CuNi10Zn42	2.0711	48	42	–	10% Ni, 0,2% Si	890	920	910	St, GT, Ni, Ni-Leg.	S, F	a, e
									Gußeisen	F	a
L-CuZn46	2.0413	54	46	–	–	880	890	890	St, GT, Cu, Cu-Leg.	S	e
L-CuZn40	2.0367	60	40	0,5	bis 0,3% Mn	890	900	900	St, GT, Cu, Ni, Cu- und Ni-Legierungen	S, F	a, e
L-CuZn39Sn	2.0533	60	39	1	1% Mn, 1% Ag	870	890	900	Gußeisen	F	a
L-ZnCu42	2.2310	42	58	–	–	835	845	845	CuNiZn-Legierungen	S	e
L-CuP7	2.1463	93	–	–	7% P	710	820	720	Cu, CuZn- und CuSn-Leg.	S	a, e

Hartlote für Schwermetalle, silberhaltig

DIN 8513, T2 und T3 (10.79)

Lotwerkstoff Gruppe	Kurzzeichen1)	Werkstoff-Nr.	Zusammensetzung Mittelwerte Gew.-% Ag	Cu	Zn	sonstige	Schmelzbereich2) von °C	bis °C	Arbeitstemperatur °C	Hinweise für die Verwendung Grundwerkstoffe	Lötstoß3)	Lotzufuhr4)
AgCuCdZn	L-Ag67Cd	2.5142	67	11	12	9% Cd	635	720	710	Edelmetalle	S	a, e
AgCuCdZn	L-Ag50Cd	2.5143	50	15	18	18% Cd	620	640	640	Edelmetalle, Stähle, Cu-Legierungen	S	a, e
AgCuCdZn	L-Ag45Cd	2.5146	45	17	18	20% Cd	620	635	620	Edelmetalle, Stähle, Cu-Legierungen	S	a, e
AgCuCdZn	L-Ag40Cd	2.5141	40	19	21	20% Cd	595	630	610	Stähle, Temperguß, Cu, Cu-Legierungen, Ni, Ni-Legierungen	S	a, e
AgCuCdZn	L-Ag30Cd	2.5145	30	28	21	21% Cd	600	690	680	Stähle, Temperguß, Cu, Cu-Legierungen, Ni, Ni-Legierungen	S	a, e
AgCuCdZn	L-Ag20Cd	2.1215	20	40	25	15% Cd	605	765	750	Stähle, Temperguß, Cu, Cu-Legierungen, Ni, Ni-Legierungen	S, F	a, e
AgCuZn	L-Ag45Sn	2.5158	45	27	25	3% Sn	640	680	670	Stähle, Temperguß, Cu, Cu-Legierungen, Ni, Ni-Legierungen	S	a, e
AgCuZn	L-Ag44	2.5147	44	30	26	–	675	735	730	Stähle, Temperguß, Cu, Cu-Legierungen, Ni, Ni-Legierungen	S	a, e
AgCuZn	L-Ag34Sn	2.5157	34	36	27	3% Sn	630	730	710	Stähle, Temperguß, Cu, Cu-Legierungen, Ni, Ni-Legierungen	S	a, e
AgCuZn	L-Ag25	2.1216	25	41	34	–	700	800	780	Stähle, Temperguß, Cu, Cu-Legierungen, Ni, Ni-Legierungen	S	a, e
Sonderhartlote	L-Ag85	2.5161	85	–	–	15% Mn	960	970	960	Stähle, Ni, Ni-Legierungen	S	a, e
Sonderhartlote	L-Ag56InNi	2.5162	56	26	–	14% In, 4% Ni	620	730	730	Cr, CrNi-Stähle	S	a, e
Sonderhartlote	L-Ag50CdNi	2.5160	50	15	16	16% Cd, 3% Ni	645	690	660	Cu-Legierungen, Hartmetall auf Stahl	S	a, e
Sonderhartlote	L-Ag49	2.5156	49	16	24	7% Mn, 4% Ni	625	705	690	Hartmetall auf Stahl, W- und Mo-Werkstoffe	S	a, e
Sonderhartlote	L-Ag27	2.1217	27	38	21	9% Mn, 5% Ni	680	830	840	Hartmetall auf Stahl, W- und Mo-Werkstoffe	S	a, e
Sonderhartlote	L-Ag83	2.5152	83	15	2	–	780	830	830	Edelmetalle	S	a, e
Sonderhartlote	L-Ag67	2.5148	67	23	10	–	700	730	730	Edelmetalle	S	a, e
Sonderhartlote	L-Ag60	2.5150	60	26	14	–	695	730	710	Edelmetalle	S	a, e
Sonderhartlote	L-Ag60Sn	2.5155	60	23	14	3% Sn	620	685	680	Edelmetalle	S	a, e
Silbergehalt unter 20%	L-Ag12Cd	2.1208	12	50	31	7% Cd	620	825	800	Stähle, Temperguß, Cu, Cu-Legierungen, Ni, Ni-Legierungen	S, F	a
Silbergehalt unter 20%	L-Ag12	2.1207	12	48	40	–	800	830	830	Stähle, Temperguß, Cu, Cu-Legierungen, Ni, Ni-Legierungen	S	a, e
Silbergehalt unter 20%	L-Ag5	2.1205	5	55	40	bis 0,2% Si	820	870	860	Stähle, Temperguß, Cu, Cu-Legierungen, Ni, Ni-Legierungen	S, F	a, e
Silbergehalt unter 20%	L-Ag15P	2.1210	15	80	–	5% P	650	800	710	Cu, CuZnSn-, CuZn-, CuSn-Legierungen	S, F	a, e
Silbergehalt unter 20%	L-Ag5P	2.1466	5	89	–	6% P	650	810	710	Cu, CuZnSn-, CuZn-, CuSn-Legierungen	S, F	a, e
Silbergehalt unter 20%	L-Ag2P	2.1467	2	92	–	6% P	650	810	710	Cu, CuZnSn-, CuZn-, CuSn-Legierungen	S, F	a, e

1) Die Kurzzeichen nach DIN 8513 sollen nach einer Übergangszeit durch Kurzzeichen nach DIN ISO 3677 (6.80) ersetzt werden. Diese Kurzzeichen bestehen aus dem Buchstaben B für Lotwerkstoffe, dem chemischen Zeichen und der Prozentangabe des Hauptbestandteiles, den chemischen Zeichen der weiteren Legierungsbestandteile mit mehr als 2% Gewichtsanteil sowie der Solidus- und der Liquidustemperatur.

Beispiel: Benennung des Lotes L-CuNi10Zn42 nach DIN ISO 3677: **B Cu48ZnNi 890 – 920**

2) Unterer Wert ist Solidustemperatur, oberer Wert Liquidustemperatur

3) S Lötspalt, F Lötfuge

4) a angesetzt, e eingelegt

Lote und Flußmittel

Hartlote, Nickelbasislote zum Hochtemperaturlöten

DIN 8513 T5 (2.83)

Lotwerkstoff Kurzzeichen[1)]	Werkstoff-Nr.	Zusammensetzung Mittelwerte Gew.-% Ni	Cr	Si	sonstige	Schmelzbereich[2)] von °C	bis °C	Hinweise für die Verwendung: Grundwerkstoffe	Lötstoß[3)]	Lotzufuhr[4)]
L-Ni1	2.4140	74	14	4,5	4,5% Fe, 0,5% C	980	1040	Nickel, Cobalt, Ni-, Co-Legierungen, unlegierte und legierte Stähle	S	a, e
L-Ni3	2.4143	91	–	4,5	0,5% Fe, 3% B	980	1040			
L-Ni5	2.4148	71	19	10	–	1080	1135			
L-Ni7	2.4150	76	14	–	10% P	890	890			

Weichlote

DIN 1707 (2.81)

Gruppe		Lotwerkstoff Kurzzeichen[1)]	Werkstoff-Nr.	Zusammensetzung Mittelwerte Gew.-% Sn	Pb	sonstige	Schmelzbereich[2)] von °C	bis °C	Hinweise für die Verwendung: Anwendungsbereich, Grundwerkstoffe	bevorzugte Lötverfahren[5)] FL	LO	KO	IL
A Blei-Zinn- und Zinn-Blei-Weichlote	Ah antimonhaltig	L-PbSn12Sb	2.3412	12	Rest	bis 0,7% Sb	250	295	Kühlerbau	●	●	–	–
		L-PbSn20Sb3	2.3423	20	Rest	bis 3% Sb	186	270	Karosseriebau (Schmierlot)	●	–	–	–
		L-PbSn40Sb	2.3442	40	Rest	bis 2,4% Sb	186	225	Kühlerbau	●	●	●	–
	Aa antimonarm	L-PbSn30(Sb)	2.3430	30	Rest	bis 0,5% Sb	183	255	Feinblechpackungen	●	●	–	–
		L-PbSn40(Sb)	2.3440	40	Rest	bis 0,5% Sb	183	235	Verzinnung, Feinblechpackungen, Zink, Klempnerarbeiten	●	●	●	–
		L-Sn60Pb(Sb)	2.3665	60	Rest	bis 0,5% Sb	183	190	Verzinnung, Feinlötungen, Elektroindustrie	●	●	●	●
	Af antimonfrei	L-PbSn2	2.3402	2	98	–	320	325	Feinblechpackungen	●	●	–	–
		L-Sn50Pb	2.3650	50	50	–	183	215	Elektroindustrie, Verzinnung	●	●	●	–
		L-Sn60Pb	2.3660	60	40	–	183	190	gedruckte Schaltungen, Edelstähle	●	●	●	●
		L-Sn63Pb	2.3663	63	37	–	183	183	Elektronik, Feinwerktechnik	●	●	●	●
		L-Sn90Pb	2.3680	90	10	–	183	215	Zinnwaren	●	–	–	–
B Zinn-Blei-Weichlote mit Cu-, Ag- oder P-Zusatz		L-Sn60PbCu	2.3661	60	Rest	bis 0,2% Cu	183	190	Elektrogerätebau, Elektronik, gedruckte Schaltungen, Minaturtechnik	–	●	–	–
		L-Sn60PbCu2	2.3662	60	Rest	bis 2% Cu	183	190		–	●	●	–
		L-Sn60PbAg	2.3667	60	Rest	3,5% Ag	178	180		–	●	●	●
		L-Sn63PbAg	2.3666	63	Rest	1,4% Ag	183	215		–	●	–	–
		L-Sn63PbP	2.3671	63	Rest	bis 0,004% P	183	183		–	●	–	–
C Sonder-Weichlote		L-SnAg5	2.3690	96	–	3 bis 5% Ag	221	240	Kupferrohrinstalation Kälteindustrie, Edelstähle	●	●	●	●
		L-CdZnAg5	2.2485	–	–	5% Ag, 22% Zn Rest Cd	270	310	Elektromotoren	●	–	●	–
		L-CdAg5	2.2480	–	–	5% Ag, Rest Cd	340	395	Für hohe Betriebstemperaturen	●	–	–	–

1), 2), 3), 4) Seite 220 5) Lötverfahren nach DIN 8505, T3 (1.83): FL Flammlöten, LO Lotbadlöten, KO Kolbenlöten, IL Induktionslöten

Flußmittel zum Hartlöten

Typ[6)]	Wirktemperatur von °C	bis °C
F-SH 1	550	800
F-SH 2	750	1100
F-SH 3	ab 1000	
F-SH 4	600	1000

6) Bedeutung der Typ-Kurzzeichen:
F Flußmittel
S für Schwermetalle
H Hartlöten
W Weichlöten

Flußmittel zum Weichlöten von Schwermetallen

DIN 8511 (8.67)

Typ[6)]	Wirkung der Rückstände	Hinweise für die Verwendung
F-SW 11	stark korrodierend	für stark oxidierte Oberflächen, z. B. Dachrinnen
F-SW 12	stark korrodierend	Kühlerbau, Klempnerarbeiten, Tauchverzinnen
F-SW 21	leicht korrodierend	Kupferrohrinstallation, Armaturen, Feinbleche
F-SW 22	leicht korrodierend	Kupfer und Kupferlegierungen
F-SW 23	leicht korrodierend	Blei, Bleilegierungen, Feinlötungen
F-SW 24	teilweise korrodierend	Elektrotechnik, besonders Flammlötungen
F-SW 25	teilweise korrodierend	Elektrotechnik, besonders Tauch- und Induktionslötung
F-SW 26	nur bei Fe korrodierend	Elektrogerätebau
F-SW 31	nicht korrodierend	Elektrotechnik, Elektronik, Lotbadabdeckungen
F-SW 32	nicht korrodierend	gedruckte Schaltungen, Miniaturtechnik

Kleben

Verarbeitung, Eigenschaften und Anwendung von Klebstoffen

Klebstoff Grundstoff	Komponenten	Abbindung[1)] Temperatur °C	Abbindung[1)] Druck N/cm²	Eigenschaften[2)] Festigkeit	Eigenschaften[2)] Verformbarkeit	Eigenschaften[2)] Alterungsbeständigkeit	Grenztemperatur ca. °C	Vorzugsweise Verwendung
Epoxidharz	2 1	20 150	– –	◕ ●	◕ ●	◐ ◕	55 120	Metalle, Duroplaste, Keramik Metalle, Keramik
Epoxid-Polyaminoamid	2 1	20 150	– 5	◕ ●	◕ ●	● ◕	55 80	Metalle, Duroplaste, PVC Metalle
Epoxid-Polyamid	1	175	10...30	●	◕	●	80	Aluminium, Titan, Stahl
Phenolharz	1	150	80	●	◐	◕	250	Metalle, Holz, Duroplaste
PVC	1	180	–	◔	●	●	20	Dünnbleche
Polyurethan	2	20	–	◐	●	◔	55	Metalle, Holz, Schaumstoffe
Methylmethacrylat	2 1	20 120	– –	● ●	◕ ◕	◐ ◕	80 100	Metalle, Kunststoffe, Keramik Metalle, Glas
Polychloroprene	1	20	< 100	◔	●	◕	80	Kontaktkleber, Metalle, Plaste
Zyanacrylat	1	20	–	◕	◐	◐		Schnellbinder, Metalle, Gummi
Schmelzkleber	1	120	2	◔	●	◕		Werkstoffe aller Art

1) Die genauen Verarbeitungsvorschriften richten sich nach der Klebstoffzusammensetzung und sind den Vorschriften des Herstellers zu entnehmen.

2) Vergleichende Anhaltswerte: ● ≙ sehr gut; ◕ ≙ gut; ◐ ≙ mittel; ◔ ≙ gering

Vorbehandlung von Fügeteilen für Klebeverbindungen

VDI 2229 (6.79)

Werkstoff	Behandlungsfolge[1)] für niedrige Beanspruchung	mittlere Beanspruchung	hohe Beanspruchung
Al-Legierungen Mg-Legierungen Ti-Legierungen	1-2-3-4	1-6-5-3-4 1-6-2-3-4 1-6-2-3-4	1-2-7-8-3-4 1-7-2-9-3-4 1-2-10-3-4
Cu, Cu-Legierungen	1-2-3-4	1-6-2-3-4	1-7-2-3-4
Stähle Stahl, verzinkt Stahl, phosphatiert	1-2-3-4	1-6-2-3-4 1-2-3-4 1-2-3-4	1-7-2-3-4 1-2-3-4 1-6-2-3-4
Übrige Metalle	1-2-3-4	1-6-2-3-4	1-7-2-3-4

Erläuterung der Beanspruchungsarten für Klebeverbindungen:

niedrig: Zugscherfestigkeit bis 5 N/mm²; trockene Umgebung; für Feinmechanik, Elektrotechnik, Modellbau

mittel: Zugscherfestigkeit bis 10 N/mm²; feuchte Luft, Kontakt mit Öl; für Maschinen- und Fahrzeugbau

hoch: Zugscherfestigkeit über 10 N/mm²; direkte Berührung mit Flüssigkeiten; für Flugzeug-, Schiff- und Behälterbau

1) **Erläuterung der Kennziffern für Behandlungsfolgen**

1 Reinigen von Schmutz, Zunder, Rost, Farbresten
2 Entfetten mit organischen Lösungsmitteln oder wäßrigen Reinigungsmitteln
3 Spülen mit klarem Wasser, Nachspülen mit entsalztem oder destilliertem Wasser
4 Trocknen in Warmluft bis 65 °C
5 Entfetten unter gleichzeitigem chemischen Angriff der Oberfläche (Beiz-Entfetten)
6 mechanisches Aufrauhen durch Schleifen (Körnung 100 bis 150) oder Bürsten.
7 mechanisches Aufrauhen durch Strahlen
8 Beizen 30 min bei 60 °C in wäßriger Lösung von 27,5% Schwefelsäure und 7,5% Natriumdichromat
9 Beizen 1 min bei 20 °C in einer Lösung von 20% Salpetersäure und 15% Kaliumdichromat in Wasser
10 Beizen 3 min bei 20 °C in 15%iger Flußsäure

Prüfen von Klebeverbindungen

Normblatt-Nr. DIN	Inhalt
53 282 (9.79)	**Winkelschälversuch:** Bestimmung des Widerstandes von Klebeverbindungen gegen abschälende Kräfte
53 283 (9.79)	**Zugscherversuch:** Bestimmung der Zugscherfestigkeit τ_B von einschnittig überlappten Klebungen
53 284 (9.79)	**Zeitstandversuch:** Bestimmung der Zeitstand- und Dauerfestigkeit von einschnittig überlappten Klebungen
53 285 (6.79)	**Dauerschwingversuch:** Bestimmung der Festigkeit bei Zugschwell-Beanspruchung bei Klebungen
53 288 (9.79)	**Zugversuch:** Bestimmung des Widerstandes von Klebungen bei Beanspruchungen senkrecht zur Klebefläche
53 289 (6.79)	**Rollenschälversuch:** Bestimmung des Widerstandes gegen abschälende Kräfte
54 452 (11.81)	**Druckscherversuch:** Bestimmung der Scherfestigkeit vorwiegend anaerober Klebstoffe

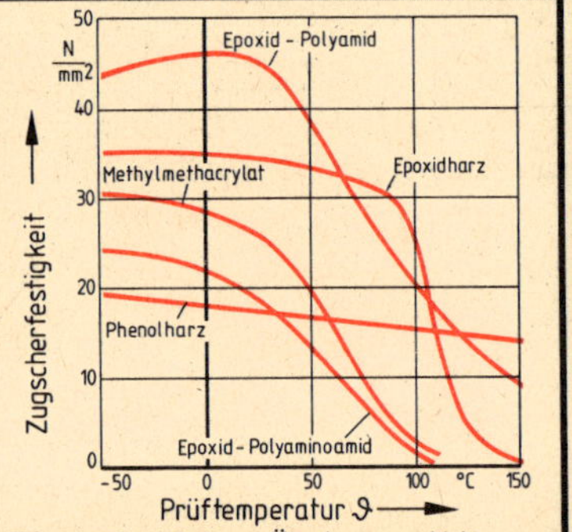

Zugscherfestigkeit von Überlappungsklebungen

Schall und Lärm

Schalltechnische Begriffe

Begriff	Erläuterung
Schall	Schall entsteht durch mechanische Schwingungen. Er breitet sich in gasförmigen, flüssigen und festen Körpern aus.
Frequenz	Anzahl der Schwingungen pro Sekunde. Einheit: 1 Hertz = 1 Hz = 1/s. Die Tonhöhe steigt mit der Frequenz. Frequenzbereich des menschlichen Hörens: 16 Hz...20000 Hz
Schallpegel	Ein Maß für die Stärke des Schalls (Schallenergie)
Lärm	Unerwünschte, belästigende oder schmerzhafte Schallwellen; Schädigung ist abhängig von der Stärke, Dauer, Frequenz und Regelmäßigkeit der Einwirkung; 85...90 dB (A) gelten als gehörgefährdend.
Decibel (dB)	Genormte Einheit für den Schallpegel dargestellt auf logarithmischer Skale
dB (A)	Da das menschliche Ohr verschieden hohe Töne (Frequenzen) des gleichen Schallpegels verschieden stark empfindet, muß der zu messende Lärm mittels Filtern bei bestimmten Frequenzen entsprechend gedämpft werden. Die Frequenzbewertungskurve mit Filter A berücksichtigt dies und gibt den subjektiven Gehöreindruck an. Ein Unterschied von 10 dB (A) entspricht etwa einer Verdoppelung (oder Halbierung) der empfundenen Lautstärke.

Schallpegel

Schallart	dB (A)	Schallart	dB (A)	Schallart	dB (A)
Beginn der Hörempfindlichkeit	4	Normales Sprechen in 1 m Abstand	70	Beat- und Rockmusik	105
Atemgeräusche in 30 cm Abstand	10	Lautes Sprechen in 1 m Abstand	80	Werkzeugmaschinen	75...90
Leises Blätterrauschen	20	Rasenmäher, Staubsauger	85	Schwere Stanzen	95...110
Flüstern	30	Lkw in 5 m Entfernung, Motorrad	90	Gußputzereien	95...115
Zerreißen von Papier	40	Motorenprüfstand	90...110	Richtarbeiten	110
Leise Unterhaltung	50...60	Autohupe in 5 m Entfernung	100	Schmerzschwelle	ab 120

Lärmschutzverordnungen

Unfallverhütungsvorschrift für lärmerzeugende Betriebe vom 1. 12. 1974

- Kennzeichnungspflicht für Lärmbereiche ab 90 dB (A).
- Ab 85 dB (A) müssen Schallschutzmittel zur Verfügung stehen und ab 90 dB (A) müssen diese benutzt werden.
- Steigt durch Lärm Unfallgefahr, so müssen entsprechende Maßnahmen getroffen werden.
- Regelmäßige Vorsorgeuntersuchungen sind Pflicht
- Neue Arbeitseinrichtungen müssen dem fortschrittlichsten Stand der Lärmminderung entsprechen.

Arbeitsstättenverordnung vom 20. 3. 1975

Lärmgrenzwerte für:	max. dB (A)
— überwiegend geistige Tätigkeit	55
— einfache, überwiegend mechanisierte Tätigkeiten	70
— alle sonstigen Tätigkeiten (Wert darf bis 5 dB überschritten werden)	85
— in Pausen-, Bereitschafts- und Sanitätsräumen	55

Gesundheitsschädlicher Lärm

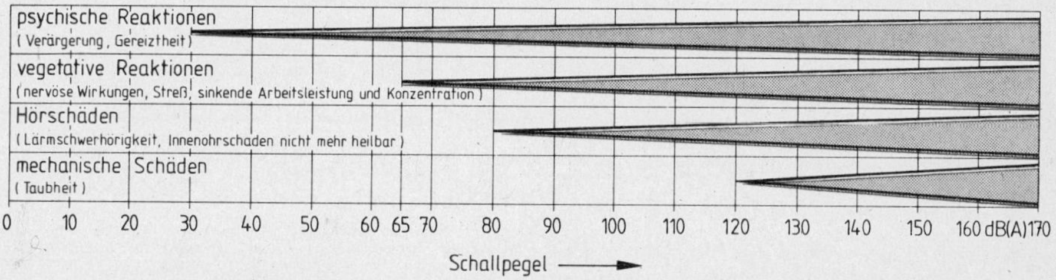

Lärmbekämpfung

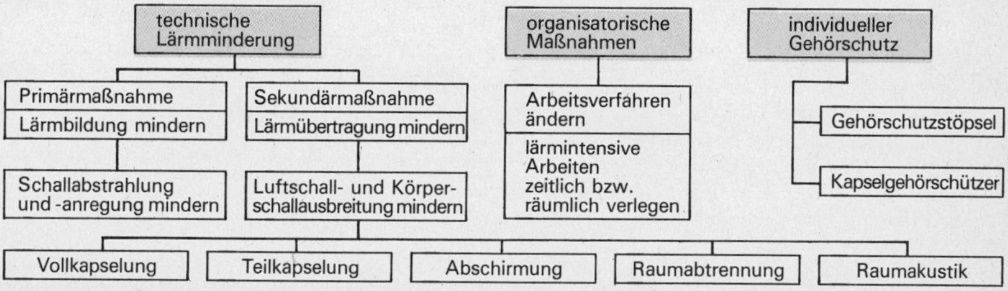

Gefährliche Stoffe

Maximale Arbeitsplatzkonzentration (MAK-Werte)

TRgA 900 (9.82)[1]

Der MAK-Wert ist die höchstzulässige Konzentration eines gas-, dampf- oder schwebeförmigen Arbeitsstoffes in der Luft am Arbeitsplatz. Diese Konzentration beeinträchtigt nach dem gegenwärtigen Stand der Kenntnis im allgemeinen die Gesundheit der Beschäftigten nicht und belästigt sie nicht unangemessen. Zugrunde gelegt wird, daß der Beschäftigte dem Arbeitsstoff wiederholt und langfristig, in der Regel täglich 8 Stunden ausgesetzt ist, bei einer durchschnittlichen Wochenarbeitszeit von 40 Stunden.

Stoff	Chemische Formel	MAK ml/m³	MAK mg/m³	Gefährlichkeit[2]
Aceton	CH_3-CO-CH_3	1000	2400	—
Äthanol	C_2H_5OH	1000	1900	—
Ammoniak	NH_3	50	35	—
Asbest (Feinstaub)	—	—	0,05[3]	C
Benzol	C_6H_6	8[3]	26[3]	D
Blei	Pb	—	0,1	
Bleitetraethyl (Antiklopfmittel)	$Pb(C_2H_5)_4$	0,01	0,075	A
Butan	C_4H_{10}	1000	2350	—
Cadmium und Cd-Verbindungen	Cd	—	0,05	D
Chlor	Cl_2	0,5	1,5	—
Eisenoxid (Staub)	Fe_2O_3	—	8	—
Flußsäure	HF	3	2	—
Kohlendioxid	CO_2	5000	9000	—
Kohlenmonoxid	CO	30	33	—
Kupfer (Rauch)	Cu		0,1	—
Kupfer (Staub)	Cu	—	1	—
Magnesiumoxid (Feinstaub)	MgO	—	8	—
Methylalkohol	CH_3OH	200	260	A
Mangan	Mn	—	5	—
Molybdänverbind.	Mo (löslich)	—	5	—
Natronlauge	NaOH	—	2	—
Nikotin		0,07	0,5	A
Nickel (Staub)	Ni			B, C
Ozon	O_3	0,1	0,3	—
Phenol	C_6H_5OH	5	19	A
Propan	C_3H_8	1000	1800	—
Quecksilber	Hg	0,01	0,1	—
Quecksilber-Verbindungen	—	—	0,01	A, B
Salpetersäure	HNO_3	10	25	—
Salzsäure	HCl	5	7	—
Schwefeldioxid	SO_2	2	5	—
Schwefelsäure	H_2SO_4	—	1	—
Silber	Ag	—	0,01	—
Steinkohlenteer	—	—	—	C, D
Styrol	$C_6H_5CH \cdot CH_2$	100	420	—
Terpentinöl	—	100	560	A, D
Tetrachlorethan („Per")	$CCl_2 : CCl_2$	100	670	D
Trichloräthylen („Tri")	C_2HCl_3	50	260	D
Vanadium	V_2O_5 (Staub)	—	0,5	—
Vinylchlorid	CH_2CHCl	2	5	C
Wasserstoffperoxid	H_2O_2	1	1,4	—

1) Technische Regeln für gefährliche Arbeitsstoffe.

2) A: Diese Stoffe können durch die Haut in die Blutbahn gelangen. Die Vergiftungsgefahr ist unter Umständen größer als durch Einatmen.
B: Diese Stoffe verursachen Überempfindlichkeitsreaktionen allergischer Art.
C: Der Umgang mit diesen erwiesenen oder potentiellen krebserzeugenden Arbeitsstoffen erfordert besondere Vorsicht und Maßnahmen der Gesundheitsfürsorge; diese Stoffe vermögen beim Menschen erfahrungsgemäß bösartige Geschwulste zu verursachen.
D: Bei diesen Stoffen vermutet man ein nennenswertes krebserzeugendes Potential.

3) Technische Richtkonzentration; auch bei Einhaltung ist Gesundheitsgefährdung nicht vollständig auszuschließen.

Stoffwerte gefährlicher Gase

Gas	Dichteverhältnis zu Luft	Zündtemperatur	Theoretischer Luftbedarf kg/kg Gas	Zündgrenze Vol% Gas in Luft: untere	obere	Sonstige Hinweise
Acetylen	0,91	305 °C	13,25	1,5	82	Bei einem Druck $p_e > 2$ bar Selbstzerfall und Explosion
Argon	1,38	unbrennbar	—	—	—	Verdrängt Atemluft; Erstickungsgefahr
Butan	2,11	365 °C	15,4	1,5	8,5	Narkotische Wirkung; wirkt erstickend
Kohlendioxid	1,53	unbrennbar	—	—	—	Flüssiges CO_2 und Trockeneis führen zu schweren Erfrierungen
Kohlenmonoxid	0,97	605 °C	2,5	12,5	74	Starkes Blutgift; Seh-, Lungen-, Leber-, Nieren- und Gehörschäden
Propan	1,55	470 °C	15,6	2,1	9,5	Verdrängt Atemluft, flüssiges Propan verursacht Haut- und Augenschäden
Sauerstoff	1,1	unbrennbar	—	—	—	Fette und Öle reagieren mit Sauerstoff explosionsartig; brandförderndes Gas
Stickstoff	0,97	unbrennbar	—	—	—	In geschlossenen Räumen wird Atemluft verdrängt, Erstickungsgefahr
Wasserstoff	0,07	570 °C	34	4	75,6	Selbstentzündung bei hohen Ausströmgeschwindigkeiten; bildet mit Luft, O_2 und Cl explosionsfähige Gemische

Funktionsdiagramme

VDI-Richtlinie 3260 (7.77)

In Funktionsdiagrammen mit zwei Koordinaten werden auf der waagrechten Achse die Zeit und/oder die Schritte des Steuerungsablaufes abgetragen, während auf der senkrechten Achse der Weg bzw. der Zustand eines Zylinders (eingefahren, ausgefahren) und der Schaltzustand der Ventile, Magnete, Relais usw. aufgetragen werden.

Darstellung der Antriebsglieder

Zylinder

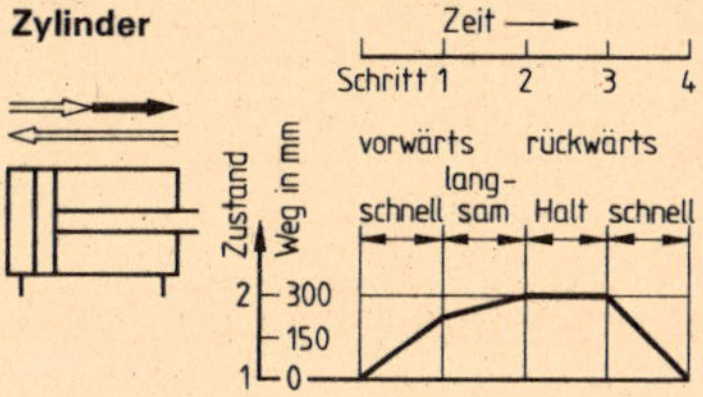

Hydromotor

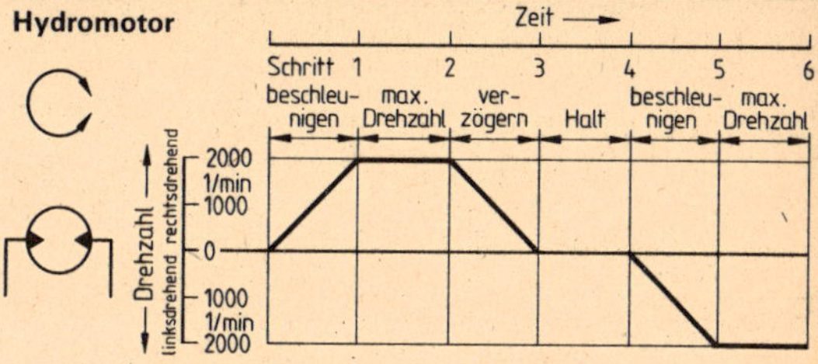

Darstellung von Steuer- und Stellgliedern

3/2-Wegeventil

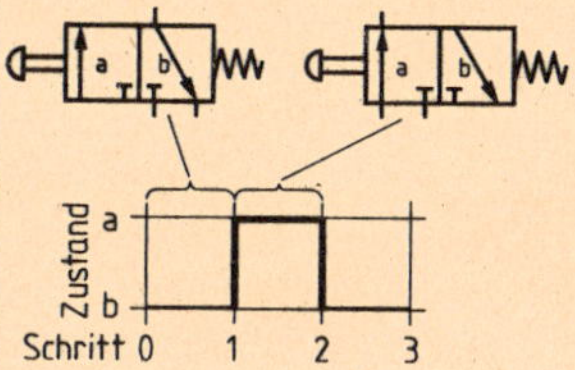

4/3-Wegeventil

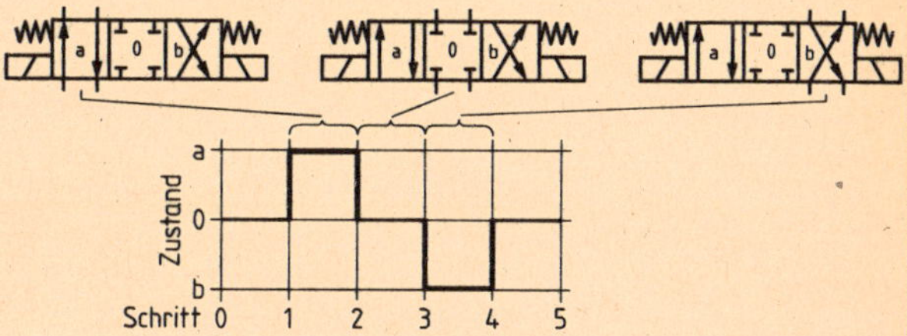

Signalglieder

Muskelkraftbetätigte Signalglieder				Weitere Signalglieder		Signalverknüpfung	
Schaltzeichen	Bedeutung	Schaltzeichen	Bedeutung	Schaltzeichen	Bedeutung	Schaltzeichen	Bedeutung
	Ein		Zweihand-einrückung		Grenztaster in Endlage betätigt		UND-Bedingung
	Aus				Grenztaster über längere Wegstrecke betätigt		
	Ein/Aus		Wahlschalter		Wegbegrenzung über Wegmeßsteuerung		ODER-Bedingung
	Tippen			2s	Zeitglied		
	Automatik		Gefahrenabschalter	6 bar	Druckschalter		Signalverzweigung

Beispiel: Ablaufsteuerung mit zwei doppeltwirkenden Zylindern

Schaltplan

Bauelemente			Zeit					
Benennung	Nr.	Lage/Zustand	Schritt 0	1	2	3	4	
Doppeltwirk. Zylinder	1.0	2/1						
5/2-Wegeventil	1.1	a/b						
5/2-Wegeventil	0.1	a/b						
Doppeltwirk. Zylinder	2.0	2/1						
5/2-Wegeventil	2.1	a/b						

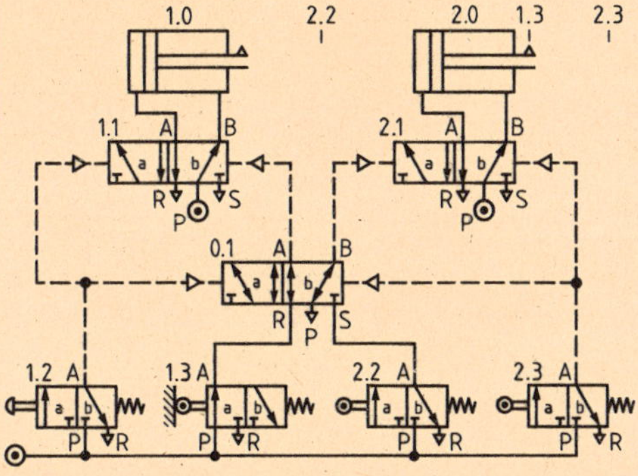

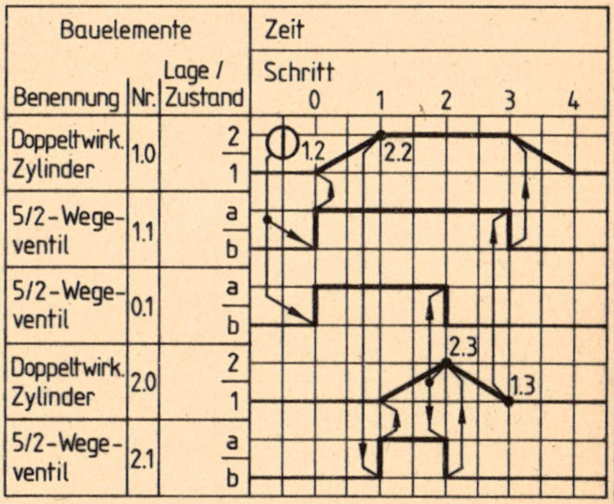

Funktionsdiagramm

Schaltzeichen der Hydraulik und Pneumatik

DIN ISO 1219 (8.78)

Funktionszeichen

Sinnbild	Bedeutung
a) ▲ b) △	a) hydraulisch b) pneumatisch
	Strömungsrichtung
	Drehrichtung
	Schrägpfeil durch das Sinnbild kennz. Verstellbarkeit

Energieübertragung

Sinnbild	Bedeutung
	Druckquelle hydr. od. pneum.
	Arbeitsleitung
	Steuerleitung
	Abfluß- oder Leckleitung
	Leitungsverbindung
	Leitungskreuzung
	Entlüftung ohne Anschluß
	Entlüftung mit Anschluß
	Behälter
a) b)	a) Hydrospeicher b) Druckbehälter
	Filter
	Wasserabscheider
	Öler
	Aufbereitungseinheit
	Geräuschdämpfer

Sperrventile

Sinnbild	Bedeutung
	Rückschlagventile
	Wechselventil
	Drosselrückschlagventil
	Schnellentlüftungsventil
	Zweidruckventil[1]

Energieumformung

Pumpen

Sinnbild	Bedeutung
	Konstantpumpe mit 1 Förderrichtung
	Verstellpumpe mit 2 Förderrichtungen
	Verdichter

Motore

Sinnbild	Bedeutung
a) b)	Konstantmotor mit 1 Förderrichtung
	Verstellmotor mit 2 Förderrichtungen
	Schwenkmotor
M	Elektromotor

Zylinder

Sinnbild	Bedeutung
oder	einfachwirkender Zylinder Rückbewegung durch eingebaute Feder
oder	doppeltwirkender Zylinder mit einseitiger Kolbenstange
	doppeltwirkender Zylinder mit beidseitig verstellbarer Dämpfung

Druckventile

Sinnbild	Bedeutung
a) b)	Druckbegrenzungsventil
	Folgeventil
	Druckminderventil ohne und mit Entlastungsöffnung

Stromventile

Sinnbild	Bedeutung
	Drosselventil konstant bzw. verstellbar
	2-Wege-Stromregelventil
	3-Wege-Stromregelventil verstellbar

Wegeventile

Grundsinnbilder

Sinnbild	Bedeutung
	Anzahl der Rechtecke = Anzahl der Schaltstellungen: 2 Schaltstellungen
a 0 b	Bezeichnung der Schaltstellungen[1]
	Anschlüsse an das Feld „Ruhestellung" oder „Ausgangsstellung"

Anschlußbezeichnungen[1]

Bezeichnung	Bedeutung
A, B, C...	Arbeitsleitungen
P	Zufluß, Druckluftnetzanschluß, Druck
R, S, T	Abfluß, Entlüftung
L	Leckflüssigkeit
Z, Y, X...	Steuerleitungen

Betätigung durch Muskelkraft

Sinnbild	Bedeutung
	allgemein
	durch Knopf
	durch Hebel
	durch Pedal

Mechanische Betätigung

Sinnbild	Bedeutung
	durch Taster
	durch Feder
	durch Rolle
	durch Rolle mit Leerrücklauf

Elektrische Betätigung

Sinnbild	Bedeutung
	durch Elektromagnet
M	durch Elektromotor

Druckbetätigung

Sinnbild	Bedeutung
a) b)	direkt
	indirekt über Vorsteuerventil

Kombinierte Betätigung

Sinnbild	Bedeutung
	durch Elektromagnet und Druckluftvorsteuerung

Kurzbezeichnungen

Sinnbild	Bedeutung
A, a, b, P	2/2-Wegeventil (Schaltstellungen, Anschlüsse)
A, a, b, P, R	3/2-Wegeventil (hebelbetätigt)
A, B, a, b, P, R(S,T)	4/2-Wegeventil (elektromagnetisch betätigt)
A, B, a, 0, b, Z, S, P, T, Y	5/3-Wegeventil (druckbetätigt mit federzentrierter Ruhestellung)

[1] nicht in DIN 1219 genormt

Gestaltung hydraulischer und pneumatischer Schaltpläne

Aufteilung des Schaltplanes

Die Steuerung wird in einzelne Steuerketten aufgeteilt, die in der Reihenfolge des Funktionsablaufes von links nach rechts aneinandergereiht werden.

Anordnung der Elemente

Die Elemente einer Steuerkette werden von unten nach oben in Richtung des Energie- und Signalflusses aneinandergereiht. Sie werden dabei in ihrer Ruhestellung und die gesamte Steuerung in ihrer Ausgangsstellung gezeichnet. Gleichartige Elemente der Steuerketten werden in gleicher Höhe eingezeichnet.

Die Elemente können eingeteilt werden in:

Versorgungsglieder:	Aufbereitungseinheit, Hauptventil
Antriebsglieder:	Zylinder, Motore
Stellglieder:	Ventile zur Steuerung der Antriebsglieder
Steuerglieder:	Ventile zur Verknüpfung von Signalen
Signalglieder:	Elemente zum Auslösen des jeweiligen Schaltschrittes

Leitungen

Die Arbeitsleitungen werden als Vollinien und die Steuerleitungen als Strichlinien rechtwinklig und möglichst kreuzungsfrei gezeichnet. Leitungsverzweigungen werden durch einen Punkt gekennzeichnet. Die Anschlüsse der Leitungen an die Elemente werden nicht gekennzeichnet, sondern die Leitungen direkt an die Geräte-Schaltzeichen herangezogen.

Bezeichnung der Elemente

Die Elemente werden meist mit der Nummer der Steuerkette und durch eine angehängte Ordnungsnummer gekennzeichnet.

Die Ordnungsnummer kann entweder nach der Funktion der Elemente oder nach dem Energie- und Informationsfluß gewählt werden.

Bei der Numerierung nach der Funktion wird oft folgende Zuordnung gewählt:

1.0	2.0	...	Antriebsglieder
1.1	2.1	...	Stellglieder
1.2	2.2	...	Signalglieder für das Ausfahren der Zylinder
1.3	1.5	2.3...	Signalglieder für das Zurückfahren der Zylinder
0.1	0.2	...	Versorgungsglieder

Bezeichnung der Anschlüsse

Die Anschlüsse und Schaltstellungen der Elemente können durch Buchstaben und Zahlen gekennzeichnet werden (siehe Seite 226). Dabei werden die Buchstaben zunehmend durch Zahlen ersetzt, z. B.:

1 ≙ P 2 ≙ B 3 ≙ S 4 ≙ A 5 ≙ R

12 ≙ Signal (z. B. Z), das den Durchfluß von 1 nach 2 herstellt.

Bezeichnung der Einbaustelle

Werden Signal- oder Stellglieder durch Antriebsglieder betätigt, so wird die Einbaustelle durch einen Strich und die betreffende Kennziffer eingetragen. Bei Signalgliedern mit nur einseitig wirkender Betätigung gibt ein Pfeil die Betätigungsrichtung an.

Beispiel: Pneumatischer Schaltplan mit zwei Zylindern

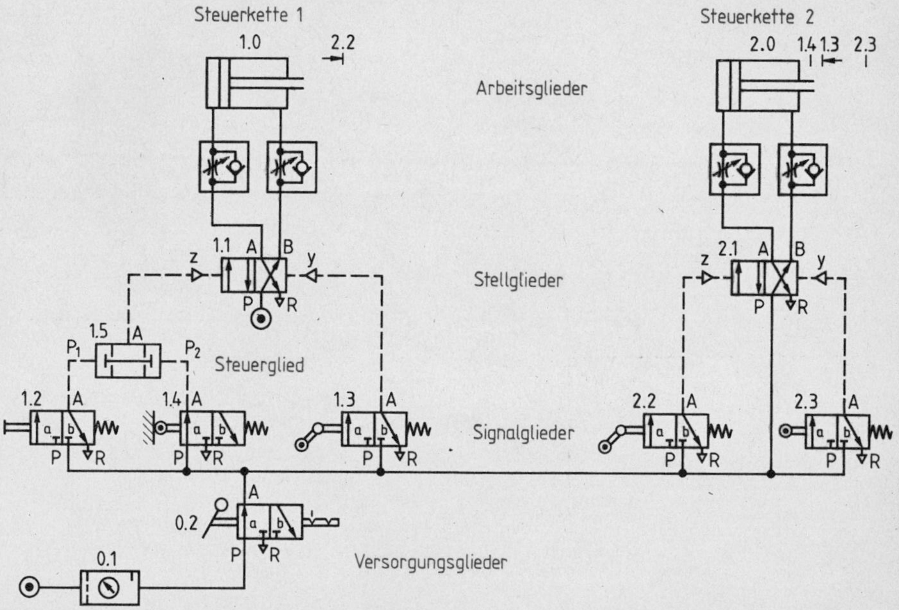

Pneumatikzylinder

Abmessungen und Kolbenkräfte

Zylinderdurchmesser in mm		12	16	20	25	32	40	50	63	80	100	125	160	200
Kolbenstangendurchmesser in mm		6	8	8	10	12	16	20	20	25	25	32	40	40
Anschlußgewinde		M5	M5	R⅛	R⅛	R⅛	R¼	R½	R⅜	R⅜	R½	R½	R¾	R¾
Druckkraft[1] bei $p_e = 6$ bar in N	einfachwirk. Zyl.[2]	50	96	151	241	375	644	968	1560	2530	4010	–	–	–
	doppeltwirk. Zyl.	58	106	164	259	422	665	1040	1650	2660	4150	6480	10600	16600
Zugkraft[1] bei $p_e = 6$ bar in N	doppeltwirk. Zyl.	54	79	137	216	364	560	870	1480	2400	3890	6060	9960	15900
Hublängen in mm	einfachwirk. Zyl.	10, 25 und 50 mm				25, 50, 80 und 100 mm						–		
	doppeltwirk. Zyl.	bis 160	bis 200	bis 320	10, 25, 50, 80, 100, 160, 200, 250, 320, 400, 500 mm									

[1] bei einem Zylinderwirkungsgrad $\eta = 0{,}85$ [2] dabei wurde die Rückzugskraft der Feder berücksichtigt

Luftverbrauch

Berechnung

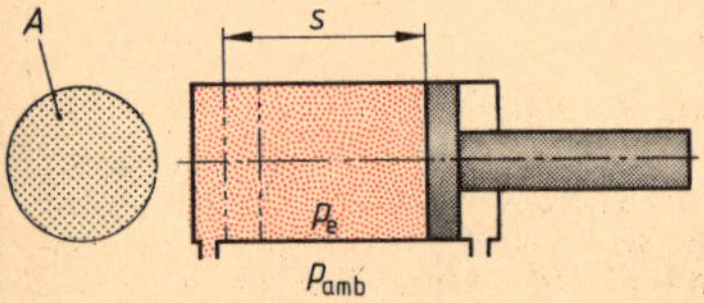

Q Luftverbrauch für einfachwirkenden Zylinder
p_e Überdruck im Zylinder
p_{amb} Luftdruck
s Kolbenhub
n Hubzahl
A Kolbenfläche
q spezifischer Luftverbrauch je cm Kolbenhub

Luftverbrauch eines einfachwirkenden Zylinders = Kolbenfläche x Kolbenhub x Hubzahl x Druckverhältnis

$$Q = A \cdot s \cdot n \cdot \frac{p_e + p_{amb}}{p_{amb}}$$

Beispiel: Einfachwirkender Zylinder mit d = 50 mm, s = 100 mm, p_e = 6 bar, n = 120 Hübe/min, p_{amb} = 1 bar. Luftverbrauch Q in l/min?

$$\mathbf{Q} = A \cdot s \cdot n \cdot \frac{p_e + p_{amb}}{p_{amb}} = \frac{\pi \cdot (5\ \text{cm})^2}{4} \cdot 10\,\text{cm} \cdot 120 \frac{1}{\text{min}} \cdot \frac{(6+1)\ \text{bar}}{1\ \text{bar}}$$

$$= 164\,934\ \frac{\text{cm}^3}{\text{min}} = \mathbf{165\ \frac{l}{min}}$$

Bei doppeltwirkenden Zylindern ist der Luftverbrauch etwa doppelt so groß wie bei einfachwirkenden Zylindern.

Ermittlung aus Diagrammen

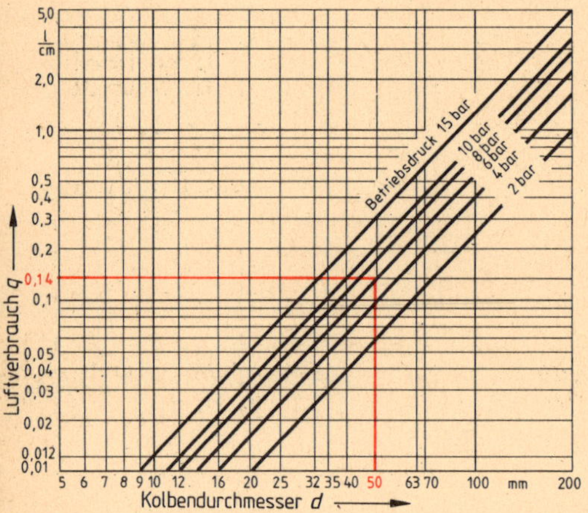

Einfachwirkender Zylinder

Luftverbrauch $Q = q \cdot s \cdot n$

Doppeltwirkender Zylinder

Luftverbrauch $Q = 2 \cdot q \cdot s \cdot n$

Beispiel: Der Luftverbrauch des oben genannten einfachwirkenden Zylinders mit $d = 50$ mm soll aus dem Diagramm ermittelt werden.

Nach Diagramm ist q = 0,14 l/cm Kolbenhub.

$\mathbf{Q} = q \cdot s \cdot n$ = 0,14 l/cm · 10 cm · 120/min
= **168 l/min**

Berechnungen zur Hydraulik und Pneumatik

Kolbenkräfte

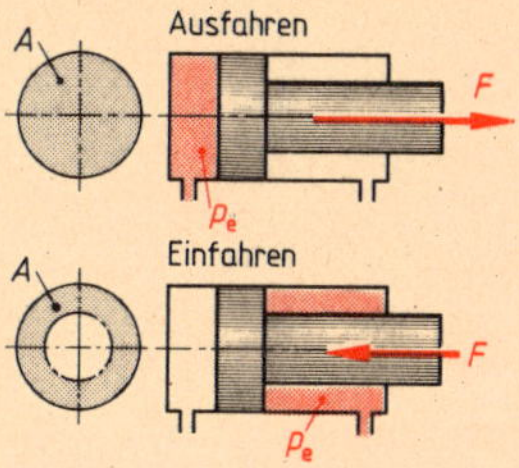

p_e Überdruck
A wirksame Kolbenfläche
F wirksame Kolbenkraft
η Wirkungsgrad des Zylinders

Wirksame Kolbenkraft = Überdruck x wirksame Kolbenfläche x Wirkungsgrad

$$F = p_e \cdot A \cdot \eta$$

Beispiel: Hydrozylinder mit Kolbendurchmesser $d_1 = 100$ mm, Kolbenstangendurchmesser $d_2 = 70$ mm, $\eta = 0{,}85$ und $p_e = 60$ bar.
Wirksame Kolbenkräfte?

Ausfahren: $\mathbf{F} = \mathbf{p} \cdot A \cdot \eta = 600 \frac{\text{N}}{\text{cm}^2} \cdot \frac{\pi \cdot (10\text{ cm})^2}{4} \cdot 0{,}85 = \mathbf{40055\ N}$

Einfahren: $\mathbf{F} = p \cdot A \cdot \eta = 600 \frac{\text{N}}{\text{cm}^2} \cdot \left(\frac{\pi \cdot (10\text{ cm})^2}{4} - \frac{\pi \cdot (7\text{cm})^2}{4}\right) \cdot 0{,}85 = \mathbf{20428\,N}$

Hydraulische Presse

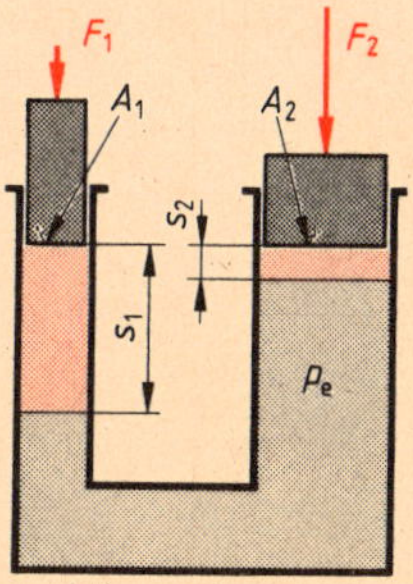

Druck breitet sich in abgeschlossenen Flüssigkeiten oder Gasen nach allen Richtungen gleichmäßig aus.

F_1 Kraft am Druckkolben
A_1 Fläche des Druckkolbens
s_1 Weg des Druckkolbens
i hydraulisches Übersetzungsverhältnis
F_2 Kraft am Arbeitskolben
A_2 Fläche des Arbeitskolbens
s_2 Weg des Arbeitskolbens

$$\frac{\textbf{Kraft am Arbeitskolben}}{\textbf{Kraft am Druckkolben}} = \frac{\textbf{Fläche des Arbeitskolbens}}{\textbf{Fläche des Druckkolbens}} \qquad \frac{F_2}{F_1} = \frac{A_2}{A_1}$$

$$\frac{\textbf{Weg des Druckkolbens}}{\textbf{Weg des Arbeitskolbens}} = \frac{\textbf{Fläche des Arbeitskolbens}}{\textbf{Fläche des Druckkolbens}} \qquad \frac{s_1}{s_2} = \frac{A_2}{A_1}$$

$$\textbf{Hydr. Übersetzungsverhältnis} = \frac{\textbf{Kraft am Druckkolben}}{\textbf{Kraft am Arbeitskolben}} \qquad i = \frac{F_1}{F_2}$$

oder

$$i = \frac{A_1}{A_2} = \frac{s_2}{s_1}$$

Beispiel: $F_1 = 200$ N; $A_1 = 5$ cm²; $A_2 = 500$ cm²;
$s_2 = 30$ mm; $F_2 = ?$; $s_1 = ?$; $i = ?$

$$\mathbf{F_2} = \frac{F_1 \cdot A_2}{A_1} = \frac{200\text{ N} \cdot 500\text{cm}^3}{5\text{ cm}^2} = 20000\text{ N} = \mathbf{20\,kN}$$

$$\mathbf{s_1} = \frac{s_2 \cdot A_2}{A_1} = \frac{30\text{ mm} \cdot 500\text{ cm}^2}{5\text{ cm}^2} = \mathbf{3000\ mm}$$

$$\mathbf{i} = \frac{F_1}{F_2} = \frac{200\text{ N}}{20000\text{ N}} = \frac{\mathbf{1}}{\mathbf{100}}$$

Druckübersetzer

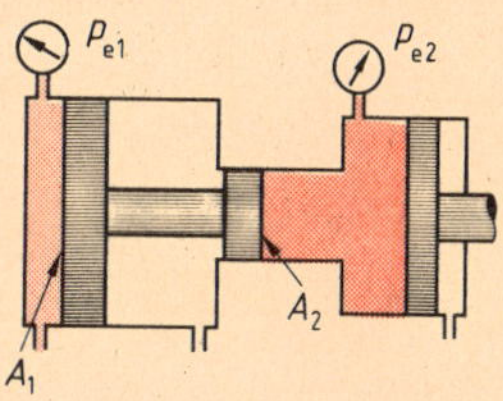

A_1, A_2 Kolbenflächen
p_{e1} Überdruck an der Kolbenfläche A_1
p_{e2} Überdruck an der Kolbenfläche A_2
η Wirkungsgrad des Druckübersetzers

$$\textbf{Überdruck } \mathbf{p_{e2}} = \textbf{Überdruck } \mathbf{p_{e1}} \textbf{ x } \frac{\textbf{Kolbenfläche } \mathbf{A_1}}{\textbf{Kolbenfläche } \mathbf{A_2}} \textbf{ x Wirkungsgrad}$$

$$p_{e2} = p_{e1} \cdot \frac{A_1}{A_2} \cdot \eta$$

Beispiel: Druckübersetzer mit
$A_1 = 200$ cm²; $A_2 = 5$ cm²; $\eta = 0{,}88$;
$p_{e1} = 7$ bar; $p_{e2} = ?$

$$\mathbf{p_{e2}} = p_{e1} \cdot \frac{A_1}{A_2} \cdot \eta = 7\text{ bar} \cdot \frac{200\text{ cm}^2}{5\text{ cm}} \cdot 0{,}88$$

$$= \mathbf{246{,}4\ bar}$$

Berechnungen zur Hydraulik

Durchflußgeschwindigkeiten

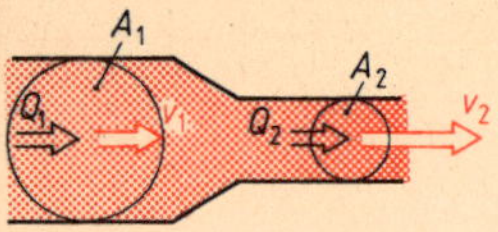

Q, Q_1, Q_2 Volumenströme
A, A_1, A_2 Querschnittsflächen
v, v_1, v_2 Durchflußgeschwindigkeiten

Volumenstrom = Querschnittsfläche x Durchflußgeschwindigkeit

$$Q = A \cdot v$$

Kontinuitätsgleichung

In einer Rohrleitung mit wechselnden Querschnittsflächen fließt in der Zeit t durch jeden Querschnitt der gleiche Volumenstrom Q. Dabei verhalten sich die Durchflußgeschwindigkeiten umgekehrt wie die Querschnittsflächen.

$$Q_1 = Q_2$$

$$\frac{v_1}{v_2} = \frac{A_2}{A_1}$$

Beispiel: Rohrleitung mit $A_1 = 19{,}6\ \text{cm}^2$; $A_2 = 8{,}04\ \text{cm}^2$ und $Q = 120\ \text{l/min}$; $v_1 = ?$; $v_2 = ?$

$$\mathbf{v_1} = \frac{Q}{A_1} = \frac{120000\ \text{cm}^3/\text{min}}{19{,}6\ \text{cm}^2} = 6162\,\frac{\text{cm}}{\text{min}} = \mathbf{1{,}02\,\frac{m}{s}}$$

$$\mathbf{v_2} = \frac{v_1 \cdot A_1}{A_2} = \frac{1{,}02\ \text{m/s} \cdot 19{,}6\ \text{cm}^2}{8{,}04\ \text{cm}^2} = \mathbf{2{,}49\,\frac{m}{s}}$$

Kolbengeschwindigkeiten

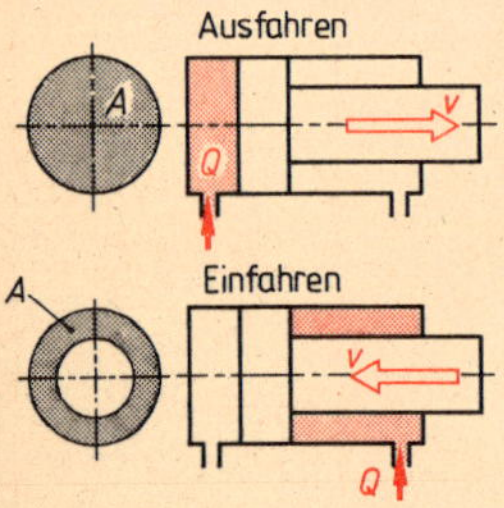

Q Volumenstrom
A wirksame Kolbenfläche
v Kolbengeschwindigkeit

$$\textbf{Kolbengeschwindigkeit} = \frac{\textbf{Volumenstrom}}{\textbf{wirksame Kolbenfläche}}$$

$$v = \frac{Q}{A}$$

Beispiel: Hydrozylinder mit Kolbendurchmesser $d_1 = 50\ \text{mm}$, Kolbenstangendurchmesser $d_2 = 32\ \text{mm}$ und $Q = 12\ \text{l/min}$. Kolbengeschwindigkeiten?

$$\textbf{Ausfahren: } \mathbf{v} = \frac{Q}{A} = \frac{12000\ \text{cm}^3/\text{min}}{\frac{\pi \cdot (5\ \text{cm})^2}{4}} = 611\,\frac{\text{cm}}{\text{min}} = \mathbf{6{,}11\,\frac{m}{min}}$$

$$\textbf{Einfahren: } \mathbf{v} = \frac{Q}{A} = \frac{12000\ \text{cm}^3/\text{min}}{\frac{\pi \cdot (5\ \text{cm})^2}{4} - \frac{\pi \cdot (3{,}2\ \text{cm})^2}{4}} = 1035\,\frac{\text{cm}}{\text{min}} = \mathbf{10{,}35\,\frac{m}{min}}$$

Leistung von Pumpen

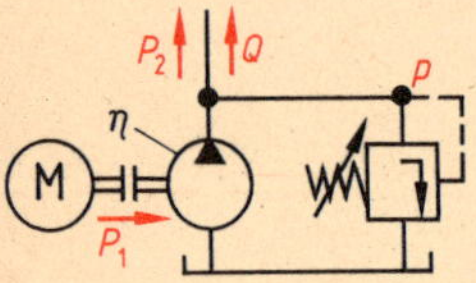

P_1 zugeführte Leistung
P_2 abgegebene Leistung
Q Volumenstrom
p_e Überdruck
η Wirkungsgrad der Pumpe

Abgegebene Leistung = Volumenstrom x Überdruck

$$P_2 = Q \cdot p_e$$

Als Zahlenwertgleichung mit P in kW, Q in l/min, p_e in bar

$$P_2 = \frac{Q \cdot p_e}{600}$$

$$\textbf{Zugeführte Leistung} = \frac{\textbf{abgegebene Leistung}}{\textbf{Wirkungsgrad}}$$

$$P_1 = \frac{P_2}{\eta}$$

Beispiel: Pumpe mit $Q = 40\ \text{l/min}$; $p_e = 125\ \text{bar}$; $\eta = 0{,}84$
$P_1 = ?$; $P_2 = ?$

$$\mathbf{P_2} = Q \cdot p = 40000\,\frac{\text{cm}^3}{\text{min}} \cdot 1250\,\frac{\text{N}}{\text{cm}^2} = 50 \cdot 10^6\,\frac{\text{N} \cdot \text{cm}}{\text{min}}$$

$$= \frac{50 \cdot 10^6}{60 \cdot 10^2}\,\frac{\text{N} \cdot \text{m}}{\text{s}} = 8333\ \text{W} = \mathbf{8{,}333\ kW}$$

oder

$$\mathbf{P_2} = \frac{Q \cdot p_e}{600} = \frac{40 \cdot 125}{600}\ \text{kW} = \mathbf{8{,}333\ kW}$$

$$\mathbf{P_1} = \frac{P_2}{\eta} = \frac{8{,}333}{0{,}84}\ \text{kW} = \mathbf{9{,}920\ kW}$$

Hydraulisches Vorschubsystem

Beispiel: 2-Pumpen-Antrieb eines Zylinders für Eilgang- und Arbeitsvorschub.

Im **Eilgang vorwärts** fährt der Zylinder durch die Volumenströme der Eilgang- und der Arbeitspumpe aus. Beim **Arbeitsvorschub** wird die Geschwindigkeit durch den am Stromregelventil eingestellten Volumenstrom bestimmt. Die Eilgangpumpe fördert dabei direkt in den Tank zurück. Beim **Eilgang rückwärts** fördern beide Pumpen auf die Kolbenstangenseite des Zylinders.

Schaltplan und Geräteliste

Bei Schaltplänen werden die Elemente grundsätzlich in der **Ruhestellung** und die gesamte Steuerung in der **Ausgangsstellung** gezeichnet.

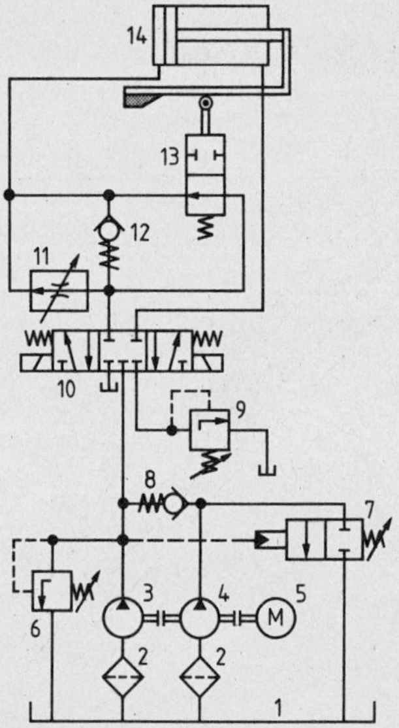

Geräteliste			
Nr.	Benennung	Funktion	Kenngrößen
1	Ölbehälter		100 l
2	Saugfilter		60 µm
3	Zahnradpumpe	Arbeitsvorschub	5 l/min
4	Zahnradpumpe	Eilgang	20 l/min
5	Drehstrommotor	Antrieb der Pumpen	5 kW, 1400/min
6	Druckbegrenzungsventil	Bestimmt Arbeitsdruck	80 bar
7	2/2-Wegeventil	Schaltet Eilgangspumpe durcklos	
8	Rückschlagventil	Verhindert Rückfluß zu Teil 1	
9	Druckbegrenzungsventil	Gegenhaltung	10 bar
10	5/3-Wegeventil	Steuert Zylinder	
11	2-Wege-Stromregelventil	Bestimmt Zylindergeschwindigkeit	
12	Rückschlagventil	Umgehung von Teil 11	
13	2/2-Wegeventil	Umschalten auf Arbeitsvorschub	
14	Zylinder	Vorschub	100 x 70 x 300

Lesen des Schaltplanes

Beim Lesen von Schaltplänen denkt man sich die einzelnen Elemente in die Stellung geschaltet, die zum betrachteten Arbeitsablauf gehört. Für die vier Vorgänge „Halt", „Eilgang vorwärts", „Arbeitsvorschub" und „Eilgang rückwärts" ist in den folgenden Bildern der Schaltplan so abgewandelt, daß der Strömungsverlauf des Öles direkt gezeigt und rot eingetragen werden kann.

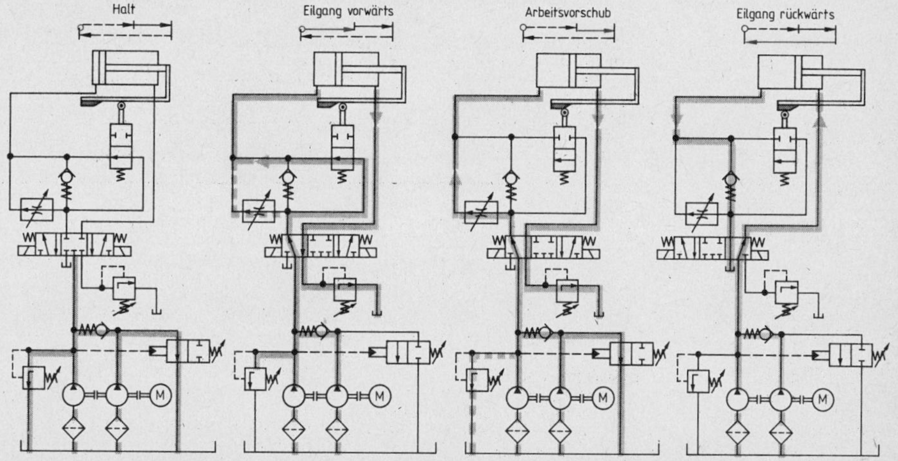

Druckflüssigkeiten in der Hydraulik

Hydrauliköle auf Mineralölbasis

DIN 51 524 (12.71) und 51 525 (03.73)

Bezeichnung	Eigenschaften	Verwendung
HL	Hydrauliköle mit Zusätzen zur Erhöhung der Alterungsbeständigkeit und des Korrossionsschutzes	In Hydraulikanlagen mit Drücken bis etwa 200 bar
HLP	Hydrauliköle mit besonderen Hochdruck-Zusätzen, um den Verschleiß bei hohen Drücken zu mindern	In Hydraulikanlagen mit Betriebsdrücken über 200 bar
HV	Hydrauliköle mit besonders geringer Abhängigkeit der Viskosität von der Temperatur	Wie bei den HLP-Ölen

Einteilung der Viskositäts-Klassen

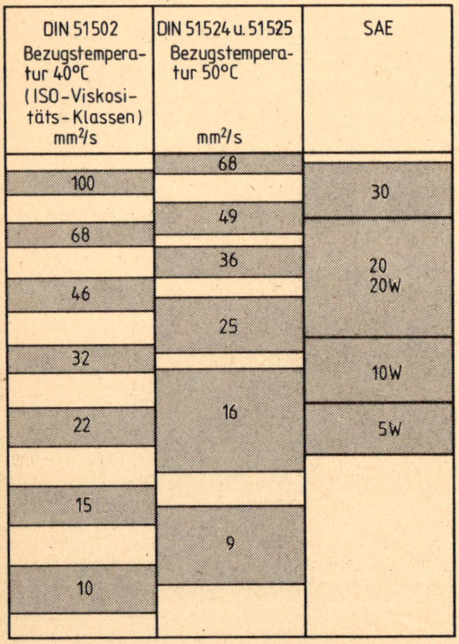

Viskositäts-Temperatur-Verhalten von Ölen verschiedener Viskosität

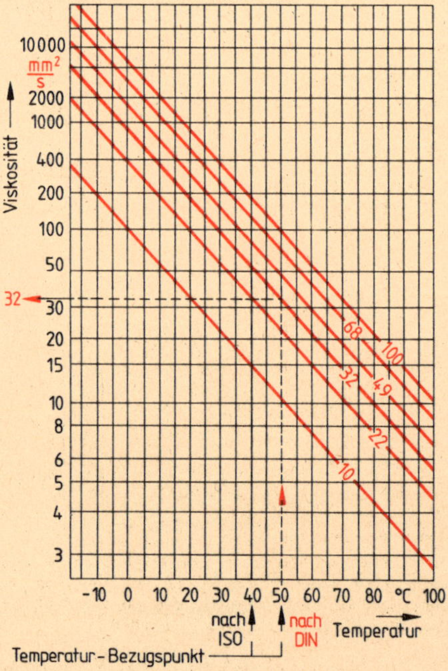

Bezeichnung eines Hydrauliköles mit Hochdruckzusätzen, Viskosität 32 mm²/s bei 50 °C:
Hydrauliköl DIN 51525-HLP 32

Schwerentflammbare Flüssigkeiten

DIN 51 502 (11.79)

Bezeichnung DIN	Bezeichnung ISO	Eigenschaften	Verwendung
HSA	HFA	Öl in Wasser-Emulsionen. Brennbarer Anteil höchstens 20%. Sehr kleine Viskosität. Sehr preiswert. Geringe Schmierfähigkeit.	Bergbau, Grubenausbau unter Tage
HSB	HFB	Wasser- in Öl-Emulsionen. Brennbarer Anteil höchstens 60%. Schmiereigenschaften ähnlich wie bei den reinen Mineralölen.	Kaum verwendet, da Schwerentflammbarkeit oft nicht ausreichend
HSC	HFC	Wäßrige Lösungen, z. B. mit Glykolen. Verschleißschutz besser als bei HFA und HFB.	Bergbau, Druckgußmaschinen, Schweißautomaten
HSD	HFD	Wasserfreie synthetische Flüssigkeiten, z. B. Phosphorsäureester. Gut alterungsbeständig, schmierfähig. Großer Temperaturbereich möglich.	Hydraulische Anlagen mit hohen Betriebstemperaturen

Schutzmaßnahmen gegen zu hohe Berührungsspannung über 50 V VDE 0100 (5.73)

Schutzmaßnahmen ohne Schutzleiter

Schutzisolierung

Zusätzlich zur Betriebsisolierung werden die Betriebsmittel mit einer Isolierschicht umkleidet. In Getrieben werden Isolierstücke eingebaut.

Die Anschlußleitung enthält keinen Schutzleiter, der zweipolige Stecker paßt aber in Schuko-Steckdosen.

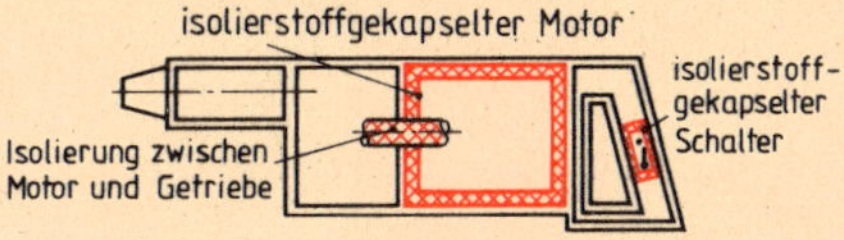

Sinnbild: 

Anwendung: Vorwiegend Haushaltgeräte

Schutzkleinspannung

Durch einen Trenntransformator wird die Netzspannung auf höchstens 42 V (Spielzeug höchstens 24 V) herabgesetzt.

Kleinspannung kann auch durch Akkumulatoren oder galvanische Elemente erzeugt werden.

Sinnbild: 

Anwendung: Steuerungen, Geräte für Arbeiten in engen Räumen, Handlampen, Spielzeuge

Schutztrennung

Ein Trenntransformator verhindert, daß über die Erde ein geschlossener Stromkreis zustandekommt. An einen Trenntransformator darf jeweils nur **ein** Verbraucher angeschlossen werden, der nicht mit einem Schutzleiter verbunden wird.

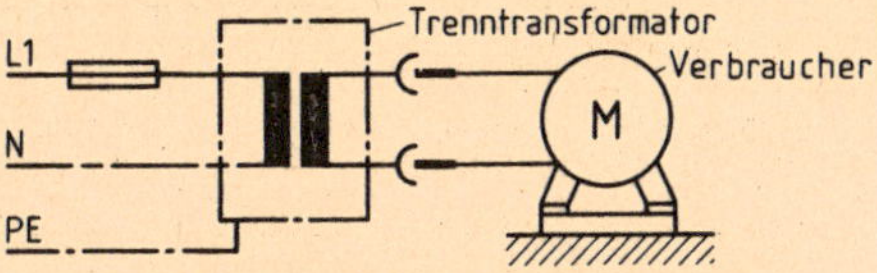

Sinnbild: 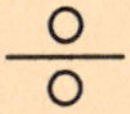

Anwendung: Baumaschinen, Werkzeuge und Geräte für Arbeiten in Naßräumen und Kesseln

Schutzmaßnahmen mit Schutzleiter

Nullung

Die Nullung soll verhindern, daß an Anlageteilen eine zu hohe Berührungsspannung erhalten bleibt. Gehäuse und leitfähige Anlageteile werden an den Schutzleiter PE angeschlossen.

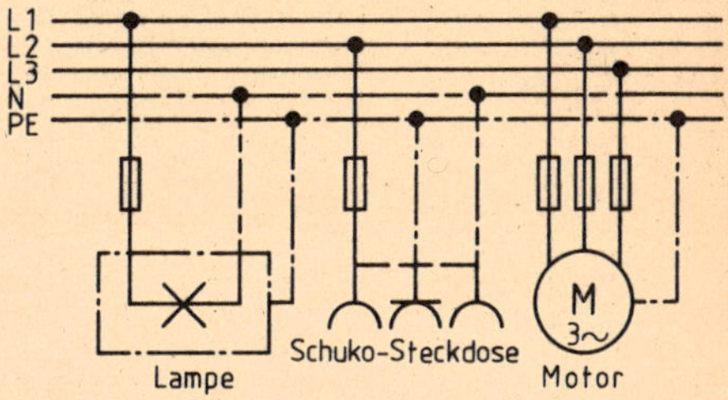

Sinnbild für Schutzleiteranschluß: 

Kennfarbe des Schutzleiters: **grün-gelb**

Anwendung: Betriebsmittel mit Metallgehäuse, wie Wärmegeräte, Motore, Warmwasserbereiter

Fehlerstrom-Schutzschaltung

Der Fehlerstrom-Schutzschalter (FI-Schutzschalter) vergleicht die Ströme in den Leitern L1, L2, L3 und N. Tritt ein Fehlerstrom auf, der größer als der Nennfehlerstrom des Auslösers ist, so schaltet er allpolig ab.

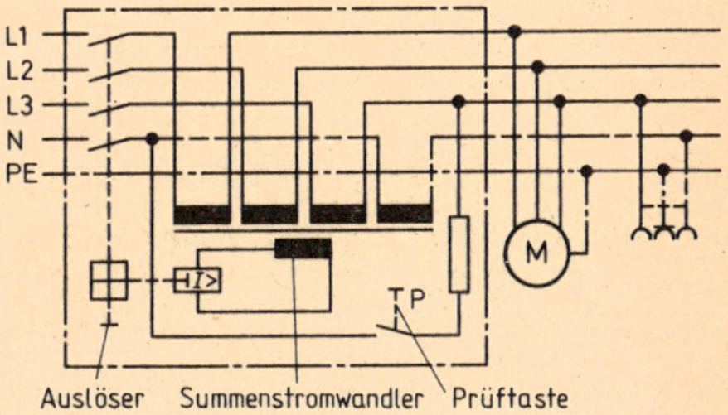

Alle zu schützenden Anlagenteile müssen an den Schutzleiter angeschlossen (genullt) sein.

Anwendung: Zusätzliche Schutzmaßnahme zur Nullung oder Schutzerdung.

Beispiele für Schutzmaßnahmen

Drehstrom-Vierleitersystem mit getrenntem Schutzleiter PE

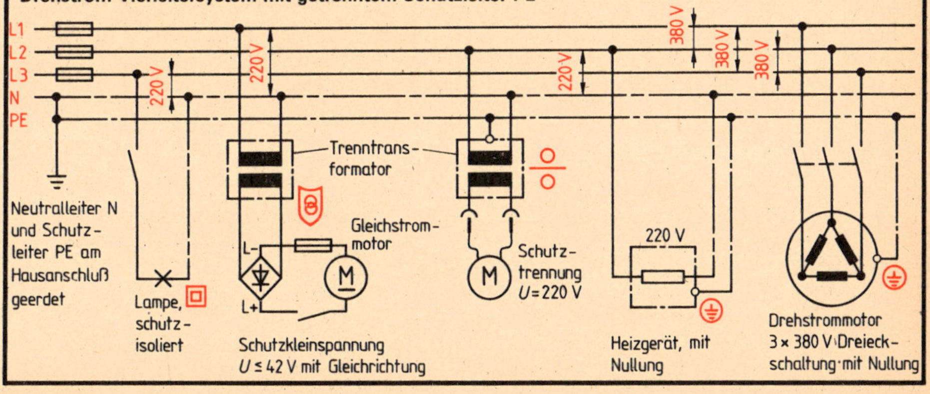

Elektrotechnische Schaltungsunterlagen DIN 40719 (6.73; 6.78)

Schaltpläne

Schaltungsunterlagen sind Schaltpläne, Diagramme, Tabellen und Beschreibungen.

Schaltpläne zeigen die Arbeitsweise, die Verbindung oder die räumliche Anordnung von elektrischen Einrichtungen. Die Betriebsmittel werden im stromlosen Zustand und in der Grundstellung durch Schaltzeichen dargestellt.

Art	Zweck	Darstellungsart	Anwendung	Beispiel: Steuerung eines Motors
Übersichtsschaltplan	Zeigt die Gliederung und die Arbeitsweise einer elektrischen Einrichtung	Meist einpolig mit Schaltkurzzeichen oder Blockschaltbildern	Leicht faßliche Darstellung umfangreicher Anlagen	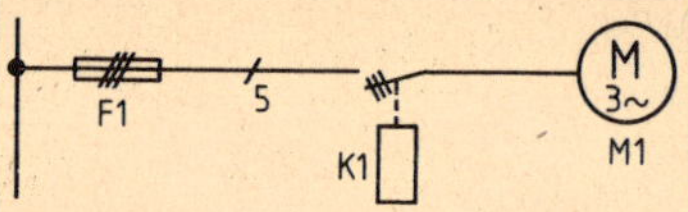
Stromlaufplan	Übersichtliche Darstellung des Zusammenwirkens der Betriebsmittel mit allen Einzelheiten	Meist aufgelöste Darstellung. Teile einzelner Betriebsmittel werden getrennt voneinander dargestellt. Die räumliche Lage der Betriebsmittel bleibt unberücksichtigt.	Häufig angewendete Darstellungsart für Steuerungen. Die einzelnen Stromwege sind übersichtlich und dennoch vollständig zu erkennen.	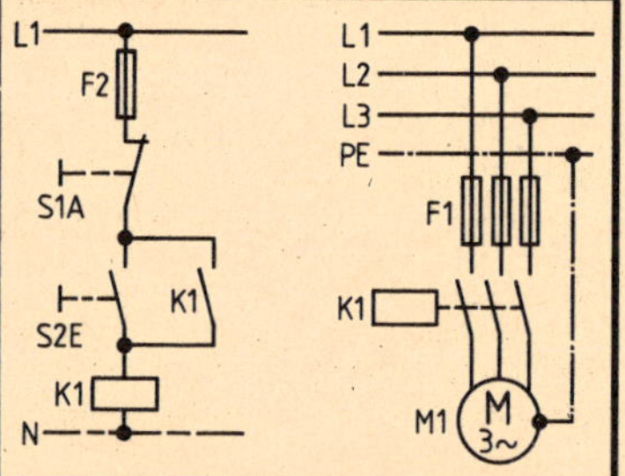
Installationsplan	Darstellung der Anordnung und äußeren Verdrahtung von Betriebsmitteln.	Nicht maßstäbliche, doch lagerichtige Darstellung in Bauzeichnungen, meist einpolig. Schaltzeichen nach DIN 40717 (7.70).	Elektroinstallation in Gebäuden	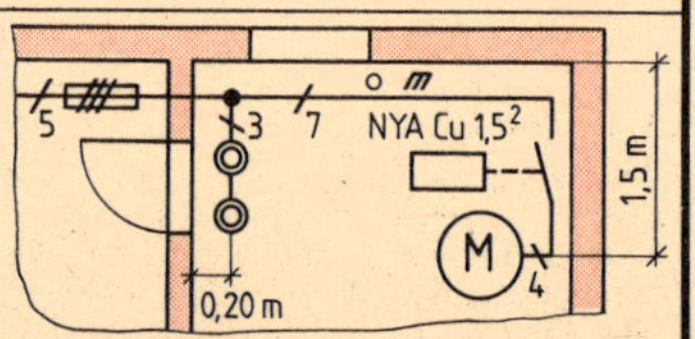

Kennzeichnung von Betriebsmitteln in Schaltungsunterlagen

Die Kennzeichnung der Betriebsmittel erfolgt in 4 Kennzeichnungsblöcken, denen zur Identifizierung Vorzeichen vorangestellt werden. Für eine Schaltungsunterlage gemeinsame Kennzeichnungsblöcke können im Schriftfeld angegeben werden, nicht benötigte werden weggelassen.

Vorzeichen	Inhalt des Kennzeichnungsblockes
–	Art, Zählnummer, Funktion
=	Anlage
+	Ort
:	Anschluß

Beispiel:

+C5 = B4.U – S2E : 3

Ort: Halle C, Straße 5
Anlage: Kran Nr. 4, Geschwindigkeitsregelung
Art, Zählnummer, Funktion: Schaltelement Nr. 2, EIN
Anschluß: Klemme Nr. 3

In vielen Schaltplänen sind an den Bauelementen nur Angaben zu Art, Zählnummer, Funktion (Vorzeichen –). Sind keine Verwechslungen zu erwarten, so kann das Vorzeichen – weggelassen werden (Schaltpläne oben).

Beispiele: K1 (–K1) ≙ Schütz Nr. 1; S1A (–S1A) ≙ Schaltelement Nr. 1, AUS

Kennbuchstaben für die **Art** eines Betriebsmittels im Kennzeichnungsblock „Art, Zählnummer, Funktion" Auswahl

Kennbuchstabe	Art der Betriebsmittel	Beispiele	Kennbuchstabe	Art der Betriebsmittel	Beispiele
C	Kapazität	Kondensatoren	M	Motoren	Gleich-, Wechselstrommotore
			T	Transformatoren	Spannungswandler, Übertrager
F	Schutzeinrichtungen	Sicherungen, Auslöser, Druckwächter	Q	Starkstrom-Schaltgeräte	Motorschutzschalter, Leistungsschalter
G	Generatoren	Umformer, Stromversorgungseinrichtungen	R	Widerstände	Vorwiderstände, Regelwiderstände, Anlasser
H	Meldeeinrichtungen	Signalleuchten, Hupen, Zählwerke	S	Schalter, Wähler	Schalter, Taster, Endschalter, Drehwähler
K	Schütze, Relais	Leistungsschütze, Hilfsschütze, Zeitrelais	Y	elektrisch betätigte mech. Einrichtungen	Bremsen, Kupplungen, Magnetventile

Kennzeichnung von Leitern und Betriebsmittelanschlüssen

DIN 42400 (3.76), DIN 40705 (2.80)

Besondere Leiter

Art des Leiters	Kennzeichnung Kurzzeichen	Kennzeichnung Farbe	Beispiel
Außenleiter 1	L 1	schwarz[1]	
Außenleiter 2	L 2		
Außenleiter 3	L 3		
Neutralleiter	N	hellblau	
Positiv	L +	schwarz[1]	
Negativ	L −		
Schutzleiter	PE	grün-gelb	

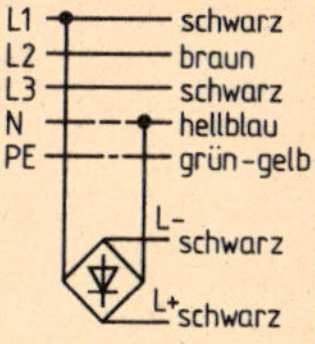

Betriebsmittelanschlüsse

Anschluß für	Kennzeichnung	Beispiele
Außenleiter 1	U	
Außenleiter 2	V	
Außenleiter 3	W	
Neutralleiter	N	
Schutzleiter	⏚	
Bauelemente	1;2;1.2	

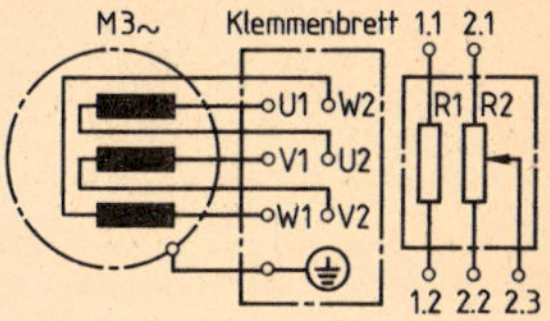

[1] Farbe nicht festgelegt. Empfohlen wird schwarz, bei notwendigen Unterscheidungen braun.
Nicht verwendet werden darf **grün-gelb**.

Leitungen und Sicherungen

VDE 0100 (5.73), DIN 49515 (6.75)

Nennstrom der Sicherung in A		2	4	6	10	16	20	25	35	50	63	80
Kennfarbe der Schmelzsicherung		rosa	braun	grün	rot	grau	blau	gelb	schwarz	weiß	kupfer	silber
Mindestquerschnitt isolierter Cu-Leitungen in mm²	Gruppe 1[1]	—	—	1	1,5	2,5	4	6	10	16	25	35
	Gruppe 2[1]	—	—	0,75	1	1,5	2,5	4	6	10	16	25
	Gruppe 3[1]	—	—	0,75	0,75	1,5	1,5	2,5	4	6	10	16

[1] **Gruppe 1:** In Rohren, Installationskanälen, Leitungskanälen, Hohlwänden verlegte Leitungen und Kabel
Gruppe 2: Leitungen und Kabel im Mauerwerk und auf der Wand, z. B. Mantelleitungen, Stegleitungen
Gruppe 3: Einadrige, frei in Luft verlegte Leitungen, einadrige Verdrahtungen in Schalt- und Verteilungsanlagen
Für alle Gruppen: Umgebungstemperatur höchstens 30 °C;
bei fester, geschützter Verlegung Mindestquerschnitt 1,5 mm² Cu

Stern- und Dreieckschaltung beim Dreiphasen-Wechselstrom (Drehstrom)

Sternschaltung Y

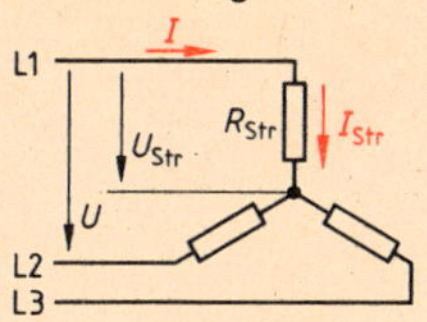

Schaltung an den Anschlußklemmen

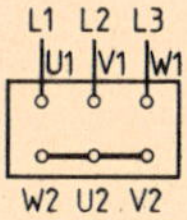

Dreieckschaltung △

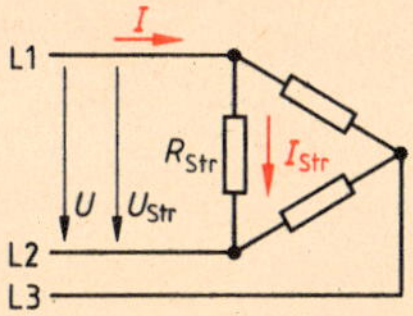

Schaltung an den Anschlußklemmen

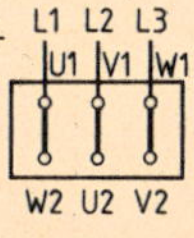

I Leiterstrom
U Leiterspannung
$\sqrt{3}$ Verkettungsfaktor
$\cos\varphi$ Leistungsfaktor
I_{Str} Strangstrom
U_{Str} Strangspannung
R_{Str} Strangwiderstand
P Wirkleistung

Sternschaltung:

Leiterstrom = Strangstrom $\quad I = I_{Str}$

Leiterspannung = $\sqrt{3}$ x Strangspannung $\quad U = \sqrt{3} \cdot U_{Str}$

Dreieckschaltung:

Leiterstrom = $\sqrt{3}$ x Strangstrom $\quad I = \sqrt{3} \cdot I_{Str}$

Leiterspannung = Strangspannung $\quad U = U_{Str}$

Stern- und Dreieckschaltung:

Strangstrom = $\frac{\text{Strangspannung}}{\text{Strangwiderstand}}$ $\quad I_{Str} = \frac{U_{Str}}{R_{Str}}$

Wirkleistung = $\sqrt{3}$ x Leiterspannung x Leiterstrom $\quad P = \sqrt{3} \cdot U \cdot I$

bei induktivem Lastanteil:

Wirkleistung = $\sqrt{3}$ · Leiterspannung x Leiterstrom x Leistungsfaktor $\quad P = \sqrt{3} \cdot U \cdot I \cdot \cos\varphi$

Beispiel:
Glühofen, $R_{Str} = 22\ \Omega$; $U = 380$ V; $P = ?$ für Dreieckschaltung

$$I_{Str} = \frac{U_{Str}}{R_{Str}} = \frac{380\ \text{V}}{22\ \Omega} = 17{,}2\ \text{A};\quad I = \sqrt{3} \cdot I_{Str} = \sqrt{3} \cdot 17{,}2\ \text{A} = 29{,}8\ \text{A}$$

$$\mathbf{P} = \sqrt{3} \cdot U \cdot I = \sqrt{3} \cdot 380\ \text{V} \cdot 29{,}8\ \text{A} = 19613\ \text{W} \approx \mathbf{19{,}6\ kW}$$

Elektrotechnische Schaltzeichen

DIN 40700...40717

Spannungen, Stromarten, Schaltarten

Zeichen	Bedeutung
—	Gleichstrom
~	Wechselstrom
≂	Gleich- oder Wechselstrom
≋	Hochfrequenzstrom
1~ 16 2/3 Hz	Einphasen-Wechselstrom 16⅔ Hz
3~ 50 Hz	Dreiphasen-Wechselstrom 50 Hz
Y	Sternschaltung
△	Dreieckschaltung
Y△	Stern-Dreieck-schaltung

Leitungen, Gehäuse, Anschlüsse

Zeichen	Bedeutung
a) b) c) d) NYM Cu 2,5²	Leitung a) allgemein b) bewegbar c) mit 3 Leitern d) mit Angabe der Leitungsart
—·—·—	Schutzleiter PE (stromlos)
— — —	Neutralleiter N (stromführend)
a) b)	Leitungsverbindung a) fest b) lösbar
a) b) c)	a) Erdung b) Schutzleiter c) Masseanschluß

Allgemeine Schaltzeichen

Zeichen	Bedeutung
a) b) c)	Widerstand a) allgemein b) veränderbar c) mit beweg-barem Abgriff
a) b) c)	Lampe a) allgemein b) Signallampe c) Entladungs-lampe
	Induktivität, Spule Wicklungsstrang wahlweise
	Kondensator
6V	Galvanisches Element, Batterie (langer Strich ≙ Pluspol)
	Sicherung

Schaltgeräte, Antriebe

Zeichen	Bedeutung
Form 1 Form 2	Schließer (bei Betätigung geschlossen)
	Öffner (bei Betätigung geöffnet)
	Wechsler (bei Betätigung wechselt Schalt-stellung)
a) b) c)	Handbetätigung mit selbsttätiger Rückkehr (Taster) a) allgemein b) durch Drücken c) durch Kippen
	Stellschalter handbetätigt
	elektro-mechanischer Antrieb (Relais)
a) b) c)	**Beispiele** a) Taster mit 1 Schließer b) Schalter mit 1 Öffner und 1 Schließer c) Relais oder Schütz mit 3 Schließern

Installationspläne

Zeichen	Bedeutung
	Ausschalter 1polig
	Ausschalter 3polig
	Serien-schalter
	Wechsel-schalter
	Taster
	Schuko-Steckdose
	Zähler
	Wärmegerät
	Elektroherd

Meßgeräte, Maschinen

Zeichen	Bedeutung
U V	Spannungsmesser (Voltmeter) wahlweise
I A	Strommesser (Amperemeter) wahlweise
a) M b) M c) M 3~ d) M/G	Maschinen a) Motor allgemein b) Gleichstrom-motor c) Drehstrom-motor d) Einanker-umformer
a) b)	Transformator a) Schaltzeichen b) Schalt-kurzzeichen

Halbleiterbauelemente

Zeichen	Bedeutung
	Gleichrichter-Diode
	Thyristor
	Foto-Diode
	PNP-Transistor
	NPN-Transistor

Informationsverarbeitung

Zeichen	Bedeutung
E1 E2 E3 A1 A2	Grundform Eingänge links Ausgänge rechts
&	UND-Glied (AND) Ausgang 1, wenn **alle** Eingänge 1
≥1	ODER-Glied (OR) Ausgang 1, wenn **mindestens** ein Eingang 1
1	NICHT-Glied (NOT) Ausgang 0, wenn Eingang 1 und umgekehrt
&	UND-Glied mit negiertem Ausgang (NAND) Ausgang 0, wenn **alle** Eingänge 1

Koordinatensysteme bei NC-Maschinen

DIN 66217 (12.75)

Die Koordinatenachsen und die Drehungen um die Koordinatenachsen sind auf das aufgespannte Werkstück bezogen.

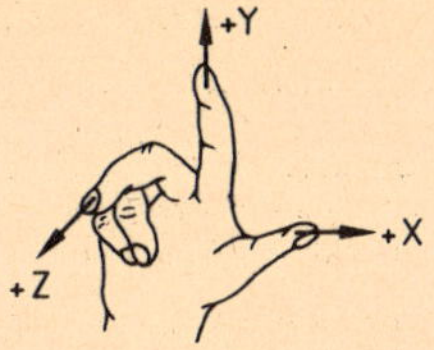

Koordinatenachsen

Die Koordinatenachsen X, Y und Z stehen senkrecht aufeinander. Die Zuordnung kann durch Daumen, Zeigefinger und Mittelfinger der rechten Hand dargestellt werden. Die positive Richtung ergibt dabei immer eine Vergrößerung der Koordinatenwerte am Werkstück.

Z-Achse: Die Z-Achse liegt in der Richtung der Arbeitsspindel oder senkrecht zur Aufspannfläche des Werkstücks.

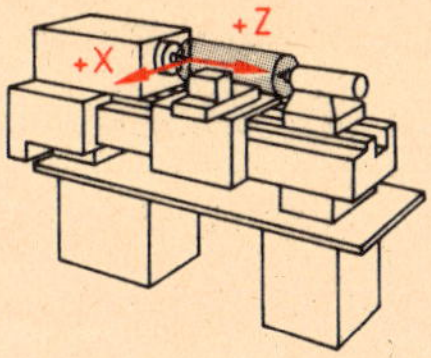

X-Achse: Die X-Achse verläuft meist horizontal und parallel zur Aufspannfläche des Werkstücks. Sie bildet die Hauptachse in der Positionierebene. Bei Maschinen mit sich drehenden Werkstücken gilt: Liegt die Z-Achse horizontal, so verläuft die positive X-Achse nach rechts, wenn man von der Hauptspindel auf das Werkstück blickt.

Y-Achse: Die Y-Achse steht senkrecht zur XZ-Ebene.

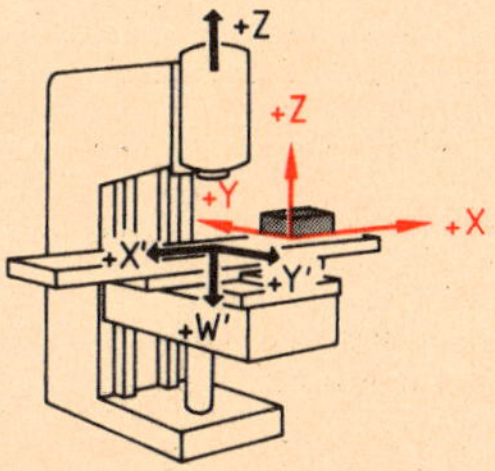

Zusätzliche Achsen: Sind zu den Koordinatenachsen X, Y und Z weitere dazu parallele Achsen vorhanden, so werden diese mit U (parallel zu X), V (parallel zu Y) und W (parallel zu Z) bezeichnet. Die Hauptachsen X, Y und Z liegen der Hauptspindel am nächsten.

Drehungen um die Koordinatenachsen

Die Drehungen A, B und C werden den Koordinatenachsen zugeordnet.

A Drehung um die X-Achse oder um eine dazu parallele Achse.

B Drehung um die Y-Achse oder um eine dazu parallele Achse.

C Drehung um die Z-Achse oder um eine dazu parallele Achse.

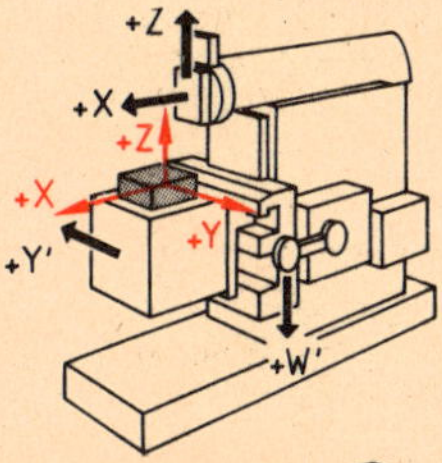

Die Drehrichtung wird durch einen Pfeil dargestellt. Der Drehwinkel wächst, wenn in der positiven Koordinatenrichtung gesehen die Drehung im Uhrzeigersinn erfolgt. Dies kann durch + Zeichen verdeutlicht werden, das vor die Bezeichnung für die Drehbewegung gesetzt wird, z. B. + B = 270°.

Nullpunkt des Koordinatensystems

Der Nullpunkt des Koordinatensystems kann in der Regel beliebig und für jede Koordinatenachse getrennt gewählt werden. Meist nimmt man jedoch dafür einen geeigneten Bezugspunkt an der Maschine, wie z. B. die Vorderkante oder die Mitte der Arbeitsspindel.

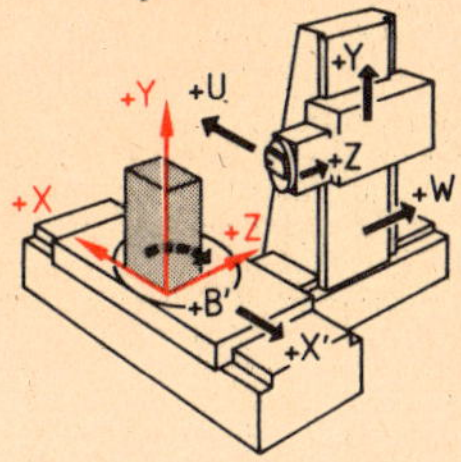

Bewegungsrichtungen an der Maschine

Bewegungen in positiver Richtung führen zu größeren Maßen am Werkstück. Damit ergibt sich:

a) Wird der Werkzeugträger bewegt, so sind Bewegungsrichtung und Koordinatenrichtung gleichgerichtet. Die positiven Bewegungsrichtungen werden wie die positiven Achsrichtungen mit + X, + Y und + Z bezeichnet.

b) Wird der Werkstückträger bewegt, so sind Bewegungsrichtung und Koordinatenrichtung einander entgegengerichtet. Die positiven Bewegungsrichtungen werden dann mit + X′, + Y′ und + Z′ bezeichnet.

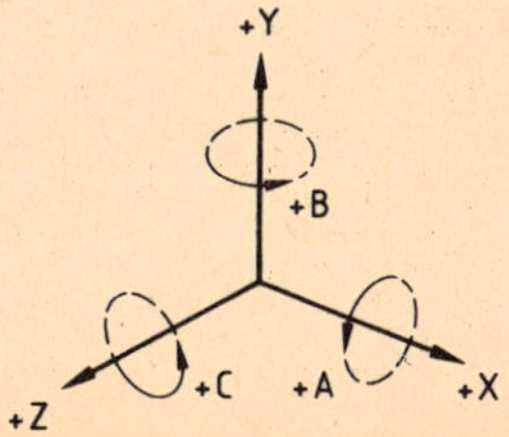

Die Programmierung erfolgt unabhängig davon, ob sich bei der Bearbeitung das Werkstück oder das Werkzeug bewegt, weil das Koordinatensystem auf das Werkstück bezogen ist. Der Programmierer stellt sich vor, daß sich das Werkzeug relativ zum Koordinatensystem des als stillstehend gedachten Werkstücks bewegt.

Programmieren numerisch gesteuerter Maschinen DIN 66025 T1 und T2 (1.83)

Programmaufbau

Die Programme numerisch gesteuerter Maschinen bestehen aus einzelnen Sätzen, die aus Wörtern zusammengesetzt sind. Die Wörter werden aus dem Adreßbuchstaben und einer Zahl gebildet. Art und Anzahl der Wörter eines Satzes sind durch die jeweilige Steuerung bestimmt.

Adreßbuchstaben

Buchstabe	Bedeutung	Buchstabe	Bedeutung	Buchstabe	Bedeutung
A	Drehbewegung um X-Achse	K	Interpolationsparameter oder Gewindesteigung parallel zur Z-Achse	S	Spindeldrehzahl
B	Drehbewegung um Y-Achse	L	(frei verfügbar)	T	Werkzeug
C	Drehbewegung um Z-Achse	M	Zusatzfunktion	U	zweite Bewegung parallel zur X-Achse
D	Werkzeugkorrekturspeicher	N	Satz-Nummer	V	zweite Bewegung parallel zur Y-Achse
E	Zweiter Vorschub	O	(frei verfügbar)	W	zweite Bewegung parallel zur Z-Achse
F	Vorschub	P	dritte Bewegung parallel zur X-Achse	X	Bewegung in Richtung der X-Achse
G	Wegbedingung	Q	dritte Bewegung parallel zur Y-Achse	Y	Bewegung in Richtung der Y-Achse
H	(frei verfügbar)	R	dritte Bewegung parallel zur Z-Achse oder Bewegung im Eilgang in Richtung der Z-Achse	Z	Bewegung in Richtung der Z-Achse
I	Interpolationsparameter oder Gewindesteigung parallel zur X-Achse				
J	Interpolationsparameter oder Gewindesteigung parallel zur Y-Achse				

Wegbedingungen (Auswahl)

Wegbedingung	Bedeutung	Wegbedingung	Bedeutung
G00	Punktsteuerungsverhalten	G63	Gewindebohren
G01	Geraden-Interpolation	G74	Referenzpunkt anfahren
G02	Kreis-Interpolation im Uhrzeigersinn	G90	absolute Maßangaben
G03	Kreis-Interpolation im Gegenuhrzeigersinn	G91	inkrementale Maßangaben
G04	Verweilzeit, zeitlich vorbestimmt	G92	Speicher setzen
G40	Aufheben der Werkzeugkorrektur	G96	Konstante Schnittgeschwindigkeit
G41	Werkzeugbahnkorrektur, links	G97	Angabe der Spindeldrehzahl in 1/min
G42	Werkzeugbahnkorrektur, rechts	G98	vorläufig frei verfügbar

Zusatzfunktionen (Auswahl)

Zusatzfunktion	Bedeutung	Zusatzfunktion	Bedeutung
M00	programmierter Halt	M10	Klemmen
M02	Programmende	M11	Klemmung lösen
M03	Spindel EIN im Uhrzeigersinn	M30	Programmende und Sprung an den Programmanfang
M04	Spindel EIN im Gegenuhrzeigersinn		
M05	Spindel Halt	M40 bis M45	Getriebeschaltung oder vorläufig frei verfügbar
M06	Werkzeugwechsel		
M08	Kühlschmiermittel EIN		
M09	Kühlschmiermittel AUS	M99	ständig frei verfügbar

Programmierbeispiel für eine streckengesteuerte Maschine, in absoluten Maßen programmiert

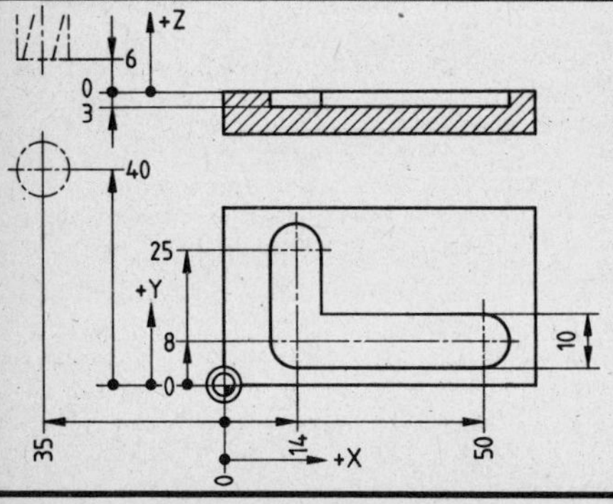

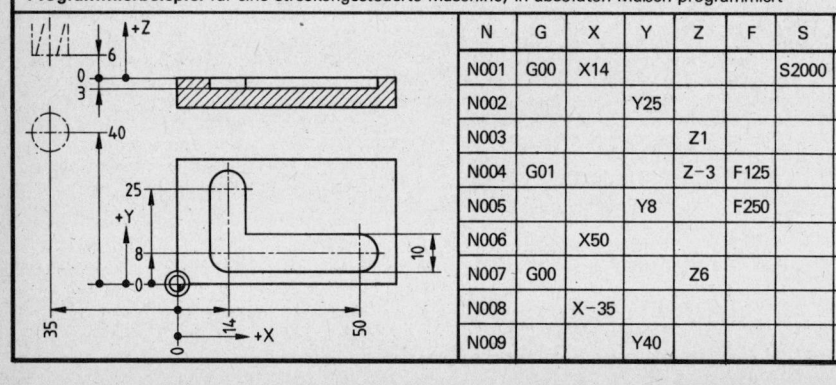

N	G	X	Y	Z	F	S	T	M
N001	G00	X14				S2000	T01	M03
N002			Y25					
N003				Z1				M08
N004	G01			Z−3	F125			
N005			Y8		F250			
N006		X50						
N007	G00			Z6				M09
N008		X−35						
N009			Y40					M30

Numerische Steuerung von Werkzeugmaschinen

Code für 8-Spur-Lochstreifen DIN 66024 (3.69)

Nr.	Spur-Nummer Zeichen	8	7	6	5	4	T	3	2	1	Zeichenerklärung (siehe auch Seite 237 und 238)
		Lochkombination									
1	NUL						•				Null
2	BS	●				●	•				Rückwärtsschritt (BACKSPACE)
3	HT					●	•			●	Horizontal-Tabulator
4	LF					●	•		●		Zeilenvorschub (LINE FEED), Satzende
5	CR	●				●	•	●		●	Wagenrücklauf (CARRIAGE RETURN)
6	SP	●		●			•				Zwischenraum (SPACE)
7	(			●		●	•				Anmerkungsbeginn
8	)	●		●		●	•			●	Anmerkungsende
9	%	●		●			•	●		●	Programmanfang
10	:			●	●	●	•		●		Hauptsatz
11	/	●		●		●	•	●	●	●	Satzunterdrückung
12	+			●		●	•		●	●	plus
13	–			●		●	•	●		●	minus
14	0			●	●		•				Ziffer 0
15	1	●		●	●		•			●	Ziffer 1
16	2	●		●	●		•		●		Ziffer 2
17	3			●	●		•		●	●	Ziffer 3
18	4	●		●	●		•	●			Ziffer 4
19	5			●	●		•	●		●	Ziffer 5
20	6			●	●		•	●	●		Ziffer 6
21	7	●		●	●		•	●	●	●	Ziffer 7
22	8	●		●	●	●	•				Ziffer 8
23	9			●	●	●	•			●	Ziffer 9
24	A		●				•			●	Drehbewegung um die X-Achse
25	B		●				•		●		Drehbewegung um die Y-Achse
26	C	●	●				•		●	●	Drehbewegung um die Z-Achse
27	D		●				•	●			Werkzeugkorrekturspeicher
28	E	●	●				•	●		●	Zweiter Vorschub
29	F	●	●				•	●	●		Vorschubbefehl (FEED)
30	G		●				•	●	●	●	Wegbedingung (GO)
31	H		●			●	•				frei verfügbar
32	I	●	●			●	•			●	Interpolationsparameter parallel zur X-Achse
33	J	●	●			●	•		●		Interpolationsparameter parallel zur Y-Achse
34	K		●			●	•		●	●	Interpolationsparameter parallel zur Z-Achse
35	L	●	●			●	•	●			frei verfügbar
36	M		●			●	•	●		●	Zusatzfunktion (MISCELLANEOUS FUNCTIONS)
37	N		●			●	•	●	●		Satznummer
38	O	●	●			●	•	●	●	●	frei verfügbar
39	P		●		●		•				dritte Bewegung parallel zur X-Achse
40	Q	●	●		●		•			●	dritte Bewegung parallel zur Y-Achse
41	R	●	●		●		•		●		dritte Bewegung parallel zur Z-Achse
42	S		●		●		•		●	●	Spindeldrehzahl-Befehl (SPEED)
43	T	●	●		●		•	●			Werkzeugbefehl (TOOL)
44	U		●		●		•	●		●	zweite Bewegung parallel zur X-Achse
45	V		●		●		•	●	●		zweite Bewegung parallel zur Y-Achse
46	W	●	●		●		•	●	●	●	zweite Bewegung parallel zur Z-Achse
47	X	●	●		●	●	•				Bewegungsbefehl in Richtung der X-Achse
48	Y		●		●	●	•			●	Bewegungsbefehl in Richtung der Y-Achse
49	Z		●		●	●	•		●		Bewegungsbefehl in Richtung der Z-Achse
50	DEL	●	●	●	●	●	•	●	●	●	Löschen (DELETE)

Bildzeichen für numerisch gesteuerte Werkzeugmaschinen

Grundbildzeichen

DIN 55003 T3 (8.81)

Bildzeichen	Bezeichnung	Bildzeichen	Bezeichnung	Bildzeichen	Bezeichnung
	**Richtungweisender Pfeil**		**Programm mit Maschinenfunktionen** Zur Anzeige der Funktionsweise des Systems		**Speicher** Bildzeichen für Daten, Komponenten oder Werkzeuge
	**Funktionspfeil** Er wird grundsätzlich bei Bildzeichen verwendet, die Maschinenfunktionen darstellen.		**Satz** Für Funktionen die mit einem Programm-Satz in Zusammenhang stehen		**Wechsel** Zur Darstellung von Wechselfunktionen, z. B. Werkzeugwechsel
	**Datenträger** z. B. zur Kennzeichnung von Lochstreifen, Magnetband, Magnetplatte		**Bezugspunkt** (Ursprung) Für Funktionen die sich auf den Bezugspunkt beziehen		**Ändern** Zur Darstellung von Änderungsfunktionen, z. B. Einfügen oder Ändern von Programmteilen
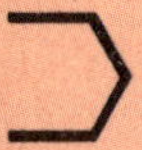	**Programm ohne Maschinenfunktionen** Zur Anzeige der Funktionsweise des Systems		**Korrektur** (Verschiebung)	In der NC-Steuerungstechnik werden die Grundbildzeichen wiederholt und folgerichtig angewendet und dienen damit als Grundlage für die Darstellung zusammenhängender Funktionen.	

Angewandte Bildzeichen

DIN 55003 T3 (8.81)

Bildzeichen	Bezeichnung	Bildzeichen	Bezeichnung	Bildzeichen	Bezeichnung
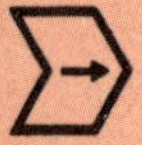	**Band-Vorlauf** ohne Lesen der Daten; ohne Maschinenfunktionen		**Vorwärts** satzweise alle Daten lesen; ohne Maschinenfunktionen		**Programm-Ende**
	**Band-Rücklauf** ohne Lesen der Daten; ohne Maschinenfunktionen		**Suchlauf** vorwärts auf bestimmte Daten; ohne Maschinenfunktionen		**Suchlauf rückwärts** zum Programm-Anfang; ohne Maschinenfunktionen
	**Vorwärts kontinuierlich** alle Daten lesen; ohne Maschinenfunktionen		**Suchlauf rückwärts** auf bestimmte Daten; ohne Maschinenfunktionen		**Programm-Ende** mit automatischem Rücklauf zum Programm-Anfang; ohne Maschinenfunktionen
	**Vorwärts kontinuierlich** alle Daten lesen; mit Maschinenfunktionen		**Satznummer-Suche** rückwärts; ohne Maschinenfunktionen		**Wahlweise Satzunterdrückung**
	**Vorwärts satzweise** alle Daten lesen; mit Maschinenfunktionen		**Hauptsatz-Suche** vorwärts; ohne Maschinenfunktionen		**Handeingabe**
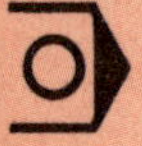	**Programmierter Halt** entspricht der Funktion M00		**Hauptsatz-Suche** rückwärts; ohne Maschinenfunktionen		**Normale Achssteuerung** Maschine folgt Programm
	**Programmierter wahlweiser Halt** entspricht der Funktion M01		**Programm-Anfang**		**Spiegelbildliche Achssteuerung** Maschine spiegelt Programm

Bildzeichen für numerisch gesteuerte Werkzeugmaschinen

Angewandte Bildzeichen DIN 55003 T3 (8.81)

Bildzeichen	Bezeichnung	Bildzeichen	Bezeichnung	Bildzeichen	Bezeichnung
	**Referenzpunkt** z. B. Schlittenposition zu einem bekanntem Bezugspunkt		**Dateneingabe in einen Speicher**		**Programm-Speicher**
	**Koordinaten-Nullpunkt** Ursprung des Maschinen-koordinaten-Systems		**Datenausgabe aus einem Speicher**		**Unterprogramm**
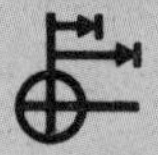	**Absolute Maßangaben** Koordinaten-Maß-Befehl, z. B. Bezugsmaße		**Rücksetzen**		**Unterprogramm-Speicher**
	**Inkrementale Maßangaben**		**Löschen**		**Programm ändern**
	**Nullpunkt-Verschiebung**		**Speicherinhalt rücksetzen**		**Daten im Speicher ändern**
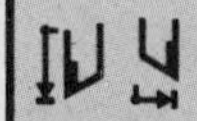	**Werkzeug-Korrektur** für nicht drehendes Werkzeug		**Speicherinhalt löschen**		**Zwischenspeicher**
	**Werkzeug-Längenkorrektur** für drehendes Werkzeug		**Fehlerhafte Programmdaten** z. B. Syntaxfehler, Paritätsfehler, Auslassung		**Kontur wiederanfahren** z. B. nach dem Auswechseln eines beschädigten Werkzeuges
	**Werkzeug-Radiuskorrektur** für drehendes Werkzeug		**Fehlerhafter Datenträger** z. B. gerissenes Band		**Programmierter Positions-Sollwert**
	**Werkzeug-Durchmesserkorrektur** für drehendes Werkzeug		**In Position**		**Positions-Istwert**
	**Werkzeug-Schneidenradius-korrektur**		**Speicher-Überlauf**		**Positionsfehler**
	**Positioniergenauigkeit – fein**		**Vorwarnung Speicher-Überlauf**		**Gitter-Punkt** Hilfs-Bezugsposition
	**Positioniergenauigkeit – mittel**		**Speicher-Fehler**		**Programm von externer Einrichtung**
	**Positioniergenauigkeit – grob**		**Batterie** galvanisches Element, Akkumulator		**Datenträger-Eingabe** über eine Zusatzeinrichtung

Bildzeichen für den Maschinenbau

Allgemeine Bildzeichen für Anzeigeelemente

DIN 30 600 T2 (3.79)

Bildzeichen	Bezeichnung	Bildzeichen	Bezeichnung	Bildzeichen	Bezeichnung	Bildzeichen	Bezeichnung
	Ein		Eingang für Energie und Signale		Verändern einer Größe bis zum Maximalwert, Maximum-Einstellung		Temperaturzunahme
	Aus		Wirkung auf einen Bezugspunkt zu		Verändern einer Größe bis zum Minimalwert, Minimum-Einstellung		Temperatur-Begrenzer
	Ein-Aus, stellend		Wirkung von einem Bezugspunkt aus		Handbetätigung		Fußschalter
	Ein-Aus, tastend		Drehbewegung nach rechts		Entriegeln		Regler
	Start, Ingangsetzen einer Bewegung		Drehbewegung nach links		Verriegeln		Uhr; zeitlicher Ablauf
	Schnellstart		Drehbewegung in zwei Richtungen		Geschwindigkeit		Getriebe, allgemein
	Stopp, Anhalten einer Bewegung		Drehen, Umdrehungen, Drehzahl		Bewegung in Pfeilrichtung aus einer Begrenzung		Kupplung, allgemein
	Schnellstopp		Einmalige Umdrehung		Bewegung in Pfeilrichtung, begrenzt		Schmierung
	Zuschalten		Automatischer Ablauf		Schnelle Bewegung in eine Begrenzung		Gefährliche elektrische Spannung
	Abschalten		Bremsen		Schnelle Bewegung aus einer Begrenzung		Ventilation, Lüftung
	Vorbereiten		Bremse lösen		Bewegung in zwei Richtungen		Wärmeabgabe durch Strahlung
	Vorbereitendes Schalten		Mittelstellung		Oszillierende Bewegung, beidseitig begrenzt		Wärmeabgabe durch Konvektion
	Steuern		Lösen; Abheben		Bewegung in Pfeilrichtung, unterbrochen		Akustisches Signal, Klingel
	Regeln		Festklemmen, Einspannen, Anpressen		Thermometer, Temperatur		Beleuchtung, Licht
	Ausgang für Energie und Signale		Verändern einer Größe		Temperaturabnahme		Leuchtmelder

Bildzeichen für den Maschinenbau

Bildzeichen für Werkzeugmaschinen

DIN 24900 T 10 (1.82)

Bildzeichen	Bezeichnung	Bildzeichen	Bezeichnung	Bildzeichen	Bezeichnung	Bildzeichen	Bezeichnung
	Vorschub, allgemein		Bohren		Spindel		Nachformen
	Schneller Vorschub, Eilgang		Gewindebohren		Spannzange		Drehtisch, allgemein
	Positionieren		Gewinde herstellen		Material-, Stangenvorschub bis zum Anschlag		Werkzeugmagazin, zentralgeführt
	Spindelumdrehung, Spindeldrehzahl		Reiben, allgemein		Drehfutter, Spannfutter		Werkzeugmagazin, Kettensystem
	Hobeln		Fräsen		Planscheibe		Werkzeug-Wechselarm, einarmig
	Senkrecht-Stoßen		Fräsen im Gleichlauf		Längsspannen		Werkstück
	Waagerecht-Stoßen		Fräsen im Gegenlauf		Spannen in vorbestimmter Lage		Werkstücktransport
	Innenräumen		Schleifen, allgemein		Scherschneiden		Werkstückhalter, Werkstückbefestigung
	Außenräumen		Planschleifen		Schwenkbiegen, Abkanten		Werkstück einsetzen
	Plandrehen		Innenrundschleifen		Drehendes Werkzeug, allgemein		Werkstück auswerfen
	Längsdrehen		Außenrundschleifen		Werkzeug einsetzen		Werkstück zentrieren
	Innendrehen, Ausdrehen		Einstechschleifen		Werkzeug ausstoßen		Werkstück-Vereinzelung, Werkstück-Einlaufsperre
	Außendrehen		Innenhonen		Werkzeug klemmen		Werkstück-Auslaufsperre schließen
	Schloßmutter öffnen		Außenhonen		Werkzeug lösen		Werkstück-Greifvorrichtung
	Schloßmutter schließen		Läppen		Spindelstock		Werkstoffabfall-Transport, Spänetransport

Grundbegriffe der Steuerungs- und Regelungstechnik

DIN 19226 (5.68)

Begriff	Erklärung	Beispiel
Steuern Steuerung	Beim Steuern wird die Ausgangsgröße, z. B. die Temperatur in einem Härteofen, von der Eingangsgröße, z. B. der Öffnung des Brenngasventils, beeinflußt. Die Ausgangsgröße wirkt auf die Eingangsgröße nicht zurück. Die Steuerung hat einen offenen Wirkungsablauf.	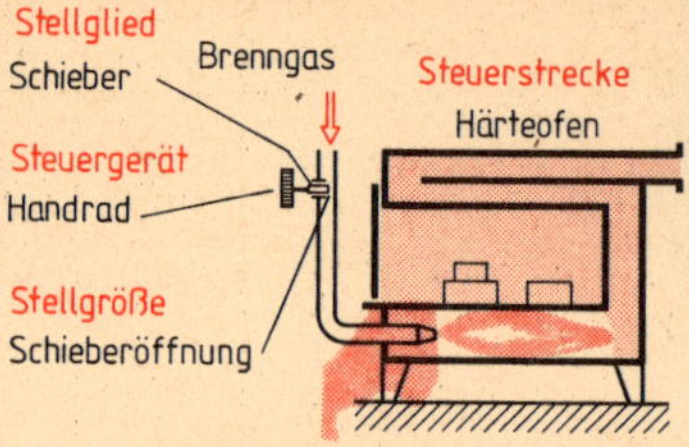 Steuerung eines Härteofens
Regeln Regelung	Beim Regeln wird die Regelgröße, z. B. die Ist-Temperatur in einem Härteofen, fortlaufend gemessen, mit der Soll-Temperatur als Führungsgröße verglichen und bei Abweichungen an die Führungsgröße angeglichen. Die Regelung hat einen geschlossenen Wirkungsablauf.	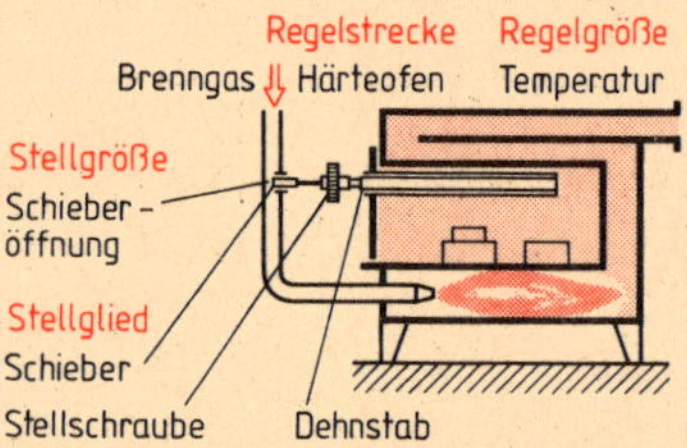 Regelung eines Härteofens
Ausgangsgröße	Die Ausgangsgröße eines Regelkreisgliedes wird von der Eingangsgröße gesteuert und bestimmt den Masse- oder Energiestrom oder die Ausgangssignale des Regelkreisgliedes.	Stellung des Brenngasventils an einem Härteofen
Blockschaltbild	Im Blockschaltbild wird die wirkungsmäßige Abhängigkeit der Glieder einer Steuer- oder Regeleinrichtung dargestellt.	 Steuerkette eines Härteofens als Blockschaltbild
D-Regler	**D**ifferenzierend wirkende Regler ändern die Ausgangsgröße proportional zur Änderungsgeschwindigkeit der Eingangsgröße. D-Regeleinrichtungen kommen nur zusammen mit P- oder PI-Regeleinrichtungen vor, da reines D-Verhalten bei konstanter Regeldifferenz keine Ausgangsgröße und damit keine Regelung bewirkt.	D-Drossel mit Balg beim pneumatischen Regler
Differenzierbeiwert	Der Differenzierbeiwert K_D ist der Quotient aus der Ausgangsgröße y und dem Differentialquotienten der Eingangsgröße x: $y(t) = K_D \cdot \frac{dx(t)}{dt}$	
Eingangsgröße	Die Eingangsgröße eines Regelkreisgliedes steuert die Ausgangsgröße dieses Gliedes.	Temperatur in einem Härteofen
I-Regler	**I**ntegrierendes Verhalten hat ein Regler, dessen Ausgangsgröße y dem Integral der Eingangsgröße x über der Zeit proportional ist: $y(t) = K_I \int x(t) \cdot dt$ I-Regeleinrichtungen ändern die Ausgangsgröße umso mehr, je länger die Regeldifferenz anhält. Sie gleichen die Regeldifferenz langsam aber völlig aus.	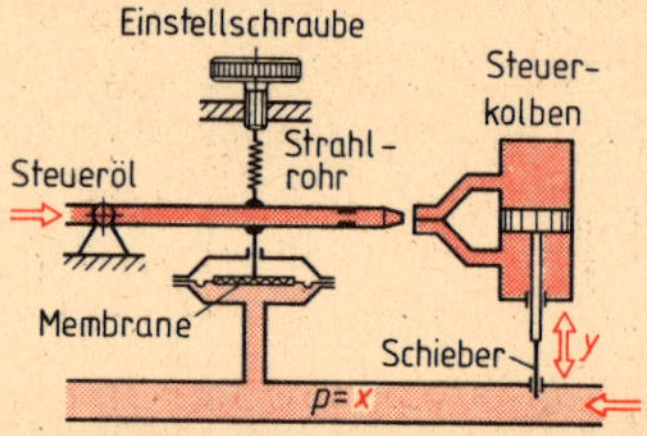 I-Regler für Druck

Grundbegriffe der Steuerungs- und Regelungstechnik DIN 19226 (5.68)

Begriff	Erklärung	Beispiel
Integrierbeiwert	Der Integrierbeiwert K_I ist gleich dem Quotienten aus der Ausgangsgröße und dem Zeitintegral der Eingangsgröße.	
Integrierzeit	Bei plötzlicher Änderung der Eingangsgröße benötigt die Regeleinrichtung die Integrierzeit T_I, um die volle Ausgangsgröße zu erreichen.	Die Zeit, die notwendig ist, um bei gleichbleibender Temperaturdifferenz das Brenngasventil eines Härteofens voll zu öffnen.
Istwert	Der Istwert ist der Wert, den die Regelgröße, die Eingangs- oder Ausgangsgröße im betrachteten Zeitpunkt tatsächlich hat.	Vorhandener Wasserstand in einem Behälter
Nachstellzeit	Die Nachstellzeit ist die Zeit einer PI-Regeleinrichtung, die bei plötzlicher Änderung der Eingangsgröße benötigt wird, um auf Grund der I-Wirkung eine gleichgroße Änderung der Ausgangsgröße zu erzielen, wie sie infolge des P-Anteils entsteht.	
P-Regler	Proportional wirkende Regler ändern die Ausgangsgröße proportional zur Eingangsgröße. P-Regler reagieren schnell, behalten aber eine bleibende Regelabweichung.	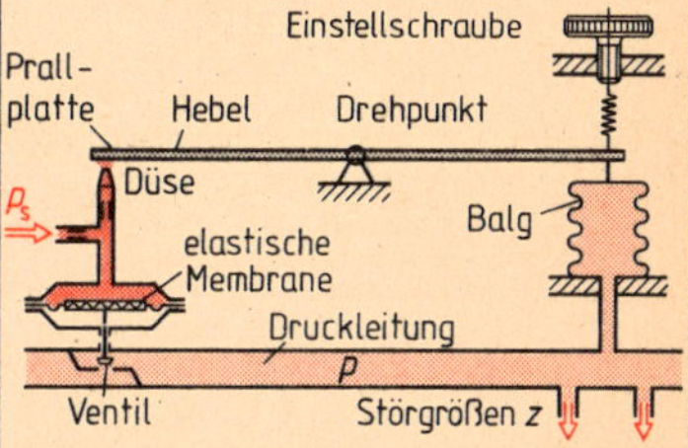 P-Regler für Druck
PI-Regler	Beim proportional-integral wirkenden Regler setzt sich die Ausgangsgröße aus einem **P**-Anteil und einem **I**-Anteil zusammen. Der PI-Regler verbindet die hohe Regelgeschwindigkeit des P-Reglers mit dem völligen Ausregeln der Regeldifferenz beim I-Regler.	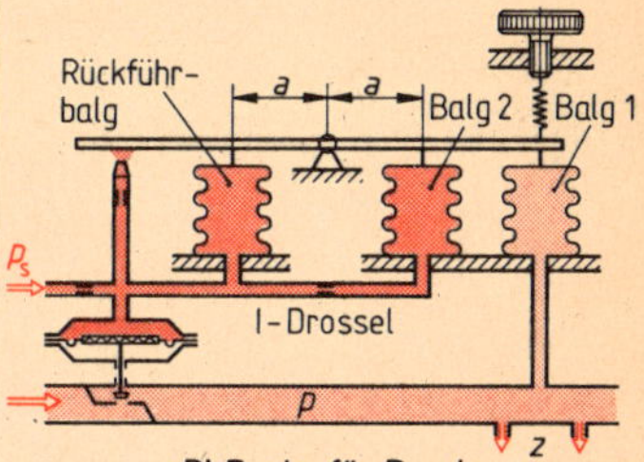 PI-Regler für Druck
PID-Regler	Beim PID-Regler sind ein P-Glied, ein I-Glied und ein D-Glied parallelgeschaltet. Das Übergangsverhalten setzt sich entsprechend aus der P-Verstellung, der I-Verstellung und der D-Verstellung zusammen. Am Anfang erfolgt eine starke Verstellung durch das D-Glied, danach wird diese etwa bis zum Anteil des P-Gliedes zurückgenommen um anschließend entsprechend dem Einfluß des I-Gliedes linear anzusteigen. PID-Regeleinrichtungen regeln eine Regelabweichung schnell und völlig aus.	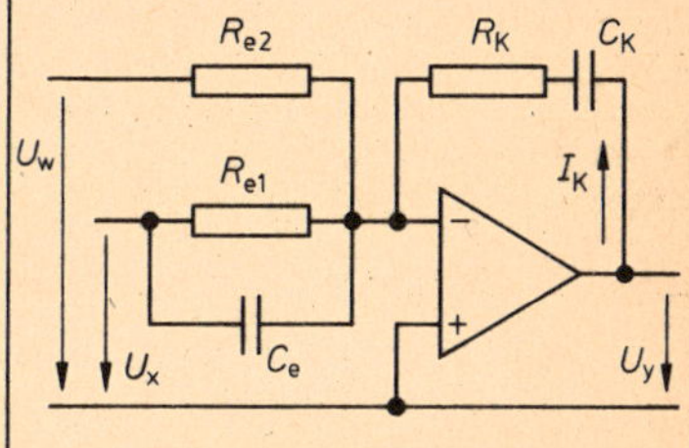 PID-Regler für Spannung
Proportional-beiwert	Der Proportionalbeiwert K_p ist der Quotient aus der Ausgangsgröße und der Eingangsgröße eines P-Gliedes	$K_p = \frac{y_h}{x_p} = \frac{a}{b}$ beim P-Regler Seite 247
Regel-abweichung	Die Regelabweichung x_w ist die Differenz zwischen der Regelgröße als Istwert und der Führungsgröße als Sollwert.	Sollwert p = 65 bar Istwert p = 68 bar Regeldifferenz x_w = 3 bar

Grundbegriffe der Steuerungs- und Regelungstechnik DIN 19226 (5.68)

Begriff	Erklärung	Beispiel
Regelgröße *x*	Die Regelgröße ist die zu regelnde Größe. Sie wird in der Regelstrecke gemessen und der Regeleinrichtung zugeführt.	Temperatur im Härteofen Drehzahl der Turbine
Regelkreis	Der Regelkreis wird durch alle Glieder einer Regelung gebildet, die an dem geschlossenen Wirkungsablauf teilnehmen.	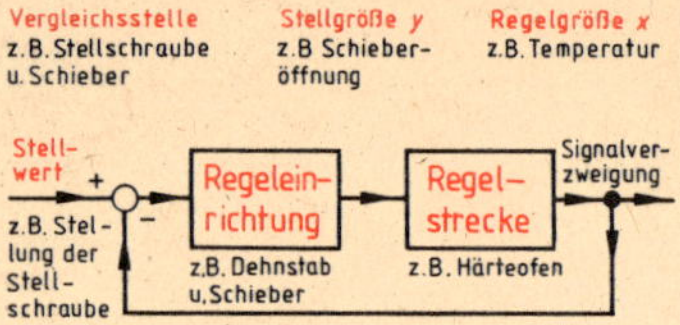 Regelkreis eines Härteofens als Blockschaltbild
Schaltdifferenz	Die Schaltdifferenz x_d des unstetigen Reglers ist die Differenz der Regelgröße zwischen Einschaltpunkt und Ausschaltpunkt.	Bimetall-Regler: Einschaltpunkt: 320 °C Ausschaltpunkt: 325 °C Schaltdifferenz: x_d = 5 °C
Stellglied	Das Stellglied ist das am Eingang der Strecke liegende Glied, das dort in den Massestrom oder Energiefluß eingreift.	Ventil in der Zuleitung einer Turbine, Verstellwiderstand für den Erregerstrom eines Gleichstrommotors
Stellgröße y	Die Stellgröße ist die Ausgangsgröße der Steuer- oder Regeleinrichtung und zugleich Eingangsgröße der Strecke. Sie überträgt die steuernde Wirkung der Einrichtung auf die Strecke.	Dampfstrom bei einer Turbine, Erregerstrom bei einem Gleichstrommotor
Steuerkette	Bei Steuerungen wirken die Glieder wie bei einer offenen Kette durchlaufend aufeinander ein.	
Sollwert	Der Sollwert ist der Wert, den eine Größe unter festgelegten Bedingungen haben soll.	Geforderter Wasserstand in einem Behälter
Strecke	Die Strecke (Regelstrecke, Steuerstrecke) ist der Teil des Wirkungsweges, der den zu beeinflussenden Bereich der Anlage darstellt.	Härteofen bei einer Temperatur-Regelung, Arbeitsspindel einer Drehmaschine bei einer Drehzahlsteuerung mittels Schaltgetriebe
Übergangs-verhalten	Das Übergangsverhalten beschreibt den zeitlichen Verlauf der Ausgangsgröße bei Aufschalten charakteristischer zeitlicher Verläufe der Eingangsgröße.	Seite 247
Vorhaltezeit	Die Vorhaltezeit ist die Zeit, um die eine PD-Regeleinrichtung bei linear zunehmender Eingangsgröße einen bestimmten Wert der Ausgangsgröße früher erreicht als eine entsprechende P-Regeleinrichtung.	
Zweipunkt-Regler	Zweipunkt-Regler sind unstetige Regler, die zwei Grenzwerten der Eingangsgrößen im Beharrungszustand zwei verschiedene Ausgangssignale zuordnen.	Druckschalter bei Verdichter-Anlagen, Bimetall-Schalter

Regeleinrichtungen – Erklärung der Begriffe Seite 244 bis 246 –

<table>
<tr><th>Art</th><th>Beispiel</th><th>Übergangsverhalten</th><th>Blockdarstellung Kennwerte</th></tr>
<tr><td>Zweipunkt-Regler</td><td>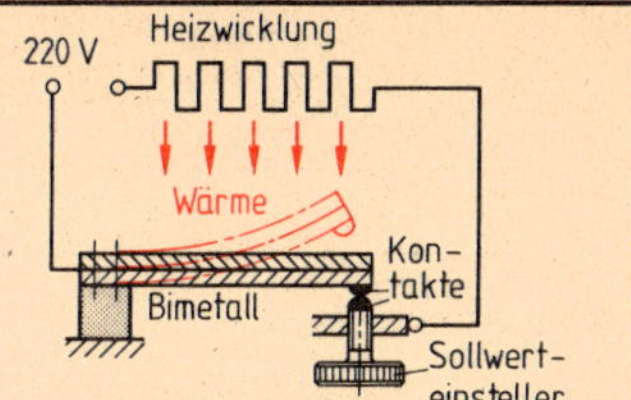

Sprungschalter</td><td>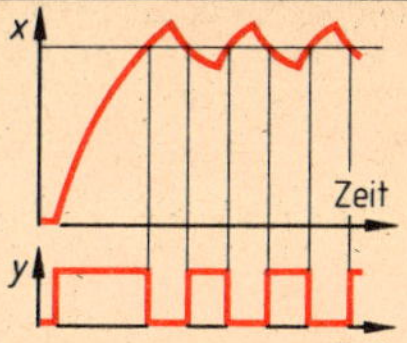

x Eingangsgröße
y Ausgangsgröße</td><td>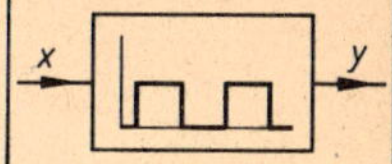

Schaltdifferenz</td></tr>
<tr><td>Proportional-Regler (P-Regler)</td><td>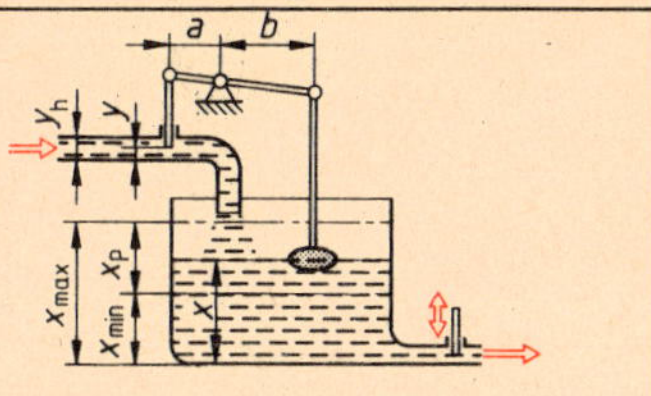

Wasserstandsregler</td><td>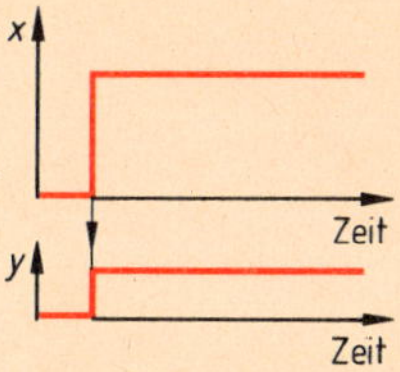
</td><td>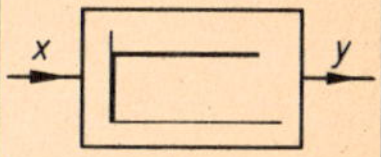

Proportionalbeiwert</td></tr>
<tr><td>Integral-Regler (I-Regler)</td><td>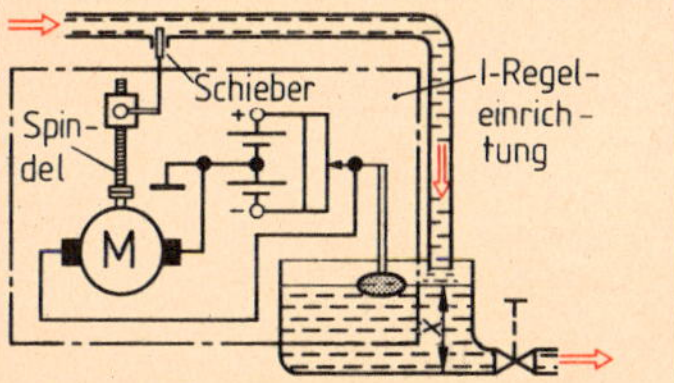

Wasserstandsregler</td><td>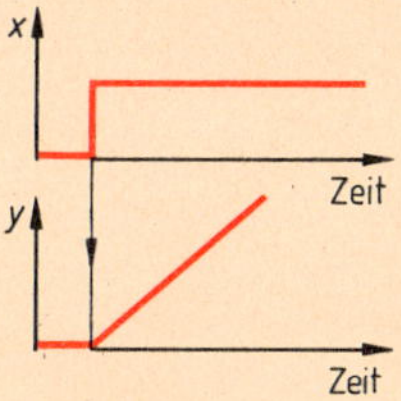
</td><td>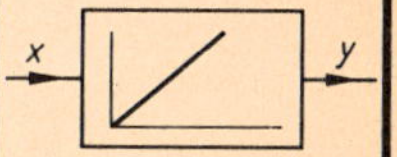

Integrierbeiwert
Integrierzeit</td></tr>
<tr><td>Proportional-integral-wirkender Regler (PI-Regler)</td><td>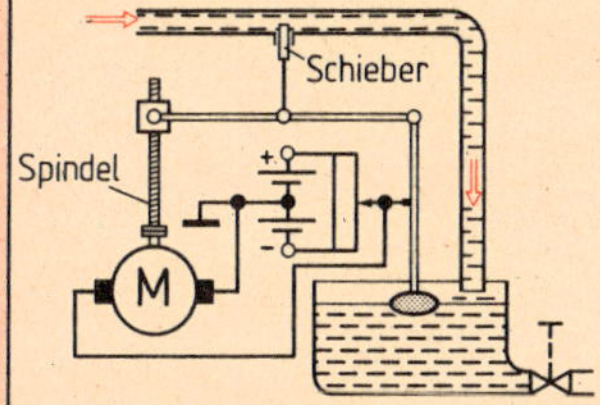
</td><td>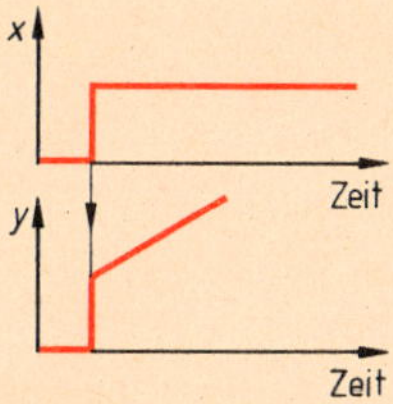
</td><td>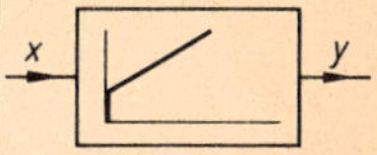

Proportionalbeiwert
Nachstellzeit</td></tr>
<tr><td>Differenzierend wirkender Regler (D-Regler)</td><td>D-Regeleinrichtungen kommen nur zusammen mit P- oder PI-Regeleinrichtungen vor, da reines D-Verhalten bei konstanter Regeldifferenz keine Stellgröße und damit keine Regelung liefert.</td><td>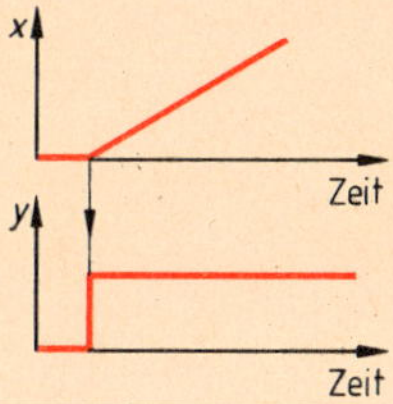
</td><td>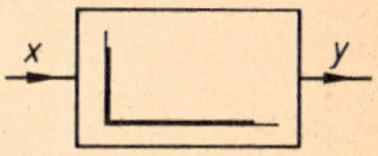

Differenzierbeiwert</td></tr>
<tr><td>Proportional-integral-differenzierend wirkender Regler (PID-Regler)</td><td>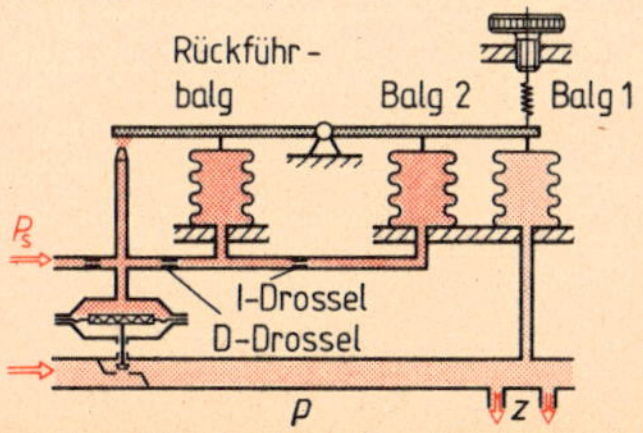
</td><td>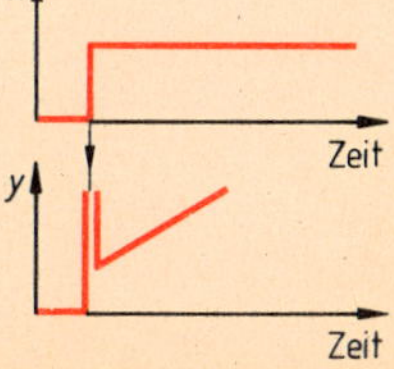
</td><td>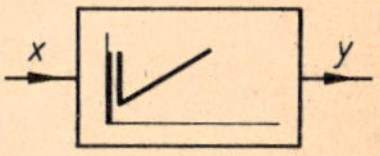

Proportionalbeiwert
Nachstellzeit
Vorhaltezeit</td></tr>
</table>

Schaltalgebra

Zeichen: ∧ und
∨ oder
a, b, c... Eingangsvariable
x, y, z... Ausgangsvariable

1 ja, wahr, Druck oder Spannung vorhanden, Zylinder ausgefahren...
0 nicht, falsch, Druck oder Spannung nicht vorhanden, Zylinder eingefahren...

Bei der Verknüpfung der Rechenregeln für mehrere Signale wird für das Zeichen ∧ oft ein · Zeichen (Mal-Punkt) und für ∨ ein + Zeichen (Plus) gedacht oder geschrieben. Mit diesen Zeichen gelten teilweise die Rechenregeln der gewöhnlichen Algebra.

Rechenregeln für die UND-Verknüpfung

1 Variable Regel	mit Schaltzeichen	pneumatisch/hydraulisch	elektrisch (mit Relais)
$0 \wedge a = 0$	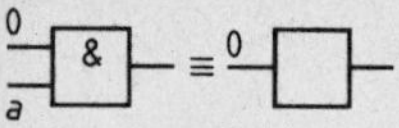	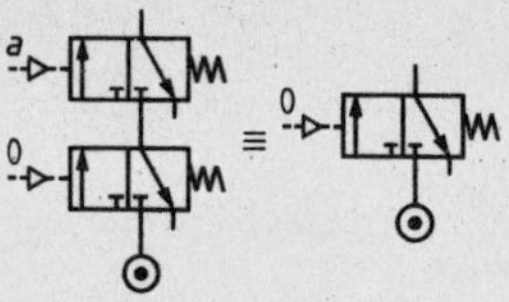	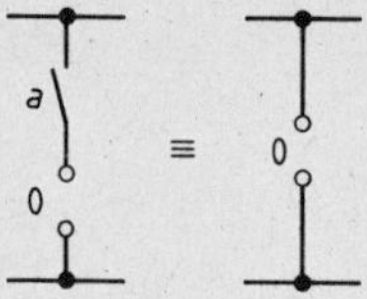
$1 \wedge a = a$	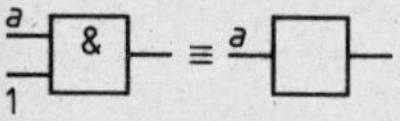	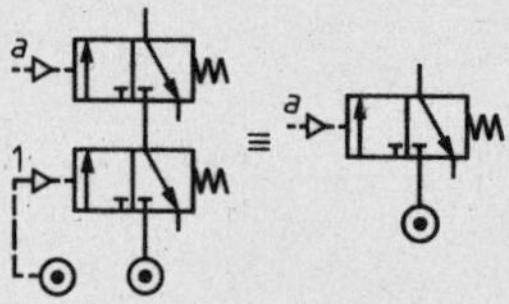	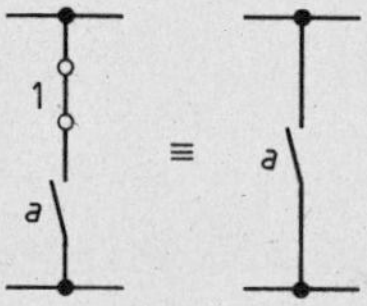
$a \wedge a = a$ allgemein: $a \wedge a \wedge a ... \wedge a = a$	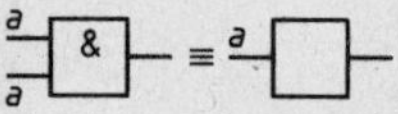	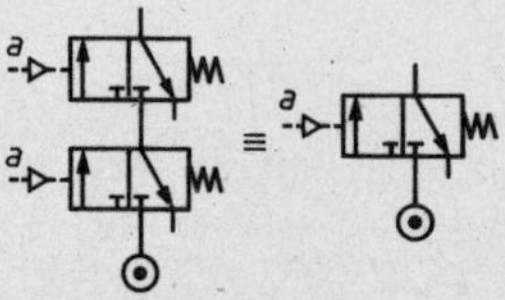	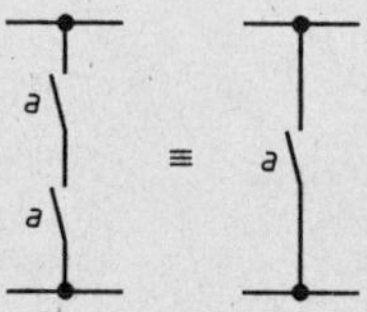
$a \wedge \bar{a} = 0$	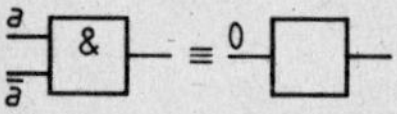	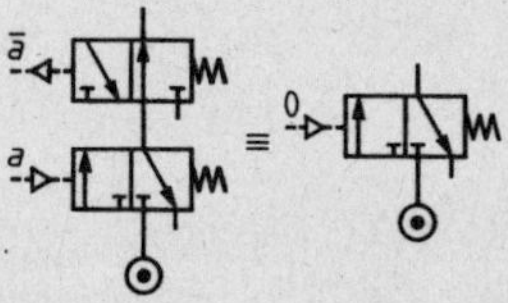	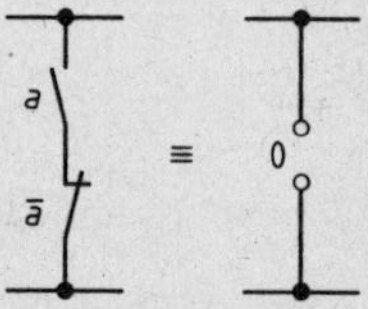
2 oder mehr Variable			
Vertauschungsgesetz (Kommutativ-Gesetz) $a \wedge b = b \wedge a$	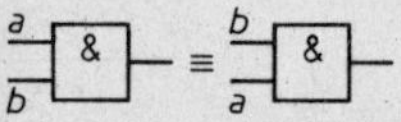	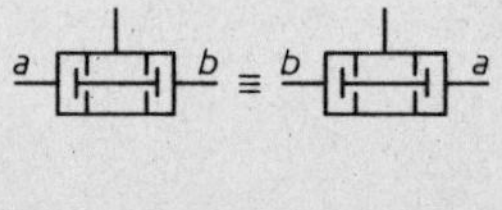	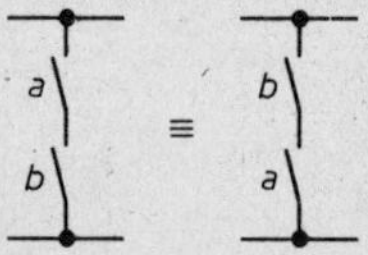
	Die Variablen einer UND-Verknüpfung dürfen beliebig vertauscht werden.		
Verbindungsgesetz (Assoziativ-Gesetz) $a \wedge b \wedge c = (a \wedge b) \wedge c = = a \wedge (b \wedge c) = (a \wedge c) \wedge b$	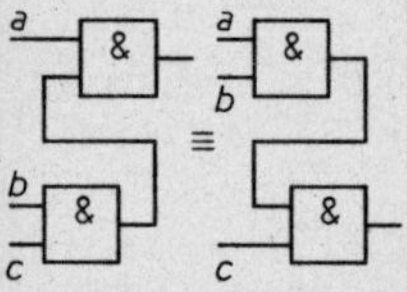	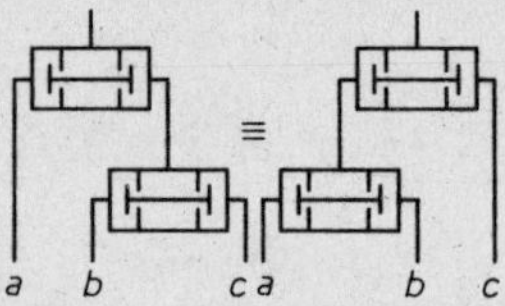	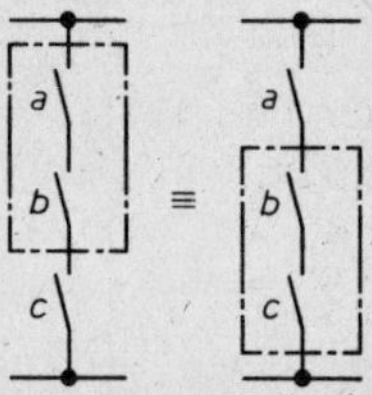
	Die Variablen einer UND-Verknüpfung dürfen beliebig zusammengefaßt werden.		

Schaltalgebra

Rechenregeln für die ODER-Verknüpfung

1 Variable Regel	mit Schaltzeichen	pneumatisch/hydraulisch	elektrisch (mit Relais)
$0 \vee a = a$	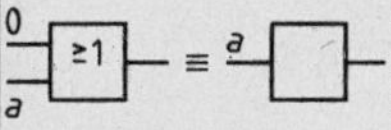	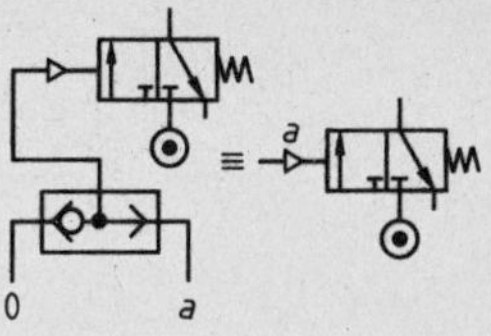	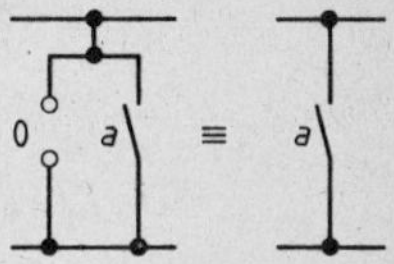
$1 \vee a = 1$	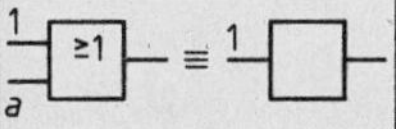	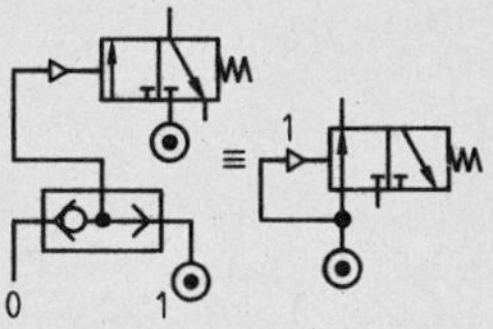	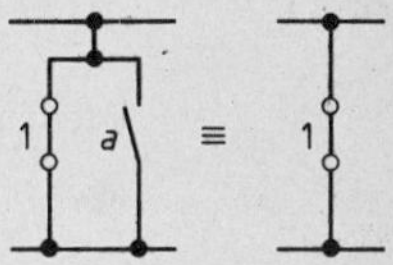
$a \vee a = a$ allgemein: $a \vee a \vee \ldots \vee a = a$	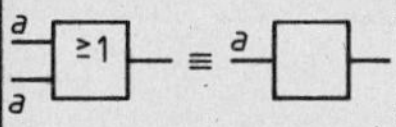	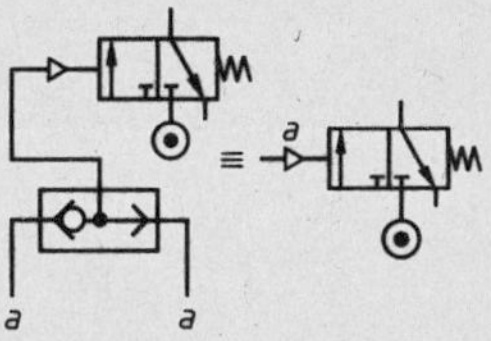	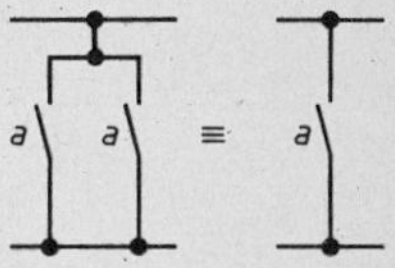
$a \vee \bar{a} = 1$	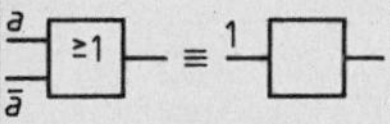	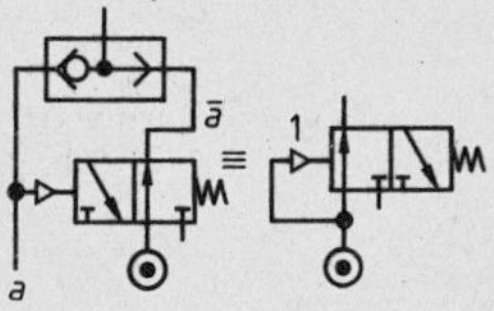	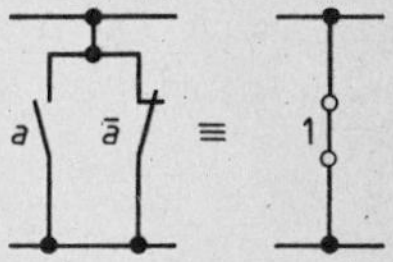
2 oder mehr Variable			
Vertauschungsgesetz (Kommutativ-Gesetz) $a \vee b = b \vee a$	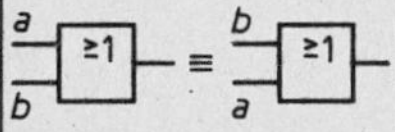	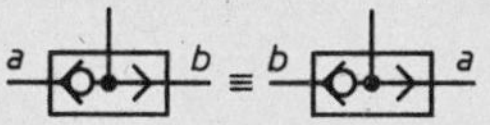	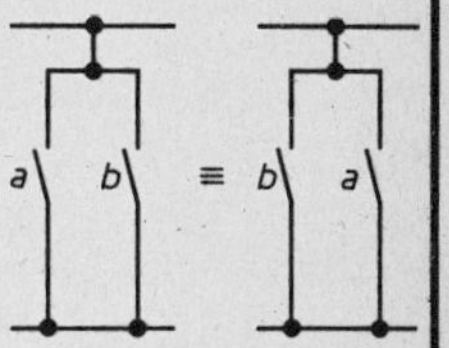
	Die Variablen einer ODER-Verknüpfung dürfen beliebig vertauscht werden.		
Verbindungsgesetz (Assoziativ-Gesetz) $a \vee b \vee c = (a \vee b) \vee c =$ $= a \vee (b \vee c) = (a \vee c) \vee c$	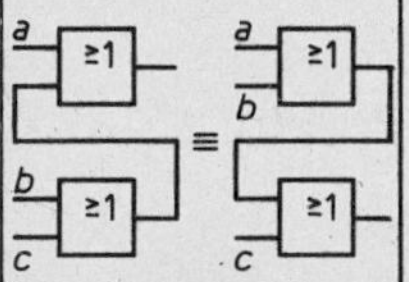	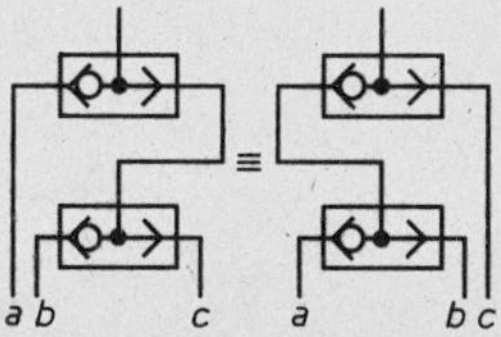	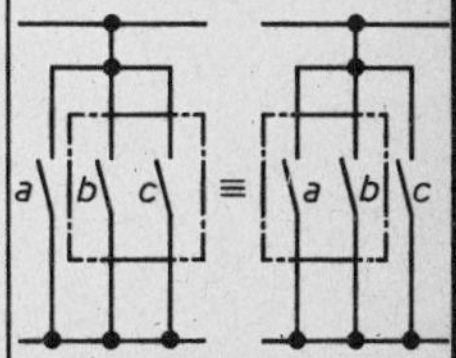
	Die Variablen einer ODER-Verknüpfung dürfen in Gruppen zusammengefaßt werden.		

Schaltalgebra

Rechenregeln für die NEGATION

1 Variable Regel	mit Schaltzeichen	pneumatisch/hydraulisch	elektrisch (mit Relais)
Doppelte NEGATION $\overline{\overline{a}} = a$	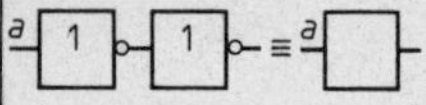	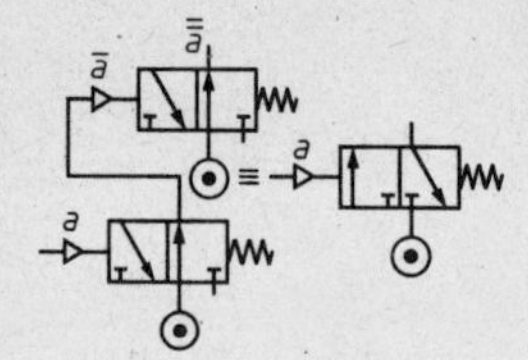	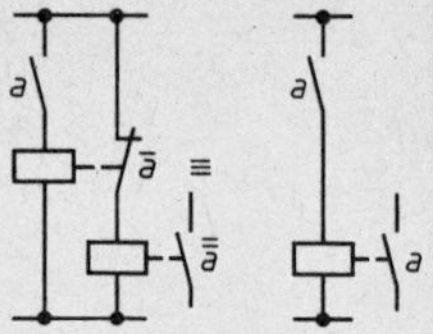
		Die doppelte NEGATION hebt sich auf.	
NEGATION einer UND-Verknüpfung $\overline{a \wedge b} = \overline{a} \vee \overline{b}$	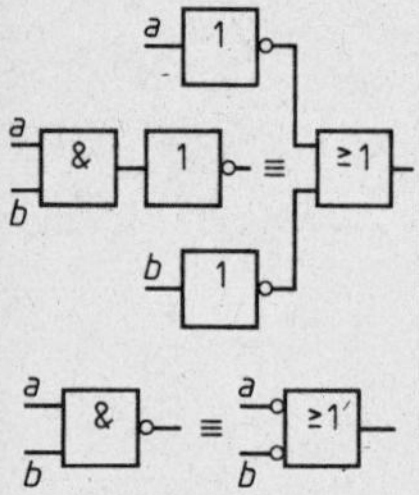	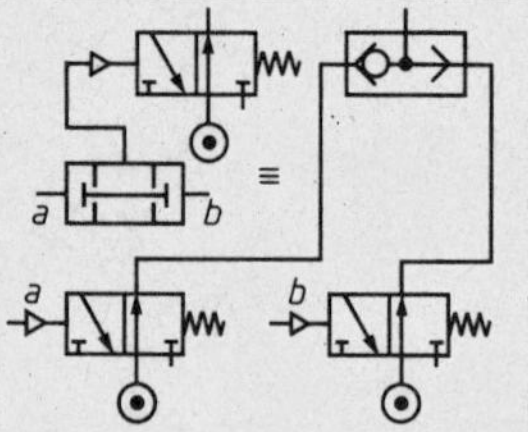	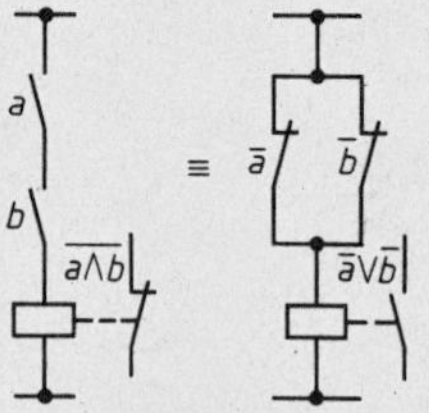
		Die NEGATION einer UND-Verknüpfung ist gleich der ODER-Verknüpfung der negierten Variablen.	
NEGATION einer ODER-Verknüpfung $\overline{a \vee b} = \overline{a} \wedge \overline{b}$	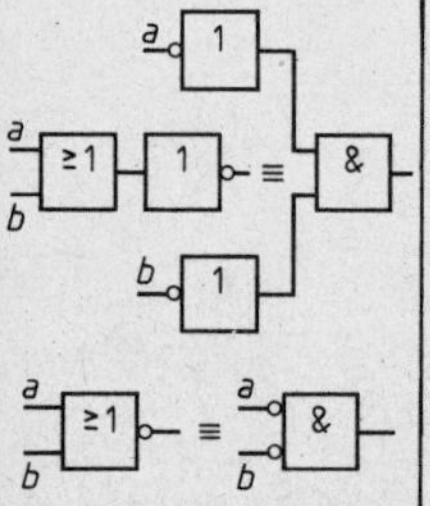	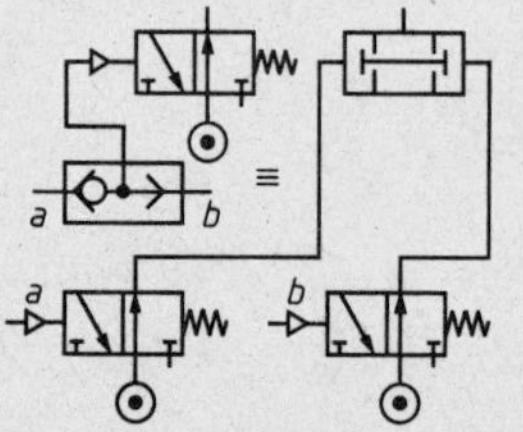	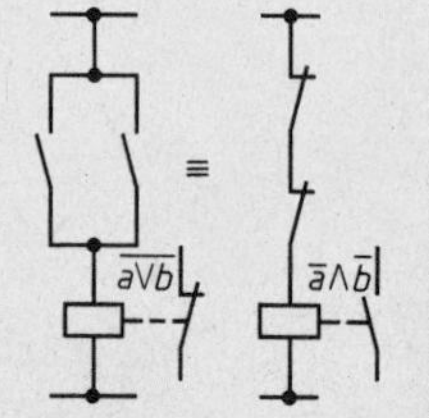
		Die NEGATION einer ODER-Verknüpfung ist gleich der UND-Verknüpfung der negierten Variablen.	

Rechenregeln für gemischte Verknüpfungen

	Durch Ausklammern können Schaltungen oft vereinfacht werden.		
Ausklammern (Distributiv-Gesetz) **1. Beispiel:** $(a \vee b) \wedge (a \vee c) =$ $= a \vee (b \wedge c)$	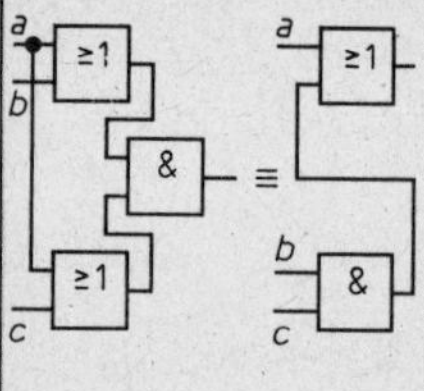	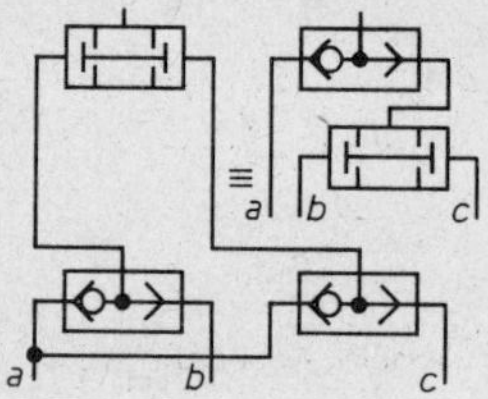	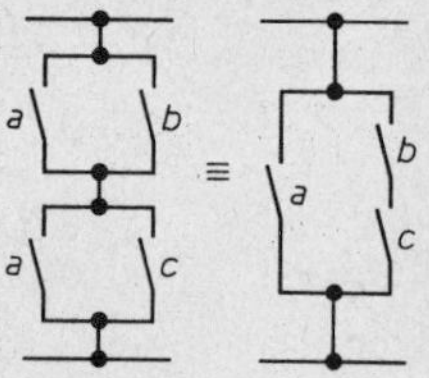
2. Beispiel: $(a \wedge b) \vee (a \wedge c) =$ $= a \wedge (b \vee c)$	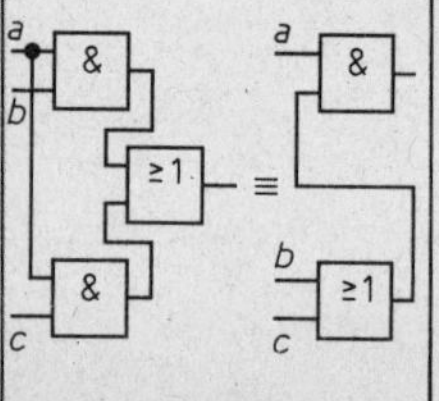	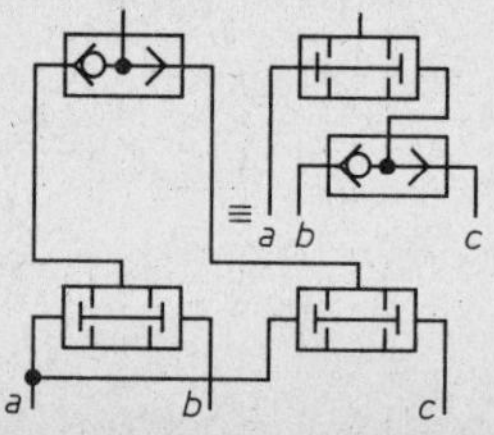	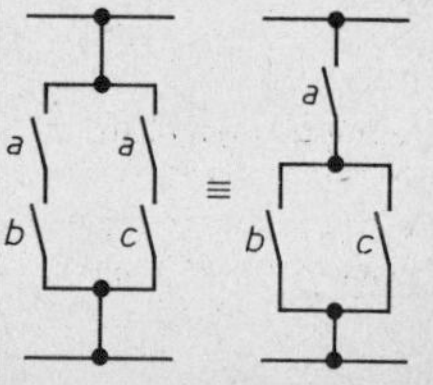

<table>
<tr><th colspan="3">Digitale Steuerungstechnik</th><th colspan="2">Schaltzeichen nach DIN 40700 T14 (7.76)</th></tr>
<tr><th>Verknüpfungs-glieder</th><th>mechanisch</th><th>pneumatisch/ hydraulisch</th><th>elektrisch mit Relais</th><th>elektronisch mit Transistoren</th></tr>
<tr><td>UND - Glied
Schaltzeichen

Funktionstabelle<table><tr><th>a</th><th>b</th><th>x</th></tr><tr><td>0</td><td>0</td><td>0</td></tr><tr><td>0</td><td>1</td><td>0</td></tr><tr><td>1</td><td>0</td><td>0</td></tr><tr><td>1</td><td>1</td><td>1</td></tr></table>Schreibweise: $x = a \wedge b$
Sprechweise: x gleich a und b</td><td>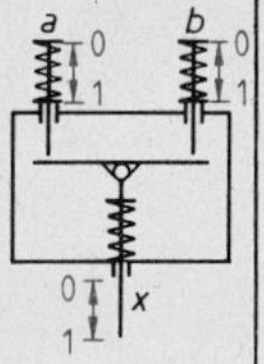</td><td>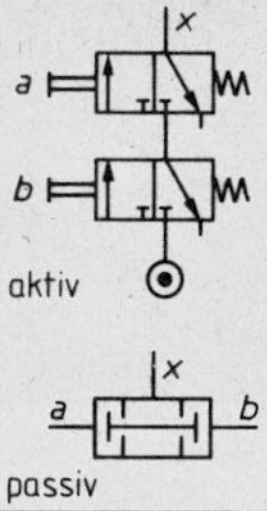</td><td>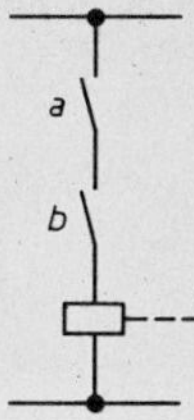</td><td>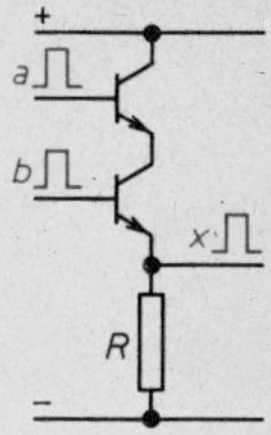</td></tr>
<tr><td>ODER - Glied
Schaltzeichen
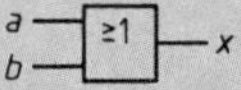
Funktionstabelle<table><tr><th>a</th><th>b</th><th>x</th></tr><tr><td>0</td><td>0</td><td>0</td></tr><tr><td>0</td><td>1</td><td>1</td></tr><tr><td>1</td><td>0</td><td>1</td></tr><tr><td>1</td><td>1</td><td>1</td></tr></table>Schreibweise: $x = a \vee b$
Sprechweise: x gleich a oder b</td><td>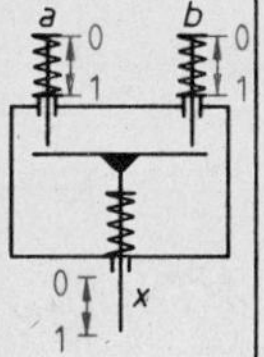</td><td>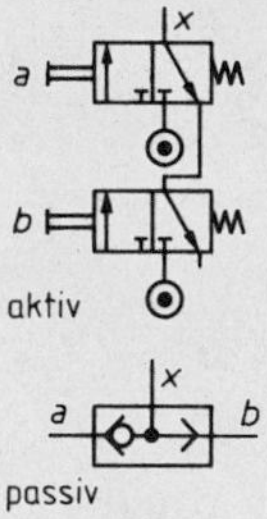</td><td>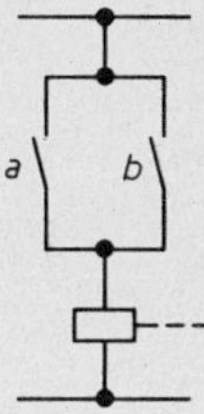</td><td>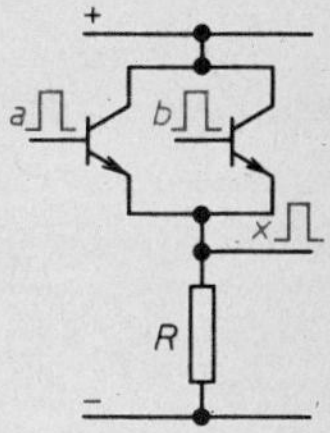</td></tr>
<tr><td>NICHT - Glied
Schaltzeichen

Funktionstabelle<table><tr><th>a</th><th>x</th></tr><tr><td>0</td><td>1</td></tr><tr><td>1</td><td>0</td></tr></table>Schreibweise: $x = \bar{a}$
Sprechweise: x gleich nicht a</td><td>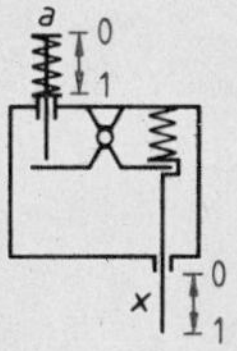</td><td>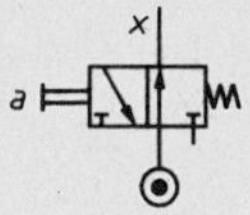</td><td>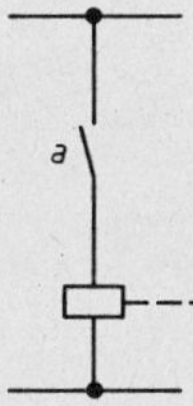</td><td>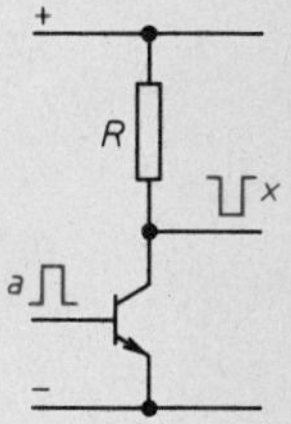</td></tr>
<tr><th colspan="5">Kippglieder</th></tr>
<tr><td>RS - Kippglied
Schaltzeichen
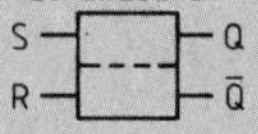
R reset (engl.), zurücksetzen
S set (engl.), setzen<table><tr><th>S</th><th>R</th><th>Q</th><th>Q̄</th></tr><tr><td>0</td><td>0</td><td>*</td><td>*</td></tr><tr><td>0</td><td>1</td><td>0</td><td>1</td></tr><tr><td>1</td><td>0</td><td>1</td><td>0</td></tr><tr><td>1</td><td>1</td><td>*</td><td>*</td></tr></table>* wie vorhergehender Schaltzustand oder unbestimmt</td><td>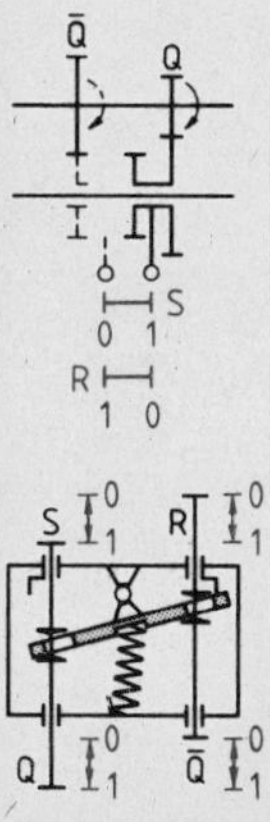</td><td>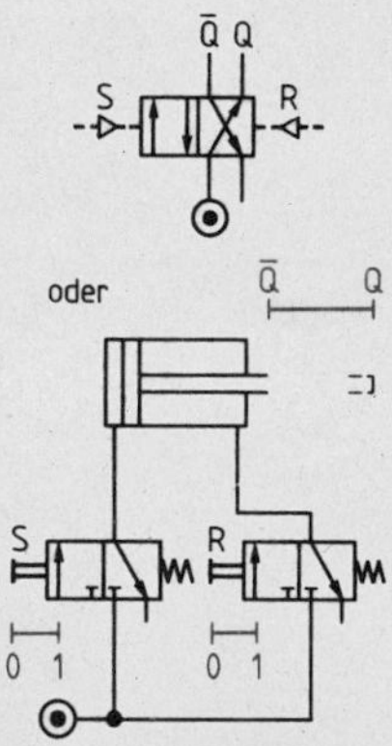</td><td>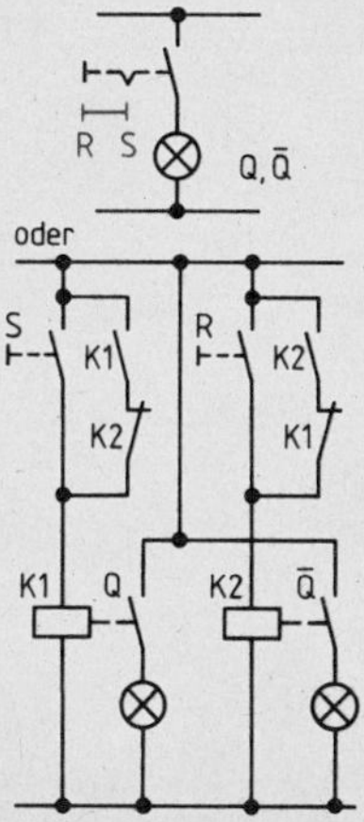</td><td>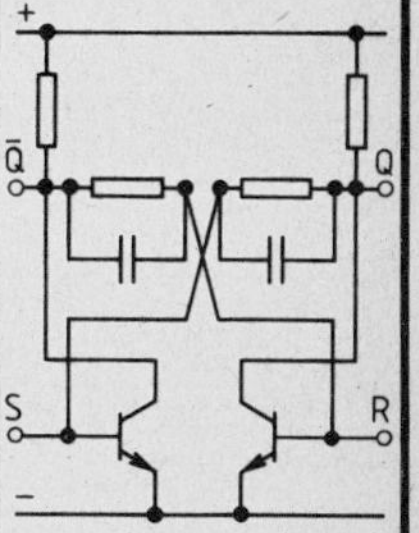</td></tr>
</table>

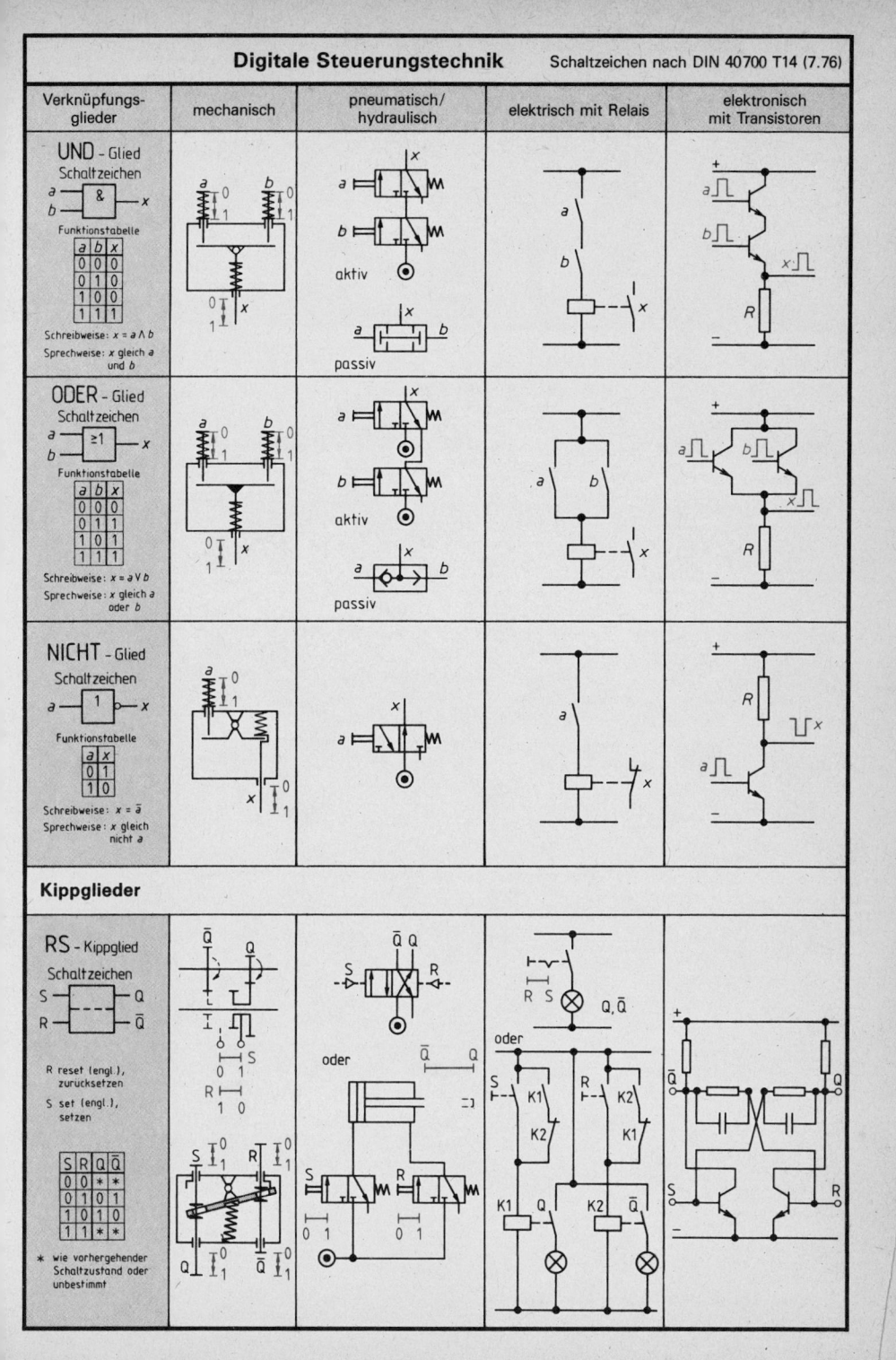

Sachwortverzeichnis

A

Abgeleitete Einheiten 26
Abmessungen von Wälzlagern 176
Abkürzungen
von Organisationen 256
Abscherung 52, 54
Abschneiden 208
Addieren 17
Absoluter Druck 45
Adreßbuchstaben
bei NC-Steuerungen 238
Allgemeine Gasgleichung 45
Allgemeintoleranzen 87
– von Gußteilen 101
Aluminium 112
–draht 117
–profile 125
–rohre 119
Aminoplast-Formmassetypen 130
Anlassen der Stähle 134...136
Anlaßfarben 96/97
Anordnung der Ansichten 66
Anreißmaße
(Wurzelmaße) 121...124
Arbeit, elektrische 28, 49
–, mechanische 28, 42
Arbeitsstättenverordnung 223
Auflagerkraft 41
–nahmefutter 169
–tragszeit nach REFA 180
–triebskraft 44
Ausgleichsteilen 202
–härten der Leichtmetalle 136
–klinken und –schneiden 208
–wahl von Passungen 92
Ausgleichswerte
für Biegewinkel 211
Automatenstähle 107
Axiales Widerstandsmoment 56
Axonometrie 66

B

Basisgrößen und Einheiten 26
Baustähle, allgemeine 104
Beanspruchungsarten 52
Bearbeitungszugaben
bei Gußteilen 101
Beißschneiden 208
Belastungsarten und –fälle 52
Belegungszeit nach REFA 181
Bemaßung 71...76
Beschleunigung 27, 39, 40
Beschneiden 208
Beschriftung 64
Beständigkeit der Metalle 142
Bewegung 40
Biegebeanspruchung 52, 56
–halbmesser, kleinster zulässiger 211
–teile, Richtwerte 211
–versuch 138
Biegewinkel 211
Bildzeichen
für den Masch.-Bau 242, 243
– für NC-Werkzeug-
maschinen 240, 241
Bleche 117
Blechschrauben 149
Blei 110
Bodendruck 45
Bördelnaht 80
Bohrbuchsen 165
Bohren 193
– von Kunststoffen 207
Bolzen 159
Boyle-Mariottesches Gesetz 45
Breite-I-Träger 123
Brennschneiden 215
Brinellhärteprüfung 139
Bruchlinien 69, 70
–rechnung 17
Bundbohrbuchsen 165
Buchsen für Gleitlager 176

C

Candela 26, 28
Chemie
(chem. Verbindungen) 50, 51
Chemikalien d. Metalltechnik 51
Chemische Beständigkeit
der Metalle 142
Cosinus 20...23
–satz 21
Cotangens 20, 21, 24, 25

D

Darstellung
– in Zeichnungen 66...70, 78, 79
– von Federn 83
– – Wälzlagern 83
– – Zahnrädern 83
Dauerfestigkeit 52, 141
–schwingversuch 141
Dehnung 52, 137
Decibel 223
Dichte 27, 96, 97
Differentialteilen 202
Digitale Steuerungstechnik 251
Dimetrie 66
DIN-Normen, verwendete 3
Dividieren 17
Doppel-T-Träger 123
Drähte 117
Drehen 185, 195...198
–, Richtwerte 196, 197
–, von Kunststoffen 207
–, Wechselräderberechnung 199
Drehmeißel 114
– –, Farbkennzeichnung 115
–moment 27, 41
– – bei Zahntrieben 41
–strom, Leistungs-
berechnung 49, 235
– –, Vierleitersystem 233
– –, Stern-Dreieckschaltung 235
–zahldiagramm 184
–zahl 27
D-Regler 244, 247
Dreieck 20, 21, 31
–schaltung 235
Druck 27, 45
–beanspruchung 52, 54
–federn 172
–flüssigkeiten 232
–festigkeit 54
–gasflaschen 214
–stücke 166
–übersetzer 229
–versuch 138
Durchflußgeschwindigkeiten 230
Duroplastische Formmassen 130
Dynamische Belastung 52

E

Eckenmaß 156
Ebene, schiefe 43
Edelstähle 106
Einheiten im Meßwesen 26...28
Einheitsbohrung 88, 89, 92
–welle 90, 91, 92
Einsatzstähle 106
–, Wärmebehandlung der 134
Einschneiden 208
–spannzapfen 169
– –, Lage des 210
Eisen und Stahl, Benennung 98, 99
–, Werkstoffnummern 100
Elastizitätsmodul 53
Elektrische Arbeit 28, 49
– Einheiten und Größen 28
– Leistung 49
Elektrochemische
Spannungsreihe 143
–schweißen 217, 218
–technik 48, 234
–technische Schaltungs-
unterlagen 234
Elemente, periodisches System 50
–galvanisches 143
Ellipse 33
–, Konstruktion 58
Energie 28, 42
–, elektrische 49
Erichsenprobe 141
Euklid, Lehrsatz des – 32
Evolvente 60

F

Fächerscheiben 157
Fällen eines Lotes 57
Faktorentabellen 6...15
Fallbeschleunigung 27, 39
Faltung von Zeichnungen 62
Federn 172
Federdarstellung 83
–drähte 109
–kraft 39
–ringe 157
Fehlerstrom-Schutzschaltung 233
Feingewinde, metrisches 145
–kornbaustähle 107
–schneiden 208
Feinstbleche 105, 117
Fertigungslöhne 182
Festigkeitslehre 52...56
–eigenschaften v. Schrauben 148
– – von Muttern 154
Flachriemen 173
–rundschrauben 150
–stahl 118
Flächen 26
–berechnungen 30...33
–korrosion 142
–maße 26
–moment 2. Grades 56
–pressung, Beanspruchung auf 55
– –, zulässige 53
Flaschenzug 43
Fliehkraft 41
Flußmittel 221
Folgeschneiden 208
Formelzeichen 16
Form- und Lagetoleranzen 84, 85
Fräsen, direktes und
indirektes Teilen 202
–, Differentialteilen 202
–, Richtwerte für Schnittgeschw.
und Vorschub 200, 201
–, Wendelnutfräsen 203
Freimaßtoleranzen 87
–stiche 65
Frequenz 28
Funkenbilder 96, 97
Funktionsdiagramme 225

G

Galvanisches Element 143
Gase 224
Gasgleichung, allgemeine 45
–schweißen 214, 215
–verbrauch 215
Gefährliche Stoffe 224
Gefriertemperatur 96
Gemeinkosten 182
Geometrie 57...60
Gesamtschneiden 208
Geschwindigkeit 27, 40
Gestaltfestigkeit 52

Gestreckte Längen 29
– von Biegeteilen 211
Gewichte von Blechen 117
– von Drähten 117
– von Flachstahl 118
– von Formstahl .... 121...124
– von Rohren 119, 120
Gewichtskraft 27, 39
Gewindearten .... 144...147
–bezeichnung 144
–drehen 199
–freistiche 64
–sinnbilder 82
–stifte 151, 166
Gewinn 182
Gießereitechnik 101
Gleichstromleistung 49
Gleichungen 19
Gleitlagerbuchsen 176
–werkstoffe 115
Gleitreibung 44
Glühfarben 96/97
Goldene Regel der Mechanik .. 43
Grenzspannung 53
Griechisches Alphabet 61
Griffe 167
Grundrechnungsarten 17
Gußeisen 102
–teile 101

H

Haftreibung 44
Härteangaben in Zeichnungen 95
– bei Schleifscheiben 204
– prüfung 139
– Skalen, Vergleich 140
Härten der Werkzeugstähle ... 135
Halbieren eines Winkels 57
– einer Strecke 57
Hartgewebe 130
–lote 220, 221
–matte 130
–metalle 114, 115
–metallschneidplatten 179
–papier 130
Hauptnenner 17
–nutzungszeit .... 185...188
Hebel 41
Heizwert, spezifischer 28, 47
Herstellkosten 182
Hobeln und **Stoßen** 201
Hochtemperaturlote 221
Höhensatz 32
Hohlzylinder 34
Honen 206
Hookesches Gesetz 39
Hydraulik .... 226...232
–, Berechnung zur .... 229...230
–, Funktionsdiagramme 225
–öle 232
–, Schaltzeichen 226
–, Vorschubsystem 231
Hydraulische Presse 229
Hydrostatischer Druck 45
Hyperbel 60
Hypotenuse 20, 32

I

Inkreiskonstruktion 59
Interkristalline Korrosion 142
Interpolation 20
I-Regler 244, 247
ISO-Gewinde 145, 147
–passungen .... 88...91
Isometrie 66

K

Kalkulation 182
Kaltarbeitsstähle,
Wärmebehandlung 135
Kathete 20, 32
Katodischer Korrosionsschutz 143
Kegel 34, 162
–bezeichnungen 198
–drehen 198
–pfannen 168
–räder 191
–Steil- 162
–stifte 158
–stumpf 35
–, Werkzeug- 162
Kehlnaht 81
Keil 43, 161
–riemen 174
– –scheiben 174
–schneiden 208
–wellenverbindungen 163
Kelvin 26, 28
Kennzeichnung
von elektrischen Leitern 235
Kerbnägel 159
–schlagbiegeversuch 141
–stifte 159
–wirkungszahl 52
–zahnprofile 163
Kesselblech 105
Kinetische Energie 42
Klammerrechnung 18
Klebeverbindungen 222
Knickung 52, 55
Körperberechnung 34, 35
Kohärent 26
Kolbengeschwindigkeiten 230
–kräfte 228, 229
Korrosion 142
–sschutz 143
Koordinatenbemaßung 76
–systeme bei NC-Maschinen ... 237
Kräfte 27, 39
Kreis 33
–abschnitt 33
–ausschnitt 33
–bewegung 40
–diagramm 37
–flächen, Tabellen .... 6...15
– –berechnung 33
–mittelpunktskonstruktion 59
–ring 33
Kronenmuttern 154
Kubikwurzeln .... 6...15
Kühlschmierstoffe 131
Kürzen 17
Kugel 35
–ab- und –ausschnitt 35
–knöpfe 166
–scheiben 168
–schicht 35
Kunststoffe .... 126...130
–, Kennzeichnung thermo-
plastischer Formmassen 129
– –, duroplastischer Formmassen 130
–, Kurzzeichen 127
–, Schweißen der – 219
–, spanende Formung der – 207
–, Unterscheidungsmerkmale .. 127
–, Vergleich mit Metallen 126
Kupfer 110
–draht 117
–lote 220
–rohre 120
Kurzzeichen für Einheiten 26...28

L

Längen 26
–ausdehnung 46
–ausdehnungskoeffizient 96, 97
–berechnung 29
–, gestreckte – 29
–maße 26
Lärm 223
–schutzverordnung 223
Lagermetalle 115
Lastdrehzahlen 183
Lauge 50
Leichtmetalle 112, 113
Leistung, beim Drehen 195
–, elektrische 49
–, mechanische 42
Leitertafel 37
Leitungsschutz, elektr. 235
Lehrsatz des Pythagoras 32
– des Euklid 32
Lichtbogenschweißen 217, 218
–stärke 26, 28
Linien 78
–schwerpunkte 210
Linsenblechschrauben 149
–senkschrauben 149
Lochen 208
Lochfraßkorrosion 142
Löslichkeit von Salzen 51
Lösungen, wässerige 51
Löten,
Lote und Flußmittel zum 220, 221
–Sinnbilder 80, 81
Luftdruck 45

M

Magnesium 113
MAK-Werte 224
Masse 27
–, Berechnung der 36
–, flächenbezogene 36
–, längenbezogene 36
Maßeinheiten .... 26...28
–eintragung .... 71...76
–stäbe 63
Mathematische Zeichen 16
Mechanik, Goldene Regel der– . 43
Mechanische Leistung 42
Mehrschicht-Kunststoffriemen 173
Messerschneiden 208
Metalle, Beständigkeit 142
Metrisches ISO-Gewinde ... 145
Mittelbreite I-Träger 124
Mittenrauhwert 94
Modelle 101
Modulreihe 189
Morsekegel 162
Multiplizieren 17
Muttern 154
– für T-Nuten 168

N

Nahtlose Präzisionsstahlrohre 119
Natürlicher Maßstab 63
NC-Maschinen .... 237...241
–, Adreßbuchstaben 238
–, Koordinatensysteme 237
–, Lochstreifen 239
–, Programmieren 238
–, Wegbedingungen 238
–, Zusatzfunktionen 238
NEGATION 250, 251
NE-Metalle .... 110...113
Netztafel 38
Nichtkohärent 26
–rostende Stähle 109
Nickel 110
–basislote 221
Niederhalterkraft 213
Niete 160
Nietverbindungen 160
Nitrierstähle 107
–, Wärmebehandlung der 136
Nomographie 37, 38
Normalglühen 134
–kraft 44
Normschrift 64
–zahlen 61
Nullung 233
Nutensteine, lose 168
Nutmuttern 154

O

Oberflächenangaben 94, 95
ODER-Verknüpfung 249, 251
Ohmsches Gesetz 48
Ölhydraulik .... 226...232
Organisationen,
Abkürzungen von 256
Oxidkeramische
Schneidstoffe, Schnittwerte 196
Oxid 50

P

Papierformate 62
Parabel 60
Parallelogramm 30
–schaltung v. Widerständen ... 48
Paßfedern 161
–scheiben 178
–schrauben, Sechskant- 148
Passungen .... 86...92
Passungsauswahl 92
Periodensystem d. Elemente . 50
Phenoplast-Formmassetypen . 130
pH-Wert 51
PI-Regler 245, 247
PID-Regler 245, 247
Pneumatik .... 225...229
–, Berechnungen .... 228...229
–, Funktionsdiagramme 225
–, Schaltzeichen 226
–, Zylinder 228
Polares Widerstandsmoment 56
Polierter Rundstahl 118
Polyäthylen 129
–carbonat 129
–propylen 129
Potentielle Energie 42
Potenzieren 18
P-Regler 245, 247
Preßpassung 86
Primzahlen .... 6...15
Prisma 34
Profile aus Al und Al.-Leg. 125
Programmieren
von NC-Maschinen 238
Prozentrechnen 18
Prüfen, Werkstoffprüfung 137
–, von Klebeverbindungen 222
Pumpen, Leistung 230
Pyramide, –nstumpf 34, 35
Pythagoreischer Lehrsatz ... 32

Q

Quadrat 30
–stahl 118

R

Radialdichtringe 178
Radien 61
Räderwinde 43
Rändel 164
Rauheit von Oberflächen . 93...95
Rauheitswert 94
Rauhtiefe, gemittelte 94
– beim Drehen 196
Raumausdehnung 46
–skoeffizient 96
Raute 30
Rechteck 30
REFA 180, 181
Regelmäßiges Vieleck 31
Regelgröße 246
Regelungstechnik ..... 244...247
Reiben 194
Reibung 44
–szahlen 44
Reihenschaltung 48
Rhomboid, Rhombus 30, 31
Riemen .... 173...175
–scheiben 174, 175
–trieb 192
Rillenrichtung 94
Ringschrauben 150
Rockwellhärteprüfung 139
Römische Ziffern 61
Rohlängen 29
–preis 182
Rohre 119, 120
Rohrgewinde 146
Rolle, feste, lose 43
Rollreibung 44
RS-Kippglied 251
Runddichtringe 178
–passungen 86
–stahl 118
Rundung an Kreis u. Winkel .. 58

S

Sägengewinde 147
Säulengestelle 171
Säuren 51
Salze 51
Schall 223
–pegel 223
Schaltalgebra .... 248...250
–pläne, elektr. 234
–zeichen, Hydr. u. Pneumatik .. 226
–zeichen, elektrisch 236
Schaulinien 38
Scheiben 157
–federn 161
Scherfestigkeit 54
–versuch 138
Schichtpreßstoffe 130
Schiefe Ebene 43
Schleifen 204, 205
–, Kühlschmierstoffe 131
Schleiffunkenbilder 96/97
–körper und -mittel 204
Schlüsselweiten 156
Schmale T-Träger 123
Schmalkeilriemen 174
Schmelztemperaturen 96, 97
–wärme 47, 96, 97
Schmierstoffe 132, 133
, Kühl- 131
Schneckentrieb 191
Schneiden 208
Schneidspalt 209
–werkzeuge mit Plattenführung 170
– – mit Säulenführung 171
Schnellarbeitsstähle 108
– Wärmebehandlung der 135
Schnittdarstellungen ...... 67...69
–kraftberechnung b. Drehen ... 195
–werte 195
Schnittgeschwindigkeit beim
– Bohren 193
– Drehen 196, 197
– Fräsen 200, 201
– Hobeln und Stoßen 201
– Honen 206
– Reiben und Gewindebohren .. 194
– Schleifen 204, 205
– Spanen von Kunststoffen 207
Schrauben .... 148...152
–, Anziehdrehmoment 152
–federn 172
– für T-Nuten 168
–kraft 43
–linie 60
–sinnbilder 82
–stähle 109
–, Vorspannkraft 152
Schriftfeld 62
–zeichen 64
Schutzgase 216
–gasschweißen 216
–maßnahmen gegen zu hohe
Berührungsspannung 233
Schweißen .... 214...218
– der Kunststoffe 219
Schweißstäbe 214
Schwerentflammbare
Flüssigkeiten 232
Schwermetalle 110, 111
Schwerpunkte von Linien 210
Schwindmaße 101
Schwindung bei Gußteilen ... 46
Sechseck, Berechnung 31
–, Konstruktion 59
Sechskantpaßschrauben 148
–muttern 154
–schrauben 148
–stahl 118
Seilwinde 43
Seitenschneiderabfall 209
Selbstkosten 182
Senkblechschrauben 149
–schrauben 149
– – mit Innensechskant 150
Senkungen 153
Sicherheitsfarben 96/97
–zahlen 53
Sicherungen, elektrische 235
Sicherungsringe u. –scheiben 177
Siedetemperaturen 96, 97
SI-Einheiten .... 26...28
Silberlote 220
Sinnbilder .... 80...83
– für Hydraulik und Pneumatik . 226
Sinnbilder
für Schweißen und Löten . 80, 81
Sinterwerkstoffe 116
Sinus .... 20...23
–satz 21
Sonderkosten der Fertigung .. 182
Spanende Formung .... 193...207
, Kühlschmierstoffe für 131
Spanloses Formen ..... 208...213
Spannstifte 158
Spannung, elektrische 28, 48
–; mechanische 27, 52, 137
–, zulässige 53
–sreihe, elektrochemische 143
–squerschnitt beim Gewinde ... 145
Spanungsquerschnitt 195
Spezifische Schnittkraft 195
–Wärmekapazität 96, 97
–er Widerstand 96, 97
Spielpassungen 86
Spirale 59
Spiralbohrer 193
Splinte 178
Sprengringe 177
Stabelektroden 217
Stahl .... 104...109
–blech 104, 117
–draht 117
–guß 103
–, nichtrostender 109
–, Normbezeichnung DIN 98
–, Normbezeichnung
EURONORM 99
–profile .... 121...124
–rohre 105, 119
–, T- 124
–, T- 123, 124
–, U- 121
–, Winkel- 121, 122
–, Z- 122
Stanztechnik, Normteile 169...171
–, Begriffe 208
Steckbohrbuchsen 165
Steilkegelschäfte 162
Stellgröße 246
Stempelköpfe 170
Sterngriffe 167
–schaltung 235
Steuerungs- und
Regelungstechnik ... 225...251
Stifte 158
Stiftschrauben 151
Stirnräder (Berechnung) . 189, 190

Stoffwerte 96, 97
Stoßarten 80
Stoßen 201
Stromstärke, elektrische 28, 48
Stückliste 62
Stufensprung 183
Subtrahieren 17
Synchronriemen 175
–scheiben 175

T

Tangens 20, 21, 24, 25
Tangente 58
Teilen einer Strecke 57
Teilen mit dem Teilkopf 202
Tellerfedern 172
Temperatur 28, 46
Temperguß 103
Thermoplaste 128
–plastische Formmassen 129
Tiefungsversuch 141
Tiefziehen 212, 213
Tiefziehkraft 213
Titan 112
T-Nuten 168
Toleranzbegriffe 86
–feldkurzzeichen 86
Torr 45
Torsion 52, 55
Transformator 49
–kristalline Korrosion 142
Trapez 30
–gewinde 147
Treibriemen 173...175
Trigonometrische Funktionen 20, 21
T-Stahl 124

U

Überdruck 45
–gangspassungen 86
–maßpassungen 86
–setzungen 192
Umdrehungsfrequenz 27, 40
Umfangsgeschwindigkeit 40
Umkreiskonstruktion 59
Umwertung, Härte-Zugfestigkeit 140
UND-Verknüpfungen 248, 251
Unfallverhütungsvorschrift 223
Unregelmäßiges Vieleck 31
U-Stahl 121

V

Verdampfungswärme 47
Verdrehung 52, 55
Vereinfachte Darstellung 63, 77
Vergrößerungen 63
Vergütungsstähle 106
Verkaufspreis 182
Verkleinerungen 63
Verzögerung 40
Vickersprüfung 139
Vieleck, Konstruktion 59
–, Berechnung 31
–, regelmäßiges und unregelmäßiges 31
Vierkantprisma 34
–stahl 118
Viskositätsklassen 132, 133
Volumenausdehnung 46
–berechnungen 34, 35
–, zerspantes 195
Vorsätze 26
Vorschub beim
– Bohren 193
– Drehen 196, 197
– Fräsen 200, 201
– Hobeln und Stoßen 201
– Reiben 194
– Spanen von Kunststoffen 207
Vorzeichenregel 17

W

Wälzlagerdarstellung 83, 176
–passungen 87
Wärme 46, 47
– behandlung der Stähle 134...136
–durchgangszahl 47
–kapazität, spezifische 46
Warmformgebung 134...136
Wasserhärte 51
Wechselräderberechnung 199
Wegbedingungen bei NC-Steuerungen 238
Weichglühen 135
–lote 221
Weißblech 105, 117
Wellendichtringe 178
Wendelnutfräsen 203
Wendeschneidplatten 179
Werkstoffnummern 100
–kennzeichnung 63
–kosten 182
–prüfung 137...141
Werkzeugkegel 162
–stähle 108
–vierkante 156
Wertigkeit, chemische 50
Widerstand, elektrischer 48
–, spezifischer 96, 97
Widerstandmoment 56
– bei Formstählen 121...124
Winde 43
Winkel am Drehmeißel 196
–funktionen 20, 21
–geschwindigkeit 27, 40
–methoden 66, 79
–stahl 121, 122
–tabellen 22...25
Wirkungsgrad 42
Whitworth-Gewinde 146
Wöhlerlinie 141
Würfel 34

Z

Zahlenleiter 37
Zahnradberechnung 189...191
–radtrieb 192
–räder, Darstellung 83
–riemen 175
–scheiben 157
Zeichnungen für Metallbau 82
Zeichnungsvereinfachung 77
Zeichnungsbegriffe 65
Zehnerpotenzen 18
Zeit 26
–festigkeit 141
–standversuch 137
Zentrierbohrungen 63, 164
Zerspantes Volumen 195
Zerspanungsgruppen 114
Ziehring und Ziehstempel 212
Ziehspalt 212
–stufen 213
–verhältnis 213
Zink 110
Zinn 110
–blech 117
Zinsrechnung 18
Z-Stahl 122
Zündtemperatur 96
Zuschnittdurchmesser, Berechnung 212
Zugbeanspruchung 52, 54
–festigkeit 54
–versuch 137
Zulässige Spannungen 53
Zusatzfunktionen bei NC-Steuerungen 238
Zuschnittsermittlung bei Biegeteilen 211
Zustandsänderung bei Gasen 45
Zwölfeckkonstruktion 59
Zykloide 60
Zylinder 34
–schrauben 149
–– mit Innensechskant 150
–stifte 158
Zweipunktregler 247

Abkürzungen für Organisationen, Verbände und Regelwerke

AEF	Ausschuß für Einheiten und Formelgrößen im DNA
AGt	Ausschuß Gebrauchstauglichkeit im Deutschen Normenausschuß
ASA	American Standards Association (Amerikanischer Normenausschuß)
ASR	Arbeitsstättenrichtlinien
ASTM	American Society for Testing Materials (Amerikanische Gesellschaft für Materialprüfung)
AWF	Ausschuß für wirtschaftliche Fertigung
BAM	Bundesanstalt für Materialprüfung
BDI	Bundesverband der Deutschen Industrie
BS	British Standards (Britische Normen)
CEN	Europäisches Komitee für Normung
CETOP	Europäischer Fachverband der Ölhydraulik und Pneumatik
DBP	Deutsches Bundespatent
DGMA	Deutsche Gesellschaft für Meßtechnik und Automatisierung
DIHT	Deutscher Industrie- und Handelstag
DITR	Deutsches Informationszentrum für technische Regeln (im DIN Deutsches Institut für Normung e. V.)
DIN	Kennzeichen und Name der Gemeinschaftsarbeit des DNA; Deutsches Institut für Normung
DNA	Deutscher Normenausschuß
DSA	Deutscher Schleifscheiben-Ausschuß
DVS	Deutscher Verband für Schweißtechnik
EG	Europäische Gemeinschaft
EN	Norm der Europäischen Gemeinschaft für Kohle und Stahl, European Standard, Norme Européenne
FNA	Fachnormenausschuß im Deutschen Normenausschuß
GAVO	Gesellschaft für Arbeitsvorbereitung und Arbeitsorganisation im AWF
GOST	Gosuderstwenny Obshschesojusny Standard (Staatliche Unionsnorm der UdSSR)
HK	Handwerkskammer
IFAC	International Federation of Automatic Control (Int. Vereinigung für autom. Kontr.)
IHK	Industrie- und Handelskammer
ISO	International Organization for Standardization (Int. Organisation für Normung)
NLGI	National Lubrication Grease Institute (Nationales Schmierfett-Institut, USA)
ÖNA	Österreichischer Normenausschuß
ÖNORM	Österreichische Norm
PTB	Physikalisch-Technische Bundesanstalt
®	Eingetragenes Warenzeichen
RAL	Ausschuß für Lieferbedingungen und Gütesicherung bei DNA
REFA	Verband für Arbeitsstudien und Betriebsorganisation e. V.
RKW	Rationalisierungskuratorium der Deutschen Wirtschaft
SAE	Society of Automotive Engineers (Vereinigung amerikanischer Automobilingenieure)
SNV	Schweizerische Normenvereinigung
TGL	Normen der Deutschen Demokratischen Republik (DDR) (Techn. Normen, Gütevorschriften und Lieferbedingungen)
TRbF	Technische Regeln für brennbare Flüssigkeiten
TÜV	Technischer Überwachungsverein
VDE	Verband Deutscher Elektrotechniker e. V.
	Verbandszeichen des VDE für Installationsmaterial, elektr. Geräte usw., die den VDE-Vorschriften entsprechen
VDI	Verein Deutscher Ingenieure
VDMA	Verein Deutscher Maschinenbau-Anstalten e. V.
VOB	Verdingungsordnung für Bauleistungen
VSM	Verein Schweizerischer Maschinenindustrieller
ZDH	Zentralverband des Deutschen Handwerks